AF878283

MITTHEILUNGEN

der

Geographischen Gesellschaft in Hamburg

1876—77.

Im Auftrage des Vorstandes herausgegeben

von

L. Friederichsen,

I. Sekretair.

Mit 2 Karten und 5 Tafeln.

HAMBURG.

L. Friederichsen & Co.

Land- und Seekartenhandlung.

Geographische und nautische Verlagshandlung.

1878.

Vorwort.

Dem Beschlusse der Gesellschaft vom 2. November 1876 gemäss sind an die Stelle der früheren Jahresberichte »Mittheilungen der Geographischen Gesellschaft in Hamburg« getreten, deren ersten Band wir hiermit der Oeffentlichkeit übergeben. Der veränderten Gestalt liegt in erster Linie der Gedanke zu Grunde, in Zukunft den Schwestergesellschaften und den nach verwandten Zielen strebenden Vereinen ein Tauschobjekt zu bieten, welches weniger Gewicht legt auf die detaillirten Berichte der Sitzungen und inneren Angelegenheiten unserer Gesellschaft, als auf die Publikation werthvoll erschienener Original-Abhandlungen unserer Mitbürger und auswärtiger gelehrter Freunde. Daran knüpft sich die Hoffnung auch in Hamburg ein Organ geschaffen zu sehen, welches je nach dem Umfange und der Bedeutung des hier zusammenfliessenden Materials in grösseren oder kleineren Zwischenräumen sein Scherflein zur Pflege und Förderung der Länder- und Völkerkunde beizutragen im Stande ist.

Zur Erreichung dieses Zieles rechnen wir auch ferner auf die thätige Mitwirkung unserer Mitbürger, damit vermöge ihrer über alle Erdtheile sich erstreckenden Beziehungen und Verbindungen dem praktischen Nutzen Vorschub geleistet werde, welchen die geographische Forschung dem Weltverkehr, dem Handel und der Industrie zu gewähren berufen ist.

Hamburg, Ende Februar 1878.

Inhaltsverzeichniss.

Berichtigungen.

Seite	32,	Zeile 12	von	oben	lies:	Cercas statt Corales. (Corales ist die spanische Bezeichnung für Fischzäune, während Corales im Portugiesischen Viehzäune bedeutet.)
»	70,	» 12	von	oben	lies:	Schichten statt Schluchten.
»	70,	» 12	»	»	»	bis » bei.
»	102,	» 4	»	unten	»	Die Postdampfer der Pacific Mail laufen seit neuester Zeit Kandavu nicht mehr an, sondern gehen direkt von Sydney nach Auckland und von Auckland nach Honolulu und San Francisco.
»	103,	» 14	von	unten	lies:	Cakombau statt Thakombau i. e. C weich statt des scharfen englischen Th.
»	112,	» 14	von	unten	lies:	Entfernung statt Fntfernung.
»	121,	» 13	»	»	»	Johannes Daniel Christian statt Johann Gabriel. (Ein nachträglich uns zugestellter Reisepass Pfund's hat diesen Irrthum aufgeklärt.)
»	122,	» 8	von	oben	lies:	22jährigen statt 27jährigen.
»	124,	» 15	»	»	»	Smin-Gebirge statt Snun-Gebirge.
»	133,	» 13	»	unten	»	Derb-el-barabra statt Derb el Parabria.
»	140,	» 13	»	»	»	Wadi Mhelck statt Wadi Selk.
»	141,	» 16	»	oben	»	» » » » »
»	144,	» 10	»	unten	»	Mehatta statt Mehattoch.
»	149,	» 5	»	»	»	Thal Mhelck statt Thal Selk.
»	150,	» 3	»	oben	»	Mhelck statt Selk.
»	152,	» 11	»	unten	»	Girben » Girbeln.
»	156,	» 11	»	»	»	Barrah » Burrah.
»	175,	» 1	»	»	»	Herren » Herrn.
»	196,	» 13	»	oben	»	Barile » Barle.
»	196,	» 17	»	unten	»	Nabak » Nabek.
»	209,	» 5	»	oben	»	Lejean » Léjean.
»	226,	» 11	»	»	»	Boot » Bote.
»	252,	» 20	»	»	»	Der » Dar.
»	264,	» 8	»	unten	»	Imbiss » Inbiss.
»	275,	» 3	»	»	»	Mahareb » Maharab.
»	310,	» 6	»	»	»	Timbuktu » Timbutku.
»	337,	» 1	»	»	»	haupt » ha.
»	366,	» 12	»	oben	»	Institut » Instistut.
»	368,	» 16	»	unten	»	Mündung » Mundung.
»	395,	» 17	»	oben	»	Channel statt Chamels.

Auf Tafel I des 2. Jahresberichtes 1874—75 (Karte der Wege des Oceans für Segelschiffe, von A. Schück) hat sich ein Fehler eingeschlichen, um dessen nachträgliche Berichtigung wir vom Verfasser ersucht worden sind. An dem grössten Kreise von 48° N. Br. und 8° W. L. v. Gr. bis 0° Br. und 28° W. L. v. Gr. ist nämlich die Distanz zu 3422 anstatt zu 3062 Seemeilen angegeben.

Die deutsche Kolonie Dona Francisca in Brasilien in historisch-statistischer Beziehung, *)

von

C. A. Holtermann.

Hierzu eine Karte, Tafel 1.

Als in den vierziger Jahren die Auswanderung aus Deutschland nach überseeischen Ländern von Jahr zu Jahr grössere Dimensionen annahm, richtete sich der Strom derselben fast ausschliesslich nach den Vereinigten Staaten Nord-Amerikas, wo die Einwanderer in kürzerer oder längerer Zeit ihrer Nationalität und Sprache entsagten, und häufig sogar mit einer gewissen Hast und Absichtlichkeit sich ihres Deutschthums zu entledigen und den amerikanischen Sitten und Gebräuchen anzuschliessen suchten. — Da ferner die Masse der Auswanderung hauptsächlich aus Landleuten der mittleren und ärmeren Klassen bestand, welche, um ein geeignetes und ihren bescheidenen Mitteln entsprechendes Feld für ihre Thätigkeit und Land zu billigen Preisen zu finden, genöthigt waren, weit in's Innere des Landes zu ziehen, so ergab sich als natürliche Selbstfolge, dass sie für den Absatz ihrer Produkte nicht die Verbindung

*) Am 5. Februar 1874 wurde die geographische Gesellschaft in Hamburg durch einen Vortrag des Ehrenpräsidenten der Kgl. Italienischen geogr. Gesellschaft, des Herrn Professor Negri Christoforo erfreut, welcher betitelt war: »Die Italiener im Auslande«. Im Laufe dieses Vortrages suchte Herr Negri die Italiener in ihren ausseritalienischen Wohnsitzen auf und schilderte unter Anderem die Institutionen, welche von der italienischen Regierung getroffen sind, um die italienischen Kolonien enger an das Mutterland zu ketten. Bei Betrachtung dessen, was Deutschland und die Reichsregierung bis dahin gethan, um seine Kolonien kennen zu lernen, wurde hervorgehoben, dass man in Hamburg allerdings Kenntniss von den deutschen Kolonien besässe, dass aber das übrige Deutschland, selbst Europa, wenig von ihnen wisse. Diese nicht hinwegzuleugnende Thatsache hat die unmittelbare Veranlassung zu der nachstehenden historisch-statistischen Abhandlung gegeben, die wir der Direktion des Kolonisations-Vereins von 1849 in Hamburg verdanken. Wir glauben mit ihrer Veröffentlichung nicht nur der Anregung und Aufforderung des Herrn Präsidenten Negri zu entsprechen, sondern auch einer sich in aller Ruhe vollziehenden, wenig bekannten Kulturbestrebung Vorschub leisten zu sollen, die neben den Forschungen innerhalb der Eisregionen der Polarländer oder der glühenden unbekannten Länderstrecken Inner-Afrikas, unser Interesse und unsere Aufmerksamkeit verdient. L. F.

mit ihrem Mutterlande aufsuchen konnten, sondern auf die Vermittelung der Handelsplätze der Union angewiesen waren, und musste es jedem unbefangenen Beobachter einleuchten, welch' unermessliches Kapital an Arbeitskraft und Intelligenz für Deutschland durch diese Entfremdung der Auswanderung jährlich verloren gehe.

Der Wunsch, diesem Uebelstande abzuhelfen und dem Auswanderer ein Ziel zu bieten, wo derselbe unter Beibehaltung seiner heimathlichen Sprache und Gebräuche, in möglichst direkter Verbindung mit seinem Mutterlande bleiben und durch Austausch seiner Produkte gegen Erzeugnisse der früheren Heimath seine Thätigkeit zum beiderseitigen Segen verwenden könne, veranlasste zuerst im Jahre 1845 einige Hamburger Kaufleute, sich ernstlich mit der Ausführung dieser Idee zu beschäftigen und einen Plan zu entwerfen, wie nicht nur dem Auswanderer die vorerwähnten Vortheile gesichert werden könnten, sondern auch das für diesen Zweck aufzuwendende Kapital nutzbringend anzulegen sei, während durch die Ausführung dieses Planes gleichzeitig für die deutschen Staaten der grosse Nutzen erwachsen musste, die unschätzbaren handelspolitischen Vortheile eigener Kolonien zu erreichen, ohne doch solche selbst zu besitzen, und mithin ohne die grossen Lasten und Schwierigkeiten, welche dieselben mit sich bringen, tragen zu müssen.

Bei richtiger Würdigung der Sache durften die Unternehmer wohl erwarten, ihren Plan von den Behörden gebilligt und gefördert zu sehen, und in der That schenkte auch der hamburgische Handelsvorstand (Kommerzium) demselben seine vollste Aufmerksamkeit und das wohlwollendste Entgegenkommen.

Man hatte damals schon sein Augenmerk auf die südlichen Provinzen Brasiliens gerichtet und es wurden mehrfache Versammlungen zur gründlichen Prüfung aller einschlagenden Fragen abgehalten. — Divergirende Ansichten über die Art der Ausführung des Unternehmens und der Mangel an geeigneten Ländereien, liessen jedoch den gefassten Plan damals nicht zur Reife gelangen. Im Jahre 1847 brachte der um Hamburgs Handel hochverdiente derzeitige Sekretair des Kommerziums, jetziger Geheimrath Dr. Soetbeer in Göttingen die Angelegenheit auf's Neue zur Sprache; es fanden wiederum Versammlungen und Berathungen, auch Verhandlungen mit Landeignern statt, aber auch dieses Mal ohne das gewünschte Resultat zu ergeben. — So ruhte die Sache abermals bis zum Jahre 1849, um welche Zeit dem Herrn Senator Chr. Matth. Schröder, in Firma Chr. Matth. Schröder & Co., welcher sich von Anfang an lebhaft dafür interessirt hatte, Gelegenheit geboten wurde, mit Sr. Kgl. Hoheit dem Prinzen von Joinville über die Erwerbung eines zur Kolonisation geeigneten Terrains in Verhandlung zu treten. — Die in Frage kommenden

Ländereien bildeten einen Theil des ausgedehnten Gebietes, welches dem Prinzen von seiner Gemahlin Dona Francisca, Schwester des Kaisers Dom Pedro II. von Brasilien, als Morgengabe zugebracht war. — Nach den eingezogenen Erkundigungen war das Klima in diesem, zwischen dem 26. und 27. Grad südlicher Breite belegenen Landstriche ein ausgezeichnetes, ungefähr demjenigen des südlichen Frankreich oder des nördlichen Italien entsprechend, der Boden gut, während gleichzeitig die Lage in der Nähe der Küste kleineren Fahrzeugen ein unmittelbares Anlegen gestattete und grossen Schiffen in dem nur einige Meilen entfernten Saõ Francisco, einem der schönsten Häfen des Landes, ein ausgezeichneter Ankerplatz zur Verfügung stand. Es waren mithin alle wünschenswerthen Vorbedingungen zur Anlage einer Kolonie vorhanden, und erklärte Herr Senator Schröder unter diesen Umständen dem Prinzen seine Bereitwilligkeit, über die Abtretung des erforderlichen Terrains in Verhandlung zu treten. — Der Prinz sandte hierauf in der Person des Herrn Leonce Aubé einen Bevollmächtigten nach Hamburg, und wurde am 5. Mai 1849 mit diesem ein Kontrakt abgeschlossen, welchen dessen hohe Vollmachtgeber am 28. Mai desselben Jahres in London ratificirten und der im Wesentlichen folgende Bestimmungen enthielt:

Ihre Kgl. Hoheiten der Prinz und die Prinzessin von Joinville treten von ihren, in der Provinz Santa Catharina in Brasilien belegenen Ländereien 8, bedingungsweise 9 □Lieues à 1600 Hektaren an Herrn Senator Schröder unentgeltlich ab, welche 8 oder 9 □Lieues aus einem Areal von mindestens 11 □Lieues auszuwählen sind, so dass unbrauchbare Strecken ausgeschlossen werden dürfen. — Ihre Kgl. Hoheiten reserviren sich 5 Hektaren Stadtland, d. h. in dem Distrikt, welcher zur Anlage einer Stadt bestimmt wird, und 500 Hektaren im Ackerdistrikt; ausserdem behalten sie sich das Eigenthumsrecht an den etwa entdeckt werdenden Minen vor.

Es steht Herrn Senator Schröder die Option auf fernere 12 □Lieues Land zum Preise von 10 frcs. pr. Hektar zu, über deren Annahme derselbe sich innerhalb 4 Jahren zu erklären hat; im Fall der Annahme ist dieses Land innerhalb 5 Jahren nach abgegebener Erklärung mit mindestens 2500 Kolonisten zu besiedeln, und der Kaufpreis nach Verhältniss des an die Kolonisten überwiesenen Terrains jährlich, jedoch wenigstens 38400 frcs. p. a. zu entrichten.

Ihre Kgl. Hoheiten versprechen ferner, während der Dauer des Kontraktes keine Vereinbarung gleicher Art mit Anderen einzugehen, auch ohne Genehmigung des Herrn Schröder an die von Letzterem beförderten Kolonisten keine Ländereien zu überlassen.

Endlich machen Ihre Kgl. Hoheiten sich verbindlich, verschiedene von der Kaiserl. Brasil. Regierung zu erbittende Vergünstigungen, auf das Kräftigste zu unterstützen, nämlich:

1) Erlangung einer Douane im Hafen von Saõ Francisco, um die direkte Ausschiffung der Kolonisten und ihres Gepäcks zu ermöglichen.
2) Befreiung der Kolonistenschiffe vom Tonnengelde.
3) Zollfreiheit für die Effekten, Geräthe, Sämereien, Bauutensilien und Handwerksgeräthe, welche Eigenthum der Kolonisten und zu deren Gebrauch bestimmt sind, so wie für die nöthigen Lebensmittel, während der ersten fünf Monate des Aufenthalts der Letzteren.
4) Möglichste Erleichterung der Naturalisation oder des Bürgerwerdens.
5) Freiheit von allen direkten Steuern für die Kolonisten, während der ersten zehn Jahre ihres Aufenthalts und lebenslängliche Befreiung vom Militairdienst, mit Ausnahme des Dienstes in der Bürgergarde, im Distrikt der Kolonie.
6) Besoldung eines protestantischen und eines katholischen Predigers.
7) Bewilligung eines Zuschusses zur Passage für Kinder von 5—12 Jahren.
8) Gewährung einer eigenen Verwaltung, durch selbstgewählte Vorsteher.
9) Ermächtigung der Kolonie-Direktion, im Bereich der Kolonie das Halten und die Beschäftigung von Sklaven gänzlich zu untersagen und den Handel mit Spirituosen nach Erforderniss zu beschränken.

Im Fall die unter 7 erwähnte Vergünstigung nicht gewährt werden sollte, so tritt als Entschädigung dafür die Bewilligung von 9, statt 8 □Lieues Land in Kraft.

Dagegen verpflichtet sich Herr Senator Schröder, innerhalb fünf Jahren mindestens 1500 Kolonisten, auf dem ihm überlassenen Lande anzusiedeln, nämlich 100 im ersten, 200 im zweiten und 400 in jedem der drei folgenden Jahre, einen Vertreter daselbst zu bestellen, die nöthigen Einrichtungen für das Unterkommen der Leute zu treffen und während zweier Jahre nach Ankunft der ersten Ansiedler, für den nöthigen Vorrath an Lebensmitteln, Ackergeräthen, Sämereien und Hausthieren zu sorgen, so wie auch nach Erforderniss Verbindungswege, Kirchen nnd Schulen anlegen zu lassen und Prediger und Lehrer anzustellen.

Um es nicht an den nöthigen Mitteln zur Erhaltung der Wege und für andere öffentliche und gemeinnützige Zwecke fehlen zu lassen, soll durch von den Kolonisten selbst gewählte Gemeindevorsteher, eine jährliche Abgabe nicht unter 2 Milreis oder ca. 1½ Thaler per Feuerstelle erhoben werden.

Beim Abschluss dieses Kontraktes hatte sich Herr Senator Schröder das Recht vorbehalten, das Unternehmen an eine Aktiengesellschaft zu übertragen, welches ihm von dem Prinzen und der Prinzessin von Joinville unter der Bedingung zugestanden war, dass er persönlich als permanentes Mitglied in der Direktion der etwa zu bildenden Gesellschaft verbleibe.

In der Absicht von diesem Rechte Gebrauch zu machen, trat Herr Senator Schröder zunächst mit einigen sich für die Angelegenheit lebhaft interessirenden Freunden in Verbindung, namentlich mit Herrn Ad. Schramm, welcher selbst längere Zeit in Brasilien ansässig gewesen, Herrn Gutsbesitzer G. W. Schröder und seinem Sohn und Associé Herrn Chr. M. Schröder jun., welchen sich später die Herren Fr. Gültzow und Herr Baron Ernst von Merck anschlossen. — Die Genannten erklärten sich jeder zur Uebernahme einer Anzahl Aktien bereit und constituirten sich unter dem Vorsitz des Herrn Senator Schröder zu einem provisorischen Komité, um sowohl die weiteren Schritte zur Förderung des Unternehmens selbst, als zur Bildung der beregten Aktiengesellschaft zu berathen und auszuführen.

Das Jahr 1849 war jedoch in der einen, wie in der andern Beziehung kein Günstiges; die zeitweilige Sperrung der Elbe durch Blockade und die allgemeinen politischen Verhältnisse erschwerten die Auswanderung und machten es unwahrscheinlich, eine Expedition von Kolonisten innerhalb der kontraktlich vorgeschriebenen Zeit zu Stande zu bringen. — Herr Senator Schröder richtete deshalb an I. Kgl. Hoheiten das Gesuch, die festgestellten Termine um ein Jahr hinauszuschieben, welches dieselben bereitwillig gewährten, und wurde alsdann am 10. Dezember 1850 das erste Schiff, der »Colon« mit 124 Passagieren von hier direkt nach der neuen Ansiedelung abgefertigt, woselbst inzwischen durch die dahin beorderten Herren Ingenieur Günther und Ed. Schröder (Sohn des Herrn Senator Schröder) die nöthigen Vorkehrungen und Einrichtungen für den Empfang und die Unterbringung der Leute getroffen waren.

Jetzt erst, nachdem in dieser Weise die Ausführung des abgeschlossenen Kontraktes thatsächlich begonnen hatte, und nachdem auch die brasilianische Regierung die zum Gedeihen der neuen Kolonie erforderlich erachteten, vorhin erwähnten Vergünstigungen, in allen Hauptpunkten bereitwillig zugestanden hatte, hielt das Komité es an der Zeit, der beabsichtigten Bildung einer Aktiengesellschaft näher zu treten, und lud alle sich für die Sache der Kolonisation Interessirenden im März 1851 zu einer Versammlung im Konferenzzimmer der Börse ein, in welcher ein Bericht über die bisherige Thätigkeit und die erreichten Erfolge des Komités, so wie ein Statuten-Entwurf vorgelegt, und zur Zeichnung von Aktien aufgefordert wurde. — Die Aktienzeichnung nahm einen so erfreulichen Fortgang, dass bereits am 12. Juni desselben Jahres vom Komité eine Generalversammlung zur definitiven Konstituirung der Gesellschaft, und Wahl einer Direktion berufen werden konnte. — Nach Genehmigung des entworfenen Statuts wurden auf den Vorschlag des Herrn Senator Gust. Godeffroy sämmtliche Mitglieder des bisherigen Komités einstimmig zu Direktoren erwählt, und die Wahl von diesen angenommen.

Während in dieser Weise hier dem Unternehmen eine festere Grundlage gegeben wurde, ward gleichzeitig drüben kräftig für dasselbe gewirkt; nachdem im Mai 1851 das zweite Schiff »Emma und Louise« mit 117 Personen nach der Kolonie abgefertigt war, schritten die Ansiedelungen rüstig vorwärts. — Mit Genehmigung I. Kgl. Hoheiten erhielt die Kolonie den Namen Dona Francisca, und die beabsichtigte Stadtanlage daselbst den Namen Joinville. — Diese Stadt sollte an der äussersten südlichen Spitze der Kolonie, in möglichster Nähe des Saguassu-Sees angelegt werden, um der Kolonie dadurch die bequemste und leichteste Verbindung zu Wasser mit dem Auslande zu sichern; da aber begreiflicherweise nicht mit der Anlage städtischer, sondern ländlicher Grundstücke begonnen werden musste, so wurden die ersten Ansiedelungen an einer etwas höher hinauf am Flusse Caxoeiro belegenen, anfänglich Schrödersort benannten Stelle in Angriff genommen, und zwar an drei sich fächerförmig gegen S. W., W., und N. W. erstreckenden Wegen.

Da inzwischen Herr Ed. Schröder, durch welchen bisher die Leitung der Kolonieangelegenheiten provisorisch besorgt war, wiederholt den Wunsch ausgesprochen hatte, von dort abberufen zu werden, so sah sich die Direktion des Kolonisations-Vereins in die Nothwendigkeit versetzt, einen eigenen Kolonie-Direktor anzustellen; die Wahl für diesen wichtigen Posten, für welchen mehrere Reflektanten konkurrirten, fiel nach vorgängiger Prüfung und reiflicher Ueberlegung auf Herrn Benno von Frankenberg, Hauptmann a. D., und führten die mit demselben angeknüpften Verhandlungen auch zu einer Einigung, in Folge deren sich der Genannte noch i. J. 1851 über Rio Janeiro nach der Kolonie begab. — Als ausführende Beamte wurden dem Direktor ein technischer Inspektor, Herr Pabst, und ein Rechnungsführer, Herr Dr. Haltenhoff beigegeben, welche zusammen mit dem als Ingenieur (für den inzwischen entlassenen Herrn Günther) angestellten Herrn Bauholzer, unter Vorsitz des Direktors als Verwaltungsrath der Kolonie zu fungiren und wichtige Angelegenheiten gemeinsam zu berathen hatten. — Ferner wurde Herr Pastor Hoffmann aus Lübeck, als protestantischer Prediger für die Kolonie angenommen und im Oktober 1851 dahin befördert. Der Schulunterricht wurde anfänglich von Herrn Mörikofer, später von Herrn Auler besorgt, während sich gleichzeitig auch bereits ein Arzt in der Person des Herrn Dr. Krebs, und ein Apotheker, Herr Stellfeld, in der Kolonie niedergelassen hatten.

Nachdem in solcher Weise nach besten Kräften für die geistigen und körperlichen Bedürfnisse der Kolonisten gesorgt war, ging das nächste Streben der Vereins-Direktion dahin, der neuen Niederlassung durch eine praktische, gute Gemeindeverfassung eine recht feste Grundlage zu sichern, und wurde der Direktor der Kolonie beauftragt, mit den Kolonisten hierüber sich in Vernehmen zu setzen, da man hier von der Voraussetzung ausging, dass eine solche Gemeindeverordnung, um recht segensreich zu wirken, in vollem Einverständniss mit und von den Kolonisten selbst, berathen und entworfen sein müsse. — Es zeigte sich jedoch, gegen alle Erwartung, dass eine Einigung unter und mit den Kolonisten über diese Angelegenheit nicht ohne Schwierigkeit zu erzielen war. — Da der Verein, aus dem eben angeführten Grunde, darauf verzichtete, eine Gemeindeordnung für die Kolonie zu oktroyieren, sondern grossen Werth darauf legte, dass eine solche, den eignen Wünschen und Ansprüchen der Kolonisten entsprechend, soweit dies ohne Gefährdung der Interessen und Rechte des Vereins irgend thunlich — abgefasst werde, so hing natürlich das Zustandekommen einer Vereinbarung zum grössten Theil von den Kolonisten selbst ab; aber während ein Theil derselben den Bemühungen des Kolonie-Direktors mit Bereitwilligkeit und gutem Willen entgegenkam, fehlte es auch nicht an widerstrebenden Elementen, welche die Erfolge der Gutgesinnten in selbstsüchtiger Absicht zu paralysieren suchten. — Unter diesen Umständen währte es längere Zeit, bis die gewünschte feste Ordnung der Gemeindeverhältnisse, mit eigner Wahrnehmung der öffentlichen Interessen durch von den Kolonisten selbst gewählte Vertreter, in's Leben gerufen werden konnte, wofür sich dann aber auch das endlich zu Stande gekommene Werk in der erfreulichsten Weise bewährte und gedeihlich weiter entwickelte.

Was wir hier in kurzen Worten über den Ursprung uud den ersten Anfang der Kolonie Dona Francisca zusammengefasst haben, hatte den Unternehmern indessen mehrere Jahre der angestrengtesten Arbeit und Mühe gekostet; es waren so mancherlei Schwierigkeiten zu überwinden, so viele Vorurtheile zu bekämpfen, dass nur das Bewusstsein des hohen Zieles, und die Ueberzeugung des endlichen Gelingens ihnen die nöthige

Energie und Ausdauer zur Weiterführung des einmal angefangenen Werkes verleihen konnte.

So war inzwischen das Jahr 1855 herangekommen; es waren nach und nach 14 Schiffe mit ca. 1600 Personen nach Dona Francisca befördert, und da hiermit die dem Prinzen von Joinville gegenüber eingegangene Verpflichtung erfüllt war, so fielen dem Kolonisations-Verein, in Berücksichtigung, dass von der brasil. Regierung der erbetene Passagezuschuss für Kinder von 5—12 Jahren nicht gewährt war, 9 Quadrat-Lieues Land als freies Eigenthum zu; es war hiermit allerdings ein bedeutender Erfolg erreicht, aber gleichzeitig die baaren Mittel des Vereins völlig erschöpft, da die Kosten der ersten Einrichtungen, die erforderlich gewesenen Passagezuschüsse und Freipassagen für Beamte, die Beschaffung von Lebensmitteln und Sämereien, und die Bestreitung der nothwendigsten Administrations- und Baukosten selbst die sorgfältigsten Voranschläge weit überstiegen hatten, während dagegen der Verkauf der Grundstücke an die Kolonisten meistens auf Kredit erfolgen musste. — Trotz des grossen Werthes, den der erworbene Landbesitz repräsentirte und trotz der bedeutenden Summen, welche die Kolonisten für die ihnen verkauften Grundstücke dem Verein als Hypothek schuldeten, war der Letztere dennoch nahe daran, wegen Mangel an disponiblen Mitteln, die Weiterführung seines Uuternehmens aufgeben zu müssen.

Die Direktion wendete sich unter diesen Umständen an die Kaiserl. Brasil. Regierung und an den Prinzen v. Joinville, als die besonders an einer gedeihlichen Fortentwickelung der Kolonie betheiligten Parteien, und hatte die Genugthuung, auf beiden Seiten nicht nur gerechte Anerkennung der bisherigen Leistungen, sondern auch ein bereitwilliges Entgegenkommen zu kräftiger Unterstützung zu finden. — Es kamen in Folge dessen am 13. Juni 1855 und am 10. März 1856 zwei Verträge mit der Kaiserl. Regierung zu Stande, in welchen der Kolonisations-Verein sich verpflichtete, innerhalb der nächsten 3 Jahre 2,250 Kolonisten einzuführen, die nöthigen Kommunikationswege herzustellen, den Ankömmlingen 8 Tage Lebensmittel, so wie erforderlichen Falles 6 Monate lohnende Arbeit zu geben. — Dagegen machte die Regierung sich verbindlich, dem Verein, welchem die Erfüllung der Verbindlichkeiten Unkosten verursachte, eine nach Verhältniss der einzuführenden Kolonisten normirte, bedeutende pekuniaire Beihülfe zu gewähren, eine katholische und eine protestantische Kirche, so wie die nöthigen Schulhäuser für ihre Rechnung bauen zu lassen, und die Prediger und Elementarlehrer zu besolden; ferner eine fahrbare Strasse über das Gebirge zur Verbindung der Kolonie mit dem Hochlande der Provinz Paraná herzustellen und dem Verein an dieser Strasse bis 250 Millionen Quadratbrassen (ca. 500,000 Morgen) Land zum Preise von ½ Real pr. Quadratbrasse zu überlassen.

Mit Herrn Leonce Aubé, als Bevollmächtigtem Sr. Kgl. Hoheit des Prinzen v. Joinville schloss der Verein unterm 23. November 1855 ebenfalls einen Kontrakt ab, demzufolge Herr Aubé, unter Garantie des Prinzen, sich mit 800 Aktien an dem Verein betheiligte, deren Betrag von 80,000 Thalern durch Ueberweisung von 30,000 Morgen Land á 1 Thaler und durch Baarzahlung von 50,000 Thalern in fünf jährlichen Raten á 10,000 Thaler zu entrichten war; ferner wurde bestimmt, dass eine zwischen dem Prinzen und der Kaiserlichen Regierung abgeschlossene Vereinbarung, ähnlich der obigen zwischen dem Verein und der Regierung geschlossenen, mit allen ihren Rechten und Pflichten auf den Verein übergehen solle, und dass Herr Aubé die obere Leitung der Koloniegeschäfte mit dem Titel als Kolonie-Direktor zu übernehmen habe. — Auf die dem Verein in dem Kontrakte vom Jahre 1849 freigestellte Uebernahme von 12 □Lieues zum Preise von 10 frcs. pr. Hektar verzichtete derselbe.

Durch diese Kontrakte ward der Verein in den Stand gesetzt, sein Unternehmen auf's Neue kräftig zu fördern, da ihm durch dieselben einerseits die nöthigsten pekuniairen Mittel und andererseits ein grosses Areal guten Landes für die neuen Kolonisten gesichert war. — Da gleichzeitig die Verwaltung der Kolonie, in welcher dem Herrn Direktor L. Aubé, jetzt die Herren Fr. Heeren als Inspektor, Dr. Dörffel als Rechnungführer und Wunderwald als Ingenieur zur Seite standen, den tüchtigsten Kräften anvertraut war, während auch die Kaiserliche Regierung durch Bewilligung grösserer Summen zu Vermessungen, Kanalisirungen und Herstellung öffentlicher Gebäude ihr Interesse an dem Unternehmen bekundete und die Wichtigkeit anerkannte, welche dasselbe für die brasil. Kolonisation bereits erlangt hatte, so nahm die Kolonie von Jahr zu Jahr den erfreulichsten Aufschwung.

Am 1. Juni 1857 (Pfingstmontag) fand die feierliche Grundsteinlegung zum protestantischen, am 2. Dezember (des Kaisers Geburtstag) in demselben Jahre, zum katholischen Gotteshause statt. —

Eine Schattenseite der Kolonie, wenngleich aus einer erfreulichen Ursache stammend, bildete bis dahin der stete Wechsel der Aerzte, da der Gesundheitszustand der Kolonisten im Allgemeinen zu gut war, um eine lohnende ärztliche Praxis zu bieten; der Verein suchte diesem Mangel dadurch abzuhelfen, dass er in der Person des Herrn Dr. Engelke einen tüchtigen Arzt hier engagirte und hinübersendete und ihm einen jährlichen Zuschuss aus Vereins-Mitteln bewilligte, wogegen derselbe die Hospital- und Armenpraxis zu übernehmen hatte. Herr Dr. Engelke kam im Oktober 1857 in der Kolonie an, fungirt dort noch heute als Arzt und erfreut sich allgemeiner Beliebtheit. — Gleichzeitig mit Herrn Dr. Engelke wurde als Prediger für die katholische Gemeinde Herr Pastor C. Boegershausen vom Verein angenommen und nach der Kolonie befördert. — Auch dieser hat sich nicht nur in seiner Stellung als Seelsorger, sondern auch als Lehrer der Hauptschule in Joinville die Achtung und Liebe der Kolonisten zu erwerben gewusst, und hat die Kolonie es besonders seinem eben so taktvollen als ehrenwerthen Verhalten zu verdanken, dass Religionsstreitigkeiten, wie solche an Orten mit gemischter Bevölkerung so leicht entstehen, dort wenig oder garnicht vorgekommen sind. Auch Herr Boegershausen ist noch gegenwärtig im Amte.

Für den evangelischen Gottesdienst wurde, nachdem Herr Pastor Hoffmann die Kolonie verlassen, Herr Pastor Hölzel von dem hiesigen Direktor engagirt; derselbe stand seinem Berufe bis zum Jahr 1859 vor, um welche Zeit er ein Engagement nach einer andern Kolonie annahm, und durch Herrn Pastor Stapel, welcher bis dahin als Prediger in der deutschen Gemeinde in Kopenhagen fungirt hatte und durch die politischen Verhältnisse veranlasst war, diese Stellung aufzugeben, ersetzt wurde. Als jedoch Herr Pastor Stapel sich im Mai 1865 entschloss, nach Deutschland zurückzukehren, übernahm Herr Pastor Hölzel die evangelische Pfarre wieder, und steht derselben noch heute vor.

Es sei hier noch einer, ungefähr um dieselbe Zeit gewährten Vergünstigung der Kais. Bras. Regierung gedacht, nämlich der zugestandenen Portofreiheit für die ein- und ausgehende Korrespondenz der Kolonisten mit Europa. — Diese Massregel, wenngleich anscheinend von geringer Wichtigkeit, war und ist noch fortwährend für den Verkehr der Kolonisten mit der früheren Heimath eine grosse Erleichterung, und als solche von nicht zu unterschätzender Bedeutung.

Unter ruhigem Fortschritt der Kolonisation rückte inzwischen das Jahr 1859 und mit ihm der Ablauf des Kontraktes von 1855/56 heran; da die Kolonie voraussichtlich noch für längere Zeit einer kräftigen Unterstützung bedurfte, so beauftragte der Verein seinen Vertreter in Rio de Janeiro, sich rechtzeitig bei der Regierung um die Fortdauer der gewährten Vergünstigung zu bemühen. — Die Regierung antwortete auf dieses Anliegen mit der Entsendung des früheren Ministers Herrn Pedreira de Conta Ferraz nach der Kolonie, welcher sich persönlich von den dortigen Verhältnissen überzeugen und demnächst darüber berichten sollte. Derselbe traf am 28. März 1859 ein und verweilte daselbst bis zum 17. April desselben Jahres, nach einer gründlichen Prüfung den besten Eindruck über die vorgefundenen Zustände mit sich nehmend. — Die Folge dieses Besuches war das Zustandekommen eines neuen günstigen Kontraktes des Vereins mit der Regierung, welcher am 1. Juli 1859 abgeschlossen wurde und im Wesentlichen folgende Bestimmung enthielt:

Der Verein verpflichtet sich, innerhalb der nächsten 5 Jahre 2500 Kolonisten einzuführen und anzusiedeln, für Erhaltung der nöthigen Empfangsgebäude, sowie für einen Arzt und ein Hospital zu sorgen, die nöthigen Fahr- und Landwege anzulegen und stets eine genügende Anzahl vermessener und markirter Grundstüke für ankommende Kolonisten bereit zu halten. — Dagegen bewilligt die Kais. Regierung dem Verein wieder einen Zuschuss zu den Ansiedelungskosten der einzuführenden Kolonisten und eine monatliche Subvention von 3 Contos (ca. 2250 ℳ), welche in einem späteren Zusatzartikel vom 1. Oktober 1860 noch um 15 Contos p. a. erhöht wurde; ferner verpflichtete sie sich, den Bau der grossen Heerstrasse, nach der Hochebene von Paraná mit möglichster Beschleunigung weiter zu führen und hierfür mindestens monatlich 2500 Milr. (ca. 1900 ℳ) zu verwenden, so wie den Betrag von 16 Contos zu kleinen Anleihen an Kolonisten zur Verfügung zu stellen. — Der im vorigen Kontrakte dem Verein freigestellte Ankauf eines grösseren Landquantums an der neuen Strasse, von welchem derselbe bisher keinen Gebrauch gemacht hatte, wurde dem Verein auch ferner offen gehalten.

Während in dieser Weise von der Kaiserl. Brasil. Regierung auf das Umfassendste nicht nur den Bestrebungen des Kolonisations-Vereins Anerkennung gezollt und Rechnung getragen, sondern gleichzeitig für das Wohl der Kolonisten gesorgt wurde, geschah in Deutschland das direkte Gegentheil. — Im November 1859 erliess das preussiche Ministerium plötzlich und unerwartet ein Verbot gegen die Annahme und Beförderung von Passagieren nach Brasilien, und versetzte damit der brasil. Kolonisation einen harten Schlag, indem sie den dort ansässigen Kolonisten die Verbindung mit dem Mutterlande ausserordentlich erschwerte und den Nachzug ihrer Verwandten und Freunde fast unmöglich machte. — Hätte diese harte Massregel nur die nördlichen Provinzen Brasiliens betroffen, deren Klima für den deutschen Landarbeiter allerdings zum Theil verderblich ist, so würde sich dieselbe aus einer zu weit gehenden Fürsorge für die Auswanderer haben erklären lassen, wenngleich es auch dann immerhin auffällig erscheinen musste, dass man gerade Brasilien mit einem Verbot belegte, während man sich im Uebrigen um das Schicksal der Auswanderer nach anderen Ländern durchaus nicht bekümmerte. — Die südlichen Provinzen dieses Landes aber, in welchen, wie allgemein bekannt, das herrlichste Klima herrscht, in welchen mehr als 100000 Deutsche das heimathliche Elend mit Wohlstand und Behaglichkeit vertauscht haben, in diese Präventivmassregel einzuschliessen, erschien so unbillig, dass die Vermuthung nahe lag, es sei vielleicht eine mangelhafte Kenntniss der dortigen Zustände in den Regierungskreisen von Brasilien-feindlicher Seite zur Erlangung des erwähnten Verbotes gemissbraucht. — In Folge dessen fand sich die Vereins-Direktion in Hamburg veranlasst, im Januar 1860 eins ihrer Mitglieder nach Berlin zu senden, um dem Ministerium die Beweise des Wohlergehens der Deutschen in Süd-Brasilien vorzulegen, und von demselben eine Aufhebung des Verbots oder dessen Beschränkung auf die nördlichen Provinzen zu erlangen. Diese, so wie alle späteren Bemühungen von anderen Seiten und von den Kolonisten selbst, blieben jedoch ohne Erfolg und besteht das beregte Verbot nicht nur leider jetzt noch, sondern wird auch mit fast unglaublicher Rigorosität gehandhabt.

Wenn trotz dieser systematischen Anfeindung, welche besonders anfänglich von einem aus brasilianischen Diensten entlassenen Beamten angeregt und geschürt wurde und in den Vertretern des grossen Grundbesitzes, denen jede Auswanderung, durch welche ihnen die billigen Arbeitskräfte entzogen werden, ein Dorn im Auge ist, eifrige Anhänger fand, wenn trotzdem, sagen wir, die Kolonisation der brasilianischen Südprovinzen sich von Jahr zu Jahr gedeihlicher entwickelte, so ist dies wohl der beste Beweis für die solide Basis der dortigen Verhältnisse. — Weitere Beweise hierfür liefert ausserdem die im steten Zunehmen begriffene Anzahl der Deutschen, welche jährlich herüberkommen, um ihre Freunde zu besuchen und geschäftliche Einkäufe zu machen, so wie die mit jeder Post ankommenden Rimessen zur Bestreitung der Passage oder zur direkten Unterstützung der in dürftigen Verhältnissen lebenden Angehörigen wohlhabender brasilianischer Kolonisten. — Hält man mit diesen für sich selbst redenden Thatsachen die Zeugnisse der berühmtesten Reisenden und Gelehrten, wie v. Tschudi, Avé-Lallemant, Prof. Wappäus und vieler andern, zusammen, welche sich sämmtlich auf das Günstigste über Süd-Brasilien aussprechen, und legt dagegen die oft perfiden, zumeist aus pseudonymer Quelle stammenden gehässigen Angriffe in die Wagschale, so kann man sich der Annahme kaum erwehren, dass man sich in den massgebenden Kreisen der besseren Erkenntniss absichtlich verschliesst.

In seinen Bemühungen um Aufhebung des vorerwähnten Verbotes hatte der Kolonisations-Verein auch den Wunsch ausgesprochen, dass die Kgl. Preussische Regierung einen Mann ihres Vertrauens mit einer gründlichen Untersuchung der Zustände in den südbrasilianischen Kolonien beauftragen möge, um sich von dem Wohlergehen der dortigen deutschen Ansiedler persönlich zu überzeugen. Der im Dezember 1860 in Rio angekommene preussische Gesandte Herr von Meusebach scheint auch wirklich einen derartigen Auftrag gehabt zu haben, indem derselbe sich im März des folgenden Jahres auf die Reise begab und am 2. April anscheinend zu obigem Zwecke in der Kolonie Dona Francisca eintraf, leider aber in einem so krankhaften Zustande, dass seine schleunige Rückkehr nach Rio, unter Begleitung des Kolonisten Herrn v. Frankenberg dringend geboten war. Seitdem ist noch einmal, und zwar vom 6. bis 19. Oktober 1866 der Kgl. Preussische Geschäftsträger in Rio, Herr Theodor von Bunsen zu einem Besuche in der Kolonie anwesend gewesen, ob in höherem Auftrage, ist uns nicht bekannt geworden; im Uebrigen ist von der Regierung unseres Wissens Nichts geschehen, um sich über die wahren Zustände in den Kolonien zu belehren.

Wohl darf zugegeben werden, dass es an Missgriffen bei einzelnen Kolonisationsunternehmungen nicht gefehlt hat; dahin gehören u. a. die sogenannten Parceria- oder Halbpachtverträge, welche, auf dem Princip einer Theilung der Ernten beruhend, nur dann für beide Theile ein gutes Resultat haben können, wenn ein redlicher, wohlwollender Herr mit einem braven, nüchternen und fleissigen Arbeiter zusammen trifft; in diesem Falle freilich bietet diese Art der Kolonisation wie die Erfahrung vielfach bewiesen hat, beiden Theilen die allergünstigsten Aussichten; sie erscheint aber trotzdem oder eben desshalb nicht empfehlenswerth, weil ein solches Zusammentreffen zu unsicher ist, und ist daher auch längst aufgegeben. Ferner hat man den Fehler begangen, einzelne Kolonien zu weit nördlich in zu warmem Klima anzulegen und endlich ist man nicht immer vorsichtig genug in der Auswahl der Kolonisten gewesen; man hat zum Theil Leute nach den Kolonien befördert, welche in der Heimath an die Knechtung durch ihre Gutsherren und die Pfaffen gewöhnt, die ihnen plötzlich gebotene persönliche und religiöse Freiheit weder zu würdigen noch zu gebrauchen wussten, und dann — ohne Lust und Liebe zu selbstständiger Arbeit — dem Lande zur Last legten, was ihre Trägheit und ihr Unverstand verschuldeten.

Alle diese einzeln vorgekommenen Uebelstände rechtfertigen aber ein Interdikt gegen ganz Brasilien wohl um so weniger, als wir dieselben Schattenseiten in den zum Theil sehr ungesunden Südstaaten der vielgepriesenen Nord-Amerikanischen Union in viel höherem Grade erblicken können, ohne dass es bisher einer Regierung eingefallen wäre, der Auswanderung dahin ähnliche Schwierigkeiten zu bereiten.

Der Kolonisations-Verein hat übrigens die obigen Klippen sorgfältig zu vermeiden gesucht und hat namentlich stets den Grundsatz festgehalten, dass der ankommende Kolonist durch keinerlei kontraktliche Verpflichtungen in seiner Thätigkeit beschränkt sein darf, sondern unbedingt und mit vollkommener Freiheit über seine Zeit und Kräfte muss verfügen können, welches Princip sich denn auch durch die langjährige Erfahrung vollkommen bewährt hat.

Kehren wir nach dieser Abschweifung zur Geschichte der Kolonie Dona Francisca zurück, so haben wir für die nächsten Jahre und während der Dauer des vorerwähnten Kontraktes mit der Kaiserl. Brasil. Regierung nur einen ruhigen Aufschwung und eine in erfreulicher Weise zunehmende Befestigung der bürgerlichen Zustände in der Kolonie zu konstatiren. — Erwähnenswerth dürften aus dieser Zeit nur folgende, theils den Verein, theils die Kolonie betreffenden Vorfälle sein: Im September 1860 trat Herr Leonce Aubé von der Direktion der Kolonie zurück und ging diese Stellung auf Herrn Louis Niemeyer über; in Folge Domicilveränderung des Ersteren wurden demnächst die auf dessen Namen lautenden 800 Aktien Sr. Kgl. Hoheit des Prinzen von Joinville auf Herrn Ed. Bocher in Paris übertragen. — Im Jahre 1862 gründete der um den Fortschritt der Kolonie in vielfacher Weise wohlverdiente Herr Dr. Dörffel eine Druckerei und eine eigene Zeitung daselbst, welche unter dem Namen »Kolonie-Zeitung« jetzt bereits in ihrem 15. Jahrgange erscheint, und sowohl in geschäftlicher Beziehung, als auch durch Belehrung in landwirthschaftlichen Angelegenheiten und durch belletristische Unterhaltung ein unentbehrliches und segensreich wirkendes Organ geworden ist. — Am 30. September 1863 wurde die protestantische Kirche in Joinville eingeweiht; der Mangel einer Orgel wurde durch ein von dem Kolonisten Herrn Mohrmann der Kirche zum Geschenk gemachtes Orgelharmonium ersetzt, so dass dem Gottesdienste eine erhebende und würdige musikalische Begleitung nicht fehlt. — Die Verwaltung der Kolonie wurde durch Aufhebung des Inspektorpostens vereinfacht.

Die Direktion des Kolonisations-Vereins hatte zwei schwere Verlüste zu beklagen, indem im Jahre 1860 der eigentliche Gründer des Vereins, Herr Senator Chr. M. Schröder und im Jahre 1862 auch Herr G. W. Schröder verstarb, wodurch dem Verein zwei kräftige Stützen entrissen wurden. An Stelle derselben traten später die Herren Hermann Liebich und Rob. M. Sloman in die Direktion ein.

So war unter wechselnden erfreulichen und betrübenden Ereignissen das Jahr 1864 und mit ihm wiederum der Ablauf des 1859 mit der Kaiserl. Brasil. Regierung abgeschlossenen Kontraktes näher gerückt. — Die Kolonie hatte inzwischen einen Standpunkt erreicht, der einerseits alle Zweifel über die Lebensfähigkeit derselben längst beseitigt hatte, während aber andererseits die fortwährend wachsende Ausdehnung des Terrains und die in Folge dessen nothwendigen grossen Strassenanlagen, sowie die Verwaltung u. w. d. a. jährlich ganz bedeutende Summen erforderten. — Auf die Abzahlungen von den Kolonisten auf das ihnen verkaufte Land war noch nicht viel zu rechnen, da die Ernteüberschüsse eine Reihe von Jahren zur Verbesserung und Ausdehnung der Wirthschaft und der Gebäude verwendet zu werden pflegen, und den Leuten ihr gutes Emporkommen durch zu strenges oder zu frühzeitiges Einfordern der Landschulden sehr erschwert sein würde. — Unter diesen Umständen hielt die Direktion des Kolonisations-Vereins es für gerathen, sich auf's Neue mit der Bitte um kräftige Unterstützung an die Kaiserl. Brasil. Regierung zu wenden, bei welcher sie nach deren bisherigem Verhalten eine richtige Würdigung aller einschlagenden Verhältnisse und des vom Verein mit grossen Opfern bereits für die Kolonisation Geleisteten, voraussetzen durfte. — In dieser Erwartuug fand sich die Direktion denn auch nicht getäuscht; die Regierung ging bereitwillig vorerst auf eine Prolongation des am 1. Juli 1864 ablaufenden Kontraktes bis Ende des Jahres und demnächst bis Ende April 1865, ein, während welcher Zeit die Verhandlungen zu einer neuen Uebereinkunft betrieben und auch zum erwünschten Abschluss geführt wurden. — Dieser neue Kontrakt, welcher für die Zeit vom 1. Juli 1865 bis 30. Juni 1870 abgeschlossen ward, enthielt im Wesentlichen folgende Bestimmungen: Die Regierung bewilligte dem Verein eine jährliche Subvention von 60 Contos (ca. 45,000 Thlr.) und verpflichtete sich, eine gleiche Summe auf die Fortführung der grossen Heerstrasse nach dem Hochlande (Dona Francisca-Strasse) zu verwenden; die dem Verein im früheren Kontrakte freigestellte Auswahl von 247 □Kilometer Land zum Preise von ½ Real pr. 4^{84} □Kilometer, von welcher derselbe bis jetzt keinen Gebrauch gemacht hatte, blieb ihm auch ferner reservirt. Dagegen musste der Verein sich verpflichten, jährlich 1000 Kolonisten einzuführen, den Passagepreis nicht über 45 $ zu stellen, jährlich wenigstens 10 Contos auf die Anlage neuer Fahrstrassen zu verwenden, die Verwaltung des Baues der Dona Francisca-Strasse zu übernehmen und auf der Hochebene eine Viehzuchtkolonie zu gründen, in welcher jährlich 300 Kolonisten angesiedelt und 2 Contos für Einführung guter Viehracen angelegt werden sollten.

So dankbare Anerkennung die dem Verein durch dieses Abkommen gewährten grossen Vergünstigungen und die gleichzeitig den Kolonisten gewidmete Sorgfalt verdienten, so konnte die Direktion des Kolonisations-Vereins den Abschluss doch nur mit getheilten Empfindungen begrüssen, weil es für sie ein drückendes Gefühl sein musste, Verpflichtungen einzugehen, deren Erfüllung zum Theil im Voraus fast als unmöglich bezeichnet werden durften. Dahin gehörte die Einführung einer so grossen Anzahl Kolonisten, so lange das vorerwähnte Verbot in Preussen bestand, und die Gründung der Viehzuchtkolonie auf der Hochebene, so lange die in Bau begriffene grosse Strasse nicht faktisch bis dahin vollendet war.

Auf die Mittheilung dieser Bedenken an den Agenten in Rio, welcher die Verhandlungen mit der Kaiserl. Regierung leitete, erwiderte derselbe, dass Letztere gerade diese beiden Punkte zur conditio sine qua non gemacht habe, und blieb daher der Vereins-Direktion nichts anders übrig, als sich dieselben gefallen zu lassen, in der Hoffnung, dass es ihr noch gelingen werde, die Zurücknahme des preussischen Verbotes zu erreichen, und dass mit den bewilligten doppelten Mitteln für die Dona Francisca-Strasse die Fortführung derselben bis auf die Hochebene in kürzester Frist möglich zu machen sein werde. — Diese Voraussetzungen trafen aber leider nicht ein, der Verein konnte in Folge dessen die beiden vorerwähnten Bedingungen nicht erfüllen, und die Kaiserl. Regierung fand sich nach Ablauf des ersten Kontraktjahres veranlasst, die Zahlung der Subvention zu sistiren. Es gelang freilich den ernstlichen Vorstellungen des Vereins-Agenten in Rio eine vorläufige Zurücknahme dieser Massregel und die Weiterzahlung der Subvention bis Ende 1866 zu erwirken, aber während der hierüber geführten Verhandlungen verfiel derselbe einer schweren Krankheit, welcher er am 23. Dezember 1866 erlag. — Inzwischen hatte sich der Direktor der Kolonie, Herr Louis Niemeyer, auf die Nachricht von der Erkrankung des Agenten sofort persönlich nach Rio begeben, woselbst er kurz vor dem Tode des Letzteren eintraf und die schwebenden Verhandlungen aufnahm. Seinen angestrengten Bemühungen gelang es denn auch, unter Aufhebung des letzten Kontraktes eine neue Vereinbarung auf 5 Jahre, vom 1. April 1867 bis dahin 1872 zu Stande zu bringen, welcher zufolge die Zahl der jährlich einzuführenden Kolonisten von 1000 auf 400 reducirt und die Verpflichtung zur Gründung der Viehzuchtkolonie aufgehoben wurde. Dem entsprechend wurde freilich auch die dem Verein zu gewährende Subvention von 60 auf 36 Contos herabgesetzt, dagegen aber übernahm die Regierung die Verpflichtung, dem Verein den Unterschied zwischen den Ueberfahrtspreisen nach Nord-Amerika und nach Brasilien zu vergüten, um denselben in den Stand zu setzen, mit ersterem Lande konkurriren zu können. — Durch diese Uebereinkunft war einerseits allen billigen Ansprüchen des Vereins genügt, und andererseits für die Bedürfnisse der Kolonie wieder auf mehrere Jahre gesorgt. — Ueber den Fortschritt der Kolonie während dieser Periode dürften folgende Vorkommnisse der Erwähnung werth sein: Am 2. Dezember 1865 ward das Logengebäude der Freimaurerloge »Deutsche Freundschaft zum südlichen Kreuze« gerichtet; — im Anfange des Jahres 1866 ward die Kolonie, — bisher zum Municipium von Saõ Francisco gehörig, — zu einem selbstständigen Municipium erhoben, unter der Bedingung jedoch, sich ein eigenes Municipalgebäude erbauen zu sollen; da hierzu die Mittel nicht vorhanden waren, auch abseiten der Vertreterschaft der Grundeigenthümer, welche befürchteten, unter der neuen Verwaltungsform ihre Interessen weniger gut gewahrt zu sehen, als in der bisherigen Weise, einige Opposition gemacht wurde, so kam diese wohlwollende Verfügung der Regierung erst im Jahre 1868 und nachdem die Letztere auf die Erbauung des Municipalgebäudes durch die Kolonisten verzichtet hatte, zur Ausführung; am 7. und 8. September desselben Jahres fand die Wahl der Beamten (Municipalkammer) und am 7. Januar 1869 deren Beeidigung statt; unter den mancherlei Vortheilen dieser Neuerung sind besonders die damit verbundene freie Verfügung über die Kommunalsteuern und die selbstständige Gerichtsbarkeit hervorzuheben. — Durch ein Dekret vom 9. März 1866 ward Herr Pastor Boegershausen zum lebenslänglichen Lehrer an der Knabenschule zu Joinville ernannt welcher derselbe bereits seit 7 Jahren ohne feste Anstellung vorgestanden hatte. Laut Verfügung der Regierung vom 3. Januar 1867 wurde in der Kolonie eine Postagentur errichtet; als Beweis, dass der dortige Verkehr diese Massregel vollkommen rechtfertigte, mag beispielsweise erwähnt werden, dass vom 1. Januar bis 1. Juli 1869 durch die Agentur bereits 3,440 eingehende und 4,702 ausgehende Poststücke befördert wurden. — Im Jahre 1868 hatte der Verein die Freude, seine seit langen Jahren unablässig betriebenen Bemühungen, im Hafen von Saõ Francisco statt der bisherigen Zollabfertigungsstelle (Meza de Rendas) für Passagiere und deren Effekten, ein förmliches Zollamt (Alfandega) zu erhalten, von Erfolg gekrönt zu sehen, indem durch Dekret vom 25. März 1868 Saõ Francisco zum Zollhafen 6. Klasse, in gleichem Range mit Desterro, erhoben und im Dezember desselben Jahres als solcher eröffnet wurde. *) — Das Jahr 1868 bot ferner zum ersten Male die erfreuliche Erscheinung, dass die Ausfuhr der Kolonie (ca. 206 Contos) die Einfuhr (ca. 182 Contos) um 24 Contos oder ca. 18,000 $ überstieg; dieses Verhältniss wiederholte sich in den folgenden Jahren

1869 —	225	Contos	Ausfuhr	gegen	200	Contos	Einfuhr
1870 —	230	»	»	»	215	»	»
1871 —	230	»	»	»	220	»	»
1872 —	280	»	»	»	260	»	»
1873 —	350	»	»	»	320	»	»
1874 —	370	»	»	»	330	»	»
1875 —	335	»	»	»	327	»	»
1876 —	330	»	»	»	315	»	»

*) Leider ist es in der neuesten Zeit den Intriguen abseiten benachbarter Häfen, welche den Aufschwung des Hafens von Saõ Francisco mit Neid betrachteten, gelungen, eine Rücknahme dieser Vergünstigung von der Regierung zu erlangen, obgleich die Zollstätte im vor. Jahre bei einem Aufwande von ca. 12 Contos eine Einnahme von ca. 25 Contos, also etwa 13 Contos Ueberschuss erzielte. — Durch ein Dekret der Regierung wurde Saõ Francisco im Jahre 1876 wieder zur Meza de Rendas, freilich mit einigen speciellen Vergünstigungen, deklarirt und dadurch der Kolonie Dona Francisca ein harter Schlag gegeben.

und ist mithin wohl als ein bleibendes anzusehen, welches am Besten geeignet ist, von dem Aufschwung der Kolonie Zeugniss abzulegen. — Getreu seinem Programm war der Kolonisations-Verein stets bestrebt, der Kolonie Dona Francisca ihren rein deutschen Charakter zu bewahren und die Lösung der Bande, welche die Kolonisten mit ihrem alten Vaterlande verknüpfen, möglichst zu verhüten; besonders angenehm musste ihm daher die Erfahrung sein, dass dieses Streben nicht vergeblich gewesen sei; wie schon früher bei den Ereignissen in Schleswig-Holstein, so gab auch wieder der deutsch-französische Krieg den Kolonisten Veranlassung ihre Anhänglichkeit und Theilnahme für die deutschen Brüder zu bethätigen; eine Sammlung für die Verwundeten und die Hinterbliebenen der Gefallenen ergab den für die dortigen Verhältnisse recht bedeutenden Ertrag von Reis 1,023,000, welcher den betreffenden Komités in Berlin übermacht wurde, ferner gaben die Kolonisten ihrer Freude über den glücklichen Ausgang des Krieges durch eine am 30. April 1871 veranstaltete erhebende Friedensfeier noch besonderen Ausdruck. — Die diesseitigen Regierungen nahmen leider eine entgegengesetzte Haltung ein, indem die Bemühungen der in Süd-Brasilien ansässigen Deutschen, eine Aufhebung des mehrerwähnten preussischen Verbotes vom Jahre 1859 zu erlangen, vergeblich blieben, und selbst eine zu dem Zwecke eingereichte, mit mehr als 800 Unterschriften deutscher Ansiedler versehene Bittschrift, an das preussische Ministerium von diesem einfach ablehnend beantwortet wurde. —

Den vorstehend mitgetheilten erfreulichen Ereignissen gegenüber blieben der Kolonie aber auch Prüfungen und Verluste nicht ganz erspart; so erlitt namentlich der Verein und die Kolonie einen schmerzlichen Verlust durch den am 3. Dezember 1868 erfolgten Tod des seit November 1853 in der Kolonie ansässigen, um die Erforschung der Umgegend und der besten Richtung für die Dona Francisca-Strasse wohlverdienten, auch in Anerkennung seiner Leistungen von der Regierung mit dem Rosenorden dekorirten Ingenieurs Herrn A. Wunderwald, von den Kolonisten der «Pfadfinder» genannt. — Ferner war der fünfjährige, im März 1870 beendete Krieg zwischen Brasilien und Paraguay insofern von störendem Einfluss auf die Entwickelung der Kolonie, als derselbe lähmend auf die Finanzen des Kaiserreichs einwirkte und dadurch eine zweijährige Unterbrechung im Bau der Dona Francisca-Strasse herbeiführte, so wie auch, wegen häufiger Verwendung der Küsten- und Post-Dampfschiffe für Kriegszwecke, die Postverbindung während dieser Zeit eine äusserst mangelhafte war.

Wie der geneigte Leser bereits bemerkt haben dürfte, haben wir in unserer Darlegung der Geschichte der Kolonie Dona Francisca die vom

Kolonisations-Verein mit der Kaiserl. Brasil. Regierung von Zeit zu Zeit abgeschlossenen Kontrakte gleichsam als Hauptabschnitte in der Entwickelungsperiode der Kolonie angenommen und an die Mittheilung der betreffenden Abschlüsse demnächst die Ereignisse der entsprechenden Periode angeknüpft. — Mit dem Jahre 1871 sind wir wieder bei einem solchen Abschnitt angelangt, und die Vereins-Direktion hatte sich bei dem im April des Jahres 1872 erfolgenden Ablauf des letzten Kontraktes rechtzeitig die Frage vorzulegen, ob die Kolonie bereits den Standpunkt erreicht habe, um der Hülfe des Vereins entbehren zu können und sich selbst überlassen zu werden? — Hinsichtlich der bereits ansässigen Kolonisten durfte diese Frage wohl bejaht werden; anders aber stand die Sache, wenn der Verein fortfahren sollte, neue Kolonisten anzunehmen und zu befördern, wie solches von der Regierung und von den Kolonisten gewünscht wurde, auch zum ferneren gedeihlichen Aufschwung der Kolonie erforderlich schien und deshalb im allseitigen Interesse lag. Die Einwanderung bedingt einen gewissen Verwaltungsapparat und bringt ausserdem grosse Kosten für Empfang, Transport, Landvermessungen und Strassenanlagen mit sich, welche die Kolonisten nicht aus eigenen Mitteln bestreiten können. Die Direktion des Vereins hielt es in Erwägung dieser Umstände für angemessen, durch ihren Vertreter in Rio noch einmal um eine Unterstützung ihres Unternehmens durch Gewährung einer Subvention nachzusuchen und fand bei der Kaiserlichen Regierung auch dieses Mal ein bereitwilliges Entgegenkommen, in Folge dessen am 30. Dezember 1871 ein neuer Kontrakt unterzeichnet wurde, welcher auf 10 Jahre, vom 1. April 1872 bis dahin 1881, abgeschlossen, aber nach Ablauf der ersten 5 Jahre einer Revision und event. einer Kündigung unterworfen sein soll. — Dieser neuen Uebereinkunft zufolge zahlt die Regierung dem Verein eine jährliche Subvention von 70 Contos, und ausserdem wieder den Unterschied zwischen den Passagekosten nach Nord-Amerika und nach Brasilien. Die Regierung verspricht auch ferner wie bis dahin mindestens 5 Contos monatlich auf den Weiterbau der Dona-Francisca-Strasse zu verwenden, und stellt dem Verein die von demselben bis jetzt nicht reklamirten 247 □Kilometer Land auf der Hochebene ferner zur Verfügung; der Kaufpreis für dieses Land soll mit ½ Real für je 4,84 □Meter in den ersten 3 Monaten jeden Jahres nach Verhältniss der im vorhergehenden Jahre an Kolonisten ausgewiesenen und verkauften Grundstücke unter Beifügung einer Specialkarte an die Regierung in Rio entrichtet werden. — Dagegen soll der Verein während der Dauer des Kontraktes jährlich 1000 Kolonisten nach der Kolonie befördern, auf die Anlegung neuer Fahrstrassen jährlich mindestens 9 Contos verwenden u. s. w. — Wieder hatte der Verein also hinsichtlich der Anzahl der zu befördernden Kolonisten eine Verpflichtung einzugehen, welche als unerfüllbar bezeichnet werden musste, so lange das Annahmeverbot in Preussen bestand. Um indessen Nichts zu versäumen, was zu einer Aufhebung des Letzteren gethan werden konnte, unternahm ein Mitglied der hiesigen Direktion im März 1872 zum zweiten Male die Reise nach Berlin, um sich für diesen Zweck persönlich zu verwenden, jedoch auch dieses Mal ohne Erfolg; das preussische Ministerium lehnte die Angeleheit mit dem Bemerken ab, dass die Auswanderung zum Ressort der Reichsgesetzgebung gehöre, und das Reichskanzleramt behauptete dagegen, dass von seiner Seite das betreffende Verbot nicht erlassen sei, mithin auch nicht aufgehoben werden könne. — Die brasil. Regierung, von welcher zunächst gegen die für sie kränkenden Massregeln der diesseitigen Behörden Schritte hätten erwartet werden dürfen, verhielt sich unthätig, wohl in dem stolzen Bewusstsein, dass ihre stets bewiesene Sorgfalt für die Kolonisten und das thatsächliche Wohlbefinden der Letzteren schliesslich doch die verdiente Anerkennung finden müsse. Diese Ansicht hat allerdings ihre volle Berechtigung, aber bis zur Verwirklichung derselben wird die für Brasilien so wichtige Kolonisation fortwährend empfindlich geschädigt, und wäre es deshalb gewiss wünschenswerth, dass von der brasil. Regierung selbst Vorstellungen bei den deutschen Behörden erhoben würden, um so mehr, als die drüben bereits ansässigen Kolonisten, also ihre nunmehrigen Landeskinder, am meisten durch die Erschwerung des Nachzugs ihrer Landsleute und des Verkehrs mit dem Mutterlande zu leiden haben. — Wenngleich die brasil. Regierung aber, wie gesagt, sich zu direkten Schritten in dieser Angelegenheit nicht veranlasst fand, so trug sie doch der schwierigen Lage des Kolonisations-Vereins insofern Rechnung, als sie auf dessen Ansuchen die Zahl der zu befördernden Kolonisten von 1000 auf 700 pr. Jahr reducierte und ferner durch Dekret vom 25. November 1874 den zu vergütenden Passagebeitrag angemessen erhöhte. — Unter diesen Verhältnissen hofft der Verein seine kontraktlichen Verpflichtungen vollkommen erfüllen zu können.

Die Leitung des Baus der Dona Francisca-Strasse war seit dem Abschluss des letzten Kontraktes von der Kaiserlichen Regierung dem Ingenieur Herrn Ed. José de Moraes übertragen, welcher sich der Sache nicht nur mit besonderem Eifer annahm, sondern auch in einer gründlich motivirten Eingabe der Regierung den Nachweis lieferte, dass es in deren eignem Interesse liege, die Verwendungen für diesen Bau zu erhöhen, um einerseits gute Arbeiter dauernd beschäftigen zu können, und andererseits die sich gleichbleibenden Kosten für Administration und für Erhaltung des fertigen Theils der Strasse in ein günstigeres Verhältniss zu dem Gesammtaufwand zu stellen. — Die Regierung unterzog diese Vorstellung einer gründlichen Prüfung und erkannte die Richtigkeit derselben dadurch an, dass sie durch Dekret vom 20. Oktober 1873 die Subvention auf 8 Contos und im April 1874 sogar auf 10 Contos monatlich (ca 90,000 ℳ pro anno) erhöhte. — Dank dieser weisen Massregel wird denn auch der schwierigste und kostspieligste Theil des Baues bis zur Encruzilhada oder Wasserscheide in Kurzem vollendet sein, und kann der Bau von dort an bedeutend schneller und sicherer fortschreiten. Im April 1874 ging die obere Leitung des Baus wegen Versetzung des Herrn Moraes auf Herrn Etienne Donat über, welcher sich der Förderung des Unternehmens bis jetzt ebenfalls mit Eifer und Geschick angenommen hat.

In der Kolonie Dona Francisca machte sich inzwischen bereits ein fühlbarer Mangel an disponiblen Ländereien für die neu ankommenden Kolonisten geltend; die Ingenieure des Vereins hatten freilich bereits die nöthigen Untersuchungen auf der Hochebene angestellt und auch das dem Verein kontraktlich zustehende Quantum von 247 □Kilometer ausgewählt, da die Abschlussverhandlungen sich indessen unerwartet in die Länge zogen, so fand sich die Vereins-Direktion veranlasst, ein vorläufiges Abkommen mit dem Bevollmächtigten Sr. Kgl. Hoheit des Prinzen von Joinville auf Ueberlassung eines Terrains in dessen Gebiet an der Serra-Strasse zu treffen, so wie auch die Offerten einiger Aktionaire, das ihnen gegen ihre Aktien früher ausgewiesene Land gegen eine mässige Entschädigung zurückgeben zu wollen, anzunehmen. — Da durch diese Massregeln indessen dem Bedürfniss für die Ankömmlinge nur theilweise genügt werden konnte, so sah sich die Kolonie-Direktion schliesslich gezwungen, das auf der Hochebene von S. Bento ausgewählte Land im Jahre 1873 faktisch in Angriff zu nehmen, ohne die Beendigung der mit der Besitznahme verbundenen Formalitäten abzuwarten. Die Kaiserliche Regierung hat dies Verfahren stillschweigend gutgeheissen und wurden von dem Lande in den Jahren 1873/74 33,297,897 □Meter vermessen, kartirt und an Kolonisten überwiesen, so wie der kontraktlich festgestellte Kaufpreis hierfür mit Milreis 3439,865 vom Verein an die Regierung bezahlt. Die Ansprüche einiger Brasilianer, welche Besitztitel auf einen Theil dieses Landes von der Provinzpräsidentur in Paraná zu haben behaupteten, wurden durch den von der Kaiserlichen Regierung mit der Untersuchung der Sache betrauten Ingenieur Herrn Miguel de Teive e Argollo, im April 1875 abgefunden, und geht die junge Kolonie allem Anschein nach einer glücklichen Zukunft und schnellen Entwickelung entgegen.

Es bleibt uns noch zu erwähnen übrig, dass die Kolonie am 28. Juni 1873 den Verlust ihres Direktors, Herrn Louis Niemeyer, zu beklagen hatte, und dass seit Anfang Juli 1875 Herr Fr. Brüstein diese Stelle bekleidet, nachdem in der Zwischenzeit die Leitung der sämmtlichen Geschäfte von Herrn Dr. O. Dörffel allein mit anerkennenswerther Umsicht und Energie geführt war.

Hiermit glauben wir den Ueberblick über die Entstehung und Wirksamkeit des Kolonisations-Vereins von 1849 schliessen zu können, und wollen nunmehr nur noch einen kurzen Bericht über die erreichten Erfolge, und über die jetzigen Verhältnisse der von demselben gegründeten Kolonie Dona Francisca geben, wobei wir, so weit möglich, unsere Mittheilungen mit Zahlen belegen werden.

Der Hauptort der Kolonie, Joinville, liegt auf 26° 18' 56" südlicher Breite und 52° 8' 54" westlicher Länge von Paris. Die neuerdings in Angriff genommene Anlage auf der Hochebene von Saõ Bento liegt einige Meilen westlich von Joinville.

Die Einwohnerzahl hat sich stetig gehoben und betrug in den Jahren:

1856	1,428	Pers.	1861	3,050	Pers.	1866	4,475	Pers.	1871	6,671	Pers.
1857	1,700	»	1862	3,675	»	1867	4,667	»	1872	6,810	»
1858	2,250	»	1863	4,120	»	1868	5,237	»	1873	7,558	»
1859	2,475	»	1864	4,263	»	1869	6,185	»	1874	7,860	»
										incl. Saõ Bento.	
1860	2,885	»	1865	4,275	»	1870	6,452	»	1875	8,155	Pers.

1876 9,298 Pers. (incl. 1,158 in Saõ Bento) wovon 4,974 männl. u. 4,324 weibl. Geschlechts, u. 2,952 d. kathol. 6,346 d. protest. Kirche angehörten.

Der Gewinn der brasil. Kolonisation durch die Bemühungen des Vereins ist indessen hiernach nicht zu beurtheilen, sondern bedeutend höher anzuschlagen, da sich immer eine Anzahl Kolonisten findet, welche es vorzieht, sei es vorübergehend oder bleibend, weiter in's Inland zu ziehen, wie denn z. B. allein in der Umgegend von Curitiba thatsächlich bereits mehr als 1000 Deutsche ansässig sind, welche meistens von der Kolonie aus dorthin übersiedelten.

Das Klima der Kolonie Dona Francisca ist, wie schon Eingangs erwähnt, sehr gesund und dem Deutschen besonders zusagend. Ueber die Temperaturverhältnisse liegen uns genaue Beobachtungstabellen verschiedener Jahrgänge vor, welche folgenden Durchschnitt nach Réaumur ergeben.

	Sommer			Herbst		
	Januar	Februar	März	April	Mai	Juni
früh (Sonnenaufgang)	17° 28	17° 18	16° 16	14° 32	11° 65	11° 22
Mittags 12 Uhr	24° 85	23° 91	22° 88	21° 33	17° 84	16° 91
Abends 9 Uhr	18° 48	18° 46	17° 65	16° 16	13° 60	13° 03
Durchschnitt	20° 20	19° 85	18° 90	17° 27	14° 36	13° 72

	Winter			Frühling		
	Juli	August	Sept.	Oktober	Novbr.	Dezbr.
früh (Sonnenaufgang)	9° 65	11° 79	12° 42	14° 05	14° 77	16° 22
Mittags 12 Uhr	15° 74	17° 02	17° 98	20° 48	22° 45	24° 30
Abends 9 Uhr	11° 57	12° 96	13° 55	15° 22	16° 09	17° 74
Durchschnitt	12° 32	13° 92	14° 65	16° 58	17° 77	19° 42

Es verdient bemerkt zu werden, dass die Temperatur in den Sommermonaten, durch regelmässig eintretende Seewinde gemässigt wird und die Wärme deshalb nie so drückend erscheint, als bei gleicher Höhe im Innern Deutschlands.

Hinsichtlich der Witterung ergab eine zehnjährige Beobachtung folgendes Durchschnittsresultat:

	Januar	Februar	März	April	Mai	Juni
regenfreie Tage	14	11	13	19	21	22
veränderlich	12	11	11	8	5	3
Regentage	5	6	7	3	5	5
Gewitter	8	9	9	5	2	2
	Juli	August	Sept.	Oktober	Novbr.	Dezbr.
regenfreie Tage	21	20	16	15	17	16
veränderlich	5	4	9	8	8	12
Regentage	5	7	5	8	5	3
Gewitter	5	5	5	6	6	7

Diesen günstigen klimatischen Verhältnissen entsprechend, ist denn auch der Gesundheitszustand der Kolonisten im Allgemeinen als sehr zufriedenstellend zu bezeichnen. Gefährliche epidemische Krankheiten sind bis jetzt nicht vorgekommen.

Als fernerer Beweis für die Zuträglichkeit des Klimas, möge hier noch eine Zusammenstellung der Geburten und Sterbefälle der letzten Jahre Platz finden. Es fanden statt:

	Geburten	Todesfälle		Geburten	Todesfälle
1867	206	39	1872	227	87
1868	234	72	1873	315	208
1869	233	86	1874	347	93
1870	254	84	1875	436	101
1871	209	88	1876	402	124

Die grössere Sterblichkeit des Jahres 1873 hatte ihren Grund darin, dass an Bord von zwei nach der Kolonie bestimmten Schiffen schwere Krankheiten (Blattern und Cholera) unter den Passagieren ausgebrochen waren, denen noch eine Anzahl derselben nach ihrer Ankunft erlagen.

Ehen wurden in den letzten Jahren geschlossen: 1872: 40, 1873: 60, 1874: 62, 1875: 101, 1876: 56.

Die Zahl der in der Kolonie von Europa angekommenen Einwanderer, zeigt in den verschiedenen Jahren sehr grosse Unterschiede, welche theils in den diesseitigen politischen und volkswirthschaftlichen Zuständen, theils in dem mehr oder minder heftigen Auftreten der Opposition gegen die brasil. Kolonisation begründet waren, und wiederum die aus der vorstehenden Bevölkerungsstatistik ersichtlichen Unterschiede in der Zunahme der Einwohnerzahl zur Folge hatten.

Es wurden vom Kolonisations-Verein direkt von Hamburg nach der Kolonie befördert im Jahre:

1850	1 Schiff m.	24 Pers.	1859	3 Schiffe m.	357 P.	1868	6 Schiffe m.	498 P.
1851	3 » »	274 »	1860	4 » »	628 »	1869	7 » »	763 »
1852	4 » »	435 »	1861	4 » »	272 »	1870	2 » »	220 »
1853	3 » »	184 »	1862	4 » »	528 »	1871	4 » »	320 »
1854	3 » »	524 »	1863	4 » »	396 »	1872	7 » »	530 »
1855	3 » »	239 »	1864	3 » »	91 »	1873	5 » »	1,200 »
1856	4 » »	455 »	1865	2 » »	214 »	1874	2 » »	164 »
1857	5 » »	579 »	1866	3 » »	82 »	1875	1 » »	40 »
1858	3 » »	245 »	1867	3 » »	137 »	1876	5 (4 Dpfsch.)	867 »

1877: in 6 Dampfschiffen 899 Personen.

Ausser diesen direkt von hier nach der Kolonie beförderten Kolonisten kamen zu verschiedenen Zeiten auch kleinere Gesellschaften von Einwanderern über Rio Janeiro und andere Häfen daselbst an.

Die Verwaltung der Kolonie wird durch eine vom Verein ernannte Direktion, und durch die aus freien Wahlen der nationalisirten Bewohner gebildeten Municipalkammer geleitet; während die Direktion die Interessen des Kolonisations-Vereins vertritt, für die Anlage der erforderlichen neuen Wege die Vermessung, Markirung und den Verkauf der Grundstücke, die Einziehung der Ausstände des Vereins, die Führung der Kataster, den Empfang und die Ansiedelung neuer Kolonisten zu sorgen, so wie die Erfüllung der Kontrakte mit der Regierung, so weit sich solche direkt auf die Kolonie beziehen, zu überwachen hat, wird die Leitung aller sonstigen Kommuneangelegenheiten, die Erhaltung der Strassen, die Veranlagung und Erhebung von Steuern u. w. d. a. durch die Municipalkammer besorgt, zu welchem Zwecke die Kolonie in bestimmte Distrikte getheilt ist, welche je Einen Vertreter für die Kammer zu wählen haben.

Das Beamtenpersonal der Kolonie, welches zum Theil vom Verein, zum Theil von der Provinzialregierung angestellt und besoldet wird, besteht zur Zeit aus folgenden Personen: Herren Fr. Brüstlein Direktor, — Dr. O. Dörffel, deutscher Consul, Buch und Rechnungsführer, — Pastor Boegershausen, kathol. Pfarrer und Lehrer der öffentlichen Schule in Joinville, — Pastor Hölzel, evang. Prediger, — Dres. Wigand Engelke und

Phil. Wolff, Aerzte, — Albert Kröhne, Ingenieur, — C. A. Härtel, Kanzlist, — C. Lange, Postagent und Theod. Leipnitz, Hospitalwärter. — Im Hafen von Saõ Francisco wird die Kolonie-Direktion durch Herrn Aug. César da Fonseca Ozorio vertreten.

Die Ausdehnung der kultivierten Ländereien der Kolonie beträgt bis jetzt 12,526 Hektaren, ausser etwa 18,000 Hektaren gerodeten und in Vorbereitung begriffenen Landes. Die Bearbeitung des dem Urwalde abgewonnenen Bodens geschieht in der ersten Zeit, bis zur erfolgten Ausrodung der grösseren Baumwurzeln, noch in der landesüblichen Weise mit Spaten und Hacke; der Ansiedler sucht aber sein Land, so weit die Art der Bebauung desselben es wünschenswerth erscheinen lässt, baldmöglichst dem Pfluge zugänglich zu machen, und wird bereits ein bedeutendes Terrain in dieser Weise durch 120 Pflüge bestellt.

Die Bodenkultur erstreckt sich besonders auf folgende Erzeugnisse: Kaffe, Zucker, Reis, Mais, Taback, schwarze Bohnen, Arrowroot, (Pfeilwurz), Mandioca und Kartoffeln, ausserdem gedeihen bei richtiger Behandlung und Pflege Ananas, Ricinus, Ingwer, Indigo, chin. Thee, sowie fast alle europäischen Gemüse, Küchenkräuter, Getreide und Obstarten. Wiederholte Versuche mit der Anpflanzung von Baumwolle haben ergeben, dass solche zwar sehr gut wächst, dass aber die Ernte unsicher ist, weil die Frucht zur Zeit der Reife häufig sehr durch Regen zu leiden hat. — Bananen, Orangen, Wein und Pfirsiche werden von den Kolonisten mit Vorliebe gezogen und aus den Orangen ein wohlschmeckender Wein gewonnen.

In der neuen Anlage von Saõ Bento gedeihen besonders die europäischen Getreidearten sehr gut, und hat der Verein nicht unterlassen, durch Aussendung guter Sämereien diesen Kulturzweig zu fördern. —

Die Fabrik- und landwirthschaftlichen Etablissements der Kolonie haben mit der Ausdehnung der Kulturen Schritt gehalten und umfassten bei der letzten Aufnahme: 6 Stampfen, 11 Wassermühlen und 118 andere Triebwerke und Mühlen. — Davon wurden 7 Anlagen durch 5 Dampfmaschinen mit nominell 65 Pferdekraft und 111 Werke durch 193 Thiere bewegt.

Auch in industrieller Beziehung ist die Kolonie von Jahr zu Jahr erfreulich fortgeschritten und hat sich für ihre Erzeugnisse bereits vielfache Anerkennung und in Folge dessen einen recht ansehnlichen Absatz nach Auswärts erworben.

Einen recht einträglichen Erwerbszweig für die Kolonisten bildet die Holzsägerei und der damit verbundene Handel; derselbe hat freilich in den letzten Jahren bedeutend abgenommen, aber wohl nicht zum Schaden der Kolonie, da durch diese Beschäftigung zu viele Hände dem Landbau entzogen wurden, und der Kolonist eine, wenn auch nur zeitweilige Vernachlässigung seines Grundstückes immer nur sehr mühsam wieder einzuholen vermag.

Die Ausfuhr von der Kolonie, welche, wie vorerwähnt, im Jahre 1875 den Betrag von ca. Milreis 335,000 (ca. ℳ. 700,000) erreichte, bestand hauptsächlich in geschnittenen Hölzern, Zucker, Branntwein, Butter, Arrowroot, Reis, Taback, Cigarren, Holz- und Korbmöbeln, Leder, Schuhzeug, Wäsche, Wagen, Schmiede-, Schlosser-, Sattler-, Klempner- und Drechslerarbeiten, Kalk, Mauersteinen und Dachziegel, wogegen die Einfuhr zum ungefähren Belaufe von Milreis 327,000 (ca. ℳ. 680,000) sich besonders auf Rohstoffe für die verschiedenen Industriezweige, Manufakturwaaren, Mehl, Fleisch, Petroleum und Vieh erstreckte.

Die Viehzucht in der Kolonie blieb längere Zeit hinter den gehegten Erwartungen zurück, wohl hauptsächlich in Folge ungenügender Weideländereien, und hat auch jetzt noch nicht den Umfang erreicht, welchen wir als wünschenswerth erachten; gleichwohl hat der Viehbestand jährlich zugenommen, und hoffen wir namentlich von der neuen Anlage in Saõ Bento demnächst in dieser Beziehung günstige Resultate zu erlangen. Die letzte Zählung ergab: 980 Pferde, 1900 Stück Rindvieh, 201 Ziegen, 175 Schafe, 3414 Schweine, 116 Maulthiere, ca. 26,000 Stück Geflügel und 454 Bienenstöcke. Versuche mit der Züchtung einer in der Kolonie vorkommenden Seidenraupe, auf welche anfänglich grosse Hoffnungen gesetzt wurden, haben sich nicht bewährt.

Nachdem die Kolonie schon auf der im Jahre 1866 in Rio de Janeiro stattgehabten grossen Nationalausstellung recht ehrenvoll vertreten war, indem daselbst u. A. weisser Zucker des Kolonisten B. J. Poschaan mit der silbernen Medaille prämiirt und viele Erzeugnisse anderer Kolonisten durch »ehrenvolle Erwähnung« ausgezeichnet wurden, gab eine vom 16. bis 23. August des Jahres 1874 in der Kolonie selbst veranstaltete landwirthschaftliche und Industrie-Ausstellung auf's Neue einen erfreulichen Beweis von den Fortschritten in den Leistungen der dortigen Bevölkerung. Von der Jury wurden 9 erste, 23 zweite Ehrenpreise und 39 ehrenvolle Erwähnungen für Erzeugnisse der Landwirthschaft, und ferner 13 erste, 15 zweite Ehrenpreise und 57 ehrenvolle Erwähnungen für Industrie-Erzeugnisse, im Ganzen 156 Auszeichnungen zuerkannt und vertheilt. Es wird eine periodische Wiederholung solcher Ausstellungen beabsichtigt, welche gewiss sehr zu wünschen ist, da Nichts so geeignet erscheint, die Kultur im Allgemeinen zu heben und den Eifer der Kolonisten zur Erzeugung guter Produkte zu beleben, als die öffentliche Anerkennung der tüchtigsten Leistungen auf jedem Gebiete.

An öffentlichen Gebäuden sind in der Kolonie zur Zeit vorhanden: 1 katholisches und 2 protestantische Gotteshäuser, 2 Stations- und 8 Empfangshäuser, 1 Freimaurerloge, 1 Hospital, 1 Gerichtsgebäude, 13 Schulhäuser u. s. w. Die Zahl der Wohnhäuser betrug nach den letzten Angaben 1475 mit 1670 Feuerstellen und 1467 Nebengebäuden; davon kamen auf Joinville 282 und auf das Landgebiet 1193 Häuser.

Im Hospital wurden i. J. 1874 39 Kranke zusammen 1594 Tage verpflegt, von welchen 34 geheilt entlassen wurden, 4 in Behandlung blieben und einer verstarb.

Der Schulunterricht wurde im Jahre 1876 in 15 Schulen durch 16 Lehrer und 3 Lehrerinnen an 841 Kinder ertheilt, und ergaben die jährlich stattfindenden öffentlichen Prüfungen ein recht zufriedenstellendes Resultat. Der mittlere Schulbesuch belief sich auf 857 Kinder. Von den Schulen wurden 12 von der Kolonie-Direktion, und zwei von dem Prinzen von Joinville unterstützt.

Die Strassen der Kolonie Dona Francisca gehören nach den einstimmigen Aussagen vieler Reisenden, von welchen ein richtiges Urtheil hierüber zu erwarten ist, zu den besten in ganz Brasilien; dieselben erreichten im Jahre 1875 eine Länge von 241,585 Meter (ca. 33 deutsche Meilen), ausser etwa 53,000 Meter Nebenwegen, und sind in fortwährender Ausdehnung begriffen.

Der Vermittelung des Verkehrs dienten zu Lande 402 vierräderige Wagen und 35 zweiräderige Karren, so wie zu Wasser 39 grössere und kleinere Fahrzeuge.

Wenn aus den vorstehenden, mit Zahlen belegten Angaben jedem Unbefangenen einleuchten muss, dass die Kolonie Dona Francisca auf einer gesunden, kräftigen Grundlage beruht uud eine strebsame, intelligente Bevölkerung in sich schliesst, so haben die Bewohner doch keineswegs — wie solches meistens in Nord-Amerika der Fall ist — über den Trieb zum Erwerben die Liebe zur deutschen Gemüthlichkeit und Geselligkeit verloren; wir finden in der Kolonie einen Sängerbund, einen Turnverein, eine Schützengilde, ein Liebhabertheater, 2 Kranken- und Sterbekassen, einen Kulturverein und andere gesellige Verbindungen zu gemeinschaftlicher oder gegenseitiger körperlicher und geistiger Unterhaltung, Belehrung und Unterstützung. Die Stiftungstage dieser Verbindungen werden meistens in der herkömmlichen fröhlichen Weise begangen und dabei auch an anderen Festtagen die freundlichen heimischen Gebräuche nicht vergessen, wie z. B. am Weihnachtabend fast in keinem Hause der mit Lichtern und Geschenken geschmückte Christbaum fehlt.

Schliessen wir hiermit unsere Mittheilungen über die Kolonie und fassen wir das Resultat der Bemühung des Kolonisations-Vereins in wenigen Worten zusammen, so erblicken wir da, wo vor 25 Jahren die erste Axt den jungfräulichen Urwald berührte, nunmehr eine blühende Kolonie von ca. 9000 deutschen Ansiedlern, welche im grossen Ganzen in behaglichen Verhältnissen leben und bereits einen lebhaften Handel und Verkehr mit dem Auslande unterhalten; wir können meilenweit die Anlagen durchstreifen, und überall tönt uns deutsche Sprache, kommt uns deutsche Sitte entgegen!

Dieses sind die Erfolge des Kolonisations-Vereins trotz einer demselben schon seit 17 Jahren von diesseitigen Regierungen gemachten heftigen Opposition, trotz der ihm auch von manchen anderen Seiten bereiteten Hindernisse und Schwierigkeiten, und mag darnach bemessen werden, was der Verein zum Besten der deutschen Auswanderung und des deutschen Handels hätte leisten können, wenn er abseiten der deutschen Behörden ein ähnliches Entgegenkommen wie von brasilianischer Seite gefunden hätte!

Wir glauben aber, dass die Ausdauer und patriotische Hingebung, mit welcher wenige Kaufleute Hamburg's, ihr einmal in Angriff genommenes Werk seit langen Jahren mühsam fortgeführt und bereits zu einem so ansehnlichen Standpunkt gebracht haben, keine Anfeindung, sondern warme Anerkennung verdient und sind überzeugt, dass ihnen solche über kurz oder lang auch von denjenigen Seiten werden wird, welche sich einer bessern Einsicht bis jetzt hartnäckig verschliessen.

Der Landmann, welcher sich in Deutschland mühsam auf seiner kleinen Besitzung ernährt, sieht seine Söhne nur mit Sorge heranwachsen, weil er sich sagen muss, dass ihnen — nach überstandenem Militairdienst — Nichts anderes übrig bleiben wird, als auf Tagelohn ihr saures Brot zu verdienen, ohne Aussicht auf Selbstständigkeit, denn ersparen kann der Vater Nichts für sie und theilen kann er sein Grundstück, das ihn kaum selbst ernährt, auch nicht. — Für einen solchen Mann ist es gewiss ein Segen, wenn er sein Besitzthum verkaufen und für den Erlös in einem herrlichen Klima ein Terrain erwerben kann, gross genug für ihn und alle seine Lieben, wenngleich es einige Jahre angestrengter Arbeit erfordert, um die nöthigen Kulturen herzustellen und sich an die neuen Verhältnisse zu gewöhnen. — Ebenso kann der einfache Arbeiter, welcher in der Heimath lebenslänglich mit Sorge und Noth zu kämpfen hat, sich drüben — wenn er fleissig und nüchtern ist — in wenigen Jahren sein hübsches, schuldenfreies Besitzthum erwerben.

Dieses sind unleugbare, durch die tägliche Erfahrung bewiesene Thatsachen, und da die Opposition gegen die brasilianische Kolonisation hauptsächlich in den höheren Gesellschaftsschichten ihren Ursprung hat, welchen wir einerseits die Befähigung zu einer richtigen Erkenntniss dieser Thatsachen nicht absprechen können, während wir ihnen andererseits eigennützige Motive für die bisherigen Anfeindungen nicht zutrauen dürfen, so ist zu erwarten, dass eine bessere Einsicht sich nach und nach Bahn brechen wird.

Die Mangues von Santos

von

J. Georg Repsold.

(Vortrag, gehalten in der geographischen Gesellschaft zu Hamburg, am 3. Mai 1877.)

Die sogenannten Mangues von Santos, den Mangrove-Sümpfen Indiens, Afrikas und Floridas analog, nehmen ein Terrain von 12 bis 15 Quadratmeilen ein und umschliessen die Stadt Santos, den Flecken S. Vicente, den Fischerort und Festung Bertioga und verschiedene kleine Ansiedelungen.

Santos liegt, wie bekannt, unter 46° 23′ w. Länge und 23° 56′ südl. Breite in der brasilianischen Provinz S. Paulo in einer grossen Ebene oder Thalmulde an dem Rio dos Santos, der jedoch kein Fluss, sondern ein Meeresarm ist, von nahezu einem Kilometer Breite.

Dreiviertel Meilen südwestlich von Santos befindet sich der Flecken S. Vicente, die erste portugiesische Ansiedelung und der Ort, an welchem Cabral, der Entdecker Brasiliens, zuerst brasilianischen Boden betreten.

S. Vicente liegt gleichfalls an einem Meeresarm, dem Rio de S. Vicente, der sich in vielfachen Krümmungen weit hinein in's Land, bis zum Fuss der Serra do Mar, der Gebirgskette, welche fast die ganze brasilianische Küste begleitet, erstreckt, mit dem Rio dos Santos durch unzählige natürliche Kanäle verbunden ist und sich wie dieser in die Bay von Santos ergiesst.

Der Stadt Santos gegenüber mündet nun in fast rechtem Winkel in den Rio dos Santos der Rio da Bertioga, gleichfalls ein tiefer Meeresarm, welcher in nördlicher Richtung nach etwa 4 Meilen bei der Festung Bertioga wieder mit dem Meere in Verbindung tritt.

Der Hafen von Santos hat also eigentlich drei Eingänge und steht durch die drei Hauptströme, im Nordosten den Rio da Bertioga, im Süden den Rio dos Santos, im Südwesten den Rio de S. Vicente mit dem Meere in Verbindung.

Diese drei Hauptströme sind nun wiederum durch ein Netzwerk von tiefen natürlichen Kanälen mit einander verbunden, nehmen nebenbei noch unzählige auf der Serra do Mar entspringende Süsswasserflüsse auf, welche sich wieder unter einander verzweigen und zum Theil auch in die Kanäle ergiessen, so dass sich ein Labyrinth von Wasserstrassen gebildet hat, welches Niemand vollständig kennt, und in welchem sich die wunderbarste Abwechslung der Süss- und Salzwasser-Flora zeigt.

Dieses ganze Terrain ist unter dem Namen »die Mangues von Santos« bekannt, und dürfte dieses natürliche Kanalsystem das Herz eines Holländers mit Entzücken erfüllen.

Die Mangue, Ryzophora Mangle, welche dem ganzen Distrikt den Namen gegeben, ist die indische Mangrove, Mangle, wenigstens sehr nahe mit derselben verwandt, und bedeckt den ganzen Distrikt, soweit derselbe den Wirkungen des Seewassers ausgesetzt, ausschliesslich.

Es ist das ein wunderbares Gewächs. Auf einem Bündel von dünnen Stielen, welche bald gerade, bald weit gebogen aus der Erde treten, erhebt sich ein schlanker Stamm von 20 bis 30 Fuss Höhe, dessen wagerecht abstehende Zweige nicht fern vom Stamm ihrerseits wieder lothrechte Zweige fallen lassen, welche den Boden suchen und sich dort festwurzeln. Es ist, als ob zwei verschiedene Gewalten den Baum beseelten, eine, welche ihn vom Boden sich zu entfernen zwingt, wodurch sie ihn schon auf Stelzen gestellt hat, die andere, welche ihn wieder mit diesem zu vereinen strebt, indem sie die Zweige herniederzieht. Es ist das leibhaftige Bild der schon Baum gewordenen Daphne. —

Es ist eine bekannte Thatsache, dass die ganze brasilianische Küste in stetem Aufsteigen begriffen, und ist unzweifelhaft der ganze Mangue-Distrikt ursprünglicher Meeresboden, aus welchem die heutigen bewaldeten Höhen als Inseln hervorgeragt haben; ist doch ein grosser Theil derselben noch heute zur Fluthzeit mit Seewasser bedeckt,

Soweit dieses seine Wirkung ausübt, ist der Boden schwarz, ohne Gräser und Kräuter und nur bestanden mit den Mangue-Bäumen, auf ihren seltsamen verschieden geformten Standwurzeln, welche die Höhe die die höchsten Fluthen erreichten, zu haben scheinen.

Anders wo sich der Boden erhebt. Schon dort, wohin die Fluth nur selten dringt, hat sich allerlei Baum- und Buschwerk eingenistet, überragt hier und dort von einer Palme. Erhebt sich das Terrain nun mehr, so ist mit einem Schlage der Urwald da, mit seinen Myrtacaeen, Leguminosen, Laurineen und Cederarten, alle bedeckt mit Bromelien, Orchideen und Schmarotzern aller Art, während in den niederen feuchten Gründen die charakteristische Pflanze der Tropen und Subtropen, charakteristischer als selbst die Palme, die Baumfarn, sich zu nicht erwarteter Höhe erhebt.

Am auffälligsten tritt diese Verschiedenheit der Pflanzenformen längs des Rio Bertioga auf.

In diesen münden unzählige Flüsse und Flüsschen mit süssem und Meereswasser — ich hatte bei einem Weg, welchen ich einst durch diese Wildniss legte, auf einer Strecke von 3/4 einer deutschen Meile, deren elf zu überbrücken, — und da wechseln denn die Höhenverschiedenheiten und mit diesen die Pflanzenformen auf wunderbar rasche Weise.

Von der Gebirgskette erstrecken sich nämlich einzelne Höhenzüge, eigentlich Landzungen, die sich mehr und mehr verjüngen, bis an obigen Fluss, an welchem angekommen, dieselben häufig eine ganz geringe Breite haben, bisweilen nur 40 bis 100 Meter, und auch ein nur wenig höheres Niveau besitzen, als die anliegenden Manguegründe. Geht man nun längs dieses Flusses, so ändert sich häufig nach wenigen Schritten die Scene vollständig. Hier der schwarze Mangueboden, in welchen, und in dessen unzähliche Taschenkrebslöcher man tief einsinkt, dann zwanzig Schritte nur mit Binsen bestandenes Terrain, wieder einige Schritte hoher, dichter, trockener Wald, dann Mangue, dann Sumpfwald und so in fortwährender Abwechslung.

So verschieden der Standort der Pflanzen, ist auch der Aufenthalt des Thierreichs, und während man in den Mangues zur Ebbezeit nur unzählige blutrothe oder grasgrüne Taschenkrebse, Carangueijos, vor ihren Erdlöchern, welche meistens unter den Wurzeln des Mangue-Baumes sich befinden, auf Beute lauern und bei Annäherung einer Gefahr blitzschnell verschwinden sieht, und ausser ihnen nur die auf sie Jagd machende Riesenralle, die Saracura (Serracura), welche auf den Manguebäumen nistet, gewahrt, ist in den höher gelegenen Strecken die ganze reiche brasilianische Fauna vertreten.

Da erscheint die Onça — eine hatte sich meinen Telegraphenweg als beständigen Jagdpfad erkoren —, die kleineren Katzen, die Mbaracaya und die Maracajá; da bricht der Tapir, die Anta, durch das Dickicht, durchschwimmt das Capivary die Flüsse, oder durchgeht dieselben auf dem Grunde, wie die Eingeborenen behaupten, schleicht der Guaximim, der Krabben-Waschbär, längs des Wassers, während auf der Imbaubá, der Cecropia, das Faulthier hockt und nicht ruht, bis der Baum leergefressen.

Ebenso reich wie die vierfüssige, ist auch die Vogelwelt vertreten, und während ein Schwarm Papageien mit wüstem Geschrei hoch über den Wald streicht, die Araponga, der Glockenvogel, welchem die deutschen Ansiedler den charakteristischen Namen »Blechschmied« gegeben, ihren weithinschallenden Ruf ertönen lässt, fliegt der Tucan mit schwerfälligem Flug, der einem Springen in der Luft gleicht, von einem Baum zum andern, den süssen Früchten der Araçá nach, während unter ihm, auf dem Fruchtbüschel einer Palme, die weissgeschopfte Jacutinga sitzt und sich durch nichts abhalten läst, eine Nuss nach der andern zu verschlingen.

Auf niedrigem Ast oberhalb des Wassers sitzt mit eingezogenem Hals der schneeweisse Reiher, die Garça, neben ihm der Eisvogel in seinen vielen Varietäten, während auf irgend einem Stein oder aus dem Wasser hervorragenden Stock, der Bigoaã, die Scharbe, kaum zu unterscheiden von unserer nordischen, welche man ja schon bei Helgoland sieht, auf ihre schuppige Beute wartet.

Auch der Fischreichthum der Mangue-Kanäle ist ein ausserordentlicher und der Markt von Santos der berühmteste der ganzen Küste.

Nirgend erleichtert aber auch die Natur mehr als gerade hier die in Brasilien beliebte Fangmethode der Corales. Corales sind durch Pfähle, welche dicht nebeneinander in den Boden des Flusses eingeschlagen, gebildete kreisförmige Einzäunungen, zu welchen ein schmaler Eingang führt, welcher sich nach aussen trichterförmig erweitert und womöglich am äussersten Ende durch einen fortgesetzten Zaun bis zum Ufer führt. Als Pfähle dienen gewöhnlich die Rippen von Palmblättern, welche häufig die respektable Länge von über 20 Fuss haben.

Fische, welche stromauf- oder niederwärts gehend an den Zaun gerathen, schwimmen an diesem hinunter bis zu der schmalen Oeffnung des Corales, welche, wenn einmal in letzterem, sie nicht leicht wiederfinden.

Es gehen alle Fische hinein, besonders die Haiarten in ihren kleineren hochgeschätzten Varietäten, nur nicht der Schweinfisch, Tümmler, der Porpoise der Engländer. Dieser im ganzen Atlantischen Ocean bekannteste Fisch, oder Wal, welcher ja häufig in unzähligen Scharen, unter Pusten und Schnauben, in seltsamen Sprüngen das segelnde Schiff begleitet, geht trotz seiner Dreistigkeit nie in einen Coral, muss sich demnach vor seinen Brüdern wohl durch ganz besondere Intelligenz auszeichnen.

Ein dem Mangue-Distrikt eigenthümlicher Fisch ist der Corocoroco, welchen ich nie gesehen, desto häufiger gehört habe. Fährt man in dem, dem amerikanischen Kontinent eigenthümlichen Wasserfahrzeug, der aus einem Baumstamm gehauenen Canôa, so erscheint es einem häufig, als ob unter dem Boden desselben geklopft würde. Natürlich kann man sich ein derartiges Geräusch nicht erklären, bis man von den Eingeborenen dahin belehrt wird, dass dasselbe von obigem im Schlamm am Boden des Flusses liegenden Fische herrührt, welcher knurrende Töne von sich giebt, die in der Canôa als ein Klopfen an dieselbe erscheinen. Es ist dieses Geräusch ein ganz eigenthümliches, welches man nie vergisst.

Ferner erwähne ich noch eines, wenngleich nicht ausschliesslich in den Mangues allein, sondern an der ganzen südbrasilianischen Küste sich aufhaltenden, durch Färbung sich auszeichnenden Fisches, des Guayacú. Dieser, welcher in der Form dem Barsch, in Färbung dem den Hai begleitenden Piloten durchaus ähnelt, das heisst zebraartig gestreift ist, ist ausserordentlich giftig, so dass selbst der Urubú, der Aasgeier, der wahrlich nicht wählerisch ist und dort, wo ein Fang an's Land gebracht und zum Theil ausgeschlachtet ist, mit grosser Unparteilichkeit rein Haus macht, und sich nebenbei eines nicht verwöhnten Magens erfreut, denselben nicht anrührt. Ich sah einst eine Katze, welche, wahrscheinlich durch die schöne Färbung verlockt, einen Guayacú verzehrt hatte, in wenigen Minuten sterben.

Auch die Reptilien sind in den Mangues in mancherlei Varietäten vertreten und während in dem nördlicher, zwischen Santos und Bertioga liegenden Theil, welcher sich durch grössere Niveauunterschiede vor dem südlicheren, dem zwischen Santos und S. Vicente auszeichnet, sich wenig Schlangen vorfinden, giebt es deren im letzteren in ausserordentlicher Menge. Neben der unschädlichen s. g. Mauseschlange, der Caninana, beiläufig der erbittertsten Feindin der Giftschlangen, welche sich manche Ansiedler halbgezähmt, zur Vertilgung von Ungeziefer aller Art in den Häusern halten und regelmässig Nachts mit Milch futtern, giebt es von letzteren zwei sehr unangenehme Arten, der Gattung Trigonocephalus angehörend, die Javaraca und die Surucucú. Erstere, welche eine Länge von sechs bis acht Fuss, bei einem Durchmesser von drei Zoll erreicht, ist träge und greift nur an, wenn gereizt und getreten; Letztere soll auch ohne Veranlassung angreifen, ist kleiner und viel behender als die andere. Eine Verwundung durch beide Arten ist, wenn nicht rasche Hülfe zur Hand, meist tödtlich; übrigens kommen Schlangenbisse ausserordentlich viel seltener vor, als man gewöhnlich annimmt. Mir ist in zehn Jahren nur einmal ein Arbeiter, ein Paraguaiischer Halbindianer, gebissen und durch ganz einfache Mittel gerettet worden, und ist nicht zu übersehen, dass die Leute immer und ausschliesslich barfuss gehen.

Ausser Schlangen giebt es auch verschiedene Eidechsenarten, besonders die grosse schwarzgelbe sehr wohlschmeckende Teju-Eidechse und ist manche in meine Küche gewandert. Hierzu muss ich in Parenthese bemerken, dass man in Brasilien eigentlich Alles isst, was sich beissen lässt, und während obige Eidechse, das Tatú oder Gürtelthier, Affen und Nasenbären zu den Delikatessen gerechnet werden, sollen sogar die Mauseschlangen ihre Verehrer haben.

In dem nördlichen Theil der Mangues, dem Bertioga-Theil, hat nun der Alligator, das Jacaré, seinen wenig gestörten Aufenthalt genommen und nicht selten findet man einen grossen zusammengetragenen Reisighaufen, nicht unähnlich einem Storchnest, besetzt mit 20 und mehr Eiern. Diese, wenig grösser als Hühnereier, nur von etwas länglicherer Form, sind weiss und zeichnen sich durch eine rauhe Oberfläche von merkwürdig krystallinischem Gefüge aus, und hat der wenigst entwickelte Embryo derselben schon die ausgesprochenste Eidechsenform. Uebrigens erreicht das Jacaré dort höchstens eine Länge von 5 bis 6 Fuss, ist durchaus harmlos und nichts weniger als unverwundbar; schon ein guter Schrotschuss ist hinreichend dasselbe zu tödten.

Weniger interessant, aber sich ein gut Theil bemerkbarer machend als Säugethiere, Vögel und Fische, sind die Insekten und diese sind es hauptsächlich, welchen der Mangue-Distrikt trotz seiner unleugbar schönen Parthien, den schlechten Ruf verdankt, und welche die Anwohner dahin gebracht haben denselben zu fliehen. Sie sind auch nicht angenehm. Es sind drei Arten Stechfliegen, die Mensch und Thier nicht recht erlauben wollen zu sich selbst zu kommen und sich ungestört ihres Daseins zu freuen. Die grössere Sorte, die Motucca, hat die Form unserer Stubenfliege, ist nur etwa ein halb Mal grösser und nicht schwarz sondern schwarzgrau. Sie ist merkwürdig zudringlich, und wehe dem Reisenden, der festgebannt in seine Canôa, stromaufwärts schwimmend, in einen Schwarm dieser Quälgeister geräth. Sie ziehen vor ihren Blutzoll von den unbedeckten Körpertheilen, von Händen und Gesicht zu nehmen; sucht man nun aber diese besonders zu schützen, so nehmen sie es auch nicht so genau, durch Hemd und Hose hindurch einem ihre Aufmerksamkeit zu erweisen, und kann man nervös werden, wenn man sich fortwährend, nachdem Hunderte erschlagen, von allen Seiten durch andere Tollkühne angegriffen findet. Uebrigens hinterlässt der Stich keine Folgen und halten die Motuccen sich auch nur strichweise auf.

Ein anderer Schwärmer ist die Borachuda, eine kleine niedliche grüne Fliege, mit gebänderten Flügeln, aber ein gut Theil heimtückischer noch, als die eben beschriebene. Diese, welche lautlos fliegt und sich unbemerkt auf Hand oder Gesicht setzt, hinterlässt einen Stich, der sich tagelang durch nichtswürdiges Jucken bemerkbar macht und schliesslich, noch nach Wochen, durch ein schwarzes Pünktchen nachweisen lässt. Diese Fliege muss, für ihre Grösse, beachtenswerth giftig sein.

Beide vorhergehende sind Tages-Fliegen, welche doch mit Anbruch der Nacht gesittet nach Hause ziehen; anders die letzte und kleinste der Sippe, der Mangue-Mosquito oder Meruin. Diese, die nicht viel grösser als gestossener Pfeffer, hat nun unser Hergott im Zorn erschaffen, und, wären sie fortwährend im Gange, so wären die Mangues schlechterdings unbewohnbar. Glücklicherweise erscheint sie nur bei Voll- und Neumond und in überwältigender Zahl nur in den Sommermonaten, während sie zu andern Zeiten nicht so häufig zu spüren ist. Eine schöne warme Nacht, drei Tage vor bis drei Tage nach Vollmond im Dezember, Januar oder Februar, ist nun als ob die Hölle losgelassen wäre, und kein lebendes Wesen, Mensch oder Thier, ist im Stande, ein Auge zu schliessen. Man macht sich keinen Begriff von den Schwärmen, von welchen man überfallen wird. Es wird mir eine Nacht, der Weihnachtsabend 1871, ewig in der Erinnerung bleiben: Ich kannte die Mosquitos nicht in ihrer vollen Glorie und lachte, als einer meiner Arbeiter nach dem andern, — ich hauste in einem Rancho, an einem Nebenflusse des Rio Bertioga, dem Rio Caruara, — mit der Bitte um Urlaub kam, den Weihnachtstag an der Bertioga zubringen zu dürfen. Der letzte war der Koch, und wenngleich ich ihm erklärte, nicht Lust zu haben, 24 Stunden allein im Rancho zuzubringen, und selbst Koch spielen zu müssen, mochte ich ihm doch seine Weihnachtsfreude nicht stören und blieb allein, nachdem er das Nöthige hergerichtet und versprochen, am nächsten Morgen wiederzukommen. Vor Dunkelwerden setzte bei einer Temperatur von 30° Reaumur ein strömender Regen ein, welcher die ganze Nacht anhielt, — und mit der Nacht kamen die Mosquitos. Anfangs in kleineren Schwärmen, deren ich mich dadurch, dass ich ein qualmendes Feuer auf der Erde anzündete, zu erwähren hoffte. Eitles Beginnen: mehr und mehr drangen die Plagegeister herein, und wenn ich auch das feuchte Holz durch Theer, Schwefel und dergl. Weihrauch ersetzte, Wolke über Wolke stürzte sich auf mich. Es half nichts, absolut nichts, als sich preisgeben und gute Miene zum bösen Spiel machen. Also sich entkleidet bis auf's Unterzeug, Strümpfe über Hände und Füsse gezogen, ein Schmetterlingsnetz als Helm und Maske über Kopf und Gesicht gestülpt und zu schlafen gesucht. Dabei 30° Wärme und strömender Regen, der schliesslich seinen Weg durch das Dach gerade auf mein Bett und den darauf Liegenden fand, den die Mosquitos auch trotz aller Panzerung zu finden und zu treffen wussten. Also mit dem Schlafen war es nichts, nicht einmal mit dem Liegen; es wurde deshalb der Regenschirm aufgespannt, in dieser Form an die Dachsparren gebunden und darunter gehockt, bis mit dem Morgen die Quälgeister verschwanden. — Meine Leute kamen am nächsten Morgen nicht, Regens halber, und so ähnelte die zweite Nacht der ersten, allein mit mir und meinen Mosquiten. Das sind Ingenieurs Freuden und Leiden in brasilianischen Wäldern! Später erfuhr ich, dass wenn gewisse Geheimzeichen eine ausserordentliche Ankunft von Mosquiten anzeigen, alle Ansiedler die Mangues für einige Nächte fliehen, da weder Hund noch Katze, Huhn, Schwein und Kuh von den

Plagegeistern verschont bleibt und die Thiere stellenweise wie närrisch werden und sich in den Wald stürzen.

Rechnet man zu diesen Plagen noch den dem Santos-Thale eigenthümlichen Nordwestwind, so muss man allerdings bekennen, dass der Aufenthalt in den Mangues nicht zu den angenehmsten gehört, da man nebenbei noch die Aussicht hat, sich in Folge der ewigen Feuchtigkeit, welche sich allen Bekleidungsgegenständen anhängt und dieselben langsam aber sicher faulen lässt, einen Rheumatismus zuzulegen, welcher einen bis an sein seliges Ende begleitet.

Der eben erwähnte Nordwestwind, nur dem Sirocco und Föhn vergleichbar, ist eine dem Santos-Thal ausschliesslich angehörige Eigenthümlichkeit und spürt man denselben nördlich der Bertioga und südlich S. Vicenté's durchaus nicht mehr. Schon ehe der Nordwestwind einsetzt, von dem man nicht weiss, von wannen er kommt und wohin er geht, liegt es den Menschen wie Blei in den Gliedern, der Kopf ist eingenommen und eine Unlust sich zu bewegen und zu beschäftigen vorherrschend, welcher Zustand zunimmt und anhält, bis der Nord- in einen Süd-West übergegangen ist, und einen kurzdauernden orkanartigen Ausbruch hervorgerufen hat. Die einschneidende Wirkung dieses Windes ist so gross, dass in Europa fournierte Möbel in Santos nicht Stich halten, sondern die Fourniere sich loslösen; ganz ausgetrocknete Hölzer, z. B. Tischplatten reissen plötzlich auseinander, ja, der Pappdeckel jeden Buches zieht sich krumm, so lange der Wind anhält. Die Wirkung dieses Windes in den Mangues ist furchtbar, da sich der von oben kommende Brodem mit dem aus der Erde steigenden vermischt und eine Temperatur erzeugt, welcher zu wiederstehen kaum möglich. Ich erinnere mich, dass mir an einem Tage einmal 3 Leute, Eingeborene, bewusstlos umfielen.

Zuletzt habe ich noch einer Eigenthümlichkeit in den Mangue-Distrikten zu erwähnen, der s. g. Sambaquis, über welche viel hin und hergestritten und deren Entstehung zu erklären, die wunderlichsten Hypothesen aufgestellt worden sind.

Die Sambaquis sind Hügel von Muscheln und Austernschalen, welche in dreiseitig länglicher Form und beträchtlicher Höhe aufgeschütteten Deichen gleichen und von verschiedenen Seiten für solche gehalten worden sind. Dieselben sind so bedeutend, dass fast sämmtlicher Kalk für die Bauten in Santos, seit Jahrzehnten, vielleicht seit hundert und mehr Jahren, aus diesen Muscheln gewonnen ist. Noch heute ist die bedeutendste Kalkbrennerei am Rio Bertioga, einem Oberstlieutenant Albuquerque gehörig, in unmittelbarer Nähe eines solchen Sambaquis und nimmt ihren Bedarf ausschliesslich aus demselben. Diese Muschelhügel, welche man hauptsächlich an den Salzwasserarmen der Mangues findet, hat man für angefangene Wasserbauten, für Befestigungen, für Grabstätten und Denkmäler von Häuptlingen vielleicht untergegangener Indianertribus gehalten, ja man hat denselben sogar punischen Ursprung gegeben. Nun besagt Sambaqui wörtlich übersetzt nur den Guarany, Muschelhügel, von Hamba, Muschel, und Ky, konischer Hügel, wie eine weibliche Brust; und so ist auch die Form vieler derselben. Dieselben sind zusammengesetzt aus den Schalen essbarer Muscheln, welche wie die Austern auch familienweis auf Bänken angetroffen werden. Auf ihren Jagd- und Streifzügen fischten die Indianer solche Bänke ab, brachten die Muscheln an einer Stelle, welche sich zu einem bequemen Lagerplatze eignete, an's Ufer, verzehrten sie und warfen die Schalen auf die Seite. Natürlich sind die Bänke nicht unerschöpflich, ersetzen sich aber bald wieder, und wurden dann, im nächsten Jahr vielleicht, wieder heimgesucht.

Da die Bekleidung der Indianer bekanntlich eine mangelhafte, Schuhwerk zumal ganz unbekannt — der Mocassin ist ausschliesslich nordamerikanisch, — so musste, wenn der alte Lagerplatz wieder benutzt werden sollte, dieser erst gereinigt werden, um ein Gehen und sich Legen zu ermöglichen. Gras und Strauch wurde ausgerissen und mit den umherliegenden Schalen auf einen Haufen geworfen, und dieser vielleicht angezündet. So wuchs der Berg im Laufe der Jahre erst bis zu einer Höhe bis wohin die Indianer werfen konnten und dehnte sich dann, da immer an der zunächst liegenden Stelle aufgeschüttet wurde, in einer Richtung aus. Würde man die Zeitdauer der Wiederkunft der Indianer an solchen Lagerplatz bestimmen können, liesse sich das Alter eines solchen Hügels annähernd nachweisen, da sich gewissermassen dadurch, dass die äussere Seite desselben den Einflüssen der Temperatur ausgesetzt, und ehe die neue Ernte darauf geworfen, erst der zusammengekehrte Abfall der letzten Periode darauf geschüttet und verbrannt worden, Jahres- resp. Zeitringe auf den Hügeln abgezeichnet haben. Menschliche Knochen hat man beiläufig fast nie in den Hügeln angetroffen, wohl aber Fragmente von Steinwerkzeugen, sowie jeglichen Abfall der Jagd und Fischerei: Thierknochen, Fischgeräthe, Kohlen u. s. w.

Eine ganz gleiche Erscheinung bieten ja die s. g. Kjökkenmöddinger (Küchenabfälle), die Muscheln- und Austerndämme der dänischen Inseln, welchen man, weil die dieselben bildenden Austern heute in der Ostsee nicht mehr vorkommen, ein ausserordentlich hohes Alter gegeben. — Ob ein gleiches Alter den Sambaquis zuzutheilen, ist wohl fraglich, aber auch von keiner Bedeutung; der Ursprung derselben ist jedoch jedenfalls ein gleicher und beide haben absolut nichts mit Grabhügeln, Wasserbauten und dergleichen zu thun.

Ich sah die Sambaquis zuerst im Jahre 1865 in Begleitung des bekannten Dr. Capanema, eines tüchtigen Geologen und Botanikers und scharfen Beobachters, und verdanke diesem hauptsächlich die Erklärung der Entstehung derselben, welche, da die dieselben bildenden Muscheln und Austern ausschliesslich denjenigen Sorten angehören, welche heute noch zu den wichtigen Nahrungsmitteln gehören, nicht wohl eine andere Deutung zulassen. Es ist ja so häufig das Unglück der Archäologen und Anthropologen, dass ihnen die einfachste Erklärung eben zu einfach, und sind dadurch wohl zunächst die wunderbaren Hypothesen entstanden.

Beiläufig sind die Untersuchungen an Ort und Stelle nicht so einfach, und ehe man nicht gelernt, sich durch Busch und Wald zu zwängen und Motuccen und Meruins mit der gebührenden Verachtung anzusehen, ist ein näheres Studium misslich und lange nicht so bequem, wie sich die Sache von Fern aus der Canôa zu betrachten.

Abgesehen von den kleinen Unbequemlichkeiten, welche die Thierwelt dem Mangue-Bewohner bereitet, hat man die Mangues auch für den Heerd alles möglichen, besonders des Wechselfiebers gehalten, und doch ist Nichts irriger. Es ist eine bekannte Thatsache, dass das Wechselfieber in den Salzwassersümpfen erst dann und zwar sofort auftritt, sobald die Manguebäume weggehauen, — vorher erscheint dasselbe nicht. Ob die Sauerstoffausathmung der allerdings ziemlich grossen und kräftigen, jedoch nicht dicht stehenden Blätter des Manguebaumes ein Mittel gegen die unvermeidlichen Sumpfausdünstungen, ob der in hohem Grade der Rinde einwohnende Gerbstoff irgend welche Wirkung gegen diese ausübt, vermag ich nicht zu entscheiden; ein Faktum ist, dass ich in fünf Monaten, welche ich in diesem Distrikt zugebracht und aus welchem ich nur auf Tage hinausgegangen war, nicht den leisesten Fieberanfall gespürt, noch meine Leute irgendwie ergriffen worden sind.

Dies sind die Mangues, welche zu sehen und kennen zu lernen immerhin interessant ist, wenngleich das erste Hineintreten in dieselben eine gewisse Selbstüberwindung nöthig macht, und der Anblick des Bodens ungefähr dem unserer Flethe bei Ebbezeit gleichkommt. Für spazierengehende Touristen, welche ihr gutes Bett und ihre regelmässigen Mahlzeiten und Bequemlichkeiten nicht entbehren können, ist hier kein Terrain, wer sich dagegen über dergleichen hinwegsetzen und gewöhnen kann, Morgens, Mittags und Abends schwarze Bohnen und Carne secca zu essen und Nachts auf einer Binsenmatte zu schlafen, findet manche Freude, manchen erhebenden Moment trotz Mosquiten, Borachuden und der anderen Plagen.

Die Flüsse Bolivien's und deren Nutzbarkeit für den inneren Verkehr *)

von

Herm. von Holten in Cochabamba.

Durch den Bau der Madeira-Mamoré Eisenbahn, der den Zweck hat, die Cachoeiras (Stromschnellen) zwischen San Antonio und Guajara-merim zu umgehen, und welcher dem Anschein nach doch wohl zur Ausführung kommt, eröffnet sich für Bolivien ein ganz neuer Handelsweg, vermittelst dessen dieses reiche Land den europäischen Märkten ungleich näher gerückt werden wird. Der Bau der Eisenbahn würde jedoch an Wichtigkeit verlieren, wenn nicht gleichzeitig innere Verkehrswege hergestellt würden, an denen es bisher ganz und gar fehlt. Bei einem flüchtigen Blick auf die Landkarte scheint es allerdings, als ob kein Land der Erde grössere Vortheile dafür bieten könne, als Bolivien, und doch ist fast gerade das Gegentheil der Fall. Einen direkten Anschluss an die Eisenbahn muss natürlich in erster Linie die Flussschifffahrt bieten, und gerade hier stossen wir auf Schwierigkeiten; denn ein so ausgebreitetes Flussnetz Bolivien auch besitzt, ist dieses für den Verkehr doch grösstentheils unnütz. Allerdings ist der Mamoré oberhalb der Stromschnellen vollkommen schiffbar, aber mit seinen Nebenflüssen, die ja gerade den Verkehr herstellen sollen, ist es nicht so. Sie winden sich alle langsam und träge durch die grosse Tiefebene und haben ihr Quellgebiet hoch oben in den Cordilleren. Da sie aber sehr wenig Wasser aus der Ebene selbst erhalten, sondern dieses aus der Cordillere stammt, so ist die Anzahl und Ausdehnung der Quellflüsse für den Wassergehalt und somit auch für die Schiffbarkeit bedingend.

Fassen wir unter den Nebenflüssen des Mamoré zuerst den Beni in's Auge, so finden wir bei ihm allerdings ein wirklich enorm ausgebreitetes

---

*) Den nachstehenden Artikel verdanken wir der Güte des Herrn Professor Neumayer. Der Verfasser, ein geborener Hamburger, seit ca. 25 Jahren in Amerika und seit längerer Zeit speciell in Peru und Bolivia ansässig, ist durch Neumayer's «Anleitung zu wissenschaftlichen Beobachtungen auf Reisen» zu einer Reihe Abhandlungen veranlasst worden, von denen zwei in der Berliner ethnologischen Zeitschrift und in der Berliner Zeitschrift für Erdkunde bereits zur weiteren Kenntniss gelangt sind. v. Holten's Reise 1876 von Cochabamba an den Chaparé und Chimoré findet sich im 2. Heft des 12. Bandes der letztgenannten Zeitschrift ausführlich beschrieben, und auf die dieselbe begleitende Originalkarte glauben wir unsere Leser um so mehr aufmerksam machen zu müssen, als uns alle bisherigen Karten für diesen Theil Boliviens in Stich lassen. Auch die in «Markham's Geographical Magazine Vol. IV. No. 4, 1877» publicierte «Map of the Madeira and Purus from an official Brazilian M. S. Map, communicated by G. E. Church», wird hinsichtlich des Quellgebietes des Chaparé und Chimoré, durch die v. Holten'sche Karte verbessert werden können. L. F.

Quellengebiet innerhalb der höchsten mit Schnee bedeckten Cordillere, da aber alle seine Nebenflüsse eine sehr weite Strecke Gebirge zu durchlaufen haben bevor sie die Ebene erreichen, mithin bis dahin ganz den Charakter der Gebirgsflüsse, mit starkem Gefäll und unregelmässigem Bett, bewahren, so sind sie eben als Verkehrsmittel unbrauchbar. Der mittlere Lauf des Beni ist vollständig unbekannt, doch darf man annehmen, dass er hier allen andern Flüssen, die wie er die Ebene durchströmen, gleicht, und weil ein ungeheures Wasserquantum vorhanden, auch hier vollkommen schiffbar bleibt. Anders verhält es sich mit seinem unteren Lauf, von dem man, wenn auch im Allgemeinen unerforscht, doch positiv weiss, dass er diverse Stromschnellen, man sagt fünf, enthält. Diese können, da das Land sich abdacht, nicht tiefer als diejenigen von Guajara-merim, nämlich 510 Fuss, liegen und müssen bis zur Mündung des Beni oder bis zu den Stromschnellen von Madeira wenigstens einen gleichen Fall haben. Dazu kommt, dass der Beni innerhalb der Stromschnellen des Madeira in den Madeira mündet, mithin hier erst recht die Bedeutung einer ungehinderten Wasserstrasse zwischen dem Norden Bolivien's und dem Amazonenstrom verliert. Selbst wenn eine Landverbindung zwischen dem Endpunkt der Marmoré-Bahn und einem Punkte oberhalb der Stromschnellen am Beni, oder nach dem Piper'schen Projekt *) zwischen dem Purus und dem Beni, hergestellt werden könnte, würde doch damit nichts erreicht werden, da jedenfalls selbst der höchste Punkt, bis wohin der Beni schiffbar sein kann, doch zu weit von La Paz entfernt ist, um bei den enormen Terrainschwierigkeiten einen billigen Landtransport zu ermöglichen. Der schiffbare Theil des Beni, wenn seine Ufer der Kultur erschlossen und überhaupt kulturfähig sind, kann immerhin nur eine lokale Bedeutung haben.

Der nächst dem Beni in Betracht kommende Rio Tijamuchi entspringt eben nur in den Serranias am Abhange der Cordillere, hat in Folge dessen in der trockenen Jahreszeit wenig Wasser und kann nur mit den grössten Anstrengungen von seiner Mündung bis nach S. Ignacio mit kleinen Fahrzeugen befahren werden; während der Regenzeit schwillt

---

*) Der frühere Dampfschiffskapitain J. D. Piper proponirt, von einem Punkte in Bolivia unter ca. 4° 45' südl. Breite am Rio Aquiri, (Nebenfluss des Purus) den er Port Herndon nennt, in südlicher Richtung einen Weg über den Beni, bis an den Mamoré oberhalb der Stromschnellen anzulegen, um so zu Lande mit Vermeidung des Madeira den Verkehr in den Purus und Amazonenstrom zu leiten. Dies Projekt hat schon deshalb seine Schwierigkeiten, als Niemand weiss, ob Port Herndon in Bolivia oder Brasilien liegt. Nach dem Vertrage von 1867 läuft die Grenze nämlich von der Mündung des Beni in gerader Richtung nach den Quellen des Javary; da diese aber noch kein Mensch auf der Welt kennt, so ist auch die Grenzlinie ziemlich illusorisch.

der untere Flusslauf ausserordentlich an und überschwemmt alles Land am Mamoré derartig, dass zeitweilig eine direkte Wasserverbindung zwischen S. Ignacio und Trinidad hergestellt ist.

Dem Rio Securé fehlt ebenfalls ein ausgebreitetes Quellengebiet; seine Zuflüsse entspringen auch nur in den Serranias, da die Wasser desjenigen Theils der Cordillere, welcher eigentlich ihm correspondirt, zumeist in westlicher Richtung den Beni, oder in östlicher Richtung den Chaparé speisen. Mehrfache Versuche, den Securé praktisch zu benutzen, sind wegen mangelnden Wassers und Ueberfluss an Pallisaden gescheitert.

Der Chaparé erfüllt, was Wasserreichthum anlangt, unbedingt jegliche Ansprüche; seine Quellflüsse, der Juntas mit dem Espiritu Santo, der Paracti und Corani, der San Antonio mit dem Palmar und Ibirizo, reichen bis hoch in die Cordillere hinein und nur der Coni mit dem Eñe hat seine Cabezeras (Quellen) in der Serrania. Indessen bietet der Chaparé andere natürliche Hindernisse, die in der Unregelmässigkeit und in der häufigen Veränderung des Flusslaufes begründet sind. Der öftere Wechsel des Flussbettes bringt eine Zerstörung des Waldbestandes mit sich, und die entwurzelten Bäume werden von den Wassern fortgeschwemmt, bis sie ein Hinderniss finden und sich dann zu Pallisaden aufbauen. Diese werden dann selber wieder die Ursache neuer Veränderungen, es bilden sich Inseln, die den Strom zur Seite gegen die Ufer ablenken. Doch nicht allein die Pallisaden versperren den Fluss, sondern auch die Stromschnellen, deren es zwischen dem Puerto und der Mündung des Coni fünf, auf dem Chaparé selbst zwei giebt. Allerdings wird der Chaparé mit Booten befahren, weil eben die einzige Verbindungsstrasse von Cochabamba aus in den Coni führt, indessen kann man sich kaum einen Begriff von den Schwierigkeiten machen, die dabei zu bewältigen sind. Die Pallisaden sind oft so dicht, dass der Weg mit der Axt gebahnt werden muss; nur bei hohem Wasserstand ist es möglich, die Boote beladen über die Stromschnellen hinwegzubringen und sehr häufig müssen sie ganz entladen hinübergeschleift und der Inhalt auf den Schultern der Mannschaft nachgetragen werden. Sobald sich ein regerer Verkehr entwickeln sollte, wird der Chaparé ohne Zweifel jede Bedeutung als Wasserstrasse verlieren.

Den Mamoré aufwärts weiter verfolgend, kommen wir zu seinem Nebenfluss Chimoré und finden in ihm, was wir suchten, eine jederzeit mögliche und hinlängliche Wasserverbindung mit dem Hochlande von Bolivia. Auf allen bisherigen Karten ist der Chimoré als ein kleiner Fluss gezeichnet, von weit geringerer Bedeutung als der Chaparé; dies ist vollkommen falsch. Die Quellflüsse des Chimoré erstrecken sich bis tief in's Land hinein und führen ihm eine grosse Quantität Wasser zu.

Bis zur Mündnng des Jota hinab kommen allerdings Stromschnellen vor, von hier ab aber ist der Fluss vollkommen rein, sowohl von Stromschnellen als von Pallisaden, und selbst in der trockensten Jahreszeit ist selbst für Dampfschiffe bis zur Mündung des Jota vollauf Wasser vorhanden. Hier will mir der Punkt zu sein scheinen, wo dermaleinst ein Hafen errichtet werden müsste. Indem der Chimoré zu jeder Zeit für die Schifffahrt erreichbar ist, bietet er gleichzeitig die gewünschte Leichtigkeit für die Landverbindung, sei es über Bandiola mit Cochabamba, oder längs der Ibirizo mit Totora, oder von der Mündung des Icharco aus selbst mit Santa Cruz de la Sierra.

Ungefähr 8 Leguas unterhalb der Mündung des Jota nimmt der Chimoré am rechten Ufer noch den Ichilo auf, der wenigstens ein gleiches Quantum Wasser wie der Chimoré mit sich führt. Seine Quellflüsse erstrecken sich bis in's Valle Grande, doch ist nichts Näheres darüber bekannt. Er nimmt auf dem linken Ufer drei ziemlich bedeutende Nebenflüsse, den Irusti, Capelene und Sacti auf, von denen der letzte, mit dem Zezar Zama (Nebenfluss auf dem rechten Ufer des Chimoré) auf gleicher Serrania entspringen muss. Der Capelene und Irusti scheinen tiefer aus dem Innern des Landes herauszukommen, doch konnte ich von den Indianern, welche allein den Ichilo kennen, keine nähere Auskunft erhalten. Von der Mündung des Sacti ab, soll der Ichilo schiffbar sein, doch ist dies, wenigstens vorläufig, von keiner praktischen Bedeutung.

Der Rio Ibabo oder Japarani kommt weit aus dem Innern her, von Pampa Grande; da er jedoch keine hohe Cordillere und nur ganz unbedeutende Nebenflüsse hat, so führt er wenig Wasser mit sich. Vor ca. 2 Jahren ging eine Expedition den Fluss hinauf und gelangte nach vielen Mühsalen vermittelst des Rio Palacios *) bis nach Santa Rosa; sie erklärte den Ibabo für unschiffbar.

Mit dem Rio Piray verhält es sich hinsichtlich der Schiffbarkeit ähnlich wie mit dem Chaparé. Boote benutzen ihn bis nach Cuatro Ojos hinauf, jedoch nur zur Regenzeit und mit bedeutend grösseren Schwierigkeiten, als dies auf dem Chaparé der Fall ist. Da er zur trockenen Jahreszeit gänzlich unbenutzbar, im Uebrigen die Landverbindung mit Santa Cruz leichter vom Chimoré aus herzustellen ist, so entzieht auch er sich der Berücksichtigung.

Der letzte der in Betracht kommenden Nebenflüsse des Marmoré ist der Rio Grande. Er entspringt an der wasserarmen Westseite der

---

*) Auf d'Orbigny's Carte générale de la République de Bolivia 1839 mündet der Palacios in den Piray, wie solches zur Zeit der Reisen d' Orbigny's auch wirklich der Fall gewesen. Die Thatsache, dass er jetzt seit einer Reihe von Jahren in den Japarani fliesst, dient als Beleg für die Veränderlichkeit der Bolivianischen Quellflüsse.

Cordillere und birgt trotz seines enormen Quellengebietes uud seiner bedeutenden Länge, nicht die Hälfte der Wassermenge des Chimoré; auch sein unterer Lauf hat sich im Laufe der letzten Jahre vollständig verändert und ergiesst sich nun ca. 18 Leguas unterhalb Cuatro Ojos in den Piray.

Aus Vorstehendem resultiert, dass Bolivia nur einen einzigen schiffbaren Fluss besitzt, nämlich den Chimoré, und dass dieser früh oder spät je nach der Fertigstellung der Madeira-Marmoré Bahn oder sonstiger Landverkehrswege, von grosser Bedeutung werden muss.

Zur Kartographie der Republik Costa-Rica in Central-Amerika,

von

L. Friederichsen.

(Vortrag gehalten in der geographischen Gesellschaft in Hamburg am 4. Oktober 1877).

In den vor Kurzem publicierten Heften 8 und 9 der diesjährigen Petermann'schen Mittheilungen, und in den Verhandlungen der Berliner Gesellschaft für Erdkunde 1877 Bd. IV No. 5 und 6, sind »Beiträge zur Kenntniss der Vegetations-Verhältnisse von Costa-Rica in Central Amerika« von einem Herrn Dr. H. Polakowsky publiciert, in welchen meine hier im Original und in Lithographie aufgehängte, Anfang 1875 bearbeitete Karte der Republik Costa-Rica, auf Basis falscher Behauptungen und ungerechtfertigter Voraussetzungen, in einer die Wissenschaft schädigenden Weise falsch beurtheilt wird. Ich habe mich in Folge dessen zu einer Entgegnung und Aufklärung veranlasst gefühlt, und diese unter Vorlage des mir bei der Bearbeitung zur Verfügung gestandenen gesammten Materials vorerst nirgends besser abgeben zu können geglaubt, als in der geographischen Sektion der jüngst stattgehabten 50. Versammlung Deutscher Naturforscher und Aerzte in München. Indessen glaube ich auch Ihnen den Sachverhalt vortragen zu sollen, und bitte um Ihre Nachsicht, wenn ich eine anscheinend rein persönliche, im Grunde aber tiefer wurzelnde Angelegenheit, vor Ihr Forum bringe. Gleichzeitig darf ich hoffen damit einen nicht ganz werthlosen Beitrag zum kartographischen Standpunkt Costa-Rica's zu liefern. —

Im 8. Heft der diesjährigen Petermann'schen Mittheilungen, Zeile 8 von unten, ist wörtlich Folgendes zu lesen: »Es liegt mir die neue Karte von Herrn L. Friederichsen aus Hamburg vor. Als ich diese Karte sah, fiel es mir sofort auf, dass auf ihr der Karte von Dr. A. Petermann keine Erwähnung gethan wird, dennoch ist die neue Karte nur eine Vergrösserung der im Jahrgang 1869 seiner Geographischen Mittheilungen enthaltenen Karte von Costa-Rica. Kein Fehler ist auf dieser Karte nachgewiesen, die wichtigsten Mitarbeiter sind an beiden Karten gemeinsam, oder vielmehr: man hat bei der neuen Karte nochmals die Namen der Herren abgedruckt, welche sich grosse Verdienste um das Dr. A. Petermann gelieferte Material erworben haben. Es sind dies: Herr v. Frantzius, v. Seebach, Dahser und Kurtze. Die Küstenlinien sind nach der Karte der Englischen und Amerikanischen Admiralität gezeichnet. Viele Zusätze und Veränderungen auf der neuen Karte des Herrn Friederichsen sind falsch. Ich kenne zwar nur einen kleinen Theil von Costa-Rica, kann aber dennoch mehrere wesentliche Irrthümer auf der neuen Karte nachweisen. Die angeführten Kohlenminen müssen den Beschauer glauben lassen, dass im Lande faktisch Stein- oder Braunkohlen gewonnen und verwerthet werden. Das ist aber nicht der Fall. Kohlen kommen allerdings vor, werden aber wegen Unkenntniss ihres Werthes, Mangel an guten Wegen, und Mangel an mit den nothwendigen technischen Kenntnissen zum Abbau der Gruben ausgerüsteten Persönlichkeiten nicht benutzt. Man zeigte mir Kohlen als besondere Rarität, wollte von mir den Werth, d. h. den Preis zu welchem dieselben zu verkaufen seien, erfragen. — Die Grenzen gegen Nicaragua sind auf der Karte von Friederichsen falsch angegeben, richtig z. B. auf der Karte der Republik Nicaragua von P. Lévy. Am 15. April 1858 wurde durch einen Vertrag, welchen später die Congresse beider Freistaaten anerkannten, die Grenze bestimmt. Die Grenzlinie beginnt an der Punta de Castilla an der Mündung des Rio San Juan und folgt dem rechten Ufer des Stromes bis drei Meilen von Castillo viejo. Von hier macht die Grenze eine Kurve in Entfernung von 3 Meilen von der Festung, und folgt dann dem südlichen Ufer des San Juan und des Nicaragua-See's immer in 2 Meilen Entfernung bis zum Rio Sapoa, welcher sich in die südwestliche Ecke des Nicaragua-See's ergiesst. Von diesem Punkte, 2 Meilen von der Müudung des Sapoa, repräsentirt eine gerade Linie bis zur Mitte der Bahia de Salinas die Grenze zwischen beiden Republiken. Die Punta de Castilla, am südlichen Ufer des nördlichsten der Arme im Delta des San Juan, ist auf der neuen Karte nicht markirt. Dieser Grenzvertrag gilt noch heute, ist in neuerer Zeit von Nicaragua aber angefochten worden; Nicaragua wünscht die Grenzlinie wesentlich nach Süden herab zu rücken.

Im 9. Heft der diesjährigen Petermann'schen Mittheilungen pag. 346, heisst es ferner wörtlich: »Die Bezeichnung der Ortschaften, Dörfer und Städte auf der Karte von Herrn Friederichsen lässt die Bedeutung derselben falsch beurtheilen. So ist z. B. Angostura, der zu einer gewissen Berümtheit gelangte Punkt am R. Revantazon, wo Herr Baron v. Bülow zu Anfang der fünfziger Jahre eine Deutsche Kolonie anlegen wollte, als Dorf gleich Turrialba und bedeutender als Naranjo und Cervantes gezeichnet. Angostura bestand aber 1875—76 aus zwei, sage ganzen zwei Gehöften, mit 8 Einwohnern! Bereits vor 25 Jahren hatte Angostura diese zwei Häuser. Cervantes hat mindestens 200 Einwohner, Turrialba über 250. Auch am Nordwege, vom Sarapiqui noch Heredia, ist San Miguel, welches aus 3—5 Häusern besteht, und circa 1 1/2 leguas westlich vom Strome liegt, als grosse Ortschaft dicht am Strome gelegen, gezeichnet. Auf der alten Karte von A. Petermann sind alle diese Dinge richtig angegeben. — Im Mündungs-Delta des San Juan ist der südlichste, in den letzten Jahren wegen der grossen Wassermenge, welche durch denselben abfliesst, als sehr wichtig erkannte Arm als Rio Colorado bezeichnet. Auf P. Lévy's Karte ist nach Untersuchungen des Herrn Lévy an Ort und Stelle, und nach Angaben des Herrn v. Frantzius, dieses Flussnetz in sehr verschiedener Art dargestellt. Es existirt ein Rio Colorado, ein Strom noch bedeutender als der Sarapiqui und in derselben Richtung verlaufend. Der Rio Sucio verbindet den Colorado mit dem Sarapiqui. P. Lévy macht besonders auf die Verwirrung aufmerksam, welche durch die Verwechselung des Rio Colorado mit dem Brazo Colorado entstanden ist. Von Herrn Dr. v. Frantzius besitzen wir eine Karte des nordöstlichen Theiles von Costa-Rica (Geographische Mittheilung 1861), wo das Flussnetz gerade ebenso wie auf der neuen Karte von Friederichsen abgebildet ist. Auf der zweiten oben citirten Karte des Herrn v. Frantzius, welche das ganze Gebiet des Freistaates umfasst, findet sich auch der grosse Rio Colorado als in den Brazo Colorado mündend angegeben. Wichtige Gründe, genaue Untersuchungen müssen Herrn v. Frantzius bewogen haben, das Delta und Flussnetz des San Juan in veränderter Weise zu zeichnen.

Im Allgemeinen ist die genaue Nachbildung der Petermann'schen Karte sofort zu erkennen, neu sind nur einige Höhenangaben und die eingezeichnete Eisenbahn, die man mit den bedeutenden daran gelegenen Ortschaften wie Angostura und Calabozo — zeigen will! Ueber diese Eisenbahn siehe meinen Aufsatz im Globus Band XXX. Grosse Theile von Costa-Rica sind noch geographisch sehr wenig bekannt, nur einige, wenig zuverlässige Nachrichten, meist von Goldsuchern herrührend, besitzen wir über das Dota-Gebirge und den sich daran schliessenden südlichen Theil des Landes. Ein Amerikanischer Geolog, Mr. Gabb, bereiste in den Jahren 1872—73 die Provinz Talamanca. Die Forschungen dieses Herrn scheinen aber von Herrn Friederichsen bei der neuen Karte nicht berücksichtigt zu sein, ich vermisse den Namen des Herrn Gabb unter der Zahl der Mitarbeiter an derselben; hier wäre interessantes neues Material zu verwerthen gewesen! Aber auch für die selten oder garnicht von Europäern besuchten Theile des Landes, wie Dota-Gebirge etc., sind auf der neuen Karte mit erstaunlicher Sicherheit, Richtung von Flüssen und Gebirgszügen angegeben, unbekannte Theile scheinen gar nicht zu existiren!»

In den Verhandlungen der Berliner Gesellschaft für Erdkunde 1877 Bd. 4. No. 5 und 6. Seite 143 steht nach voraufgegangenen ähnlichen Angriffen,

Folgendes: »Sehr wichtig für die Auffindung eines besseren Schienenweges vom Rio Pacuare oder Siquirres nach San José war die Expedition des Generals P. Quiros im Februar 1877. Hr. Kurtze war bei seiner Wegeordnungsreise durch Wälder und Gebirge, über Klippen, Moräste, viele Flüsse etc. möglichst direkt nach Limon marschirt, und den so »entdeckten« Weg, hatte man lange Zeit für den richtigen gehalten, obgleich derselbe die Schwierigkeiten und Hindernisse förmlich aufsucht. Durch die auch in geographischer Hinsicht sehr wichtige und interessante Expedition des Generals Quiros kennen wir jetzt einen bessern Weg. Quiros ging vom Siquirres (drei engl. Meilen westlich von Calabozo auf Friederichsen's Karte) in nordwestlicher Richtung über den R. Reventazon und dann bis zum R. Sucio. Von dieser ganzen 32 engl. Meilen betragenden Entfernung boten circa 28 Meilen keine Schwierigkeiten, gingen durch savannenartige Ebenen, so dass hier, wie General Quiros angiebt, sofort die Schienen gelegt werden konnten. Wirft man einen Blick auf die neue Karte von Friederichsen, so findet man in dieser Gegend zahlreiche Gebirgszüge in wirrem Durcheinander, und die Ebenen erst ca. 8 engl. Meilen nördlicher«.

Auf die in den eben vorgelesenen Stellen enthaltenen Angriffe habe ich vorerst zu erwidern, dass ich eine von Herrn Dr. Petermann verfasste Karte von Costa-Rica aus dem Jahre 1869 nicht kannte, wohl aber eine an citierter Stelle publicierte, hier ausgestellte Originalkarte von A. v. Frantzius, redigiert von A. Petermann, die ich, und mit Recht, bei meiner Arbeit benutzt und wesswegen ich den Namen des Verfassers A. von Frantzius pflichtschuldigst als Quelle in meinem Titel verzeichnet habe. Ich würde wider besseren Wissens gehandelt und ein Unrecht gegen Herrn v. Frantzius begangen haben, wenn ich seine Karte als ein Produkt Dr. Petermann's bezeichnet hätte. Es konnte mir dies auch um so weniger in den Sinn kommen, als es in dem die fragliche Karte begleitendem Texte (Petermann's Mittheilungen 1869, pag. 84) ausdrücklich heisst: »Vor Allem gebührt dem Herausgeber der »Geographischen Mittheilungen« das Verdienst, durch sorgfältige und kritische Benutzung der neuesten Seekarten die Küstenlinien an beiden Meeren bestimmt zu haben, welche, für die Festlegung der im Innern befindlichen Punkte eine unentbehrliche Grundlage bildend, für diese Karte von der grössten Wichtigkeit ist.« — Hätte ich ahnen können, dass Herr Dr. Petermann, wie er mir unter'm 18. Septbr. d. J. schreibt, mehr Antheil an der v. Frantzius'schen Karte hat, als aus den von ihm selber publicierten Worten zu entnehmen ist, — dass er nämlich Herrn v. Frantzius Material geliefert und zu seiner endgültigen Originalzeichnung noch sehr viel hinzugethan, — und hätte ich vor Allem gewagt zu glauben, was mir jetzt zur Gewissheit geworden, dass nämlich Herrn Dr. Petermann mit der Verzeichnung seines Namens in dem Titel meiner Karte gedient und die nunmehrige unerquickliche Polemik vielleicht vermieden gewesen wäre, ich würde sicher nicht versäumt haben, zu den vielen in meinem Titel verzeichneten Namen auch denjenigen meines um die geographische Forschung hochverdienten Lehrers Dr. Petermann hinzuzufügen. — In wie weit nun meine Karte *nur* eine Vergrösserung der v. Frantzius-Petermann'schen Karte ist, in wie weit es mir gelungen ist Fehler auf derselben zu korrigiren, und in wie weit ich das Recht und die Pflicht gehabt habe, unter Anderen auf meiner Karte dieselben Namen als Quellen zu nennen, welche sich um das Herrn Dr. Petermann gelieferte Material grosses Verdienst erworben haben sollen,das wahrheitsgemäss zu beleuchten, wird die Aufgabe meines weiteren Vortrages sein.

Im Juli 1874 empfing ich den Besuch des Direktors der Eisenbahn in Costa-Rica, Herrn G. Nanne. Derselbe offerierte mir den Verlag der hier ausgehängten, von Herrn Ingenieur E. A. Beyer in San José im Auftrage der dortigen Eisenbahn-Direktion gezeichneten Originalkarte von Costa-Rica im Maassstabe 1:500,000, und erbot sich Namens seiner Regierung, die Vervielfältigungskosten für sauberste Lithographie zu tragen. Die meinerseits gegebene Antwort lautete dahin, dass ich die Beyer'sche Zeichnung leider für nicht druckreif erklären müsse, indem die neuesten englischen und amerikanischen Küstenkarten unbenutzt geblieben und die Darstellung des Terrains meiner Ansicht nach ohne Berücksichtigung der charakteristischen Gebirgsformationen gemacht sei, dass ich in Folge dessen, diese Arbeit in der vorliegenden Fassung unbeschadet des Renommées meines Etablissements nicht veröffentlichen könne; nur unter der Bedingung, dass es mir gestattet werde, nach bestem Wissen Korrekturen vorzunehmen, lasse sich von der Offerte Gebrauch machen. Herr Nanne ging auf mein Anerbieten ein. — Eine darauf erfolgte nähere Prüfung der Beyer'schen Originalzeichnung ergab, dass eine Neuzeichnung der ganzen Karte unabwendbar. Im Interesse der Sache und im Interesse der Wissenschaft, die nur dabei gewinnen konnte, erbot ich mich diese Neubearbeitung unentgeltlich vorzunehmen. Es schien mir dies um so mehr geboten, als sonst der ohne Zweifel werthvolle centrale Theil der Beyer'schen Zeichnung (zu beiden Seiten des Eisenbahn Tracé's) und viele sonstige auf den bisherigen Karten nicht vorhandene Angaben, vorläufig keine Veröffentlichung gefunden haben würden; auch kam das von Neuem rege gewordene Interesse für einen interoceanischen Kanal an der Nordgrenze Costa-Rica's hinzu, und konnten die just für die Publikation vollendeten detaillirten Arbeiten der U. S. Nicaragua Expedition 1872/73, vermittelst deren hinsichtlich des Laufes des San Juan und der Kontouren des Nicaragua See's etc. alle früheren Karten wesentlich verbessert werden, zur weiteren Kenntniss gelangen. — Nachdem ich die Literatur über Costa-Rica aufmerksam durchstudiert und die für meine neu zu entwerfende Karte wichtigen Daten extrahiert hatte, ging ich Anfang 1875 an die Neuzeichnung. Zunächst wurden von mir die Küsten nach den diversen neuesten englischen Admiralitätskarten sorgfältig und detaillirter, als es der kleine Massstab der v. Frantzius'schen Karte erlaubt hatte, eingetragen. Dabei fanden einige mir von dem Kapitän P. S. Clausen der dänischen Brigg »Gustav« gemachte Mittheilungen über die Westküste der Nicoya-Halbinsel, gebührende Berücksichtigung. Ihnen zufolge heisst die grössere der auf der englischen Admiralitätskarte No. 2145 vom Januar 1865 unter 10° 27′ nördl. Breite und unter 85° 50′ westl. Länge von Greenwich belegenen Inseln nicht Brumel sondern San Catalina, auch existiren die 3 Inseln vor dem C. Velas nicht und sind unter Anderm die von Capitän Claussen besuchten Landungsplätze Sapotalillo, Barca Cebras, San Francisco, Puerto Mamito, Jcacal und Cahaiones als neu zu registrieren. —

Für die Ufer des Nicaragua-Sees und für den Lauf des San Juan und seiner verschiedenen Mündungsarme, haben die ausführlichen von 20 Karten und Plänen begleiteten Reports of Explorations and Surveys for the Location of a Ship-Canal between the Atlantic and Pacific Oceans, through Nicaragua 1872—73, under the Direction of the Hon. George M. Robeson, Washington 1874, zu Grunde gelegen. Nach ihnen liegt die Insel Solentiname im Nicaragua-See nicht östlich vom 85. Grad westl. Länge von Greenwich, sondern westlich davon, und verläuft ferner der San Juan Fluss wesentlich anders, als auf der v. Frantzius-Petermann'schen Karte. Das Fort San Carlos, da belegen, wo der San Juan den Nicaragua-See verlässt, liegt auf der Frantzius'schen Karte ca. 2½ Minuten zu nördlich und ebensoviel zu westlich. Das Delta des San Juan muss sich seit Anfertigung der v. Frantzius'schen Karte ausserordentlich verändert haben, denn die von mir nach den neusten amerikanischen Aufnahmen gegebene Darstellung desselben, ähnelt der v. Frantzius'schen kaum. Weder der von Herrn Polakowsky auf meiner Karte vermisste Name »Punta de Castilla« noch die von v. Frantzius bezeichnete Punta Arenas am Hafen von San Juan del Norte existiren noch, denn der Hafen ist als total versandet zu betrachten. Der Haupt-Mündungsarm des San Juan ist der Rio Colorado; einen aus dem Innern des Landes kommenden Rio Colorado, als Nebenfluss des Rio Sucio und in Verbindung mit dem als Rio Colorado bezeichneten Hauptarm, konnte ich zu zeichnen mich ebenso wenig entschliessen, als ich das sehr zweifelhafte in die Boca de Colorado und in die Laguna Zaiman entwässernde Flusssystem nach v. Frantzius auch auf meine Karte zu übertragen wagte. —

Auf pag. 347 des 9. Heftes der Mittheilungen, Zeile 8 von oben, ist wörtlich zu lesen: »Von Herrn Dr. von Frantzius besitzen wir eine Karte des nordöstlichen Theiles von Costa-Rica (Geogr. Mitth. 1861), wo das Flussnetz gerade ebenso wie auf der neuen Karte von Friederichsen abgebildet ist.« Nachdem Anfangs behauptet worden, dass meine Karte nur eine Vergrösserung der v. Frantzius'schen Karte von 1869, wird hier an dieser Stelle die Welt mit der Nachricht beglückt, dass auf meiner Karte das Flussnetz gerade ebenso wie auf der veralteten v. Frantzius'schen Karte aus dem Jahre 1861 abgebildet sei. Diese Behauptung charakterisirt die Polakowsky'sche Kritik in der schlagendsten Weise, denn es ist kaum zu viel gesagt, wenn ich entgegne, dass auch nicht eine einzige Flusskrümmung mit derjenigen der citirten veralteten v. Frantzius'schen Karte aus dem Jahre 1861 überein stimmt, geschweige denn, dass das ganze Flussnetz gerade ebenso von mir abgebildet wurde. —

Für die Provinz Guanacaste habe ich natürlich im Wesentlichen die in Petermann's Mittheilungen 1865 publicierte Originalkarte des nordwestlichen Theiles von Costa-Rica zur Uebersicht der Reisen Dr. K. von Seebach's, benutzt. Die wenigen Zusätze nördlich und östlich von Bagaces sowie die Angaben der Kupferminen und sonstiger Details nördlich und südlich von den Cerros del Sardinal, sind der Originalzeichnung von Beyer entnommen. Der nordwestlichste Theil von Guanacaste d. h. die Gegend nördlich vom Vulkan Orosi bis zur Grenze von Nicaragua, ist eine Kompilation der v. Seebach'schen, v. Frantzius'schen, Oersted'schen, amerikanischer und anderer Karten.

Das Innere der Halbinsel Nicoya ist der Frantzius'schen Karte von 1869 nachgebildet; ich hatte keine Veranlassung wesentlich davon abzuweichen, sondern in Ermangelung besserer Materialien blieb mir nur die Aufgabe, unter Berücksichtigung der spärlichen Höhen-Angaben und der auf den englischen Seekarten angedeuteten Gebirgszüge und Kuppen, ein ungezwungenes lebendiges Terrainbild in grösserem Maassstabe herzustellen.

Die in den Nicaragua-See und in den Rio San Juan mündenden Flüsse, habe ich nach den verschiedensten Karten, unter Berücksichtigung der zahlreichen mir authentisch erschienenen Verbesserungen auf der Beyer'schen Originalzeichnung, eingetragen. Dabei bemühte ich mich der sorgfältigsten Kritik, so dass es mir selbst nicht entgehen konnte, dass v. Frantzius den Rio Frio eine viertel deutsche Meile zu südlich in den Nicaragua-See, nicht direkt in den San Juan münden lässt. —

Der centrale Theil Costa-Rica's, d. h. ca. 20 Kilometer nördlich und südlich von 10° nördl. Breite, ist unter gleichzeitiger Benutzung der v. Frantzius'schen Karte von 1869 auf der Beyer'schen Zeichnung basirt, und da dieser in jenem Theil die gelegentlich des Baus der Eisenbahn von Punta Arenas bis Limon veranstalteten Nivellements und Aufnahmen zu Grunde liegen, so genügt für Jemanden der nicht ganz blind ist, schon ein flüchtiger Vergleich meiner Karte mit derjenigen von Frantzius (wie auch Dr. Kiepert in einer Recension im Globus sagt), um hier bedeutende Verbesserungen zu konstatiren. -- Die auf Seite 144 der Verhandlungen der Gesellschaft für Erdkunde zu Berlin, Bd. IV, No. 5 und 6, gegebene Notiz des Herrn Polakowsky, dass im östlichen Theile des centralen Gebietes zwischen den Flüssen Siquirres *) und Sucio in nordwestlicher Richtung auf einer geraden Strecke von 32 engl. Meilen, anstatt savannenartiger Ebenen, von mir zahlreiche Gebirgszüge in wirrem Durcheinander gezeichnet worden seien, ist nicht wahr.

Die Eisenbahn von Puerto Limon bis Punta Arenas ist auf der Strecke Puerto Limon-Alajuela mit der Signatur der im Bau begriffenen Eisenbahnen (ferro-carriles en obra), von da bis Punta Arenas mit der Signatur der ferro-carriles proyectados nach der Beyer'schen Originalzeichnung eingetragen worden. Der mir an verschiedenen Stellen von Herrn Polakowsky gemachte Vorwurf, dass ich diese sinnlose Eisenbahn nur um dem total ruinierten Kredit Costa-Rica's aufzuhelfen, als zum grössten Theile vollendet dargestellt, fällt in sich zusammen. Auch nicht in Folge einer Inspiration seitens der Interessenten, sondern lediglich aus eigenem Antriebe, habe ich Punkte wie Angostura und Calabozo als zukünftige Eisenbahnstationen durch grössere Schrift ausgezeichnet, als Gebirgsorte, mit angeblich 200 Einwohnern. Zur Zeit meiner Zeichnung im Frühjahr 1875, war für mich keine Veranlassung an der Vollendung der Bahn binnen Jahresfrist zu zweifeln.

Die längs der Eisenbahn eingetragenen Höhenzahlen sind neu und verdanke ich dem Herrn Direktor G. Nanne. Es sind: Station Pacuare (Calabozo) 168 engl. Fuss, Station Angostura 1910', Station Cartago 4930', Station Quircot (Wasserscheide) 5265', Station San José 3868', Station Heredia 3786', Station Alajuela 3001', Eisenbahnbrücke über den Rio Grande 1561' (vorstehende sämtlich auf Eisenbahn-Nivellements beruhend), San Mateo 1050', Atenas 2379', Minen von Aguacate 2086', letztere drei nach barometrischen Höhenmessungen.

Der südliche Theil meiner Karte ist eine Kompilation der leider

*) Nebenfluss des Rio Pacuare nördlich von Calabozo; der Name fehlt auf meiner Karte, der Fluss selbst ist wohl angegeben!

damals recht spärlichen Materialien, unter denen die Frantzius'sche *) — Wagner'schen, — Codazzi'schen resp. Ponce de Leon'schen Karten und Beyer'sche Originalzeichnung die Haupt-Rolle spielen. Die Gabb'schen Forschungen, 1873 und 1874 ausgeführt, **) konnten hier nur in so weit Berücksichtigung finden, als darüber in Silliman's American Journal of Science and Arts, November 1874, pag. 388 — 390, vorläufig berichtet worden war. Ein Weiteres, wie mir auch Herr Dr. E. Behm von der Redaktion der Petermann'schen Mittheilungen seiner Zeit gütigst bestätigte, und wie direkte Anfragen in Amerika ergaben, war damals über die wichtigen Gabb'schen Reisen in Talamanca nicht bekannt. Erst nach Vollendung meiner Karte in Lithographie und Druck, erhielt ich Silliman's Journal 1875 mit weiteren Nachrichten über Gabb's Forschungen und durch Güte des damals gerade aus Amerika zurückgekehrten Herrn Professor A. Bastian, die werthvolle Schrift Gabb's »On the Indian Tribes and Languages of Costa-Rica, Philadelphia 1875.« Das verspätete Eintreffen des letzteren beachtungswerthen Werkes bedaure ich um so mehr, als ich erst durch dasselbe auf die Fehler des Bancroft'schen Buches »The Native Races of the Pacific States« in Hinsicht der Indianer-Stämme Costa-Ricas aufmerksam gemacht werden konnte; an der Hand dieser Gabb'schen Abhandlung, würde ich beispielsweise sicher nicht in die Versuchung geführt worden sein, die Namen Orotiñans und Guetares an den Ufern des Golfes von Nicoya, wo gar keine Indianer mehr wohnen, auf meiner Karte einzutragen. — In Betreff der von mir nach Polakowsky (Mittheilungen 1877 Heft 9. pag. 347) mit erstaunlicher Sicherheit eingetragenen Flüsse und Gebirgszüge in den von Europäern fast noch gar nicht besuchten Theilen des Dota Gebirges etc. — habe ich zu erwidern, dass ich pflichtschuldigst meiner Phantasie da Spielraum gelassen, wo wie jeder Fachmann sofort erkennen kann, nur äusserst mangelhaftes Material vorlag. Eine solch' rohe Gebirgszeichnung zu liefern, wie sie die von Herrn Polakowsky auch für den zur Darstellung gebrachten Theil Costa-Rica's so gepriesene Lévy'sche Karte von Nicaragua bringt, bin ich allerdings ausser Stande. — Schon nach dem im Jahrgange 1870 pag. 120 der Petermann'schen Mittheilungen gefällten Urtheil über die im Bulle-

*) Die Frantzius'sche Karte (1869) umfasst nicht wie Polakowsky auf Seite 347 des 9. Heftes der Petermann'schen Mittheilungen sagt, das ganze Gebiet des Freistaats, sondern es fehlen daran noch ca. 10,000 □Kilometer, also ungefähr ein Terrain so gross wie dass halbe Königreich Würtemberg.

**) Am 13. Juni 1874 bestieg Gabb noch den Pico Planco in Talamanca, siehe Petermann's Mittheilungen, 1875 pag. 159; unterm 10. August 1874 schrieb Gabb aus San José: I have just returned from my last trip into the wilderness of Talamanca, and am now winding up the work in the shape of reports, maps &c., (Silliman's Journal 1874, pag. 388).

tin de la Société de géographie de Paris, Sept. 1869 p. 177—191 publicierten vorläufigen Nachrichten über Levy's Landreise von Panama durch Veragua, Chiriqui, Costa-Rica und Nicaragua, liess sich für Costa-Rica nicht viel Neues von Lévy erwarten. Petermann sagt daselbst: »Das mitgetheilte Itinerar ist zu dürftig, als dass die Kartographie daraus Nutzen ziehen könnte, und ist gleich der Kartenskizze so wenig Vertrauen erweckend, dass uns ein befriedigender definitiver Bericht überraschen würde. Wie wenig man sich auf seine Zahlenangaben verlassen darf, geht unter Anderem daraus hervor, dass er die Höhe des Kulminationspunktes einer projektirten Eisenbahn zwischen Punta Arenas und Puerto Limon in Costa-Rica zu 656 engl. Fuss angiebt, während doch Cartago 4770, San José 3870, und die Bodenschwelle zwischen beiden 5180 engl. Fuss über dem Meere liegen, dass er sagt, der Orosi sei fast ebenso hoch wie der Volcan de Chiriqui (11,265 engl. Fuss), während er in Wirklichkeit nur eine Höhe von 5200 engl. Fuss hat, dass er die Bevölkerung von Costa-Rica zu 15,000 ansetzt etc.« —

Die auf meiner Karte zum ersten Male angegebenen Gold-, Kupfer- und Kohlen-Minen entstammen der Beyer'schen Originalzeichnung. Ob Kohlen daselbst wirklich jetzt ausgebeutet werden oder nicht, wage ich nicht zu entscheiden, jedenfalls aber ist schon die einfache Angabe der Fundorte für die Wissenschaft von grossem Interesse. *)

Was die von Herrn Polakowsky gerügte Grenze gegen Nicaragua anlangt, so ist sie so wie sie vorliegt, absichtlich, nicht aus Unkenntniss von mir eingezeichnet und von der damaligen Regierung in Costa-Rica gut geheissen worden. **) Ich glaubte dieses unbeschadet des Werthes meiner Karte thun zu dürfen, da ja gerade die Grenzfrage einer definitiven Regelung unterliegen sollte und Aussicht vorhanden war, dass eine Abstimmung der Bevölkerung Guanacaste's zu Gunsten Costa-Rica's ausfallen und damit die alte Provinz Guanacaste in ihrem ganzen Umfange an Costa-Rica zurückgehen würde. Die von mir dargestellte und von Herrn Polakowsky als richtig bezeichnete Grenze gegen Columbien, ist meiner Ansicht nach nunmehr, nachdem die National-Versammlung von

*) Gabb sagt in Silliman's Joural 1875, Bd. 9. pag. 201: half a dozen miles south of San José, the capital of Costa-Rica, there is a small mine of coal now being worked experimentally, with results far from encouraging.

**) Bevor meine Zeichnung dem Lithographen übergeben wurde, ist eine Heliographie derselben in San José zur Revision gewesen und dann erst nachdem mir mitgetheilt, dass dieselbe in jeder Weise befriedige, vervielfältigt worden. Die einzige Aenderung, die beliebt wurde, betraf die Fassung des Titels und die Anführung derjenigen Herren in demselben, die Material für die Anfertigung der Beyer'schen Originalzeichnung geliefert hatten, sowie die Hinzufügung der Worte »bajo la administracion del E$^{mo.}$ Señor Presidente General Don Tomas Guardia.«

Columbien, Zeitungsnachrichten zufolge, den Grenzvertrag mit Costa-Rica vom April 1873 verworfen, ebenso wenig richtig, als diejenige gegen Nicaragua. Was im Uebrigen Grenzverträge in jenen centralamerikanischen Staaten heissen will, das weiss ein Jeder, der die Geschichte dieser Länder verfolgt hat, zur Genüge. —

Nach der voraufgegangenen möglichst kurz gefassten Darlegung der Geschichte meiner Karte und Aufzählung der benutzten wesentlichsten Quellen, darf ich hoffen hinlänglich nachgewiesen zu haben, dass die Kritik des Herrn Dr. H. Polakowsky in Berlin jeder gesunden Grundlage entbehrt. Dass meine Karte vielfach fehlerhaft, das resultirt aus dem fast gänzlichen Fehlen wirklicher topographischer Aufnahmen innerhalb der centralamerikanischen Länder überhaupt. Um aber dem Urtheil des Herrn Polakowsky jeden Werth zu nehmen, gestatten Sie mir, dass ich einen, durch die Polakowsky'sche Kritik veranlassten, mir gütigst von einem der gründlichsten Forscher auf costaricanischem Boden, Herrn Prof. K. v. Seebach, zugegangenen Brief verlese; derselbe ist vom 7. Spt. 1877 aus Klein Schmalkalden datirt und lautet:

»Hochgeehrter Herr! Ihr Brief vom 4. d. Mts. trifft mich wie voriges Jahr Ihre Karte von Costarica mit den Aufnahmen für die officielle geologische Karte beschäftigt, abwesend von Göttingen und getrennt von meiner Bibliothek und Kartensammlung. Es ist mir daher leider nicht möglich, eine eingehende Vergleichung Ihrer Karte mit den älteren Materialien vorzunehmem und in Einzelheiten einzugehen, in denen das Gedächtniss leicht trügt. Gern wiederhole ich aber, was ich Ihnen schon voriges Jahr schrieb, dass ich nämlioh Ihre Karte für einen Fortschritt in der Geographie Costaricas halte und für die beste bisher veröffentlichte Darstelluug jener schönen Gegend. Dass Sie Sich eng an die Karte meines jüngst verstorbenen Freundes A. v. Frantzius angeschlossen haben, ist doch schon dadurch geboten, dass sie eben die letzte und bis dahin zweifellos beste und zum grossen Theil auf Originalberichten beruhende Karte von Costarica war. Eine Karte von Costarica von A. Petermann kenne ich nicht, offenbar wird die Frantzius'che Arbeit mit Unrecht Dr. Petermann zugerechnet, und es scheint mir ein so grobes Versehen nicht eben dafür zu sprechen, dass Dr. Polakowsky die betr. Karte eingehender studirt hat. — Selbstverständlich können Sie von den vorstehenden Zeilen jeden Ihnen zweckmässig erscheinenden Gebrauch machen.« Hochachtungsvoll (gez. K. v. Seebach).

Am 23. August d. J. erhielt ich die Kritik des Herrn Polakowsky. Ich beeilte mich bei Herrn Dr. Petermann anzufragen, ob dieselbe in der vorliegenden Fassung mit seinem Wissen in seinen Mittheilungen zum Abdruck gelangt sei und gab mich der Hoffnung hin, einen baldigen verneinenden Bescheid zu erhalten. Die Antwort blieb leider aus. Darauf sandte ich an ihn unter'm 10. September eine sachliche Entgegnung und stellte das billige Verlangen, dass dieselbe im nächsten Heft seiner Mittheilungen aufgenommen werde. Herr Dr. Petermann hat sich hierzu nicht gemüssigt gesehen, sondern meine Bitte mit dem Bemerken, dass er für derartige Polemik keinen Platz in seinem Journale hätte, abschlägig beschieden. Anstatt dessen hat Herr Dr. Petermann persönlich in dem nächsten vor wenigen Tagen erschienenen 10. Heft seiner Mittheilungen von Neuem die Angriffe gegen meine Karte aufgenommen und zwar zu Gunsten der von ihm gleichzeitig publicierten und hier ausgehängten Originalkarte des Hauptgebietes von Costa-Rica zur Uebersicht der Aufnahmen von W. M. Gabb, Collins und Martinez. In den Begleitworten zu dieser neuen Karte heisst es: »Die Gabb'sche Aufnahme bewirkt eine fundamentale Umgestaltung unserer bisherigen Vorstellung der ganzen Südhälfte von Costa-Rica, wie ein einzelner Blick auf unsere neue Karte im Vergleich mit der früheren, Tafel 5. im Jahrgang 1869, lehrt, oder der von Friederichsen, Hamburg, 1876 publicierten. Diese Karte giebt im Allgemeinen *) dieselbe Darstellung wie die unsrige von 1869, hie und da einige Detail-Verschiedenheiten, z. B. auf der Linie Limon-Punta Arenas, eine Linie, die aber schon durch F. Kurtze, C. E. Direktor General of Public works in the Republic of Costa-Rica, der Hauptsache nach festgestellt und im Jahre 1866 in seinem Werk »The Interoceanic Railroad Route through the Republic of Costa-Rica« publiciert war. Nur in einem Gebiete ist sie grundverschieden von unserer Karte in 1869, nämlich in dem von Talamanca, und hier bildet sie einen entschiedenen Rückschritt, indem sie die ältere falsche Darstellung von Wagner, Codazzi und Obaldia annimmt, und z. B. den grossen Fluss Tiliri in den kleinen Bach Hone bei Puerto Viejo fliessen lässt, an der Mündung des Tiliri oder Sicsola einen imaginären Fluss Tervis zeichnet, den Sicsola bei der Lagune Sansan in's Meer führt etc. — Diese Verwirrung war schon in unserer Karte 1869 berichtigt worden, die damalige Zeichnung stützte sich für das Innere aber fast ausschliesslich auf Valentini's Mittheilungen, der sich einige Monate in Limon aufhielt und seine Angaben auf Grund erhaltener Notizen gemacht hat, ohne zu messen und ohne das Innere zu kennen.«

Wir besitzen, sagt Petermann weiter, die Gabb'sche Aufnahme des südöstlichen Costa-Rica schon seit 3 Jahren, und weil wir geglaubt hatten, die Regierung des Landes würde sie bekannt geben, haben wir uns mit der Publikation nicht beeilt; da aber seitdem selbst grosse prätentiöse Karten mit dem Schein eines officiellen Ansehens publiciert sind ohne Be-

*) Wie kann das anders sein? Im 8. Hefte hiess es übrigens, meine Karte sei nur eine Vergrösserung der Petermann'schen Karte.

nutzung dieser bedeutendsten bisher innerhalb Costa-Rica ausgeführten Aufnahme, zögern wir nicht länger und geben sie auf Tafel 18 dieses Heftes.«

Bereits auf der Naturforscher-Versammlung in München war ich in der angenehmen Lage einen Probedruck der neuen Petermann'schen Karte am Schlusse meines Vortrages zur Kenntniss der geographischen Sektion bringen zu können; ich habe dort bereits auf die Wichtigkeit der Petermann'schen Karte hingewiesen und freue mich im Interesse der Wissenschaft, dass die Lücken meiner und aller früheren Karten hinsichtlich der Provinz Talamanca durch die Publikation der Gabb'schen Aufnahmen, ausgefüllt worden sind. Wesshalb der Vertreter der Regierung von Costa-Rica in meiner fraglichen Kartenangelegenheit, mir bis heute die längst angekündigte Original-Karte von Talamanca *) vorenthalten, weiss ich nicht, ich vermuthe aber, dass sein Austritt aus der Eisenbahn-Direktion und der Regierungswechsel in Costa-Rica die Veranlassung gegeben hat; unerschütterlich fest steht aber, dass bis zum Erscheinen des 10. Heftes der diesjährigen Mittheilungen vor ca. 8 Tagen also, nirgends eine Karte der Provinz Talamanca nach den Gabb'schen Forschungen publiciert war, die ich bei meiner Anfang 1875 gezeichneten Karte hätte benutzen können. — Was die auf meine Karte bezüglichen Worte Petermann's «Prätentiöse Karte mit dem Schein eines offiziellen Ansehens» betrifft, so finden diese in meiner voraufgegangenen wahrheitsgemässen Darlegung ihre Beantwortung. — Dass Herr Dr. Petermann meine Darstellung der Provinz Talamanca als einen entschiedenen Rückschritt bezeichnet, könnte gerechtfertigt erscheinen, wenn er nicht durch seine neueste Karte bewiesen hätte, dass sowohl seine, respektive die Frantzius'sche aus 1869, als die meinige in diesem Theile total verkehrt sind; mich kann meiner Ansicht nach nur der Vorwurf treffen, dass ich den älteren Karten ebenso viel, respektive ebenso wenig Werth beigelegt habe, als den, wie Petermann selber sagt »ohne zu messen und ohne das Innere zu kennen, nur auf Grund erhaltener Notizen gemachten Angaben Valentini's«. Auch scheint mir dies kein so grobes Versehen zu sein, als wenn man wie Herr Dr. Petermann seit 3 Jahren in der glüklichen Lage ist, der Wissenschaft etwas werthvolles Neues bieten zu können, und sich nicht der Mühe unterzieht vor der Publikation nochmals die innerhalb dieses Zeitraumes erschienene darauf bezügliche Literatur durchzusehen. Denn nur so konnte es ihm passiren, dass er von meiner

---

*) Unterm 10. Juli 1876 schrieb mir Herr Direktor Nanne aus San José: Ich sende Ihnen mit nächstem Steamer die jetzt vollendete Karte der Provinz Talamanca, und wird demnach auf Ihrer Karte manches zu ändern sein, hauptsächlich Flüsse deren Lauf falsch ist.

Karte die Namen der beiden Indianer-Stämme Orotiñans und Guetares an den Küsten des Golfes von Nicoya auf seine Karte übertrug, und die ausdrückliche auf Seite 526 der Gabb'schen Schrift «On the Indian Tribes und Languages of Costa-Rica» zu findende Bemerkung, dass an den Küsten des Nicoya Golfes keine Indianer mehr wohnen, von ihm unbeachtet blieb. Ich konnte diesen, wie schon erwähnt durch Bancroft veranlassten Fehler, nicht mehr korrigieren, aber Herr Dr. Petermann, der sich auf Tafel 18 des 10. Heftes seiner Mittheilungen zur Aufgabe gestellt hat, eine Uebersicht der Gabb'schen Aufnahme in Costa-Rica zu publicieren, hätte ihn nicht wiederholen dürfen.*) Was aber noch weit schwerer in die Wagschale fällt, das ist, dass es Herrn Dr. Petermann entgehen konnte, dass Herr Gabb die im November 1874 in Silliman's American Journal zu 9652 Fuss angegebene Höhe des Pico Blanco, bereits im Februar 1875 in demselben Journal in 11,877 Fuss rektificiert hat. Während die Frantzius-Petermann'sche Karte von 1869 bereits die Höhe des Pico Blanco zu 11,740' angegeben hatte, also bis auf 137' genau, hat die neue Petermann'sche Karte dieselbe um 2200 Fuss verkehrt. Das ist auch ein entschiedener Rückschritt! Ferner hätte Herr Dr. Petermann, der ja ausdrücklich die Gabb'schen Forschungen darstellen will, nicht von meiner Karte die Höhe des Volcan Irazu zu 11,500 Fuss, sondern aus Silliman's Journal 1875 Bd. 9 p. 320 die Gabb'sche barometrische Höhenmessung desselben zu 11,356 engl. Fuss abnehmen müssen.

Zum Schlusse meines Vortrages darf ich nicht unerwähnt lassen, dass sich auf meiner Karte noch ein Fehler eingeschlichen, den ich auch auf der neuesten Petermann'schen Karte wiedergefunden, dass nämlich der Fahrweg von Heredia nach San José zu lithographieren vergessen ist. Auch glaube ich schliesslich erwähnen zu sollen, dass ich nach buchhändlerischem Gebrauch am Ende des Jahres 1875 die Jahreszahl 1876 auf meine Karte setzen liess.

---

*) In den «Remarks on the Centres of Ancient Civilization in Central America and their geographical distribution by Dr. C. Herm. Berendt, New-York 1876» heisst es ebenfalls: Having studied the Chapanecan language on a former expedition, and wishing to compare it with the Chorotegan (Orotiñans), I visited Nicaragua in the year 1874. I found that the Indian population near the Nicoya and the Fonseca bays had entirely disappeared, and in both districts only met with some local names belonging to the Chorotegan language. Dies hätte Herr Dr. Petermann 1877 auch wissen können!

Reise nach der Kleinen Oase in der Libyschen Wüste im Frühjahr 1876.

Von

Paul Ascherson.

Im Januar 1876 erhielt ich von meinem berühmten Freunde Dr. Georg Schweinfurth in Cairo, den ehrenvollen Auftrag, eine Reise zur Erforschung der Kleinen Oase (*Uah-el-Beharîeh*) in der Libyschen Wüste zu unternehmen, der nördlichsten in jener Reihe von bewohnten Plätzen, welche westlich vom Nilthale und mehrere Tagereisen von demselben entfernt, in südnördlicher Richtung auf einander folgen. Der arabische Name, welcher die »Nördliche Oase« bedeutet, ist mithin bezeichnender als die aus dem Alterthum überlieferte, in die europäischen Sprachen übergegangene Bezeichnung »Kleine Oase«. Unsere bisherige Kenntniss derselben beruhte fast ausschliesslich auf den Beobachtungen des verdienstvollen französischen Reisenden Fréderic Cailliaud, welcher im Januar und Februar 1820 mit seinem Begleiter, dem Marineofficier Letorzec, sechs Wochen in der Oase verweilte, die Lage derselben astronomisch bestimmte, die Garten- und Ackerbezirke der beiden Haupt-Kulturinseln, in welchen sich je 2 Ortschaften, Qassr-Bauîti und Mendîscheh-Sabu, befinden, topographisch aufnahm und die Alterthümer sorgfältig verzeichnete. Auch über die Naturgeschichte und Ethnographie gab derselbe einzelne Notizen, die ich grösstentheils richtig gefunden habe. Von den Mitgliedern der Rohlfs'schen Expedition, welche für die Kenntniss der übrigen aegyptischen Oasen so wichtige Fortschritte gebracht hat, hat nur der Astronom und Geodaet derselben, Prof. Dr. W. Jordan, im März 1874 einen kurzen Besuch in Uah-el-Beharîeh gemacht, dessen Ergebnisse in der erheblich verbesserten kartographischen Darstellung der Oase, in der erneuten, in befriedigender Uebereinstimmung mit Cailliaud ausgeführten Positionsbestimmung und namentlich in der Ermittelung der Meereshöhe (Höhe von Bauîti 113 Meter) bestehen. Es waren indess immerhin noch manche rein geographische Aufgaben zu lösen. Die topographische Darstellung der Oase konnte, bei der eigenthümlichen Konfiguration derselben, in der zahlreiche Inselberge die freie Uebersicht hemmen, noch nicht als abgeschlossen gelten. Ferner waren durch Cailliaud und Jordan, die beide von der Jupiter-Ammons-Oase über die Kleine Oase nach Farâfrah und Dachel reisten, zwar die diese Oasen verbindenden Strassen mit der grössten Genauigkeit aufgenommen worden; von den zahlreichen Strassen, welche die Kleine Oase mit dem Nilthal verbinden, war indessen bisher nur eine, die nach Dalgeh und Mellaui, nach den Erkundigungen von

Rohlfs auf der zu dessen Expeditionswerke*) gehörigen, vorher in Petermann's Mittheilungen 1875, Taf. 11 veröffentlichten Karte mit einigem Detail eingetragen. Für den nach dem Fajûm führenden Weg, waren wir nur auf die ziemlich dürftige Beschreibung von Belzoni angewiesen, der 1819 als erster Europäer diese Oase besuchte, durch das feindselige Verhalten der Bewohner aber an genaueren Beobachtungen gehindert wurde. Der talentvolle aber unglückliche Pacho, der 4 Jahre später mit Fréderic Müller die aegyptischen Oasen besuchte, hat über diese Reise nichts veröffentlicht, und ist seine Hinreise nach der Kleinen Oase vom Fajûm und die Rückreise nach Bechneseh nur flüchtig auf der Uebersichtskarte seines bekannten Reisewerkes: Rélation d'un Voyage dans la Marmarique, la Cyrénaïque etc. angedeutet. Von anderen Wegen von Uah-el-Beharîeh nach dem Nilthal war bisher entweder nur das Vorhandensein, oder nicht einmal dies bekannt. Die Beschreibung, welche Belzoni, und die kartographische Darstellung, welche Pacho von dem östlich von der Kleinen Oase befindlichen »Fluss ohne Wasser«, dem neuerdings so viel besprochenen *Bachr-belâ-mâ*, gaben, haben jener früher allgemein angenommenen Theorie von einem alten Nillaufe durch die Libysche Wüste als festeste Stütze gedient. Obwohl diese Theorie durch die Rohlfs'sche Expedition als völlig unbegründet nachgewiesen worden ist**), hatte die Untersuchung des erwähnten Bachr-belâ-mâ immerhin noch ein gewisses Interesse. Noch reichere Ergebnisse als eine geographische Exploration musste eine naturhistorische Untersuchung der Kleinen Oase versprechen. Meine botanischen Beobachtungen in den Oasen Farâfrah und Dachel während der Rohlfs'schen Expedition und die gleichzeitigen Schweinfurth's in der Grossen Oase (Chargeh) hatten statt der früher angenommenen Uebereinstimmung ihrer Flora mit der des Nilthals, unerwartete Beziehungen zur Vegetation der afrikanischen Nordküste, ja selbst das Vorhandensein einer Anzahl orientalischer Typen, wie der zwergstrauchigen Akazie, *Schilschillau (Prosopis Stephaniana)*, nachgewiesen, die mit Ueberspringung des Nilthals in den Oasen auftreten. Die Vervollständigung dieser Erhebungen durch Untersuchung eines so wichtigen Zwischengliedes wie Beharîeh musste ebenso erwünscht erscheinen, wie die Ausfüllung der Lücke, welche die Umgebungen der Kleinen Oase auf der geologischen Karte bildeten, die Prof. Zittel nach seinen von so glänzendem Erfolge gekrönten Forschungen im Winter 1873/74 entworfen hatte. Alle diese Erwägungen bestimmten Schweinfurth, eine neue Untersuchung der Kleinen Oase, gewissermassen

*) Drei Monate in der Libyschen Wüste. Cassel 1875.

**) Vgl. u. A. Rohlfs, Drei Monate in der Libyschen Wüste, S. 14—16.

als Ergänzung der Rohlfs'schen Expedition, in's Werk zu setzen und mir dieselbe zu übertragen. Ich muss mit innigstem Danke anerkennen, dass der Erforscher Central-Afrika's die Kosten dieser Reise aus eigenen Mitteln bestritten hat. Als Aufgabe war mir allerdings in erster Linie die botanische Untersuchung der Oase gestellt; selbstverständlich hatte ich indess auch auf anderen Gebieten, so weit es mir möglich war, zu sammeln und zu beobachten. Mein Freund Zittel forderte mich bei einer Durchreise durch München auf, die von ihm während der Rohlfs'schen Expedition gemachten Ozonbeobachtungen fortzusetzen, und versah mich mit dem nöthigen Beobachtungsmaterial. Ich will hier nur vorläufig bemerken, dass aus meinen Aufzeichnungen eine so überwiegende Ozonreaction in der Wüste im Vergleich zum Kulturlande, wie dies das auffallendste Ergebniss Zittel's war, sich nicht herausgestellt hat. Bis wir zusammenhängende mehrjährige Beobachtungsreihen aus diesem Gebiete erhalten, müssen wir annehmen, dass diese so auffällige Erscheinung auf die kälteren Wintermonate beschränkt ist. *)

Am 19. Februar verliess ich Berlin und landete am 2. März in Alexandrien, wo an demselben Tage auch Dr. P. Güssfeldt eintraf, welcher mit Schweinfurth, gleichzeitig mit meinem Ausfluge nach der Kleinen Oase, eine Reise in die Arabische Wüste ausgeführt hat, deren wichtige Ergebnisse für die Geographie und die Physik der Erde in Petermann's Mittheilungen **) veröffentlicht sind, während Schweinfurth über seine reiche botanische und geologische Ausbeute bisher nur eine vorläufige Notiz (Geographische Nachrichten No. 1, abgedruckt in Petermann's Mitth. 1876 S. 261. ff.) mitgetheilt hat. Es war Schweinfurth's Absicht, unsere beiden Karawanen gemeinschaftlich in Benisuêf, einer etwa einen Breitengrad südlich von Kairo am Nil und an der oberaegyptischen Eisenbahn gelegenen Stadt zu organisiren, von der aus auch Belzoni vor 57 Jahren seine Reise nach der Kleinen Oase angetreten hatte. Bei dem langsamen Gange, den in Provinzialstädten des aegyptischen Reichs selbst wohl vorbereitete geschäftliche Verhandlungen zu nehmen pflegen, dauerte es eine volle Woche, bis wir zu der Ueberzeugung gelangten, dass dort keine Kameele zu einer Reise in die Libysche Wüste zu erhalten seien. Der Aufenthalt bot immerhin durch das einem Nordländer so fremdartige Treiben in einer Mittelstadt des Nilthals manche Reize. Es würde indess hier zu weit führen, diese Zustände zu schildern, die überdies in dem klassischen Werke meines Freundes Dr. Klunzinger »Bilder aus Ober-Aegypten, der Wüste und dem rothen Meere« eine so eingehende Darstellung gefunden haben. In einer der Erdkunde gewidmeten Zeit-

*) Vgl. Sitzungsberichte der Kgl. bayer. Akademie. Phys. math. Classe. 1877. I. S. 77 ff.
**) Jahrgang 1877, Seite 252 ff. und Seite 339 ff.

schrift ist indess vielleicht die Erwähnung einer geographischen Lection in der Provinzial-Mittelschule am Platze, in welche ich durch einen aus Italien gebürtigen Lehrer eingeführt wurde. Die der Mehrzahl nach recht intelligent aussehenden, einfach, aber ziemlich sauber gekleideten Gymnasiasten wussten auf einer grossen Wandkarte von Afrika, die nach der Darstellung der aequatorialen Seen zu schliessen, etwa aus dem Jahre 1864 datirte, besser Bescheid, als man, bei der traurigen Vernachlässigung des geographischen Unterrichts auf unseren Mittelschulen, manche ihrer Altersgenossen in Europa orientirt finden würde.

Am 16. März verliess ich Benisuêf, von wo auch Schweinfurth und Güssfeldt einen Tag später aufbrachen und begab mich mit für diesen Tag gemietheten Kameelen nach Medînet-el-Fajûm, dem Regierungssitze jener ausserordentlich fruchtbaren und hydrographisch so interessanten Provinz Fajûm, über deren Kanalsystem und das dasselbe im Alterthum speisende Sammelbecken, den Moeris-See, Linant de Bellefonds' Forschungen, die lange vergeblich gesuchten Aufklärungen gebracht haben. Da eine Reise, wie die nach der Oase, von einem Europäer nie ohne specielle Einwilligung der Regierung ins Werk gesetzt werden kann, und ich an den Mudîr des Fajûm, bei dem ursprünglichen Plane, von Benisuêf direkt in die Wüste einzudringen, keine Empfehlungen besass, musste ich in Medînet-el-Fajûm wieder eine Woche verweilen, bis zuletzt durch telegraphisches Einschreiten des deutschen General-Consuls Freiherrn Th. v. Bunsen, alle Hindernisse beseitigt wurden. Endlich gelang es mir aber, eine kleine Karawane von 6 Kameelen flott zu machen, deren Treiber dem berühmten Stamme der Uelâd-Ali angehörte und bei Qaraq, der südlichsten Ortschaft des Fajûm ansässig waren. Die Zwischenzeit wurde nach Möglichkeit zur Beobachtung der jetzt gerade in üppiger Fülle prangenden Vegetation benutzt, welche sich als für den Reisezweck nicht unwichtig erwies, da in Fajûm sich Typen der Oasenflora in eigenthümlicher Weise mit Charakterpflanzen des Delta's mischen, während die im oberaegyptischen Nilthale verbreiteten Pflanzen sich nur in der Nähe der grösseren Kanäle finden. Am 24. März konnte ich endlich von Medînet aufbrechen und erreichte an demselben Tage die Heimath meiner Kameeltreiber, Neslah Djali Abu Hammêdah, eines der zahlreichen Araberdörfchen, welche in dem Bezirke Qaraq zerstreut liegen. Diese Landschaft bildet eine allerdings noch von einem Nil-Kanal berieselte, aber durch wüstes Land von dem übrigen Kulturgebiet des Fajûm völlig getrennte kleine Oase, deren Bewohner ihre Feldmark nicht zum Fajûm rechnen. Das Kulturgebiet wird durch mehrere sumpfige Niederungen und dazwischen liegende Wüstenstreifen in mehrere Theile zerschnitten; von einem See von Qaraq, wie ihn die Karten darstellen, konnte ich so wenig wie Cailliaud, dessen Reise in den November 1819, also bald nach der Zeit des höchsten Nilstandes fiel, etwas bemerken. Ich wurde in der erwähnten, meist aus Strohhütten bestehenden Niederlassung, durch allerlei Vorwände, unter denen die Beduinen den Antritt einer Reise zu verzögern pflegen, 1 ½ Tage festgehalten, indessen auch hierdurch eine nicht uninteressante Flora für den Zeitverlust entschädigt.

Am 26. Nachmittags gelang es endlich meinen Anstrengungen und denen meines vortrefflichen nubischen Dieners Ali, die Karawane in Gang zu bringen, und, die unmauerte Hauptstadt des Bezirks, Medînet-el-Qaraq in geringer Entfernung links lassend, bis an das letzte Araberdorf in der Richtung der Wüstenstrasse vorzuschieben, neben dem wir, zum ersten Male im Freien, auf einer Sanddüne lagerten. Der Reisende, der meist der langen Vorbereitungen im staubigen Nilthale, der schlechten Nachtquartiere in den unsaubern, heissen, von Ungeziefer wimmelnden Häusern herzlich überdrüssig geworden ist, begrüsst mit Jubel das erste Nachtlager in der erquickenden Frische und auf dem reinen Boden der freien Wüste, unter seinem eigenen Zelte oder unter dem glänzenden Sternenhimmel der subtropischen Zone. In der That, mag auch später des Tages Last und Hitze manches Mal das Ende des Wüstenmarsches als ersehntes Ziel erscheinen lassen, die herrlichen Wüstennächte werden jedem Wanderer eine unvergängliche Erinnerung ungetrübten Genusses hinterlassen.

Am 27. hatten wir einen ziemlich starken Marsch zu machen, wenn wir die als Lagerplatz bestimmte Quelle Aïn Rajân erreichen wollten. Trotzdem verloren meine Araber wieder mehrere Stunden, um auf den letzten von uns berührten Ackerflächen für ihre Kameele einen Vorrath von frischem Kraut zu sammeln, der für die auf mehr als 4 Tagemärsche veranschlagte Strecke bis Beharîeh ausreichen sollte. Dann traten wir, mit plötzlichem Uebergange wie fast überall am Rande des Nilthals, von den grünenden Feldern unmittelbar in die nackte Wüste ein. Nach mehrstündigem, W. S. W. gerichteten Marsche über steinige Hügel stiegen wir Nachmittags in den malerischen, nach Nordost geöffneten Thalkessel von Rajân hinab, der, von zackigen, weissschimmernden Felswänden begrenzt, von mächtigen Sanddünen durchzogen und zwischen denselben theilweise mit reichlicher Vegetation bedeckt, eine der schönsten Landschaften in der Libyschen Wüste bietet, deren trostlose Einförmigkeit nur durch die Steilränder des Nilthals und der Oasen, sowie die hie und da vorkommenden Felsenlabyrinthe unterbrochen wird. In der Hattîeh (vegetationsreiche Wüstenstrecke) von Rajân spielen zwei strauchartige Pflanzen die Hauptrolle: der blattlose Risso *(Calligonum comosum)*, in der Tracht unserem Besenginster nicht unähnlich, zu dieser

Zeit mit schneeweissen, von blauen Käfern umschwärmten Blüthen bedeckt, denen später die mit einem dichten Borstenpelze bedeckten Früchte nachfolgen, und der graugrün belaubte Rhardak *(Nitraria retusa* oder *tridentata)*, dessen grünlichweisse, honigduftende Blumen jetzt erst sich zu erschliessen anfingen. In der rothen, süsslichen Beere dieses Strauches wollen einige französische Reisende den homerischen Lotos der Lotophagen wieder erkennen. Es gelang uns an jenem Abende nicht mehr, die ersehnte Quelle zu erreichen; erst am folgenden Vormittage, nach mehrstündigem Umherirren, lagerten wir an ihrem grünen, mit Schilf und Palmen bekränzten Rande und verweilten bis 2 Uhr, da meine Leute erst hier ihre Schläuche mit dem etwas salzigen, trüben und schwefelwasserstoffhaltigen, aber doch trinkbarem Wasser füllten, welches einen 40 Schritt weit fortrieselnden Bach bildet. Wir wandten uns dem im südwestlichen Hintergrunde des Thales sich öffnenden Passe (Negeb) zu, den wir zwei Stunden nach dem Aufbruche von der Quelle erreichten. Hier trennt sich die von Cailliaud 1819 eingeschlagene Route nach Siuah von der Strasse nach der Kleinen Oase, die vor mir Belzoni und Pacho zurückgelegt haben. Meinen Führern war von einer Strasse nach der Ammons-Oase an diesem Punkte nichts bekannt; allerdings verfolgte der französische Reisende, dem die aegyptischen Behörden die Reise nach dem damals noch unabhängigen und feindseligen Siuah nicht gestatten wollten, absichtlich nicht die gewöhnliche Strasse nach dieser Oase vom Fajûm aus, sondern die nach Beharîeh, von der er dann von seinem Führer, dem Schech Kurûm, doch noch auf die Strasse nach Siuah hinüber geleitet wurde.

Der erwähnte Pass führt noch nicht auf das freie Plateau, sondern man hat noch eine halbe Tagereise weit ein von steilen Felsen begrenztes Thal zu durchziehen, dessen Ränder sich später abflachen und in zahllose Inselberge und Zeugen zersplittern, wobei der Thalgrund immer breiter wird und zuletzt nicht mehr deutlich begrenzt erscheint. Diese ausgedehnte, durch Auswaschung entstandene Felsenlandschaft, welche vollkommen dem von uns am nördlichen Eingang der Oase Dachel durchzogenen Charaschaf entspricht, nur breiter und flacher ausgebildet, findet ihren Abschluss in einer jener sonderbaren Felsbildungen, die von Weitem einer menschlichen Büste mit breitem Kopfschmuck nicht unähnlich, den in der Libyschen Wüste öfter vorkommenden Namen Ammet-el-Qadi (Turban des Kadi) erhalten haben. Der Weg berührt hier, zum ersten Male seit Rajân wieder, eine kleine Hattîeh, in der sich selbst einige krüppelhafte Sträucher der Talch-Akacie (*A. tortilis)* finden. Etwas weiter, an einer Stelle, welche den Namen Hadahît führt (Ha deyda bei Pacho), finden sich jene grabähnlichen Hügel, die die lebhafte

Phantasie Belzoni's mit jenem auf dem Zuge nach der Ammons-Oase im Sande begrabenen Heere des Kambyses in Verbindung gebracht hat.

Hier verliessen wir jene durch ihren Reichthum an grossen Nummuliten charakterisirten Gesteinsschichten, über die der Weg von Rajân an sich hinzog und welche auch grosse Seeigel und zahlreiche Exemplare einer *Cardita* darboten. Wir betraten eine mit schwärzlichem Kies bedeckte Fläche (Sserîr), die ödeste, kahlste und langweiligste die mir bisher vorgekommen. Anderthalb Tagemärsche hatten wir, stets in W. S. W. Richtung, über diese grenzenlose, kaum durch leichte Hügelreihen unterbrochene Fläche zurückzulegen, die nur selten durch den helleren Ton aufgewehten Sandes eine kleine Abwechselung bietet.

Am 30. Nachmittags 3 Uhr erreichten wir die Hattîet-et-talhah, nach einem stundenweit sichtbaren, wohl 10 Meter hohen Baume der Talch-Akazie benannt, der in dieser bis dahin völlig vegetationslosen Einöde um so mehr überrascht. Eine Stunde später standen wir unvorbereitet am Rande des vielbesprochenen Bachr-belâ-mâ (nach der Aussprache meines Führers Behar belâme). Selbstverständlich erwartete ich nicht ein wirkliches Flussbett zu finden, war aber doch überrascht, dass der wirkliche Befund Belzoni's Schilderung auch nicht im Entferntesten entsprach. Statt in ein langgedehntes Uadi, stieg ich mit geringem Niveauunterschied (etwa 20 M.) in ein neues Charaschaf hinab, gleichsam in ein mit zahllosen Felseninseln besäetes Seebecken, dessen Grenzen, da nirgends eine freie Uebersicht möglich war, mir unklar blieben, das sich aber jedenfalls an beiden Seiten des Weges weithin erstreckt. Die von Belzoni erwähnten »Wassersstandspuren« erwiesen sich als eine bis in gleichförmiger Höhe verbreitete Decke von dunkelem Kiese. Ich muss bemerken, dass mir wegkundige Bewohner der Oase mit aller Bestimmtheit versicherten, dass die Behar-belâ-mâ, welche mehrfach an den nach Osten, Norden und Nordwesten von der Oase ausgehenden Strassen erwähnt werden, unter einander und mit der Einsenkung der Oase keineswegs in Verbindung stehen.

Ich brauchte vier Stunden, um den Bachr-belâ-mâ, in dem ich in der Nacht vom 30/31. März lagerte, in W. S. W. Richtung zu durchziehen. Bald nach dem unbedeutenden Aufstiege, mit dem wir denselben verliessen, hatten wir eine ausgedehnte, schwer zu übersteigende Düne, Abu Moharrik, zu passiren und gelangten dann wieder auf ein Sserîr-Plateau, das indess weder so ausgedehnt, noch so einförmig ist, als das im Osten des Bachr-belâ-mâ gelegene.

Um 4 Uhr Nachmittags eröffnete sich plötzlich ein Fernblick in die Einsenkung der Kleinen Oase, in welcher mehrfache Inselberge namentlich die durch ihre zugespitzte Form auffallende Rhassah, den Hintergrund bildeten. Ein steiler, etwa 30 Meter tiefer Abstieg leitete in ein schmales, sich rasch senkendes Thal, das nach einstündigem Verlaufe sich in die weite Oasenebene öffnete, deren steile schluchtendurchfurchten Ränder und zahlreichen Inselberge in der schönsten Abendbeleuchtung prangten. Die Kulturplätze blieben uns hinter letzteren noch vorborgen, indess nach Sonnenuntergang erreichten wir die erste, auch in Belzoni's Reisebericht deutlich bezeichnete Quelle, Aïn Me'állaqah. Am folgenden Morgen hatten wir noch drei Stunden bis zum Hauptort der Oase zurückzulegen; vorüber am südlichen Fusse der Rhassah, die eine ziemlich weite Umsicht und zum ersten Male den Blick auf den Palmenwald von Qassr-Bauîti gewährte, und an der ersten Kulturinsel Aïn Murûn hat man eine grösstentheils sandige, mit reicher Kameelweide von Gräsern (*Aristida pungens, Vilfa spicata*, beide mit stechenden Blättern, *Leptochloa bipinnata*, der in Aegypten sogenannten Halfah) und dem stachligen Agol (*Alhagi manniferum*) bestandene Fläche zu durchschreiten. Gegen Mittag betraten wir die ersten Reisfelder, eine Viertel-Stunde später den rauschenden Palmenwald, in dessen Schatten murmelnde Bäche, zu meiner Ueberraschung von einem Farn, dem bekannten Frauenhaar, *Adiantum Capillus Veneris*, eingefasst, einen ebenso lieblichen wie lange entbehrten Anblick boten. Nahe am jenseitigen Rande der Palmengärten betraten wir das Dorf Bauîti, und um 12¾ Uhr hielt die Karawane an dem Regierungsgebäude.

Die Stelle des Gouverneurs, (sein Titel ist Mulâchis) war seit 8 Monaten unbesetzt; an seiner Stelle vertrat der das kleine, dort stationirte Kommando von 9 Mann befehligende Tschauîsch (Unterofficier) Namens Rubi, die Autorität der Regierung. Derselbe begrüsste mich aufs freundlichste und nachdem ein vom Mudîr des Fajûm ausgestelltes Empfehlungsschreiben von einem herbeigeeilten Schreibverständigen verlesen worden (der Uekîl (Vertreter) des Gouverneurs war des Schreibens und Lesens nicht kundig), wurde ich in den beiden jetzt leerstehenden, sonst vom Mulâchis bewohnten Zimmern im ersten Stock einquartiert.

Nach orientalischer Sitte verfehlten die Honoratioren der 4 Ortschaften nicht, theils noch an demselben, theils am folgenden Tage mir ihren Besuch zu machen und mich herzlich willkommen zu heissen. Der reichste und vornehmste Mann in der Oase ist der Grossschech (*Omdah*) Osmân, mit dessen älteren Söhnen Salem und Ssêf-en-nassr ich bald in ein recht freundschaftliches Verhältniss kam. Auch der Kadi Mohammed, der als vom Staate angestellter und besoldeter, studirter Beamter augenblicklich eine weit höhere Autorität besass, als der ungebildete Rubi, erwies mir viele Höflichkeit. Es schien diese Herren nicht wenig in Erstaunen zu setzen, dass mir aus Cailliaud's Reisebericht die

Namen ihrer Verwandten bekannt waren, die vor mehr als einem halben Jahrhundert die angesehensten Stellungen in der Oase eingenommen hatten. Auch die besitzlose Volksklasse kam mir im Allgemeinen freundlich entgegen, freilich nicht ohne eigennützige Hintergedanken, von denen freilich auch ihre vornehmeren Landsleute keineswegs frei waren. Nur von einer Seite bewies man sich gegen mich, wie dies freilich kaum anders erwartet werden konnte, zurückhaltend und selbst ablehnend. Es hat sich auch hier seit etwa 15 Jahren eine Sauïah (Schule und Bethaus) des fanatischen Senussi-Ordens gebildet, welcher im ganzen nordöstlichen Afrika eine so hervorragende Rolle spielt*) und über deren christenfeindliche Doktrinen wir in der Nachbar-Oase Farâfrah zwei Jahre früher so unliebsame Erfahrungen gemacht hatten. **) Auch hier wurde mir der Besuch der Schule zwar höflich, aber bestimmt abgeschlagen, und die fanatisirte Schuljugend, die mich fast täglich mit einem Abend-Koncerte religiöser christenfeindlicher Gesänge beehrte, liess sich einmal sogar zu Schimpfreden und Steinwürfen gegen den »Christenhund« hinreissen, wofür indess die Schuldigen von ihrem schlauen Lehrer, der es wohl für bedenklich halten mochte, mit einem von der aegyptischen Regierung speciell empfohlenen Europäer anzubinden, die ihnen gebührende Züchtigung erhielten. Es lässt sich nicht verhehlen, dass der Einfluss dieser kulturfeindlichen Sekte, trotz des Widerstandes, den die lebenslustige Jugend ihren ascetischen Forderungen leistet, im Wachsen begriffen ist, und da ihnen mit der Schule die heranwachsende Generation gehört, wird, falls die Regierung nicht diesen auch ihrer Autorität feindseligen Pfaffen entgegentritt, in 10 Jahren ein europäischer Reisender sicherlich nicht mehr so gut aufgenommen werden, als es bei mir der Fall war.

In der Bevölkerung der Kleinen Oase, abgesehen von einer bereits zu Cailliaud's Zeit angesiedelten Kolonie von Leuten aus Siuah, die noch heut ihre berberische Muttersprache reden, zahlreichen Negersklaven und einigen eingewanderten Arabern und aegyptischen Zigeunern (Rhadjari), lassen sich nach der Gesichtsbildung zwei Typen unterscheiden, der aegyptische der Fellachen, der in geringerer Anzahl und meist in der ärmeren Klasse vertreten ist, und ein libysch-berberischer, dem die Mehrzahl der Bewohner angehört, die wir wohl als ächte Abkommen jener auf den altaegyptischen Monumenten als Tehennu dargestellten Urbewohner der Oasen ansehen dürfen. Ueber letztere haben Brugsch's neuere Mittheilungen†) Licht verbreitet; es ist wohl bemerkenswerth, dass sowohl die Haar-

*) Vergl. z. B. Rohlfs, Von Tripolis nach Alexandrien I. S. 75—77, II. S. 81, 82. Drei Monate in der Libyschen Wüste, S. 78, 79.

**) Rohlfs, Drei Monate in der Libyschen Wüste, S. 81, 82.

†) Bull. inst. ég. No. 13, pag. 95, und bei Rohlfs, Drei Monate in der Libyschen Wüste, Seite 335.

tracht der vornehmeren Oasenbewohner, welche nicht den ganzen Kopf bis auf eine »Paradieslocke« scheeren, sondern einige Zöpfchen *(Barabîr)* am hinteren Umfang des Kopfes stehen lassen, an die stets mit einer langen Haarflechte abgebildeten Tehennu erinnert, als auch das nicht ganz vereinzelte Vorkommen blondhaariger und blauäugiger Individuen in der Oase auch bei dieser Völkerschaft des Alterthums mitunter dargestellt wird. Der Grundbesitz ist, wie auch in den anderen Oasen, in den Händen verhältnissmässig weniger Familien, deren Häupter (*Schûch*) in patriarchalischer Weise die Gemeinde-Verwaltung führen. Die Regierung hat sich nur die Polizei vorbehalten, bei deren Ausübung die 9 Soldaten von einer Anzahl aus der unteren Volksklasse von den Gemeinden gestellter und sehr mager besoldeter sog. Wächter *(Rhafir)* unterstützt werden.

Die besitzlose Klasse ernährt sich durch Arbeit als Tagelöhner auf den Besitzungen der Vornehmen; die Negersklaven werden ungefähr ebenso behandelt und scheinen nicht schlechter zu leben, als die freien Arbeiter. Seltener sind letztere in der Lage als Pächter einen Theil des Grundbesitzes der Reicheren zu bewirthschaften, welche selbstverständlich besonders ihre entlegenen Ackergründe auf diese Art zu verwerthen suchen.

Die Nahrung ist bei Reichen und Armen sehr einfach und wird fast ausschliesslich dem Pflanzenreiche entnommen. Der überall angebaute Reis bildet die Grundlage der Ernährung; unter den Baumfrüchten spielen wie in den übrigen Oasen die Datteln die Hauptrolle, die auch den einzigen Export-Artikel der Oase, welcher einige Bedeutung besitzt, darstellen. Aus der Dattelpalme wird auch in dieser Oase der im Nilthale unbekannte Palmwein *(Lagbi)* gewonnen. Weizen wird nicht in für den eigenen Bedarf genügender Menge gebaut. Die Sitte der Feldarbeiter, die halbreifen Körner desselben an Ort und Stelle geröstet zu verzehren, erwähne ich wegen der primitiven Weise, in der ich zu diesem Behufe Feuer durch Reibung zweier Stücke einer trockenen Palmblatt-Rippe anzünden sah. Man nimmt das dickere, etwa 0,3 Meter lange untere Ende desselben, schneidet eine seichte Rinne darin aus und reibt in derselben mit einem etwa ebenso langen Stücke des dünneren Endes auf und ab, bis nach etwa 1½ Minuten die sich ablösenden Partikeln des spröden Gewebes in's Glimmen gerathen und untergelegtes trockenes Gras entzünden.

Da der landschaftliche Charakter der Libyschen Oasen durch das Rohlfs'sche Reisewerk und namentlich durch Remelé's meisterhafte Photographien allgemein bekannt geworden ist, will ich hier nur die Eigenthümlichkeiten erwähnen, durch welche sich die Kleine Oase von den südlicher gelegenen unterscheidet. Während die Oasen Farâfrah,

Dachel und Chargeh zusammenhängende Flächen bilden, in denen die vereinzelt vorhandenen Berge den freien Ueberblick nicht stören, wird die in das Kalkplateau der Libyschen Wüste eingesenkte Fläche der Kleinen Oase durch zahlreiche, zum Theil ziemlich ausgedehnte Inselberge in eine Anzahl Einzelgebiete getheilt, welche sich nicht von einem Standpunkte übersehen lassen. Der Boden der Einsenkung wird überall von bunt gefärbten Sandsteinschichten gebildet, welche, wie der darüberliegende Mergel, obwohl ich so wenig als Cailliaud Versteinerungen darin finden konnte, unzweifelhaft der Kreideformation zuzurechnen sind, welche ja auch in den übrigen Oasen zu Tage tritt. Diese Schichten werden an mehreren Punkten von einem den Grünsteinen zuzuzählenden Gesteine durchbrochen, welches, indem es die von ihm durchbrochenen und überlagerten weichen Schichten vor der Erosion schützte, namentlich zur Erhaltung der zahlreichen Inselberge beigetragen hat. So ist z. B. die geologische Beschaffenheit des Djebel Mendîscheh, welcher die Aussicht von der Kulturinsel Qassr-Bauîti nach der von Mendîscheh-Sabu völlig absperrt.

Eigenthümlich ist auch die Art der Wasserzuführung in der Kleinen Oase. Während in den südlichen Oasen der unterirdische Wasserbehälter sehr tief liegt und durch z. Th. bis 100 M. tiefe artesische Brunnen aufgeschlossen ist, scheint die Schicht, der das belebende Nass wenigstens zunächst entströmt, in Beharîeh ziemlich oberflächlich zu liegen und entleert sich meist durch Stollenbauten (arab. *Fogarât*), welche in Qassr Bauîti sowohl als in Mendîscheh in den im Süden die Kulturinsel begrenzenden, sanft abgedachten Sandstein-Abhang hineingeführt wird, und sich nach oben durch zahlreiche Reinigungslöcher (soupiraux bei Cailliaud) verrathen. Hier und da sind diese Stollen eingestürzt und durch fortgesetzte Auswaschung sind jene malerischen, am Grunde mit üppiger Farn- und Gras-Vegetation belebten Schluchten entstanden, wie sie Cailliaud z. B. von der zwischen Qassr und Bauîti gelegenen Quelle Aïn Bischnah naturgetreu abbildete. Unter den Kulturpflanzen der Kleinen Oase fehlt die in Dachel und Chargeh angebaute Indigostaude (*Indigofera argentea*) und die Ssant-Akazie (*A. nilotica*) kommt nur sehr spärlich vor. Bei den Umfassungsmauern der Häuser und Gärten werden, was in Aegypten nicht häufig vorkommt, in ausgedehntem Maasse Bruchsteine verwendet, wozu wohl das bei den Wasserbauten reichlich gewonnene Material auffordern mochte. Die wildwachsenden Pflanzen der Kleinen Oase sind meist dieselben, wie ich sie in den südlichen Oasen antraf. Doch fand ich eine nicht geringe Anzahl von Arten, die mehr den Stempel der unteraegyptischen Flora tragen, namentlich der Umgebungen von Alexandrien, wie die eine Zierde unserer Gewächshäuser bildende blaue Seerose (*Nym-*

phaea coerulea), die nicht minder zierliche Wasserpflanze *Ottelia alismoides* u. a. Das Vorkommen eines Farn habe ich bereits als den übrigen Oasen fremd, erwähnt; es findet sich noch ein weiteres höheres kryptogamisches Gewächs, die im tropischen Afrika verbreitete *Marsilia diffusa*, eine Art jener merkwürdigen, durch vierblättrige Kleeblätter ausgezeichneten Gattung, deren neuholländische Arten in ihren Früchten ein bekanntes Nahrungsmittel der Eingeborenen (Nardoo) liefern. Am bemerkenswerthesten war indess die Auffindung jener orientalischen Pappel, *(Populus euphratica)*, welche im jugendlichen Zustande gewissermaassen in der Verkleidung einer Weide auftritt, und erst herangewachsen rundliche, langgestielte Blätter, ähnlich unserer Espe entwickelt. Die Auffindung eines dritten Wohnbezirkes für diese im Orient weit verbreitete, ausserdem nur noch in Nordwest-Afrika im westlichen Algerien und Marokko bekannten Art, war von um so grösserem Interesse, als diese Art als *Populus mutabilis Heer* in der miocaenen Tertiärzeit auch in Europa eine weite Verbreitung besass. Es liegt also nahe, die jetzt durch weite Zwischenräume getrennten Wohnbezirke als Ueberreste eines ehemaligen grössern Gebietes aufzufassen.

Wie in den übrigen Oasen, fehlt es auch in Beharîeh nicht an Resten aus dem Alterthum, welche, wie die historischen Ueberlieferungen, auf einen ungleich grösseren Wohlstand und eine stärkere Bevölkerung der Oasen in alten Zeiten schliessen lassen. Auch die heutigen Bewohner sind sich dieses nicht allein der Verwahrlosung der Bewässerungs-Bauten zuzuschreibenden Rückganges bewusst, wenn wir auch die bei ihnen umlaufende Tradition, dass im Alterthum 360 Ortschaften in den Oasen vorhanden waren, nicht buchstäblich nehmen wollen. Cailliaud hat von diesen Alterthümern den Triumphbogen in El-Qassr, sowie die christlichen Ruinen bei Mendîscheh und Haïs abgebildet; letztere fand ich noch ungefähr in dem nämlichen Zustande, während der Triumphbogen durch ein vor etwa 30 Jahren eingetretenes Erdbeben erheblich gelitten hat. Ueber eine in den Trümmern des römischen Kastells, zu dem dieser Bogen gehört, gefundene Gesichts-Urne hat Geh.-R. Virchow in der Sitzung der Berliner anthropolog. Gesellschaft am 29. Juli 1876 berichtet. Reste aus der altaegyptischen Zeit waren meinen Vorgängern nicht bekannt geworden; ich muss es daher als eine ganz besondere Gunst des Zufalls betrachten, dass in den letzten Jahren zwei Monumente aus dieser Periode, die Grundmauern eines Tempels und eine Stele, durch Nachgrabungen der Quellen suchenden Eingeborenen zum Vorschein gekommen sind. Auf der letzteren erkannte unser gefeierter Aegyptologe Lepsius den Namen des der XVIII. Dynastie angehörigen Königs Tutmosis II., welcher, wie mir Prof. Ebers mittheilte, dem Oasengotte Chnûm Opfer bringend dargestellt ist. Eine monumentale Erwähnnng eines Pharao in einer Oase aus einer so frühen Zeit (mehr als ein Jahrtausend älter, als das bisher bekannte älteste Denkmal der Oasen, der der Perserzeit entstammende Tempel von Chargeh), ist von um so höherem Interesse, als nach Brugsch, die früher als Urbewohner der Oase erwähnten Tehennu noch in späterer Zeit als nicht unterworfene Feinde auf den Monumenten des Nilthals vorkommen.

Zur Rückreise nach dem Nilthale wählte ich die Strasse nach Samalût, einem etwas nördlich von Minieh an der Eisenbahn gelegenen Städtchen, theils, weil sie den kürzesten, von den Eingeborenen ohne Anstrengung in 3½ Tagen zurückgelegten Weg nach dem Nilthal darstellt, theils weil sie bisher völlig unbekannt, auf der Petermann'schen Karte nicht einmal, wie die von der französischen Expedition erkundete Strasse nach Minieh, durch eine punktirte Linie angedeutet ist. Nach der Anzahl der während meiner Anwesenheit in der Oase angekommenen und auf der Rückreise mir begegnenden Karawanen zu schliessen, ist der Verkehr mit dem Nilthal auf dieser Strasse, wie auch auf der nach Bechneseh ungleich lebhafter, als auf dem Wege nach Fajûm, auf dem der Postverkehr der Regierung stattfindet.

Am 1. Mai verliess ich, nach einem Aufenthalte von genau einem Monat, Bauîti und brachte den Tag mit Ausflügen in der Kulturinsel Mendîscheh-Sabu zu, die ich allerdings schon früher einmal besucht hatte.

Am 2. früh besuchte ich die östlich von Mendîscheh bei der kleinen Kulturinsel Denîseh gelegenen christlichen Ruinen, welche ich um 11 Uhr verliess und, nachdem ich den Pass über die Inselbergkette Fedjet-el-harrah überschritten, gegen 2 Uhr die Quelle Aïn Merêkib erreichte, bei der sich einige Familien angesiedelt haben und etwas Ackerbau betreiben. Hier entstand durch Aufnahme von Wasser, nach der schlechten Sitte meiner diesmal dem Stamme der Djauajîs (Plural von Djauâsi) angehörigen Kameeltreiber wieder ein mehrstündiger Aufenthalt, so dass ich am Abend nur bis zu der letzten, etwa ¾ Stunden weiter gelegenen Quelle Aïn Gelîd gelangen konnte. Von dort hatte ich am 3. Morgens noch etwa über eine Stunde bis zum Steilrande der Oase, hier El-Harrah (die heisse Gegend) genannt, zu marschieren, der in einem leichten Anstiege gewonnen wurde. Oben trennt sich die Strasse nach Samalût, die ziemlich genau nach Osten führt, von der nach Rohlfs' Erkundigungen auf der Karte des Expeditionswerks eingetragenen Route nach Dalgeh.

Das Wüstenplateau, welches ich hier betrat, bot nur während des ersten Tagemarsches noch vereinzelte Spuren von Vegetation dar; es ist anfangs von zahlreichen Zeugengruppen Djiranât (Nachbarn) und

Gûr-el-Uahîah (Hügel der Oasenbesucher) genannt, unterbrochen. Dann überstiegen wir am Nachmittag des 3. Mai die hier besonders schwierig zu passierende Düne Abu-Moharrik, die ohne Zweifel ununterbrochen nach Süden bis zur Strasse von Siut nach Farâfrah und vielleicht noch bis zu denen nach Dachel und Chargeh fortreicht. Am 4. Vormittags boten durch das Sandtreiben gletscherartig abgeschliffene bläuliche Felsplatten, Gargaf genannt, einen sonderbaren Anblick; dann betrat ich wieder jene trostlose dunkle Sserîr-Fläche. die erst am 5. Abends durch vereinzelte Felshügel unterbrochen wurde, und welche nach einem dort zu Tage ausgehendem Steinsalzlager den Namen Garet-el-milhah (Salzhügel) führen. Hier betrat ich wieder jene an Nummuliten reichen Schluchten, die ich auf der Hinreise bei Ammet-el-Qadi überschritten hatte.

Wenige Minuten nach dem Aufbruch am 6. Mai kam der mauerähnliche Abfall der Arabischen Wüste gegen das jenseitige Nilufer in Sicht und um 9½ Uhr verkündete der Jubelruf der Beduinen *Er Rîf*, das Nilthal, dessen dunkle Palmenwälder und Ortschaften eigenthümlich mit dem grauen Sserîr und gelben Sande der noch mehrfach zu überschreitenden Dünen kontrastierte. Um die Mittagsstunde betraten wir wieder mit unmerklichem Abstiege die schwarze Nilerde und wenige Schritte weiter wurde uns von hübschen Frauen das köstliche süsse Wasser des gesegneten Stromes dargeboten. Wohl habe ich früher die angenehmen Empfindungen geschildert, mit denen der Reisende die Wüste betritt; noch aufrichtiger indess ist die Freude, mit der er nach mehrtägiger Wanderung über den glühenden nackten Boden der lebensfeindlichen Wüste wieder den grünen Pflanzenteppich betritt, der zu jeder Jahreszeit das Ueberschwemmungsgebiet des heiligen Stromes bezeichnet. Auch das rohe Gemüth des arabischen Kameeltreibers kann sich der Macht dieses Eindrucks nicht entziehen; freilich kennt er keine andere Art seine Freude auszudrücken, als durch Abfeuern der Gewehre.

Nach etwa einstündiger Wanderung in östlicher Richtung erreichten wir beim Dorfe Neslah-el-Asîb jenen vielgewundenen westlichen Stromarm, der gewöhnlich der Joseph-Kanal (*Bachr Jussef*) genannt wird, obwohl wie Linant de Bellefonds treffend bemerkt, schon das Fehlen der einen Kanal bezeichnenden Uferdämme ihn als eine natürliche Abzweigung des Nilstromes kennzeichnet. Bekanntlich tritt dieser Arm in das Fajûm ein, durch dessen Kanalsystem er in den Birket-el-Qarûn mündet.

Die Ueberführung der Karawane machte erhebliche Schwierigkeiten, da die entlasteten Kameele nur mit grosser Mühe dazu gebracht werden konnten, sich dem ihnen unsympathischen Elemente anzuvertrauen. Am jenseitigen Ufer, beim Dorfe Mangatîn, winkten uns in ziemlicher Nähe bereits die eisernen Schlote der Zuckerfabrik *(Ma'assrah)* und um 5 Uhr standen unsere Kameele auf dem Perron der Eisenbahnstation Samalût.

Eine sechsstündige Eisenbahnfahrt brachte mich am folgenden Abend nach der aegyptischen Hauptstadt und nach siebenwöchentlicher Trennung war es mir vergönnt, mit den Freunden Schweinfurth und Güssfeldt unsere Erlebnisse auszutauschen.

Ueber Schliemann's trojanische Ausgrabungen,

von

Hermann Schrader.

(Vortrag, gehalten in der geographischen Gesellschaft zu Hamburg, am 7. September 1876. *)

Der Schauplatz der Vorgänge, die uns die Ilias schildert, ist im Allgemeinen deutlich genug angegeben. Am Hellespont dehnt sich das Lager der Achäer aus, im Süden desselben erhebt sich das Ida-Gebirge, von dessen Gipfel Zeus dem Hin- und Herwogen der feindlichen Völker zuschaut, die in der Ebene zwischen beiden Endpunkten, dem von Skamander und Simois durchströmten Gefilde, zehn Jahre lang um die gewaltige Stadt kämpfen.

Der Hauptfluss dieses Gefildes ist der Mendere; die Länge der Ebene dieses Flusses, die von den Ausläufern des Ida eingeschlossen wird, beträgt nicht ganz 2 deutsche Meilen, die Breite differirt zwischen ⅓ und 1 Meile**). Dass die Längen-Ausdehnung sich seit der homerischen Zeit durch Alluvial-Bildung vergrössert hätte, ist nach Forchhammer's Auseinandersetzung, die auf dem Charakter der tief einschneidenden, von festen Ufern eingeschlossenen Flussmündungen beruht, nicht wahrscheinlich.

Wo in dieser Ebene oder wo auf den Ausläufern des Ida die Stadt Troja selbst mit ihrer Veste Pergamus gestanden habe, war schon zur Zeit des Alterthums zweifelhaft. Freilich war die im Allgemeinen verbreitete Ansicht die, dass die kleine unter Kroesos von aus Europa eingewanderten Griechen gegründete und erst später, nach Alexander d. G., zu Bedeutung und Glanz gekommene Stadt Ilion (gewöhnlich Neu-Ilion genannt), deren Ueberreste jetzt zum Theil unter der Oberfläche des

*) Obgleich seitdem mancherlei Neues über Troja publiciert worden ist, haben wir doch geglaubt, diesen Vortrag ganz unverändert abdrucken zu müssen. L. F.

**) Diese Angaben nach Schliemann, Troja und seine Ruinen, Vortrag, gehalten in Rostock am 17. August 1875, Waren 1875, Seite 4.

Berges Hissarlik, rechts vom Mendere, in der Entfernung einer guten halben Stunde vom Meere verborgen liegen, die Stätte des alten Troja eingenommen hätte — wir wissen, dass in der alten Literatur diese Ansicht zuerst durch Hellanikos, im 5. Jahrhundert, Platz fand —; jedoch gab es daneben auch eine andere Meinung. Der im 4. Jahrhundert v. Chr. lebende attische Redner Lykurgos bemerkt, dass die Stätte des von den Achäern zerstörten Troja seit jener längst vergangenen Zeit unbewohnt geblieben wäre, was zu der errichteten griechischen Kolonie nicht stimmt, und ein Gelehrter des 2. Jahrhunderts, Demetrios von Skepsis, einer Stadt der troischen Ebene selbst, dessen Zeugniss also wegen der ihm zu Gebote stehenden Lokal-Kenntniss besonders werthvoll sein könnte, trat einerseits im Anschluss an die Ansichten einer gelehrten Dame aus dem troischen Alexandria, Hestiaea, gegen die Behauptung der Bewohner von Neu-Ilion polemisirend auf, blieb aber andererseits nicht wie seine Vorgängerin bei diesem negativen Resultate stehen, sondern suchte zu beweisen, unter dem sog. Dorfe der Ilier, über dessen Lage man sich heut zu Tage nicht klar ist — Forchhammer sucht es östlich von Neu-Ilion auf demselben Höhenrücken; Ulrichs südlicher, bei Aktsche Köi, v. Eckenbrecher und Christ zwischen beiden Punkten, in der Gegend von Juruk oder Ali Bey Konak —, wäre die Stelle der alten Stadt zu suchen.

Diese Hypothese des Demetrios hat jedoch die populäre Tradition, die an Neu-Ilion haftete, nicht zu erschüttern vermocht. Vielmehr hielten die Bewohner Neu-Ilions sich nach wie vor für die Erben der alten trojanischen Herrlichkeit und wussten manche angeblich dieser entstammenden Reliquien als Beweis dafür anzuführen. Ja, sogar die türkische Eroberung hat diese Tradition nicht verwischt. Wenigstens berichtet v. Eckenbrecher *), der diese Gegenden 1842 besuchte, die Bewohner des dicht an der Stelle von Neu-Ilion gelegenen Dorfes Tschiblak behaupteten, dass daselbst in uralten Zeiten eine grosse und mächtige Stadt gelegen habe, die durch auf vielen Schiffen herbei gekommene Fremde verbrannt und zerstört worden sei.

Ganz anders der Occident: der Franzose Bélon, der in der zweiten Hälfte des 16. Jahrhunderts, und der Italiener Pietro della Valle, der im Jahre 1614 die troische Gegend besuchte, erblickten in den weit ausgedehnten Ruinen der, der Insel Tenedos schräge gegenüber liegenden Stadt Alexandria (Troas), j. Eski Stambul, die Ruinen des alten Ilion. Und eigenthümlich lesen sich die Klagen des letzteren über die Unbeständigkeit des Glücks, dass eine so herrliche Stadt und ein so prächtiger Palast, wie der des Priamos, dessen Ruinen er dort zu erblicken glaubte, jetzt von Gestrüpp und wilden Pflanzen überwachsen wären. Diese Ansicht

*) v. Eckenbrecher, die Lage des homer. Troja, Düsseldorf 1875, Seite 40.

über die Stätte des alten Troja fand schon im vorigen Jahrhundert mit Recht Widerspruch. Unter Andern war es der bekannte englische Uebersetzer des Homer, Pope, der behauptete, die Stadt müsse weiter vom Meere entfernt gelegen haben, als dies bei Alexandria der Fall ist. Derselbe versuchte übrigens, lediglich aus den Angaben des Dichters selbst einen Situationsplan der troischen Ebene zu entwerfen.

Die, wie es scheint, gegen Ende des vorigen Jahrhunderts weit verbreitete Ansicht, dass die der Ilias zu Grunde liegende Topographie nur in der Phantasie des Dichters existire, erweckte den Widerspruch des Franzosen Lechevalier und machte in demselben den Wunsch rege, aus eigener Anschauung das Gegentheil zu beweisen. Im Herbste des Jahres 1785 reist er nach Troas und durchmisst die Ebene von Alexandria aus bis nach ihrem nördlichen Ende, einem der Grabhügel in der Nähe des Vorgebirges Sigeion. Er überzeugte sich immer mehr, dass alle örtlichen Gegenstände, die in der Ilias erwähnt werden, Flüsse, Grabhügel und andere Erhebungen des Bodens, wirklich vorhanden wären. Er ging erfüllt von den gefundenen Resultaten von hier nach Constantinopel, wo seine Behauptungen mit grossem Zweifel aufgenommen wurden. Doch brachten verschiedene Umstände es zu Wege, dass im folgenden Jahre (1786, im September) der französische Gesandte, Choiseul, der Interesse für die Sache gewonnen hatte, Lechevalier beauftragte, in Begleitung des Malers Cassas die troische Ebene aufs Neue zu durchforschen. So geschah es.

Lechevalier hatte sich aus der Ilias (besonders aus XI, 498) die Ansicht gebildet, dass der Skamander im Vergleich mit dem Simois an der linken Seite des Schlachtfeldes liegen müsse. Hiergegen ist allerdings nichts einzuwenden. Dagegen war es eine willkürliche Annahme desselben, dass diese beiden Flüsse im westlichen Theile der Ebene von Süden nach Norden fliessen müssten.

Von dieser Ansicht aber ausgehend bezeichnete Lechevalier den westlicheren, kleineren, dieser beiden (j. Bunar Baschi-Su) als den Skamander, den östlichen, grösseren (j. Mendere) als den Simois, und nahm keinen Anstoss daran, dass im Homer der Skamander offenbar der bedeutendere Fluss der Ebene ist.

Lechevalier verfolgte seinen Simois bis zu dessen Quelle im Ida-Gebirge, und suchte dann den Ursprung des angeblichen Skamander. Er fand, dass dieser eine sehr viel geringere Länge hatte und aus zwei bedeutenden Quellen gebildet wurde, deren Eine nach Aussage der Umwohnenden im Winter wärmer als die Luft sein und dampfen sollte. Noch viele andere Quellen sind in der Nähe dieser beiden, wesshalb das Dorf, bei welchem diese entspringen, Bunar Baschi, d. h. Quellenhaupt, heisst. Im Südosten dieses Dorfes fand Lechevalier einen sich allmählich bis zur Höhe von 500′ erhebenden und dann schroff zum Skamander (nach Lechev. zum Simois) abfallenden Hügel, Bali Dagh genannt, auf dessen Plateau sich mehrere Grabhügel befinden. Durch einen Vergleich mit Homer, welcher bei Gelegenheit des Laufes, den der von Achill verfolgte Hektor um die Stadt herum zurücklegt, die wilde Jagd vorbeikommen lässt an den beiden Quellen des Skamander, von denen die eine auch im Sommer kalt ist wie Eis und Schnee, die andere aber dampft, schloss nun Lechevalier, dass auf dem Bali Dagh die Burg Troja's, Pergamos, gelegen hätte und dass am Fusse desselben der Platz der Unterstadt gewesen wäre. Die Grabhügel hielt er in Consequenz dieser Ansicht für die trojanischer Helden.

Dieser Anschauung mussten sich alle andern örtlichen Bestimmungen anbequemen. Freilich musste Lechevalier selbst zugeben, dass ein Lauf um den steilen Bali Dagh herum nicht möglich wäre, und wandte desshalb eine gekünstelte Interpretation der homerischen Stelle an, wonach der Wettlauf nur vor der Stadt stattgefunden hätte.

Die Ansicht Lechevalier's erfreute sich bald fast allgemeiner Zustimmung. Freilich ist das Dampfen der einen Quelle höchst zweifelhaft. Kein Reisender hat es gesehen, die Eingebornen jedoch behaupten es. Ferner hat sich die Temperatur beider Quellen als gleich oder doch annähernd gleich ergeben; ob sich das Dampfen der einen aus ihrem grösseren Volumen erklären liesse, wie behauptet worden ist, erscheint mit Recht sehr zweifelhaft. Trotzdem jedoch, und obwohl nicht nur zwei Quellen, wie sie Homer erwähnt, sondern noch eine sehr viel grössere Anzahl kleinerer vorhanden sind, hat sich auch in unserm Jahrhundert, bis dieser Frage durch Schliemann's Ausgrabungen eine ganz neue Wendung gegeben worden, die Mehrzahl der Gelehrten an Lechevalier angeschlossen. Freilich hat man mit wenigen Ausnahmen, unter denen Forchhammer genannt sein mag, Lechevalier's Ansicht über die Flüsse verlassen und den Skamander wieder in sein Recht, der Hauptfluss der Ebene zu sein, eingesetzt, während die Meinungen darüber, wo jetzt der Simois zu suchen, getheilt sind; doch scheint man sich jetzt für den von Osten nach Westen fliessenden und in der Nähe der Mendere-Mündung in's Meer fallenden Dumbrek zu einigen*). Aber hiervon abgesehen haben sich wissenschaftliche Autoritäten, wie Forchhammer, Welcker, E. Curtius, welche die

*) Vgl. O. Keller, die Entdeckung Ilions zu Hissarlik, Freiburg i. B., 1875, S. 6, 2; Steitz, Jahrb. für Phil., CXI, S. 243.

troische Ebene selbst besucht haben *), der Ansicht Lechevalier's angeschlossen. Und in der That hat nach dem Zeugniss auch solcher, die dieser Ansicht nicht huldigen, die Lage des die Umgegend weithin beherrschenden Bali Dagh bei Bunar Baschi einen imponirenden Charakter, wie man ihn für die Burg eines stolzen Königsgeschlechts gern voraussetzt.

Daneben hat freilich auch die populäre Anschauung des Alterthums, dass Hissarlik, die Stelle von Neu-Ilion, das alte Troja in seinem Schoosse berge, auch in neuerer Zeit Anhänger gefunden, von denen die Engländer Maclaren und der bekannte Historiker Grote und der Deutsche Gustav von Eckenbrecher genannt sein mögen. Ja, selbst die Hypothese des Demetrios von dem Dorfe der Ilier hat an dem Prof. Ulrichs in Athen ihren Vertreter gefunden, der nach einem im Jahre 1843 dieser Gegend abgestatteten Besuch an der Stelle des türkischen Dorfes Aktsche Köi das alte Troja suchen zu müssen glaubte.

Diese letztere Ansicht hat wenig Beifall gefunden, die Anhänger der beiden andern aber haben bald für Bunar Baschi, bald für Hissarlik in der Weise gekämpft, dass sie, ähnlich wie es schon im Alterthum geschehen, versucht haben, mit dem von ihnen protegirten Orte alle möglichen Angaben Homer's über beide Flüsse, die Furth des Skamanders, das Lager der Griechen, Grabhügel und andere kleine Boden-Erhebungen, wie man sie auch jetzt noch in ziemlicher Anzahl, wie es scheint, aus uralter Zeit stammend, in der Ebene erblickt, in Einklang zu bringen. Dies gelingt freilich weder der einen noch der andern Partei. Auf Einzelheiten lässt sich hier nicht eingehen. Aber das vorher angeführte Beispiel von dem Laufe Hektor's um Ilion herum möge doch auch hier angeführt werden. Die Vertheidiger Hissarlik's können z. B. mit Recht behaupten, dass der dort gelegene, im Vergleiche mit dem Bali Dagh niedrigere Hügel umlaufbar wäre, vermögen aber nicht die zwei von Homer erwähnten Quellen, geschweige denn eine warme und eine kalte, nachzuweisen.

Ueberhaupt liegt das Unstatthafte einer solchen Beweisführung auf der Hand. Denn von einem Gedichte, das eine Reihe von Jahrhunderten nach den Ereignissen, die sich in sagenhafter Auffassung fortgepflanzt hatten, seinen Abschluss erlangt hat, ist unmöglich eine zu dem Situationsplan stimmende topographische Genauigkeit zu verlangen. Am wenigsten, wenn man bedenkt, wie willkürlich das Gedicht sich z. B. über die Schranken der Zeit, des menschlichen Alters, menschlicher Kraft und Ausdauer hinwegsetzt. Und nur in der örtlichen Staffage der Gegend sollte

*) Hinzuzufügen ist O. Frick, dessen in den Philol. Jahrb., Bd. CXIII. Heft 5, erschienene Abhandlung dem Vortragenden bei Abfassung seines Vortrags noch nicht zu Gebote stand.

man so zu sagen ein photographisches Bild wiederfinden? Giebt man aber einmal zu, dass dies oder jenes freie Phantasie des Dichters sei, oder dass dies oder jenes im Laufe der Jahrtausende, die bis jetzt vergangen, sich geändert habe, wo ist dann die Grenze zu finden, und wo die Möglichkeit, die Lage Troja's an diesem oder jenem Punkte zu fixiren?

So hat vielleicht Hercher principiell nicht Unrecht, der in einem im Dezember 1875 vor der Berliner Akademie gehaltenen Vortrage so zu sagen ein Ideal-Bild der Situation der Ilias entwarf. Es ist höchst einfach und unterscheidet sich ausserordentlich von dem sich vor Ihren Augen befindenden Plan. An der Süd-Küste des Hellespont liegt das Lager der Griechen, eine geraume Strecke südlich von diesem die Stadt mit ihrer Burg, zwischen beiden, und zwar von Osten nach Westen, fliesst der Skamander und scheidet troisches von achäischem Gebiet. Der Simois gehört nicht in diesen Plan hinein; nach Hercher hat ihn ein Nachdichter, ohne dass er einen bestimmten troischen Fluss dabei vor Augen gehabt hätte, in die Poesie einführen zu müssen geglaubt, und zwar in wenig geschickter Weise.

Auch sonst hat die moderne philologische Forschung (z. B. Christ*) in den Lokal-Schilderungen der Ilias kein einheitliches Bild, sondern Widersprüche zu entdecken geglaubt. Und diese Beobachtung ist eine völlig richtige. Ob der Dichter die troische Gegend selbst gesehen oder nicht, ist hierbei irrelevant; denn auch in ersterem Falle wird er sich keine topographische Skizze derselben gemacht haben. Ihm sind einige allgemeine Grundzüge der Ebene durch die Sage zu Ohren gekommen; er schmückt diese nach Belieben aus, lässt Hügel und andere Terrain-Eigenthümlichkeiten entstehen, wenn sie ihm für seinen Zweck passen, um sie aus demselben Grunde wieder verschwinden zu lassen, ohne zu fragen, ob auch in Wirklichkeit dergleichen in der Ebene vorhanden oder überhaupt möglich sind. Einen Beleg seines Verfahrens geben uns die beiden schon erwähnten Quellen des Skamander. Hoch oben im Ida-Gebirge entspringt dieser Fluss, wie Reisende berichten, aus einer heissen und einer kalten Quelle; diese auffallende Thatsache ist dem Dichter bekannt geworden, der genaue Ort nicht, und weil es ihm gut dünkt, verlegt er das Phänomen ohne Weiteres in die unmittelbare Nähe der Stadt in der Ebene.

Wenn aber statt der hier entwickelten Auffassung die neueste Forschung in den topographischen Widersprüchen einen Beweis für Verschiedenheit der Zeit und des Ortes der Abfassung der einzelnen zur Ilias vereinigten Gesänge sieht, so können wir ihr an dieser Stelle am

*) In den Sitzungsberichten der Münchener Akademie, 1874, II, S. 185 ff.

wenigsten auf diesem Wege folgen. Schon ohne diese Schwierigkeit werden Sie erkannt haben, dass es ein hoffnungsloses Unternehmen sein muss, wenn man an einer der genannten Stellen, über welche nach gerade aus dem Homer alles Erdenkliche pro und contra gesagt worden ist, das homerische Troja zu finden hofft.

Anders dachte der Mann, welcher verdient, dass man mit ihm eine neue Aera der Erforschung der troischen Ebene beginnt, Heinrich Schliemann.

Wie er, aus kleinen Verhältnissen hervorgegangen, durch Energie und glückliche kaufmännische Unternehmungen in den Besitz eines fürstlichen Vermögens gekommen, wie er jahrelang von dem glühenden Wunsche beseelt war, die Stätten der von ihm oft mit Begeisterung gelesenen Ilias und Odyssee zu besuchen und in Einzelheiten auch näher zu bestimmen, müssen wir hier übergehen, und können es um so eher, als erst vor Kurzem ein Lebensabriss des Mannes in der weit verbreiteten Zeitschrift »Im neuen Reich« (No. 34) erschienen ist.

Im Jahre 1868 besuchte Schliemann zuerst die troische Ebene und wandte sich, der allgemein verbreiteten Ansicht sich anschliessend, nach Bunar Baschi, in der Erwartung, dort die durch Homer verewigte Stelle des alten Trojas zu finden. Er sah sich getäuscht. Alle auch schon von anderer Seite gemachten Einwendungen gegen diese Auffassung traten ihm so lebhaft entgegen, dass er zu der Ueberzeugung von ihrer Unmöglichkeit kam. Diese wurde durch Nachgrabungen, die er auf dem Plateau des Bali Dagh anstellen liess, bestärkt. Er fand ebenso wie der österreichische Consul v. Hahn, der daselbst 1864 nachgegraben hatte, nur Reste von wenig ausgedehnten, zum Theil gut aus Quadern gearbeiteten Stadtmauern und einem auffallend engen Thore, die keiner besonders alten Zeit angehören können. Von Scherben und Resten anderer Gebrauchsgegenstände aus der Zeit des Alterthums war von v. Hahn nur äusserst weniges und unbedeutendes und nur an einer Stelle, ausserhalb der Citadelle, auf dem Berge selbst, gefunden worden. Um den Berg herum, wo man die Unterstadt Trojas voraussetzte, hat weder v. Hahn noch hernach Schliemann irgend ein Ueberbleibsel des Alterthums gefunden. Die unbedeutende Stadt, die auf der Höhe des Bali Dagh gestanden hat, kann höchstens dem 6. Jahrhundert v. Chr. angehören und ist nach einer mit Beifall aufgenommenen Hypothese Frank Calvert's vielleicht für das uns u. a. aus Herodot bekannte Gergis zu halten. Man könnte meinen, dass eine Aufgrabung der auf dem Plateau des Bali Dagh gelegenen sog. Grabhügel wichtige Aufschlüsse geben könnte, jedoch ist einer derselben von Lubbock geöffnet worden, ohne irgend welche Resultate zu liefern. Man hat Thonscherben verhältnissmässig jungen Datums in ihm gefunden. Ueberhaupt sind die in der troischen Ebene ziemlich zahlreichen, offenbar künstlich errichteten Hügel, die zum Theil von bedeutender Höhe und Ausdehnung sind, in ihrem Zwecke und Ursprung noch räthselhaft.

Doch zurück zu Schliemann. Er gewann damals die Ueberzeugung, dass Hissarlik, die Stätte des griechischen Ilion, auch die des homerischen wäre.

Dieses und andere Resultate seiner Reise veröffentlichte er in seinem 1869 erschienenen Buche »Ithaka, der Peloponnes und Troja«, das dadurch grosses Staunen erregte, dass er in Troja (noch mehr freilich in Ithaka) eine völlige, so zu sagen photographische Uebereinstimmung mit den Angaben des Gedichts suchte und auch fand.

In der Schwäche dieser Auffassung, die bei seinem Mangel an wissenschaftlicher Schulung ja übrigens völlig begreiflich ist, lag aber gerade Schliemann's Stärke für die einige Jahre später in sehr viel grossartigerem Maassstabe unternommenen Ausgrabungen in Hissarlik. Denn ohne den festen Glauben, das homerische Troja der Erde entreissen zu können, würde Schliemann schwerlich die dabei von ihm an den Tag gelegte Energie besessen und behalten haben.

Im April 1870 hatte Schliemann angefangen, an der NW.-Ecke des Berges Hissarlik nachgraben zu lassen. Er fand Mauerreste, die zu einem der Zeit der Diadochen angehörigen Walle gehörten. Die Eigenthümer des Berges machten ihm Schwierigkeiten, er musste die Untersuchungen abbrechen und konnte sie nach vielen Verhandlungen erst im Oktober 1871 wieder aufnehmen. Er arbeitete mit wenigen Unterbrechungen bis August 1872, dann wieder von Anfang 1873 bis in den Juni, und es gelang ihm bald, in grösserer Tiefe des Berges sehr viel ältere Reste zu finden.

Die bei diesen Ausgrabungen von Schliemann an den Tag gelegte Energie und Ausdauer in der Ertragung von Strapazen verdienen die höchste Anerkennung. Auch die Kosten waren sehr beträchtlich; bis zu 160 Arbeiter fanden Verwendung, die bis zu 2 ℳ. Taglohn erhielten.

Bald fing Schliemann an, die Resultate seiner Ausgrabungen in der Augsburger Allgemeinen Zeitung zu veröffentlichen. Publikationen, die durch den zuversichtlichen Ton, mit dem in den unleugbar uralten Ueberresten von Mauern u. s. w. das homerische Troja und dessen Erzeugnisse (es genügt an den Schatz des Priamos zu erinnern) wiedergefunden wurden, begreiflicherweise das grösste, freilich von Seiten der Wissenschaft mit Recht sehr skeptische, Aufsehen erregten.

Diese Zeitungs-Artikel und die sich an dieselben anschliessende Polemik mit Stark, Conze u. a. haben heute nur noch eine historische Bedeutung, seitdem Schliemann seine lange mit Spannung erwarteten

»trojanische Alterthümer, Bericht über die Ausgrabungen in Troja« veröffentlicht hat. Das im Jahre 1874 bei Brockhaus erschienene Werk ist von einem 218 photographische Tafeln enthaltenden Atlas begleitet, der alle möglichen aufgefundenen Gegenstände bunt durch einander, zum Theil in nutzloser und ermüdender Wiederholung, die Situationspläne leider auch in sehr kleinem Maassstabe und die Ansichten der Schachte u. s. w. in sehr unklarer Ausführung enthält. Eine etwas später erschienene englische Ausgabe soll durch geeignete Auswahl und bessere Ausführung bedeutende Vorzüge haben. Hinzu zu ziehen ist übrigens auch ein von Schliemann selbst 1875 in Rostock gehaltener Vortrag, in dem manche Ansichten etwas modificirt sind.

Das thatsächliche Resultat der in diesen Aufzeichnungen vorliegenden Mittheilungen in kurzem Resumé ist, um zunächst von allen Folgerungen abzusehen, im Wesentlichen folgendes:

Der Berg Hissarlik erhebt sich 32 Meter über die Ebene, ist 215 Meter breit und 300 Meter lang *) Die griechische Kolonie dehnte sich über diesen Berg hinaus aus. Dasselbe setzte Schliemann von dem alten Troja voraus, dessen Einwohnerzahl er nach der Ilias auf mindestens 50,000 schätzte. Da jedoch verschiedene Schachte, die er um den Berg herum bis auf den kahlen Felsblock trieb, nur griechisches Mauerwerk und griechische Topfscherben zu Tage gefördert hatten, so kam er zu dem Resultat, dass die Stätte des alten Troja auf den, wie schon erwähnt, 300 Meter langen und etwas weniger breiten Berg Hissarlik beschränkt gewesen wäre.

Durch diesen Berg wurden zwei einander kreuzende offene Gänge gelegt, bis zu einer Tiefe von 16 Meter, und ausserdem noch an der Nordseite des Berges ein Stück abgetragen.

In dem in dieser Weise durchwühlten und blossgelegten Boden sind von Schliemann fünf verschiedene Schichten wahrgenommen und charakterisirt worden, und zwar unter der für uns hier irrelevanten hellenischen Schicht noch 4 ältere.

Zunächst, und zwar bis zu einer Tiefe von 4 Meter, findet Schliemann Ueberreste einer aus Holz gebauten Stadt, als Spuren der Existenz ihrer Bewohner Lanzen, Streitäxte und Werkzeuge aus Kupfer. So behauptete Schliemann wenigstens zunächst, doch ergab eine von ihm nachträglich mitgetheilte Analyse die gewöhnliche Mischung von Kupfer und Zinn. Ausserdem fanden sich Formsteine zum Giessen dieser Werkzeuge, sowie einzelne steinerne Instrumente.

In der Tiefe von 4—7 Meter sind Wände von Häusern aus kleinen mit Erde vereinigten Steinen gebaut zu Tage gekommen. Steinerne

*) Nach Schliemann, trojanische Alterthümer, Leipzig 1874, Seite 2.

Werkzeuge, Messer, Beile und Hämmer finden sich zu Tausenden, daneben auch viele »kupferne« (d. h. wohl bronzene) Nägel, auch einige Messer und Streitäxte desselben Metalls.

Unter dieser Schicht findet sich als dritte vorhellenische nach Schliemann die trojanische Schicht. Sie erstreckt sich von 7—10 M. Tiefe und hat das deutliche Gepräge grosser Gluth; ihre Reste bestehen grösstentheils aus rother Holzasche; auch zieht sich in der Tiefe von 8½—9 M. eine Schlackenschicht von geschmolzenem Metall in der Dicke von ½—3 cm. fast durch den ganzen Berg. Viele Menschenknochen und einige Gerippe mit Helmen galten Schliemann als Beweis dafür, dass die Stadt nach blutigem Kampfe vom Feinde zerstört wurde. In dieser Schicht sind die Wände der Häuser fast alle aus ungebrannten, an der Sonne getrockneten Ziegeln, ein grosses Gebäude, von Schliemann »Palast des Priamos« genannt, ein grosser Thurm, ein Thor, das sogenannte skäische, und die grosse Ringmauer dagegen aus mit Erde vereinigten, meist unbehauenen Steinen. Auch in dieser Schicht fanden sich neben Tausenden von steinernen Werkzeugen auch viele »kupferne« (d. h. bronzene) Waffen, sowie in dem berühmten Schatze des Priamos, dessen Gegenstände, um Schliemann's Worte *) zu gebrauchen, dicht zusammengepackt waren und einen viereckigen Raum einnahmen, also ohne Zweifel in einer hölzernen Kiste enthalten gewesen waren, neben einigen silbernen und kupfernen Hausstandsgegenständen ein grosser und zwei kleinere goldene Becher, eine goldene Flasche, 60 goldene Ohrringe, 6 goldene Armbänder, goldene Diademe, ein goldenes Stirnband, sowie über 8000 ganz kleine goldene Körperchen in Gestalt von Cylindern, Prismen, Würfeln und dgl., die ursprünglich ohne Zweifel zu Schmucksachen gehört hatten.

Unter dieser Schicht endlich, bis in eine Tiefe von 14—16 Meter, fanden sich Trümmer von Häusern und Festungsmauern aus grossen und mit Erde verbundenen Steinen. Ueber Waffen u. dgl. dieser Schicht ist nichts Charakteristisches bemerkt.

Man vermisst in Schliemann's Darstellung Spuren alterthümlich griechischer Kunst, wie sie für die oberste Schicht, für eine Kolonie des 6. Jahrhunderts, doch vorauszusetzen sind. Freilich schreibt Schliemann in seinem vorher erwähnten Vortrage dieser Zeit zahlreiche Fragmente alterthümlicher Vasen zu, die sich nach seiner Angabe bis zu 2 Meter Tiefe finden. Die chronologische Bestimmung der griechischen Vasen ist jedoch eine so schwierige Sache und, wenn überhaupt, nur bei der allergenauesten Kenntniss aller Einzelheiten dieser Specialität der Archäologie möglich, dass man dieser Behauptung Schliemann's nicht ohne

*) Schliemann, trojanische Alterthümer, Leipzig 1874, Seite XVII.

ein gewisses Misstrauen gegenüber treten kann. Besonders da derselbe so weit geht, eines der von ihm geschilderten Gefässe ohne Weiteres dem 9. oder 10. Jahrhundert zuzuschreiben. Und so muss die erwähnte auffallende Erscheinung noch auf sich beruhen bleiben.

Ferner erscheint es sehr fraglich, ob in der That die Unterschiede zwischen allen diesen Schichten so bedeutend sind, dass man ausser der griechischen, ja völlig ausser Frage stehenden Schicht noch 4 andere annehmen muss; vor allen Dingen will es so scheinen, als ob die Schicht, die aus hölzernen Häusern bestanden haben soll, mit der unter ihr liegenden identificirt werden müsste, da, wie Schliemann selbst zugiebt, in ihr überhaupt keine Reste von Hauswänden, so wie auch keine Festungswerke zu finden sind, vielmehr die für sich bestehende Schicht nur aus den sich zahlreich findenden neuen Typen von Terra-Cotta-Gefässen gefolgert worden ist.

Ueberhaupt muss die sehr geringe Verschiedenheit der Erzeugnisse der einzelnen Schichten Bedenken erregen. Von der ältesten bis in die neueste finden sich Stein- und Bronze-Werkzeuge und Waffen neben einander. Ebenso von Anfang bis zu Ende eigenthümliche Kugeln, Pyramiden und Kegel aus gebrannter Erde. Diese Körper, die Schliemann in seinem Atlas in überaus reichlicher Zahl veröffentlicht, haben durchschnittlich einen Durchmesser von 1—2 Zoll; die Verzierungen derselben, die aus Kreisen, Sonnen, Kreuzen und Haken bestehen — nach Schliemann tiefsinnige Symbole alt arischen Sonnen- und Feuerdienstes — sind allerdings nach der verschiedenen Tiefe, der die Gegenstände entstammen, verschieden, doch finden sich die Körper selbst durch alle Schichten hindurch. Was den Zweck derselben betrifft, so erscheint es am wahrscheinlichsten, in ihnen Gewichte zu erblicken, die beim Spinnen und Weben gebraucht wurden, wobei die überaus grosse Anzahl derselben, so wie die auffallend gute Erhaltung aller es vielleicht zugleich wahrscheinlich macht, dass sie in dieser Gegend angefertigt und aus derselben nach der Nachbarschaft hin verkauft wurden.

Ebenso finden sich neben manchen Eigenthümlichkeiten der Thonvasen der einzelnen Schichten — eine gewisse Sorte von schwarzen Bechern in der Form von Sanduhren mit 2 grossen Henkeln findet sich z. B. nur in 6 Meter Tiefe — doch auch die für diese Stätte besonders charakteristischen Gefässe mit Augen und Nase, zuweilen auch einem Munde, und einer Art Helm auf dem Haupte, von denen nachher noch die Rede sein wird, durch alle vier Schichten, bald grösser bald kleiner, und mit verschiedenen Abweichungen, aber doch im Grossen und Ganzen in solcher Uebereinstimmung, dass Schliemann sie für Bilder der von allen vier Völkern verehrten Schutzgöttin, der »eulenköpfigen« Athene, erklärt.

Wollen wir uns lieber vorläufig darauf beschränken, auch diese Handwerks-Produkte als einen Beweis des geringen Unterschieds der primitiven Kultur dieser verschiedenen Völker hinzustellen, dem noch hinzuzufügen wäre, dass, wie Schliemann behauptet und wie auch die Abbildungen ergeben, von der Tiefe des Berges bis unter die hellenische Kolonie, eine beständige Verschlechterung der Kunst- oder Handwerks-Erzeugnisse wahrnehmbar ist.

Schliemann hat die vorletzte Schicht als die trojanische bezeichnet, nicht allein weil dieselbe den Eindruck macht, als ob sie von gewaltsamer Zerstörung herrühre, sondern auch weil er in ihr Gebäude und Anlagen gefunden hat, die er mit den in der Ilias erwähnten identificirt: ein Doppelthor, das er das skäische nennt, einen Thurm, der unmittelbar an dasselbe stösst, ein Palast ebenfalls in dessen Nähe, der des Priamos Palast sein soll, und den bekannten Schatz, der der Welt unter dem Namen des Schatzes des Priamos sattsam bekannt ist.

Und hier drängt sich von selbst die Frage auf: Sind wir berechtigt ihm zu folgen und dieser oder irgend einer Schicht der Tiefe des Berges Hissarlik den Namen »Troja« beizulegen?

Das homerische Troja, d. h. die Stadt, deren Bild wir uns nach der Ilias entwerfen, ist in dem Hügel von Hissarlik nicht enthalten. Dies muss Schliemann selbst zugeben. Er hatte sich nach dem Homer das Bild einer Stadt von mindestens 50,000 Einwohnern entworfen und war demnach geneigt den Berg Hissarlik nur als die Akropolis, Pergamos, aufzufassen, sah sich aber genöthigt zuzugeben, dass diese sog. Akropole eben die ganze Stadt ausmache, und dass die Stadt so klein gewesen, dass sie, selbst wenn man dreistöckige Häuser annehmen wollte, nicht mehr als 5000 Einwohner gehabt und nicht mehr als 500 Krieger gestellt haben könnte. Wichtiger ist es, dass der im Homer überall hervortretende Unterschied zwischen der Stadt Troja und der Akropole derselben, der windumwehten Pergamos, wo der Palast des Priamos steht, aus dem Hektor die Burg hinab eilt, um durch die Strassen der Stadt hindurch ins Feld und in den Kampf zu eilen, nur in der Phantasie des Dichters existiren würde. Das von Schliemann entdeckte Troja ist himmelweit davon verschieden: es hat keine Akropole, und aus dem sog. Palaste des Priamos führt das sog. skäische Thor fast unmittelbar ins Freie.

Wenn Schliemann die berührten Differenzen der Phantasie des Dichters zuschreibt und zuschreiben muss, so hat ihn die Logik der Thatsache auf dasselbe geführt, wohin andere eine unbefangene Lektüre und Betrachtung Homer's geführt hat.

Für uns aber hat durch dieses Zugeständniss die Frage schon lange ihren brennenden, man möchte sagen aufregenden, Charakter, den sie nach den ersten Schliemann'schen Mittheilungen zu haben schien, verloren. In der That, es wäre ein unsere Anschauung von historischer Kritik und Sagen-Poesie geradezu auf den Kopf stellendes und in seinen Folgen unberechenbares Ereigniss gewesen, die aus der Ilias wohlbekannten Plätze in den Tiefen der Erde so wiederzufinden, dass man, wie die ersten Mittheilungen Schliemann's es erwarten liessen, sie ohne Weiteres mit den Gestalten der Ilias bevölkern könnte, wie z. B. die Königspaläste Ninives und Babylons mit den Gestalten der orientalischen Geschichte.

Aber statt dessen haben wir hier nur eine unstreitbar uralte Niederlassung, die im besten Falle eine von achäischen Völkerschaften zerstörte Stadt des Namens Ilios oder Troja gewesen sein könnte, deren Schicksale die Sage verherrlichend fortgepflanzt und dann das Epos ebenso frei in allen Einzelheiten behandelt und der ihm gar nicht mehr bekannten Wirklichkeit entrückt hätte, wie sich das deutsche Epos der Topographie von Worms oder des Feldlagers des Königs Etzel oder die altdeutsche Malerei der Lage von Jerusalem gegenüber verhält.

Wir sagen: es könnte im besten Falle in den Tiefen von Hissarlik eine von Achäern zerstörte Stadt verborgen sein. Es soll hier davon abgesehen werden, dass die Ausdehnung der Niederlassung eine so geringe ist, dass Bursian *) die Existenz einer alten Stadt an dieser Stelle überhaupt geläugnet, vielmehr nur ein uraltes Heiligthum der ilischen Athene, reich an Weihgeschenken, angenommen hat, das oft von barbarischen Völkern zerstört, aber immer wieder aufgebaut worden wäre. Diese Vermuthung hat manches Bestechende, doch scheint die Menge der Gegenstände des täglichen Gebrauchs (und zwar aus einfachem Thon verfertigt), die sich hier gefunden haben, eher dagegen zu sprechen.

Um hiervon also abzusehen, berechtigt zu dem Schlusse, dass uns die Trümmer einer von Achäern zerstörten Stadt Troja vorlägen, nur die Tradition der Bewohner des äolischen Ilion und zwei negative Gründe: An keiner andern Stelle der Ebene sind Ruinen, die derselben Zeit angehören könnten, gefunden worden, und wir wissen sonst von keiner Eroberung oder Zerstörung einer der griechischen Kolonie vorausliegenden an dieser Stelle gegründeten Stadt.

Aber unsere Kunde von den Vorgängen innerhalb der Städte-Geschichte der Nordwest-Ecke Kleinasiens ist eine sehr dürftige, während die von Strabo ausdrücklich hervorgehobene Wiederkehr derselben Ortsnamen an beiden Seiten des Hellesponts auf ein lebhaftes Hinüber- und Herüberziehen thrakischer Stämme über den Hellespont nach Asien,

---

*) Literarisches Central-Blatt 1874, Sp. 314.

phrygischer über dieselbe Enge nach Europa hinzudeuten scheint, so dass wir uns nicht zu wundern hätten, wenn von manchen Niederlassungen und den dabei unvermeidlichen Kämpfen dieser Stämme die Kunde nicht auf uns gekommen wäre. Auch von den verheerenden Zügen der Kimmerier im 8. Jahrhundert fehlen uns genaue Angaben; doch wissen wir, dass sie Antandros, nicht weit von der troischen Ebene, erobert haben. In raschem Wechsel auf einander folgende Niederlassungen stammverwandter Völker, wie die Thraker und die Phrygier es sind, würden es auch erklärlich machen, wie in Hissarlik in den vier verschiedenen Schichten eine so grosse Uebereinstimmung in den Handwerks-Produkten herrscht.

Andrerseits ist zuzugeben, dass sich kein Grund finden lässt, wesshalb nicht die fragliche Niederlassung eine von Achäern zerstörte Stadt des Namens Troja oder Ilios sein sollte, die später von den Nachkommen der Besiegten oder einem verwandten Stamme wieder in dürftigerer Weise aufgebaut worden wäre, obwohl die ursprüngliche Niederlassung schon höchst unbedeutend und roh-bäurischen Charakters gewesen war, wie ihn Niemand hinter der stolzen, göttergegründeten Stadt des Homer vermuthen würde.

Ist also das literarhistorische Ergebniss der Schliemann'schen Nachgrabungen gleich Null, das historische, so lange nicht etwa weitere Ausgrabungen, auch vielleicht an andern Stellen, mehr Licht bringen, bis jetzt noch zweifelhaft, so ist dagegen das kulturhistorische von grösster Bedeutung.

Die Werkzeuge und Waffen, die in Hissarlik gefunden sind, liegen nämlich der Eisenzeit voraus, was vollkommen zu der uns im Homer geschilderten Kultur passen würde. Nun sind uns Ueberreste dieser Zeit, sowohl in Stein als in Bronze, allerdings auch sonst aus dem Boden des griechischen Festlandes und seiner Inseln bekannt. Die grosse Wichtigkeit der troischen Funde aber liegt einerseits in der Massenhaftigkeit des von ihnen dargebotenen Materials, andrerseits darin, dass sie uns eine ganze Stadt, vielleicht sogar mehrere der Zeit nach zu trennende Niederlassungen aus dieser fernen Zeit vorführen und uns also einen Blick in die Kultur und Technik derselben gestatten. Aus den Gegenden Griechenlands sind Dem einzig und allein die Ueberreste an die Seite zu stellen, die vor ungefähr 10 Jahren auf der Insel Santorin unter einer mächtigen Lavaschicht gefunden, leider aber bis jetzt nicht vollständig und zusammenhängend veröffentlicht worden sind. Die dort aufgefundenen Mauerreste stimmen mit der untersten Schliemann'schen Schicht überein, und auch hier hat man keine eisernen, sondern, wie es heisst, nur kupferne (wenn diese Bezeichnung genau ist) Waffen gefunden.

Von besonderer Wichtigkeit ist ferner, dass die Kunst- oder Handwerks-Erzeugnisse keinen Einfluss des Orients verrathen, der doch für das alterthümliche griechische Handwerk, sowohl in Erz- wie in Thon-Arbeiten, so deutlich hervortritt und bei der Lage der troischen Ebene besonders sicher zu erwarten wäre.

Ich beschränke mich hier auf die Thon-Gefässe. Lange Zeit hat man die sog. orientalisirenden Vasen mit ihren phantastischen, halb menschlichen, halb thierischen Gebilden, ihren Greifen, Sphinxen, Kentauren mit ungeheuren, weit ausgeschweiften Flügeln für die ältesten Produkte dieses Handwerks auf griechischem Boden gehalten. Doch ist schon eine dieser Art vorausliegende, von dem Orient unabhängige Art von Gefässen beobachtet worden: Gefässe mit theils runden, theils eckigen, theils maeanderförmigen linearen Verzierungen, die ihrem Charakter nach eine Nachahmung der Weberei zu sein scheinen. Etwas entwickeltere Gefässe dieser Art haben schon höchst primitive, aber von den orientalischen sehr verschiedene Thierfiguren; von Wichtigkeit ist es, dass z. B. der Löwe und der Tiger auf den Gefässen, die den reinen Stil ihrer Art bewahrt haben, bis jetzt nicht nachgewiesen sind*).

Noch primitiver als die einfachsten dieser Vasen sind aber die, und zwar in ungeheurer Anzahl und in den verschiedensten Formen, in Hissarlik gefundenen Gefässe. Diese sind mit sehr wenigen Ausnahmen aus freier Hand ohne Töpferscheibe verfertigt, ohne wirklich farbigen Schmuck. Die ursprünglichsten bieten eine glatte Fläche dar, später zeigen sich die Anfänge von in den frischen Thon eingeschnittenen und zum Theil mit weissem Thon ausgefüllten Ornamenten, Reihen von Punkten, Parallel- und Kreislinien, unter denen jedoch der Maeander nicht vorkommt.

Bemerkenswerth ist die Grösse (bei einigen bis gegen Manneshöhe), sowie auch die eigenthümliche Gestalt mancher dieser Gefässe. Unter ihnen verdienen die vielbesprochenen Vasen mit dem sog. Eulenkopfe der Athene der Ilier besondere Beachtung.

An diesen Vasen treten am Halse deutlich zwei Augenbraunen, mitunter auch darunter die Augen, hervor, ebenso senkrecht darunter immer die Nase, und oft auch ein Mund. Der Deckel der Gefässe soll nach Schliemann oft die Gestalt eines glatten Helmes haben, doch lässt sich dies ohne eine gewisse Phantasie in den Abbildungen nicht erkennen; ebenso lassen diese auch keine Entscheidung darüber zu, ob in der That die Rückseite der Vase in einigen Fällen die Darstellung von lang herabfallendem Haar aufzuweisen hat. An dem Körper der Vase selbst finden

*) Conze, Sitzungsberichte der Wiener Akademie, hist.-phil. Cl., LXIV, S. 505 ff.

sich nicht selten zwei, auch wohl drei oder vier kleine kreisförmige Erhebungen, in denen Schliemann die Darstellung von Körpertheilen der Göttin erblickt.

Auch die Auffindung dieser Vasen ist für die Archäologie von der allergrössten Bedeutung; denn sie führt uns ebenfalls aus antikem Boden eine Art von Handwerks-Produkten vor, die bisher ausser einem, übrigens, so viel bekannt, noch nicht publicirten Funde der Insel Santorin, nur aus weit von diesen entfernten Gegenden bekannt gewesen sind, die sog. Gesichts-Urnen. Speciell haben, trotz mancher Verschiedenheit, die in Pomerellen aufgefundenen, bei denen auch bei etwa 50% der Mund fehlt, und von denen auch einige für eine Eule gelten könnten, mit diesen vorder-asiatischen die grösste Aehnlichkeit. *)

Hiermit fällt aber zugleich die übrigens auch aus mythologischen Gründen nicht haltbare bekannte Hypothese Schliemann's, dass diese Vasen das Kultusbild der ilischen Athene Glaukopis repräsentirten, und dass diese Göttin nicht, wie bisher allgemein angenommen, die scharf und funkelnd wie die Eule blickende, sondern die Eulenköpfige oder Eulengesichtige wäre. Vielmehr zeugen diese Vasen von weiter nichts als von dem kindlichen Vergnügen, Gefässe, an denen schon ein Bauch, ein Kopf und die Henkel als Arme deutlich hervortreten, in ihrem oberen Theile zu einer menschlichen Fratze auszubilden, wie dasselbe Bestreben auch bei andern Völkern ähnlicher Kulturstufe in andern Gegenden und zu andern Zeiten hervorgetreten ist. Noch möge erwähnt werden, dass auf einigen der in Hissarlik gefundenen Alterthümer Schriftzeichen gefunden worden sind, welche dem alten von Phönicien unabhängigen**) Alphabete angehören sollen, das sich längere Zeit auf Kypros erhalten und desshalb das kyprische genannt wird. Die Inschriften sollen in griechischer Sprache Widmungen an Götter oder Helden enthalten.

Diese Beispiele mögen genügen, um Ihnen zu zeigen, wo die Bedeutung der Schliemann'schen Funde liegt: Nicht in der Entdeckung des homerischen Trojas, sondern in der Enthüllung der Ueberreste einer vorhomerischen und vorhistorischen Welt. Es liegt ein ungeheures Material vor, das die eingehendste Prüfung und Vergleichung verdient, die, zumal wenn noch andere ähnliche Entdeckungen hinzukommen werden, die wichtigsten Aufschlüsse über die Urgeschichte der vorderasiatisch-europäischen Menschheit, Kultur und Sprache gewähren können.

*) Vgl. Schriften der Kgl. physical. oeconom. Gesellschaft zu Königsberg, XIII, Seite 89 ff., Tafel 1—5.

**) Schliemann, Troja und seine Ruinen, S. 19.

Ein für das Königlich Preussische geodätische Institut der europäischen Gradmessung ausgeführter Fluthapparat,

von

F. H. Reitz.

Die ausgedehnten geometrischen Nivellements, welche in den letzten Jahren auf Veranlassung der europäischen Gradmessungskommission in den verschiedenen Staaten ausgeführt sind, haben den Zweck, eine sichere Grundlage für die Angabe der Erhebung der Kontinente zu schaffen, die Höhenlage der Meere zu vergleichen und eventuell Veränderungen derselben oder der Küsten durch fortgesetzte Beobachtungen nachzuweisen.

Die Genauigkeit der geometrischen Nivellements ist besonders auf Veranlassung der gedachten Arbeiten zu einem hohen Grade gelangt, theils durch Vervollkommnung der Methode der Ausführung und Berechnung der Messungen, theils durch Verbesserung der Nivellirinstrumente, der Maassstäbe für das Nivellement und deren Aufstellung. Durch diese Bemühungen ist es gelungen kleine Unterschiede in den mittleren Höhen der Meere an den verschiedenen Küstenpunkten nachzuweisen. Bald wird auch die Nordsee mit der Ostsee mit Sicherheit durch ein Nivellement verbunden sein. Um einen Punkt ausserhalb des Einflusses der Strömung von Elbe und Weser in die Beobachtung der mittleren Meereshöhe für diese Küstengegend hineinzuziehen, wird wahrscheinlich die Höhenlage eines Punktes auf Helgoland von dem nächstgelegenen geeigneten Punkte an der Elbemündung durch längere Zeit fortgesetzte trigonometrische Höhenmessung bestimmt werden, indem durch gleichzeitige gegenseitige Anvisirung der Einfluss der Strahlenbrechung eliminirt wird.

Die Genauigkeit der geometrischen Nivellements lässt fast nichts zu wünschen übrig; anders steht es mit der Bestimmung des eigentlichen Niveaus des Meeres, des sogenannten Meeresspiegels. Bekanntlich ist der Wasserstand, selbst an Binnen-Seen, wie Ostsee und Mittelländisches Meer, in steter täglicher und jährlicher Veränderung begriffen, deren Ursachen die Anziehungskraft der Himmelskörper, die Luftströmungen und die von den Flüssen zugeführten Wassermassen sind.

Hat man durch die sorgfältigsten Nivellements die Meere mit einander oder mit Punkten des Kontinentes in Verbindung gesetzt, so gilt es nun erst die wirkliche mittlere Meereshöhe festzustellen. Es ist klar, dass nicht angenommen werden kann, das Niveau des Meeres, lasse sich durch eine Reihe von Wasserstandsbeobachtungen definitiv bestimmen. Nähme man die genauesten Aufzeichnungen für den Lauf eines Jahres eines nach den besten Konstruktionen ausgeführten Fluthmessers, so würde man wohl eine sehr genaue mittlere Meereshöhe des einen Jahres, aber nicht die mittlere Höhe finden. Es ist dies eben eine Grösse die fort und fort beobachtet werden muss, die sich mit den Jahren, mit den Jahrhunderten ändern wird; sie ist eins der wichtigsten Ergebnisse aus den Fluthbeobachtungen; für uns bleibt sie der einzige Anhalt die Unveränderlichkeit oder das Maass der Veränderungen der Höhe der Kontinente und Inseln beurtheilen zu können oder auf die Abnahme und Zunahme der Wassermenge im Meere, etwa durch gleichmässige Veränderung derselben an vielen Küstenpunkten schliessen zu können. Dass hier Veränderungen nachzuweisen sein werden, ist nach manchen schon bekannten Erscheinungen wohl anzunehmen.

Die Apparate zur Registrirung der wechselnden Wasserstände, wie sie schon längere Zeit an den Küsten Oesterreichs, Hollands, Englands, Frankreichs und neuerdings auch in einigen deutschen Seehäfen in Thätigkeit sind, liefern das Material um neben der Höhe und Form der Fluthwelle auch die mittlere Höhe zu bestimmen. Einzelne Beobachtungen uud Angaben der Eminentien der Fluthwelle sind für diesen Zweck nicht genügend; die mittlere Höhe ist nicht das arithmetische Mittel aus der Höhe von Hoch- und Niedrigwasser der unregelmässigen Form der meisten Fluthwellen wegen. Beispielweise sind in Figur 1 der Tafel 2 die Fluthwellen von Cuxhaven, Southhampton und Ipswich aufgezeichnet. Um in der Zeichnung die Unregelmässigkeiten recht hervortreten zu lassen, ist die regelmässige Form (Sinuslinie) neben den Kurven punktirt eingetragen. Nennt man die Höhe vom Fussqunkt bis zum Scheitel dieser Wellenlinien h, so ist die Höhe des mittleren Wasserstandes über dem Fusspunkt für Cuxhaven 0,527 h, für Southhampton 0,567 h und für Ipswich 0,471 h, statt 0,5 h, wie es bei einer vollständig regelmässigen Form sein würde.

Mit Bezug auf Figur 1 wäre die Linie der mittleren Höhe so zu bestimmen, dass die Flächen abc und gfi gleich cdge sind. Dieses Niveau würde sich herstellen, wenn man sich die Bewegung der Gezeiten fehlend dächte.

Die europäische Gradmessungskommission hat in Erwägung vorgedachter Verhältnisse, in den letzten Jahren es als eine ihr zufallende Aufgabe angesehen, für die genauere Beobachtung der Wasserstände an den Küsten ihren Einfluss geltend zu machen. Eine Sammlung von Zeichnungen und Beschreibungen der besten Fluthapparate in allen Ländern ist neuerdings vom geodätischen Institut der europäischen

Gradmessung zusammengestellt. Auch von dem hamburgischen registrirenden Fluthmesser wurde vom Verfasser zu diesem Zweck eine Beschreibung beigetragen. Nach längerer Unterbrechung wieder mit diesem Gegenstande beschäftigt, wurde derselbe angeregt, für den vorliegenden Zweck, der Bestimmung des mittleren Wasserstandes, einen Apparat zu erdenken, durch den diese mühevolle Arbeit dem Wasser selbst überlassen wird. Nach Veröffentlichung der bezüglichen Konstruktion in einer im Auftrage des Königlich Preussischen geodätischen Instituts der europäischen Gradmessung herausgegebenen Schrift, wurde der Verfasser von Sr. Excellenz Herrn General Baeyer, Präsident der europäischen Gradmessung, aufgefordert, einen Fluthapparat nach seiner Konstruktion, mit Registrir-Einrichtung und Bestimmung des mittleren Wasserstandes, für das geodätische Institut herstellen zu lassen. Dieser Apparat von Dennert & Pape in Altona erbauet, mit einer Uhr von Theodor Knoblich in Hamburg, ist 1876 in London in der Ausstellung wissenschaftlicher Instrumente ansgestellt gewesen. Die Kaiserlich Deutsche Marine hat es übernommen ihn an einem geeigneten Punkt auf Helgoland aufzustellen.

Bei der grossen Unregelmässigkeit der Form der Fluthwellen und der Menge des Materials ist die Arbeit der Bestimmung des mittleren Wasserstandes eine sehr ermüdende und kaum zu bewältigende. Beispielsweise ist zu erwähnen, dass nach dem Generalbericht der europäischen Gradmessung für das Jahr 1873 zur Berechnung der jährlichen mittleren Höhe nach den Kurven des registrirenden Pegels zu Svinemünde, zwei Beobachter ein Vierteljahr unausgesetzt thätig waren. Die Arbeit muss mit der grössten Sorgfalt und von geübter Hand ausgeführt werden und ist von der einförmigsten und ermüdendsten Art. Der neue Apparat verwandelt die ganze Arbeit in eine einfache Division mit einem dem verflossenen Zeitabschnitt entsprechenden bekannten Werth. Weil die Bestimmung durch den neuen Apparat ohne Vermittelung einer Zeichnung geschieht und mit dem besten Material, einer Achatrolle, die sich auf einer Spiegelglasscheibe bewegt, ausgeführt wird, so wird eine ausserordentliche und die gewöhnliche Bestimmung weit übertreffende Genauigkeit durch diese direkte Methode erreicht.

Es ist vielleicht von Interesse, ohne vollständig scharfe mathematische Begründung des neuen Apparates für die Bestimmung des mittleren Wasserstandes, eine Anschauung seiner Wirkungsweise zu ermöglichen. Man denke sich, wie in Figur 2 der Tafel 2 gezeichnet, die horizontale Scheibe M von einer Uhr etwa in 24 Stunden einmal um ihre Achse herumgedreht. Auf dieser Scheibe werde eine Rolle J von einem auf und nieder steigenden Schwimmer in einem durch Trieb und Zahnstange verkleinerten Verhältniss hin und her bewegt. Die Rolle möge sich im Centrum der Scheibe befinden, wenn der Wasserstand auf Null steht. Steigt das Wasser nun z. B. um fünf Meter und wird die Rolle J immer um ein Hundertstel der Steigung des Wassers weiter bewegt, so wird sie sich 0,05 Meter vom Centrum der Scheibe befinden. Man denke sich jetzt den Wasserstand konstant, während die Scheibe M eine volle Umdrehung macht, also etwa während eines Tages, so würde sich die Rolle J um die Länge eines Kreisumfanges vom Radius 0,05 Meter rollend auf der Scheibe bewegen. Diese Länge lässt sich durch die Umdrehung der Rolle, deren Umfang bekannt ist und die an einem Zählapparat abgelesene Umdrehungszahl erkennen. Der gesuchte konstante Wasserstand des Tages in verkleinertem Verhältniss ist der Radius des Kreises, dessen Umfang die ermittelte Länge ist. Um den Wasserstand zu finden, hat man die genannte Länge also durch das Verhältniss des Umfanges zum Radius (= 6,2832) zu dividiren und mit dem Verkleinerungsverhältniss des Apparates (= 100) zu multipliciren.

Ist der Wasserstand nicht konstant, so wickelt sich immer ein der Entfernung der Rolle vom Mittelpunkt der Scheibe, also auch dem jedesmaligen Wasserstand entsprechender Bogentheil ab, und die Summe der Bewegung der Rolle während des Tages, wieder dividirt mit der Verhältnisszahl des Umfanges zum Radius, giebt eben den mittleren Radius, entsprechend dem mittleren Wasserstande des Tages.

Da die Gestalt der Fluthwelle von Interesse ist, da ferner für hydrographische und nautische Zwecke es wichtig wird, die Wasserstände für jede Zeit nachweisen zu können, so ist, wie schon erwähnt, ein die Wasserstände registirender Apparat mit dem neuen Wasserstandszeiger für die mittlere Höhe kombinirt, und hat der ganze Fluthapparat folgende Anordnung. (Siehe die Skizze des Instrumentes Figur 3 auf Tafel 2.)

Ein Schwimmer A, durch den wechselnden Wasserstand in einem Schachte auf und nieder gehend, dreht mittelst eines Kupferdrahtes B eine Scheibe C mit horizontaler Achse. Bei Ebbe zieht der Draht abwärts und dreht dadurch die Scheibe C, bei Fluth kommt dagegen ein Gewicht D zur Wirkung, welches an der mit der Scheibe C auf derselben Achse sitzenden Scheibe E zieht. Um die Grösse der Bewegung des Schwimmers zu verkleinern, ist ein kleines Rad F auf der Achse der genannten Scheiben C und E befestigt, welches in eine Zahnstange G eingreift. Diese Zahnstange wird in horizontaler Lage mittelst Friktionsrollen geführt und trägt auf dem einem Ende eine Diamantspitze H, auf dem andern Ende zwei vertikale Rollen J. Die Uhr dreht mittelst entsprechender Räder den Cylinder L in 24 Stunden und eine Glasscheibe M in sechs Stunden einmal herum. Auf dem Cylinder L werden durch die Diamantspitze die Fluthkurven gezeichnet, auf der Glasscheibe M bewegen sich, theils gleitend, theils sich um ihre Achse drehend, die Rollen J, während Schwimmer, Gegengewicht D und die Uhr ihre Wirkung äussern. Hinsichtlich der Einzelheiten der mechanischen Ausführung ist Folgendes bei dem neuen Apparate vorzüglich bemerkenswerth.

Alle Theile sind auf einer an den nöthigen Stellen gehobelten Gusseisenplatte N aufgestellt. Diese Platte ruht auf drei Säulen von Gusseisen, die auf der Deckplatte der Mauer des Schachtes stehen. Der Cylinder L, zum Registriren der Wasserstände, ist von hornisirtem Kautschuk. Er wird mit geschwärztem Kreidepapier überzogen, auf dem die Fluthkurven mittelst der Diamantspitze H eingeritzt werden, so dass sie als zarte weisse Linien auf schwarzem Grunde hervortreten. Zur Eintheilung des Cylinders von Meter zu Meter und in halbe Stunden dient eine Theilungsvorrichtung. Die bezüglich der Achse und Grundfläche des Cylinders paralellen Eintheilungslinien werden mit der genannten Einrichtung mit grosser Genauigkeit und Unveränderlichkeit gezogen. Auch zu diesem Zwecke werden Diamantspitzen verwendet. Wenn ein gewisser Zeitraum, etwa ein halber Monat verflossen ist, muss der Deutlichkeit wegen der Cylinder mit einem neuen Bogen Papier umgeben werden. Um hierbei möglichst wenig Zeit zu verlieren, sind zwei ganz gleiche Cylinder angefertigt, von denen der eine sorgfältig eingetheilt wird, während der andere im Apparat befindlich, so dass sogleich nach Abnahme des einen Cylinders der andere eingesetzt werden kann. Dies Einsetzen geschieht so, dass der neue Cylinder ganz dieselbe Lage in Beziehung auf Zeit und Höhe mit dem herausgenommenen erhält.

Um zur Bestimmung der Konstanten des Apparates auf leichte Weise Versuche anstellen zu können, bei denen volle Umdrehungen, sowohl der grossen Scheibe C als auch der Glasscheibe M genau gestellt werden müssen, sind Indexe für beide Theile angebracht. Der Umfang der Scheibe C, auf die sich der Kupferdraht des Schwimmers aufwickelt, ist genau gleich zwei Meter in der Achse des Drahtes gemessen.

Durch eine Kuppelung lässt sich der Apparat unabhängig von der Uhr machen, damit man, ohne den Gang derselben zu stören, zur Bestimmung der Konstanten, die Glasscheibe M eine Anzahl von vollen Umdrehungen während der Versuche, von denen im Folgenden zu sprechen ist, machen lassen kann.

Den Apparat zur Bestimmung des mittleren Wasserstandes betreffend ist nun weiter Folgendes zu bemerken.

Die Glasscheibe M wird durch die Uhr in sechs Stunden einmal herumgedreht, die Rollen J, von denen die eine zur Kontrolle dient, werden durch die Veränderung des Wasserstandes über die Glasscheibe hin bewegt. Die Achse der Rollen J ist der Bewegungsrichtung parallel. Man liest die Umdrehungszahl der Rollen vor und nach dem gewählten Zeitraum am getheilten Rande derselben und am Zählapparat ab. Der Rand der Rollen ist in 100 Theile direkt eingetheilt; von diesen Theilen taxirt man Zehntel. Am Zählapparat können bis zu 100 Umdrehungen der Rollen registrirt werden.

Rechnet man die Wasserstände von dem Punkte, wenn die Rolle J im Mittelpunkt der Glasscheibe M steht und nennt die Höhe des Wasserstandes über dieser Höhe x und das Verkleinerungsverhältniss der Bewegung der Rolle gegen das Steigen des Wassers $\frac{1}{n}$, (siehe Fig. 2, Taf. 2), so bewegt sich ein Punkt des Umfanges der Rolle in einem Zeitraum, in dem sich die Glasscheibe um den Bogen gleich φ dreht, um:

$$(1.) \qquad \int \frac{1}{n} x \, d\varphi$$

wie leicht zu erkennen. Um aus diesem Ausdruck das mittlere x, gleich m, zu finden, hat man denselben mit $\int d\varphi = \varphi$ zu dividiren und mit n zu multipliciren, man hat also:

$$(2.) \qquad m = \frac{n. \int \frac{1}{n} x \, d\varphi}{\varphi}$$

Der Ausdruck unter dem Integralzeichen ist nach dem Obigen gleich der Differenz der Ablesungen am Rande der Rolle, die am Anfang und Ende des gewählten Zeitabschnittes gemacht wurden, in Ganzen und Bruchtheilen einer vollen Rollenumdrehung ausgedrückt, multiplicirt mit dem Rollenumfange. Nennt man demnach die Ablesung am Anfange des Zeitabschnittes a_1, am Ende desselben a_2 und den Umfang der Rolle p, so ist $\int \frac{1}{n} x \, d\varphi = (a_2 - a_1)\, p$. Wenn man weiter mit z die Anzahl Sekunden des gewählten Zeitabschnittes bezeichnet und mit b den bekannten Bogen, um den sich die Scheibe M in einer Sekunde dreht, so kann man für φ schreiben z b, man hat also, wenn man diese Werthe in Gleichung 2 einsetzt:

$$(3.) \qquad m = \frac{n.p}{b} \cdot \frac{a_2 - a_1}{z}$$

Setzt man endlich:

$$(4.) \qquad \frac{n.p}{b} = c, \text{ so ist}$$

(I.) Mittlerer Wasserstand: $m = c. \frac{a_2 - a_1}{z}$

Die Konstante c in Gleichung I lässt sich, ohne die Dimensionen des Apparates zu kennen, leicht und mit grosser Genauigkeit folgendermaassen finden. Bei irgend einem Stande der Rollen J, lässt man die Scheibe M mit Hülfe des Index eine Anzahl von vollen Umdrehungen machen, die also einer bekannten Anzahl z_1 von Sekunden entspricht (eine Umdrehung der Scheibe M entspricht 21600 Sekunden). Bezüglich vor und nach dieser Umdrehung macht man am Rande der Rolle die Ablesungen a_1 und a_2. Hierauf wird eine bestimmte Länge l des Drahtes von der Scheibe C durch Drehung derselben (ihr Umfang ist gleich zwei Meter) abgewickelt oder, da ihr Umfang in der neutralen Achse des Drahtes gemessen bekannt ist, wird mit Hülfe des vorhandenen Index die Scheibe C nur um einige volle Umdrehungen gedreht, woraus sich l ergiebt. In der hierdurch bewirkten neuen Stellung der Rolle lässt man die Scheibe M wieder einer bekannten Secundenzahl z_2 entsprechende volle Umdrehungen machen und erhält bezüglich vor und nach dieser Umdrehung von M die Ablesungen a_3 und a_4 am Rande der Rolle. Nennt man nun die den beiden Ständen der Rolle, wo die Ablesungen gemacht wurden, entsprechenden, hier konstanten Wasserstände m_1 und m_2, so hat man nach Gleichung I:

$$m_1 = c . \frac{a_2 - a_1}{z_1} \text{ und } m_2 = c . \frac{a_4 - a_3}{z_2} \quad \text{Es ist aber}$$

$$m_2 - m_1 = l \text{ einer bekannten Länge.}$$

$$\text{Hieraus: } l = c\left(\frac{a_4 - a_3}{z_2} - \frac{a_2 - a_1}{z_1}\right) \text{ und}$$

$$\text{(II.)} \qquad c = \frac{l}{\frac{a_4 - a_3}{z_2} - \frac{a_2 - a_1}{z_1}}$$

Hat man die Konstante c für beide Rollen gefunden, so ergiebt sich ebenfalls die Grösse, um die die Rolle J rechts konstant grössere Werthe für m liefert als die Rolle links; man braucht nur mit Hülfe der für beide Rollen gefundenen Konstanten c ein m wie es beide Rollen gleichzeitig geben zu berechnen, indem man wieder die Scheibe M mehrere volle Umdrehungen machen lässt. Der gesuchte konstante Werth ist gleich der so gefundenen Differenz der m.

Für das in London ausgestellte Instrument wurde Folgendes aus den wie angegeben gemachten Versuchen berechnet, entsprechend Gleichung I:

Für Rolle links: $m = 8656{,}_{632} \frac{a_2 - a_1}{z}$ Meter.

Für Rolle rechts: $m = 8655{,}_{983} \frac{a_2 - a_1}{z}$ Meter.

Die Rolle rechts giebt konstant $1{,}_{3252}$ Meter mehr an.

Die einzige bei dem Apparate auszuführende Korrektur ist die folgende. Es ist nöthig, dass die Achse der Rollen ihrer Bewegungsrichtung über die Glasscheibe M hin parallel sei, denn es soll nur eine Bewegung der Rollen durch die Drehung der Scheibe M und durch keine andere Ursachen bewirkt werden. Man untersucht dies, indem man, bei festgestellter Scheibe M, die Rolle über dieselbe hingleiten lässt, wobei dieselbe sich nicht drehen darf.

Es könnte auf den ersten Blick scheinen, nöthig sei auch, dass die Rollen J durch den Mittelpunkt der Scheibe M gehen, indem sie sich über dieselbe hin bewegen. Dies ist aber, wie gezeigt werden soll, nicht erforderlich und allein aus rein praktischen Gründen eine Annäherung an diese Lage zu wählen. Eine Abweichung seitwärts verursacht keine Aenderung in der Ablesungsdifferenz, wie sich folgendermaassen beweisen lässt.

Betreffend die in Figur 4, Tafel 2 dargestellten Lagen der Rolle, bezeichnet I und II, wäre zu beweisen, dass eine Bewegung $\delta\varphi$ der Scheibe M für beide Lagen eine gleich grosse Drehung hervorbringt.

In der Lage I ist die Drehung der Rolle:

$$pq = a\,d\varphi$$

In der Lage II ist die Drehung der Rolle, der Lage ihrer Achse wegen, nicht etwa n m, sondern m o. Es ist aber:

$$mo = nm \cos\gamma$$

$$\cos\gamma = \frac{a}{a_1},\ nm = a_1\,d\varphi, \text{ folglich:}$$

$$mo = a_1\,d\varphi\,\frac{a}{a_1} = a\,d\varphi = pq, \text{ wie oben.}$$

Wesentliche Fehlerquellen sind bei guter mechanischer Ausführung ausser der genannten nicht im Apparate vorhanden.

Es wäre noch anzugeben auf welche, der Genauigkeit des Instrumentes entsprechende Weise, man die Beziehung seiner Angaben des mittleren Wasserstandes zu einem durch Nivellement gegebenen Höhenpunkt feststellt.

Zu diesem Zwecke würde sich das folgende Verfahren empfehlen. Man bestimmt die Höhe eines Punktes, P in Figur 5 Tafel 2, am Schwimmer über dem Wasserspiegel (Eintauchung). Dies kann in einem mit Wasser gefüllten Gefässe geschehen, um sicher und genau messen zu können. Man muss dann noch berücksichtigen, dass der Schwimmer beim praktischen Gebrauch später durch das Gewicht D (Figur 3) etwas gehoben wird, dass also dann der Wasserstand um diese aus der Grundfläche des Schwimmers, Grösse des Gewichtes D und den Radien der Scheiben C und E leicht zu berechnende Grösse noch tiefer unter P liegt. Ist die Messung ausgeführt, so wird der Schwimmer in den Schacht eingesenkt und durch den Kupferdraht auf der Scheibe C mit dem Apparate in Verbindung gesetzt. In irgend einer Lage wird nun der Schwimmer mittelst eines am Rande des Schachtes befestigten Drahtes O festgehalten. In dieser Lage wird die Tiefe bis zum Punkte P am Schwimmer unter einem durch das Nivellement bestimmten Punkte (etwa am Rande des Schachtes) gemessen, so dass also die gewählte Lage des Schwimmers, einem bekannten Wasserstande entspricht. In dieser Lage des Apparates dreht man die Scheibe M etwa zehn oder mehrere Male herum und berechnet nach Gleichung I das zugehörige, hier konstante m. Ist die Höhe des Wasserstandes entsprechend der gewählten Lage des Schwimmers gleich h, so wäre h—m die absolute Höhe, über der die Rolle J die mittlere Höhe angiebt.

Auch die Zeichenspitze des Cylinders kann in der auf diese Weise, der (absoluten) Höhe des zugehörigen Wasserstandes nach bestimmten Lage des Schwimmers eingestellt werden, so dass die Zeichnung auf dem Cylinder L die Höhen über irgend einem durch Nivellement bestimmten Höhenpunkt angiebt.

Eine Reise durch den Stillen Ocean

von

Max Buchner.

(Vortrag, gehalten am 4. Januar 1877 in der geogr. Gesellschaft zu Hamburg).

Hochansehnliche Versammlung!

Ich habe während des vergangenen Sommers — Sommers im Sinne der nördlichen Hemisphäre, denn ich selbst hatte ja grösstentheils Winter — eine Reise durch den Stillen Ocean gemacht, auf welcher ich Neuseeland, Viti und Hawaii besuchte, und wenn ich es nun übernehme, Ihnen über diese meine Reise zu berichten, so kann ich nicht versuchen, Ihnen ein Bild von Allem was ich gesehen zu geben, sondern muss mich darauf beschränken, nur einige der interessanteren Episoden heraus zu greifen.

Neuseeland betrat ich zuerst in Wellington, der gegenwärtigen Hauptstadt der Kolonie. Von dort ging ich über Land durch das Innere der Nordinsel nach Tauranga an der Ostküste, und von Tauranga mit dem Dampfer nach Auckland, der ehemaligen Hauptstadt. Mir war es auf dieser Tour hauptsächlich darum zu thun, die berühmten heissen Quellen und Geyser, welche ungefähr im Centrum der Insel liegen, zu besuchen und die Eingeborenen, die Maoris, kennen zu lernen.

Die beiden grossen Inseln, aus welchen der Hauptsache nach Neuseeland besteht, bedecken zusammen 4904,44 d. g. □Meilen, demnach ca. 700 d. g. □Meilen mehr als Grossbritannien. Die Bevölkerung zählt nach dem neuesten Census vom Dezember 1875 375,800 Weisse und 45,400 Maoris. Von diesen letzteren treffen weitaus die meisten, nämlich mehr als 43,000, auf die Nordinsel.

Seit 1840 ist Neuseeland englische Kolonie. Von 1860 bis 1870 hatten die Engländer einen blutigen Krieg mit den Eingeborenen zu bestehen, bei dem sie selbst in der Ueberzahl oft den Kürzeren zogen. Jetzt giebt man sich alle erdenkliche Mühe, die gefährlichen tapferen Maoris nicht zu reizen und hofft auf ihr allmäliches Aussterben.

Neuseeland als Kolonie macht den Eindruck eines sehr prosperirenden Landes. Man sieht keine Bettler. Es scheint ein mehr allgemeiner Wohlstand zu herrschen, ohne die Extreme von Arm und Reich. Die Städte, welche ich gesehen habe, tragen durchweg englisches Gepräge, sie haben durchaus nichts Amerikanisches an sich, wie man wohl in Anbetracht ihrer Jugend erwarten möchte. Dank einem zwar kostspieligen aber ausgezeichnet organisirten Immigrationssystem findet fortwährend ein stetiger Zustrom von Einwanderern, jetzt nur mehr aus dem Mutterlande, früher auch aus Deutschland und Skandinavien, statt. Gute Arbeiter erhalten in der Regel sofort Beschäftigung. Ganz besonders gesucht sind weibliche Dienstboten.

Auf Neuseeland zu reisen hat heutzutage keine Schwierigkeiten mehr. Poststrassen durchziehen allenthalben das Innere, und lassen diese sich auch nicht mit unseren Chausséen vergleichen, so genügen sie doch allen Ansprüchen, die man dort zu stellen berechtigt ist. Oft führen sie an der glatten Meeresküste entlang, oft über moorige Flächen, wo nur die Spuren der Räder sie bilden. Flüsse kreuzen den Weg ohne Brücken. Man fährt einfach durchs Wasser, und die Passagiere im Innern des Wagens werden gebeten, ihre Beine auf die Sitze zu nehmen. Gute Hotels stehen an den Nachtstationen, zuweilen mitten in der Wildniss, und sind besser als die grosse Mehrzahl der deutschen Gasthäuser. Die Nordinsel besitzt nur einige sehr kurze Strecken Eisenbahn, die Südinsel hat deren mehr aufzuweisen. Auf der Südinsel sind Ackerbaudistrikte, in denen bereits so viel Getreide producirt wird, dass exportirt werden kann. Die Nordinsel ist weniger fruchtbar, der Boden wird hier mehr zur Schafzucht verwendet, und zu diesem Zweck sind bereits ausgedehnte Strecken mit englischem Gras besäet. Wo es noch kein englisches Gras giebt, müssen die Schafe mit Farnkraut, an welchem nirgends Mangel ist, fürlieb nehmen.

Neuseeland ist grösstentheils gebirgig. Urwald und Farngestrüpp, hie und da auch steppenartige Flächen in Hochthälern bedecken den noch jungfräulichen Boden. Der neuseeländische Urwald gehört zu dem Schönsten, was ich jemals an landschaftlicher Schönheit gesehen habe. Himmelhohe Totarabäume (Podocarpus totara), umrankt und bewachsen mit Lianen und Schmarotzerpflanzen, und zwischen dem Gewirr des Unterholzes heller gefärbte, zartgefiederte Baumfarn geben herrliche immergrüne Dickichte von wahrhaft tropischer Ueppigkeit. Höchst charakteristisch ist die in manchen Gegenden vorherrschende Farnhügellandschaft. Wo man hinblickt, überall nichts als Farn, immer nur die eine gewöhnliche Art (Pteris esculenta), welche mannshoch alle Hervorragungen überzieht und alle Konturen und Schatten abrundet, so dass ein eigenthümliches, unmalerisches Bild entsteht, ohne ausgesprochene Linien und ohne scharfe Schatten, Alles gleichmässig farngrün und wellenförmig. Zwei Pflanzen sind besonders hervorstechend in der Neuseeländischen Vegetation, der Cabbage Tree (Cordyline australis) und der Neuseeländische Flachs (Phormium tenax). Diese fehlen fast niemals, und wo sie auf dürrgebrannten Steppen stehen, machen die seltsamen Büschelköpfe der ersteren und die glänzenden rauschenden Blättergarben der letzteren, aus denen die vertrockneten Blüthenstengel emporstarren, den Eindruck, als ob man sich in einer Landschaft aus einer ganz anderen geologischen Epoche befände.

Der interessanteste Punkt auf Neuseeland war mir Ohinemutu, und zwar nicht blos wegen der vielen kochenden Quellen, durch welche dieses Dorf berühmt ist, sondern auch wegen der zahlreichen Maoribevölkerung, die sich dort, etwa 300 Köpfe stark, herumtreibt und noch viel von den alten Sitten beibehalten hat. Ohinemutu liegt etwas nördlich vom Centrum der Nordinsel am südlichen Ufer des Sees Roto-rua. Die Berge treten in einen weiten Kreis zurück und machen einer sumpfigen, nur mit Farnkraut (Pteris esculenta) und Manukagebüsch (Leptospermum scoparium) bewachsenen Ebene Platz, in welcher allenthalben kochende Quellen entspringen, deren weiss glänzender Dampf an kühlen Morgen die ganze Fläche überlagert.

Nahe dem Ufer steigt ein isolirter kaum 25 Meter hoher Hügel empor, und an diesem, dem See zugewendet, baut sich das Dorf Ohinemutu auf. Am Anfang und am Ende einer sehr primitiven Strasse, die sich oben entlang zieht, sind zwei gute Hotels für Touristen und in der Mitte ein Kaufhaus mit einigen Nebengebäuden. Dies ist das weisse Viertel. Alles übrige ist maori und besteht aus unregelmässig zerstreuten umzäunten Hütten, zwischen denen sich schmale Pfade hindurchschlängeln. Etwas erhöht thront auf einem Ausläufer des Hügels das Versammlungsgebäude der Gemeinde, ein langgestreckter Holzbau, dessen Dach beiderseits fast den Boden berührt. An der Frontseite sind unter dem vorspringenden Giebel der Eingang und zwei hohe Glasfenster. Alles, innen und aussen, ist mit schönen stylvollen Holzschnitzereien verziert, und an einem Ornament der Dachränder hängt eine Glocke. Die Hütten sind niedrig, mit Wänden aus Flechtwerk und Dächern aus Stroh und sehen formlos und ruppig aus, die zum Wohnen bestimmten wenigstens. Die Vorrathshäuschen jedoch, welche sich in jeder Umzäunung finden, sind zierlicher und von Holz, ruhen auf drei Pfählen ein Meter hoch über der Erde und erinnern durch ihre flachen Dächer an grosse Taubenschläge im Schweizerstyl. Eine geschnitzte Figur schmückt den Giebel, und Schnitzereien verkleiden die vorspringenden Dachränder. An den Thüren hängen anachronistischer Weise europäische Vorhängeschlösser.

Und auch hier entspringen überall kochende Quellen. Ueberall, rechts und links, vor uns und hinter uns brodelt es in unzähligen grösseren und kleineren Löchern der Erde. Ueberall steigt Dampf empor. Heisse, dampfende Wasserfäden, murmelnd dem See zueilend, kreuzen den Pfad, eine Dampfwolke verhüllt ihn auch wohl auf Augenblicke, und wir müssen dann stehen bleiben und warten. Denn ein Fehltritt könnte leicht eine schlimme Verbrühung des Fusses im Gefolge haben. Das geheimnissvolle Brodeln ringsum, meist unsichtbar, da die ewig von schwefelig riechendem Dampf bethaute kränkliche Farnkraut-Vegetation die Löcher verbirgt, macht einen befremdenden, unheimlichen Eindruck. Wir stehen über einem kochenden Sumpf, den nur eine dünne Kruste bedeckt. Und über diesem kochenden Sumpf lebt ein ganzes Dorf und freut sich des heissen Bodens!

Hier kauern einige in grellfarbige Decken gewickelte Gestalten vor ihrer Hütte auf warmen Steinplatten, natürlichen Oefen, durch die Alles unterminirenden Quellen geheizt. Dort ist eine Gruppe von Weibern um sauber eingefasste Sprudel gelagert, die zum Kochen dienen, und wartet, bis ihre Mahlzeit, welche in Körbchen im Wasser hängt, zubereitet ist, wobei sie sich die Zeit mit Klatschen und Rauchen vertreiben. Andere weniger heisse Tümpel dienen zum Baden, und in diesen sieht man oft eine Menge brauner Kinder eng zusammengedrängt sich balgen. So ein kleiner Junge von Ohinemutu läuft den ganzen Tag nackt herum, erbettelt sich hier eine Kartoffel, dort eine Muschel oder einen Krebs und setzt sich von Zeit zu Zeit, um sich zu wärmen, in's warme Wasser. Aber auch die Erwachsenen lieben diese Wohlthat. Man kann zu irgend einer Zeit durch Ohinemutu gehen, es sitzt fast immer die halbe Einwohnerschaft links und rechts vom Wege im Bade. Ohinemutu ist ein Badeort in des Wortes verwegenster Bedeutung, und dieser Eigenschaft verdankt es nicht blos seine Maoribevölkerung, welche gegenwärtig nicht mehr autochthon, sondern von allen Theilen Neuseelands herbeigewandert ist, weil man hier einen beträchtlichen Theil des Lebens im warmen Wasser zubringen und Kartoffel kochen kann, ohne Feuer zu machen, sondern auch zahlreiche Touristen und einige Kurgäste.

Im Sommer soll der See bis weit hinaus genügend erwärmt sein, um Stunden lang darin verweilen zu können. Da wir eben (im Juni) Winter hatten, war man zum Baden, abgesehen von den vielen zerstreuten und stets vollen Tümpeln, auf eine 20 Schritt breite und 100 Schritt lange Bucht beschränkt, welche durch zwei vorspringende Landzungen gebildet, in's Dorf hineinragt. Von allen drei Seiten fliessen ihr heisse Quellen zu, aus dem Grunde tauchen heisse Quellen auf, und über dem inneren Ende gähnt ein brodelnder und stampfender Kessel, von steilen Felswänden eingefasst, Verderben drohend zum Himmel, gerade gross genug, um etwa fünfzig Menschen auf einmal darin zu kochen. Hier hinein sollen nämlich in der guten alten Zeit die Gefangenen genöthigt worden sein, um zum festlichen Schmause zu dienen, sobald sie gar waren — eine Sage, welche jedoch nur im Munde der Europäer kursirt und von welcher die Maoris selbst nichts wissen wollen.

Jene kleine Bucht ist das famoseste warme Schwimmbad, welches menschliche Ueppigkeit sich wünschen kann, und an schönen Abenden versammelte sich dort Alles, was zur Gesellschaft von Ohinemutu gehörte. Man schwamm einigemal hin und her und nahm dann in dem weichen Schlamm der seichteren Stellen Platz, so dass nur der Kopf aus dem Wasser guckte, und plauderte. Trotz der herrschenden classischen Nudität habe ich niemals einen Verstoss gegen die Decenz gesehen. Weiber und Mädchen beobachteten in der Regel beim Hinein- und Herausgehen die grösste Sorgfalt, so wenig als möglich von ihren Reizen zu exponiren. Nur alte Vetteln genirten sich weniger und zeigten sich oft in der ganzen Länge ihrer nicht sehr aphroditischen Leiber.

Die Temperatur der Bucht ist nicht gleichmässig, sondern wechselt beständig. Weiter gegen den See zu wird das Wasser kälter, und näher dem inneren Ende und dem grossen Kessel, da wo die Maoris noch mit dem grössten Vergnügen kopfüber hineinspringen, ist es so heiss, dass ein normaler Europäer sich dieser Stelle nur allmälich nähern kann. Als ich einmal mit dem Thermometer in's Bad ging, schwankte an ein und demselben Punkte die Quecksilbersäule ohne zur Ruhe zu gelangen fortwährend zwischen 37 und 44 Centigraden auf und nieder, bei einer Lufttemperatur von 10 Centigraden.

Die östliche von den beiden Landzungen, welche die Bucht bilden, ist eine höchst interessante Fundstätte von Maori-Alterthümern. Dort wären noch viele werthvolle Dinge für unsere Museen zu retten. Ehemals war sie bewohnt und ein Theil der Ortschaft. Jetzt ist sie »tabu« erklärt, geheiligt, verpönt oder wie man dieses allgemein polynesische Wort übersetzen will. Wahrscheinlich deshalb, weil die Wellenbewegung des Sees, unterstützt von der Wirkung der heissen Quellen, welche den ganzen Boden durchsetzen, sie allmählich hinwegspült. Früher ist dieses vorgeschobene Stückchen Land viel grösser gewesen, und erst ganz kürzlich sollen in einer stürmischen Nacht mehrere Hütten untergraben und verschlungen worden sein. Hie und da ragen noch vier Pfähle aus dem Wasser.

Es ist von den Maoris verboten, den Platz zu betreten. Ich habe dies gleichwohl mehrmals unbehelligt gethan. Zwei oder drei Hütten stehen noch unversehrt so da, wie der letzte Bewohner sie verlassen hat, als er starb. Schwere Bohlen sind vor die verandaartige Frontseite gelegt und verrammeln den Eingang. Lüftet man sie um in's Innere zu blicken, so sieht man alle möglichen Geräthe herumliegen. Wurflanzen und Beile, Kochkessel und Trinkgeschirre alten und modernen Ursprungs sind auf den Boden gestreut oder hängen an der Wand. In einer Hütte sah ich sogar noch zwei Zahnbürsten und einen Kamm in dem Schilfgeflecht stecken. Alles ist tabu und kein Mensch wagt diese Gegenstände zu berühren. Aussen herum liegt ein ganzer Trödelmarkt von Ueberresten früherer Zeiten. Zerschlagene eiserne Töpfe, verrostete Flintenläufe, die Trümmer von Holzschnitzereien, Giebelverzierungen, Fratzenbilder, ornamentale Fernsterläden und hundert andere Dinge, Auch glaubte ich unter dem Schutt ein Stück von einer grossen Holzschüssel mit einem Fratzengesicht als Handhabe, von jener Art, wie sie sonst für Menschenfleisch gebraucht wurden, gesehen zu haben. Alle Schnitzereien zeigten das gröbere Gepräge jener früheren Zeit, als noch mit Muscheln statt mit importirten Messern gearbeitet wurde. Nahe der Spitze stehen am Rande des Sees von einem Phormiumgebüsch umgeben, fünf mannshohe Bildsäulen nebeneinander, und auch oben im Dorf findet man deren vereinzelte. Es sind die Konterfeis besonders erlauchter Häuptlinge und Häuptlingsfrauen, Gesichter und Genitalien unförmlich gross und sehr komisch stylisirt.

Wie viel wäre hier noch zu retten nicht blos auf dem Lande, sondern auch auf dem Grunde des seichten Sees. Wie gerne würde ich einen ganzen Wagen voll mitgenommen haben, wenn ich die Mittel dazu gehabt hätte. Aber es fehlte mir an Geld, und dann wäre auch die Auffindung und Befriedigung der betreffenden Eigenthümer allzu zeitraubend gewesen.

Während meiner Anwesenheit in Ohinemutu hatte ich Gelegenheit, einem Maoritanz, einem »Haka«, beizuwohnen. Es waren ausser mir noch drei australische Touristen eingetroffen. Die Einwohnerschaft proponirte, für vier Pfund Sterling uns Abends einen Haka vortanzen zu wollen, und wir gingen darauf ein. Das Versammlungsgebäude der Gemeinde wurde mit einigen Petroleumlampen dürftig erleuchtet, und wir nahmen auf Stühlen Platz, hinter uns eine Menge nicht zahlendes Maori-Publikum. Etwa 60 Mädchen und Weiber, 20 Männer und 2 kleine Jungen von 5 bis 6 Jahren stellten sich in drei Kolonnen vor uns auf. Die Männer nahmen den rechten, die Weiber den linken Flügel ein. Ein alter Häuptling mit einem ganz blau tätowirten Gesicht — eine frappante Eigenthümlichkeit, die überhaupt jedem vornehmen Maori älteren Datums zukommt — kommandirte. Heute hatte er ausser einem dicken Plaid um die Hüften nichts als eine zerrissene europäische Weste an, und im Schlitz des Ohrläppchens steckte eine grosse Pfauenfeder. Ebenso trugen Tänzer und Tänzerinnen Federn in den Haaren.

Bei allen Polynesiern, ja so ziemlich bei allen Naturvölkern wird zum Tanz auch gesungen, und die Namen für den Tanz gelten deshalb gleicherweise im Sinn von Gesang. Unser Haka nun bestand aus mehreren Strophen oder Figuren. In den Pausen zwischen diesen kauerte dann die ganze Gesellschaft nieder, um auf Kommando zum Beginn einer neuen Strophe mit einem gellenden Schrei emporzuspringen. Die Plätze wurden nur wenig verändert, höchstens traten die Acteurs einen Schritt vor und zurück, machten rechts um und links um und trippelten im Profil reihenweise hin und her. Taktmässiges und gleichzeitiges Hin- und Herwerfen der Arme, Händeklatschen, Hüftenschlagen wechselte mit einander ab. Was aber das merkwürdigste war — die Frauenzimmer, namentlich die älteren, bewegten ihre Bäuche im Takt auf und nieder mit einer Gewandtheit, als ob sie hiezu ein eigenes Gelenk besassen. Wahrscheinlich geschah diese Bewegung in den Kreuzwirbelbändern. Sonst konnte ich sie mir anatomisch nicht erklären. Dabei wurden die Augen in einer wahrhaft fürchterlichen Weise gerollt. Der Gesang hatte keine Melodie in unserem Sinne, schwebte nur innerhalb zweier oder dreier Noten hin und her, verstieg sich zuweilen in heulende und bellende Töne und endete gewöhnlich mit einem kurz ausgestossenen rauhen Ton, so dass man die plötzlich eintretende Stille eigenthümlich befremdend empfand. Am besten waren die beiden kleinen Jungen. Nur mit einem schmalen Lendentuch bekleidet, um die Stirne ein rothes Band mit Federn, so gaukelten sie mit gespreizten Beinen und emporgestreckten Armen, die Finger in krallenförmiger Haltung, vor der Front hin und her, schnitten dabei die unmöglichsten Grimassen, schlugen die Zungen heraus und verdrehten die Augen, dass man nur mehr das Weisse sah — ziemlich gelungene kleine Teufel, die lebhaft an den so charakteristischen Typus der

Maori-Holzschnitzereien erinnerten, welche ja immer Fratzengesichter darstellen.

Im Anfang gelang die Produktion ziemlich gut. Der alte Häuptling hatte sichtlich seine Freude daran und jauchzte vor Vergnügen. Nach einiger Zeit aber schien sich Ermüdung und Langweile einzustellen, und die Taktmässigkeit der Evolutionen erlahmte. Die Einen machten Rechtsum, wenn Linksum kommandirt war. Es gab Verwirrung, man fing an sich zu schimpfen. Der alte Häuptling gerieth immer mehr in Zorn. Er riss wüthend seine alte Weste in Stücke, und raste nun mit entblösstem Oberkörper herum, die verlorene Ordnung wiederherzustellen. Aber es wollte ihm nicht mehr gelingen, so sehr er auch schrie und schäumte. Entrüstet legte er das Kommando nieder und mischte sich unter die Zuschauer, um von hier aus die Vorstellung, welche ein jüngerer Mann weiterzuführen versuchte, mit höhnischen Zurufen zu schmähen. Sowie der alte Häuptling nicht mehr mitspielte, war es um den Haka geschehen. Nichts gelang mehr, und das ganze Ballet löste sich in einen allgemeinen Streit auf.

Der alte Geist des Haka war eben nicht mehr vorhanden, und wenn er jetzt noch hie und da getanzt wird, so geschieht es nur vor Touristen und um des Geldes wegen. Die jüngere Generation zieht es vor, Walzer und andere europäische Rundtänze zu tanzen. Fast alle Abende finden in Ohinemutu derartige Bälle statt, wobei eine Ziehharmonika die Musik aufspielt.

In Tauranga an der Bay of Plenty war es mir vergönnt, an einigen alten Maoriweibern noch die alte Begrüssungsform des Nasendrückens zu beobachten. Wie aus dem Wort «Hongi» (Hawaiisch »Honi«), welches sowohl «Riechen», als auch diesen Akt, als auch das von den Weissen importirte «Küssen« bedeutet, hervorgehen möchte, scheint mir der Sinn des Nasendrückens darin zu liegen, dass man den Geruch des geliebten Wesens einathmen will. Es werden dabei die Nasen nicht aneinander gerieben, sondern stumm und mit ernster, ja selbst trauriger Miene mehrere Sekunden lang aneinander gedrückt.

Von Auckland fuhr ich mit dem amerikanischen Postdampfer nach Kandavu, wo ich in nicht ganz vier Tagen landete. Die Entfernung beträgt nur 1100 Seemeilen.

Die Postdampfer von S. Francisco, welche monatlich einmal zwischen Californien einerseits und Neusüdwales und Neuseeland andererseits verkehren, berühren als Zwischenstationen Honolulu und Kandavu. In Kandavu ist ein Knotenpunkt der Linie, indem hier die beiden Zweiglinien Neusüdwales und Neuseeland sich vereinigen. Der Dampfer von Neuseeland trifft in Kandavu mit dem Dampfer von Neusüdwales zusammen und nimmt dessen Passagiere und Post über, um sofort nach San Francisco weiterzugehen, während jener auf den zwei Tage später fälligen Dampfer von San Francisco wartet, um dann Post und Passagiere dieses, der direkt nach Sydney geht, für Neuseeland zu übernehmen, so dass also jeder Dampfer auf seiner dreimonatlichen Reise den Weg San Francisco, Kandavu, Sydney, Kandavu, Auckland und andere Häfen Neuseelands, Kandavu, San Francisco beschreibt.

Früher gab es vorübergehend eine Dampferlinie zwischen S. Francisco und Neu-Seeland, welche in Levuka anlegte. Jener Platz ist von der gegenwärtig auf dem Stillen Ocean herrschenden Pacific Mail Steam Shipping Company mit der Angaloa-Bai an der Südseite Kandavu's vertauscht worden, theils weil dieser Hafen günstiger liegt als Levuka, theils weil die Gesellschaft hier Landbesitz hat, den sie durch ihre Dampfer zu heben hoffte.

Die ganze Viti — oder wie man gebräuchlicher aber weniger richtig sagt, Fiji-Gruppe (Fiji ist der officielle Name der Kolonie), die ausgedehnteste der Südsee, besteht aus über 200 Inseln und liegt zwischen 16 und 20 Grad S. B. und zwischen 176 und 180 Grad W. L. v. Greenwich. Diese Inseln lassen sich in mnemotechnischer Hinsicht eintheilen in zwei von erster Grösse, Viti levu und Vanua levu, zwei von zweiter Grösse, Taviuni und Kandavu, und eine Menge kleinerer dritter Grösse bis zu einzelnen klippenartigen wasserlosen und deshalb unbewohnten Felsen herab. Der Gesammtflächeninhalt des Landes, 20806 □Kilom., mag ungefähr dem des Königreiches Würtemberg gleichkommen. Die Regierungshauptstadt Levuka liegt auf einer Insel dritter Grösse auf Ovalau.

Viti ist die jüngste englische Kolonie. Erst vor drei Jahren, im März 1874 haben die Engländer auf Antrag des eingebornen Königs Thakombau, dem die begonnene moderne konstitutionelle Regierung mit seinen weissen Unterthanen nicht mehr recht gelingen wollte, sie in Besitz genommen. Unter allen bisher bekannten Menschen der Erde waren die Viti Insulaner ehemals die schlimmsten Kannibalen. Gegenwärtig ist die Menschenfresserei dort wahrscheinlich überall und für immer abgeschafft. Man behauptet zwar, dass im Innern der grossen Insel, wo einige noch nicht unterworfene Stämme hausen, derlei auch heute noch vorkomme, ohne aber Beweise zu haben. Erzählungen hierüber, wie über alles Sensationelle, sind stets mit der grössten Vorsicht aufzunehmen.

Die Unzuverlässigkeit der Verbindungen liess es mir rathsam erscheinen, da ich nur einen Monat Zeit hatte, auf Kandavu zu bleiben. Ich habe dies nicht bereut. Zumal da ich so glücklich war, mit einem Naturforscher des Museum Godeffroy, Herrn Kleinschmidt, zusammen zu treffen, der sich eben zum Zweck zoologischen Sammelns auf Kandavu aufhielt und der Sprache der Eingebornen mächtig ist. Ich weiss wahrhaftig nicht, wie ich ohne Herrn Kleinschmidts freundlichen Beistand mit den Eingebornen zurechtgekommen wäre, da ich nicht Viti und jene nicht Englisch verstehen. Es leben nur etwa 50 Europäer zerstreut auf der Insel. Die eingeborne Bevölkerung wird auf 3000 Seelen geschätzt.

Ganz Kandavu besteht aus Höhenzügen von vielleicht 800 Fuss = 244 Meter durchschnittlicher Höhe, ohne bestimmte allgemeine Richtung, und ist 32 Seemeilen = 59,3 Kilometer lang und durchschnittlich 3 Seemeilen = 5,5 Kilometer breit. Eine orographische Karte der Insel existirt noch nicht. Der in Viti stationirte englische Kriegsschooner war eben mit Vermessungen zu Herstellungen einer solchen beschäftigt. Nur der Buke levu oder Mount Washington, der das westliche Ende bildet, ein alter Vulkan, erhebt sich höher, und sein Haupt ist gewöhnlich mit Wolken bedeckt. Man hat für ihn noch keine exakte Höhenangabe und liest 2600, 2800, selbst 3600 und 4000 Fuss angegeben. Der südlichen oder genauer südöstlichen Angaloa-Bai liegt nordwestlich die Namalata-Bai gegenüber. Beide Buchten nähern sich einander auf etwa 500 Schritt, wodurch die Insel in eine etwas kleinere südwestliche und eine etwas grössere nordöstliche Hälfte zerfällt. Ein flacher niedriger Isthmus mit einem schönen Kokospalmenhain stellt die Verbindung her, südlich von einem Mangrovesumpf, nördlich vom ebenen reinlichen Strand aus Korallen- und Muschelsand begrenzt. Der Isthmus heisst Yarambali, was so viel bedeutet, als »etwas hinüberheben«, da die Eingebornen hier ihre Kanuus von einer Seite der Insel nach der andern zu schaffen pflegen. Da wo aus den grösstentheils dicht bewaldeten Höhen Wasserläufe herabkommen, haben sich zwischen den vorspringenden Bergrücken alluviale Dreiecke gebildet. Kokospalmen bedecken diese und gewöhnlich sind an solchen Stellen dann auch Dörfer. Es giebt zwar ein paar Dörfer, welche auf Bergkanten liegen und die Aussicht nach zwei Seiten beherrschen, die meisten aber sind in der Tiefe, nahe dem Strande, malerisch in einen Palmenhain eingebettet. Das Ufer des Meeres ist der Hauptverkehrsweg der bald über weichen, nachgiebigen Sand, bald über Felsblöcke, bald durch das Wurzelwerk stinkender Mangrovesümpfe führt und es ist schwer zu sagen, welche der drei genannten Arten der ermüdendste ist. Pferde oder Wagen giebt es auf Kandavu nicht, sie wären auch zu nichts zu gebrauchen.

Die Landschaft auf Kandavu ist von paradisischer Schönheit. Rings um die dunkelblaue See, oft weit draussen, da wo an den Korallenriffen die Wogen sich brechen, besäumt von der weissen Schaumlinie der Brandung, und innerhalb dieser smaragdgrüne und violette Tinten, die seichteren Stellen bezeichnend — hinter dem hellglänzenden Streif des Ufersandes die herrlichste, üppigste Vegetation von vorwiegend steifblättrigen Bäumen, von Baumfarnen und Kokospalmen, bald über steile Felsen emporkletternd, bald in anmuthigen Thälern sich ausbreitend, — und über dem Ganzen ein tiefblauer wolkenloser Himmel und strahlender Sonnenschein, wie man ihn eben nur unter den Tropen geniesst, gemildert durch kühlende Seebrisen zu einer angenehmen Wärme -- All dies zusammen giebt ein Bild von bezaubernder Wirkung. Keine heimtückischen Krankheiten verkürzen hier das Leben des Weissen wie sonst fast überall in den Tropenländern. Es giebt keine Giftschlangen, und von giftigen Thieren überhaupt sind nur zwei ziemlich ungefährliche Vertreter vorhanden, ein Skorpion und ein Skolopender.

Und eben so heiter wie die Natur sind dort die Menschen. Es sind die glücklichsten Menschen die man sich denken kann. Singend streifen sie in bunten Schaaren an dem leuchtend von der Sonne beschienenen Strand entlang, singend rudern sie in ihren leichtgebauten Kanuus über die Riffe oder gehen zur Zeit der Ebbe dem Fischfang nach. Auf Kandavu hat der Einfluss der Missionäre schon ziemlich lang gewirkt. Aber doch gehen die Vitis dort, Männer und Weiber fast noch eben so nackt wie vor fünfzig Jahren. An die Stelle der Schürze aus Pandanusblättern ist der Sulu, ein klafterlanges Stück europäischen Baumwollenzeuges, welches sie um die Hüften schlingen, getreten, bei beiden Geschlechtern, und ebenso tragen beide Geschlechter die Haare jetzt kurzgeschoren, so dass sie oft von Ferne nur schwer und in der Nähe nur durch die meist sehr vollen Brüste des zarten Geschlechts zu unterscheiden sind, während früher, in der vorchristlichen Zeit die streitbaren Männer als Auszeichnung grosse Perrücken trugen.

Ihre Hautfarbe ist ein sattes glänzendes Braun in verschiedenen Schattirungen. Die Vitis sind keine reinen Papuas, eben so wenig als sie reine Polynesier sind, sondern stehen in der Mitte zwischen beiden. Und man hat dort Gelegenheit, da einerseits seit lange häufig Einwanderungen von rein polynesischen Tonganern, welche sich in manchen Dörfern unvermischt erhalten haben, andererseits in neuerer Zeit rein papuanische Arbeiter von den Neu-Hebriden und den Salomons-Inseln eingeführt worden sind, die Verschiedenheit nach beiden Richtungen zu studieren. Die Tonganer sind im Vergleich auffallend hell, fast pomeranzengelb. Die Neu-Hebriden und Salomons-Insulaner haben im Vergleich einen bläulichen Schimmer in ihrer Farbe.

Die Männer aristokratischen Geblütes besitzen oft sehr schönen vollen Bartwuchs. Man sieht unter ihnen zuweilen Gestalten von so edlem Anstand, dass sie, abgerechnet die dunkle Farbe, auch in Europa als

Gentlemen gelten könnten. Die Männer tätowiren sich nicht. Nur die Weiber schmückten sich früher mit zwei blauen runden Flecken an beiden Mundwinkeln, was noch zuweilen an alten Individuen zu sehen ist. Dagegen färben sie sich die ursprünglich schwarzen Haare durch Kalk röthlich gelb, was zuweilen im Kontrast mit ihrer braunen Haut sehr malerisch wirkt. Ferner war es die Masse von Narben, die bei beiden Geschlechtern, bei Alt und Jung, ihren nackten Körper bedeckt, was mir auffiel. Oft sieht man auf dem Rücken einfache oder doppelte Reihen regelmässig angeordneter bohnengrosser Narben von verdickter Haut und sehr erhaben, die wie die beiden Nähte am Rücken unserer Ulanen, nur nicht so geschwungen, vom Kreuz nach den Schultern verlaufen. Und auch anderwärts schneiden und brennen sie sich oft auf ziemlich grausame Weise, theils aus Bravour, theils um zufällig erhaltene Verletzungen auf solche Weise therapeutisch zu behandeln.

Was nun die Haarfärbungsmethode anbelangt, so hatte ich öfter Gelegenheit, diese Art des Toilettemachens zu beobachten. Mädchen und Jungen sitzen unter den Palmen vor ihrer Hütte um eine Holzschüssel mit weissem Kalkbrei, Korallenkalk eigens hierzu gebrannt und mit Wasser angerührt, und schmieren sich diesen gegenseitig auf die Köpfe. Hat jeder seine Ration erhalten, so geht eine Schüssel mit Wasser als Spiegel herum, wenn nicht etwa bereits ein europäischer Spiegel zur Hand ist, und jeder kämmt nun mit den gespreizten Fingern beider Hände den Kalk recht gleichmässig durch die Haare, immer nach oben streichend, bis Haare und Brei zu einer festen Masse erstarren und aussehen wie die Frisur einer Gypsbüste. Das dunkelbraune Gesicht kontrastirt gar merkwürdig mit dieser glänzend weissen Koiffure, in die manchmal zum Schmuck noch einige Papageifedern oder zwei grosse feuerrothe Hibiscusrosen gesteckt werden. Mit der Zeit verliert natürlich die Kalkperrücke ihren Glanz, wird schmutzig und pulverisirt, und nach einigen Tagen hängt sie nur mehr in sehr unreinlich aussehenden Partikeln in den Haaren. Manche kämmen sich dann mit einem Holzkamm aus, und an diesen sieht man oft die schönste in's Blonde spielende Fuchsröthe des Hauptschmuckes.

Ihre Wohnungen sind niedrige Hütten aus Palmblättern, die über ein festes Pfahlwerk aus Holz gebunden werden. Die Thüren sind so niedrig, dass man nur hineinkriechen kann. Der Boden ist mit Matten belegt, welche mit Farnkraut unterpolstert sind, so dass man sehr weich darauf liegt. Er wird äusserst reinlich gehalten. Darauf zu spucken, wäre ein grober Verstoss. Wer ausspucken will, muss den nächsten Zipfel einer Matte aufheben und darunter spucken. Ein Bett hat der Vitiinsulaner nicht, er schläft auf seinem weichen Mattenboden. Neben ihm brennt ein kleines Feuer an der Wand, welches er von Zeit zu Zeit mit einem Fächer anwedelt. Als Kopfkissen dient ihm ein Stück Bambusrohr, welches an beiden Enden auf zwei Füsschen ruht. So liegt er nackt und meist ohne Decke da, höchstens dass er vielleicht die unter ihm befindliche steife Matte aufbiegt und halb um sich rollt, häufig seinen Schlaf unterbrechend um das Feuer neben ihm mit dem Fächer anzuwedeln. In den Hütten ist gewöhnlich auch noch ein grösserer Feuerplatz, der zum Kochen dient. Und auf diesem liegen horizontal zwei grosse, irdene Töpfe, deren Form ganz genau dem Neste der Töpferbiene nachgeahmt und nur zu dem Durchmesser von ½ Meter vergrössert ist. In diese Töpfe wird durch die Oeffnung Alles hineingesteckt, was gekocht werden soll, und ringsum Feuer angemacht,

Die Vitis nähren sich besser als die Maoris. Yams und Taro ist die Hauptnahrung, zwei Knollengewächse, die angebaut werden. Der Taro verlangt einen sumpfigen Boden und ihn anzubauen, erfordert nicht wenig Kunstfertigkeit und Arbeit. Alle Bäche, die aus dem Gebirge herabkommen, sind zu diesem Zwecke zu terrassenartig unter einander folgenden Sümpfen aufgestaut, in denen die Taropflanze, eine Colocasia, ähnlich derjenigen, die bei uns so häufig in Töpfen gezogen wird, reihenförmig gepflanzt wird.

Eine grosse Rolle spielt auf Viti noch immer die Kawa. Die Kawa ist bekanntlich das allen Polynesiern bis auf die Maoris und unter den Melanesiern auch den Vitis eigenthümliche Getränk, welches durch Kauen und Auslaugen der Piper methysticum Wurzel, bereitet wird. Man liest oft, dass dabei ein Gährungsprocess eine wesentliche Rolle spiele. Dies ist unrichtig. Gährungsprocesse bedürfen immer einer gewissen Zeit. Die Kawa aber wird getrunken, sowie sie fertig ist. Fast in jedem Dorfe, in dem Herr Kleinschmidt und ich auf unseren Wanderungen übernachteten, wurde uns zu Ehren ein Kawagelage veranstaltet, und ich will nun versuchen, die Beschreibung eines solchen zu liefern.

Es ist Abend und bereits dunkel. Wir kriechen durch die sehr niedrige Thüre in die Hütte des Dorfhäuptlings, bei dem um diese Zeit meist eine zahlreiche Gesellschaft versammelt ist, und lassen uns an seiner Seite auf den weichen Mattenboden nieder und schütteln Hände mit ihm. In der Ecke brennt ein Feuer und beleuchtet flackernd die nackten Körper der Anwesenden. Ausser diesen Glanzlichtern und den weissen Zähnen und funkelnden Augen der Wilden ist kaum etwas zu sehen. Noch eine Menge anderer Hände streckt sich uns aus der Finsterniss entgegen, und wir schütteln sie alle der Reihe nach, ohne jedesmal die Eigenthümer zu erkennen, indem wir den landesüblichen Gruss «Sa yandre sa yandre» (du bist wach) wiederholen.

Ist unser Häuptling ein richtiger Gentleman und in guter Laune, so wird er nicht säumen, uns eine Bowle Kawa oder vielmehr Yankona (dies ist der eigentliche Vitiausdruck) anzubieten, welche wir nicht ausschlagen dürfen. Die Augen haben sich allmählich an die Dunkelheit gewöhnt, und wir bemerken nun, dass im Hintergrunde der Hütte etliche Jungen sich an die Vorbereitungen hierzu machen. Einer schleppt die grosse flache Yankonaschüssel aus hartem Holz geschnitzt, die in keiner vornehmen Haushaltung fehlt, herbei und setzt sie vor uns hin. Ein anderer eilt hinaus, um Yankonawurzel zu holen. Das Piper methysticum wächst auf Kandavu fast überall wild im Busch, hie und da wird es in der Nähe von Dörfern gepflanzt und ist Handelsartikel.

Einer der Freunde des Häuptlings legt ein Stück Bambusrohr quer über die Kniee und schlägt mit zwei Stäbchen einige hellklingende Takte darauf zum Zeichen, dass ein Gesang angestimmt werde. Die Gesichter verziehen sich zu einem ernsten und andächtigen Ausdruck, und mit leiser, langsam anschwellender Stimme beginnt eine einförmige ewig wiederkehrende Melodie, die sich nur in drei oder vier Noten und im Daktylustempo auf und nieder bewegt und aus mehreren Strophen besteht. Symmetrische Armbewegungen, und Hin- und Herwiegen der Oberkörper und Händeklatschen markiren den Vortrag, und jede Strophe schliesst mit einem kurzen fast bellend ausgestossenen Vokal.

Uns gegenüber, jenseits der grossen Bowle, sitzt das Gesindel der Jungen, denen die Pflicht obliegt, für uns die Yankona zu kauen. Die daumendicken Wurzeln werden in mundgerechte Portionen zerschnitten und vertheilt. Keiner wagt zu sprechen. Stumm und eifrig verrichten sie ihre Arbeit. In den Pausen des Gesanges herrscht feierliches Stillschweigen, und man hört dann nichts, als das laute Krachen der Wurzeln zwischen den Kinnladen und später das Herumpantschen der Flüssigkeit. Ist ein Bissen zurechtgekaut, so wird er mit Daumen und Zeigefinger als rundliches Häufchen aus dem Munde hervorgeholt und sachte in die Schüssel gelegt. Sind etwa doppelt so viele Häufchen als Zechgenossen vorhanden, so giesst ein älterer Junge, der das wichtige Amt des Brauens verwaltet, Wasser aus hohlen Kokosnüssen darauf, rührt um mit den Händen und macht sich an die schwierige Operation des Filtrirens. Er bedient sich hierzu des Bastes der einheimischen Baumwollenpflanze, des «Wau», mit dem er in die Flüssigkeit taucht und die festen Bestandtheile herausfängt, was unter gewissen gesetzmässigen Bewegungen der Arme geschehen muss.

Die Yankona ist fertig, und der Braumeister klatscht dreimal in die Hände, die Vollendung seines Werks zu verkünden. Er schöpft den ersten Becher voll in eine halbirte Kokosnuss, und reicht ihn dem nächsten Knaben, welcher den Kopf gebeugt und sich duckend — denn aufrecht zu gehen vor einem Höhern wäre eine grosse Frechheit — damit an den Häuptling heranschleicht, der die Bevorzugung des Erstlingstrunkes galant an uns abtritt. Während wir den Becher nehmen, kauert der kredenzende Junge vor uns nieder und klatscht dreimal in die Hände, — eine Ehrenbezeugung, die uns jedesmal zu Theil wird, so oft wir uns etwas reichen lassen, eine Cigarette, einen Feuerbrand zum Anzünden oder was es auch sei. Wir müssen ganz austrinken. Es nicht zu thun, wird von den Wilden der Südsee eben so übel genommen wie von den Wilden einer deutschen Studentenkneipe. Und erfüllen wir diese unsere Pflicht und können wir die Schale geleert nach der Bowle zurückwerfen, so freut sich die ganze Gesellschaft darüber und ruft läppisch grinsend einstimmig »Amala«, dreimal in die Hände klatschend, worauf wir »Mole, Mole« zu danken haben. Die fertige Kawa sieht aus wie trüber Thee mit etwas Milch und schmeckt ungefähr wie Seifenwasser mit etwas Tannin schmecken möchte. Sie wirkt aber sehr erfrischend und hinterlässt auf dem Gaumen ein angenehmes Gefühl der Kühle.

Der Kawa werden auf Viti und auch anderwärts alle möglichen üblen Wirkungen nachgesagt. Augenentzündungen, Hautkrankheiten und Lähmungen sollen aus ihrem zu häufigen Genusse entstehen. Vorläufig sind hierüber noch keine exakten Beobachtungen gemacht, und jene Behauptungen gehören wohl grösstentheils in den Bereich der vielen ethnographischen Fabeln. Nur ihre schweisstreibende Wirkung scheint mir festzustehen. Ich habe einmal versucht, so viel als möglich davon zu trinken, und es auf etwa zwei Liter gebracht, ohne eine beträchtliche Veränderung meines Gemeingefühles zu erfahren. Ich konnte darnach lange nicht einschlafen und transspirirte sehr beträchtlich. Das war Alles. Die Kawa ist ebensowenig ein berauschendes als ein gegohrenes Getränk, sondern ein reiner Aufguss, wie unser Thee, höchstens vielleicht mit dem Unterschiede, dass der wahrscheinlich geringe Stärkemehlgehalt der Wurzel durch den Speichel in Zucker umgesetzt ist. Auch die weissen Ansiedler trinken oft und gern die Kawa, die sie sich auf dieselbe nach europäischen Begriffen höchst unappetitliche Weise von ihrer braunen Dienerschaft zubereiten lassen.

Ich mache nun einen Sprung von beinahe 4000 Seemeilen und gehe auf die Hawaiischen Inseln über.

Die zwölf Hawaiischen oder Sandwich-Inseln erheben sich, der Richtung des vulkanischen Spaltes in der Erdrinde entsprechend, aus welchem sie hervorgequollen sind, in einer gestreckten Reihe von Nordwest nach Südost. Hawaii ist ein konstitutionelles Königreich unter einem eingeborenen König, welcher über etwa 56,000 Unterthanen herrscht.

Als die Hawaiier zuerst in der Historie auftraten, was vor 100 Jahren geschah, waren sie in lauter kleine Stämme unter eigenen Häuptlingen zersplittert. Ihre berühmteste That von Anfang bis Jetzt, ist die Tödtung des grossen Seefahrers Cook in der Kealakeakua-Bai 1779, in Folge von Misshandlungen die er ihnen zufügte, übermüthig gemacht dadurch, dass er als ein Gott verehrt wurde. Cook ist der Entdecker der Hawaiischen Inseln, welche er nach seinem Vorgesetzten, dem damaligen Chef der Admiralität in London, Lord Sandwich, benannte. Die Einheit Hawaiis stammt von Kamehameha I., welcher dieselbe im Anfang dieses Jahrhunderts durch Unterwerfung aller anderen Häuptlinge herstellte. Er wird deshalb nach seinem bedeutenderen Zeitgenossen in Europa der Napoleon der Sandwichinseln genannt. Unter ihm kamen die ersten Missionäre, amerikanische Congregationalisten, in's Land und errangen bald immer mehr Einfluss, so dass schliesslich sie die faktischen Herrscher waren. Eine auffallende Menge von verlassenen Kirchen und Kapellen allenthalben auf den Inseln, welche lebhaft an Tirol erinnert, giebt Zeugniss von jener nunmehr glücklich überwundenen Blüthezeit der Hierachie. Auf Kamehameha I. folgten vier andere Kamehamehas. Der Fünfte gab 1864 eine Verfassung, nach welcher vier Minister einem aus Ober- und Unterhaus zusammengesetzten Parlament verantwortlich sind. Das Oberhaus zählt 30, das Unterhaus 42 Mitglieder. Da Kamehameha V. ohne Thronerben starb, wählte das Parlament einen gewissen Lunalilo und als auch Lunalilo ohne Thronerben starb, einen gewissen Kalakaua zum König, welcher noch jetzt regiert.

Die Hawaiier oder Kanakas, wie sie sich selbst nennen, sind reine Polynesier. In ihrer äusseren Erscheinung dürften sie sich kaum von den Eingeborenen Neuseelands unterscheiden, höchstens dass sie vielleicht im Durchschnitt nicht ganz so gross und grobknochig sind, wie jene und mehr zur Fettbildung neigen. Die Farbc beider ist ein gesättigtes Braun von verschiedenen Graden der Dunkelheit, sie schien mir niemals so dunkel, wie bei den Vitis, niemals so hell und gelblich, wie bei den Tonganern, die ich auf Kandavu gesehen hatte. Ihre Haare sind im Allgemeinen schlicht, zuweilen etwas gekräuselt, aber nicht mehr als dies auch bei uns vorzukommen pflegt. Das Tätowiren, von dem man auf den Gesichtern alter Maoris wahre Kunstwerke bewundern kann, ist bei den Kanakas wohl niemals stark in der Mode gewesen. Man findet nur an alten Weibern hie und da blaue Ringe um die Finger. Die Sprachen beider haben trotz der 4000 Seemeilen Entfernung so viel Gemeinsames, dass ein Maori und ein Kanaka sich noch verständigen können. Dem Hawaiischen fehlen ebenso wie dem Maori alle mit »S« zusammengesetzten Laute. Während jedoch das Viti und das Maori höchst wohllautend sind und an das Italienische erinnern, klingt das Hawaiische rauh und barbarisch. Die sehr oft nur aus einem einzigen Vokal gebildeten Silben werden abgesetzt von einander ausgestossen, so dass ein gewisses Gacksen entsteht. Es giebt z. B. eine Ortschaft, welche »Maalaea« (fünf Silben) heisst. Die vielen Cha, Ka und harten L mit dem R ähnlichen Vorschlag wie das Schweizer Doppel-L und die Eigenthümlichkeit fast aller Laute im Gaumen und mit Betheiligung der Nasenhöhle zu klingen, geben der Sprache etwas Unbehülfliches. Ihr Gruss ist hochpoetisch und heisst »Aloha oë« ich liebe dich. Ebenso wie bei den Maoris haben auch bei den Kanakas die allzu konsonantenreichen europäischen Namen sich viele Umänderungen gefallen lassen müssen. So ist z. B. aus Britain »Beretania« geworden. Unser Emperor William heisst in Hawaii »Emepela Uilama« und Bismarck »Bihimaka«. Ehe ihre Sprache von den Missionären in die starren Formen der Schriftzeichen eingezwängt wurde, musste natürlich die Möglichkeit der fortwährenden Umbildung eine sehr bedeutende sein. Dass trotzdem zwischen dem Maori und dem Hawaii so grosse Uebereinstimmung herrscht, ist äusserst merkwürdig und lässt auf eine nur kurze Zeit der Trennung schliessen. Wie wenig manche ihrer Laute jenen entsprachen, die den Europäern geläufig sind, geht daraus hervor, dass verschiedene Berichterstatter ganz verschieden niederschrieben. Cook sagt z. B. Owaihi statt Hawaii, Honoruru statt Honolulu. Das bei so vielen Völkern vorkommende Verwechseln der beiden Buchstaben »L« und »R« gilt auch im Hawaii. Ich selbst schrieb einmal »Rumi rumi« in mein Taschenbuch und fand später, dass es »Lome lome« gedruckt wird. Ehemals ist auch bei ihnen das Nasendrücken (Hony jetzt gleich wie im Maori sowohl das erst von den Weissen importirte Küssen als auch Riechen bedeutend) in Geltung gewesen und soll hier und da noch von alten Personen geübt werden. Ebenso wenig fehlt ihnen der Begriff »Tabu« und der bei allen Polynesiern, mit Ausnahme der Maoris, eine gleich grosse Rolle spielende Gebrauch des Kawa-Trinkens, nur dass man hier statt »Kawa« »Awa« sagt.

Im Parlament sitzen fast ebenso viele weisse als braune Abgeordnete, meist Amerikaner, und es wird in den Sitzungen bald englisch, bald hawaiisch gesprochen. Alles Geld und die meisten Plantagen — hauptsächlich Zucker- — sind in Händen von Amerikanern, überall herrscht der Amerikanische Einfluss vor, und das Annektirtwerden von Hawaii durch die Vereinigten Staaten ist wohl nur eine Frage der Zeit.

Die Hauptmerkwürdigkeit der Sandwichinseln, ist der Kilauea, der grösste thätige Vulkan der Erde, welchen ich in Gesellschaft einiger Engländer, mit denen ich zufällig zusammengetroffen war, besuchte.

Um den Kilauea zu besuchen, geht man zu Honolulu auf Oahu, an

Bord des kleinen Regierungsdampfers, der wöchentlich einmal die Post zwischen den zwölf Inseln vermittelt, und fährt mit ihm bis Hilo, der Hauptstadt der Insel Hawaii. Hier nimmt man Pferde und reitet bis zum Rande des Kraters.

Wie überhaupt in der ganzen Gruppe die Landschaft nur in grossartigen Zügen angelegt ist, so ganz besonders auf der grössten und jüngsten und südöstlichsten Insel derselben, auf Hawaii.*) Hoch über der Wolkenlinie schwimmen duftig violett und bestreut mit glitzernden Schneefeldern die beiden Häupter Mauna loa und Mauna kea, beide mehr als 4000 Meter hoch. Sie bestehen durchaus aus Lava. Und wenn man bedenkt, dass sie sich von einer Basis von beinahe 60 Seemeilen oder 111 Kilometer im Durchmesser zu ihrer gewaltigen Höhe erheben, uud dass ihre Konturen ohne Brechung in einer sanftabsteigenden geraden Linie aus den Wolken herabkommen, so kann man sich ungefähr einen Begriff machen, welche kolossale Massen hier durch Lavaeruptionen geschaffen wurden. Die Ufer senken sich entweder allmählich in's Meer, wo dann Dünen von Lavageröll und Lavasand gebildet sind, oder fallen, wie plötzlich abgerissen, an 2—300 Meter tiefen, senkrechten Felswänden zur wilden Brandung hinab, über welche eben so hohe Wasserfälle in wenigen Absätzen herunterstürzen. An den meisten Stellen ist die Lava bereits hinlänglich verwittert, um dunklen Ohiawäldern und bizarren Pandanusdickichten oder auch helleren Zuckerplantagen Wachsthum zu gestatten. An einigen Punkten aber unterbrechen breite Lavaströme jüngeren Datums düster schwarz das Grün der Ufer.

Die Fntfernung von Hilo bis zum Krater beträgt 29 englische Meilen oder 44 Kilometer. Im Halfway House zu Olaa, einem Platz, der nur aus drei oder vier zwischen Felsen und Gebüsch zerstreuten Hütten besteht, machten wir Mittag. Wir nahmen unseren Pferden Sattel und Zaum ab und liessen sie grasen. Einige Hühner erlitten den Tod, und bis sie gebraten waren, legten wir uns in den kühlen Schatten des Wirthshauses und liessen unter den Händen brauner Mädchen das «Lome lome» über uns ergehen. Diese nach einem anstrengenden Ritt höchst erquickende Prozedur besteht in dem kunstgerechten Kneten der Muskeln des Rumpfes, der Beine und Arme und bildet einen Theil der landesüblichen Gastfreundschaft, der dem eben angekommenen Fremdling auf sein Verlangen und oft auch ohne sein Verlangen geleistet wird. Kaum ist man irgendwo in einem Dorfe vom Pferde gestiegen und hat sich müde auf der Erde ausgestreckt, als auch sogleich ein paar Frauenzimmer nebenan Platz

*) In der letzten Zeit werden von dort wieder vulkanische Vorgänge von grösseren Dimensionen berichtet.

nehmen und erst schüchtern, dann immer dreister und eindringlicher zu kneten beginnen.

Bis zum Ziele unserer Partie ging es immer durch dieselbe Landschaft von dünnem Busch und Farnkraut, immer über denselben knirschenden, glasharten Boden fort. Höchstens dass hie und da in einer Vertiefung so viel Humus angesammelt war, dass die Hufe auf einige Schritte zu kratzen aufhörten und dadurch dem gequälten Ohr eine angenehme Rast gewährten.

Wir merkten nicht, dass wir höher stiegen. Der Krater Kilauea ist kein Berg im gewöhnlichen Sinne des Wortes, er liegt blos 4000 englische Fuss = 1200 Meter über dem Meere, und der Weg von Hilo bis hinauf und somit die ganze Erhebung dehnt sich gleichmässig, nur unterbrochen von kleinen welligen Vertiefungen, auf 44 Kilometer aus. Mit gespannter Erwartung spähten wir umsonst nach einem Feuerschein oder nach Rauchsäulen vor uns. Wir näherten uns dem grössten thätigen Vulkan der Erde. Die schwüle Atmosphäre war trübe und düster und eine dunkle Wolkenbank umlagerte den Horizont in der Richtung, in der er liegen musste, so dass wir berechtigt waren, von den höheren Punkten aus, die eine weitere Umschau gestatteten, doch endlich ein Anzeichen von ihm zu erhalten. Aber keine Spur war zu entdecken.

Eben war der Weg etwas besser geworden, und eben hatten wir voll Freude darüber wieder eine kleine Hetzjagd angeschlagen, als plötzlich der nun dichtere Busch sich lichtete, eine Grasfläche uns entgegenschimmerte mit einem Haus und einigen Hütten darauf, und links vom Wege ein 1000 Fuss tiefer Abgrund sich aufthat, der grosse, 9 Meilen im Umfang zählende Krater, die Behausung der gefürchteten alten hawaiischen Göttin Pele. Wie ein riesiger, kreisförmiger Steinbruch lag er unter uns, umgeben von senkrechten Wänden. Und auf der erhöhten Mitte dieses gewaltigen Zirkus, etwa 2 englische Meilen von unserem Standpunkt, qualmten aus einem Kessel gelbliche Dämpfe empor, und hier und da erschienen über den schwarzen, zackigen Rändern desselben glühendrothe Massen, die sich deutlich bewegten — flüssige, kochende Lava. Im Hintergrund streckte sich sanft ansteigend und mit ungebrochenen geraden Linien der Mauna loa in die Wolken, die noch etwa 2000 Meter seiner Höhe verhüllten. Die nächste Umgebung bestand aus Ohiabusch. Rechts neben den menschlichen Wohnstätten dampfte es in einer Vertiefung aus unzähligen Fumarolenlöchern.

Der Kilauea ist bereits ein sehr civilisirter Krater. Denn sein nördlicher Rand, an dem wir standen, trägt ein gutes Hotel, welches die schönste Aussicht auf ihn hinab bietet. Nur an Touristen ist noch ein bedenklicher Mangel, und wenn es gut geht, kommen im Durchschnitt monatlich einmal Gäste. Wir waren noch im Beschauen des Kilauea begriffen, als die Wirthsleute, ein amerikanisirter Schotte und seine eingeborene Gattin, sowie einige braune Burschen sich daran machten, unsere Pferde abzuzäumen und uns selbst zum Absteigen einzuladen. Es war kalt hier oben, und ein rauher Wind blies über die öden, todesstillen, buschigen Flächen der Umgebung, so dass wir das im Kamin lodernde Feuer dankbar begrüssten. Durch die Fenster und von der Veranda aus konnten wir den Vulkan überblicken, dessen Schauspiel mit vorrückender Dunkelheit immer glänzender und grossartiger wurde. Als es Nacht war, kamen noch einige feurige Spalten mehr zum Vorschein, die von dem centralen Feuerbecken nach verschiedenen Richtungen ausstrahlten. Deutlich sahen wir mit dem Fernglas, wie die glühenden Wogen geschmolzener Lava sich schwerfällig über den Rand desselben hinüberwälzten. Das Ganze machte den Eindruck einer brennenden Stadt, und Paris, wie ich es in den letzten Mainächten der Kommune von den Wällen des Forts Nogent aus gesehen — ein prasselnder Höllenpfuhl —, kam mir in die Erinnerung.

Am nächsten Morgen stiegen wir unter strahlendem Sonnenschein in den Krater hinab. Dies klingt viel gefährlicher, als es in Wirklichkeit war. Denn der Boden des Kilauea, so wie ich ihn damals am 25. August 1876 gesehen habe, war bis auf jene verhältnissmässig kleine Stelle vollständig erstarrt — ein gefrorener See. Entweder durch Senkung der peripherischen oder durch Hebung der centralen Theile desselben hatte sich nicht ganz in der Mitte, sondern etwas näher der westlichen Wand ein sekundärer Kraterkegel in dem primären Krater von 9 Meilen Umfang gebildet, dessen Spitze den noch nicht gefrorenen feurigflüssigen Lavakessel trug. Wir stiegen also in den primären Krater hinab, den Wirth und einen seiner Kanakas als Führer voran, alle mit tüchtigen Stöcken bewaffnet. Gerade vor dem Hotel ist die hier etwa 180 Meter tiefe Wand eingestürzt und hat so Staffeln von Trümmerhaufen aufgeschüttet, über die steile und geschlängelte Pfade uns rasch und bequem hinuntergeleiteten. Wir betraten die nackte, frisch wie Metall glänzende Lava und stiegen langsam aufwärts. Erstarrte Lavaströme, in koncentrischen Bogen gewulstet, überlagerten einander in verschiedenen Richtungen und von verschiedenen Farben, schwarz, grünlich und gelbbraun wie Erz. Breite und tiefe Spalten zerklüfteten diese Ströme. In den Ritzen zwischen den Falten des Gusses fanden wir überall jenes eigenthümliche Mineral, das Haar der Göttin Pele oder Pelenit genannt, zu Fäden ausgesponnene Schlacke, welche genau so aussieht, wie die Schlackenwolle unserer Eisenwerke.

Die Oberfläche, auf der wir im Gänsemarsch hinter den Führern marschirten, war sehr spröde und voll von grossen Luftblasen, in die wir häufig einbrachen, manchmal über ein Meter tief. In diesen Blasen herrschte eine bedeutende Hitze und Feuchtigkeit. Wenn man sich mit der Hand auf den Boden stützte, um sich herauszuarbeiten, stachen feine splitterige Nadeln, die ihn allenthalben überzogen, die Haut. Es dröhnte beständig hohl unter unseren Schritten. Wir passirten einige alte Neben-eruptionspunkte von jeder Form, so z. B. einen 2 Meter hohen Schornstein, von aneinander gebackenen Schlackentropfen aufgebaut, aus dessen Oeffnung es geheimnissvoll rauchte.

Schon lange ehe wir unser Ziel, den kochenden Kessel erreichten, bereitete uns die aus ihm emporspritzende Lava ein höchst eigenthümliches Phänomen. Die Sonne stach grell auf den metallisch wie Messing blitzenden Pfad herab. Und obwohl bekanntlich unter dem Sonnenlichte jegliches Feuer bedeutend an Wirkung verliert, so war doch die Farbe der flüssigen Lava von einer Gluth, wie ich sie bisher nur an feuerrothen Blumen gesehen hatte. Hinter schwarzen zackigen Blöcken von Schlacke spritzte die flüssige Lava rastlos in grossen Fetzen uud Tropfen empor und machte mir den Eindruck, als ob Blüthenbouquets von besonders brennendem Roth beständig in die Höhe geworfen würden. Wir näherten uns dem Rande bis auf etwa vier Schritte. Der Kessel war bis zum Ueberlaufen mit flüssiger und kochender Lava gefüllt, und wir standen, da der Rand erhöht war, noch unter dem Niveau der Lava, welches von unserer Augenhöhe nicht viel überragt wurde. Das ganze Bassin hatte zwei Abtheilungen, von denen jede einen guten Steinwurf im Durchmesser breit war und mit der andern durch eine schmale Verbindung zusammenhing, so dass beide durch eine Acht-Figur begrenzt waren. In jeder der beiden Abtheilungen schwammen Platten halberstarrter, noch glühender Lava, die fast die ganze Oberfläche einnahmen und sich beständig im Kreise drehten. Intensiv glühende fussbreite Spalten zogen sich durch diese Platten, und aus ihnen brachen alternirend bald hier bald dort die feurig flüssigen Garben hervor und spritzten etwa 20 bis 30 Fuss hoch empor. Drei oder vier solche Springfontänen waren immer zu gleicher Zeit thätig. Es wallte fortwährend, und die schwimmende Rinde bog sich wellenförmig, ebenso wie dünnes Eis, durch welches ein Dampfer seinen Weg bahnt. Ein dumpfes Rollen erschütterte den Boden unter unseren Füssen. Hie und da donnerte es plötzlich heftiger, die Rinde bekam einen neuen Riss, und nun wallte es aus diesem hervor, da wo eben nichts zu sehen war, als die glühende Rinde. Wir warfen Schlackenstücke hinein, welche nicht schwer genug waren, um durchzubrechen, sondern liegen blieben, bis sie von einer neuen plötzlich hervorquellenden Lavafontäne verschlungen wurden. Schwere, dichte Steine hätten die Rinde vielleicht durchbrochen. Wir standen auf der Windseite, sonst wären wir nicht sicher gewesen. Wäre der Wind von der anderen Seite gekommen, so konnten die rothen Tropfen und Fetzen auf uns niederfliegen. Wo sie uns gegenüber auf die Schlackenblöcke des Randes fielen, flossen sie entweder flüssig bleibend in das Becken zurück, oder sie kollerten, allmählich verdunkelnd, nach aussen hinab, und es war mir, als könnte ich dann, trotz des unterirdischen Rollens und trotz des pfeifenden Windes, das klappernde Geräusch vernehmen, welches sie dabei machten. Es war ziemlich heiss hier, aber nicht so bedeutend, als die Strahlung so mächtiger feurig flüssiger Massen erwarten liess. Die Luft zitterte über dem Becken, halb undurchsichtig von gelblichen Dämpfen.

Wir blieben nicht lange. Denn über den Rand eines zum Ueberlaufen vollen kochenden Lavakessels zu blicken und dabei auf einem Boden zu stehen, unter dem es beständig donnert, rumort und stampft, ist eine unheimliche Situation. Die Fluth schien höher zu steigen und wir ergriffen die Flucht. Den Rückweg nahmen wir in einer anderen Richtung, als von der wir gekommen waren. Wir passirten noch mehrere erstorbene Eruptionspunkte im Krater. Mehrere hundert Schritt lange und gegen zwanzig Meter tiefe Klüfte mit rothen Wänden durchzogen kreuz und quer den westlichen Theil, der aus Terrassen höherer und und tieferer Flächen bestand. Eingestürzte, kuppelförmige Gewölbe von dichter Lava lagen neben Schutthügeln von grossen gleichmässigen Basaltwürfeln, und überall sah man aus Spalten im älteren Gestein jüngere noch ganz frischglänzende Lava herausquellen und, in koncentrischen Kreisen erstarrt, mit nichts besser zu vergleichen als mit den Verdauungsprodukten weidender Rinder auf unseren Wiesen, nur dass diese Lavafladen 30 bis 50 Schritt im Durchmesser hatten. Mehrere Höhlen, wie die Bogen grosser Brücken gewölbt, führten in die Tiefe. In einer derselben stiegen wir etwa zwanzig Meter schräg über Schutthaufen hinab. Sie wurde nach unten zu enger, aber wir hätten noch viel weiter hinabsteigen können, wenn nicht eine erdrückende Hitze und ätzender Wasserdampf uns zurückgeschreckt hätte. Der Führer zündete eine Stearinkerze an, welche bald immer wieder zu knistern begann und erlosch. Tropfsteinbildungen aus grauschwarzen und hohlen drusigen Aesten hingen von der Decke herunter, und zarte weisse Krystalle von Alaun hatten sich in den Schrunden ansublimirt.

Wir waren sehr glücklich gewesen, den Kilauea so stark in Thätigkeit zu finden. Oft weicht die Lava in ihm ganz zurück, und andere Besucher sahen dann statt des bis zum Rande gefüllten Beckens nur in ein hundert Fuss tiefes Loch hinab, aus dem gelbe Dämpfe emporqualmten.

Das genossene Schauspiel war allerdings hinter den Erwartungen, zu welchen die überschwänglichen Schilderungen des grössten aktiven Vulkans der Erde von 9 Meilen Umfang und die Aufschneidereien über die haarsträubenden Gefahren seines Innern, welche ich gelesen, zurückgeblieben. Nichtsdestoweniger war das Wunderbare, Dämonische der Erscheinung, das fremdartige, rastlose Arbeiten todter Massen ohne sichtbare Ursache, ergreifend und überwältigend genug, um auch ohne grössere Dimensionen den grossartigsten bleibenden Eindruck zu hinterlassen. Ich begreife sehr wohl, wie noch heutzutage die Eingeborenen der hawaiischen Inseln als echte Naturkinder an ihrer alten Göttin Pele, der Beherrscherin und Urheberin des Kraters, festhalten und ihr zuweilen, sie zu beschwichtigen, Opfer darbringen, indem sie Münzen und andere Kostbarkeiten oder auch Schweine und Ziegen in den feurigen Schlund werfen, trotz des Christenthums. Sind ja doch bei unseren Bauern ähnliche abergläubische Ueberbleibsel der Heidenzeit nach mehr als tausend Jahren noch zahlreich vorhanden.

Den Nachmittag benutzten wir dazu, die Fumarolen und Solfataren in der unmittelbaren Nähe des Hotels zu besichtigen. In einem flachen und kleinen Thale erhoben sich mehrere Hügel von lockerer, zerbröckelter, weisslicher Erde und verwittertem, geröstetem Gestein, feucht und förmlich gedünstet von Wasserdampf, der entweder überall aus den Spalten hervorrauchte oder aus einigen Löchern unter Hochdruck herauszischte. Aeusserst zarte Krystalle von Schwefel und Alaun hatten sich in den Spalten angesetzt und zerfielen, sobald man sie mit der Hand berührte. Der Boden war stellenweise so weich, dass man leicht einsank und den Fuss dann schnell zurückzog, da eine empfindliche Hitze ihn überraschte,

Ein bitter kalter Wind brachte Nebel mit Regenschauer und verhüllte damit auf einige Stunden den Krater. Gegen Abend peitschte er ihn wieder weg, und über einem schönen klaren Himmel stieg der Mond in die Höhe, beeinträchtigte aber nur wenig die Wirkung der immer lebhafter werdenden Feuermasse des Lavakessels. Wir wollten diesem auch in der Nacht einen Besuch abstatten. Unsere Führer und der Wirth jedoch waren entschieden dagegen, sie behaupteten, ein grösseres Ueberfliessen der Lava stände bevor, und es sei zu gefährlich. Wir stimmten ab und beschlossen, statt in den Krater hinunter, oben auf dem Rande an seine Nordecke zu gehen nach jenem Punkt, der dem Feuerkessel am nächsten lag. Dort kauerten wir uns, in Decken gehüllt, auf einem Felsvorsprung zusammen und sahen wirklich, wie die glühende Lava in mächtigen kochenden Wellen überwallte, ungefähr da, wo wir heute Morgen gewesen waren, und zwei glühende Bäche flossen von jener

Stelle strahlenförmig durch den grossen Krater etwa ein Kilometer hinab. Neue Eruptionspunkte hatten sich daneben gebildet, aus denen ebenfalls Lava emporspritzte. Es wäre jetzt nicht möglich gewesen, auf demselben Wege wie am Morgen den Kessel zu erreichen. Lange sassen wir so da, blickten hinab auf das glänzende Schauspiel und froren, dass uns die Zähne klapperten. Hinter uns war die öde, buschige Fläche vom Silberlichte des Mondes übergossen, auf unseren Gesichtern und den Felswänden um uns flackerte der röthliche Schein der glühenden Lava. Gespenstige Nebelgestalten flogen, vom heulenden Winde gepeitscht, rasch durch die Luft und schufen einen doppelten Mondregenbogen, wie ich ihn niemals so vollkommen gesehen. Unten aber prasselte und donnerte, glühte und kochte es unaufhörlich in dem feurigen Kessel, als ob es hier direkt zur entsetzlichsten Stufe der Hölle ginge.

Nichts fehlte dem Volcano House, wie das Hotel sich nennt, an Komfort, uns den Aufenthalt so angenehm als möglich zu machen. Vortreffliche amerikanische Betten, ein für die Verhältnisse guter Tisch und ausgezeichnetes Bremer Flaschenbier, das um so freudiger überraschte, als wir auf der Insel Hawaii, auf der es keine Licenz für den Verkauf von Spirituosen giebt, derlei nicht zu finden gehofft hatten, ein schönes, wärmendes Feuer, liebenswürdige Bedienung, einige Jahrgänge von Frank Leslies Illustrirter Zeitung — Alles war vorhanden, was wir in einem Hotel in so ferner Abgeschiedenheit nur wünschen konnten.

Was aber noch besser war und ein unschätzbares Vergnügen gewährte — selbst ein Fremdenbuch lag hier auf, in welchem jeder Besucher seine Erfahrungen und Gefühle über den Kilauea verewigt hatte, jene sinnige Einrichtung, die leider bei uns zu Hause in den Touristenhotels der Alpen immer mehr ausser Brauch kommt. Zwei dicke Foliobände waren bereits mit poetischen und prosaischen, witzigen und langweiligen, guten und schlechten Ergüssen und Zeichnungen über die Kilauea-Partie gefüllt, Auch der bekannte amerikanische Humorist Mark Twain, der über die Sandwich-Inseln einen mehr amüsanten als wahren Bericht geschrieben, hatte ein paar Seiten geliefert. An deutschen Inschriften fehlte es natürlich nicht, ebenso wenig an schlechten deutschen Gedichten, deren Urheber verschwiegen sein mögen. Von illustren Namen fand ich den des ehemaligen preussischen Konsuls Lindau in Yokohama verzeichnet. Mit grosser Befriedigung entnahmen wir, dass wir ausnahmsweise glücklich gewesen waren. Wenige vor uns hatten den Vulkan bei so günstigem Wetter und in so lebhafter Thätigkeit gesehen. Manche hatten nur Nebel und Regen hier oben gefunden. Einer ging so weit, feierlich gegen die Existenz des Kilauea als einen grossen Schwindel zu protestiren.

Am andern Morgen brachen wir in aller Frühe auf, um hinweg zu reiten. Es war noch dunkel und der Vulkan leuchtete ziemlich stark herauf, theilweise verschleiert von einem dünnen Nebel. Der eine Lavabach mochte vielleicht 200 Schritte vorgerückt sein.

Vom Kilauea stiegen wir nach Kapoho hinab, wo auf Karten heisse Quellen verzeichnet sind. Ein Deutscher, Kapitän Eldart, ein ehemaliger Walfischfänger, hat hier eine Besitzung und eine Rinderschlächterei, welche bei dem Ueberfluss an Rohmaterial nur auf Talg und Häute arbeitet. Kapitän Eldart führte mich zu den sogenannten heissen Quellen. Wenn nicht noch andere vorhanden sind, so kann nur von lauwarmen Quellen die Rede sein. Ich sah deren blos zwei und badete in beiden. Eine davon ist unterirdisch in einer Lavaspalte. Man klettert etwa 20 Meter tief hinab, nachdem man sich oben entkleidet hat, nimmt ein Packet Kerzen zwischen die Zähne, um von Zeit zu Zeit ein Licht anzustecken, und kann nun in der Spalte eine englische Meile weit fortschwimmen.

Nach Hilo zurückgekehrt, waren wir unter ganz eigenthümlichen Umständen Zeugen eines Hula Hula, des landesüblichen lasciven Kanakatanzes.

Es war bereits dunkel, als unser Hoteldiener, ein Halbchinese, der zugleich die Rolle eines Vergnügungskommissairs vortrefflich zu spielen verstand, in grosser Aufregung gelaufen kam und uns aufforderte ihm zu folgen, er wolle uns zu einem Hula Hula führen, wie wir noch keinen gesehen hätten, und wir entsprachen seiner Einladung. Wir hatten bis an's andere Ende der Ortschaft zu gehen. Schon von Weitem tönte uns die bereits wohlbekannte einförmige Melodie des Hula Hula und der Lärm der mit Steinchen gefüllten Kürbisklappern entgegen. Eine hell erleuchtete Veranda schimmerte durch das Gebüsch, wir waren am Ziele. Zwei Tänzerinnen sassen auf einer Matte und sangen und musicirten, um sie herum einige alte Weiber, Männer und Mädchen. Man machte Platz auf der Veranda und brachte uns Stühle heraus. Wir warfen den Tänzerinnen ein paar Münzen zu, und dadurch aufgemuntert sprangen diese in die Höhe und begannen unter Singen und Rasseln jene leidenschaftlichen, zügellosen Bewegungen, wie man sie eben nur beim Hula Hula zu sehen bekommt, und die an Deutlichkeit nichts zu wünschen liessen.

Wir sassen etliche Minuten so da und sahen zu, als einer meiner Gefährten die überraschende Nachricht brachte, dass drinnen im Zimmer eine Leiche liege. Wir blickten durchs offene Fenster, und wahrhaftig — da lag auf einem schwarzen Paradebett, blumengeschmückt die Leiche eines jungen Mädchens. Zwei oder drei Frauen standen daneben, wehrten mit einem Wedel aus Farnblättern die Fliegen ab und weinten. Draussen auf der Veranda aber schrieen und lärmten die beiden Tänzerinnen unermüdlich weiter und vollführten ihren scheusslichen Tanz. Wir waren Zeugen einer Todtenfeier im alten Styl. Und dieselben Frauen, die eben an der Leiche geweint hatten, traten dann und wann an's Fenster, sahen dem Hula Hula zu und klatschten laut und lachten ausgelassen, wenn gerade eine Passage besonders verfänglich war. Wie ganz anders als wir mussten diese Menschen fühlen.

In einem Missionarbericht aus den zwanziger Jahren erinnere ich mich, ein Gegenstück hierzu gelesen zu haben. Als Kamehameha II. gestorben war, trauerte ganz Honolulu um ihn und zwar in folgender Weise: Beide Geschlechter enthielten sich Wochen lang jeglicher Bekleidung. Einige hackten sich die Finger ab, andere schlugen sich die Vorderzähne aus. Tag und Nacht wurde Hula Hula getanzt, und die Weiber ergaben sich der uneingeschränktesten Prostitution.

Als wir am nächsten Morgen wieder nach jenem Hause gingen, um der Beerdigung beizuwohnen, war diese bereits vorüber. Vor der Veranda aber sass ganz allein ein altes Weib, die Mutter des todten Mädchens, und sang die Todtenklage, ein so herzzerreissendes grässliches Wimmern und Heulen, wie ich noch nie von einer menschlichen Stimme gehört hatte.

Von Honolulu reiste ich nach San Francisco, und hiermit endigte meine Reise durch den Stillen Ocean.

Reisebriefe aus Kordofan und Dar-Fur

von

Dr. J. Pfund.

Einleitung.

Vor ca. einem Jahre machte die Nachricht die Runde in den Zeitungen, der deutsche Botaniker Dr. J. Pfund sei auf einer Forschungsreise, die er im Auftrage der aegyptischen Regierung unternommen, zu El-Fascher, der Hauptstadt von Dar-Fur, dem klimatischen Fieber erlegen. Verschiedene wissenschaftliche Zeitschriften widmeten dem Andenken des Reisenden nekrologische Berichte, in Folge dessen die Veranlassung, welche denselben in jenes entfernte Land geführt, sowie die Umstände, die seinen Tod begleitet hatten, im Allgemeinen in weiteren Kreisen bekannt geworden sind. Da aber Hamburg die Ehre hat den verstorbenen verdienstvollen Forscher zu seinen Söhnen zählen zu können, so will es angezeigt erscheinen auch an dieser Stelle auf die Verdienste des Dahingeschiedenen rühmend aufmerksam zu machen. Durch die Güte eines in Cairo lebenden Freundes sind wir gleichzeitig in der angenehmen Lage, einige nähere Details über sein Leben und Wirken mittheilen zu können, und der Wittwe des Verstorbenen sowie dem Vormund des jüngsten Kindes desselben, dem Kaiserlich Deutschen Konsul in Cairo, Herrn Travers verdanken wir die nachfolgenden werthvollen Reisebriefe.

Dr. Johann Gabriel Pfund, am 8. November 1813 in Hamburg geboren, war der Sohn des daselbst ansässigen Dr. med. Peter Jakob Wilhelm Pfund und dessen Ehefrau Anna Elisabeth, geb. Rhein. Nach Beendigung seiner medizinischen Studien hatte er sich ganz der Botanik zugewandt, wozu ihm die Anstellung als Kustos am botanischen Museum der Prager Universität das geeignete Feld eröffnete. Von seiner Thätigkeit daselbst, sowie von seiner wissenschaftlichen Befähigung als wohlgeschulten Gelehrten, legt eine unpublicirt gebliebene Arbeit Pfund's Zeugniss ab, welche das Prager Museum noch heute aufbewahrt. Das Manuskript hat eine Flora Böhmen's zum Gegenstande, welche Professor Celakowsky, der beste Gewährsmann auf diesem Gebiete, für eine vorzügliche Leistung erklärt hat, von der es nur zu beklagen sei, dass die Zeitumstände eine Veröffentlichung damals nicht gestatteten.

Materielle Sorgen liessen Pfund nach einiger Zeit zum Wanderstabe greifen, um dem Drange des Naturforschers folgend im Orient durch ärztliche Berufsthätigkeit sein Brod zu suchen. In Alexandrien, wo er sich niedergelassen hatte, eröffnete sich ihm eine ausgedehnte Praxis, die er während ungefähr zehn Jahren mit vielem Erfolge versah. In dieser Zeit liess sich Pfund die Erforschung der höchst interessanten Flora der Umgebung der Stadt angelegen sein, und das Herbarium, welches das Resultat eines 27jährigen Fleisses war, darf als das vollständigste betrachtet werden, welches daselbst je zusammen gebracht wurde. Aber auf die Dauer grünte dem Doktor auch hier nicht das Glück einer materiellen Existenz. Ein Hospital wurde für die den Hafen von Alexandrien besuchenden Seeleute errichtet und hierdurch dem deutschen Arzte die gewohnte Hafenpraxis fast gänzlich entzogen. Eine Erbschaft, welche Pfund nach dem Ableben seiner Mutter in Hamburg nach einiger Zeit zugefallen war, entriss ihn seiner bedrängten Lage, und dieses Vermögen hätte ausgereicht, ihm und seiner Familie für immer ein anständiges Auskommen zu sichern, wenn dieselbe nicht durch den Bankerott eines befreundeten Kaufmannes, in dessen Geschäft das Geld angelegt worden war, bereits nach einigen Jahren total verloren gegangen wäre. Es kostete viele Mühe, dem unglücklichen Doktor ein nothdürftiges Auskommen durch Unterbringung desselben in einer Schule als Lehrer zu verschaffen. Als von der aegyptischen Regierung Vorbereitungen zur Beschickung der Wiener Weltausstellung getroffen wurden, erhielt Dr. Pfund durch Vermittelung Brugsch-Bey's den Auftrag ein Herbarium zusammenzustellen, welcher Aufgabe er sich rühmlichst entledigte. Das Herbarium wurde durch eine Medaille prämiirt.

Der letzte und bedeutsamste Abschnitt seines Lebens trat an Dr. Pfund heran als er nach seiner Rückkehr von der Wiener Weltausstellung den Auftrag erhielt, sich einer grossen vom aegyptischen Generalstabe organisirten Expedition nach dem Sudan als Arzt und Naturforscher anzuschliessen. Dr. Pfund stand bereits in den Sechzigern, grössere mit Strapazen verknüpfte Reisen hatte er bisher noch nicht unternommen, sein Leben war ein mehr sesshaftes gewesen. So suchten viele seiner Freunde ihn unter Hinweis auf die grosse Gefahr, welcher er sich aussetzte, von seinem Entschluss abzubringen; allein die Aussicht, endlich den so lange zurückgehaltenen Forschungstrieb auf dem Boden der Wissenschaft noch gänzlich verschlossener Gebiete bethätigen zu können, sowie insbesondere auch die sehr vortheilhaften, ihn und seine Familie momentan aus aller materiellen Noth heraushelfenden Anerbietungen der aegyptischen Regierung, siegten bei Dr. Pfund über alle Bedenken. Gegen Ende des Jahres 1874 sahen wir ihn so im Gefolge der vom Colonel Colston befehligten Expedition auf dem Landwege durch Oberaegypten und die Wüste von Dongola, dem vorläufigen Ziele seiner Thätigkeit entgegen ziehen. Der alte Mann bewährte eine überraschende Rüstigkeit und beschämte an Standhaftigkeit im Ertragen von Strapazen einen Theil seiner jüngeren noch wenig reisegeübten Begleitung. Die Expedition erreichte mit Beginn des Jahres 1875 die aegyptische Provinz Kordofan, welche von den einzelnen Mitgliedern nach allen Richtungen hin topographisch und naturhistorisch erforscht werden sollte. Dr. Pfund, dessen Gesundheit durch nichts beeinträchtigt erschien, that es allen Uebrigen zuvor an Unermüdlichkeit der Touren, kreuz und quer durch das ganze Land bis an die Grenzen von Dar-Fur und eine Strecke in das letztere hinein. Im Laufe des Jahres 1875 hat Dr. Pfund alle Distrikte dieses ausgedehnten Landes in Augenschein genommen, überall voll rastlosen Fleisses Pflanzensammlungen machend und ein sorgfältiges meteorologisches Journal führend. Seine Routenaufnahmen vervollständigten die Karte von Kordofan in den wesentlichsten Stücken und stellten, nach dem Ausspruche des Führers und Befehlshabers der Expedition, die meisten der von den anderen Officieren in aegyptischen Diensten erzielten Rekognoscirungen an Genauigkeit und Fülle des topographischen Details in den Schatten. Leider geschah es, dass von der obersten Leitung des aegyptischen Generalstabes die Resultate dieser und ähnlicher Unternehmungen nur in äusserst dürftiger Weise dem Publikum bekannt gegeben wurden, auch war es allen Mitgliedern der Expedition des aegyptischen Generalstabs untersagt, auf privatem Wege Mittheilungen wissenschaftlichen Inhalts nach Europa gelangen zu lassen. Diesem Umstande ist es leider zuzuschreiben, dass fast gar nichts von den Ergebnissen der Forschungen Pfund's an die Oeffentlichkeit gelangte. Dr. Pfund führte indess ein sorgfältiges Tagebuch, in welches er täglich, ja vielleicht stündlich seine vielseitigen Beobachtungen einzutragen pflegte. In allen Briefen, die er an seine in Cairo zurückgelassene Frau gerichtet hat, ist von diesem Tagebuch die Rede, auf welches der Reisende den grössten Werth gelegt zu haben scheint, da er wiederholt auf die Aussichten hinweist, welche eine Publikation desselben seiner Zeit ihm und seiner Familie zu eröffnen verspräche.

Auch in seiner Eigenschaft als Arzt hat Dr. Pfund der Expedition die unschätzbarsten Dienste geleistet, wie er denn auch mit allen Mitgliedern derselben auf bestem Fusse stand. Die amerikanischen Generalstabsofficiere im Dienste der aegyptischen Regierung waren voll des Lobes ob seiner aufopfernden Fürsorge, die er den Kranken zu Theil werden liess und in jedem der Berichte ist von ihm nie anders die Rede, als mit dem Beisatze, »dieser brave, bewundernswerthe alte Doktor« *) Colonel Colston selbst, der schon auf der Hinreise bedenklichst erkrankte, hat erklärt, dass er sein Leben nur der sorgfältigen Pflege des Dr. Pfund verdanke. Colston kehrte mit völlig zerrütteter Gesundheit im vergangenen Jahre nach Cairo zurück, und verliess nach kurzer Zeit das Land. Sein Nachfolger im Kommando der Expedition, der Colonel Purdy, welcher Zeuge von Pfund's Tode war, ist vor Kurzem mit dem Reste des Expeditionskorps nach Aegypten zurückgekehrt.

Im Januar 1876 reiste Dr. Pfund aus Kordofan nach Chartum zurück und begab sich nach kurzem Aufenthalt daselbst wieder nach El-Obeid, wo Vorbereitungen getroffen waren das Hauptquartier der Expedition aus der Hauptstadt Kordofan's in diejenige Dar-Fur's zu verlegen. Von diesem, noch so gut wie unbekannten Lande hatte Pfund bereits im Herbste 1875 die nordöstlichen Theile, den Distrikt von Surudj und das interessante Snun-Gebirge erforscht. Nun machte er sich anheischig, auch das ganze übrige Land mit einem ähnlichen Netze seiner Routen zu überziehen, wie ihm das bereits in Kordofan mit so vielem Erfolge geglückt war, überall sammelnd und beobachtend. Mitten in seinem rüstigen, so manche säumige Jugendkraft beschämenden Schaffen, entriss ihn das tückische Klima aus dem Kreise der Reisegenossen, welche seinen Tod auf's Schmerzlichste empfanden. Er starb am 21. August 1876 in El-Fascher, nicht in Folge greisenhafter Schwäche, sondern eines Todes, dem auch der Jugendlichste hätte erliegen müssen. Um ihn trauern in erster Linie die gänzlich mittellose und kränkliche Wittwe und zwei Söhne im Alter von 11 und 2 Jahren.

Gleich nach dem Eintreffen der Nachricht von dem Tode des Dr. Pfund wurden vom Deutschen General-Konsulate in Aegypten die erforderlichen Schritte gethan, um bei der aegyptischen Regierung Mittel auszuwirken, welche die Existenz der hinterbliebenen Familie sicher stellen konnten. Der Erfolg war ein negativer. Aegypten war zu jener Zeit gerade in seine letzte und schwerste Finanzkrisis getreten, alle Zahlungen der Regierung waren fast gänzlich eingestellt worden, disponible Fonds durchaus keine vorhanden. Mit Mühe und Noth wurden die für die rückständige Besoldung Pfund's restirenden Beträge für etliche Monate aufgetrieben, um mit diesen die Schulden der Familie und ihre vorläufigen geringen Bedürfnisse zu decken. Eine Pensionirung auszuwirken gelang in keiner Weise.

*) Auch Marno in seiner jüngst publicirten »Reise in der aegyptischen Aequatorial-Provinz und in Kordofan 1874—76« hebt p. 186 hervor, dass Pfund trotz seines vorgerückten Alters mit wirklich jugendlichem Enthusiasmus gearbeitet, ein angenehmer Gesellschafter und ein lieber Freund gewesen sei.

Die botanischen Sammlungen, welche das Hauptresultat des aufopfernden Fleisses Dr. Pfund's ausmachten, mussten, dies war eine der Bedingungen, unter welchen er in das Personal des Expeditionskorps eintrat, an den aegyptischen Generalstab abgeliefert werden, wo sie noch heute (in der Citadelle von Cairo) nutzlos für die Wissenschaft aufgespeichert liegen. Die Oberleitung des Generalstabes erhob auch Anrecht auf alle während der Reisedauer zu Wege gebrachten schriftlichen Aufzeichnungen, und hierin ist wahrscheinlich der Grund zu suchen, weshalb es den Anstrengungen der Wittwe leider bisher nicht gelang, das erwähnte Tagebuch, welches sich unter den zuletzt beim Reisenden befindlichen Gegenständen befand, zu erlangen. Um so willkommener werden daher die folgenden Briefe des Verstorbenen sein, welche der geographischen Gesellschaft in Hamburg als Eigenthum und zum Zwecke der Publikation übergeben worden sind.

Auf dem Nile, 8. Dezember 1874. 8 Uhr.

Liebe Ida! Schlag 6 Uhr weckten uns die Trompeten. Ich frühstückte auf dem Verdecke und beeile mich nun Deine lieben Zeilen zu beantworten. Wir fahren soeben beim Fajum vorbei und werden zu Mittag in Benisuef sein, wo wir einige Stunden bleiben um Kohlen einzunehmen. Erst in Theben ist längerer Aufenthalt von etwa 8 Tagen. . . . .

Was uns anlangt, so ist es nun geschehen. Um die Meinen aus bitterem Elende zu befreien, habe ich als Vater meine Schuldigkeit gethan und mich für etliche Tausend Franken in Aussicht einem Monarchen verkauft. Wie es enden wird, — das weiss Gott allein. Beim Abschiede wünschte mir Alles eine gesunde Wiederkehr. Das Leben ist ein so schlecht garantirtes Gut, dass es kaum der Mühe lohnt, dafür sich abzusorgen. Und gesetzt, ich, der Aelteste kehre wieder zurück, — wer weiss, wen von Allen, die ich zurückliess, ich noch wieder antreffe. So ist es denn mein erster Rath: Spare wo Du kannst. Es ist der Sinn des grossen Opfers, welches ich meiner Familie noch im 61. Jahre bringe, dass ich Frau und Kind zu leben schaffe. Es ist aber auch Deine Pflicht mir dabei nach Kräften zu helfen. Vergiss nie, dass Dein alter Mann das Geld durch mühevolle Arbeiten, grosse Beschwerden und Lebensgefahren verdient, und es vielleicht mit dem Leben selbst bezahlt. Diese Worte, mein gutes Kind, sind ernst, sie enthalten aber durchaus nichts Kränkendes, es sind einfach Belehrungen über den wahren Stand der Dinge. Sollte Gott mich — was ich eben nicht fürchte, was aber denn doch immer möglich ist, von hier abrufen, so hören sofort alle Zahlungen auf. Was Du dann erspart hast, das hast Du.

Ich war auch mehrere Stunden mit Obrist Moessen in Heluan. Wir frühstückten bei Dr. Reil. Reil hat mich noch sehr reichlich mit Reiserequisiten beschenkt. Unten am Ufer lag der Dampfer des Nubar Pascha. Auch dort machten wir unsern Abschiedsbesuch. Sr. Excellenz war sehr freundlich und selbst herzlich. Nach einem zweiten Frühstücke beurlaubten wir uns......

Führe meinen Karl regelmässig in die Schule. Versäume es nicht. Es ist eine heilige Pflicht......

Da blasen schon wieder die Trompeten. Gewiss sind wir bald an einer Station. Lebe wohl Du meine Frau und mein Karl, mein Alles. Gott mit Euch Beiden.

An Bord bei Minieh, (27 Meilen von Cairo)
Donnerstag, 10. Dezember 1874. Abends 9 Uhr.

Meine liebe Ida! Heute 2½ Uhr kamen wir hier an. Ich bin furchtbar beschäftigt. Es ist ein neuer Kriegsdampfer zu uns gestossen. Wir haben bereits 5 Schiffe mit 780 Mann. Ich musste sogleich alle Apotheken revidiren und fand darin einen entsetzlichen Zustand. Alles fehlte und was da war, war verdorben. Nun musste ich augenblicklich einen Rapport an General Stone schreiben und die Liste von nöthigen Medizinen einsenden. Ich habe verlangt, dass man alles bei Sommer (Kaiser) nehme, weil er alles frisch habe und es gewiss in 6—8 Stunden expediren werde. Es ist das Wichtigste, dass es schnell komme, denn wir können nirgends darauf warten. Beide Obersten haben die Liste mit unterzeichnet und ebenfalls brieflich verlangt, dass man meine Ordonnanz in die deutsche Apotheke sende. Aber lass das Herrn Kaiser sofort wissen.

Gott gebe, dass diese Zeilen Dich und meinen Karl gesund und munter antreffen. Wir sind wohlauf. Gustel ist sehr brav und folgsam. Ich habe alle Ursache mit ihm zufrieden zu sein.

Morgen früh habe ich den Spiritus anf andere Fässer zu überziehen. Die Fässer sind zu gross; ich tauschte dafür vier kleinere ein für den Kameltransport. Um 11 Uhr hat unsere Mannschaft Parade und Musterung am Lande und um 2 Uhr Scheibenschiessen. Um vier Uhr fahren wir wieder weiter.

Aus Siut empfängst Du wieder ein Schreiben. Du kannst mir nach Theben schreiben, wo wir doch wohl 2—3 Tage bleiben werden. Es soll dort eine neue Abtheilung Truppen zu uns stossen.

Beide Obersten halten gar viel auf mich, wir spielen alle Abend

Whist zusammen und wenn einer der Stabsofficiere etwas Gutes hat, so kommt er gewiss und theilt es mit mir.

Unsere Kost ist einfach aber kräftig und gesund. Täglich Eier, Fleisch oder gebratenen Schinken, Erbsensuppe und Reis und ein sehr gutes hartes Brod. Ich bin sehr zufrieden; für Soldaten im Marsche leben wir im Generalstabe ganz gut. Wein bekomme ich in Ueberfluss und einen Abend um den andern bin ich auf dem Dampfschiffe zum Diner eingeladen.

Unsere Lebensweise ist diese. Um 5½ Uhr blasen die Trompeten zum Aufstehen der Mannschaft, Unterofficiere und Diener. Um 7 Uhr wird zur Abfahrt geblasen. Dann bringt mir der Diener des Obersten Kaffe nnd Bisquit an's Bett. Ich stehe auf, mache meine Toilette und ziehe mich ganz an, bleibe aber im Schlafrocke. Gegen 8 Uhr gehe ich hinaus auf's Deck und rauche meine Pfeife, während Gustel mein Zimmer aufräumt. Dann gehe ich arbeiten. Um halb 11 Uhr ist Frühstück mit allen Officieren unsers Schiffes. Nun arbeite ich wieder fort bis 5 Uhr. Um 5½ Uhr ist Mittagessen und gewöhnlich legen dann auch bald die Schiffe an. Kaum ist angelegt, so kommen von allen Schiffen die Officiere zu uns herüber und trinken hier ihren Cognac. Später hier oder auf dem Dampfschiffe Whistspiel oder Domino. So geht's alle Tage. Um 11 Uhr geht alles schlafen und man hört nur von Zeit zu Zeit die Signale der Deckwachen und Ablösungen. Abends bringe ich immer einen Riesenhunger mit zu Tisch, denn die Zeit von 11 bis 6 ist mir sehr lang.

Nun weisst Du, wie ich lebe. Schreibe mir doch auch wie es Euch zweien geht, dass ich eine Freude habe. Ihr seid ja mein Alles, wofür ich hinausgezogen bin.

Finde ich morgen noch Zeit und kann mir der Oberst sein Boot geben, so fahre ich Minieh gegenüber um die Grotten von Benihassan zu besuchen.

Herzliche Grüsse Dir und Karl.

P. S. Soeben kommt ein Artillerist in Eisen zu liegen, der vor 2 Stunden ausgerissen ist und von unsern Wachen wieder eingefangen wurde. Armer Teufel, der hat keine gute Nacht.

Oberhalb Siut, 15. Dezember 1874. An Bord.

Lieber Herr Kaiser! Durch meine Frau werden Sie erfahren haben, dass ich Ihnen eine sehr grosse Kommission zuzuwenden gedachte; allein wiewohl mein Rapport und meine Desideratenliste an's Kriegsministerium von beiden Kommandirenden unserer Expedition unterzeichnet und unterstützt war, so erhielten wir doch diese Nacht per Telegramm die abschlägige Notiz, wir hätten für die bestimmte Zeit und für die gegebene

Anzahl Truppen genug Medizin. Wir begreifen, dass man Provision in dieser Weise berechnen kann, allein Medikamente — und noch dazu für alle möglichen Fälle und für ein unbekanntes Klima — das ist doch etwas mehr als absurd. Die zwei Obersten und ich, wir kamen also heute früh beim Frühstück überein, dass wir uns für unsere Personen und für unsere Diener selbstständig und auf eigene Kosten mit dem Nöthigsten versehen wollen. Die Eisenbahn hat ein Ende in Siut und wir gehen rasch nach Girgeh. Der Transport ist somit sehr erschwert und verlangt die dringendste Eile. Der Oberst wird von der Nachtstation aus nach Siut telegraphieren, dass das Paket oder Kistchen uns nachgesandt werde.....

Uns geht's sonderbar. Des ewigen Trompetens und Soldatenlebens nicht gewohnt, kommt es mir oft vor, als ob ich Theater spielte. Oft muss ich mich bei der Nase zupfen, um mich zu überzeugen, dass ich nicht träume. Den Arabern geht's nicht besser. Alle Tage gehen ein halbes Dutzend in Arrest, wegen Mangel an Kriegsdisciplin. Vorgestern wunderte sich gar ein Herr Lieutenant, der fünf Tage Arrest und zwei Tage Löhnungsabzug bekam, und schlechterdings nicht begreifen konnte weshalb. Er hatte beim Rapport nicht gemeldet, dass von der Infanterie vier Mann ohne Erlaubniss ihr Schiff verlassen hatten und bereits über 36 Stunden fehlten.

Wir unter uns leben ganz gemüthlich. Unsere Kost ist etwas einförmig aber genügend und kräftig. Abends spielen wir Whist und trinken unsern Punsch dazu, so lange der Rum reicht. Bisher war noch Alles Gesundheit und Heiterkeit.....

Mein Haus und die Meinen Ihrer Güte nochmals bestens empfehlend etc.....

Abends 30. Dezember 1874. In der Nähe von Gertasse.

Meine gute Ida! Herrn Kaisers und Dein liebes Sreiben vom 19. d. brachte uns heute früh ein reitender Bote von Assuan bis Tuaneh, oberhalb der Katarakte nach. Wir erhielten es gerade im Augenblicke der Abfahrt. Unsere Dampfschiffe sind von Assuan nach Cairo zurück, weil sie die Katarakte nicht passiren können. Wir sind nun 16 Dahabîye voll Menschen und Gepäck und es geht rastlos weiter. In Wadi Halfa, was wir in 12—14 Tagen erreichen werden (das heisst von heute an), bleiben wir einige Tage, weil dann alles auf 500 Kamele vertheilt werden muss, ehe wir weiter können. Dahin also kannst Du mir wohl noch schreiben. Kommt Dein Brief zu spät, so bleibt die Order zurück, dass der Mudir ihn uns nachschickt. Wir sind alle wohlauf und recht fleissig....

Vormittag 2. Januar 1875. Zwischen Gerf Hussain und Korosko.

Also das neue Jahr hat begonnen! Gott allein mag wissen, was es uns bringen wird. Ich empfehle mich und die Meinen in seinen Schutz —

dies mein Neujahrswunsch. Zum letzten Abend im Jahre, waren alle Stabsofficiere bei uns an Bord. Ich hatte zwei grosse Bowlen Punsch gemacht und eine dritte für unsere Diener. Wir spielten Whist und Oberst Purdy-Bey brachte das Wohl meiner Familie aus. Draussen auf Deck machten unsere Diener sich lustig.

Wir fahren in diesem Augenblicke an dem grossen Tempel von Dakkeh vorüber. Weil aber der Wind zu gut ist, dürfen wir nicht anhalten. So viel man von hieraus sehen kann, ist der Tempel prachtvoll erhalten. Dieser Brief geht als Einlage mit an die Frau des Oberstlieutenant Reed, die ihn auf die Post giebt. Wenn Du und wer sonst noch will — gleich schreibst, so trifft uns der Brief noch in Wadi Halfa, weil von dort aus wir den Nil verlassen und also einige Tage dort zu thun haben. Bleib nur recht gesund und heiter, sorge nicht, grüble nicht über Dinge die nicht zu ändern sind und denke, nun ist schon mehr als ein Monat herum, die andern werden auch herumgehen. Mache es wie ich. Ich zerstreue mich gewaltsam wo ich kann, arbeite bis in die Nacht und lasse meinen Gedanken keine Zeit, mich zu quälen. Bitte, liebe Ida, mache mir das nach....

Heute Abend, so erfahre ich eben, ist grosses Diner auf dem Wasser. Ein reicher amerikanischer General kam uns heute früh mit seiner Dahabîye nach. Er will bis nach Wadi Halfa mit uns fahren. Es sind sieben Damen an Bord. Die Gouvernante soll eine Hamburgerin sein. Er brachte uns Grüsse von General Stone nach.

Ich fühle mich seit einigen Tagen ganz und gar nicht wohl und kann nicht klug daraus werden, was es ist. Habe ich grossen Hunger, ist mir etwas wohler, esse ich das Geringste, habe ich Magenschmerzen, besonders des Abends.

Gestern besuchten wir den alten nubischen Felsentempel von Gerf-Hussain. Denke Dir im Granitfelsen eine Tempelhalle von mehr denn 40 Meter Länge, in drei grosse Abtheilungen getheilt. Auf sechs würfeligen Piedestals von 1½ Meter Höhe stehen Osiriskolosse von 12 Meter Länge, deren Köpfe die Decke zu tragen scheinen. In acht grossen Nischen sieht man die Götterordnungen der Alten und im Sanktuarium sitzen, hinter dem Opferaltare aus Granit, die vier Hauptgötter der ersten Ordnung in 10 Meter hohen Kolossen. Alles ist noch schön erhalten. Als wir zurück botanisirten sammelten sich um uns 8—10 Frauen und Mädchen im allerblanksten Naturkostüme. Nur vier Ringe in den Ohren und einen im rechten Nasenflügel; — sonst wie sie Gott erschaffen, tief kaffebraun und schauerlich hässlich. Alle halfen uns Pflanzen sammeln und schleppten enorm viel herbei. Man versteht kein Wort mehr, — nichts als das Wort Bachschîsch. Ich hatte kein Geld mit. Sie erhielten also nichts, brachten aber immer noch mehr Pflanzen hergeschleppt und bedankten sich dann freundlichst. Stelle Dir das drollige Bild vor. Ihre Haare sind mit Fett beschmiert (ich glaube mit Ricinusöl), in viele dünne Zöpfchen geflochten und sehen aus wie kleine Schlangen. Nun lebt wohl, Gott erhalte Euch alle für mich und mich für Euch.

NB. Von Wadi Halfa gehen alle unsere Schiffe wieder nach Cairo zurück. Da gebe ich dem Kapitain unserer Dahabîye Briefe mit.

Wadi Halfa, 9. Januar 1875.

Herrn Kaiser. Cairo.

Mein lieber Freund! Ihre gütigen Zeilen erhielt ich im Ministerialpakete d. 30. Dezember, gegenüber der Insel Philae bei der Eisenbahnstation Tuaneh, wohin unser Gepäck von Assuan aus transportirt war, während wir selbst die Katarakten passirten. Von da aus gingen wir, 16 Dahabîyen stark, bis Wadi Halfa. Von hier aus geht es zu Kamel weiter. Wollen Sie mich noch einmal mit einem Schreiben erfreuen, so senden Sie dieses möglichst bald per Post nach Dongola voraus, wo es uns wohl treffen wird. Sonst bleibt überall bei den Mudiren die Order, uns Alles was kommt, nachzusenden.

Ist die Kiste mit Medikamenten bereits expedirt? . . . . .

Meine botanische Ausbeute, so wenig wir auch an Land kommen, ist schon jetzt von Bedeutung. Nur mit den Bälgen siehts bisher trostlos aus. Ein deutscher Prinz, liess mich in Keneh bitten zu ihm zu kommen, weil er einen Kranken hatte. Bei einer Flasche Bordeaux erzählte er mir, er habe gestern ein Krokodil von 9′ Länge erlegt und der Mudir werde es heute oder morgen einbringen. Wir schwammen von Philae bis Wadi Halfa wie gesagt in 16 Dahabîyen aufwärts. Auf jeder sind 2—3 doppelläufige Kugelstutzen geladen in Bereitschaft und unseren Soldaten ist ein guter Bachschîsch versprochen, d. h. dem, der ein Krokodil anzeigt, und noch war keins sichtbar, das heisst noch kein Grösseres. Kleine zarte Kindlein von 2—3′ Länge bringt man uns fast jeden Abend zum Kaufe. . . . . .

Besuchen Sie von Zeit zu Zeit meine Familie und wie finden Sie mein Häuschen bestellt? Was macht meine Frau für ein Gesicht. Ich möchte nicht gerne, dass sie wie in ein Kloster sich einsperrt und über Dinge grübelt, die einmal nicht zu ändern sind. Leben Sie recht wohl!

Im Lager bei Wadi Halfa, 15. Januar 1875.

Meine Ida! Alle unsere Schiffe sind zurückgefahren, wir liegen gegenüber Wadi Halfa in zwei Lagern. Ich wünschte Du könntest das sehen. Die erste Reihe Zelte ist für den Generalstab. Da wohnt im ersten Zelte Oberst Colston, im zweiten Oberstlieutenant Reed, im dritten ich, im vierten der Adjutant und im fünften die zwei Lieutenants vom Stabe. Dann etwa 50 Schritte entfernt kommen noch fünf Zelte, worin die anderen Officiere der Infanterie und Artillerie wohnen. Gerade vor meinem Zelte, weil es in der Mitte der ersten Reihe ist, stehen die Kanonen und Mitrailleusen. Seitwärts und etwas mehr zurück ist das Speisezelt für den Obersten, den Oberstlieutenant und für mich, dicht dabei das Küchenzelt und dahinter ein Zelt mit europäischen Closets für uns. Die zweite Reihe Zelte, dicht hinter den unseren, bewohnen die Diener, so dass ich nur zu pfeifen brauche, wenn ich jemanden haben will. Etwa hundert Schritte dahinter stehen in vier langen Reihen die Zelte der Soldaten, links Infanterie, rechts Artillerie und dann die Zelte der Munition, Provision und seitwärts vier kleine Zelte mit arabischen Closets. Etwa 200 Schritte links von uns ist in derselben Ordnung das Lager von Purdy-Bey. Vor jedem Zelt lagert das Reitkamel und dabei Sattel und Zaumzeug und Säcke. Jeder von uns aus dem Stabe, hat hier einen Soldaten zur Bedienung und steten Begleitung, der auch waschen muss. Mein Zelt ist in der Runde so gross als unser Salon und innen gelb ausgeschlagen, also doppelt, und ist sehr gut gegen Nachtluft und Wind. Vier Strohteppiche bedecken den Sand. Rechts steht mein Bett und davor liegt ein Wollteppich. Neben dem Eingange ein Tisch zum Schreiben und ein Stuhl. Um bequemere Bedienung zu haben und weil Gustel es noch aus einem anderen Grunde wünscht, lasse ich Gustel bei mir schlafen. Sein Bett steht der Thür gegenüber, an der Rückwand des Zeltes. Zwei Kisten mit Wein auf einandergestellt, zum Kopfende meines Bettes, sind mein Nachttisch; darauf stehen Waschgeschirr und Leuchter. In der Mitte des Zeltes ist wieder eine Art Tisch aus Wein- und Schnapskisten zusammengestellt. Diese habe ich alle in meinem Zelte. — An den Wänden herum stehen noch unsere Koffer und die geladenen Gewehre. Gehe ich aus, so sitzt mein Soldat auf dem Kamelsattel vor meinem Zelte und lässt Niemanden hinein. Wie heute die Order lautet, brechen wir Montag d. 18. Januar in anfangs kleinen Kamelmärschen von hier auf. Drei grosse Körbe mit 50 Hühnern und 18 Indianern (Truthühner?) gehen zu Kamel, 25 Hammel gehen zu Fusse mit. Wenn Du Dich also dazu hältst, so kann ich in Dongola einen Brief von Dir haben. Dein Schreiben vom 20. Dezember ging den 26. von Cairo ab und war Abends den 10. Januar hier; ging also nur 15 Tage. —

20. Januar 1875 im Lager Abka Sarraz.

Liebe Ida! Finde Dich und meinen Karl dieses Schreiben so gesund und munter an, als wir es sind. Den letzten Tag von Wadi Halfa muss ich Dir beschreiben, so gut und so lebendig als es beschrieben werden kann.

Sonnabend den 16. war beschlossen, Montag den 18. von hier aufzubrechen. Jeder hatte sein Reitdromedar mit Sattel, Zaumzeug, Wasserflaschen aus Leder und Taschen erhalten. Ich ausserdem für mein Gepäck 9 Lastkamele. Jedem vom Stabe ist ein Ordonnanzsoldat zur Begleitung und zum Schutz zugetheilt. Meiner heisst Abu Hamid. Den Tag über wurden Kamele probiert und zugeritten. Nachmittags ging ich mit dem Obersten auf die Jagd und des Abends wurden vor unseren Zelten die Kanonen abgefeuert, weil morgen das arabische Fest des grossen Bairams stattfand. Dieser Tag, Sonntag den 17. Januar, ging ruhig vorüber, das Meiste war vorbereitet. Montag den 18., früh um 5 Uhr, bliesen die Trompeten. Alles kam auf die Beine. Es war noch dunkel, als Abu Hamid schon Sattel und Riemenzeug aus meinem Zelte holte. Mein Gott, wie wird das gehen? dachte ich und sprang vom Bette auf. Ich war kaum gewaschen und angekleidet, als ich hörte, dass das hochbeinige Vieh schon völlig gesattelt und aufgezäumt draussen an die Zeltpflöcke angebunden wurde und die eben aufgehende Sonne anbrüllte. Beim Kaffe meldete mir Gustel, dass während der Nacht einige Dahabîyen gekommen seien und dass auf einer ein deutscher Prinz sei. Ich eilte hinaus, um das zu sehen. Da lagen am Ufer drei Dahabîyen. Eine amerikanische, eine englische und eine mit der deutschen Flagge. Ich ging hinab und liess mich melden, und sogleich kam ein sehr freundlicher junger Mann und hiess mich auf's Freundlichste willkommen. Es war Prinz Philipp von Ahrenberg, Rittmeister beim König-Husarenregiment No. 7. Sein Bruder Johann hatte noch seine Toilette nicht vollendet. Bald kam auch er und beide luden mich ein, mit ihnen zu frühstücken. Der eine schenkte mir selbst Thee ein, der andere bot mir Butterbrod mit Schinken, kurz beide waren sehr liebenswürdig und fragten viel nach der Expedition und nach diesem Lande. Bald darauf wurde Signal geblasen. Ich stand auf. Beide Prinzen dankten sehr für die Freude, die ich ihnen mit meinem Besuche verursacht, nahmen ihre Mützen und erboten sich, mich in mein Zelt zu begleiten. Als wir oben am Ufer waren und sich das lebendige Lager vor uns ausbreitete, rief Prinz Philipp: Herr Gott! was für ein Anblick! Hundert Thaler gebe ich für die Photographie. — Es war auch in der That ein wundervoller Anblick. Denke Dir den sonnenhellsten blauen Himmel. Im Hintergrunde das felsige, schwarze libysche Gebirge, und davor auf brennend gelben Sand beide Lager mit ihren Zelten, Flaggen und Kanonen. Ueberall Kisten, Menschen, Lastkamele und rothgesattelte Reitdromedare. Hier wurden Kisten zusammengeschnürt und auf liegende Kamele geladen, dort sah man beladene Kamele vorwärts treiben, dazwischen jagten die Officiere und Ordonnanzen herum, rechts stand ein Kamel mit einem Reiter auf, links fiel einer hinunter. — Der Gang durch's Lager war merkwürdig interessant. Dazu das Geschrei der Soldaten, Officiere, Kameltreiber, Packknechte, im Ganzen mehr als tausend Menschen und überall Trompetenruf und Signale. Die Prinzen gingen mir zu beiden Seiten und sagten nichts als: wundervoll. Bei Gott, rief Prinz Philipp, könnte ich sogleich heute noch per Telegramm Urlaub bekommen, die Expedition möchte ich mitmachen. Gustel kam uns entgegen und sagte: Herr Doktor, es ist zum Frühstück gerufen. Sonst nichts? sagte ich, da hätte ich wohl Zeit gehabt. Aber Hoheit, wenn Sie wollen, stelle ich Ihnen meinen Obersten vor! Nachdem die Herren noch mein Reitdromedar besehen hatten, führte ich sie in's Tafelzelt und hier unterhielten wir uns noch mit unserem Obersten, Oberstlieutenant und den Officieren der anderen Expedition etwa eine halbe Stunde. Als wir wieder hinauskamen, waren die meisten Zelte schon gefallen und verladen. Die Prinzen verabschiedeten sich, wünschten mir glückliche Heimkehr und dankten nochmals für das Vergnügen, welches ich ihnen bereitet. Jetzt war's auch Zeit, dass ich nach meinen Sachen sah. Es fehlte noch an Kamelen und an Stricken. Endlich kam noch ein Trupp von 52 Kamelen an. Das reichte aus. Es war gerade 2½ Uhr geworden, als der Adjutant meldete: Alles sei marschfertig. Der Oberst, der auf einem Stein sass, stand auf, übersah das Feld, Alles sass auf. Die Führer und Trompeter waren dicht bei uns. Nur er, Reed, ich und der Adjutant waren noch zu Fuss. Allons, meine Herren, zu Kamel, sagte er; Herr Adjutant, das Signal zum Abmarsch! Ich eilte dahin, wo mein Zelt gestanden, Gustel sass schon oben drauf. Da stand mein Ordonnanzsoldat Abu Hamid und wartete neben dem daliegenden wiederkäuenden Riesenbeest. Ich setzte mich fest in den Sattel. Als aber Hamid mir die Zügel in die Hand gab und das riesige Vieh aufstand, ruckweise, erst hinten und dann vorne, da wurde mir ganz schändlich zu Muthe und ich dachte: Herr Gott, sässe ich doch in der Derb el Parabria. Die ersten Schritte waren fürchterlich und ich glaubte jeden Augenblick hinabzustürzen. Nach etwa hundert Schritten merkte ich, dass ich ganz gut und ganz fest im Gleichgewichte sässe. Ich versuchte einige Bewegungen, — das ging ganz gut. Nun setzte ich mich bequemer zurecht, das ging auch, und es dauerte keine halbe Stunde, so hatte ich beide Hände frei und hielt mich nicht mehr fest. Nun bekam ich Muth und die Lust zum Rauchen stellte sich wieder ein, die mir Anfangs gänzlich vergangen war. Als mein Pfeifchen brannte, sah ich mich um. Ich bemerkte wie leicht mein Oberst mir vorbeitrabte und mir zurief: Reiten Sie Trab, lieber Doktor, das ist lange nicht so ermüdend, als der Schritt! — Ja, du hast gut reden, dachte ich bei mir, trabe du nur zu. Als mir aber viele Officiere so schnell und so leicht vorbeiritten, da schämte ich mich und wollte das Traben versuchen. Hamid gab meinem Vieh einen Hieb und es setzte sich in Trab. Heiliger Gott, dachte ich und hielt das Thier sogleich wieder an, denn es warf mich wenigstens drei bis vier Zoll hoch in die Luft und ich meinte alles Gleichgewicht zu verlieren und hinab zu fallen. Als ich wieder fest sass, kam mir Oberstlieutenant Reed nach. Der sass noch trostloser auf seinem Dromedar als ich und liess das Thier sogar am Strick führen. Wie geht's, lieber Doktor? rief er mir zu. Sehen Sie das himmelhohe Vieh — das ist eine verfluchte Position. Hole der Teufel den Vicekönig und seine Expedition! Ich wollte, ich wäre in Amerika geblieben! — Lieber Oberstlieutenant, rief ich hinüber, und streckte beide Hände in die Luft, ich finde mich schon ganz erträglich. Sehen Sie! und damit schlug ich Trab an und, weiss Gott, es ging ganz gut. Ich trabte so etwa zehn Minuten los und flog dabei wie ein Ball in der Luft herum. Dann hatte ich herzlich genug und sah mich um, um unsere Karavane zu besehen. Das sah aus wie ein Jahrmarktszug. Hier ein Trupp Kamele mit Kisten und Säcken, dort eins mit einer Kanone, daneben eins mit Hühnerkavassen, dann zwei bis drei Officiere in weissen Hemden, wieder eins mit allem möglichem Küchengeschirr, dann ein Trupp Soldaten, dabei zwei schnatternde arabische Lieutenants, dann ein Kamel mit Bettsäcken und mit dem Closet und dabei eins mit der Mitrailleuse u. s. w. Was auch Oberst Colston befahl — Ordnung war in den Zug nicht hineinzubringen. Jeder trabte so gut oder so schlecht es gehen wollte vorwärts. In der Dämmerung stiessen wir wieder mit Oberstlieutenant Reed zusammen, der zu meiner grössten Verwunderung zu Fuss im Sande herumwatete. Ich kann auf dem verdammten Vieh nicht aushalten, meinte er. Ich trank gerade einen Schnaps und bot auch ihm davon an. Als ich aber die Flasche hinunterlangte und er hinaufgriff und der grosse Mann die Flasche kaum erlangen konnte, da begriff ich erst, wie hoch ich da oben sass. Dabei verwickelte sich meine Brille in die Fäden des Kopftuches und fiel hinab in den Sand. Nun war's aber auch mit mir aus. Abu Hamid musste mein Dromedar zum Niederlegen nöthigen und ich stieg ab. Meine Brille war nicht zu finden und so trabte ich mit meinem Oberstlieutenant zu Fuss weiter, bis wir um 7½ Uhr den Lagerplatz erreichten. Es war das Lager bei Gemai. Man schlug Zelte auf, Tische, Betten. Um 9 Uhr kamen wir erst zum Essen. Sieben Kamele wurden als krank und zurückgeblieben gemeldet. Am andern Morgen um 5 Uhr wurde zum Aufstehen geblasen. Um halb neun Uhr sass Alles auf und wir ritten fort. Heute ging's mit mir schon besser, ich trabte gute Strecken, dann aber wurde mein ausgehungertes Thier so matt, dass es nicht mehr rasch fort konnte. Gustel, dessen Thier jünger war, nahm meine Zügel und so ging's weiter, bis wir um

2 Uhr das Lager von Sarraz aufschlugen. Nun fehlten schon 32 Kamele. Es war also nöthig, hier einen Tag zu rasten, um die Kamele füttern zu lassen. Aber zwei Akazienbäume, die sie mit Holz und Stacheln verschluckten, etwas Duchnstroh, am Nilufer ein verwildertes Kürbisfeld und ein Sack Duchn war alles, was aufzutreiben war. Herzlich wenig für die ungeheure Zahl von Kamelen. Den 20. war also Rasttag im Lager zu Sarraz, wo ich den grössten Theil dieses Briefes schrieb. Den 21. früh um 5 Uhr Signal zum Aufstehen, um 9 Uhr ritten wir weg. Heute hatten wir eine nicht lange, aber fürchterliche Strecke. Nur vier Stunden zu Kamel, aber erstens war mein Sattel schlecht postirt und ich mochte nicht absteigen, dann ging's alle Augenblicke über felsiges Gebirge, welches abbröckelte. Gegen 1 Uhr erreichten wir die Ebene von Semneh. Während Zelte aufgeschlagen wurden, sassen wir drei, der Oberst, Oberstlieutenant und ich in dem Wüstensande auf Kamelsätteln. Unser Essen war auf einem Strohteppich ausgebreitet: ein Stück gekochten Speck, gebratene Hühner, Kaffe und Cognac und Wasser. Nachmittags 4 Uhr wurde Oberstlieutenant Reed krank, und da ohnehin die Karavane besser zu ordnen war, so wurde beschlossen, auch hier einen Tag zu warten. So brachten wir bei Semneh auch den 22. Januar zu. Hier gaben uns fette Wachteln und Wildtauben ein gutes Nachtessen. Reed befand sich besser und so wurde festgesetzt, den 23. einen Ritt von sechs Stunden zu machen. Ich befahl also meinem Abu Hamid, mir morgen sein Kamel zu bringen und dagegen das meinige zu nehmen. Es ging wieder etwas besser, man gewöhnt sich an den unangenehmen Ritt. Als wir aber um 3 Uhr Halt machten und Zelte aufgeschlagen waren, fehlte Oberstlieutenant Reed. Wir warteten 1—2 Stunden. Dann wurde der Adjutant und mehrere Boten ausgesendet. — Man fand ihn eine Stunde von uns in der Wüste, am Fieber erkrankt und unfähig uns nachzukommen. So schickte der Oberst ihm 4 Soldaten, sein Zelt, Licht und Lebensmittel. Ich wäre gerne mit zurückgeritten, allein der sechsstündige Kamelritt machte es unmöglich, das Thier noch einmal zu besteigen. Ich schickte ihm also meine eigenen Pillen und meinen Thee. Am andern Morgen 7½ Uhr ging's wieder weiter. Oberst Colston blieb zurück, um den kranken Oberstlieutenant Reed zu erwarten. Um 1½ Uhr machten wir Station im Lager bei Ogma (wo ich dieses schreibe) und eine halbe Stunde nach mir kam mein Oberst nach, aber ohne Reed. Er erzählte mir, dieser sei nach den Pillen besser, aber so schwach, dass er nur den halben Weg reiten konnte. Er werde uns Abends einholen. Wir lagerten hier dicht am Nil. Dieser Fluss hat von Wadi Halfa bis hier Gegenden von so romantischer Schönheit, dass es sich nicht beschreiben lässt. So schön sind die Rheingegenden bei

Weitem nicht, nicht so grossartig, nicht so wildromantisch. Wie thöricht sind die Photographen, die alle bei Ibsambul umkehren! Von Wadi Halfa bis hieher, also 8 Tage Kamelritt, ist der Fluss nicht schiffbar. Felseninseln mit Ruinen mitten im Nil, wildzerklüftete Gebirgsmassen, die den Fluss durchsetzen, bilden von Wadi Halfa an bis hier eine Kette malerisch schöner Katarakten. Ein Album dieser Ufer, dieser Gebirgszüge wäre Hunderte werth. Mein Oberst ist oft ganz ausser sich und zeichnet fast täglich schöne Skizzen in sein Taschenbuch. Abends um 8½ Uhr kam unser Oberstlieutenant Reed in einem trostlosen Zustande bei uns im Lager an. Der Arme ist sehr krank und ich fürchte fast, er wird uns nicht weit mehr begleiten können. Wir beschlossen also hier einen Tag zu rasten, zumal sich ein heftiger Nordwind erhoben hatte, der die ganze Nacht hindurch wie toll mit unseren Zelten wirthschaftete. Den 25. — Oberstlieutenant Reed ist sehr krank und im Bette; er medizinirt und ist sehr leidend; wir können jedoch nicht länger als bis morgen früh hier bleiben, weil die Kamele nichts zu fressen haben.

3. Februar im Lager bei Hadfie,
oberhalb der 3. Katarakte.

Seit den 6 Tagen, dass ich Dir nicht schreiben konnte, hat sich Vieles geändert. Wir ritten täglich vorwärts und haben schon Tagesritte von 10 Stunden zu Kamel zurückgelegt. Den 30. fanden wir einen Tempel; allein der Wind war so stark, dass ich nichts abklatschen konnte. Auch war schon ein grosser Theil der Karavane voraus. Wir ritten also fort. Den 31. wurde Rast gemacht, weil Oberstlieutenant Reed zu krank und schwach war und unsere Kamele zu ermüdet. Ich verabredete also mit Oberst Colston, dass ich, da es schönes Wetter war, zurückreiten wollte. Er willigte ein und gab mir zur Bedeckung einen Lieutenant und 4 Soldaten mit. Ausserdem begleitete mich Gustel und mein Ordonnanzsoldat. Um 11 Uhr ritten wir mit 8 Kamelen fort im scharfen Trab, und machten den Weg in 1½ Stunden. Ich klatschte Alles ab und traf Abends 5½ Uhr wieder im Lager ein. Abends wurde über Reed's Zustand Rath gehalten und weil sein Leiden bei Fortsetzung der Reise bedenklich erschien, sein Leben in Gefahr setzte und er uns wesentlich am Fortkommen hinderte, so beschloss der Oberst, ihn von Dongola aus zurück zu schicken. Weil ich hauptsächlich dafür gestimmt hatte, so war Oberstlieutenant Reed so froh, dass er mir viele Dinge, die er dann nicht mehr brauchte und die mir fehlten, zum Geschenke machte. Wir setzten die Reise fort, er zu Kamel im Krankensessel, hinter ihm sein Ordonnanzsoldat und sein Diener Eduard. Ich ihm stets zur Seite, Gustel und mein Abu Hamid bei mir. Haben wir zwei Stunden gemacht, so gehen wir etwas zu Fusse und ruhen dann im Sande im Schatten eines Felsenblockes auf unsern Kamelsatteln aus. Wir leben bisher, wie gesagt, ganz gut, nur Eier sind selten und unser Brod geht zu Ende. So haben wir denn zum Essen und zum Kaffe Pfannenkuchen einfach aus Mehl und Wasser gebacken. Zum Käse schmeckt das merkwürdig. Aber ab und zu haben wir prachtvolle Milch, wie ich sie nie in Aegypten fand

Den 4. Februar. Heute haben wir einen starken Ritt gemacht. Als wir um 4 Uhr 40 Minuten wegritten, funkelten noch die Sterne am Himmel und wir trabten fort bis 12½ Uhr. Dafür aber haben wir morgen nur noch 5 englische Meilen (das ist genau 1¼ deutsche Meilen, etwa wie von unserm Hause bis zu den Pyramiden) bis zu Dongola, so dass wir morgen früh in langsamem Trab in 1½ Stunden dort sein können. Kurz vor Dongola schickt uns der Gouverneur von dort für den Stab Pferde entgegen. Alles wirft sich in höchsten Putz und um 11 Uhr wird der Einzug stattfinden. Voran die Führer, die wir hatten, dann die Trompeter, dann Oberst Colston und der Gouverneur (der uns für den ersten Tag zum Essen hat laden lassen), dann Oberstlieutenant Reed und ich; darauf der Adjutant und die Lieutenants vom Stabe und zuletzt unsere Ordonnanzsoldaten und Diener zu Kamel. Ferner zu Kamel die Artillerie mit Kanonen und Mitrailleusen, darauf alles Gepäck und zum Schlusse die Infanterie. — Jetzt eben um 3½ Uhr sahen wir das erste Krokodil, ein Vieh von wenigstens 23 Fuss Länge. Der Oberst liess mich an's Ufer rufen. Da sonnte sich das Thier auf einer flachen Sandinsel. Colston feuerte rasch 2 Spitzkugeln darauf ab. Getroffen hatte er. Das Thier fuhr etwas in die Höhe, sperrte den Rachen auf und verschwand blitzgeschwind im Wasser. — Den 5. Februar Dongola. Unser Einzug hier fand erst um 12 Uhr statt und sah recht schön aus. 3 Kanonenschüsse von uns begrüssten die Stadt, und der Gouverneur hiess uns mit 3 anderen Kanonenschüssen willkommen. Während auf dem Platze im Schatten alter Sykomoren unsere Zelte aufgeschlagen wurden, bewirthete man uns im Gouvernement mit Limonade, Kaffe und Cigarren. Abends 5 Uhr waren wir bei dem Gouverneur zur Tafel. 27 Gerichte, alle mit den Händen zerrissen und aus einer Schüssel.

Hiermit endet für diesmal meine Mittheilung. Wir bleiben hier 8—10 Tage um 400 neue Kamele zu erwarten. — Eier sind hier sehr gross und billig. Milch prachtvoll und Dein grosses Kasseroll voll um 2 Piaster. Hühner gross wie Indianer und sehr zart. Sonst aber ist hier nicht viel zu haben, es sei denn gutes Brod. Gebe nur Gott, dass ich in diesen Tagen noch einen Brief von den Meinigen erhalte. Wenn wir unsere Anzahl von Kamelen haben, gehen wir in 3 Tagen von hier bis Debbe. Dort wird der ganze Zug über 20 Tage lagern, weil der Oberst und ich mit einiger Bedeckung westlich abwärts reiten wollen, um ein noch ganz unbekanntes Thal und Gebirge zu untersuchen. Es kann wohl Ende März werden, ehe wir von Debbe weiter ziehen.

Den 13. März. Heute sind wir schon 9 Tage hier und haben erst 10 Kamele beisammen, nicht einmal genug für mich allein; denn ich brauche für mich und meinen Ordonnanzsoldaten 4 Reitdromedare und für die Sachen 10 Lastkamele. Auch will der Oberst, dass ich noch 2 gute Reservekamele erhalten soll. Das sind also nur für mich schon 16 Kamele. Im Ganzen brauchen wir aber 400, und Purdy-Bey in Wadi Hamid 500. Es kann also Ende Februar werden, ehe wir hier wegkommen. . . . . .

Bewahre alle Briefe gut auf, denn ich habe zuweilen in den Briefen etwas notirt, was im Journal fehlt. Und nun lebe wohl, gute Ida, sei guten Muthes und fröhlich. Dem Muthigen und Fröhlichen steht Gott bei. Ich hoffe wir werden uns wiedersehen. Grüsse alle unsere Freunde.

Nochmals lebe wohl, erhalte Dich für Deinen Mann, der nun in den wüstesten Steppen herumtrabt, um Brod für die Seinigen zu gewinnen. Lebe wohl. —

Dongola, 13. Februar 1875.

Herrn Kaiser in Cairo.

Mein veehrter Freund! Seit dem 5. d. sind wir hier und warten auf Kamele, werden auch wohl noch bis Ende des Monats warten können. Der Gouverneur hat grosse Noth; die enorme Anzahl von 900 tüchtigen Kamelen ist nicht so schnell herbeigeschafft. Oberstlieutenant Reed erkrankte uns von Wadi Halfa aus der Art, dass er die Reise im Ambulanzsessel machen musste und die Expedition sehr verzögerte. Er ist also vom Obersten zurückbeordert und reist morgen von hier ab. Er ist es, der diesen Brief mitbringt. Als wir an's Ministerium telegraphirten, dass Reed zurückkomme, und Colston an seiner Statt den Kommandanten Prouth begehre, erhielten wir sofort zur Antwort, es solle so geschehen, Prouth gehe ab. Mit Prouth kommen auch die Medizinen zu uns, welche Sie ablieferten.

Aber ein Wüstenritt zu Kamel ist eine Teufelsexpedition. Als sich das Beest zum ersten Male mit mir aufrichtete, war mir schauerlich dabei zu Muthe und ich muss auf dem himmelhohen Vieh eine entsetzliche Figur gespielt haben. Allein am dritten Tage war ich lange nicht mehr der schlechteste Reiter. Ich wechselte mein Kamel um und am fünften Tage trottirte ich schon mit dem Obersten und Adjutanten um die Wette. Ja, den 31. Januar machte ich den Ritt von Kojeh nach Soleb, — das heisst einen dreistündigen Ritt, — in 1½ Stunden. Seitdem bin ich im Sattel zu Hause und mitten im Laufe frühstücke ich, stopfe die Pfeife, zünde sie an und trinke, was allerdings das Schwierigste ist. Erstaunlich ist es, wie eiskalt in den Lederschläuchen das Trinkwasser bleibt, nur schmeckt es nach Juchten. Dass aber ein zehnstündiger Wüstenritt wie wir ihn den 2. Februar machten eine Wohlthat sei, könnte ich eben nicht sagen. Als ich aus dem Sattel stieg, zitterten und prickelten mir die Beine so, dass ich unbedingt umgefallen wäre, hätte ich mich nicht an dem Sattel des gelagerten Kamels halten können. Das verschwindet aber schnell, wenn man einige Schritte gemacht hat und kommt links vom meist kurzen Steigbügel und rechts vom Ueberschlagen des Beines über den Hals des Thieres her. Genug, so viel ist gewiss, sitzt man erst im Gleichgewichte und hat man ein gutes Kamel mit leichtem Trabe, so ist die Reise nicht so übel. . . . .

Wie geht es meiner Familie? Sehen Sie sie öfters? — Im Falle eines Todes meiner guten Frau, den Gott von mir abwenden möge, sind Sie unumschränkter Sachverwalter, nehmen Alles von Werth zu sich, miethen ein grosses, trockenes und luftiges Magazin und geben Alles da hinein und lassen es nur von Zeit zu Zeit etwas nachsehen. Es wäre entsetzlich, wenn ich das Riesenopfer dieser Expedition umsonst gebracht hätte.

Von hier aus ging die erste Kiste Naturalien und Abklatschungen an's Ministerium und ein Bericht über Alles, namentlich auch über zwei widderköpfige Sphinxe aus Granit die ich hier fand. Beide sind ohne Inschrift, haben aber vor der Brust die Statue des Osiris. Sie stammen also aus der Epoche des alten Reiches der Pharaoen und deuten an, dass hier noch Ruinen eines Tempels aus jener Zeit zu suchen sind.

Der Tempel bei Soleb hat die Kartuschen Tutmes III. und prachtvolle Säulen vom Umfange von $1{,}_{42}$ — $1{,}_{75}$ Meter.

Doch ich langweile Sie mit dem Geschwätz; Sie wissen ja, das Alter macht geschwätzig. Leben Sie wohl.

17. Februar 1875.

Meine Lieben, heute muss ich auf längere Zeit von Euch Abschied nehmen, weil wir Montag den 19. März eine grosse Reise durch die Wüste antreten, welche mindestens 50 Tage, vielleicht zwei Monate dauert. Zwar werde ich, wenn ich Zeit gewinne, Dir täglich etwas schreiben; allein alles das muss mit mir ziehen, bis wir in El-Obeid sind, in der Hauptstadt Kordofans. Es ist also auch nicht möglich, dass uns in der Zeit ein Brief trifft, denn durch diese Wüste geht weder Telegraph noch Post, noch ist es möglich uns Kurire nachzusenden. Die Briefe, die heute schon unterwegs sind, holen uns vielleicht noch ein, vielleicht erhalte ich sie erst in El-Obeid, wenn ich ganzbeinig dahin komme. Das darf Dich aber nicht abhalten zu schreiben, wenn Du willst. Du sendest Deine Briefe nur unfrankirt an General Stone. Wir werden mit Gottes Beistand etwa den 10—12 Mai in der Hauptstadt Kordofans sein, und weil dann dort die Regenzeit eintritt, 3—4 Wochen bleiben. Also Mitte Mai erhalte ich Briefe von Dir..... Ich bitte Dich, halte Dich und die Kinder indessen gesund, damit ich nach so mühevoller, bitterer Arbeit, wenigstens mich einer guten Nachricht erfreuen kann. Erhaltet Euch für mich und bittet Gott mit mir, dass er mich für Euch erhalte...... Mein Freund und Oberst ist schwer krank. Ich fürchte sehr, dass ich ihn nicht lange mehr erhalten kann. Es fehlt uns an Medikamenten.

Dongola 11. März 1875.

Meine liebe Ida. Gestern den 10. früh um 9 Uhr war Purdy-Beys Expedition eben zum Aufbruch fertig. Er hatte seine Kamele (500) vollständig beisammen. Der ganze Stab war zum Abschiede in des Obersten Zelt versammelt und wir tranken mit Cognac auf ein gutes Wiedersehen in Dar-Fur, denn von hier aus gehen wir weit auseinander. Da meldet uns der Adjutant, der Kurir sei soeben gekommen. Er hatte fünf Tage gefehlt, weil sein Kamel in der Wüste gefallen und gestorben, und er genöthigt war mit schlechten Thieren von Kojeh und Kobaga seine Reise fortzusetzen. Bald darauf brachte der Kurir das Paket des Ministeriums und ich erhielt zwei Briefe. Die Briefe musste ich einstweilen in die Tasche stecken, bis die halbe Expedition abgereist sein würde. Das geschah etwa um 11½ Uhr. Auch unsere Kamele sind vollzählig (400 und für's Geschütz Pferde), und wir werden in wenigen Tagen von hier aufbrechen um nach Debbe zu gehen, wo — wie ich schon schrieb — fast ein Monat Lager geschlagen wird. Hier bleiben Soldaten und Gepäck liegen, und Colston und ich gehen mit der nöthigen Bedeckung und Bedienung in den Wadi Selk um zu arbeiten. Das kann wohl 20—28 Tage dauern. Ich nehme nur meinen Ordonnanzsoldaten und Gustel mit mir, Colston seinen Diener und Soldaten und unsern Koch, dann den Adjutanten, vier Lieutenants und acht Soldaten, das nöthigste Gepäck und (weil kein Wasser da ist) 40 Kamele mit 80 Fass Wasser. Du hast also wieder Zeit, dass ich dahin Briefe bekomme....

Uus geht es also, wie Du siehst nicht schlecht. Wir arbeiten fleissig, sind Gott lob gesund und wohl auf und sind ganz zufrieden, wenn wir, wo es sein kann, Briefe von Cairo erhalten. Nur unser Reed fehlt uns sehr und mein braver Oberst Colston leidet seit elf Tagen so sehr an der Leber, dass er mich recht besorgt macht. Mit meinen Körperkräften und meiner Ausdauer habe ich alle Ursache zufrieden zu sein und danke Gott für diese grosse Wohlthat. Ich fühle meine 62 Jahre nicht und es kommt mir fast vor, als ob ich jünger statt älter würde. Je mehr ich arbeite, desto besser geht's und von Ermattung spüre ich nichts. Ich habe in fünf Stunden 11—12 Briefe zu schreiben, denn der Kurir reitet um 6 Uhr Abends von hier ab; also nächstens mehr. Gott erhalte Euch drei für mich — das mein ewiges Gebet.

Dongola, 13. März 1875.

Herrn A. Kaiser.

Mein sehr verehrter Freund. Für Ihre freundlichen Mittheilungen vom 3. Febr. d. J., so wie für Ihre fast brüderliche Theilnahme bezüglich meiner Familie meinen innigsten Dank. Es ist für mich eine mächtige Beruhigung und Arbeitsbefähigung, einen Mann wie Sie es sind, für die Meinen besorgt zu wissen. Gott lohne Ihnen, was zu vergelten vielleicht kaum in meinen Kräften stehen wird. Wir liegen, wie Sie sehen, seit dem 5. Februar noch immer hier, doch glaube ich, dass wir Dienstag den 16. März von hier aufbrechen werden, und zwar, wie ich schon mittheilte, bis Debbe, wo wieder Halt gemacht wird, um den Wadi Selk zu untersuchen. Unser Halt in Debbe kann 32—34 Tage dauern. Nach meinen Untersuchungen sind wir hier genau unter 19° 9' nördlicher Breite und 30° 24' östlicher Länge von Greenwich. — Zeitdifferenz von Greenwich 2 St. 0 Min. 1 Sek., also 23 Sekunden mehr als Alexandrien. Höhe nach dem Thermometer des Siedepunktes 665 Fuss über dem Spiegel des Mittelmeeres. Auf das Letztere schwöre ich nicht, weil unser Instrument nicht zuverlässig ist und uns schon wunderliche Resultate angegeben hat. Hätten wir nicht den Fluss als Korrektor neben uns, so hätte dieses Prachtthermometer uns schon weiss gemacht, dass der Nil von Dongola bis Wadi Halfa, also 220 engl. Meilen bergauf läuft, da wir uns nach seinen Angaben fast täglich tiefer befanden. Ja, das Drolligste war in der dritten Nacht unseres Hierseins. Abends hatten wir 790 Fuss Meereshöhe und am andern Morgen 422. Der Erdboden hatte somit während der Nacht eine Senkung von 368 Fuss erlitten. Nun, das geht doch noch über Lima. — Sie wissen ja, wie wir ausgerüstet sind. Was würden etwas harmlosere Untersucher da nicht für Wunderdinge zu erzählen haben. . . . .

Hier wird aus Datteln Schnaps gebrannt, er ist aber fast ungniessbar. Nur mit 2—3fachem Volumen Wasser kann man ihn trinken, und dann erinnert der Geschmack an Wachholderbranntwein. Das Dattelbier habe ich nicht gekostet; es soll ekelhaft schmecken und sehr berauschend sein. Palmwein kostete ich; es gehört ein herodotisches Zeitalter und ein ähnlicher Geschmack dazu, um das tolle Gesöff zu geniessen und Wein zu schimpfen. An Skorpionen haben wir keinen Mangel. Alle

2 Tage lasse ich das Zelt völlig ausräumen. Man hat sehr vorsichtig zu sein, weil sie in Betten, in Hosen, in Rockärmel, in Stiefel, überall hineinkriechen. Den Anblick eines grossen Krokodiles (22—23 Fuss) hatten wir nur einmal, wiewohl der Fluss hier voll davon ist. Es ist schwer, das Thier zu Gesicht zu bekommen, da es bei jeder Annäherung blitzgeschwind in's Wasser fährt. Dennoch waten die Schwarzen ohne Scheu im Nil herum und schieben Böte hinüber. Es ist als ob die Krokodile ihnen nichts anhaben; sie schmecken vielleicht ebenso schlecht, als sie von Schweiss und Ricinusöl, womit sie sich den Körper einsalben, schon auf 3—4 Schritte stinken, namentlich die nackt herumlaufenden Glieder des schönen Geschlechtes: »mehr gemacht, um von Sünden zu entwöhnen, als dazu anzureizen« (Shakespeare).

Weiss es Gott, hier wird man ganz entwöhnt ein freundliches Menschenantlitz zu sehen und begreift nicht, wie Gott solche abscheulichen Bildungen erfinden und fertig bringen mochte.

Debbe, 21. März 1875.

Liebe Ida. Meine Zeilen vom 27. März worin ich Dir in aller Eile für den folgenden Morgen unseren Aufbruch anzeigte, wirst Du erhalten haben. Wir sind nun um 86½ englische Meilen weiter gerückt und sitzen mitten in einer tollen wirklichen Wüste, wo selbst am Nil nichts wächst. Viel habe ich mich allerdings noch nicht umsehen können, denn wir kamen erst heute Mittag um 11¾ Uhr hier an. Nachdem Purdy-Bey und Oberstlieutenant Mason mit einem Theile der Expedition von Abu Gussie aus nach Dar-Fur voraus sind, besteht unser Stab nur noch aus Colston und mir und den arabischen Adjutanten, Hauptleuten und Lieutenants. Es ist somit natürlich, dass Colston und ich fast unzertrennliche Kameraden sind. Ich beschreibe Dir nun unsere Reise. Den 17. war alles in vollster Thätigkeit, um bis Sonnenuntergang reisefertig zu sein und dann noch einmal recht auszuschlafen. Um die Reise zu erleichtern, waren in aller Frühe schon Kanonen, Mitrailleusen, alle Munition, der grösste Theil der Provision, meine Spiritusfässer und etwas Papier in Schiffe geladen, und diese fuhren um 10½ Uhr von Dongola ab, und da schöner Nordwind war, so konnten sie Debbe vor uns erreichen. Der Gouverneur der Provinz hatte versprochen mit uns nach Debbe zu gehen, um uns dort noch alles Nöthige zu schaffen. Für die Reise hatten wir nur 7 Hammel, 45 Hühner und 150 Eier mit, das heisst, für den Stab. Der Gouverneur zeigte uns noch an, auch er wolle mit seiner Dahabîye fahren und eine Stunde später abreisen, wenn wir fortgeritten wären. Heute suchte noch alles Kamele zum Reiten aus, nur ich nicht; ich hatte nicht Grund mein durchaus gutes Kamel zu wechseln. Nachmittags wurden die Kameltreiber eingetheilt und Kisten, Koffer, Betten etc. mit festen Stricken zum Verladen zusammen gebunden. Ich erhielt für mein Gepäck dieses Mal 12 Lastkamele um schneller fortzukommen. . . . .

Donnerstag früh, den 18. März, um 5 Uhr, riefen die Trompeten auf. Zu Kamel bekleide ich mich stets mit einer leichten engen Hose und Kamaschen, einer Weste und darüber den steifen rothen Ledergürtel, der fast 2 Hand breit ist. Dann einen leichten Sommerrock und darüber den alten schwarzen Winterstambul. Auf dem Kopfe Hut und Schleier. Vorn am Sattelknopf hängt links eine lederne Wasserflasche, rechts ein Linnenbeutel mit Schnaps, Tabak, Bisquit. Am hinteren Sattelknopf links ein ähnlicher Beutel mit einer kleinen Botanisirmappe, rechts ein Gazellenfell voll Wasser. Hinten am Sattel, fest zusammengerollt und von Riemen gehalten, ist Plaid und Schlafrock. In meinen Taschen sind Cigarren, Pfeifen, Feuerzeug, Taschenmesser, Taschenthermometer und Zinnbecher um Schnaps mit Wasser zu mischen. Auch trage ich stets 2 Taschentücher bei mir und mein Notizbuch. So ausgerüstet verliess ich mein Zelt und es stand fast keine 5 Minuten nachher mehr da. Um 8 Uhr war die grosse Karavane mit Zelten, Gepäck und Soldaten fort, nur unsere Ordonnanzen standen bei den Dromedaren. Die schwarze Einwohnerbande von ganz Dongola war auf den Beinen um später unser verlassenes Lager zu durchsuchen. Einzelne keckere Burschen durchstrichen schon jetzt das Lager und liefen überglücklich davon, wenn sie eine weggeworfene leere Flasche oder eine Blechbüchse erobert hatten. Auch der Herr Telegraphendirektor und Apotheker hatten sich eingefunden um uns eine Strecke zu begleiten. 35 Minuten vor 8 Uhr stieg Colston zu Pferde, der Stabstrompeter gab den Herren Officieren das Signal zum Fortreiten, ich sprang in meinen Sattel und trabte mit dem Obersten fort und Trompeter, Standartenträger und der ganze Schwanz von Adjutanten, Lieutenants, Ordonnanzsoldaten und Dienern hinterdrein. Die schönen Tage von Aranjuez sind nun vorüber! Fahr' wohl du Nest aus Nilschlamm mit deiner köstlichen Milch, mit den schönen frischen Eiern, süssen Melonen, sauren Orangen, mit all deinen prächtigen Eseln und all deinen schwarzen, stinkenden Sängerinnen und Tänzerinnen! Mir that von all dem nichts, als die wohlschmeckende Milch leid. Meinen Dongola (den Hund), weil er für einen Wüstenmarsch von vielen Meilen noch zu unerfahren und klein ist, hatte ich einem Kameltreiber zu tragen gegeben und ihn damit auf ein leeres Kamel postirt; aber Colston's Marquis und Fifine sprangen und bellten lustig vor uns her. Wir hatten so eine Stunde zurückgelegt, als uns ein Kurir von Purdy-Bey entgegengesprengt kam und einen Brief brachte. Er hatte mit seiner Karavane die Strecke von Neu-Dongola bis Dongola el gussie d. i. 68 engl. Meilen in 3 Tagen, ohne Unfall zurückgelegt' und war nach 2 Tagen Rast und Vorbereitung für die grosse Wüste, von dort aufgebrochen. Noch theilte er uns einen merkwürdigen Zug von Negerschlauheit mit. 4 Sklaven hatten gehört, dass sie frei seien, wenn sie sich in den Schutz europäischer Mächte begeben. Hier ist aber weit und breit kein Konsul und man setzte ganz richtig voraus, dass die Expedition nicht gekommen sei, um sich mit Sklavenbefreiung zu befassen. Was war also zu thun? Sie schlichen sich des Nachts in's Lager und schlitzten mit scharfen Messern die Ohren der Pferde des Stabes. Kaum war Morgens die Sache ruchbar, so hatte man auch schon die Thäter, die nur darauf gelauert hatten, gefangen zu werden und zu bekennen. Purdy liess sie derweil festsetzen, und eine Stunde nachher kamen die Eigenthümer der Sklaven, zwei Brüder, um die davongelaufenen Sklaven zurückzufordern. Diese liess Purdy durch den Gouverneur abstrafen, weil sie als Unterthanen des Vicekönigs Sklaven gekauft und gehalten hatten. Die Neger aber hatten nicht viel Gutes ausgetauscht, denn Purdy liess sie wie Thiere vor eine Kanone spannen, die sie so lange durch die Wüste ziehen sollen, bis die verwundeten Pferde genesen sind. Colston hatte mir den Brief reitend vorgelesen und wir ritten lachend und über Purdy's Einfall missbillig den Kopf schüttelnd weiter. Unsere Begleitung war zurück geritten. Da brachte man uns noch ein Telegramm von Assuan nach, die Antwort auf eine Frage die wir vor etwa 8 Tagen dahin gesandt hatten, um zu erfahren, auf welchem Wege und wann Kommandant Prouth uns nachkomme. Er hatte bis zum 16. März Assuan noch nicht passirt, geht folglich über Suez, das Rothe Meer, Massawa und Berber und wird in Debbe zu uns stossen. Um 11½ Uhr meinte Colston, etwas Ruhe, ein Frühstück und ein guter Kaffe könnte uns wohl nicht eben nachtheilig sein. Der Meinung war ich auch, denn 3 Stunden Kamelritt in unausgesetztem Trabe, sind eine ganz nette Morgenpromenade. Wir riefen die voranreitenden Führer und Schechs und Baschibussuks und fragten ob die Mehattoch (das Kamellager, die Station) noch weit sei. Diese sagten, wir hätten eben den halben Weg erst. Darauf sassen wir ab; wir waren dicht am Nil, die Akazien hatten Schatten für uns, und am Ufer war ein armseliges Lubiyenfeld, welches unsere Kameele sehnsüchtig anglotzten. Nachdem wir also gut gefrühstückt und Kaffe getrunken hatten, streckten wir uns aus, um ein halbes Stündchen zu schlafen; allein die ungeheuerste Menge kleiner Fliegen und Mücken liess das nicht zu! Wir wollten also lieber unseren Tagesritt beenden um dann in unseren Zelten zu ruhen. Das Lubiyenfeld war indessen unter den Zähnen unserer Dromedare vollständig verschwunden und ein Trupp unserer Karavane nach dem andern war unfern bei uns vorbeigezogen. Wir sassen auf um der Karavane wieder vor zu reiten und mussten, um die Strasse wieder zu erreichen, um einen Berg von Felsblöcken und Flugsand herum. Wir hatten kaum diesen Weg zurückgelegt, sassen etwa 35 Minuten im Sattel, als wir auf der andern Seite des Berges am Ufer unser Lager aufgeschlagen sahen. Geht das Lügen der Kerle schon wieder an! rief Colston ärgerlich. Weiss Gott, sagte ich, es lohnt nicht der Mühe, wenn man so nahe am Lager ist, abzusitzen. Kaum 40 Minuten noch hatten wir zu traben und waren um 3½ Uhr im Lager bei Sachaba. Sogleich wurde der Adjutant gerufen und die Führer versammelt. Was soll das heissen, fragte der Oberst, warum ist hier Lager geschlagen? Warum halten wir so früh an? Der Adjutant schüttelte sich wie ein nasser Pudel und schob die Schuld auf den Schech der Führer. Der Schech sagte, Purdy-Bey habe hier auch Station gehalten und weiter oben fänden wir kein Futter für die Kamele. Dieser letzte Grund musste gelten. Und wann bin ich in Dongola abu gussi, fragte der Oberst? In 5 Tagen. — Höre, sagte Colston, und seine Stimme vibrirte vor Zorn, bin ich morgen Abend nicht in Dongola abu gussi, so erhälst Du 6 Dutzend mit der Nilpeitsche. Erschrocken legte der Kerl seine Hand an den Turban und sagte »Kader!« Nur der Herr Adjutant meinte etwas keck, das halten weder die Leute noch die Kamele aus. Wie, mein Herr Adjutant, fuhr Colston auf, glauben Sie ich lasse mich spazieren führen? Hat Purdy-Bey es mit seinen Kamelen gekonnt, so müssen wir es auch können. Die Leute haben in Dongola roti 6 Wochen auf der faulen Haut gelegen und sich gepflegt und haben folglich genug geruht um einen Ritt von 65 engl. Meilen in 3 Tagen zu machen. Und die Kamele? Hat das Volk das Gouvernement der Art betrogen, dass man uns für das theure Geld Kamele gab, die den Tag über nicht einmal zwanzig engl. Meilen machen können, so sollen sie unterwegs liegen bleiben und krepiren! Genug, morgen Abend bin ich in Dongola abu gussi und übermorgen Mittag in Debbe, oder ich will Exempel statuiren, dass jedem die Lust vergehen soll mich zu necken. Nun legte auch der Adjutant seine Hand an den Tarbusch und zog ab mit seinen Schechs. — Ich hatte Kaffe und 2 Glas Milch getrunken und ging nun die Vegetation zu betrachten und rief Gustel, um uns für den Abend ein Gericht frischen Kopfsalat zu sammeln, den der Oberst gerne isst und der hier wild wächst. — Plötzlich rief der Oberst mir nach: Docteur! venez! venez! un crocodile! Ich sah den Obersten an's Ufer eilen, mit ihm alle Ordonnanzen mit Kugelbüchsen und unseren 3 Hunden. Ich sprang in's Zelt, nahm mein Fernglas und lief hinterher. Die Ordonnanzen hatten geladen. Der Oberst legte sich auf einen Sandhügel, während sich drüben auf einer ganz kahlen Insel, etwa 250 Meter entfernt, ein 15 Fuss langes, schönes grünes Krokodil sonnte. Ich hatte mein Glas gerichtet um das Thier bei'm Schusse zu beobachten. Der Schuss fiel. Das Thier machte einen Satz fast zugleich mit dem Schusse und fuhr mit Blitzesschnelle in's Wasser, woselbst es einige Minuten grosse Bewegungen verursachte. Es war getroffen, denn erstens hatte es den Satz früher gemacht, als der Knall drüben sein konnte, zweitens hatte keiner die Kugel in den Sand schlagen sehen, und drittens bewiesen die Bewegungen des Wassers, dass das Thier verwundet sei. Leider war kein Fahrzeug da, um hinüber zu können. — Wiewohl ich von unserem heutigen Ritt nicht eben ermüdet war, so zog ich mich doch bald nach dem Essen in mein Zelt zurück, denn ich hatte den Befehl gehört »um 4½ Uhr Reveille« und wusste, dass uns Tags darauf 25 Meilen bevorstanden. Den 19. bliesen um 4½ Uhr die Trompeten, der Mond schien noch hell durch meine Zeltthür. Ich war eben angekleidet und trank stehend meinen Kaffe, als ich die Artillerie schon zum Abmarsch blasen hörte. Ich steckte meine Bisquits in die Tasche, zündete mein Pfeifchen an, hing den Kurbatschriemen über das Handgelenk und ging hinaus, denn die Zeltschläger standen schon draussen, um mein Leinwandpalais umzuwerfen. Ich war der Erste vom Stabe auf den Beinen, und nur Fähndrich, Trompeter und Ordonnanzen standen neben ihren Kamelen. Der Adjutant fuhr und brüllte wie ein Rasender herum und liess seinen Zorn an Soldaten und Kameltreibern aus. Endlich kamen auch die Lieutenants vom Stabe einer nach dem andern angeschlichen und einer sah finsterer aus, als der andere. Man brachte des Obersten Pferd und ich ging in sein Zelt um zu hören, wie es ihm gehe. Grüss Sie Gott, lieber Doktor! Denken Sie doch, man will mich mit Gewalt überreden, wir brauchten 6 Tage bis Debbe! Man behauptet, Purdy-Bey habe den Weg nicht in 3 Tagen machen können, es sei aufgeschnitten. Was ist Ihre Meinung? — Mein Oberst, reiten wir heute 25 Meilen, das ist nicht zu viel, dann haben wir morgen bis Dongola abu gussi 28 Meilen, das ist eben auch nicht unmenschlich, und übermorgen die Strecke bis Debbe ist eine Spielerei von 4 bis 5 Stunden. — Bravo, sagte Colston, fiat! nahm Kopftuch und Kurbatsch und wir gingen hinaus. Es fing eben an Tag zu werden, die Infanterie und der grösste Theil der Karavane war schon weg. Reiten wir ab, sagte Colston, Thomas kommt mit dem Reste nach. Wir sassen auf. Die Führer und die Baschibussuks ritten voran, dann folgten wir zwei, hinter uns Fähndrich und Trompeter, Adjutant und Kapitain, die Lieutenants, Ordonnanzen und Diener.

Die Gegend ist nicht wüste, überall bebautes Land; nur die Hand des Menschen fehlt. Natur und Boden treiben überall von selbst hervor, nur die anregende Bearbeitung fehlt. Um 9 Uhr passirten wir das grosse reinliche Dorf Tetti und anderthalb Stunden später kamen wir zum Ufer um Rast zu halten, was abermals die Fliegen verhinderten. Wir frühstückten, tranken Kaffe und ritten weiter. Die Sonne brannte aber so heiss, der Sand war so glühend, dass unsere armen Hunde heulend herumliefen und nicht schnell genug ihre Füsse aufheben konnten. Wir machten also in Mitten der Wüste unter einem einzeln stehenden Akazienbaume abermals Halt, sassen ab und Colstons Ordonnanz musste hinreiten zur Karavane und das Kamel bringen, welches Hühnerstiegen und Hundshütten trug, um in letztere unsere treuen Begleiter zu sperren. Sie gingen auch sehr willig hinein und wir setzten unsern Ritt fort. Es war das erste Mal heute, dass ich meine Wasserflasche leerte und meine Ordonnanz rufen musste sie wieder zu füllen. Zum Glück hatte ich heute meinen alten Winterstambul zum Sattelkissen gemacht, weil er gestern bei'm Absteigen an einem Akazienstrauch einen jämmerlichen und unheilbaren Riss erhalten, und war in einen leichten Sommerrock gekleidet. Um 4 Uhr durchritten wir die Stadt Chandek am Nil, ungleich grösser, sauberer und schöner gebaut als Dongola, und 20 Minuten später waren wir oberhalb derselben in unserem Lager. Nun, Herr Oberst, sagte ich absteigend, die 25 Meilen lägen hinter uns; matt bin ich nicht, aber durstig haben sie mich gemacht. Wir bezogen unsere Zelte, schrieben unsere Journale und es war fast eine Stunde verflossen, als mein Dongola bellend in's Zelt stürzte und mich vor Freuden fast vom Stuhl hinab warf. Auch der arme Hund soff Wasser, wie Münchhausen's Pferd. Beim Abendessen berichtete Thomas, dass von unseren Hühnern 27 unterwegs verschmachtet und todt seien. Wir gingen zeitig zu Bette. Den 20. wurde um 4 Uhr Reveille geblasen. Unsere Lieutenants sahen gar trübselig umher; ein Theil derselben hatte sich über Nacht Umschläge von kaltem Wasser machen lassen. Sie hatten sich wund gelaufen und humpelten herum. Der Oberst stiess mich mit dem Ellenbogen, brummte »God damn« und liess zum Abmarsch blasen ohne Notiz von dem Corps genommen zu haben. Der Morgen war schön; doch liess er eine ähnliche Hitze wie gestern voraussetzen. Bald nach 8 Uhr überraschte uns der köstliche Anblick einer weitausgedehnten Fata Morgana. Mitten in der Wüste sahen wir rechts und links und zuweilen auch vor uns Wasser. Links war hinter demselben eine lange Hügelreihe mit Palmen, die sich deutlich in dem Wasser wiederspiegelte und deutlich sahen wir, wie unser Vortrab mit seinen Kamelen im Wasser watete. Einige ritten rasch darauf zu — das Bild wich zurück — und als gegen 10 Uhr die Sonne höher stand, war Alles verschwunden. Der mehr als trockene Abschied bei'm Aufbruche schien den arabischen Lieutenants im Kopfe herumzuspuken. Es war etwa $10^{1}/_{2}$ Uhr, da kamen sie links zu uns herangeritten, grüssten gar höflich und — da sie den Obersten kaum anzureden wagten — fragten sie nach meinem Befinden. O, mir geht's ganz gut! und Ihnen meine Herren, wie geht es Ihnen? — Da wandte sich Colston und sagte mit spöttischem Tone, man hat mir gesagt, Sie alle seien sehr erschöpft! — Ach ja, mein Colonel, sagte einer dieser Herren im jämmerlichsten Tone, ach ja — sehr — sehr! Nun denn, entgegnete Colston sehr ernst, in Wadi Halfa renommirten Sie Alle mit Ihrer Jugend; jetzt sehen Sie den Doktor, den Nestor unserer Expedition, der Ihr alter Vater sein könnte, er reitet Sie Alle um und um! Sehen Sie mich, einen Fünfziger, über einen Monat leberleidend; jetzt sind wir die Jungen und Sie sind die Alten! Schämen Sie sich ein wenig, meine Herren! — Die armen Effendis waren stockmäuschenstill, einer nach dem andern blieb zurück und wir sahen sie den ganzen Tag nicht wieder. Um $11^{1}/_{2}$ Uhr hielten wir Rast und Frühstück. Heute trafen wir es besser, es waren keine Fliegen da. So meinte denn Colston, rasten wir hier bis zwei Uhr, wir überholen sie doch Alle wieder. Es war ein schönes grünes Plätzchen am Ufer, schattig und der Wind wehte vom Nil erfrischend herüber. Colston schlief, ich konnte es nicht und ging mit meinen Dienern fort um Pflanzen zu sammeln, bis ein Büchsenschuss das Signal zum Aufbruch gab. Der Oberst kam uns entgegen: Ihr Kaffe wartet, sagte er, trinken Sie, lieber Doktor und dann wollen wir weiter. Indessen war auch das Kamel mit den Hundshütten wieder angelangt. Die Hunde, die bis hieher treulich mit ausgehalten hatten, wurden wieder eingesperrt und es ging wieder vorwärts. Wir hatten ziemlich festen Grund uud so konnten wir in gestrecktem Trabe fortreiten. Um $4^{1}/_{2}$ Uhr passirten wir links einen Sandhügel, den noch die Trümmer eines alten Pharaonentempels schmücken, hatten aber nicht Zeit uns dabei aufzuhalten; so ging es schnell weiter bis wir um 5 Uhr Dongola abu gussi gegenüber Lager aufschlagen liessen. Die grosse Arbeit war gethan. Wir hatten — unsere Rastzeit abgerechnet — in $6^{1}/_{2}$ Stunden 28 engl. Meilen zurückgelegt und weder der Oberst noch ich waren sonderlich ermattet. Nach dem Essen machten wir noch eine Promenade durch's Lager. Vor den Zelten der Effendis sagte Colston: Morgen in Debbe, wo wochenlang Rast ist, da sollen Sie sehen, wie sich die rothen Hosen wieder breit machen werden. — Es war nach 9 Uhr als wir schlafen gingen. Die Abende und Morgen dieses Himmelsstriches sind unbeschreiblich anmuthig und lassen es uns nicht selten vergessen, wie nothwendig uns der Schlaf ist. Den 21. wurde wieder um 4 Uhr zum Aufstehen geblasen. Kurz vor 6 Uhr ritten wir fort. Gegen 8 Uhr zeigte mir Colston drei Sandhügel links am Wege mit eigenthümlichem Buschwerke. Ich konnte es nicht erkennen. Wir ritten hinan und ich brachte mein Dromedar zum Niederlegen um abzusteigen und die Gebüsche zu untersuchen. Colston ritt weiter. Nachdem ich einige Zweige abgeschnitten hatte, kehrte ich zu meinem Thiere zurück um die Pflanzen in die Mappe zu legen. Da sah ich, dass mein Ordonnanzsoldat am Sattel herumarbeitete. Was mach'st Du da? Der Sattel war ja gut! — Nein, ich habe ihn fester geschnallt. — Als ich aufsass und das Thier sich erhoben hatte und in Marsch setzte, merkte ich bald, dass mein Sattel schief sitze und noch dazu loser als zuvor, allein nochmals niederlegen und umsatteln, das nahm mir zuviel Zeit weg. Ich glaubte schon so nachreiten zu können und wollte das Umsatteln bis zur Raststelle aufsparen. Ich jagte fort, sass aber bald ganz schief, so dass ich mich nur mit Mühe oben zu halten vermochte, und als ich oben bei einer Abtheilung der Karavane vorbei trabte, rief mir der Lieutenant nach: Um Gottes Willen, halten Sie! Ihr Sattel rutscht, Sie fallen herab! Ich brachte das Thier zum Stillstehen und wollte wenden um meinen Hamid zu rufen. Dabei rutschte der Sattel rechts und ich musste mich mit beiden Händen anklammern um nicht hinunter zu fallen. Ein Soldat der Infanterie brachte das Thier zum Liegen, ich stieg ab. Mein Erstes war, meinem Hamid, als er ankam einige Hiebe mit der Nilpeitsche überzuziehen. Das half. Nun sattelte er ganz vortrefflich; allein durch das zweimalige Absitzen war der Zeitverlust gross. Colston hatte einen so gewaltigen Vorsprung, dass ich das rothe Fähnchen auf der weiten Wüstenebene garnicht mehr sah. Ich ritt im aller gestrecktesten Trabe. Nach etwa 20 Minuten kam mir ein Baschibussuk entgegen, den der Oberst abgeschickt hatte, mich zu suchen. Wir jagten weiter und fanden etwa 35 Minuten später den Obersten unter einem wilden Akazienbaum wartend und Kaffe trinkend. Ich nahm meinen Becher Kaffe im Sattel und wir ritten weiter. Es hatte sich aber der Wind gedreht. Mit grosser zunehmender Heftigkeit warf er uns den Wüstensand entgegen in's Gesicht und wir waren froh, als wir um 11$^{3}/_{4}$ Uhr unser Lager bei Debbe erreichten, denn der Wind stürmte unaufhaltsam los und die Luft war so voll von Staub, dass man nicht wusste wohin mit den Augen.

Der Gouverneur war noch nicht hier, allein einen Brief von Reed aus Wadi Halfa fanden wir, worin dieser sich beklagte, dass er daselbst nichts zur Fortsetzung seiner Reise vorgefunden habe.

Debbe, den 26. Heute rüsten wir uns um morgen in's Thal Selk abzugehen. Es ist Charfreitag und wir werden übermorgen unsern Ostern, den grössten christlichen Festtag in der ödesten Wüste zubringen. Nun, Ihr daheim, betet für mich! Weber hat Lebensmittel auf 3 Wochen erhalten und bleibt im Lager von Debbe zurück um zu sammeln. Um bequemer botanisiren zu können, habe ich einen Esel mit Sattel und Zaumzeug requirirt. Diesen reite ich in Gegenden, wo Pflanzen sind; in der Wüste besteige ich mein Kamel. Kommen wir aus dem Wadi Selk hieher zurück, so werde ich Zeit finden, Dir wieder zu schreiben. Auf dieser Reise, ebenso wie auf dem Ritte hieher, begleiten mich Deine und Karl's Photographie beständig und auf dem Kamele öffne ich oft mein Notizbuch um die lieben Bilder zu besehen und Muth zur Ertragung aller Beschwerden zu sammeln. . . . . .

Heute haben wir wieder bei grosser Hitze Sturm aus Nordost und soviel Sandstaub in der Luft, dass man nichts sehen kann. Vielleicht hindert das noch für einen Tag unsere Abreise. Allein der Oberst lässt sich nicht leicht abhalten, wenn wir einmal vorbereitet sind zum Aufbruch. . . . . .

Den 21. d. passirte die Sonne die Linie. Unsere Zelte werfen schon jetzt keine Schatten mehr — die Hitze ist erdrückend.

Debbe, 9. April 1875.

Herrn Kaiser in Cairo.

Ihr liebes Schreiben vom 25. Februar hat den 6. März im Packete des Ministeriums Cairo verlassen und wurde uns durch einen Extra-Boten in den Wadi Mhelck, den die Eingeborenen Wadi Massuhl nennen, nachgeschickt, wo es mich den 5. März überraschte. Es war gerade der heisseste Tag, den ich bisher erlebt hatte; es waren um 2 Uhr + 36° Réaumur im Schatten, + 45° Réaumur im Sande. Ich war sehr guten Humors, denn ich hatte soeben eine neue und ganz interessante Entdeckung gemacht. Ich theile sie Ihnen mit, damit auch Sie sich daran ergötzen mögen. Sie wissen und alle Welt weiss es, dass nichts schwerer zum Schweigen zu bringen ist, als das Plappermaul eines Arabers. Es geht das wirklich so weit, dass ich, wenn eine Pflanze mich in der Wüste aufgehalten hatte und ich soweit zurückgeblieben war, dass ich nicht einmal unser rothes Fähnlein mehr sehen konnte, nur stille zu stehen und zu horchen brauchte; ein fernes Geschnatter, wie das Summen eines Heuschreckenschwarmes deutete mir alsbald die rechte Richtung an und ein schneller Trab vereinigte mich bald wieder mit dem Stabe. Eben so ist es, wenn wir irgend wo kampiren. Da machen weder Kamele noch Hammel noch Hühner so viel Lärm, als unsere 10 Effendis, die theils dem Stabe zugetheilt sind, theils das Kommando über das Militair haben. Heute dagegen war es mäuschenstill im Lager bei Bundarab, als sei Alles ausgestorben. Es kann natürlich nichts auffallender sein, als so etwas. Das kommt, dachte ich mir, von meinen + 36° Réaumur her; dieser Hitzegrad reicht aus sogar ein arabisches Maul zu stopfen; wollen sehen, bei wie viel Graden es wieder beweglich wird! Siehe da, um 4 Uhr, kurz vor Ankunft Ihres lieben Briefes, fiel das Thermometer bei zunehmendem Nord-Ostwinde auf + 33½° herab. Das war derjenige Grad, der die magische Erstarrung löste und das erste Wort, welches durch die bewegten Zeltwandungen zu meinen Ohren drang, war »Chamastascher real.« — Mein Oberst liess mich zu sich in's Zelt bitten. Er hatte eine neue Erfrischung ersonnen und Wasser, Acidum citricum, Zucker und Cognac gemischt. Wir tranken, ich erzählte ihm von meiner wichtigen Entdeckung und vor Lachen hätte er bald den kühlenden Trank in den verkehrten Hals, d. i. in die Luftröhre bekommen. In diesem Augenblicke legte sich ein Kamel vor dem Zelte neben der Fahne nieder, der Kurir stieg ab und übergab sein Packet dem wachthabenden Lieutenant. Ihr lieber Brief sammt Einlage von meiner Frau war also bis Debbe 28 Tage unterwegs. Ob die Papiere in der grossen Wüste mir einen freudigeren Abend bereiteten und mich mehr erquickten als Colston's Getränk, überlasse ich Ihrer eigenen Beurtheilung. — Wir hatten unsere Arbeiten in diesem Wüstenthale beendet, befanden uns auf dem Rückwege und waren, da wir früh um 4 Uhr ausritten und stark trabten, d. 6. April um 11 Uhr 15 Minuten wieder in Debbe, wo uns der Gouverneur und Stabsadjutant, der während unserer Abwesenheit im Lager den Befehl geführt, einen feierlichen Empfang bereitet hatte. Auf den Hügeln vor dem Lager von Debbe hatte man die Kanonen und Mitrailleusen mit der Artillerie postirt, an der Spitze unsere Trompeter. Von da aus bis in's Lager zog sich die Infanterie in zwei langen schön geordneten Spalieren hin, durch welche wir reiten sollten. Der Adjutant mit den Officieren kam uns etwa eine halbe Stunde weit entgegen und nun ordneten auch wir unsern Zug. Etwa 100 Schritte voraus ritten die Führer und Baschibussuks; dann Colston und ich und hinter uns Fahne und Trompeter und, da wir zu Kamel waren, die Sais mit den Pferden; darauf Adjutanten, Kapitain, Major und die Lieutenants vom Stabe und dahinter unsere Ordonnanzen, Diener, der Proviantmeister u.s.w.

Als wir auf den Hügeln von Debbe und bei der Artillerie waren, begannen die Trompeter ihren feierlichen Einzugsmarsch, und kaum hatten wir die Kanonen hinter uns, so donnerten sie ihre Salutschüsse uns nach. Die Infanterie in den Spalieren präsentirte, wir salutirten und ritten hindurch. Weil aber hier zu Lande doch nichts ernsthaft vor sich gehen kann, so war auch hier etwas, was mich wieder in guten Humor versetzte. Unsere Trompeter stimmten heute ausnehmend schlecht zusammen und bliesen den pomphaften Einzugsmarsch so jämmerlich, als ob Einem eine heisere Katze guten Morgen sagt. Oberst, sitzen sie fest im Sattel? fragte ich Colston; das sind ohne Zweifel die Bengel, welche die Mauern von Jericho umgeblasen haben! — Ja, mit unsern Clairons können wir nicht prahlen, das sind kapitale Esel! sagte er ärgerlich, und bald hielten wir vor dem Divan oder Gouvernementsgebäude, wo uns der alte Gouverneur mit seinem Wekil, Mudir, Sousgouverneur und Soussousgouverneur erwartete. Colston und ich, wir wurden dort empfangen und mit Kaffe und Sorbet aus Gläsern bewirthet, während die Väter der Provinz aus Blechgefässen tranken. Die Uebrigen vertheilten sich in die Zelte ihrer Bekannten, oder lagerten unter einer grossen Acacia Seyal bis unsere Karavane mit unseren Zelten und Gepäck anlangte, was, weil wir um so viel rascher reiten, gewöhnlich 2—3 Stunden dauert.

Während wir in einer Stunde 5¼ engl. Meilen zurücklegen, macht unsere Karavane nur 2½. Mit der Sekundenuhr in der Hand haben Colston und ich zu verschiedenen Malen den Lauf der Dromedare gemessen und stets dasselbe Resultat, nämlich 120 Trabschritte in einer Minute, erhalten. Seitdem berechnen wir die zurückgelegten Distanzen nach Kamelschritten und haben gefunden, dass wir dabei ein genaueres Resultat erzielen, als vordem am Nil bei Berücksichtigung der sehr schlecht ausgesteckten Telegraphenstangen....

Hinter unseren Dromedaren trabt ein Esel, den ich in Debbe vom Gouverneur requirirt und »Abu haschisch« getauft habe. Da es auf grossen Märschen zu beschwerlich und langweilig ist, jeder Pflanze wegen vom Kamele abzusitzen, so benutze ich auf interessanten Flächen den Esel und nur auf öden Strecken das Kamel. Ich habe auch ein sehr schönes Dongola-Pferd, allein dasselbe ist ungeschult, erschrickt vor jedem Schatten und ist an einem schwarzen Felsblock kaum vorbeizubringen. Ich ziehe daher mein Dromedar vor, das 8—10 Stunden hinter einander ruhig wegtrabt, und wenn ein Schuss fällt im schlimmsten Falle seinen dummen Schädel erstaunt in die Höhe reckt und mit aufgeworfener Oberlippe nach einer Fliege schnappt.

Im Wadi Mhelck hatten wir während 10 Tagen Wassermangel. In Folge der grossen Hitze war das Wasser, das wir in 60 Zinkbarilen à 40 Liter und in 200 Girbeln à 80 Liter mit uns führten, faul und übelriechend geworden. Als ich nach Debbe zurückkam und den Nil wieder sah, begriff ich vollkommen, dass die alten Aegypter ihn angebetet haben. Auch hier in Debbe ist es noch unerträglich heiss, so dass ich seit 5 Tagen nichts als Unterhose, Hemd und eine arabische Tunik aus weisser Leinwand trage und dennoch stets wie aus dem Wasser gezogen bin. Könnte man doch im Nil baden! Allein die Krokodile sind hier schon sehr häufig, und wenn ein solches Ungethüm am Ufer liegend mit Einem liebäugelt, dann kommt es mir vor, als ob ihm auch ein 62jähriger Braten nicht zu zähe wäre.

Allein genug der Plauderei. Sie werden denken, der hat nichts als

Possen im Kopfe und das ist doch eben nicht der Fall. Ich bin bei der Arbeit und selbst bei der mühseligsten nur immer gut aufgelegt und das ist ein Glück für mich und selbst für meinen Obersten, den meine Einfälle oft erheitern. Glauben Sie mir, wer immer und bei jeder Gelegenheit den ernsthaften und trockenen Gelehrten spielt, der ist es nie da, wo er es sein soll. Sie erlauben, dass ich Sie schliesslich mit einer Copie meines Ministerialberichtes über den Wadi Massuhl langweile.

Rapport sur le Wadi Mhelck.

Debbe, 7. Avril 1875.

Votre Excellence! Après notre retour de la sortie de reconnaissance dans le Wadi Mahâk ou el Mhelck ou Wadi Massuhl, je me hâte de vous faire le rapport désiré sur nos observations et notre activité pendant les dix jours de cette excursion.

Le 28. du mois de Mars vers les 9 heures du matin nous quittions les rivages sablonneux et déserts du Nil et prenions, sortant de la ville de Debbe, notre direction vers SSO et plus tard vers SO (c. a. d. S. 210—220—235 v. O.). Les premiers deux jours nous traversions une plaine vaste et déserte, dont les collines sablonneuses, plates et très dilatées (une de celles porte le nom frappant »bourgh el esch«) ne fesaient que très peu de différences à la surface du sol. Celui-ci est à la plus grande partie sablonneux et dur ou pierreux et les traces, que l'eau coulant dans les saisons pluvieuses de temps en temps laisse derrière, font voir, que l'eau, qui tombe dans le court intervalle de quelques jours est d'une quantité assez considérable, ordinairement est absorbée par le sol lui-même, quoique — comme il semble — peut-être une fois pendant la vie de l'homme, il arrive, que la grande masse de cette eau cherche un écoulement dans le lit du Nil. C'est ainsi bien clair, que cette plaine, que nous traversions jusqu'au puits dans une dimension de 41 milles anglais, ne produit qu'une végétation encore plus pauvre et monotone, que celle dans les environs déserts du Nil dans cette hauteur. Avec l'éloignement croissant de la vallée du Nil, qui se sépare de ce vaste désert par des collines longues et étendues de sable, la végétation se simplifie de plus en plus spécialement et individuellement, jusqu'à ce qu'on rencontre des traites désolées, qui ne produisent qu'une ou deux espèces du genre Aristida, des herbes graminées sèches et quelques peu de plantes dures et maigres, comme p. e. Kenissa khoul, Arrah etc. Les espèces d'Aristida forment ordinairement des gazons arides plus petits ou plus grands, que les chameaux cherchent avec avidité et que les nomades de ces environs appellent Gabbah. Plus tard nous voyions à notre droite vers le Ouest le Gebel Gemâï et sortant d'ici, la végétation avait plus de vivacité, plus de fraîcheur. Nous trouvions des petits buissons du vrai Séné, que les Arabes nomment Séna ou Lesan el asfour (langue d'oiseau, selon la forme des feuilles), et plusieures autres espèces, qui n'ont pas d'intérêt ni pour le commerce, ni pour l'industrie, ni jusqu'à présent pour l'usage humain. Le Séné cependant, que nous avons déjà observé fréquemment et en grande quantité depuis notre départ de Dongola ordi, se trouve aussi ici jusqu'à Rachmed-Allah et encore plus loin tellement en abondance, qu'il est difficile de comprendre la falsification de cette drogue avec l'Argel, qui se trouve plus rare. C'est évident, que ces contrées pourraient fournir toutes les drogueries du monde civilisé avec ce médicament bien cherché. Nous trouvions ce sous-arbrisseau d'une hauteur de quatre pieds avec des tiges boiseuses de 1 ½—2 pouces de diamètre.

Sortant d'ici la végétation s'élève jusqu'aux environs des puits, qu'on appelle Matoul. Il y a ici dans une petite vallée presque ronde et en forme de chaudron, entourée de collines sablonneuses, deux puits avec de l'eau salée (vraisemblablement du sel neutre et de la magnésie sulfatée). Ce sont des puits creusés et on trouve encore plusieurs creux vides à l'entour, certainement fouis pour gagner plus de cette eau.

L'influence de ces sels neutres, qui imprègnent tout-à-fait le sol et qui se trouvent cristallisées dans des conglomérations pierreuses avec du sable (Mhelck), se prononce distinctement aux plantes et aux animaux. On rencontre d'ici jusqu'aux environs de Rachmed-Allah des plantes salines, des espèces de Soud etc., et même le lait des chameaux a le gout salé.

La végétation de Matoul ne consiste presque que de quelques arbres. Il y en a le Sont, le Seyal, le Tundub, l'Arrakh ou Errakh, le Farha (Sarh, Sarha) et sûrtout l'Assal avec son vert de vessie, que dans toute l'extension de ce Wadi nous n'avons vu qu'aux environs de ces eaux, tandis que les autres arbres se trouvaient dispersés dans toute cette région.

Les arbres sont en plus grande partie ensablés. Le tronc d'arbre donne au sablon un point d'appui et on le voit presque toujours enfoncé dans une petite colline de ce sable mouvant, sur laquelle les ramifications s'élèvent en forme d'un sous-arbrisseau. Dans cet état le Sont et le Seyal forment de temps en temps un cône retourné et au lieu du sommet on les voit dessus plats et horizontalement coupés. Assez souvent on observe seulement quelques branches mortes et nues d'un arbre ensablonné, couronnant encore le sommet d'une colline, qui — en l'étouffant — est devenue sa colline sépulcrale. Dans la même manière aussi les plantes plus petites forment des points d'appui pour l'accumulation du sable et presque chaque touffe même de Gabbah a causé sa petite colline. C'est incontestable, que toutes ces régions sablonneuses ensevelissent une végétation défunte depuis longtemps, dont les restes chétifs poussent dans ce sol étouffant et se tourmentent, pour décorer encore cette plaine ingrate, déserte et triste. On y trouve dans un état saisi et pauvre le Gemdeh, le Kenissa khoul, l'Arrah, — et les petits individus de Kobbeireh, exhalantes ses odeurs charmantes, forment la reine des fleurs de cette vallée.

L'humidité plus grande de ce sol ci se manifeste aussi par la présence d'étoffes végétales pourrissantes et par leurs produits, p. e. quelques espèces de fonges: Agaricus, Lycoperdon etc.

Dans la vallée de Rachmed-Allah, qui passe entre deux longues montagnes de NE vers SO, on voit clairement, qu'une gorge de montagne profonde s'est remplie peu à peu de sable. Les eaux de la saison pluvieuse y trouvent dans l'enfoncement un réservoir et elles ont pris de toutes les substances du sol. C'est ce qu'éprouve la végétation, qui est ici exceptionellement riche et voluptueuse; c'est ce que constate aussi le simple rapport d'un indigène, qui au-delà du dos méridional de la montagne passe sa vie érémitique: qu'il y avait une petite source d'eau amère et salée. Si par comparaison nous avons appelé la végétation de cette vallée riche, ça veut dire, que les touffes de Gabbah, d'Arrah, de Tomam etc. comme ceux de Lesan el asfour poussent ici d'une hauteur singulière et que nous y retrouvions quelques espèces, qui nous manquaient dès que nous avions quitté le Nil, p. e. le Mörg ou Morgh.

Ayant traversé cette vallée, nous trouvions encore une plaine presque à perte de vue, dont l'aridité et la stérilité ne présentaient que ça et là un arbrisseau desséché ou à peine végétant et le blanc luisant des Gabbah. Après quelques heures de marche par ce triste désert au milieu de la plaine de Abou Chaï, Mr. le colonel fut obligé de finir ce voyage, dont la continuation était si évidemment inutile, et d'ordonner le retour, après que nous eûmes suivi jusqu'ici la direction de ce Wadi par 72 milles anglais.

Pauvre, comme les productions végétales, sont naturellement aussi les objets zoologiques. Tout être vivant s'enfuit du désert cherchant des régions, qui le nourrissent au moins. Quelques scarabées, quelques grillons, un lézard du genre Uromastix — une collection de plantes et quelques échantillons de bois assez rare — voilà le profit entier; — mais assez pour le naturaliste, qui ne doit que suivre les mouvements de l'expédition, qui doit profiter seulement de quelques heures ou de quelques jours de repos, pour recueillir ces objets, que les environs voisins lui pourraient offrir, et controller ou compléter les observations, qu'il a faites à dos de chameau.

Les observations climatologiques sont données dans la table ci-jointe. Je me suis permis seulement d'ajouter la remarque, que la sécheresse de l'atmosphère est plus grande ici, que dans les déserts au long du Nil, un fait, que prouve évidemment le psychromètre; c'est aussi cet air sec, qui empêche le développement du mirage Fée Morgane; en nous rapprochant du Nil nous en voyions le premier.

Debbe, Montag, 19. April, 8 Uhr früh.

Wir kommen richtig nicht weg. Gestern Nachmittag wurde der Wind etwas ruhiger, alles machte sich zum Aufbruch fertig und man ging zeitig zu Bette um früh munter zu sein; aber Himmel welche Nacht. Um 11 Uhr kam der Wind als heftigster Sturm zurück. Um 12 Uhr tobte er in einer Weise, dass nicht nur Sand, dass selbst Steinchen Einem in's Gesicht flogen. In kurzer Zeit legte er alle unsere Zelte nieder; nur meins hielt Stand, da die Stricke stramm gespannt und die Pflöcke fest in die Erde getrieben waren. Dafür hat er mir aber mein Zelt so zerrissen, dass die Arbeiter den ganzen Tag daran zu thun haben werden, um es auszubessern. Auch mein Kamel ist krank und aus diesem Grunde ist mir's sehr recht noch hier zu bleiben, denn ich reite nicht gern ein anderes Kamel. Wer weiss ob morgen anderes Wetter sein wird, denn der Wind ist heute wie in dieser Nacht. Das Tollste was er angerichtet hat, ist, dass er unser Closet etwa 500 Schritte in die Wüste hinaus geschleppt hat, wo es die Soldaten auffanden; und nicht nur das, auch den hölzernen Beichtstuhl hat er rund herum gestürzt. Schrecklich ist der Staub. Wir hatten um 8 Uhr früh gebratene Schöpsenleber und eine Brathenne zum Frühstück; wir assen im Gouvernementsgebäude; während des Essens wurde alles schwarz von Staub und knirschte zwischen den Zähnen, und während ich dieses Blatt vollschreibe, ist es derart mit Staub bedeckt, dass man keine Schrift mehr sieht. In Kairo ist auch genug Staub, aber er ist nicht so schmutzig. Dieser hier ist zerriebener Nilschlamm, kohlschwarz, und keine Thür, kein Fenster schützt gegen ihn. — Nun, die Freude wird wohl auch vorübergehen, wenn nur erst mein Kamel gesund ist. Morgen, den 20. geht's jedenfalls fort, sei das Wetter wie es wolle. Wir gehen nach Süden und haben also Wind und Staub im Rücken und da kann er uns blasen, wohin er will.

Im Lager bei Burrah, Militärstation bei El-Obeid 5. Juni 1875.

Herrn Kaiser!

Mein lieber verehrter Freund! Gelobt sei Gott, die grosse Wüste von Kordofan liegt hinter uns; ein Wüstenmarsch von 44 Tagen. Noch zwei Tage und wir sind in El-Obeid — und doch werden wir es so bald nicht erreichen. Ich bin verurtheilt Kranke zu führen. Von Halfa bis Dongola hatten wir den Oberstlieutenant Reed krank und mussten ihn zurückschicken; jetzt ist mein braver Oberst schon seit geraumer Zeit so schwer leidend, dass wir ihn seit 9 Tagen auf einer Bahre mit 4 Mann abwechselnd tragen lassen müssen, dass wir nicht mehr weiter mit ihm können und — dass ich wenig — blutwenig Hoffnung habe, sein Leben zu retten. Hätten wir früher die Medikamente gehabt, oder wäre Kommandant Prouth etliche Tage früher zu uns gestossen, wäre Alles gut gegangen. Als wir in Safie waren, etwa auf der Höhe von Chartum, hätte ich dann den Obersten nach Chartum in's Spital gebracht, und Prouth hätte das Kommando der Truppen übernommen. In El-Obeid wäre ich wieder zur Expedition gestossen; — allein das weise Ministerium richtete Alles so weise ein, dass wir wohl Alle noch zu Grunde gehen können.....

Das Ministerium unterrichtete uns per Telegramm, Kommandant Prouth werde Reeds Stelle ausfüllen, aber ohne hinzuzufügen auf welchem Wege oder wie. So verliessen wir den 18. März Dongola ordi und waren den 21. März zu Mittag in Debbe. Mein guter Oberst hatte schon im Januar auf der Dahabîye einen Anfall von Leberleiden gehabt, welcher jedoch durch mich beseitigt wurde, so dass er im Wadi Halfa und auf der Reise nach Dongola frisch und munter war. Es war eine Freude mit ihm zu reisen und zu arbeiten. Stets guter Laune und reich an launigen Einfällen, lachte er gern. Wir haben manchen 5—6-stündigen Ritt verplaudert und wussten kaum, dass 15 bis 20 Meilen hinter uns lagen. Machten wir Halt und Alles lag wie die Herbstfliegen ermattet da, so nahm er die Jagdflinte, ich die Mappe zum Botanisiren und wir streiften noch stundenlang herum. Er brachte ein gutes Mittagessen heim, ich eine Ausbeute, wie es der Ort gerade zuliess und von Ermüdung war bei uns keine Rede. Nur ein Mal, als wir 28 Meilen in 7½ Stunden geritten waren, lag er nachsinnend im Schatten eines Baumes. Als ich ihn fragte, was das zu bedeuten habe, sagte er: Ich weiss nicht, was es ist; aber seit ich den Anfall von Leberkrankheit hatte, fühle ich in der rechten Seite einen Ballen (paquet) und besonders heute nach dem strengen Ritt, thut es mir etwas weh. Nach einer Stunde der Ruhe hatte er sein Packet schon wieder vergessen, mir aber hatte es sich in den Kopf eingenistet, denn ich begriff, dass dem Vorspiele auf der Dahabîye noch ein ärgerliches Nachspiel folgen werde. — In Dongola hatten wir mit dem Gouverneur die gewöhnlichen Verdriesslichkeiten. Auf unsere erste Anfrage, wir würden wohl 12—14 Tage auf unsere 400 Kamele zu warten haben, versprach er, uns in spätestens 7 Tagen zu expediren und schliesslich zog er uns volle 6 Wochen hin. Hier fing der Oberst eines Abends bei'm Whistspiele an zu klagen, dass ihm schwer und hässlich zu Muthe sei. In der Nacht bekam er Erbrechen. Andern Tages meinte er, er bekomme wieder die rheumatischen Schmerzen, die er im vorigen Jahre am Rothen Meere bei Berenice gehabt habe. — Ich liess ihm seine Ansicht, wiewohl ich recht gut einsah, woher diese Schmerzen in der rechten Schulter stammten. Sie erreichten auch bald noch vor unserer Abreise, besonders vor Mitternacht, einen sehr bedeutenden Grad Da sass ich und hatte an Medikamenten fast nichts um das Uebel radika. anzugreifen. Wir rechneten nach wann Prouth von Cairo abgereist sei und kamen zu der Hoffnung, dass wir ihn mit den Medizinen in Debbe treffen könnten, wenigstens wenn wir von der Untersuchung des Wadi Mhelck zurückkommen würden. Die Reise von Dongola bis Debbe war noch ziemlich erträglich. Hier aber gesellte sich zu den Schmerzen noch eine Lähmung und Unempfindlichkeit des ganzen linken Beines. Unter solchen Umständen machten wir mit 100 Kamelen die Untersuchungstour in den Wadi Mhelck, wo Colston noch das Unglück hatte bei Rachmed Allah mit dem Pferde zu stürzen. Durch zweckmässig angewandte Medizinen gelang es mir noch stets die Fieber zu unterdrücken und den Obersten so viel als möglich aufrecht zu erhalten; allein uns fehlte zu viel und die Lebensbedingungen, das ununterbrochene Reiten, die Kost worauf wir angewiesen waren, wirkten nach und nach all zu nachtheilig. So kam es, dass ich mich bewogen fühlte, ihm eines Abends den Vorschlag zu machen, er möge, sobald Prouth ankomme, nach Cairo zurückkehren, um während unseres Aufenthaltes in El-Obeid seine Gesundheit zu restauriren und bis zu unserem Aufbruche nach Dar-Fur wieder wohlgemuth bei uns zu sein. Ich hatte hiermit meine Pflicht gethan. Die Antwort die ich erhielt, wusste ich zuvor. Mein guter Doktor, sagte er, nie kehre ich in diesem Zustande nach Cairo zurück. So lange ich noch einen Fuss vor den andern setzen kann, gehe ich vorwärts; ich ziehe vor unterwegs zu sterben. Sie mögen mich in der Wüste begraben, zurück aber gehe ich nicht, das Wort zurück existirt nicht in meinem Lexicon. Sie selbst würden es auch nicht thun. — Wiewohl ich nichts anderes erwartet hatte, schwieg ich bestürzt still. Der Mann hatte fest und ruhig sein Todesurtheil gesprochen. Auch er schwieg und versank in tiefes Nachdenken. Nach langer Zeit fragte er noch mit weicher Stimme: Es steht also doch in allem Ernste so schlimm mit mir, dass Sie die Hoffnung aufgeben, mich zu heilen? — Das habe ich damit nicht gesagt, entgegnete ich. Hätten wir alles, dessen wir bedürfen, mir wäre es nie eingefallen, Ihnen diesen Rath zu geben; allein wir haben fast nichts. Ausserdem sind unsere Lebensbedingungen all zu ungünstig. Urtheilen Sie selbst. Sie bedürfen der Ruhe, der vollständigsten körperlichen und moralischen Ruhe und statt dessen haben wir täglich 18—20 Meilen zu machen. Die Bewegungen des Reitens sind es vor Allem, die unterbleiben müssten, und statt dessen hocken wir täglich 5—6—7 Stunden im Sattel. Was ist da alle 4 Tage ein Tag der Ruhe, wenn man obendrein dann der Art zu thun hat, dass man seinen Kopf kaum findet? Sie sollten leichte Gemüsekost haben, und wir haben nichts als zähes Hammelfleisch, alte Hühner und schweres Soldatenbrod. Wie kann das enden? Die Zeit der Wunder ist vorüber, und der grosse Wüstenmarsch durch Kordofan steht vor uns. — Er drückte und reichte mir fest die Hand und sagte: Komme, was kommt, kein Wort mehr von Umkehren. Haben Sie nur Geduld mit mir, Sie sind ohnehin der Segen meiner Expedition. Wenige Tage nachher kehrten wir nach Debbe zurück. Da waren weder Prouth, noch Medikamente, noch Nachrichten. Indessen wir hier auf Kamele warteten und uns so gut als möglich verproviantirten, wurde der Oberst auffallend schlechter, so dass er, als ich kaum 400 Schritte weit von unserem Lager ein Lager von petrificirtem Holze gefunden hatte, nur mit unglaublicher Anstrengung mich dahin zu begleiten im Stande war. In Ermangelung jeder Nachricht telegraphirten wir nach Assuan, um zu erfahren, ob der Kommandant Prouth dort passirt sei Die Antwort lautete verneinend. Er reist demnach über Suez und Sauakin nach Berber. Wir waren ihm also sehr nahe, wenn er noch oder schon in Berber war, standen aber weder durch Telegraph noch durch geregelte Postverbindung mit Berber in Verbindung. So verliessen wir endlich den 20. April Debbe, um die grosse Wüste von Kordofan zu durchziehen. Den 3. Tag hatten wir Wasser, dann aber gab es Strecken von 5—7 forcirten Tagesmärschen ohne Wasser. Diese ungeheuer anstrengenden Züge des schwer leidenden Mannes warfen ihn völlig zurück. Die Schmerzen im Kreuz, Schultern und Brust erreichten einen bedenklichen Grad, die Lähmung in den Füssen wurde vollkommen, vier Männer hatten zu thun hn auf's Pferd zu heben, und wir konnten nur in langsamen Schritten vorwärts. Endlich gesellte sich zu all' den Leiden noch das schrecklichste aller Uebel, eine heftige Strangurie. Während unserer Lagerstunden gelang es mir stets, das Uebel zu mässigen; allein die Märsche waren wahrhaft entsetzlich. Die Angst trieb dem Manne zu Pferde den kalten Schweiss über den ganzen Körper hervor, und oft hielt er vor Schmerz laut schreiend sein Pferd an, mnsste herabgehoben werden und halbe Stunden lang harren, um unter tollen Schmerzen einige Tropfen Wasser zu lassen. Stellen Sie sich, wenn Sie es können diese Leiden in Mitte einer so ungeheuren Wüste vor. Es lässt sich mit Worten nicht sagen was wir ausstanden und litten. So oft wir anhalten mussten, wenn der Oberst vor Schmerz und Anstrengung nicht mehr weiter konnte, hatten wir weit und breit nicht den Schatten eines Baumes. Da lag der arme Mann auf dem glühenden Sande (45—47° R.), eine elende Satteldecke unter sich, in einer Sonnenhitze von 32—34° R., unter irgend einem Fetzen, den 4 unserer Soldaten über ihn ausgebreitet halten mussten, und oft ohne die Möglichkeit eines Trunkes frischen Wassers, und meist auf einen Schluck warmen Cognac angewiesen, um das übelschmeckende Wasser hinunter zu bringen.

So arbeiteten wir uns mühselig fort bis zum 8. Mai. — Im Wadi Sheraf (Giraf) am Gebel matagub machten wir um 9 Uhr des Morgens Halt, um den erschöpften Kranken etwas ruhen zu lassen. Er konnte buchstäblich keinen Fuss mehr ansetzen. Man hob ihn vom Pferde und trug ihn in den dünnen Schatten eines Samur (einer Akazienart, aus deren Wurzeln die Beduinen ihre Lanzenschäfte machen). Man legte ihn nieder, wobei er in seinen Schmerzen laut aufschrie. Ich kniete bei ihm nieder, um ihn zu unterstützen. Hier brach der Mann von Eisen zusammen. Seinen Kopf an meine Kniee gelehnt, bedeckte er das Gesicht mit beiden Händen. Es zuckte in ihm gewaltig, ich hielt ihn fest in meinen Armen. Endlich lehnte er das Gesicht an meine Brust und weinte bitterlich. Ist es eine Schande zu bekennen, dass auch mir ein Thränenstrom in den grauen Bart hinabfiel! — Es war die feste Ueberzeugung, war das innere überwältigende Gefühl, dass er mit aller Anstrengung, ja mit Anwendung seiner ganzen, fast beispiellosen Energie, nicht mehr weiter vorwärts könne; es war die bittere Resignation aller seiner Pläne und Hoffnungen, es war das Gefühl, das peinigende Gefühl geistiger Ohnmacht gegen den widerstrebenden irdischen Stoff. — Er sprach, nachdem er sich gefasst hatte, dieses auch unverhohlen aus, hielt meine Hände fest in den Seinigen und meinte: O, wenn doch die Herren, die uns so schlecht mit dem Nothwendigsten versehen haben, die uns so stiefmütterlich, so gewissenlos in diese entsetzliche Wüste hinausgestossen, doch nur 8 Tage hindurch empfinden möchten, was ich schon seit Monaten leiden muss, — so begriffen sie doch wenigstens, was es heisst, in Mitte einer solchen Wüste schwer und schmerzhaft krank da zu liegen, zu seiner Nahrung nichts zu haben, als nachtheilige, schwerverdauliche Kost, zur Linderung seiner Schmerzen nichts, als unpassende, zum Theil verdorbene Medikamente, zur Erquickung nichts, als warmes, halbfaules Wasser. — Einige Tage zuvor hatte ich meine letzte Flasche Weisswein mit Ingwer und Zucker digeriren lassen und sie für ihn aufbewahrt. Jetzt liess ich ihm einen Zinnbecher voll davon reichen und austrinken. O, wie gut das ist, sagte er leise, lehnte sich etwas zurück und drückte mir die Hand. Wir legten ihn auf mehrere Satteldecken nieder, doch dauerte es lange, ehe wir eine Position fanden, in welcher er schmerzlos zu ruhen im Stande war. Nach einer Weile schlief er ein. Wir stellten genügend Wachen auf, damit nichts seinen Schlummer unterbreche und ich entfernte mich, um während seiner Ruhe in der Umgebung zu botanisiren und Aufnahmen zu machen. Die Fahne wurde abseits aufgestellt, damit die uns folgende Karavane ruhig seitwärts weiter ziehe. 10 Uhr war vorüber, als wir wieder aufsitzen konnten, und es ging so langsam und mit so häufigen Unterbrechungen vorwärts, dass wir erst um 3½ Uhr bei Magati el abu uruk ankamen, wo unsere Soldaten Lager geschlagen hatten. Was ist die Erholung weniger Stunden gegen die Marter so furchtbarer Märsche! Tags darauf erreichten wir den Wadi el Ariel, eine Ebene ohne Namen, welche wir auf den Landkarten so tauften, wegen ihrer ungemeinen Menge grosser Termitenbauten aus rothem, eisenhaltigen Sande. Noch war die Strecke bis zur Wasser- und Baschibussukstation Safie zu gross, um sie mit dem schwer kranken Manne in einem Tage zurückzulegen. Während des Rittes erreichten die Schmerzen der Strangurie eine unglaubliche Höhe und machten fast unempfindlich gegen die Schmerzen in der Brust und Schulter. Oft musste Colston vom Pferde gehoben werden und stand in der Sonnengluth auf sein Pferd gelehnt, von uns unterstützt 30—50 Minuten lang da, um unter unsäglichen Schmerzen 8—10 Tropfen Urin zu lassen. In den Stunden der Ruhe allerdings schafften laue Sitzbäder und Umschläge stets einen Nachlass des Uebels, welches aber bei fortgesetztem Ritte stets wieder durch den Sattel neu hervorgerufen wurde. Der Adjutant erhielt somit die Order, morgen (d. 10.) ganz früh von hier aufzubrechen und direkt mit der Karavane nach Safie zu gehen, denn die Kamele bedurften Wasser. Es war der vierte Tag, dass sie nicht getränkt waren. Um 7½ Uhr folgten wir ihm, mussten aber schon um 9 Uhr am Gebel tarabieh wieder auf längere Zeit anhalten. Wir konnten auch nur bis um 10½ Uhr unsern Ritt fortsetzen, denn es war unmöglich mit dem Leidenden weiter vorwärts zu kommen. Wir machten im Wadi n'tamdub Halt und da ersichtlich war, dass der Oberst jetzt mehr als einige Stunden der Ruhe bedurfte, so schickten wir alle Dromedare nach Safie zur Tränkung und um für uns frisches Wasser mit zurück zu bringen, voraus. Die Ruhe von 38 Stunden that dem Obersten sehr wohl; dagegen war der Ritt am 12. d. von 10 Uhr früh bis 2 Uhr Nachmittags wahrhaft entsetzlich. Zum Glücke hatten wir einen wolkenbedeckten Himmel. Die Regenzeit kündigte sich an, es wurde Zeit nach El-Obeid zu eilen. Aber wie Obeid erreichen? Und, wenn der Regen uns unterwegs überfallen sollte, was musste aus uns, aus meinen Sammlungen, aus dem Reste unserer Provision und aus unserer Munition werden? — Der Adjutant und die Officiere empfingen uns mit 3 Kanonenschüssen in Safie. Als der Adjutant den Obersten, den man im Zelte auf sein Angareb gelegt hatte, fragte: Mon colonel, comment vous-va aujourd'hui? sagte er seufzend: Vous voyez, je ne suis pas encore mort; voilà tout! Ich ordnete für heute vor Allem gänzliche ununterbrochene Ruhe an. Noch an demselben Tage ging von hier aus ein Baschibussuk als Eilbote mit zwei Briefen von uns nach

El-Obeid ab. Ein Brief war an den Kommandanten Prouth und enthielt die Bitte, so schnell als nur irgend möglich zu uns zu kommen und mit zu bringen, was er an Medikamenten mit sich führe. Der zweite Brief an den Gouverneur von Kordofan, forderte diesen auf, die für uns eingegangenen Briefe zu senden und den Kommandanten so schnell als möglich zu uns zu befördern. Wir blieben, den Erfolg dieser Sendung mit Sehnsucht abwartend, bis zum 22. Mai in Safie. Ich benutzte diese Zeit mit sichtlichem Erfolg, um die Strangurie zu beseitigen, doch blieb zu befürchten, dass neue Ritte zu Pferde das Uebel wieder hervorrufen würden. Wir mussten also auf Mittel sinnen, unsern Kranken zu transportiren, ohne ihn jener Gefahr auszusetzen. Ich schlug ein umgekehrtes Angareb vor, mit übergespannter Zeltkappe, welches von vier Soldaten abwechselnd getragen, eine bequeme Tragbahre abgeben musste. Colston fürchtete die Leute zu sehr anzustrengen. Des Proviantmeisters, des Signore Thomas Einfall, eine solche Tragbahre hinten und vorne von 2 Kamelen tragen zu lassen, misslang völlig. Beim vierten Schritt der Thiere lag der ganze Kram zertrümmert im Sande. So musste denn la chaise d'ambulance herbei; allein, wie ich zuvor gesagt hatte, das Schaukeln und die Schritte des Kameles hielt der Patient nicht aus. Wir machten also bald wieder andere Vorrichtungen. Mit Angst und Zittern dachte Colston an den Aufbruch und doch konnten wir nicht länger als höchstens bis zum 22. hier auf Antwort aus Obeid warten. Unser Proviant ging zu Ende, wir hatten nur noch 2 Hammel und 3 Rationen Reis, Brod garnicht, hingegen Linsen und Bohnen in Menge. Es wurde also eine Tragbahre gemacht und 24 Mann beordert, den kranken Obersten, je 4 Mann eine halbe Stunde, zu tragen. Das ging so drei Tage ganz gut. Dann stellte sich heraus, dass der Transport in horizontaler Lage ihn ermüde und nach beendetem Marsche er nicht in derselben Lage davon ausruhen könne. Zugleich erhielten wir die Nachricht aus Obeid, dass Kommandant Prouth noch nicht da sei, der Gouverneur selbst nicht einmal Nachricht von seiner Ankunft habe, aber so bald als möglich ihm unsere Briefe zustellen und ihn vermögen werde, uns entgegen zu reiten. Das war zum Verzweifeln! Wir mussten also vorwärts, auf gleicher Breite, kaum 6 Tage entfernt, mussten wir die Hoffnung aufgeben, unsern Leidenden nach Chartum in's Hospital bringen zu können, wohin wir um so sehnlicher zu kommen trachteten, als man uns das Spital als ausgezeichnet geschildert hatte, mit europäischen Aerzten und vollständigen Apotheken, Gärten und vortrefflicher Verpflegung. Allein Prouth war nicht da, dem Adjutanten konnte man die Führung der ganzen Expedition nach Obeid nicht anvertrauen und so ward unsere trostlose Lage täglich ärger. Es wurde also aus einer leeren Proviantkiste ein recht bequemer

Tragsessel fabricirt und ihn auf zwei Zeltstangen zu tragen versucht. Das ging zwei Tage gut, dann musste wieder die Tragbahre heran und so ging es abwechselnd und langsam weiter. Die beseitigte Strangurie gewährte allerdings einige Erleichterung, allein die heftigsten Schmerzen, die nach Sonnenuntergang eintraten, beraubten ihn des Schlafes. Colston wurde von Tag zu Tag schwächer, und es stellten sich deutliche Zeichen von Wassersucht ein. In dieser Situation stand uns ganz unerwartet eine grosse Ueberraschung bevor. Den 3. Juni durchzogen wir langsam den Wadi Omdayog. Ich ritt vor der Tragbahre her. Der Oberst schlief. Um 9 Uhr ungefähr kam Weber zu mir heran und zeigte in der Ferne auf 5 lagernde Kamele und auf eben so viele Leute, die im Schatten lagerten. Einer davon hatte sich erhoben und kam uns zu Fusse entgegen. Es war ein Europäer. Mein Herz pochte bei dem Gedanken, dass es Prouth sei, höher. Schnell legte ich mein Kamel nieder, sprang hinab und eilte auf ihn zu. Er war es, und die freudigste Bewegung erregte den ganzen Zug. Jetzt aber war es zu spät nach Chartum umzukehren, denn wir waren viel näher an Barrah und an Obeid. Ausserdem aber belehrte uns Prouth, der 14 Tage in Chartum gewesen, dass gar kein Hospital da sei, eben so wenig eine Apotheke und noch weniger ein europäischer Arzt. Die ganze Nachricht war falsch. So blieb uns also nichts übrig, als langsam nach Barrah zu ziehen, wo wir dann auch den 4. Juni gegen 10 Uhr unsern Einzug hielten. Der Sandjak mit etwa 80 Baschibussuks kamen uns eine Stunde weit entgegen, machten uns ihre wilden Reiterkünste und Fantasien vor und zogen mit uns unter dem Klange ihrer kleinen in Terzen abgestimmten Trommeln in Barrah ein. Colston aber war der Art erschöpft, dass er dem Kommandanten Prouth hier Alles übergab; die Leitung der wissenschaftlichen Angelegenheiten war ohnehin schon längst in meiner Hand. Colston hoffte nicht mehr, El-Obeid zu erreichen.

Obeid, 24. Juni 1875.

Wir waren vom 4. bis zum 10. Juni in Barrah, wo ich bis hieher Ihnen schrieb. Diese Tage völliger Ruhe, kostbarer Verpflegung und — ich darf doch auch wohl sagen — zweckmässiger Behandlung, brachten unsern braven Obersten so weit vorwärts, dass wir daran denken konnten, unsere Reise bis Obeid zu vollenden; auch hatte bereits am 6. Juni Nachmittags ein heftiges Gewitter mit $^5/_4$ Stunden anhaltendem heftigen Regen uns eine Ouvertüre aus der Oper »Die Regenzeit« vorgespielt. Wir durften somit stets den Beginn des ersten Aktes erwarten. Die schönen Tage von Aranjuez waren also vorüber. Wir hatten hier wahrhaft fürstlich gelebt und unsere in der Wüste zusammengeschrumpften Kadaver wieder ganz ordentlich restaurirt. Doch ehe ich weiter gehe, muss ich Ihnen die Antwort des Sandjak mittheilen, die er uns gab, als Colston, Prouth und ich uns beim Abschiede für die treffliche Bewirthung bedankten. Er sagte: Ihr habt Vaterland, Frau und Kind verlassen, Du hast gar Deine Gesundheit aufgeopfert; — was können wir, zu denen Ihr gekommen seid, wohl weniger thun, als Euch zu essen geben, so gut als wir es nur irgend haben. Ich drückte ihm die Hand und sagte: Siehst Du, diese Antwort kostet Dich nichts, und doch ist sie mehr werth, als all die reichen und kostbaren Tafeln, die Du uns gegeben hast. — Wir brachen auf und Mustapha Aga gab uns noch das Geleite zu Pferde mit 100 Mann irregulärer Kavallerie eine gute Stunde weit. Das Wetter war trefflich, der Himmel halbbedeckt. Wir machten heute einen tüchtigen Marsch und liessen um 12 Uhr unfern vom Dorfe Omsut Lager schlagen. Tags darauf ritten wir um 5 Uhr 25 Minuten weiter. Es war der 11. Juni, der denkwürdigste Tag, den wir erlebten. Wir ritten bis gegen Mittag. Der Ort unsers Lagers war Kaffer-el-Jut, eine weite Ebene, welche nur in bedeutender Entfernung uns die Berge sehen liess, zwischen welchen wir morgen hindurchkommen sollten. Gegen 3 Uhr erhob sich ein Westwind und trieb lebhaft ziemlich finstere Wolken vor sich her. Dessenungeachtet — denn Meereshöhe und Feuchtigkeit der Luft hatte ich bereits notirt — war ich entschlossen mit meinem Gehülfen eine Exkursion zu machen. Ich ging zu Colston um mich bei ihm zu verabschieden. Prouth sass bei ihm auf dem Bette, der Adjutant lehnte an der Zeltstange. Colston reichte mir die Hand. Schon wieder fort? fragte er, gönnen Sie sich denn niemals Ruhe? — Lieber Oberst, ich will mich hier etwas umsehen. Was ich nicht selbst mitmache ist so gut als nicht gethan, das wissen Sie schon. Seine Hand hielt die Meinige fest, er sah mich starr an, eine grosse Thräne lief über seine Wange, dann sagte er: Der ist aus Bronze gegossen, der ermüdet nie. So was ist mir noch nicht vorgekommen. Was wären wir ohne ihn! Ich läge schon in Brega begraben, und muss doch hier so unthätig liegen! — Wir redeten ihm Muth ein und ich ging fort. Auf dem Wege zu meinem Zelte bemerkte ich, dass der Himmel mit düsteren Wolken von kupfer- und chokoladefarbigem Ansehen völlig bedeckt war. Es fielen einzelne schwere Regentropfen und der Wind ward in vereinzelten heftigen Ausbrüchen unangenehm fühlbar. Ich dachte an das Gewitter von Barrah und gab meinen Exkursionsplan auf. Kaum hatte ich das dem Obersten mitgetheilt und bemerkt, dass ich heute im Lager bleiben werde, so überfiel mich schon auf der Rückkehr in mein Zelt ein heftiger Regenfall. Schwere Donner rollten und der Wind schien mit unseren Zelten ein arges Spiel treiben zu wollen. Abu Hamid und Gustel schlugen die Zeltpflöcke fest in die Erde, und ich befahl Gepäckkisten daraufzu stellen.

als der Wind so heftig mit dem Zelte arbeitete, dass es zu stürzen drohte. In diesem Augenblicke sah ich mich nach Colstons Zelt um. Es war schon über ihn zusammengefallen und auch unser umgestürzter Tempel (Closet) spielte eine traurige Rolle. Gustel! rief ich, tragen Sie mit Thomas den Obersten hieher, mein Zelt hält noch am Meisten aus! Er sprang durch den Regen dahin, der in so dichten Strömen fiel, dass ich nichts mehr sehen konnte. Indessen tobte der Wind auf's Höchste mit meinem Zelte. Abu Hamid und ich sprangen hinzu um die Stange zu halten, was mir schon oft in ähnlichen Fällen geglückt war. Auch heute hielten wir sie eine Zeit lang aufrecht. Plötzlich brach mit unbeschreiblicher Gewalt das Gewitter los. Furchtbare Donnerschläge, flammende, blendende Blitze, orkanartige Windstösse begleitete ein wolkenbruchartiger Regen mit dichten Schlossen. Prouths Zelt fiel; er flüchtete sich in das Meinige und war eben im Begriffe meine Zeltstange mit festzuhalten, als ein ungeheurer Windstoss uns Alle mit der Zeltstange umwarf. Abu Hamid lag zu unterst, auf ihm unser zusammengebrochener Tisch und ich, und oben auf fiel Prouth mit der Zeltstange, welche mir im Fallen einen derben Hieb an den Kopf versetzte. Unser Zelt hatte uns theils wie eine nasse schwere Decke überdeckt, theils fuhr es mit Stricken und Pflöcken im Winde herum. Wir krochen hervor und waren nun obdachlos der ganzen Unbill des fürchterlichen Wetters ausgesetzt. In weniger als zwei Minuten war ich bis auf die Haut durchnässt. Regengüsse liefen mir kalt über Brust, Rücken und Arme herab und füllten meine Schuhe an. Dichte Hagelschauer peitschten Hände und Gesicht wie mit Nadeln, und Hagelstücke von 1—1½ Zoll Durchmesser versetzten selbst auf Rücken und Schulter empfindlich schmerzende Hiebe. Mein Hut leistete mir hierbei noch die besten Dienste. Mein einziger Gedanke war mein armer, kranker Oberst! Das kann sein Tod sein! Ich wollte ihn aufsuchen, denn ich sah keine zwei Schritte weit; allein es war nicht daran zu denken, meine Stellung zu ändern; bei dem ersten Versuche dazu, warf mich der Wind über mein demolirtes Zelt hin. Mühsam richtete ich mich wieder auf. Der Wind stiess mich dabei 3—4 Schritte vorwärts, und es blieb mir nichts anderes übrig, als ruhig auszuhalten und alle Angriffe des Regens, Hagels und Sturmes über mich ergehen zu lassen. Nur zu, dachte ich mir, nasser als ich war, konnte ich nicht mehr werden und zeigte den tobenden Elementen, wo sie mich maltraitiren konnten; allein der furchtbar schwere Fall des Hagels erweckte schliesslich in mir die Besorgniss, er möchte uns noch alle erschlagen. Endlich gestattete mir eine momentane Milderung des schauerlichen Wetters einige Schritte zu thun. Ich stiess auf Prouth, der ganz resignirt auf einer Kiste sass. Sein Hut war ihm entführt und er war froh in der Noth noch ein wollenes Käppchen erwischt zu haben. Nun, Doktorchen, rief er mir zu, ist Ihnen das Untersuchen vergangen? Um wie viel sind Ihre Thermometer gefallen? — Ich zuckte die Achsel: Gott mag wissen, wie es meinen Instrumenten und meinen Sammlungen ergeht, ich weiss nur dass ein Cognac unter solchen Umständen nicht schaden kann. Da haben Sie, weiss Gott, recht, sagte Prouth, und der Cognac ist hier in dieser Kiste. Er stand auf um ihn hervor zu holen, allein ein neuer plötzlicher Ausbruch warf uns fast beide auf die Kiste hin. Mit furchtbarer Gewalt raste der Sturm; in niederschmetternden Strömen rauschten Hagel und Regen auf uns herab und kanonenschlagartige Donner mit grellen Blitzen zusammenfallend, zeigten an, dass das Gewitter gerade über unseren Köpfen stand. Wir mussten also wieder eine Zeit lang stille stehen und das Unwetter gewähren lassen. Ein anderer Augenblick scheinbaren Nachlassens gestattete uns, jedem einen herzhaften Schluck Cognac zu geben; alsdann fragte ich nach dem Verbleib des Obersten. Prouth deutete mit der Hand hin; doch in demselben Augenblicke brach das Wetter mit neuer Heftigkeit los. Dies Mal aber zählte ich zwischen Blitz und Donner schon 7 Pulsschläge und in der That fingen die Wolken über uns an sich zu zertheilen. Zitternd vor Nässe und Kälte zog ich die Uhr, das Unwetter dauerte bereits länger als eine halbe Stunde. Der Hagel hatte aufgehört, der Regen fiel allmählich lockerer, und das Gewitter entfernte sich mehr und mehr; man konnte wieder in einiger Ferne Gegenstände erkennen, konnte wieder umhergehen. Ich eilte zum Obersten. Er lag auf seinem Angareb, mit Teppichen und einem in voller Eile zerschnittenem Luftbette so gut und wasserdicht als möglich zugedeckt. Dennoch hatten einige Wassergüsse den Weg in sein Versteck gefunden. Ich sah mich darauf nach meinen Leuten um. Jeder stand vereinzelt da, alle sahen aus, wie aus dem Wasser gezogene Mäuse. Nach einer Weile (das ganze dauerte 48 Minuten) fiel nur noch ein leichter Regen, der Wind war gemässigt, der Himmel zeigte wieder ein menschenfreundliches Gesicht und der Donner knurrte nur noch in der Ferne. Der Erste der nun sichtbar wurde, war unser alter verliebter Kapitain der Infanterie. Er schritt unter braunem Regenschirme herum und trieb die Zeltschläger zu ihrer Arbeit an. Ihm folgte der Herr Adjutant major in einen grossen Soldatenmantel dicht eingewickelt, die Kaputze weit über den Kopf herübergezogen. Sein starres, erfrorenes, angstgefoltertes Gesicht sah aus wie das eines erfrorenen Schneiders. Ich ging mit ihm zum Kommandanten Prouth, wir nahmen noch einen Cognac und da ich sah, dass unser Oberst ziemlich wohlerhalten geblieben, so fingen die trübseligen

Gesichter um mich herum an, mich zu amüsiren. Ich sah all den angerichteten Schaden an und rief: Grace à dieu, Messieurs, qu'il n'est pas plus. Nous avons eu une scéne magnifique et vous savez bien, il n'y a pas de fête sans des verres cassés. Damit begab ich mich in mein eben wieder errichtetes Zelt, wo der Herr Kapitain noch immer, wiewohl es lange nicht mehr regnete, mit seinem Schirme herumstolzirte. Himmel, wie sah das bei mir aus! Betten, Tisch, Stühle, offene Koffer und Reisesäcke, Alles lag am Boden und war mit nassem Wüstensande bedeckt, und dabei stand Gustel, triefend nass, mit trostlosem Gesichte; er kratzte sich hinter den Ohren und wusste nicht wo zuerst anfassen. Wir suchten nach trockener Wäsche; mein Handkofferchen, mein Lederkoffer hatten ihren Inhalt trocken bewahrt, eben so Gustels grosser Koffer; alles andere war durch und durch nass. Ich wechselte alle Kleider, so auch Gustel, dann versuchten wir die Betten an der Luft zu trocknen, denn das Wetter hatte sich indessen aufgeheitert, die Sonne schien wieder und nur der fernste Horizont tief unten im W. und O. zeigte noch finstere Wolken. Wir hofften somit auf eine ruhige Nacht und begannen unsere Kleider zu unserem morgigen Einzug in El-Obeid zu ordnen. So kam der Abend heran. Er war nicht unfreundlich, allein die Luft war selbst nach dem heftigen Gewitter nicht kühler und frischer. Eine feuchte, dumpfig schwere Luft lastete auf dem Körper. Die dunkeln Wolken in O. waren drohend heraufgezogen und ringsumher war lebendiges Wetterleuchten. Dieser Umstand und ein frischer Wind aus W. gab uns fast völlige Beruhigung. Wir machten es uns also bequem. Ich zog, da alles Schuhzeug nass war, meine Holzpantoffeln, Gustel's Fabrikat, an und bestimmte zu morgen früh die grossen Reitstiefel. In meinem Zelte wurde gedeckt und wir hatten mit aller Gemüthlichkeit unser Abendbrod verzehrt und erwarteten unseren Kaffe, als plötzlich der Wind auf's Neue anfing das Zelt zu schütteln und eine Ladung noch daran haften gegliebenen, halbtrockenen Sandes auf uns zu werfen. Etwas Nachtwind, sagte ich zu Prouth, doch in demselben Augenblicke erschütterte ein neuer heftiger Windstoss das Zelt, helle Blitze erleuchteten die Ebene und brüllend tönte ein ferner Donner. Teufel! geht das noch einmal los, sagte Prouth und trat in die Zeltthüre! Und zur Nachtzeit! bemerkte ich, das kann schrecklich werden, das wäre denn doch zu grob! — Rings umher thürmten sich Schichtwolken auf. Im O. waren Regenwolken. Es blitzte unausgesetzt in allen Richtungen; allein der Wind war westlich. Prouth eilte zu seinem Zelte um alle möglichen Vorkehrungen für Alles was kommen konnte machen zu lassen. Ich, kurz entschlossen, befahl meinem Soldaten, die Zeltstange umzulegen und das Zelt über meine

Sachen fallen zu lassen. Dasselbe ordnete ich für mein Servicezelt, Weber's Behausung, an, denn ich erinnerte mich, wie dasselbe Nachmittags zuerst, nur noch an einem Strick haftend, in der Luft herum geflattert hatte. Ich eilte in Colston's Zelt. Mon dieu, ça commence de nouveau! sagte er mit sichtlicher Angst. Ich fürchte kaum, gab ich ihm zur Antwort, der Wind wird uns etwas unterhalten, allein an Regen und Gewitter glaube ich nicht. Der Mond scheint hell, die Wolken sind zerstreut. — Die Soldaten fixirten Colston's Zelt so gut als möglich, und von der Spitze desselben zog man noch 4 starke Stricke nach allen vier Richtungen hin. So oft ich hinausging um mich umzusehen, machte der Himmel ein schauerlicheres Gesicht. Die Wolken zogen von allen Seiten herauf und ihr Zug liess erkennen, dass in höheren Regionen eine andere Windrichtung herrsche, als in den tieferen, und selbst auf ebener Erde wechselte sie in weniger als einer Stunde drei Mal von W. nach O. und S. Es wurde 9 Uhr; wir brachten den Obersten zu Bette, bedeckten ihn aber für alle Fälle mit Teppichen, Fellen und dem Windbette. Von Zeit zu Zeit liess die Heftigkeit des Windes auffallend nach; ich nahm daher meine Beduinendecke, hüllte mich hinein und setzte mich neben Colston's Angareb in den grossen Stuhl, in welchem er einige Tage transportirt worden war. Der Oberst schlief und ich war im Begriff einzuschlafen, als ein heftiges Bewegen und Schütteln der Zeltstange und des daran gelehnten Tisches zeigte, dass der Wind abermals sehr ungebührlich hause. Ich sah hinaus. Kein Mondschein erhellte mehr die Nacht, alles war rabenfinster, nur das ununterbrochene Flammen der Blitze von allen Seiten blendete. Ich sprang zur Zeltstange und umklammerte sie mit den beiden Händen, in der Meinung in Verbindung mit den vier grossen Stricken, die von Aussen die Zeltstange aufrecht hielten sei es doch wohl nicht unmöglich, das Zelt vor dem Sturze zu bewahren; allein, was ist der Mensch und all sein Thun in der Hand der Elemente. Nicht lange dauerte es mehr, so schüttelte der Wind das Zelt mit der Stange mächtig hin und her und hob die von allen Seiten fest angespannte Zeltkappe so gewaltig empor, dass ich mit der Zeltstange quer über das Bett des schlafenden Obersten geworfen wurde, und das Zelt über uns herfiel. Der arme Oberst, den ich wie ein Alp drücken musste, öffnete erschrocken die Augen und fragte mit kläglicher Stimme: la tente est-elle tombée? Jetzt kam es darauf an, schnell den ersten Eindruck zu vertilgen und ich antwortete: Oui, mon colonel, la tante et l'oncle tous les deux! Er lächelte wirklich und sagte: Glücklicher Mensch, in solchen Augenblicken können Sie scherzen! — Und warum nicht mein Oberst? Macht der Himmel etwa ein freundlicheres Gesicht, wenn ich ein saures mache? Es regnet ja nicht. — Allein unsere Position war in der That nichts weniger, als lächerlich. Das fallende Zelt hatte natürlich den Tisch sammt der brennenden Laterne umgeworfen, aber zum Glücke konnte das noch nasse Zelt nicht so schnell Feuer fangen. Als unsere Leute unsere Gefahr sahen, hoben sie die Leinwand auf und zogen die Laterne weg. Ich, im rechten Arme noch die Zeltstange, drückte sie vom Bette des Kranken weg, richtete mich, so viel die schwere Decke des auf uns lastenden Zeltes es zuliess, in die Höhe und tappte im Dunkeln nach einem meiner Holzpantoffeln umher, welcher sich bei'm Fallen ohne alle Erlaubniss von meinem Fusse entfernt hatte. Die hinzugerufenen Soldaten hoben nun das Zelt über uns hinweg, um den Obersten in das Zelt des Signore Thomas zu tragen, während ich mich unter dem Leuchten heller Blitze nach Prouth's Zelt umsah. Es stand etwa 50 Schritt vor uns und nicht weit davon waren meine beiden Zelte niedergerissen worden. In demselben Augenblicke aber rauschte — um mich Lügen zu strafen — ein so heftiger Platzregen auf uns herab, dass ich mit meinem einen Pantoffel eilfertig und mühsam nur bis zu Prouth's Zelt hinüber hinken konnte, denn mit dem bestrumpften Fusse war ich gleich in Akaziendornen gerathen. Noch ehe ich im Stande war, das nahe Zelt zu erreichen, war ich trotz meiner Beduinendecke schon durch und durch nass. Teufel! das kann eine kostbare Nacht werden, die kann Manchem die Gesundheit und das Leben kosten, sagte ich und lehnte mich an die Zeltstange, die Prouth schon von der anderen Seite gefasst hatte. Im Zelt fand ich für meinen unbeschuhten Fuss einen durchnässten schweren Pantoffel; er war doch besser als nichts. — Nach einer Weile kam mir die Sache nicht mehr gar so entsetzlich ernsthaft vor und ich sagte: Was meinen Sie, Kommandant, wenn wir hier so die ganze Nacht hindurch von 10 bis Morgens 5 Uhr bei der Stange stehen und das Zelt aufrecht erhalten müssten! Das wäre doch ungemein interessant! — Alsbald liess der Wind unter zunehmendem Gewitterregen nach und wir konnten uns in Decken einwickeln und auf die umherstehenden Koffer setzen. Der Regen fiel in Strömen herab. Prouth fand in seiner Rocktasche noch zwei trockene Cigarren; es gelang uns Feuer zu machen, und uns durch einen Schluck Cognac zu erwärmen; was konnten wir unter ähnlichen Umständen mehr wünschen? Das Zelt stand fest, war wasserdicht, unsere Cigarren brannten! Jetzt konnte draussen das Wetter rasen, wie es Lust hatte. Bald nach Mitternacht legte sich das Unwetter, es fiel nur noch ein gleichmässiger sanfter Regen und gegen Ein Uhr liess auch dieser nach. Abu Hamid suchte mich auf; er wollte mich zu Bette bringen; allein ich hatte nicht Lust mich in die zwei Mal durchnässten Betten zu legen, sondern beauftragte ihn, mein Zelt aufstellen zu lassen, und es so einzurichten, dass meine Diener mit darin schlafen konnten. Alsdann gingen wir daran, es uns bequem zu machen. Prouth legte sich auf sein Angareb, ich placirte mich in seinem Lehnstuhl und so verharrten wir, bald wachend, bald in halben Schlummer, bis unsere Trompeter bliesen. Die armen Blechinstrumente hatten auch einen Schnupfen erwischt, die klangen erbärmlich heiser und verstimmt. Ich ging hinaus, aber mein Gott, wie sah unser sonst so hübsches Lager aus! So mag Sodom und Gomorrha ausgesehen haben, als sich Lot's Tochter darob zu Stein verwunderte! — Colston hatte die Nacht im Zelte des Signore Thomas ziemlich ruhig verbracht, und so war Alles geneigt so bald als möglich aufzubrechen. Die Befehle wurden gegeben, die Trompeten trugen sie weiter und bald darauf zog die Artillerie ab. Des Einzuges in El-Obeid wegen war heute natürlich Alles in Uniform, mit blanken Waffen und militärisch geordnet. Als ich meine Toilette beenden wollte, fand ich, dass ich ausser dem Stambul keinen trockenen Rock besass. So lieh mir denn Signore Thomas einen dunkelblauen Rock. Reitstiefel, Weste, Hosen waren in Ordnung, und in wenigen Minuten war ich zu Dromedar, und mein Ordonnanzsoldat mit meinem Stambul im Kamelsacke hinter mir. Es ritt gerade die Infanterie mit den Bagagekamelen fort, der alte Kapitain voran, der — vermuthlich in Erinnerung an den gestrigen Regen — seinen grossen braunen Schirm aufgespannt hatte. Das Feld wurde nach und nach leer und es war fast 7 Uhr als der Generalstab aufbrach. Colston, wie bisher von vier Leuten abwechselnd getragen, befand sich sehr unwohl, er schlief wenig. Bald hatten wir links den Gebel Mitineh, später rechts den Abu Snun, und hier war es, wo wir die erste Adansonia sahen. Der Stamm hatte 14 Meter Umfang. Nachdem wir noch den Gebel Kurbag überstiegen, breiteten sich vor uns die Hügel aus, die den Namen Gebel Obeid oder Obayad führen. Hier machte ich meine Einzugstoilette. Bald nachher kam uns der Gouverneur von El-Obeid mit grosser Suite von Officieren entgegen und wir ritten in die Toggulstadt ein. Lange Reihen kohlschwarzer Soldaten waren vor dem Gouvernement aufgestellt mit einer Musikbande von hölzernen Trommeln und herzzerreissenden Trompeten und von hier aus bis zum Hause des Chefs der Polizei, woselbst für den Obersten, für mich und den Kommandanten Prouth Zimmer vorbereitet waren. Mit 15 Kanonenschüssen begrüssten wir das Gouvernement und diese wurden sogleich erwidert. Ein reiches Diner erwartete uns. Colston leidend und gänzlich erschöpft begehrte nur Ruhe. Wir assen in einer grossen Gartenhalle und richteten uns dann in unseren Zimmern ein, die wir vermuthlich 2—2½ Monate bewohnen werden.

Um vier Uhr ging ich, um nach dem Befinden meines Obersten zu sehen.

Er hatte etwas geschlummert, allein der Schmerz des aufgetriebenen Bauches liess ihn nicht ruhen. Auch die Füsse waren geschwollen, die Wassersucht war in vollster Form da. — Und welche Mittel hatte ich dagegen in Händen? — Nach reiflichem Ueberlegen blieb mir nichts anderes übrig, als in aller Frühe Rhabarber mit Kalomel zu geben, und den Tag über eine Mischung von zwei Unzen Bittersalz mit 12 Gran Chinin in einem Liter Wasser in verschiedenen Dosen nehmen zu lassen, so dass der Trank in 48 Stunden verbraucht war. Die Füsse wurden mit sehr verdünnter Salzsäure gewaschen und mit Kompressivbinden von Flanell umwickelt. Zwei Tage nach unserer Ankunft machte Colston seine letzten Verfügungen; der Arme, der weder ruhig schlafen noch Lust zum Essen gewinnen konnte, dachte an nichts mehr, als an das Ende seiner Leiden. Die sorgsamste Behandlung aber rief bald eine Aenderung hervor. Zunächst liess die Geschwulst der Füsse, dann die des Leibes nach. Das Wasser schwand mehr und mehr, da kopiöse wässerige Entleerungen es entfernten; Neigung zum Essen und Schlaf stellten sich wieder ein und damit neue Lebenshoffnung und Muth. Da lieber Herr Kaiser stehen wir heute. . . . .

Gestern, nach einem Besuche beim Gouverneur, ging ich mit Prouth durch den Bazar. Er ist hier sehr gross und ungemein interessant. Man kann hier so ziemlich Alles haben, nur bis zum Unsinn theuer. Im Umkreise des Bazars sind 7—8 griechische Bakals. Mastix, schauerlicher Cognac und Absinth ist in Menge vorhanden. Von ersterem kosten 2 kleine Syrupflaschen voll einen Marienthaler. Absinth ist das Lieblingsgetränk der schwarzen Mädchen. Sie trinken 1—2 Flaschen davon, ohne Wasser, und liegen dann wie verendete Katzen da. Es ist nicht uninteressant zu sehen, wie die Leute der Umgegend mit ihren Gemüsen und Lebensmitteln den Markt beziehen. Auf einem grossen stämmigen Ochsen ist ein breiter Sattel befestigt und darauf reiten bisweilen Mann und Frau und Kind mit all' ihrem Marktgepäck. Wir kamen auch durch eine Gruppe schwarzer Mädchen hindurch, welche, ihre Merissa- (Bier-) Töpfe auf dem Kopfe, plaudernd den Bazar fast versperrten. Um Hals, Handgelenke und Fussknöchel weisse Perlschnüre, um die Hüften nur die Riemen mit langen Franzen, zeigten sie kräftig geformte, schlanke Körper, aber ausser ihren Augen und Zähnen nichts Hübsches. Brust, Rücken und Beine mit Sesamöl eingerieben, haben einen eigenen Glanz und einen noch eigeneren, nicht eben einladenden Duft. Vorvorgestern haben wir eine Eklipse des Herrn Jupiter beobachtet. Wir haben die Breite dieser Stadt berechnet und dafür 13° 10′ 6,5″ *) bekommen; unsere Höhenmessung ergab 1415¼ Fuss über dem Meeresspiegel.

*) Marno bestimmte die Breite zu 13° 9′ 39″ und die Höhe zu 425 Meter = 1394 engl. Fuss.

Den 6. Juli. Heute ist Colston um Vieles besser. Er schläft ruhig und lange, isst mit Appetit, ist ohne Schmerzen, die Geschwulst der Füsse ist vollständig verschwunden, er versucht sogar sich wieder zu erheben und seinen Füssen das Gewicht des Körpers anzuvertrauen.

In eben diesem Augenblicke bringt uns der Kurir Briefe.; für mich persönlich Nichts, aber für die Expedition die Weisung, einstweilen hier zu bleiben, um eine vollständige geographische Karte des Landes Kordofan zu machen, und dann die Notiz, dass uns im September Proviant nachgesendet werde.

Ueber das Sklaventhum habe ich höchst interessante Daten gesammelt, sowie auch über das Volksleben. Ich hoffe, mein Reisewerk wird manches andere in Hinsicht der Völker-, Länder- und Naturkunde überflügeln. Es ist für mich nicht leicht, überall die Wahrheit zu erfahren, denn man verbirgt sie uns geflissentlich. Schon 14 Tage vor unserer Ankunft war auf's Strengste befohlen worden, nichts von Sklaven sehen zu lassen; allein nach wenigen Tagen roch ich schon den verborgenen Unrath überall durch. Ich hoffe auch Gelegenheit zu finden, allerdings verkleidet, Eunuchen machen zu sehen, und es liegt mir viel daran, dies mit meinen eigenen Augen zu beobachten und bestätigen zu können. Aber mit allen Mittheilungen muss man sehr vorsichtig sein, denn Jeder hat ein Interesse daran, uns anzulügen, wiewohl Jeder sich den Anschein giebt, uns im engsten Vertrauen die Wahrheit mitzutheilen. Der Gouverneur z. B. erzählt, wie viel Opfer und Mühe es ihm gekostet, das Sklavenwesen zu verfolgen und auszurotten, aber es sei ihm doch schon so ziemlich gelungen. Der Kaufmann hingegen lamentirt, dass der Handel mit Gummi und Federn nicht viel mehr heisse, und fügt oft die naive Bemerkung hinzu: auch der bessere Handel, der Sklavenhandel, werfe wenig mehr ab, weil der Gouverneur — unter dem Vorwande, dass er verboten sei — nur überall das Fett von der Suppe abschöpfe. Und nun stellen Sie sich erst vor, was Superior und Provikar der Mission erzählen! — Die Kaufleute sind also meine Steckenpferde, und unter dem Deckmantel der arabischen Kleidung lässt bald Dieser, bald Jener mich merken, dass, wenn ich eine junge Sklavin kaufen wolle, das nicht eben unmöglich sei; ich meine dann auch, das sei nicht unmöglich, nur wolle ich nicht gerade der Erste der Expedition sein; — vielleicht wenn — —; und so rücke ich meinem Ziele, der Wahrheit immer näher, und wie bereits bemerkt, hat man schon so viel Vertrauen zu mir gewonnen, dass man mich in eine Eunuchenfabrik einführen will. Das Eunuchenthum ist die Basis alles Sklaventhums. Ein Land, welches dieser Haremswächter bedarf, darf nicht prahlen, es existire kein Sklaventhum. Dem Priester natürlich ist eine solche Aeusserung ein gefundenes Fressen. Er springt sofort auf sein Steckenpferd und behauptet die Sklaverei wurzele tief in den Grundideen der muhammedanischen Religion und man könne jene nicht ausrotten, ohne diese erst völlig zu vertilgen. —

Den 11. Juli. Morgen reite ich mit Eskorte nach Melbes. Heute war grosser Gottesdienst in der Missionskirche, wo wir natürlich anwesend waren. Die Messe hatte viel Anziehendes. Sechs junge Geistliche und fünf Schwestern sangen dieselbe, eine heisere Harmonika pfiff ganz jammervolle Töne dazu, wie ein schwer athmender Asthmatiker. Ich sah auf den Altar hin, um meine ernste Stimmung festzuhalten. Um Prouth's Mund zuckte es wie leichtes Wetterleuchten und drohte jeden Augenblick in heiterste Laune loszubrechen. Man hatte uns zwei Sessel ganz vorne, dicht vor dem Altar hingesetzt. Alles sah auf uns, keine Miene konnte dem Geistlichen entgehen, und dazu drehte sich noch der messelesende Provikar jeden Augenblick um, sah uns huldvoll an und sprach mit seiner sonoren Stimme: Dominus vobiscum. Ich heftete also meine Augen auf den Altar und beschloss nach Kräften ernst und andächtig zu bleiben. Das Altarblatt enthielt die Mutter Gottes mit dem Christuskinde auf dem Schoosse und rings herum in Wolken eine Anzahl singender Engel. Die Mutter Marie erinnerte mich lebendig an die sogenannte dicke Agnes in Cairo, das Christuskindlein war aber ziemlich menschlich; allein die knieenden Engel waren schwarze Berberinerburschen in weissen Hemden und selbst die geflügelten Engelsköpfe in den Wolken waren kohlschwarze nubische Gesichter. Es ist leicht zu begreifen, dass dieser Anblick mich nicht eben feierlich stimmte. Darauf erhob der Provikar die Monstranz, kehrte sich gegen die Gemeinde und ertheilte ihr mit würdigem Anstande den Segen. — Alles neigte und kreuzte sich, doch — als ob der böse Feind sein Spiel hatte — in diesem Augenblick begann ma mère Supérieure, welche den heiseren Leierkasten handhabte, mit allem Pompe und in grässlichen Misstönen das Miserere aus Robert le diable zu spielen. Nun war bei mir kein Halten mehr. Ich riss alle zwei Taschentücher heraus, die ich bei mir hatte, hustete, nieste, schnäuzte abwechselnd, bis ich endlich wieder ein ernstes Gesicht machen konnte. Nach der Messe führte man uns in's Refectorium, wo wir mit Wein, Kaffe und Zuckerwerk traktirt wurden. Dann mussten wir hinüber zu den Nonnen, wo wir abermals Kaffe, Sorbet und Naschwerk erhielten, wobei ma mère Supérieure uns versicherte, der heutige Gottesdienst habe sie fast zu Thränen gerührt. En verité, ma mère, sagte ich, et moi aussi. Prouth bekam den Husten, wie ich vorhin bei'm Segen, — allein da schreibe ich wieder Bagatellen und verschwende Zeit und Papier.

El-Obeid, 12. August Nachts 4½ Uhr.

Meine liebe Ida! Es ist kurz vor meinem Aufbruche. Ich bin all zu früh aufgestanden, denn ich bin schon fix und fertig zum Abmarsch und habe doch erst für 6 Uhr den Aufbruch anbefohlen. Vor meinem Hause brüllen die Kamele und werden Betten, Tische und Stühle aufgeladen. Acht Gepäckkamele mit Zelten, Kochgeschirr, Esszeug und Proviant gehen eine Stunde voraus. Mein Kamel und mein Esel sind gesattelt, die Revolver hängen geladen am Sattel und so habe ich eine gute Stunde Zeit, die ich wohl nicht besser anwenden kann, als mit Dir zu plaudern. Ich trete heute eine grosse Expedition an, die ich allein führe. Der Oberst ist noch zu leidend und der Kommandant hat noch hier zu thun; auch können wir beide nicht wohl abwesend sein und den Obersten verlassen. Ich habe also einen Reiseplan entworfen und mache einen weiten Marsch durch das Land, etwa 580 englische Meilen, um zu sammeln und zu studiren. Also um 6 Uhr reite ich von El-Obeid aus nach Nordwest bis zum Gebel Harrasi, von da westlicher nach Omsumena, dann nach Gus, dann westwärts nach Katul und endlich ganz westlich bis zum Gebel Kagea. Hier suche ich noch einen ganz unbekannten Landsee auf und dann die Ruinen von Surudj und Kobi, welche beide auf den Petermann'schen Karten verzeichnet sind. Bin ich hier fertig, so gehe ich ganz östlich nach Barrah, wo wir schon im Mai waren. Damals aber war der Oberst so schwer leidend, wie Du weisst, dass ich ihn keinen Augenblick verlassen und selbst also gar wenig sammeln konnte. Ich beabsichtige die Umgegend und den See dort zu untersuchen. Von hier aus geht's südöstlich nach Kursi, wo sehr viel zu thun sein soll. Dann gehe ich ganz östlich nach Taiara und von hier aus südlich an den See Rahat, den ich ganz umreiten und untersuchen werde. Es sollen fremdartige Thiere in der Umgegend und im See leben. Der See ist gross und ich werde hier wohl vier Tage bleiben müssen. Dann reite ich westwärts in's Gebirge, welches Gebel Kordofan heisst und sich weit hin erstreckt. Auf das Gebirge rechne ich 5—6 Tage; von da aus reite ich nach Melbes, wo ich schon war, aber noch vielleicht 2—3 Tage zu thun habe, und von hier aus in 2 Tagen nordöstlich nach El-Obeid zurück. Der ganze Zug kann wohl 30 Tage dauern. Fürchte Dich nicht, liebe Ida, es giebt freilich in den Gebirgen viel Raubgesindel, allein die stehlen meist nur Knaben und Mädchen und bringen dabei freilich oft die Eltern um oder sie stehlen Kamele und Ochsen. Die Kinder verkaufen sie als Sklaven. Um 2—3 £ kauft man hier einen hübschen gesunden Negerknaben von 9 Jahren, um 4 £ ein Mädchen. Allein alle diese Räuber sind schlecht bewaffnet und fürchten die Soldaten unserer Expedition, wie das Feuer. Vor 8 Tagen am Gebel

Kurbag stand ich neben einem Busche und schnitt blühende Zweige ab. Etwa 150 Schritt weit von mir im Schatten eines Brodfruchtbaumes lagerten meine Kamele, Gustel bereitete das Frühstück auf einer Satteldecke, mein Soldat hatte dürre Aeste gesucht und kochte Kaffe, der zweite Soldat achtete auf die Kamele und sah stets nach mir aus. Mit einem Male stand ein baumlanger Kerl bei mir mit einem nubischen Messer im Gürtel und fragte mich keck, was ich da mache? Ich sah ihn an und fragte: Ist das Dein Baum? Wo kommst Du her? fragte er und wollte mir etwas näher treten. Rasch zog ich meinen geladenen Taschenrevolver heraus und zeigte damit nach dem Brodfruchtbaume hin, wo Gustel und meine Leute waren. Er zog sich vor dem Revolver zurück und als er dahin blickte und sah, dass gerade mein Abu Hamid schon auf ihn sein Remingtongewehr anlegte, da hättest Du den Kerl sollen laufen sehen. Keine Gazelle läuft schneller, im Nu war er verschwunden. Der Gebel Kurbag ist dicht bei Obeid, etwa 1½ Stunden zu reiten und so hatte ich nur zwei Soldaten mitgenommen. Heute aber ist ganz anders gerüstet. Mit mir ist Gustel und zwei Ordonnanzsoldaten des Stabes, Abu Hamid und Abderabu Ali, die zwei verwegensten Kerle, die wir haben und der Sais des Esels. Der Gouverneur schickte mir 10 Baschibussuks zu Pferde und einen Officier und einen Führer (Wegweiser). Von unseren Leuten nehme ich den Lieutenant Helmi vom Stabe mit und 10 Infanteriesoldaten zu Kamel, einen Koch und 3 Soldaten um auf die Gepäckkamele zu achten. Ferner den Geographen Marno aus Wien, der auf Kosten des Kaisers von Oesterreich hier reist, auch um Landkarten zu zeichnen. Es ist ein sehr liebenswürdiger Mann und so lud ich ihn ein meine Expedition mitzumachen. Er nahm es dankbar an, denn er hat natürlich weder Schutz noch Zelte. Er hat drei eigene Kamele und zwei brave und gut bewaffnete Leute. Denke Dir also den Zug, den ich befehlige und der mich begleitet, so wirst Du wohl ruhig sein. Uebrigens habe ich folgende Befehle als tägliche Regel gegeben: »Während des Rittes darf sich keiner weit von dem Zuge entfernen. Alle Gewehre hängen geladen frei am hinteren Sattelknopf. Auf Thiere, Löwen, Geparden, Zibete, schiesst, wer zum Schuss kommen kann. Revolver wie Gewehre, geladen und frei am vorderen Sattelknopf. Wer Gewehr oder Revolver ungeladen oder verbunden am Sattel hat, erhält zwei Dutzend Hiebe. Lieutenant Helmi hat, wo ich Quartier begehre, noch vor Sonnenuntergang eine Schildwache an mein Zelt zu beordern und zwei um unsere Lagerstätte. Demselben Befehle folgt der Officier der Baschibussuks der Art, dass des Nachts zwei Schildwachen vor meinem Zelte stehen und vier um unsere Lagerstelle herum. Die Herrn

Officiere haben auf's Strengste dafür Sorge zu tragen, dass die Nacht über 3—4 Feuer im Lager unterhalten werden.«

Diesen Befehl haben schon gestern die zwei Herren Officiere zugestellt bekommen und so siehst Du, dass ich nicht leichtsinnig darauf los gehe, sondern jede nöthige Vorsicht beobachte. Schütze uns nur Gott vor schlechtem Wetter, denn die Gewitterregen hier sind entsetzlich. Ich werde auch wo ich irgend kann in Dörfern Quartier machen, um in Togguls, wo ich gegen Regen gesichert bin, schlafen zu können.

Nun waren schon 8 Posttage, die mir keinen Brief brachten, und ich sehne mich so unendlich zu wissen, wie es Euch geht. — Herr Gott, ist die Stuude schon herum, da kommt Lieutenant Helmi, mir zu melden, dass Alles bereit ist aufzusitzen. Nur Marno fehlt noch. Ah, da schickt mir mein wackerer Oberst vor der Abreise noch eine Tasse Chokolade mit Bisquits. Das ist gar so dumm nicht. Und da schaut Marno vom Kamel herab über meine Gartenmauer. Also — auf, zu Kamel!

Gebel Abu Harrasi, 18. August.

Meine liebe Ida! Es ist der 5. Tag, dass ich auf Reisen bin und ich freue mich meines Glückes. Alles ist gesund und wir haben schönes Wetter. Als wir hier in Abu Harrasi einzogen, sah ich einen Transport kriegsgefangener Sklaven aus Dar-Fur, meist Knaben und Mädchen, gegen 400 an der Zahl. Man führte sie gerade an eine grosse Regenpfütze, damit sie dort trinken und sich waschen sollten. Alle waren ganz nackt und grässlich ausgehungert. Als ich mit meinem Gefolge heranritt, hieben die Baschibussuks noch mit Stöcken darein, um mir Strasse zu machen. Herr Marno, Slatin und Gustel begleiten mich; ausserdem Lieutenant Helmi und Ali Effendi und ein Schwarm von Soldaten und Baschibussuks. Ich wohne hier im Hause des Nasirs; Gustel hat einen Toggul. Der Schech brachte mir zum Geschenke 4 Hammel und schickt täglich frische Butter, Milch, Eier, Merissa (Bier) und Lugma (einen Brei aus zerstossener Duchn mit saurer Milch). Gestern erhielt ich Briefe aus Obeid vom Obersten Colston und Kommandanten Prouth; beide sind wohlauf und ermahnen mich, nicht zu viel zu arbeiten. Oberst Colston ist so weit genesen, dass er auf einem Schlitten, den die Soldaten bauten, ausgefahren ist. Er hatte einen Esel vorgespannt und Prouth ihn zu Pferde begleitet. Gestern schrieb mir auch der Gouverneur von El-Obeid und schickte einen Befehl an alle Schechs, wohin ich komme, mir Alles zu geben, was ich begehre und was sie haben. Ich begehre Nichts, denn wenn die Leute nur ein menschenfreundliches Gesicht sehen, so bringen sie von selbst Alles herbeigeschleppt, was sie haben. Ich könnte hier Sklaven geschenkt haben, ich will aber nicht. Erst wenn ich abreise nach Cairo, nehme ich für Dich ein pechschwarzes Mädchen mit. Eben in diesem Augenblicke, da ich Dieses schreibe, bringt mir ein Extrakurir aus Obeid einen Brief vom Konsul in Chartum. Gessi reist ab nach Sobat. Grünwald liegt im Hospital krank am Nervenfieber, Orlowski ist todt. Verdammtes Nest, wo so viel Europäer zu Grunde gehen. — Ich gab eben Befehl, Alles zu packen. Morgen früh reise ich von hier ab. Meine Arbeit ist gethan. Ich sandte 2 grosse Packete zurück. Wanzen und Mücken bringen uns hier um.

Den 20. in Omlubie. Den 19. früh ritt Herr Marno mit seinen Leuten nach El-Obeid zurück, weil die Erlaubniss gekommen war, nach Dar-Fur gehen zu können. Eine Stunde später ritt ich fort in der Richtung nach NW. Zu Mittag lagerten wir an einem grossen Teiche (Regenpfütze) im Schatten schöner Bäume. Nach dem Essen und Kaffe wurde botanisirt und um 2 Uhr wieder aufgebrochen. Um 4 Uhr waren wir in Abu Gaúd, wo übernachtet wurde. Der Schech gab mir Wohnung und Togguls des Geistlichen, dessen nackte Frau ein hübsches Kind von 7 Wochen hatte. Ich schenkte dem schwarzen Balg ein's meiner Taschentücher. Der Schech schickte 1 Hammel, 6 Hühner, 12 Eier, mehr als eine Okka frischer Butter und einen mächtigen Kübel Milch. Wir liessen 2 Hühner kochen und 4 braten; vom geschlachteten Hammel behielt ich Leber und Nieren und schickte das Fleisch den Soldaten. Aus Freundlichkeit hatte der Schech in meiner Wohnung, um die Luft zu trocknen und zu reinigen, Feuer anmachen lassen; als ich aber mich niederlegen wollte, war von dem nassen Holze so viel Rauch da, dass ich mein Bett hinaus vor die Thür in's Freie stellen liess. Um 4 Uhr weckten mich Blitze und Donner. Ich sah ein Gewitter nahen, stand desshalb auf, weckte meine Soldaten, und zog mit Sack und Pack in den Toggul hinein. Der Regen wurde nicht bedeutend und um 8 Uhr konnten wir weiterreiten. — Ein Toggul ist eine runde, spitze Strohhütte. Diese Hütten sind meist ganz regendicht, weil das Wasser auf dem schrägen Dache von Duchnstroh eher abläuft, als durchdringt. — Wir ritten um 8 Uhr von Gaúd aus und waren um 11½ Uhr in Omlubie, wo ich wieder ein Vorhaus aus Stroh und einen solchen Toggul erhielt. Wir fanden wieder Milch, Eier, Hühner und Hammel vorräthig, hatten aber kaum gegessen, als ein fürchterliches Wetter losbrach. Gewitter, Regen und Hagel dauerten 1½ Stunden fort, und ich konnte nichts thun, als mich in dem dunkeln Toggul schlafen legen. Weil ich hier auf einen Kurir warten muss, der mir Pflanzenpapier bringt, so liess ich um 4 Uhr den Schech und Lieutenant Helmi rufen und erkundigte mich, wie weit es sei bis zum Gebel Abu Snun, den man von hier sehen kann. Es ist ein

Tagesritt, also eine Exkursion von 3 Tagen. Da ich aber kein Papier habe, so muss ich doch erst den Kurir abwarten; auch scheint mir das Wetter noch unsicher für einen so weiten Ritt.

Sonntag, den 22. August, früh 8 Uhr. Heute ist Sonntag und ich sitze noch ohne Papier in Omlubie. Ich sende nämlich alle 2 Tage alle gesammelten Pflanzen durch einen Kurir nach El-Obeid, damit Weber sie trocknet, dafür muss er mir Papier zurücksenden. Nun sitze ich hier schon 2 Tage mit so vielen Menschen und Thieren unthätig. Was kostet das für Geld! Täglich an 7—8 £! Das hiesige Wasser ist schmutzig und riecht übel. Auch die Milch in den Kürbisnäpfen hält sich nicht lange, und andere Gefässe giebt es nicht. Da bringt Gustel Rührei und gekochte Hühner mit Reis, die er und mein Ordonnanzsoldat bereitet haben. Essen wir. — (11 Uhr.) Noch immer kein Kurir mit Papier da. Slatin hat Nichts gegessen. Er ist plötzlich vom Fieber schwer befallen. Er liegt auf dem Angareb und phantasiert. Das hat mir noch gefehlt. — Da sieht man übrigens, wie die vielen Europäer hier zu Grunde gehen. Alles was das Land Schweres, Schlechtes und Unverdauliches bietet, Kuchen von Duchn, Lugma, Merissa, sind Dinge, die den Magen beschweren und versäuern. Wer das in Menge geniesst, muss sich verderben. Ich koste den Kram um ihn zu kennen, und damit gut. Meine Kost ist Hühnersuppe, Reis, Linsen, aufgeweichtes Soldatenbrod aus Weizenmehl und wenig Fleisch, häufiger, wenn ich's haben kann, Rührei; Morgens um 10 Uhr einen Schnaps und den Tag über so viel süsse Milch, als ich bekomme; drei Mal täglich Kaffe, zur Nacht Thee. Basta! Die Merissa ist erfrischend, aber versäuert den Magen; der Kuchen aus Duchn ist ein Satansherzdrücker, man könnte Einem damit ein Loch in den Kopf werfen. Alle Tage erhalte ich für mich und meinen Diener 5—6 Hühner, einen halben Hammel mit Leber und Lunge. Ich lasse demnach 3—4 Hühner zu Suppe verkochen, die dann sehr gut wird. Den Rest lasse ich braten. Was wir nicht essen, bleibt für den andern Tag, wenn wir reiten, zum Frühstück unterwegs; reiten wir nicht, bekommen es meine Soldaten. Eier erhalte ich täglich 12—18, die essen wir als Eierspeise und in der Suppe; Milch haben wir täglich an 2—3 Maass. . . . .

Omlubie, den 24. August, 8 Uhr früh. Soeben kommt ein Extrakurir an mit Briefen und Papier. Colston ist so wohl, dass er dem Gouverneur und Provikar Besuche gemacht hat. Prouth will mich am Gebel Kaga besuchen. In diesem Augenblick kommt ein Telegramm von General Stone, abgegangen von Cairo den 29. Juli, war in Chartum den 12. August, in El-Obeid den 20. August. Heute den 24. erhalte ich es in Omlubie. Es lautet: »Meinen herzlichen Glückwunsch dem thätigen

Dr. Pfund zum Söhnchen, welches ihm seine Frau geboren hat!« Bei liegen die allerherzlichsten Gratulationen meiner Freunde Prouth und Colston. — Also meine Ida hat glücklich überstanden. Gott erhalte das Kind zu unserer Freude! Ich sitze heute sehr trostlos da, denn Slatin ist noch fieberschwach und kann sich nicht auf den Füssen halten, und nun ist auch noch Gustel am Sonnenstich erkrankt. Da ich nun aber Papier habe, muss ich unbedingt morgen weiterreiten. Ich weiss nicht, was machen. Ich reise von hier an den Gebel Abu Snun, und weil ich in drei Tagen von dort wieder auf hier zurückkomme, um weiter nach Westen vorzurücken, so werde ich wohl Slatin und Gustel hier mit einer Schutzwache von 4 Soldaten zurücklassen müssen. Bedauerlicher Weise hat man aber hier nichts zu trinken. Das Wasser in den Regenpfützen ist schmutzig und stinkt nach verwesten Hunden und Eseln, die darin verfault sind. Ich trinke nichts als kalten Kaffe. Wer in diesem furchtbaren Lande gesund bleiben soll, muss aus Eisen oder Bronze sein. Ich bin mit dem Essen und Trinken und Schlafen ungemein vorsichtig, und bis heute war Gott mir sehr gnädig. Mit Ausnahme meiner Hämorrhoiden bin ich gesund, ich nehme mich aber auch vor Fieber und Dysenterie sehr in Acht. Der arme Orlowski war 9 Tage krank und starb an Typhus. Das ist Gottes Schickung!

Abu Snun, 27. Die letzte Nacht in Omlubie war schrecklich. Gustel im heftigsten Fieber phantasierte wachend, Slatin phantasierte im Schlafe. Ich musste aber mit anbrechendem Tage fort, denn von dem faulen stinkenden Wasser erkrankten auch Soldaten. Ich wachte die ganze Nacht und gab Medizinen und legte Senfteig. Um 3 Uhr schliefen beide ruhig, Um 5 Uhr liess ich aufpacken und satteln. Für die zwei Kranken liess ich zwei Esel bequem herrichten, bei jedem ging ein Soldat, der seinen Kranken halten musste. So brachen wir um 6½ Uhr auf, und zogen gen NO. zum Gebel Abu Snun. Um 9½ Uhr liess ich in einer Sklavenkolonie Halt machen um mit meinen Officieren zu frühstücken und meine Kranken ausruhen zu lassen. Ich botanisirte bis 3 Uhr, dann tranken wir Kaffe und ich befahl aufzusitzen. Wir ritten in ganz gleicher Weise weiter. Um 5½ Uhr kamen wir zum Dorfe Saáter am Fuss des Berges und erfuhren hier, der Schech wohne im Gebirge. Wir ritten also weiter bergan, bis wir erst gegen 7 Uhr nach Abu Snun, dem Landsitze des Schechs, kamen. Beide Kranken waren zwei Mal von ihren Eseln gefallen und meine erste Sorge war, sie zu Bett zu bringen und ihnen Thee aus reinem Gebirgswasser zu bereiten und Medizin zu geben. Später Hühnersuppe mit Reis. — Heute geht es Beiden etwas besser, sie dürfen nicht ausgehen, können mir aber meine Pflanzen umlegen. Um 8 Uhr machte ich eine

Exkursion in's Gebirge. Um 3 Uhr Besteigung der höchsten Bergspitze, um die Höhe zu messen. Pflanzen herrlich. . . . . .

Hier ist schöne Gebirgsluft und köstliches, reines und frisches Wasser. Wieviel ein Glas Wasser werth ist, das lernt man in Central-Afrika. Die Reisen sind wundervoll, besonders zu Kamel; nur gesund muss man sein, Krankheiten sind wahrhaft entsetzlich.

Mein Freund Kaiser wird sehr erstaunt sein, dass ein Telegramm kaum schneller kam, als ein Brief, allein die Linie geht nur bis Chartum und ist oberhalb Assuan selten in Ordnung. Von Chartum bis El-Obeid geht nur die Kamelpost in 9—8—6 Tagen. Jetzt in der Regenzeit 8—9 und 2 Tage von El-Obeid bis Omlubie. Meine ganze Expedition kann 30 Tage dauern; ich gehe bis zur Grenze von Dar-Fur um die Alterthümer aufzusuchen, die auf der Petermann'schen Karte angegeben sind. Dann gehe ich nach Osten nach meinem lieben Barrah, nach Teiara, Birket Rahat, Gebel Kordofan, Melbes und zurück nach El-Obeid.

Kaga nuba, 13. September 1875.

Meine liebe Ida und mein Freund Kaiser! Ausser dem langsamen Telegramme, welches mir Glück wünscht zur leichten Geburt eines Sohnes, habe ich bisher noch kein ausführlicheres Schreiben. Allerdings bin ich etwa anderthalb engl. Meilen von meiner Expedition entfernt und sende ich nicht eigends einen Kurir nach El-Obeid ab, so wissen mein braver Oberst und mein lieber Kommandant nicht einmal ganz genau, wo ich bin. Doch sehne ich mich unendlich nach einem Briefe von den Meinigen und könnte ich so recht zu mir selbst kommen, und wäre ich nicht so rastlos und gar so mannigfach beschäftigt, ich würde recht traurig sein. So fühle ich, — wenn Wind und Wetter mich zu arbeiten hindern und ich des Nachts nicht schlafen kann, — wenigstens lebhaft den Drang, mich mit meinen Lieben zu unterhalten. Ich fahre also in meinen Mittheilungen da fort, wo ich glaube aufgehört zu haben. Irre ich nicht, so waren meine letzten Notizen aus Omlubie datirt. In den Gruben, in denen sich das Regenwasser sammelt, verfaulen krepirte Esel, Hunde und Kamele. Das Wasser riecht so entsetzlich, dass ich übel wurde, wenn ich mir damit das Gesicht wusch. Ich liess es kochen und versuchte Suppe und Kaffe zu bereiten, allein der faule Geruch war unvertilgbar. Kein Wunder, dass ausser Slatin und Gustel auch noch zwei von meinen Soldaten und Kameltreibern erkrankten. Endlich, nach Abwartung dreier schauerlichen Tage kam der Kurir aus El-Obeid zurück, den ich von Abu Harrasi aus dahin abgefertigt hatte. Er brachte mir genügend Papier, Instrumente, Briefe und das schon erwähnte Telegramm. Nun hielt mich also nichts mehr ab, den pestduftenden Sklavenort zu verlassen und wiewohl Slatin und besonders Gustel sehr heftig fieberten, wollte ich wenigstens versuchen mich mit meiner Karavane in Marsch zu setzen und ertheilte meinen zwei Lieutenants den Befehl zum Aufbruche am folgenden Morgen. Gegen Abend aber wurden Slatin und Gustel schlechter; auch die drei anderen Kranken fieberten stärker. Diesenreichte ich Medikamente und liess Gott walten. Aber Slatin und Gustel lagen in meiner Rekuba (Wohnung). Die Nacht war schrecklich. Gustel phantasierte im Schlafe, Slatin wachend. Ich durfte also an Schlaf gar nicht denken, ich hatte die Nacht hindurch Senfteige zu bereiten und Medikamente zu geben. Herrliche Aussicht — und dafür morgen der weite Ritt nach Abu Snun! — Ich gewann aber bei der Durchführung doppelt, denn erstens kam ich aus der ungesunden Gegend mit dem faulen Trinkwasser in eine frische Gebirgsgegend mit gutem Wasser, und zweitens kam ich El-Obeid wieder näher und konnte nöthigen Falls die Kranken leichter dahin zurück transportiren lassen. Nach Mitternacht wurden beide ruhiger und schliefen. Ich konnte also den Ritt wagen und liess, nachdem ich anderthalb Stunden schlaflos geruht hatte, um 4½ Uhr Alles allarmiren. Gustel stand willig auf, er schien etwas besser zu sein; Slatin war es offenbar. So verliess ich denn Donnerstag den 26. August den unseligen Ort Omlubie. Ich hatte Gustel meinen eigenen Esel gegeben, welcher sehr gut und sicher geht und auch, wie sein verabschiedeter Vorgänger, Abu Haschisch heisst, und hatte auch für Slatin einen guten Esel besorgen lassen. Zwei Kameltreiber hatten Befehl mit den zwei Kranken zu gehen und sie im Sattel zu halten, wenn es nöthig sei. Ich selbst ritt mein Dromedar und blieb in ihrer Nähe. Es war 7 Uhr als alles zum Abritt bereit war. Wir verfolgten die Richtung Ostnordost, bald 60°, bald 70°. — Um 8 Uhr sahen wir das Gebirge Abu Snun, welches ich heute noch zu erreichen hoffte, wie einen grauen Nebelfleck vor uns. Wir passirten nach und nach die Dorfschaften Durdur, Arrag, Daber, Om-Schereïm; Alles ging gut, doch liess ich um 10 Uhr in einer unbenannten Sklavenniederlassung Halt machen. Es wurde mir für meine Kranken zu heiss, der dreistündige Ritt hatte sie offenbar erschöpft, sie bedurften der Ruhe. In einer schattigen luftigen Rekuba (Hütte aus Duchnstroh) frühstückten wir, dann ging ich fort um Pflanzen zu sammeln, während sie auf bequemen Angarebs schliefen. Um 2 Uhr kam ich zurück und wir ritten weiter. Abends 6 Uhr 10 Minuten traf ich auf der Hochebene von Abu Snun im romantischsten Gebirge ein, und etwa 20 Minuten nach mir mein Gefolge. . . . .

El-Obeid, 9. November 1875.

Mein sehr geehrter Herr Consul Travers! Den 6. Nov. kehrte ich von meiner zweiten selbstständigen Expedition heim und am Abend dieses Tages übergab mir mein Freund Prouth zum Nachtische Ihr werthes Schreiben und den Brief von meiner lieben Frau. Warum so spät, fragte ich erstaunt, bin ich doch schon 5 Stunden hier? Er that ganz recht, meinte Oberst Colston, Sie hätten sonst wieder nichts gegessen. Ich hätte Ihnen die Briefe erst morgen früh gegeben; denn unser Whist wird jetzt wohl nicht zu Stande kommen! Und in der That war es so.

Die lieben Briefe von Ihnen und den Meinigen überraschten und erregten mich so freudig, dass ich nicht ernsthaft am Whisttische sitzen konnte. Ausserdem musste ich die Erlebnisse meiner eben beendeten Expedition erzählen, und dabei wurde es Mitternacht. — Sie sagen, es sei schade, dass das Ministerium mit seinen Mittheilungen so kargt! Wir Drei hier wundern uns nicht wenig, dass die usuelle Geheimnisskrämerei, die man beobachtet, noch diese Publikationen zuliess! Die Notiz, die mich betraf, ist wahr. Nachdem ich den Obersten so weit hergestellt hatte, als es mir möglich, entwarf ich einen Plan, eine Expedition zu unternehmen. Da ich wusste, dass die Herren Officiere und besonders der Oberst mich nicht gern entbehren, so schlug ich den Zeitraum auf 20—25 Tage an, wusste aber, dass das lange nicht ausreichen werde. Ich bezog indessen Provision auf 40 Tage, machte meinen Gustel-Eberle zum Proviantmeister und wählte mir den Lieutnant des Stabes, Jussef Helmi Effendi, zur Begleitung aus. Es war meine Meinung, diesen, meine zwei Ordonnanzen, Gustel und acht Soldaten mit einem Korporale mitzunehmen, ausserdem 6 Lastkamele für die Provision, Wasser, Papier, Pressen, Instrumente und Zelte mit Angarebs, als ich aber die dazu nöthigen Kamele vom Gouverneur begehrte, sagte mir dieser, das sei nicht Eskorte genug für mich, er werde mir noch einen Lieutenant und 4 Baschibussuks mitgeben und einen Firman an alle Mudire und Schechs. Zu meinem eigenen Gebrauche hatte ich mein Reitdromedar, ein Pferd und meinen Esel, welcher Abu Haschisch heisst, weil er gewöhnlich die Pflanzenmappen trägt. So verliess ich früh den 14. August das langweilige El-Obeid. Prouth begleitete mich noch zu Pferde eine Stunde weit, der Geograph Marno vier Tage. Das Wetter war wundervoll. Kordofan ist nach der Regenzeit ein blühender Garten, und es wäre ein Paradies, wenn es etwas anderes als Regenwasser hätte. Als Prouth sich verabschiedet und ich an der Spitze meiner Kolonne dahintrabte — mein Dromedar tanzte so vergnügt und leichtfüssig, als wolle es mit mir zu einem Balle, — da wurde mir doch recht beklommen zu Muthe. Zum ersten Male führte ich als kommandirender Chef eine Expedition, hatte so vieler Menschen Leben zu verantworten, und welche Aufgaben? — Geographie, Statistik, Kultur und Industrie, Meteorologie, Botanik, Mineralogie, — und zu Allem allein. Nur zu, dachte ich, in Cairo hat mich, wiewohl ich so Manches gelernt habe, mit all' meinem guten Willen kein Mensch brauchen wollen, ich wurde unmuthig, alt und lax — und war in ewiger Noth; hier bin ich jung und kräftig, — besser zu viel gebracht, als zu wenig! — Um 12 Uhr liess ich zum Frühstücken unter einer Adansonia Halt machen, deren Stamm 22 Meter 34 Ctm. Umfang hatte. Richtung zum Gebel Abu Harrasi SW 225°. Um 2 Uhr liess ich wieder aufsitzen, und so erreichten wir um 4½ Uhr unser erstes Nachtquartier, das Dorf Dieka. Am andern Morgen genügten 1½ Stunden, um die Gegend zu untersuchen, während die Leute den Aufbruch vorbereiteten. Nach 1½stündigem Ritt trafen wir die Fulah (Regenpfütze) des Dorfes Omrobe. Frühstück und Exkursion. Um 10 Uhr passirten wir einen Chor (Wasserrinne), wo eine prachtvolle Lilie blühte. Um 2 Uhr erreichte ich Gebel Abu Harrasi, so genannt nach etlichen alten mächtigen Stämmen von Acacia albida (Harrasai), welche noch grünen. Kochthermometer und Aneroïd gaben mir eine Elevation von 1993' über Alexandrien. Ich war also in 2 Tagen beiläufig 120' gestiegen. In 3 Tagen untersuchte ich hier das Plateau, die umliegenden Berge, die Fulah, die man einen Birket nennt, die aber völlig austrocknet, die Brunnen mit einer Unterlage von grauem Granit, und fertigte dann meinen Kurir mit Briefen, Steinen und einem grossen Packete Pflanzen nach Obeïd ab, welcher mir Trockenpapier zurückbringen musste. Den 19. brach ich von Abu Harrasi auf und ritt bis Abu Gaúd. Unterwegs 2 ganz menschenleere Dörfer. Kurz vor uns war ein Detachement von Baschibussuks nach Dar-Fur hier durchgekommen und hatte derart gehaust, dass die Bewohner schon bei Annäherung einer Karavane davon liefen und Hab und Gut im Stiche liessen. Hier meldete mir meine Ordonnanz, meine 2 Lieutenants seien in Streit. Ich liess beide rufen, um zu hören, was der Grund sei. Mein schwarzer Ali Effendi klagte, die arabischen Soldaten und Herr Jussef Effendi requirirten jeder auf eigene Hand. Der weisse Jussef Effendi meinte, das sei sein Recht. Ich machte dem Streite kurz ein Ende, indem ich Jedem sein Geschäft anwies. Ali ist Requisitionsofficier, Niemand hat zu requiriren wie er und Jeder hat das Nöthige von ihm zu empfangen. Jussef bekam das Kommando des Zuges und die Aufsicht über Gepäck und Instrumente. Den Soldaten liess ich sagen, wer irgend etwas requirirt, hat es vierfach zu zahlen und bekommt noch 2 Dutzend Kurbatschhiebe auf das blosse Fell. Ich glaubte nun Alles ganz gut gemacht zu haben und es ging auch Alles gut. Ali versorgte uns genügend mit Hammeln, Hühnern, Eiern, Milch und frischer Butter, und unterwegs ritt die Karavane hübsch beisammen; allein ich bemerkte bald, dass mein weisser und mein schwarzer Effendi sich nicht mehr verdauen konnten. Dem Araber wollte es nicht zu Kopfe, dass er kein Recht habe nach Herzenslust zu requiriren (rauben). Weiss es Gott, in jedem Araber steckt ein kleiner Mudir.

Tags darauf erreichte ich Omlubie, eine weitläufige Sklavenniederlassung mit einer grossen Fulah und Kultur von Duchn, Lûbiyen, Bamiyen. Hier fertigte ich den zweiten Kurir mit Steinen, Briefen und Pflanzen ab und musste auf Trockenpapier warten. Schrecklicher Ort. Die Sklaven, welche hier nur während der Regenzeit hausen, um die Kultur zu überwachen und dann zu ihren Besitzern zurückzukehren, kümmern sich wenig um die Reinheit des Trinkwassers. In der Fulah verwesen Kamele, Esel, Hunde, und ich sah selbst einen Menschenschädel. Geschmack und Geruch des Wassers war entsetzlich ekelerregend, selbst Hühnersuppe und Kaffe stanken, und es genügte, mir nur das Gesicht zu waschen, um mich zum Erbrechen zu reizen. Der Erste, der mir erkrankte, war Herr Rudolph Slatin (ehedem in Cairo). Ich hatte ihn eingeladen mich als Gast zu begleiten. Dann erkrankte Gustel, meine rechte Hand, und zwei Soldaten. Auch Lieutenant Helmi hatte sich ein Fieberchen heranerbosst. Endlich kam der Kurir von El-Obeid mit Papier und Briefen an. Er brachte mir auch eine Depesche von General Stone, der mir per Telegramm gratulirte, dass meine Frau glücklich von einem kräftigen Knaben entbunden sei. Auch Prouth, Colston und der Gouverneur schickten mir ihre Glückwünsche. Colston bat mich, bald zurückzukehren, denn ich fehle ihm überall, und Prouth fügte hinzu: Wer weiss, wo wir auf das Wohl des kleinen Pfundes ein Glas leeren. Mir brannte der Sand unter den Füssen. Noch zwei Kameltreiber waren erkrankt, die übrigen drei entflohen. Slatin und Gustel delirirten die ganze Nacht hindurch, doch musste ich um jeden Preis diesen Pestort verlassen. Verzweifelte Dosen von Chinin schafften mir Hülfe. Gustel fühlte sich besser, Slatin war es offenbar. Sofort gab ich den Befehl zum Aufbruche und war entschlossen, meine Richtung zu verlassen, weil mich diese durch allzu ähnliche Gegenden führte, ohne ersichtlichen Gewinn für irgend eine Wissenschaft. Ich verliess also die Richtung NNW und wandte mich rein gen Osten zum Gebel Abu Snun, um von hier aus in der Richtung WNW. die Gebirge Katul und Kaga zu erreichen. Allein der Ritt von Omlubie bis Abu Snun ist ein starker Tagesmarsch (28 engl. Meilen). Ich gab Gustel meinen Abu Haschisch zu reiten und liess für Slatin einen anderen Esel kommen. Zwei von den neurequirirten Kameltreibern mussten nebenhergehen. Zu Kamel konnten die zwei Kranken sich nicht halten. — Nach 8½ Stunden eines angestrengten Rittes, den ich nur durch eine dreistündige Ruhe für die Kranken unterbrechen liess, traf ich Abends 6 Uhr 10 Minuten auf der Hochebene von Abu Snun im romantischsten Gebirge ein; etwa 20 Minuten nach mir mein Gefolge. Ungeachtet aller Vorsicht, waren beide Kranke mehrere Male von den Eseln herabgefallen. Ich liess ihnen Hühnersuppe reichen, und sie gingen schlafen. Tages nachher schienen beide wohlauf zu sein; doch traute ich dem Frieden nicht. Sie mussten in ihren schattigen Strohhütten bleiben, und ich nahm meine Ausflüge zur Untersuchung der Umgegend und zu den Bergmessungen allein vor, begleitet von meinem freundlichen runden schwarzen Ali und von meinen Ordonnanzen. Elevation 2005′, Berghöhe 670′. Was man als Antike notirt hat, ist eine natürliche Felsgrotte im Granit. Botanische Ausbeute bedeutend, namentlich für die Holzsammlung. Auf dem Gebirge ist ein Echo von 5½ Sekunden. Brunnen 42 Meter tief, mit kostbarem Trinkwasser von +17° R. Temperatur im Schatten 33,4° R. Ich hatte recht gesehen, Slatin war besser, Gustel aber litt am dritten Tage an Schwindel und Milzstichen. Da ich ohnehin reichlich gesammelt hatte, so fertigte ich einen dritten Kurir mit Sendungen ab. Auch brauchte ich Cigarren und etwas Schnaps. So liess ich denn Gustel (so weh es mir that, den nützlichsten und anhänglichsten Menschen, den ich hatte, wegzuschicken), mit dem Kurir nach El-Obeid zurückkehren und gab ihm zur Begleitnng meinen besten Ordonnanzsoldaten mit. Auch H. Slatin erbot sich Gustel zu begleiten und mit dem Kurir und meinem Ordonnanzsoldaten zurückzukehren. Mir blutete das Herz, als früh am andern Morgen Gustel davonritt mit einem traurigen: »Auf Wiedersehen, Herr Doktor.« — Ich hatte das Gebirge noch in einer anderen Richtung zu durchkreuzen. Das machte ich sogleich ab und schickte dann meinem Weissen und meinem Schwarzen den Befehl zum Aufbruche. Um 2½ Uhr verliess ich das schöne Gebirgsplateau und verfolgte von hier aus die alte Richtung WNW. bis zum Dorfe El-Greud. Unterwegs kam ich durch Duchnfelder, deren Kolben mich zu Kamel überragten. Die Felder waren ungemein regelmässig angelegt und sehr sauber gehalten. Das Dorf El-Greud liegt malerisch schön, die Togguls und Strohhütten sehen alle wie neu aus und liegen zwischen schattigen Bäumen. Alles zeugte von einer gewissen Wohlhabenheit. Als ich mit meinen zwei Effendis hineinritt in's Dorf, empfing uns der Schall von Handpauken, Händegeklatsche und Mädchengeschrille, und wir hörten, hier sei soeben ein Beschneidungsfest. Man quartierte mich in des Schechs Rekuba ein und bald nachher schickte mir Ali köstliche Milch, frische Butter, Lugma, Kissera und gebratene Hühner. Ich brockte von meinem guten Brode in die Milch, bereitete mir ein Butterbrod und hatte ein äusserst wohlschmeckendes Essen. Alles andere liess ich den Herren

Effendis, die es mit Stumpf und Stiel in ihren Togguls verschlangen. Lugma ist ein dicker Brei von Duchnmehl, in Puddingform aufgepflanzt. Als Ueberguss dient ein Gemisch von saurer Milch, zerlassener Butter und Melochie. Dieser Ueberguss ist grünlich weiss und zieht sich am Löffel in lange, schleimige Fäden. Dieses Alles, ganz ohne Salz, dagegen mit zerriebenen Mühlsteinstückchen gemischt, ist nichts weniger, als appetitlich. Diese Lugma scheint das Festtagsgericht der Kordofanesen zu sein; auch traktirt man damit hohe Gäste. Kissera und Apree vertreten die Stelle des Brodes. Das Erstere ist ein richtiger Sauerteig von Duchnmehl zu dünnen Stücken ausgewalzt und auf einer Eisenblechplatte gebacken; Apree ist nicht gesäuerter Duchnbrei in dickeren Kuchen auf dem Feuer geröstet — natürlich Alles ohne Salz. Es ist wohl begreiflich, dass ich vortreffliche Milch und gutes Brod diesen sudanesischen Herrlichkeiten vorzog.

Kaum hatte ich meine Mahlzeit beendet, als mein Ordonnanzsoldat drei junge Negerinnen zu mir herein liess. Sie waren festlich in weissem Baumwollstoff gekleidet, mit rothen Perlen und Armspangen geschmückt. Alle drei knieten nieder und die Erste von ihnen hielt mir ein irdenes Näpfchen hin, worin in Sesamöl ein silberner Ring lag. Ich begriff nicht, was das heissen sollte und liess den Lieutenant Helmi rufen um mir diesen Besuch zu erläutern. Mein Lieutenant berichtete mir endlich in herzzerreissendem Französisch: Die Damen der Stadt El-Greud senden diese Deputation junger Mädchen an Sie ab um Sie für diesen Abend zu ihrem Tanzfeste einladen zu lassen. — Und der Ring im Oele, fragte ich, was heisst das? — Sie erwarten ein Geschenk. — Ich legte in ihr Oelnäpfchen drei Marienthaler und versprach Abends zu kommen. Nun wurden die schwarzen Schönheiten gesprächiger. Die Erste hiess Medina und war die junge Mutter des heute beschnittenen Knaben; die Zweite hiess Elma und war Braut; die Dritte, ihre Schwester hiess Irra. Alle drei versprachen recht schön zu tanzen und mir morgen einen grossen Topf voll Merissa (Duchnbier) zu bringen. Dann entfernten sie sich und ich ging aus, um die Umgegend zu mustern.

Die Abendunterhaltung war merkwürdig. Im Glanze des Vollmondes schwebten und zuckten die weissen Gestalten mit schwarzen Gesichtern gespenstisch umher und lange dunkele Schlagschatten folgten ihren Bewegungen. Ich liess zwei Laternen mit Lichtern herbeibringen, und die Leute wunderten sich nicht wenig über die zwei weissen Stöcke, die so gut brannten. Der Menschenschlag ist wunderbar schlank und kräftig gebaut, die Bewegungen und Haltung der Frauen leicht und nicht ohne Grazie; nur im Tanze verliert sich das Alles, und sie erscheinen anekelnd gemein und frech. Der Tanz der Männer erinnerte mich an eine Scene, in der ein brünstiger Bär seiner Geliebten vorbrüllte und vortanzte. Mit Sonnenaufgang war ich auf den nahen Bergen und fand treffliche Sachen.

Den 31. August ritten wir nur bis Kelendis abadschi, dagegen erreichten wir am 1. September den Flecken Abu Heef und Tags darauf Ommarba, in Mitte einer brandgelben Wüste ein Haufe Togguls ohne Bäume und ohne Wasser. Der 2′ hohe Duchn auf den Feldern war vor der Reife verbrannt. Ich hatte hier etwa 6—10 Stunden mit Konservirung meiner Pflanzensammlungen zu thun und ganz ununtersucht wollte ich diese Steppe nicht lassen; doch als ich am nächsten Tage gegen Mittag mit Allem fertig war, liess ich sogleich zum Aufbruch rüsten. In raschem Trabe erreichten wir um 6 Uhr den Bir el Schak und um 7 Uhr den gleichnamigen Ort. Die Gegend ist kultivirt und baumreich. Erschöpft von dem 5½stündigen Kamelritt in unausgesetztem Trabe, lag ich im Freien auf einem Angareb und achtete wenig auf Lärm und Gezänk, welches meine Soldaten mit den Einwohnern hatten. Man brachte mir eine grosse Kürbisschale mit Milch. Ich begehrte nichts mehr. Meine Ordonnanz erzählte Slatin, hier seien sehr schlechte Leute. Ich befahl ihm Ruhe zu halten und sich zu packen. Wir tranken Milch und vielleicht ein Bischen zu hastig und ich merkte erst, nachdem der erste brennendste Durst gestillt war, dass die Milch einen sonderbaren Geschmack hatte. Indessen schrieb ich das der Kürbisschale zu und trank vor dem Schlafengehen noch einige Male. Unsere Betten wurden bereitet, wir legten uns nieder, als uns plötzlich im ersten Schlafe ein heftiges Erbrechen befiel. Hierzu gesellte sich Brennen und Würgen im Schlunde und ein eben so heftiges Abführen. Auch muss ich eine Zeitlang besinnungslos gewesen sein, denn ich fand mich neben dem umgestürzten Angareb auf der Binsenmatte wieder, die vor meinem Bette lag, die Stirne aufgeschunden und mit Sand inkrustirt. Die Ausleerungen dauerten fort und ich konnte nicht anders, als an einen ungeschickt angestellten Vergiftungsversuch glauben. Slatin war so angegriffen, dass er taumelte. Die Schildwache musste meine Ordonnanzen rufen. Ich gab ihnen aus meinem Apothekerkistchen ein Packet Kräuter und liess uns einen Thee bereiten, worauf die Ausleerungen allmählich nachliessen. Wir schliefen ein; allein mit Tagesanbruch fühlten wir uns in einer Weise abgeschwächt, dass an Weiterreiten nicht zu denken war. Ich liess mehrere starke schwarze Kaffes machen und blieb liegen. Den Lieutenants liess ich sagen, sie hätten bis auf weitere Order ruhig hier zu bleiben. Ali liess ich rufen und theilte ihm meinen Verdacht mit. Er war bestürzt. Es hatte Niemand, als wir zwei, Milch getrunken. An einen Versuch der Art wollte Ali nicht glauben; er bemerkte, man habe hier den Gebrauch, frischgemolkene Milch mit Ziebelsaft zu mischen, vielleicht habe uns das nicht gut gethan. Wie dem auch sei, ich wollte hier keine Milch mehr, liess uns zu Mittag eine kräftige Hühnersuppe mit Reis und etwas Ingwerpulver machen und war gegen 1 Uhr so weit wohl, dass ich mich ankleidete. Mit Slatin ging's nicht so schnell, er blieb im Bette. Um 3 Uhr ging ich botanisiren. Um 5½ Uhr legte ich meine Pflanzen ein und wiewohl ich noch etwas taumelte, ertheilte ich, ärgerlich über den unfreiwilligen Rasttag, den Befehl zum Aufbruche für den folgenden Morgen.

Dem noch sehr angegriffenen Slatin gab ich meinen Abu Haschisch. Auch ich hatte nicht rechte Lust mein Dromedar zu reiten, und bestieg zur Abwechselung mein Pferd. Wir ritten über Sum und Laotta und rasteten von 11½ bis 2½ im Schatten eines Seyals. Lieutenant Helmi mit der Karavane holte uns während dieser drei Stunden nicht ein, und ich begriff nicht, wo er blieb. Unser Führer gab an, wir hätten bis Megenas noch 6 Stunden Kamelritt. Ich sass also wieder auf und ritt mit meiner Begleitung in raschem Trabe weiter, so dass wir schon um 6 Uhr 30 Minuten Megenas erreichten. Diese Stadt hat 75 Brunnen mit granitischer Basis; die nahen Gebirge sind Granit, Gneis, Glimmer und Quarz. Höhe 220—254'. Wir assen mit gutem Appetite zu Abend, tranken auch wieder, jedoch mit Vorsicht, etwas Milch. Es wurde 10 und 12 Uhr und Lieutenant Helmi mit der Karavane kam nicht an. Der Mahmur von Megenas schickte 2 der Gegend genau kundige Leute nach ihnen aus und so kamen um 2 Uhr Nachts unsere Kamele an. Ich liess mein Bett bereiten und entkleidete mich. Dabei erzählte mir mein Ordonnanzsoldat Abd Erabu, was er schon von einem Kameltreiber erkundschaftet hatte, dass einer von Helmis Soldaten früh eine Gazelle geschossen habe. Um nicht genöthigt zu sein den Nusranis Anstand's halber davon abzugeben, liess Helmi sogleich Halt machen und die Gazelle schlachten und braten. Eine Mahlzeit hielt man um 10 Uhr, dann schlief man 4 Stunden, dann hielt man noch eine Mahlzeit und bequemte sich endlich, den Weg fortzusetzen. Ich brannte vor Begierde meinem Herrn Stabsofficier verdientermassen den Kopf zu waschen, zudem er sich nicht einmal zum Rapport einstellte. Es war eine wundervolle Nacht. Ich liess mein Angareb hinausstellen in's Freie, nahm den Revolver unter das Kopfkissen und schlief herrlich. Früh um 6 Uhr liess ich den Lieutenant Helmi kommen und fragte nach dem Grunde, wesshalb er um 2 Uhr Nachts hier eingetroffen. Er stützte sich matt auf einen Soldaten, der ihn hatte herführen müssen. Ich bin sehr krank mein Chef, und habe so den Weg verfehlt. — Sie machten einen Umweg von 7 Stunden und kommen dann nicht zum Rapport? — Ach, mein Herr Doktor, ich war sehr krank und schwach. — Sie liessen mich bis 2 Uhr Nachts warten; Sie wissen, dass ich nach dem gleichmässigen Gange der Lastkamele die gemachte Meilenzahl berechne und nachweisen kann, dass Sie 6 Stunden gerastet haben, um eine Gazelle zu verzehren? Noch ein solches Vergehen, und ich sende Sie mit meinem Rapport nach Obeid zurück. — Ich hatte Pflanzen um- und einzulegen, die Berge zu besuchen und kam so erst um 2 Uhr Nachmittags zum Aufbruch. Der Himmel war bedeckt. Dunkle Schichtwolken wurden von starkem Süd-Westwinde zusammengetrieben und kaum eine Stunde im Sattel, nöthigten dichte und grosse Regentropfen uns schon, uns nach einem Obdach umzusehen. Das freundliche Dörfchen Safie-nur lag noch etwa 20 Minuten vor uns. In gestrecktem Trabe erreichten wir es sehr bald und wir sassen schon mit brennenden Cigarren sicher im Toggul, hatten Papier, Pressen und Alles in Sicherheit, als das Gewitter mit Hagel und wolkenbruchartigem Regen losbrach. Dieses Mal hatte dem Lieutenant Jussef seine träge Langsamkeit bös mitgespielt. Nass, wie eine gebadete Maus, kam er 45 Minuten nach uns an und ward Gegenstand allgemeiner Heiterkeit. Um 5 Uhr wieder gutes Wetter. Ich durchstreifte die Umgegend. Während des Gewitters war das Thermometer von + 31° auf + 17° gefallen. Nachts 3 Uhr ein ähnliches Wetter. Beide gaben eine Regenmenge von 12,8 cm. Früh 7 Uhr Ausritt; wir passirten den Flecken Anretia und kamen um 2 Uhr zu der Stadt Ombara oder Gombara im Gebirge Katul. Jetzt zur Regenzeit ist hier Alles in Flor, die Fulahs sind voll Wassser, die Duchnfelder standen vortrefflich. Allein häufig kommt es hier vor, dass wegen früh eintretender Dürre und grosser Hitze der Duchn nicht reift und dann essen die Leute Kurreb, den Samen eines kleinen Grases mit kreuzförmig gestellten Aehren, Dactyloctenium aegyptiacum. Aus demselben Grunde ist auch die Viehzucht hier sehr gering. — Aus allen Togguls erscholl Kindergeschrei. Ich hatte Lust den Grundsatz des Herrn v. Kaunitz hier zu parodiren: »Was braucht das Volk mehr als Liebe und Kartoffel!« — Liebe und Kurreb schien hier das Ein und All des armen Volkes zu sein. Nach dem Essen bekamen zwei Soldaten ihre angedrohten 2 Dutzend Hiebe, weil sie bei den Leuten, die doch selbst kaum zu essen hatten, gewaltsam requiriren wollten und eine Henne genommen hatten. Dann fragte ich den Schech, ob er einen Führer in's Gebirge habe. O ja, meinte er, den könne er mir geben; doch das Gebirge sei voll Hyänen und so zerklüftet und steil, dass man es von hier aus nicht erklimmen könne, Der Bimbaschi, der vor 3 Tagen hier gewesen, habe auch darnach gefragt, habe es aber aufgegeben den Berg zu erklettern und sei nach Kaga (sprich Kaja) geritten. — Welcher Bimbaschi? fragte ich erstaunt und erfuhr, dass ein Bimbaschi zu Pferde mit einem Baschibussuk und 6 Soldaten zu Kamel hier durchgekommen sei. Der Baschibussuk habe ihn gefragt, ob hier noch kein Hakimbascha durchgeritten? Das muss Prouth sein, rief ich, der nach Kaga ist, um die nördl. Breite zu nehmen und vermuthlich hat er Marno zur Begleitung eingeladen, der sieht aus wie ein Baschibussuk und spricht gut arabisch. — Und Prouth und Marno haben es aufgegeben die Berge von Katul zu messen! Ich muss hinauf und koste es Arm und Bein! Ist's von dieser Seite unmöglich, so giebt es noch andere Seiten. Ich nahm Pferd und Revolver und machte einen Rekognoscirungsritt. Das Gebirge, meist Porphyr mit Gneis, ist hier in der That wild zerklüftet, entsetzlich steil, überall in den Felsritzen und Spalten dicht mit dornigen Akazien verkleidet und schlecht ersteigbar. Ich musste es von einer anderen Seite versuchen. Erst als ich mein Pferd umwandte um zurückzureiten, bemerkte ich, dass meine zwei Ordonnanzen Abu Hamid und Abd Erabu mir heimlich und von ferne gefolgt waren. Ich liess ihnen ihre Freude und that, als hätte ich sie nicht bemerkt. Am folgenden Tage machte ich früh eine Exkursion und fand reiche Ausbeute. Dann konservirte ich das Gefundene und liess mir den Schech kommen, um nähere Auskunft über das Gebirge zu erhalten. Um 2 Uhr befahl ich den Aufbruch; doch wurde es 3½ Uhr, ehe Alles fertig war zum Fortreiten. Wir ritten in nordwestlicher Richtung am Gebirge hin, welches meist denselben Charakter zeigte. Die Tedalantilope zeigte sich in Heerden von 150—200 Thieren, auch sahen wir Trappen in Menge. Es war schon dunkel, gegen 7 Uhr, als wir das Dorf Baraeïs auf einem Hochplateau im Gebirge Katul erreichten. Als ich mit meinem Perspektiv die Umgegend musterte, fiel mir im Westen eine Fulah mit üppiger Vegetation auf. Dahin wollte ich sogleich und mir den Berg, der von hier aus nicht schlecht zu ersteigen war, bis Nachmittags aufheben. Gleich nach dem Kaffe ging's zu Fusse fort, hinab in die Ebene, bis zum Wasser, wo Alles in üppiger Fülle blühte. Um 11 Uhr kehrten wir schwer beladen nach Baraeïs zurück und ich hatte eben begonnen Pflanzen einzulegen, als ein Kerl aus dem Gebirge ein Stück Papier brachte. Darauf war mit Bleistift geschrieben: »Mein theurer Doktor! Diesen Augenblick kommen wir hier von Kaga an, Marno und ich. Wir sind Beide leidend und sehr erschöpft. Kommen Sie wenn es kühler wird zu uns herüber. Es erwartet Sie Ihr Prouth. Schittingul, 9. September 1875.« — Bravo Prouthchen, rief ich, das heisst Leute überraschen! Ich schrieb hastig einige Worte der Erwiderung und schickte den Boten weg. Ich erinnerte mich der Worte Prouth's: »Wer weiss wo wir noch auf die Gesundheit des kleinen Pfund anstossen und trinken werden!« Bald kam ein zweiter Bote und brachte mir 12 Ries Papier, welche Prouth aus freundlicher Fürsorge für mich mitgenommen hatte. Um 3½ Uhr war ich mit der Konservirung meiner Schätze fertig und befahl Abdul Hamid mein Pferd zu satteln. Abd Erabu schickte ich zu meinem schwarzen und meinem weissen Lieutenant mit dem Auftrage sich fertig zu machen und mich zu begleiten. Slatin wünschte seinen Landsmann Marno zu begrüssen, und Abdul Hamid bat um Erlaubniss mitreiten zu dürfen um den Bimbaschi wieder zu sehen. — Der Weg führte ostwärts zum Dorfe Schittingul, die Entfernung betrug etwas mehr als 45 Minuten. Im einem anmuthigen Gebirgsamphitheater lag der Ort und Prouth's Zelte. Als ich hinzuritt, eilte Prouth aus seinem halbaufgeschlagenen Zelte mir entgegen. Ich hatte kaum Zeit vom Pferde zu springen, so riss er mich in seine Arme und küsste mich herzlich. Lieber Doktor, rief er, wie sehen Sie herrlich aus! Welche Konstitution, und da kommen Sie wie ein Kavallerieofficier über's Gebirge dahergesprengt, dass mir das Herz im Leibe lacht! Damit nahm er meine Hand und führte mich in's Zelt. Da lag Marno auf einem Angareb; er erhob sich mühsam und reichte mir die Hand entgegen. Der eine hatte 5, der andere 7 Tage gefiebert. Es that mir leid Beide so leidend und angegriffen zu sehen, und ich begriff, dass Beide vorzüglich der Ruhe bedurften. Wir theilten uns gegenseitig unsere Reiseerlebnisse mit, und während dessen liess Prouth von seinem guten Cognac einschenken. Dann stiessen wir an und er sagte: »Auf das Wohl des neuen kleinen Pfund und seiner braven Mutter!« Vermuthlich der erste Toast, der so lange die Berge von Katul stehen, hier ausgebracht wurde. Ich empfahl Beiden einen Tag der körperlichen und geistigen Ruhe und Prouth willigte ein, den folgenden Tag zu bleiben. Ich versprach dagegen, wenn ich in aller Frühe den Berg bei Baraeïs abgesucht und gemessen haben würde, hieher überzusiedeln mit Sack und Pack, und den Tag mit ihnen zusammen zu verleben. Prouth gab mir einen Brief aus Dar-Fur von Purdy-Bey und einen aus Obeid von dem arabischen Doktor. Ich musste zum Nachtessen da bleiben, denn Prouth hatte den Verhältnissen nach eine fürstliche Tafel herrichten lassen. Wir wurden sehr heiter und selbst Marno vergass seine Schmerzen. Es war 9 Uhr als ich wieder zu Pferde stieg, um mit meinen Leuten nach Baraeïs zurück zu traben. Der Mond war noch nicht aufgegangen.

Am andern Morgen 8 Uhr war ich schon auf der Höhe des Berges. Die frische Morgenluft erleichtert das Steigen sehr. Ich hatte den Berg dem Augenmaasse nach bedeutend überschätzt. Er hat vom Plateau aus nur 225', von der Fulah aus 345'. Botanische Ausbeute reichlich, aber meist versengt. Vorherrschende Gebirgsart Porphyr. Nachdem ich dies abgemacht, packte ich meine Siebensachen zusammen und ritt mit Slatin nach Schittingul und überliess es meinem Schwarzen und dem Weissen, mit Allem dorthin überzusiedeln. Alsbald kam die Rede auf den Zweck und den Fortgang meiner Reise. Ich bemerkte, dass die Distanzen auf der Petermann'schen Karte von Abu Harrasi bis Katul (i. e. Ombara) und bis Kaga mir nicht richtig schienen. Sie haben ganz recht, sagte Prouth, denn nach meinen astronomischen Messungen ist Kaga um nicht mehr als einen ganzen Grad verzeichnet. Er gab mir die Breiten von Kaga, Barrah und Katul und die fielen mit den Distanzberechnungen meines Marsches fast zusammen. Die gleichmässig fortschreitenden Lastkamele machen nämlich 2½ engl. Eisenbahnmeilen ($65=1^0$) in einer Stunde. Um so interessanter ist es denn auch, sagte ich, die Lage von Surug (sprich Surudj) zu bestimmen. Beide widerriethen mir diese Reise, weil gefahrvoll und unmöglich, auch sei auf der ganzen Strecke kein Wasser, und die Strasse äusserst unsicher durch Räuber und wilde Thiere. Ich würde schon von hier bis Kaga nichts mehr finden, alles sei von der Hitze verbrannt, und die geographische Lage von Surug (in Dar-Fur) habe Purdy-Bey zu bestimmen u. s. w.; die Reise sei also nicht nur gefahrvoll, sondern noch dazu unnütz. Ich entgegnete: »Auf der Petermann'schen Karte seien bei Surug, bei Kobi und bei Gebel el Helleh Alterthümer mit Inschriften verzeichnet; diese wolle ich prüfen und abklatschen. Sei schon Kaga falsch gezeichnet, so würden es die 3 anderen Orte nicht minder sein, und eine Reise ohne Hindernisse und Gefahren existire nicht und gäbe es eine, so sei sie langweilig. Das Wort unmöglich kenne ich nicht, und gegen Wassermangel würde ich mich zu schützen wissen. Die Reise könne also weder unmöglich noch unnütz sein, — aber meine Provision gehe zu Ende.« — Da Prouth geraden Weg's nach El-Obeid wollte, so gab er mir sein überflüssiges Brod und etwas Salz. In Kaga sollte ich einen genügenden Transport von Lebensmitteln erhalten, den er mit Gustel dahin senden wollte. Prouth hatte 2 Mann sehr krank. Ich gab Beiden Medikamente zur Fortsetzung der Reise und übergab ihm noch einen meiner Soldaten, der unausgesetzt kränkelte, wogegen ich in Kaga einen Ersatzmann finden sollte. Unter solchen Reden und Geschäften floh der Tag wie ein Gedanke dahin. Meine beiden Freunde fühlten sich besser und waren sehr heiter. Früh am andern Morgen, nach herzlichem Abschiede, ritt ihr Zug nach SO., der Meinige nach NW. Auf dieser Strecke entliefen uns unsere Führer und Abdul Hamid erhielt beim Verfolgen des Einen dieser Kerle einen leichten Messerstich. Nachmittags sahen wir viele Löwenspuren im Sande. Um 4 Uhr hatten wir den Bir el Sodari erreicht und ich liess unter dem grossen uralten Harrasbaume, der gerade in schönster Blüthe stand, das Lager anfangen und mein Zelt aufschlagen. Die Zelte liess ich dreieckförmig aufstellen, Kamele, Esel, Pferde und Gepäck in die Mitte bringen, an jeder Ecke ein Wachtfeuer und eine Schildwache postiren, welche alle Stunde abgelöst werden sollten. Hyänen- und Löwenspuren waren überall. Vermuthlich kamen diese des Nachts hieher, um aus den Regenpfützen oder Brunnen zu trinken. Die Aussicht auf einen solchen Besuch machte meine Vorsicht nothwendig. Herr Slatin bekam Lust einen Löwen zu schiessen. Er besprach sich mit den Effendis und alle Drei luden ihre Gewehre, um während der Nacht zur Fulah auf den Löwenanstand zu gehen. Ich hatte Anfangs Lust das zu verhindern, dachte dann aber, es werde wohl so gefährlich nicht sein und liess den Leuten ihr Vergnügen. Beim Nachtessen entstand Lärm. Unser letzter Führer hatte versucht zu entspringen. Es kostete nicht wenig Mühe ihn den Händen der arabischen Soldaten zu entziehen. Ich liess dem Kerl 50 aufzählen und ihn binden. Das besorgten die Soldaten denn auch so ehrlich, dass an Entrinnen nicht mehr zu denken war. Der Kerl lag mit dem Rücken auf der Erde und die zusammengebundenen Füsse waren hoch in der Luft an einem Baumaste befestigt. Es war 8 ½ Uhr, als meine drei Helden wohlbewaffnet zur grossen Fulah zogen und ich im Geiste schon den erlegten Löwen sah. Im Zelte war die Luft etwas dumpfig, die Nacht war wundervoll, und so liess ich mein Bett hinausstellen, dicht neben den Stamm des blühenden Baumes. Uhr und Revolver unter dem Kopfkissen, legte ich mich nieder, konnte aber den Schlaf nicht finden. War es die Löwenjagd, die mir im Kopfe herumspukte, war es die Ueberzeugung, dass wirklich wilde Thiere in Menge da seien, ich lag lange mit offenen Augen da. Eben im Einschlafen, weckte mich das Geräusch eines in meiner Nähe saufenden Thieres. Ich fuhr erschrocken auf und sah in hellem Mondenlichte bei der nahen Regenpfütze einen nicht grossen Löwen. Die auflodernden Wachtfeuer mussten ihm nicht gefallen, er verschwand im hohen Schilfe. Gleich nachher sah ich den Lieutenant Helmi leise in sein Zelt gehen. Dann kam auch H. Slatin. Der Löwe war von hier zur grossen Fulah gegangen, wo ihn kein Wachtfeuer verscheuchte und hatte dort nach Herzenslust getrunken, ohne sich um seine drei toddrohenden Feinde zu bekümmern. Ungeachtet dieser Friedfertigkeit begriffen die drei Helden, es sei des Nachts im Bette doch angenehmer, als auf dem Löwenanstand, und Helmi, der so etwas von Dysenterie verspürte, zog sich aus Sanitätsrücksicht in sein Zelt zurück, ein Glück für den armen Löwen. — Ich schlief ruhig ein. Es war 1 Uhr nach Mitternacht, als ich davon erwachte, dass etwas an meinem rechten Fuss herumschnupperte, den ich im Schlafe in die Luft hinausgestreckt hatte. Erschrocken fuhr ich empor und noch erschrockener als ich, lief ein Thier davon, und ich hörte das wiehernde Lachen einer Hyäne. Ich sah umher, die Wachtfeuer waren erloschen. Ich rief die Schildwache, liess die Kameltreiber wecken und die Wachtfeuer erneuern. Ich selbst legte mich mit brennender Cigarre auf's Bett. Der Schlaf war mir vergangen. Ein solch' nächtlicher Fusskuss würde selbst dem 9. Pius nicht behagen.

Mit wundervoller Pracht ging die Sonne auf. Kaga war etwa noch 3 Stunden entfernt und so war genügend Zeit die Umgegend zu durchstreifen. Temperatur des siedenden Wassers 209,6, approximative Meereshöhe (ohne Koeffizienten der Temperatur) also 1978'(?). Um 10 Uhr ritt ich fort um das Gebirge Kaga herum. Ali war vorausgeritten um den Mahmur von Kaga auf unsere Ankunft vorzubereiten. Unser Führer aber war des Weges nicht wohl kundig, und so kamen wir erst gegen 2 Uhr in Omrahali an. Das ist die Stadt, die Petermann Kagia nennt, dieses aber ist der Name des Gebirges. Der Mahmur hatte mir Wachen und sein eigenes prachtvolles Pferd entgegen geschickt; da ich aber herumgeirrt war, so hatten diese mich nicht getroffen. Unsere Aufnahme war trefflich. Alles, was der Ort bieten konnte, stand bereit. Der Mahmur ist unseres Ali Schwager. Den Karten nach ist Omrahali der letzte bewohnte und bewohnbare Ort Kordofans in dieser Richtung. Nachdem ich mich etwas erfrischt, liess ich den Mahmur kommen, um über Surug und den Weg dahin Erkundigungen einzuziehen. Den Angaben des Mahmur nach ist 4 bis 5 Stunden von hier, am Wege dahin, noch ein Brunnen, dann aber 4 Tage oder 5 bis Surug keiner mehr. Wilde Thiere — Räuber — zweifelhaft. Mein Plan war fertig. Alles entbehrliche Gepäck bleibt hier und dabei der Korporal und etliche Soldaten. Dadurch werden mehrere Kamele frei zum Wassertransport. Mit mir gehen Slatin, die zwei Lieutenants (also die drei Löwenjäger), 4 Soldaten und die Baschibussuks; ferner tragen 2 Kamele 2 Zelte und die Provision. Alles Andere bleibt zurück, besonders Pferd und Esel, die ohne Wasser nicht fortkommen. Ich begehrte vom Mahmur, um die Kisten entbehren zu können, zwei lederne Proviantsäcke. Er brachte sie. Vier Rais (grosse Ochsenschläuche zum Wasser) und 12 Girben versprach er zu morgen früh. Ich war fertig und machte mich an das Absondern des Papieres, welches ich mitnehmen wollte. Folgenden Tages (d. 13. Sept.) war ich gerade beschäftigt die gesammelten Pflanzen, Hölzer, Früchte und Mineralien zu ordnen, um sie per Kurir nach El-Obeid zu senden, als ein Extrakurir mir einen vom 3. September aus El-Obeid datirten Brief des Obersten Colston brachte. Der Bote hatte mich in Barrah und an mehreren Orten gesucht. Colston meldete mir, der Gesundheitszustand der Expedition sei sehr böse. 40 % unserer Mannschaft seien erkrankt, desgleichen 2 Effendis, der Proviantmeister Thomas, der Koch, Weber und selbst der arabische Doktor sei schwer leidend. Ich weiss, schloss er, ich habe nicht die Berechtigung Sie zurückzurufen, allein unter diesen Umständen gebietet das Interesse der Expedition, dass Sie so schnell als möglich zu uns zurückkehren. Ich selbst fühle mich nicht so gut, wie vor Ihrer Abreise, und mit herzlicher Sehnsucht erwartet Sie recht bald Ihr Colston.

Was nun? Der Brief war dringend und in allen Punkten wohl begründet, allein er war schon 10 Tage alt. Was damals krank war, war nach dem Charakter hiesiger Krankheiten längst todt oder besser. Zudem berechtigte mich eigentlich nichts, die Arbeiten aufzugeben, für die ich direkt angestellt, und Pflichten zu übernehmen, für die ich nicht verantwortlich war. Ich fertigte also den Extrakurir mit einem Briefe ab, welcher sagte: Ich erhielt Ihr 10 Tage altes Schreiben; der Sanitätsstand ist nicht mehr derselbe. Ich bin auf dem Punkte die Grenze und die Grenzgebirge von Dar-Fur zu besuchen. Komme ich zurück, so gehe ich von hier nach Barrah; dort erwarte ich nähere Notizen. Ist es dann noch nöthig, so bin ich von dort aus schnell in El-Obeid. Von hier wäre es zwecklos. Heute ist der Brief 10 Tage alt. Kaga ist von El-Obeid 142 engl. Meilen entfernt. Was nützt der Arzt 18—20 Tage nachdem er gerufen ist? u. s. f. Den 15. September schickte ich meinen Kurir mit Pflanzen etc. ab, und nun ging's an's Zurüsten zur Abreise.

Freitag, den 17. September. 8½ Uhr brach ich mit meiner Eskorte auf. Der Mahmur und die ganze Ortsobrigkeit von Omrahali gab mir das Geleite zu Pferde. Herr Slatin fühlte sich etwas unwohl, wollte aber um keinen Preis zurückbleiben. Richtung 210° bis zum Gebirge. Wir durchschnitten dieses über ein Plateau hinweg in der Richtung 180°. In einem Cyklus von Bergen versteckt liegt hier der Ort Naán oder Laán. Gegen 10 Uhr stiegen wir in eine baumreiche Ebene hinab, und die Richtung 210° führte uns bis 11 Uhr zu einer grossen teichartigen Fulah im Wadi Seyal. Da war Wasser und Schatten genug. Ich liess Kaffe und Frühstück bereiten; Slatin nahm Redlinger Pillen. Nachdem ich botanisirt und alle sichtbaren Berge genau abgepeilt hatte, ging's 1½ Uhr in derselben Richtung weiter. Um 3 Uhr 45 Minuten hielten wir bei einer zweiten grossen Fulah, el Cheir. Hier nahm Slatin eine zweite Ladung Redlinger. Der stumpfe Berg Baccalaï lag 230° vor uns. Wir ritten um 4 Uhr von hier ab und erreichten um 5 Uhr 45 Minuten die Seriba (Dornenhecke) des grossen Fleckens Baccalaï, der am nördlichen Abhange des Berges liegt. Das Erste was wir an der Seriba erblickten, waren zwei seligverendete Esel, die man hinausgeworfen hatte, um den Hyänen des Gebirges eine Freundlichkeit zu erweisen, die aber hier die Luft nicht eben mit Lindenduft erfüllten. Das Zweite war eine Heerde ganz kahl gerupfter Strausse, die neugierig und gravitätisch daher schritt. Einer derselben bezeigte Lust, mein Dromedar in die Beine zu beissen. Der Ort ist bedeutend gross und reinlich, treibt Duchnkultur und Strausszucht, war aber fast menschenleer. Die meisten Einwohner hatten sich bei unserer Annäherung auf den Berg geflüchtet. Auf Petermann's Karte liegen Surug und Kaga auf gleicher Höhe und ersteres noch in Kordofan. Wir waren dahin heute stark südwestlich gegangen. Als Provision kam hier zu unseren drei Hammeln, die wir aus Kaga mit hatten, noch ein feister Schöps hinzu. Fleisch hatten wir also genug, gutes Trinkwasser hatten wir heute zwei Mal gefunden; nur Brod, Taback und Salz gingen zur Neige; auch der Kaffe nahm ab; ich hatte nur noch sieben zerbrochene Cigarren, musste mich also bezüglich aller dieser Dinge auf das Studium der Oekonomie verlegen. Nochmals versicherte man uns, wir fänden, wenn wir die Brunnen von Agagi (Ajaji) hinter uns hätten, kein Wasser mehr an der Strasse von Surug. Mit Tagesanbruch beorderte ich also die Wasserkamele zum Brunnen, damit alle Barle, Rais und Girben gefüllt seien, wenn ich dorthin käme. Um 7 Uhr verliess ich Baccaläi und ritt in der Richtung 240° dem schroffen Felsgebirge Gebel Gurdi zu, dessen Nordseite wir 9 Uhr 10 Minuten passirten. Eine halbe Stunde später hielt ich am Bir Agagi. Hier sind drei Brunnen zu neun Meter Tiefe. Wasser reichlich, klar, wohlschmeckend, + 16° R., bleibt konstant das ganze Jahr. Während die Soldaten mit dem Einfüllen des Wassers beschäftigt waren, nahmen wir seitwärts in einem schattigen Gebüsche unser Frühstück ein. Herr Slatin fieberte und medizinirte. Um 1 Uhr waren die Wasserbehälter verladen, um 1 Uhr 30 Minuten ritten wir weiter. Der Weg führte uns 240° durch den Wadi haschaba. So schön dieser aus der Ferne zu sein scheint, so schlecht ist er zu bereisen. Die Akazien Sont, Seyal Laot, Haschab, der Kittir, Nabek, kurz alles, was nur Dornen oder Stacheln hat, ist hier in Masse vertreten und so dicht, dass nicht durchzukommen ist. Rechts und links klammern sich die Dornen an Rock, Aermel und Hosen fest, und die dünneren Aeste peitschen das Gesicht und die Hände des Reiters blutig. Das ist eine vortreffliche Marschroute, dachte ich mir, um mit Taback Oekonomie zu machen. Da mag der Teufel rauchen! Diese Höllenpromenade hatte gut 2 Stunden gedauert, als ich hinter mir etwas brummen hörte. Es war unmöglich sich ohne Gefahr umzusehen. Auf dem ersten freien Plätzchen wandte ich mein Dromedar, um zu sehen, was da gebrummt habe. Aus dem NW. zog sich ein grauenvolles Gewitter zusammen, welches uns bei dieser Windrichtung sehr bald ereilen musste. Schöne Aussicht. Hier war kein Platz zum Zelt aufschlagen, auch musste das Kamel mit den Zelten noch sehr weit zurück sein. — Ich sah mich weiter um, da hing Slatin auf seinem Kamele, als wolle er jeden Augenblick hinabfallen. Aergerlich über all' das Ungemach, gab ich meinem Dromedar einen Fusstritt als freundliche Einladung, weiter zu gehen. Statt vorwärts ging die

Bestie rückwärts mit mir in ein dichtes Gewirre von Akazien hinein. Tausend Dornen stachen und klammerten sich in Fleisch, Tarbusch und alle Kleider ein, jeder widerstrebte der Richtung des anderen, jede Bewegung vorwärts und hinaus zu kommen, bohrte hunderte von Dornen mir in's Fleisch; es war unmöglich, hier ohne Hülfe los zu kommen. Da hing ich ärger als Absalom in den Aesten und musste noch Gott danken, dass mein Dromedar stille stand. Wäre dieses vorwärts gegangen, was wäre aus mir geworden. Meine Ordonnanzen kamen herzugeritten und befreiten mich bald. Etwa 100 Schritte abseits fand sich auch eine freiere Stelle, geeignet, Zelte aufzuschlagen. Ein wirbelnder Wind kündete den baldigen Ausbruch des Gewitterregens an. Wir legten die Kamele nieder und die Ordonnanzen mussten die Zelte herbei holen. Helmi sass noch unschlüssig auf seinem Kamele und sah mit schiefem Halse empor zu den finsteren Wolken, etwa wie eine Gans wenn's donnert. Ali Effendi war seitwärts gegangen. Er stand kerzengrade, wie eine Bildsäule da, beide Hände gegen die Wolken ausgestreckt, und machte dazu ein ungewohnt ernstes und feierliches Gesicht. Er schien zu beten oder die unheilschwangeren Wolken zu beschwören. Plötzlich hatte der feierliche Akt ein Ende. Er drehte sich mit allem Phlegma herum und verlangte seinen Schibuk. Die Lastkamele hatten sich hindurchgearbeitet, mein Zelt war da. Doch hatte man kaum die Zeit, es aufzustellen, als schon der wolkenbruchartige Regen auf uns herabrauschte, und der Wind mit solcher Heftigkeit das Zelt schüttelte, dass Alles hinzusprang, um die Zeltstange aufrecht zu erhalten, was uns mit grosser Anstrengung vieler Leute gelang. Kaum war das Wetter vorüber, als Kameltreiber und Soldaten den Ali Effendi an mich abschickten mit der Bitte, nicht hier zu bleiben, der Wadi sei voll von Hyänen, auch Diebe seien hier versteckt. Hier, von Bäumen dicht umgeben, habe man keine Aussicht, könne leicht überrascht werden und zum Wachen seien sie alle zu ermüdet. — Es lag etwas Wahres in der Bemerkung; auch ich ziehe es vor, von meinem Lagerplatze aus eine freie Fernsicht zu haben; allein es war zu spät. Ehe Zelt und Gepäck wieder aufgebunden sein konnten, musste es Nacht sein. Ich liess den Leuten sagen, dass wenn ich mich nicht fürchte, sich von ihnen auch keiner zu fürchten brauche, hier sei Holz genug, und vier grosse Wachtfeuer würden alle Hyänen abhalten; wenn sie ermüdet seien, so hätten sie von 9 Uhr Abends bis 6 Uhr früh Zeit genug zum Ausruhen und Jeder könne recht gut eine Stunde der Wache opfern. Um ihnen das zu beweisen, würde ich selbst eine, die erste Wachstunde abhalten. Morgen, vor dem Aufbruche würde ich dann einen Hammel pro bono publico schlachten lassen. Das schlug durch. Die Kameltreiber schleppten Holz zusammen, die Soldaten schämten sich etwas und ehe ich's begehrte, stand die Schildwache vor meinem Zelte. Ich liess aber den Hammel sogleich schlachten, denn früh raubte mir das zu viel Zeit, und ihn zu allgemeiner Freude an einem Baum aufhängen. Die Wache hatte gewichtigen Grund, das Stück Fleisch besser zu bewachen, als mich; denn liess sie den Hammel stehlen, so gab's früh nichts zu vertheilen. Die Nacht ging ruhig vorüber. Um 6½ Uhr ging's in der Richtung 250° weiter. Der Weg wurde besser. Der Tag wurde glühend heiss, 33,8° R.; ich liess indessen nur von 12—2 Uhr rasten, da ich selbigen Tages noch das Grenzgebirge erreichen wollte, welches sich schon wie ein nebelgrauer Streifen am Horizonte vor mir ausbreitete. Bei'm Herrn Slatin wirkten die Dosen, es ging ihm etwas besser. Um 4 Uhr 45 Minuten waren wir im weiten Wadi Sungur, hart am gleichnamigen Gebirge, und ich freute mich darauf mit der Morgensonne das Gebirge überschreiten und nach Dar-Fur hinabsteigen zu können. Bei einer grossen Fulah mit hellem klaren Wasser, von Bäumen malerisch umgeben, legte ich mein Dromedar nieder und liess Halt machen. Der Gebirgssattel der mir Tag's darauf den Einzug in Dar-Fur vermitteln sollte, war nur noch eine Stunde entfernt. Bei'm Absteigen fehlte mir mein Revolver sammt Tasche. Der Riemen war gewiss durchgescheuert und die Waffe herabgefallen. Lagerordnung wie immer, vier Wachtfeuer und Schildwachen. Da um 11 Uhr der Mond aufging, so liess ich Führer und Kameltreiber zurückgehen, um den Revolver zu suchen. Um 2 Uhr in der Nacht (ich schlief im Freien) weckte mich ein wirbelnder kalter Wind. Meine Ordonnanzen, die schon alles Gepäck in ein Zelt getragen, kamen um auch mich auf meinem Angareb in's Zelt zu lootsen. Ein vierstündiger Regen mit Gewitter und Hagel unterhielt uns nicht eben angenehm. Drei bis vier Regenbäche durchströmten mein Lager, und mein gutes Doppelzelt bot keinen Schutz mehr. Bei Tagesanbruch war Alles durchnässt und mir blieb nichts übrig, als hier ruhig liegen zu bleiben und Betten, Kleider, Zelte, Papier, kurz Alles im Lichte der Sonne zu trocknen. Ich ging botanisiren. Indessen brachten die ausgeschickten Führer meinen Revolver. Um 12 Uhr war Alles getrocknet und ich gab Order zum schnellsten Aufbruche. Wenige Minuten nach 1 Uhr sassen alle im Sattel und ich näherte mich dem Gebirge in der Richtung 240°. Wir hatten indessen dasselbe noch nicht erreicht, als uns neuerdings ein heftiger Regen überfiel, der uns in wenigen Minuten bis auf die Haut durchnässte. Die Kamele tanzten unruhig herum. Helmi wollte unter einem grossen Baume Schutz suchen; dort regnet es zwei Mal, rief ich ihm zu. Nasser als nass können wir nicht werden, vorwärts! Und so ging es flott bergan. Wir überstiegen den Gebirgssattel in der Richtung 270°. Der Regen war zu Ende, die Sonne erwärmte uns. Auf der Höhe des Sattels haben die Bergeskuppen zu beiden Seiten nur etwa noch 120—150′ Höhe. Gebirgsart: Granit, Gneis, Quarz. Richtung des ganzen Gebirgszuges von NNW. nach SO. Das Gebirge Sungur bildet hier eine deutliche und natürliche Grenze der Länder Kordofan und Dar-Fur. Von der Höhe des Sattels sah man weit in's Gebiet Dar-Fur hinein. Rechts (320°) sah man den kegelförmigen Gebel-el-Emm, weiter hin 260°—275° den Gebel Chusus, der mir meine Richtung vorschrieb. In der Richtung 250° ritten wir in die Ebene hinab.. Vegetation unverändert. Eine grosse Menge Regenpfützen und durchweichter Boden machte das Reiten zu Kamel sehr unangenehm. Mein Thier sank mehrere Male fast bis zu den Knieen in den weichen Boden ein. 2—3 weidende Kamele und etliche Ziegen deuteten auf die Nähe einer menschlichen Niederlassung hin und nicht lange, so fanden wir auch ein rothhäutiges altes Weib mit zwei Ziegen, welches uns berichtete, dass eine kleine Stunde weit von hier, eine grosse Dar-Furer Nomadenniederlassung sei. Die Soldaten und meine Herren Effendis hatten nicht geringe Lust dieser auszuweichen. Ich hörte nicht darauf und ritt gerade der angegebenen Richtung nach darauf los. Um 4 Uhr 15 Minuten war ich in der Mehatta Sungur. Aus niedrigen, an zwei bis drei Seiten aufgeschlagenen Zelten von Kamelhaarstoff, Matten oder Fellen, kam neugierig eine grosse Anzahl Männer hervor. Wir fragten nach dem Schech. Es stellte sich uns ein grosser schöner Mann vor, der uns freundlich willkommen hiess, uns Raum für die Zelte anwies und gleich Angarebs und Matten herbei bringen liess. Er brachte uns auch einen viceköniglichen Polizeisoldaten, der stets mit den Nomaden ziehe und in der Mehatta wohne. Dieser war behülflich uns einzurichten. Der Schech ging fort. Ich machte mit Ali einen Gang durch die Niederlassung. Sie bestand aus etwa 80 Familien. Neben den Zelten weideten Ziegen, Hammel, Kamele; hie und da waren Pferde und Esel angebunden, seltener noch sah ich Kühe. Von allen Seiten tönte aus den Zelten das Geräusch, wie die Mädchen auf der Murhaka die Duchnkörner zu Mehl zerrieben und dabei ihre eintönigen, sich ewig wiederholenden Lieder sangen. Es war ein elendes Gesumme, doch lag etwas Heiteres darin, und ich halte es mit dem Wahlspruche:

> Wo Sang ertönt, da lass dich ruhig nieder;
> Denn schlechte Menschen haben keine Lieder.

Vor einem grossen Zelte sass eine junge Frau mit einem Kinde an der Brust. Daneben spielten zwei kleine Knaben im Sande; seitwärts stützte sich der Vater auf seine Lanze. Ich trat hinzu. Die Frau trug nichts als den Rahad (Lederschurz); in den steifgelockten Haaren, um den Hals, an Armen und Füssen hatte sie einen Schmuck von rothen und grünen Perlen und weissen Schneckenköpfchen. Die Kinder waren im Naturkostüm ihrer paradiesischen Unschuld. So gross wie der Säugling musste auch mein Kind jetzt sein. Ich nahm ein neues buntes Taschentuch und gab es der freundlichen Mutter, um das Kind hinein zu wickeln, was sie auch sogleich that. Ali schickte ich in's Zelt um Zucker zu holen. Diesen gab ich den beiden Knaben und nahm sie nach einander auf den Arm. Der grössere Knabe fürchtete sich vor meinem Barte und verzog das Gesicht zum Weinen; der kleinere sah mir unerschrocken und freundlich in die Augen und fuhr mit spitzem Finger auf meine Brille zu. Als ich weiter ging, hörte ich, dass hinter mir der Vater meinen Effendi fragte: »Warum schickt Effendine nicht lauter solche Männer?« Vor meinem Zelte fand ich den Schech. Ohne dass wir das Geringste begehrt hatten, brachte er einen prachtvollen Hammel, zwei Hühner, sechs Eier, eine grosse Omra frischgemolkener Kamelmilch, frische Butter aus Kuhmilch und Kamelbutter; also ziemlich Alles, was die Mehatta zu bieten hatte. —- Eine Omra ist ein aus Bast geflochtenes Gefäss verschiedener Form, welches keiner Flüssigkeit den Durchgang gestattet. — Die Kamelmilch war so delikat, dass ich sie für mich allein behielt, ebenso die frische Kuhbutter; die Kamelbutter aber gab ich zurück; sie ist wenig fett und macht im Munde und an den Zähnen eine Empfindung, als geniesse man Pomade oder Salbe. Die Leute bedienen sich ihrer auch, um den Körper damit einzureiben und sind der Meinung, das sei ganz besonders für Kinder gut. Ich drückte dem Schech meinen Dank aus, worauf er sagte, dass er auch an mich zwei Anliegen habe. Auf meine Frage, was er wünsche, bat er mich, ihm unsere Waffen zu zeigen, da er so viel vom schnellen und mehrfachen Schiessen derselben gehört und es nicht begreifen könne. Ich liess Remingtongewehre zeigen und erklären, dann die Konstruktion der Revolver. Er war erstaunt, wandte sich aber doch mit der Frage an mich: Ob das Alles denn auch wirklich wahr wäre. Ich liess ihn ein Brett an den nächsten Baum stellen und schoss mit dem Revolver auf 30 Schritt Entfernung in einer Minute sechs Löcher durch dasselbe. Der Mann war ausser sich und sagte zu seinen Leuten: Wir sind Dumme wie unsere Kamele. — Und Deine zweite Bitte? fragte ich ihn. Er sah verlegen auf Jussef Effendi, musterte lange und misstrauisch den Ali Effendi und meinte, das könne er mir nur allein sagen. Ich wollte in mein Zelt gehen. Ali und Jussef fingen an zu schreien, ich sollte um Gottes Willen das nicht thun! Seid ihr toll! rief ich. Weg da, ich will in mein Zelt. Ali hielt mir seinen geladenen Revolver hin.

Diesen wies ich zurück, bemerkte ihm aber, dass ich in der Tasche noch den kleinen Revolver habe. Im Zelte sagte mir der Schech: Siehst Du, wir sind froh, dass Du gekommen bist und bitten Dich, dem Gouverneur in El-Obeid etwas von uns zu sagen. Wir sind ganz zufrieden, dass Effendine das Land nahm und wir glauben, wir werden noch zufriedener sein, wenn Alles beendet ist. Wir sind auch ganz bereit dem Effendine oder denen, die er sendet, zu geben, was sie begehren; nur dass die von Kaga und Katul hierherreiten und unsere Kamele und unsere Heerden rauben, das wollen wir nicht, das ist nicht recht. — Ich begriff nun, wesshalb er vor Ali nicht hatte sprechen wollen, vermuthlich wusste er schon, dass Ali's Schwager der Mahmur in Kaga sei, und ich versprach ihm, es den Gouverneur wissen zu lassen. Er küsste meine Hand und drückte sie gegen seine Stirne; die Türken, sagte er, versprechen Alles, thun aber, wenn sie fort sind, nichts. Du bist kaum hier, erst seit die Sonne untergehen wollte, und Dich loben Alle. Von Dir glauben wir, dass Du für uns bei dem Gouverneur sprechen wirst. Er ging fort. Ich sah ihn erst am andern Morgen wieder, als ich schon zu Kamel war. Noch in der Nacht liess mich Jussef zu sich bitten. Er war plötzlich erkrankt und hatte ein heftiges nervöses Fieber, welches sich sofort als sehr bösartig ankündigte. Bei Sonnenaufgang war es ungemein frisch, + 12° R. Slatin war besser und bedurfte nur noch der Nachkur, um die Wiederkehr der Fieber zu vermeiden. Jussef war sehr schlecht, Puls 130, Zunge trocken und rauh, Augen eingefallen und matt; dennoch musste er mit, so gut es ging. Um 7½ Uhr verliess ich die Niederlassung der Dar-Fur-Nomaden, die drei Tage nachher diesen Ort verlassen wollten, weil er abgeweidet war. Richtung bis zum Gebel Chusus zum ersten Male rein 270°. Jussef Helmi folgte sehr langsam. Um 11 Uhr im Gebirge Chusus Rast. Hier war abermals eine Fulah mit frischem Wasser. Der Affenbrodbaum Adansonia, den wir bei Omlubie zuletzt gesehen, erscheint hier wieder, allerdings vereinzelt (wohl wegen des nördlichen Standpunktes), und in ganz anderer Form, als in Kordofan. Wer hier den Baum in den verschiedensten Altersstufen sieht, zweifelt keinen Augenblick daran, dass er hier heimisch ist. In Kordofan sieht man nur uralte, riesige, zum Theil schon abgestorbene und niedergeworfene Stämme; kein jüngerer Nachwuchs deutet den heimathlichen Boden an. — Lieutenant Helmi unausgesetzt im heftigsten Fieber. Um 2 Uhr 45 Min. ritt ich weiter. Im N. tauchte der kegelförmige Berg Jochet auf, im W. der Gebel Tschungi. Wir behielten die Richtung 240° bei. Um 5 Uhr 15 Min. hielt ich auf einer freien Stelle im Wadi Ombatta tauil an und liess das Lager aufschlagen. Helmi fiel fast vom Kamel zur Erde und hatte nicht so viel Kraft mehr, sich auf ausgebreitete Satteldecken zu legen. Ich liess ihn in sein Zelt tragen. Er war der Zunge kaum mehr mächtig. Ich selbst bereitete ihm Thee und Medikament. Empörend war die Rohheit seiner eigenen Soldaten, die ihn gern hätten sterben sehen und die nur mein finsterer Ernst in den gebührenden Grenzen des Anstandes und der schuldigen Ehrfurcht hielt. Wachtfeuer und Schildwachen wie gewöhnlich. Meine Vorräthe gingen ungeachtet aller Sparsamkeit zu Ende. Brod hatte ich nur noch fünf Viertel, Salz etwa noch 2 Esslöffel voll, Kaffe so wenig, dass ich höchstens ein Mal täglich daran denken durfte, welchen machen zu lassen; Zucker zur Genüge; Reis 5—6, Linsen etwa 2 Mahlzeiten. Weisse Bohnen waren vorräthig, allein ich hielt nirgends so lange an, dass ich sie weichen und kochen lassen konnte. Am trostlosesten sah mein Tabacksbeutel aus, der enthielt etwa noch 3—4 Schibukköpfe voll. Es war ein schlechter Taback, ein grünes, schlechtschmeckendes, stinkendes Kraut; doch wo Alles fehlt, gewinnt auch das Schlechteste Werth. Es waren wenigstens Blätter und Stengel von Nicotiana rustica. Ich stopfte mein Pfeifchen und band das schwindsüchtige Säckchen vorsichtig wieder zu. Da liess Helmi um eine Büchse eingesottenen Obstes, Orangenmarmelade, bitten. Das kam mir komisch vor. Hat der Herr Lieutenant sonst keine Schmerzen? fragte ich und bereitete ihm aus krystallisirter Citronensäure und Zucker eine Limonade. Das war Alles, was ich ihm zur Erquickung bieten konnte. Inzwischen hatte man den letzten Hammel geschlachtet und mir Leber, Herz und Nieren bereitet; da aber eine aufgefangene Kamelstute uns frische Milch lieferte, so zog ich es vor, ein Viertel Brod hinein zu brocken und das zu essen. Von dem Geschlinge hatte ohnehin Herr Slatin gerade genug, der, Gott sei Dank, wieder einen gesegneten Appetit entwickelte und ungeachtet meiner Warnung täglich Kissera und Apree verzehrte. Ali's Soldaten hatten hier in der Nähe eine Fulah mit frischem Wasser aufgestöbert, und so befahl ich, mit Tagesanbruch alle Kamele zum Tränken dorthin zu führen und alle unsere Gefässe anzufüllen. Als dies früh um 7 Uhr besorgt war, befahl ich den Aufbruch. Helmi behauptete sich besser zu fühlen und reiten zu können. Ich aber konnte seinen Zustand nicht verkennen und schlug ihm vor, eine Schebria herrichten zu lassen. Er blieb hartnäckig bei seinem Entschluss reiten zu wollen. — Wohlan denn, so steigen Sie auf, sagte ich, und gab das Zeichen zum Aufsitzen. Es war kaum möglich mein Dromedar so langsam gehen zu lassen, dass ich stets neben oder dicht hinter Helmi blieb. Dieser schwankte auf seinem Thiere hin und her, hielt sich mit beiden Händen an den Sattelknopf fest und sah mit gläsernen Augen starr vor sich hinaus. Eine Stunde lang liess ich das so hingehen, dann rief ich Helmi's Ordonnanz zu, seines Lieutenants Kamel niederzulegen. Alle sassen ab. Als ich mich Helmi näherte, fragte er mit hohler, unverständlicher Stimme: Sind wir angekommen mein Chef? — Helmi, sagte ich, sehen Sie sich um, wir sind mitten in der Wüste; da vor uns liegt der Gebel Smin, der ist noch anderthalb Stunden entfernt und von dort haben wir noch 12 Meilen bis Surug. Wenn wir so fortreiten wie bisher, so haben wir noch 8 Tage bis dahin. Das geht nicht. Ich werde Ihnen eine Schebria machen lassen. Das wird auch wohl besser sein, meinte er. Zwei Soldaten hoben ihn aus dem Sattel und legten ihn in den Schatten eines nahen Baumes. Die Zelte wurden abgeladen und auf Helmi's Kamel zu beiden Seiten hoch aufgebunden. Darauf befestigte man Helmi's Bett, Matratzen, Matten und Teppiche, so dass das Ganze ein möglichst bequemes Lager bot. Ich hatte indessen den Leidenden genau beobachtet, gab ihm die letzte Dosis Medizin, von der ich mir noch Hülfe versprach, nahm ihm jedoch Uhr und Instrumente ab und liess ihn auf die Schebria legen und festbinden. Eine Flasche mit Limonade liess ich oben anhängen, damit er von Zeit zu Zeit einen Schluck nehmen könne. Zum Schutz gegen den Brand der Sonne umhüllte ich seinen Kopf mit einer Koiffure und befahl seinem Ordonnanzsoldaten, seines Effendi's Kamel zu führen. Mit alledem waren fast fünf Viertelstunden verloren; allein jetzt kamen wir — allerdings noch immer sehr langsam —, doch etwas rascher vorwärts. Gegen 9½ Uhr hielten wir neben dem Gebel Smin zum Frühstücken an. Helmi richtete sich empor und sass aufrecht da. Sein Gesicht hatte anderen Ausdruck, die Dosis hatte gewirkt und ich wiederholte sie sofort. Stehend etwas Fleisch und in Wasser geweichtes Brod essend, liess ich den Führer rufen. Es war nothwendig, dem Marsche ein Ende zu machen. Höre, sagte ich zu dem Führer, lügst Du mich jetzt wieder an, wie schon so oft, so lasse ich Dich niederlegen und so schlagen, dass Du an mich denken sollst, so lange Du lebst! Ich will schnell nach Surug; wann kann ich dort sein? Er sah gen Himmel und sagte: Wenn Du reitest, wie ich reite, so sind wir, wenn die Sonne dort steht, in Surug. Das wäre etwa um 3 Uhr, sagte ich! — Gut, sitz auf, wir reiten hin! Ruft Ali Effendi her! Dieser hatte sich's schon ganz bequem gemacht und erwartete nichts weniger als den neuen Befehl. In der einen Hand ein mächtiges Stück Hammelfleisch, in der anderen einen grossen Fladen Kissera, kam er eilfertig und mit beiden Backen kauend daher und fragte nach meinem Willen. Allen Angaben nach sagte ich, sind von hier etwa noch 12 Meilen bis Surug; der Führer, der heute früh behauptete, wir würden erst morgen zu Mittag in Surug sein, sagt soeben, ich könne es bis 3 Uhr nach Mittag erreichen; ich kann so nicht mehr mit dem schwer kranken Mann herumziehen, ich will wissen, woran ich bin. Der Führer, Sie und zwei Baschibussuksoldaten reiten sogleich fort mit mir und einer von diesen nimmt eine Girbe Trinkwasser mit. Ali fuhr hastig mit Hammelfleisch und Kissera in seine grosse Rocktasche hinein, schnallte seinen krummen Säbel um und rief die bezeichneten 2 Soldaten. Nun theilte ich Herrn Slatin meinen Plan mit, rasch nach Surug reiten zu wollen, um für Helmi eine bequeme Ruhestätte und Verpflegung vorzubereiten. Slatin sollte Helmi bis 12 Uhr hier rasten lassen und mir dann so gut oder so schlecht als möglich folgen. Meine zwei Ordonnanzen und die ganze Eskorte sowie die Lastkamele sollten bei ihm bleiben, und Achmet, der Schech der Kameltreiber, ein braver, fleissiger und munterer Bursche, ihm als Führer dienen. Dann sagte ich, sowie ich in Surug bin, sende ich Ihnen meinen Führer mit einem Zettel über die wirkliche Entfernung und Richtung des Weges zurück; können Sie alsdann mit Lieutenant Helmi folgen, so werden Sie etwa um 6 Uhr in Surug sein, d. h. wenn ich vor drei Uhr dort bin; stösst Ihnen etwas zu, so schicken Sie mir meine Ordonnanz Abu Hamid nach, lassen die Zelte aufschlagen und ich komme zu Ihnen zurück. Ich goss etwas Schnaps in meinen Becher Wasser, trank, zündete meine vorletzte Pfeife an und schwang mich auf meine Machlufa, die Abu Hamid indessen festgeschnallt hatte. Es bedurfte des wiederholten strengsten Befehles, um meine Ordonnanzen zu hindern, mit mir zu reiten. Es war 10 Minuten vor 10 Uhr, als wir davon trabten. Eine gute halbe Stunde mochten wir so zurückgelegt haben, als ich bemerkte, dass zwischen den Gebüschen ein langer Zug sich uns entgegenbewege, und da er uns sehen konnte, plötzlich seine Richtung änderte. Teufel, was ist das? fragte ich. Das ist ein Sklaventransport, antwortete Ali, zog seinem Kamele einen tüchtigen Kurbatschhieb über, griff nach seiner langen Pistole und jagte dem Zuge zu. Ich folgte. Es waren etwa 150 Sklaven, von 3 Kerlen zu Esel geführt, und von 10 zerlumpten, schlecht bewaffneten Dar-Fur-Soldaten bewacht. Die Männer, völlig nackt, waren mit dem hölzernen Joche um den Nacken zusammengekoppelt, die grössere Anzahl der Mädchen hatte um die Hüften elende Fetzen und trugen den Proviant auf den Köpfen. Die Kinder gingen frei, doch nie zwei zusammen; alle gingen einzeln in langer Reihe hinter einander her. Ali ritt auf den ansehnlichsten Führer zu und sprach mit ihm. Nach einer Weile zeigte dieser dem Ali ein Papier. Von ihren Reden verstand ich nichts. Ich war zufrieden den Zug, der bei mir vorbeidefilirte, mustern zu können, hatte aber nicht die mindeste Lust mit dessen Begleitung anzubinden, und da Ali's Unterredung mir zu lange dauerte, so rief ich ihm zu, er möge sich beeilen und nachkommen und trabte schleunigst mit meinem Führer fort. Diese Scene kann mich ohnehin wohl um eine halbe Stunde verzögert haben. Als ich mich aber nach geraumer Zeit umsah, bemerkte ich, dass ich mit meinem Führer ganz allein sei. Das war mir nicht recht, ich wandte mein Kamel, und in etwa 5 Minuten hatte Ali mich eingeholt. Ich befahl ihm, mit mir Schritt zu halten und bei mir zu bleiben und trabte weiter. Mein Dromedar schien meine Hast zu theilen; es lief so geschwind, dass ich oft dem Thiere des Führers einige Kurbatschhiebe überziehen musste, um im gestreckten Trabe zu bleiben. Das griff den feisten Ali derart an, dass er stets mit seiner Futa sein schweisstriefendes Gesicht trocknete. Mir verursachte der hastige Ritt und die heisse Mittagssonne etwas Durst. Wo ist der Soldat mit Trinkwasser? fragte ich. Die Soldaten sind noch weit zurück im Lande, sagte Ali, aber wir kommen gleich zu einer Fulah mit gutem, frischen Wasser. Auch recht, sagte ich und ritt weiter. Es wunderte mich, dass die zwei Soldaten, die doch sonst eben keine langsamen Reiter waren, so weit zurückgeblieben, doch fiel mir der Umstand nicht weiter auf und nicht im Entferntesten dachte ich an etwas Böses. Wir erreichten in der That bald eine in blühendem Gebüsche versteckte Fulah mit frischem Trinkwasser. Wir tranken und der Führer füllte seinen Gazellenschlauch mit diesem Wasser an. Wiederum eine Verzögerung von einer Viertelstunde. Um so rascher ging der Ritt weiter, dem Gebirge Surug zu, welches sich vor uns entwickelte. Der mächtige und lange Gebirgszug dehnte sich von NW nach SO hin aus und im Süden löste er sich in vereinzelte Kuppen auf. Wir ritten südwestlich den Bergen zu und hatten lange bergan zu traben, ehe wir das Hochplateau von Surug erreichten. Hier angelangt, sahen wir in der Entfernung von $^3/_4$ Stunden die Toggulspitzen aus dichtem Gebüsche hervorragen. Da lag das Ziel meiner Reise vor mir, und als ich in dem grössten Gehöfe mit schöner Rekuba und mit luftigen Togguls mein Kamel sich legen liess und von der Machlufa hinabsprang, war es 3 Minuten vor 2 Uhr. Die zurückgelegte Strecke (wie ich hier des Abends aus dem Gange der Lastkamele berechnete) hat etwas mehr als 12, hat 14 Meilen, die ich, mit Abzug des Zeitverlustes beim Sklaventransporte und bei der Fulah, in 3 Stunden 15 Minuten gemacht habe. Ich schrieb schnell einige Worte mit Bleistift auf Papier an Slatin und schickte sogleich den Führer damit zurück. In der Rekuba hatte der Schech Matten auf Angarebs ausgebreitet; ich streckte mich darauf hin, um etliche Minuten auszuruhen, und stopfte meine letzte Pfeife. Ali brachte mir Feuer und lachte, als er den leeren Tabacksbeutel liegen sah. Nach einer Weile brachten einige Mädchen des Schechs Lugma, Kissera und in einer Kürbisschale saure Milch. Ich war bei so regem Appetit, dass ich wirklich etwas Lugma ass; frisst doch in der Noth selbst der Teufel Fliegen. Zur Kissera aber konnte ich mich nicht verstehen; dagegen brockte ich ein Stück Brod, welches noch in meiner Machle

(Kamelsack) steckte, in die saure Milch, was sehr gut schmeckte. Mein Erstes war nun, den Schech zu fragen, ob hier herum im Gebirge Alterthümer oder Inschriften seien. Nicht hier, sagte er, aber im Gebirge bei El Sergamurka ist eine Merkwürdigkeit. Dieser Berg liegt noch etwa anderthalb Stunden Kamelritt südwestlich und gehört, wie das genannte Dorf, zum Gebiete Surug. Eine Stadt dieses Namen giebt es nicht, acht Dörfer bilden das Gebiet, dessen Schech im grössten Dorfe »Barkin« lebte, wo auch ich Wohnung genommen hatte. Dann zeigte mir der Schech das Gebirgsthal, welches Purdy-Bey passirt hatte, als er mit seiner Expedition hier durch zog, ohne jedoch Surug zu berühren. Ich hatte heut viel zu notiren. Da der ganze Weg bisher SW. gerichtet war und nur zwischen Sungur und Chusus rein westlich verlief, so kann Surug unmöglich, wie es auf Petermann's und andern Karten verzeichnet ist, mit Kaga (sprich Kaja) auf gleicher Breite liegen. Desgleichen ist die Entfernung falsch und auf 110 Meilen anzusetzen. — Für unsern Kranken fand sich ein luftiger Toggul. Ich liess darin Feuer anmachen und für ihn Thee und Hühnerbrühe bereiten. — Genau um 6 Uhr wie es berechnet war, ritt Herr Slatin in das Gehöft ein und rief mir zu: Da sind wir mit dem ganzen Gefolge! — Mit welchem Gefolge fragte ich erstaunt. — Nun, mit dem ganzen Sklaventransport und dessen Führern. Heiliger Gott! Was soll das Volk hier? — Sie haben ja befohlen Alles zu verhaften! — Ich? Das ist mir im Schlafe nicht beigefallen! Wer hat das gesagt? — Ali's Soldaten kamen mit der Order zu uns zurück! Abu Hamid hat darauf den Zug mit den Soldaten angehalten und ihn schnell übermannt und verhaftet! Wir bringen alle mit! — Was, zum Teufel hat sich Ali unterstanden? So ein Anhängsel fehlt meiner Expedition auch gerade noch! Ich rief nach Ali Effendi, und stellte ihn über seine eigenmächtige Handlung und über den Missbrauch meines Namens ernstlich zur Rede. Er entschuldigte sich damit, es sei seine Pflicht die Papiere aller solcher Züge zu untersuchen. Wenn die Papiere in Ordnung, so wären es Kriegsgefangene und er habe sie ziehen zu lassen; wenn aber die Papiere unrichtig, so habe er den Zug aufzuheben und nach El-Obeid zum Gouverneur zu senden. — So prüfen Sie auf der Stelle die Papiere, sagte ich ihm, und machen Sie, dass das Gesindel fort kommt; ich will es hier nicht haben! — Helmi hatte reiten wollen, nachdem er zwei Stunden ruhig geschlafen, und hatte die ganze Strecke mit zweimaligen Unterbrechungen im Sattel zurückgelegt. Nun war er völlig erschöpft. Man brachte ihn zu Bett, ich gab ihm sein Medikament und Thee. Er schlief 1½ Stunden und verzehrte dann mit Appetit seine Hühnerbrühe. — Ali kam und brachte die Papiere. Sie waren in Fascher von Ismaël Pascha ausgestellt und gestempelt; — also in Ordnung. Es waren keine Kriegsgefangene, sondern einfach Sklaven, deren Besitzer indessen zu hoch standen und nicht zu den kleinen Dieben gehörten, die man hängt. Also fort mit dem Gesindel, sagte ich, und sehen Sie sich um, ob hier nicht etwas Taback zu haben ist. Ich ging mit Slatin in die Rekuba zum Nachtessen. Hier fragte mich Slatin, warum ich ihm denn keinen Boten geschickt habe, wie ich doch Mittags gesagt? Der Führer sei ihm erst im Dunkeln, kaum 200 Schritt vor dem Dorfe, entgegengekommen. Der Kerl hatte vor dem Dorfe unter einem Baume inzwischen geruht und war der Karavane erst entgegengeeilt, als er sie gesehen. Meine Soldaten mussten ihn sogleich holen, niederlegen und ihm vier Dutzend Kurbatschhiebe auf's nackte Fell geben, was sie, wenn es einen Schwarzen betrifft, mit grosser Freude und mit Eifer zu thun pflegen. Mein letzter Besuch bei Helmi machte mir die Freude ihn besser zu sehen. Ali kam und berichtete: Die Leute seien der Art gewohnt geplündert und beraubt zu werden, dass sie es gar nicht begriffen hätten, als er ihnen meinen Befehl, sie ruhig weiter ziehen zu lassen, angezeigt habe. Ihm hatten sie freiwillig einige Stücke Baumwollenstoff geschenkt und mich liessen sie bitten, mir ein Mädchen als Geschenk auszusuchen. Das verweigerte ich kurz weg. — Also vielleicht einen kleinen Knaben von 6—7 Jahren? fragte Ali. — In Gottes Namen, sagte ich, bringen Sie einen. — Noch liessen die Leute bitten, ihrer Ermüdung wegen, hier die Nacht über ruhen zu dürfen. — Nicht hier im Dorfe, wo ich bin, antwortete ich; etwa 200 Schritt vor dem Dorfe, da mögen sie rasten. Ist aber früh bei Sonnenaufgang nicht Alles fort, so lasse ich sie verhaften und nach El-Obeid führen. — So kam ich zu meinem Surur. Der schwarze Junge ist in M'schanger geboren und hat weder Vater noch Mutter.

Am andern Morgen war ich früh draussen und durchstreifte die Umgegend. Der Mangel an Rauchmaterial fiel mir sehr schwer. Ali hatte mir noch Abends spät angezeigt, Taback sei nicht zu haben. Wir probirten Sennesblätter zu rauchen. Das schmeckte gallbitter. Da fiel mir ein gehört zu haben, dass man in ähnlichen Fällen Grasblüthen mit Gazellenmist gemengt geraucht habe, und dass es sogar Stämme gäbe, die sich dieses Surrogates stets bedienten. Ich mischte Maharebblüthen mit Gazellenmist; allein schon beim dritten Zuge fühlte ich Neigung zum Erbrechen. Heute auf meiner gewohnten Morgenpromenade — Noth macht erfinderisch — kam mir ein guter Einfall. Ich hockte zwischen hohen Duchnpflanzungen und vor mir stand eine blühende Sesampflanze. Halt, dachte ich, Tabacksame enthält Oel und die Sesamkörner auch; — rauchen wir Simsim. Hastig rupfte ich eine Hand voll Blätter ab und trocknete sie im Lichte der Sonne. Das ging, das schmeckte gar nicht übel. Ich liess Ali davon kosten. Wir schickten unsere Knaben fort um Sesamblätter in grosser Menge zu sammeln und zu trocknen. Die Soldaten, die das sahen, machten es nach, desgleichen auch die Einwohner und bald sahen die weiten Simsimfelder aus, als habe hier ein Heuschreckenschwarm gehauset. Vormittags Exkursion in die Umgegend. Nachmittags Besteigung des Berges Barkin. Hier sah ich mehrere natürliche Felsengruben, welche aber künstlich erweitert waren und zu denen sogar schlecht ausgehauene Stufen hinabführten. Diese dienen den Leuten als Reservoire des Regenwassers und sie bedienen sich derselben, wenn das Wasser der Fulahs absorbirt ist. Doch denkt Niemand daran, diese Behälter rein zu halten. Ich fand darin ein blühendes Cyperngras. Das Wasser ist meist mit Lemna, Wasserlinsen, bedeckt und schmeckt und riecht übel. Ausserdem ist bei dem Orte Bobaï ein Brunnen, der das ganze Jahr hindurch der ganzen Umgegend Wasser zur Genüge bietet. Den Berg Barkin fand ich 428′ hoch vom Plateau aus. Bei'm Nachhausegehen erzählte mir Ali, mein Surur habe bei ihm schon sein erstes Meisterstück ausgeführt; er habe ihm eine in Papier gewickelte Brathenne unter dem Kopfkissen weggestohlen und aufgefressen. Das verdient Hiebe, sagte ich, lassen Sie ihn abstrafen. Pardon, bemerkte Ali, erstens ist der Knabe nicht m e i n, ich hatte nicht das Recht ihn schlagen zu lassen, und dann wissen die Leute von Dar-Fur das nicht anders; man muss sie erst belehren. — Als ich nach Hause kam, sagte man mir, Jussef Effendi befinde sich so wohl, dass er 2 unreife Gurken gegessen und saure Milch getrunken habe. Ich vermied es ihm darüber Vorwürfe zu machen, schickte ihm sein Medikament und ging nicht mehr zu ihm. Am folgenden Tage zweite Exkursion um Barkin. Um 10 Uhr Abritt gen SW zum Gebel Serga. Abklatschpapier, Schwamm, Bürste und Blechbüchsen zum Abklatschen der zu findenden Inschriften, waren im Kamelsack. Der Ritt von 1½ Stunden führte durch gut angebaute Felder von Duchn, wenig mit Durra gemengt. Auch etwas Bamiyen und Lûbiyen sah ich angebaut. Als wir in El Serga murka ankamen, war es zu heiss, um an eine Bergbesteigung denken zu können. Wir warteten also in einer dünnen wenig Schutz gewährenden Rekuba bis gegen 2 Uhr. Süsse Milch war nicht zu haben, ebenso wenig Taback. Saure Milch war mit Zwiebelsaft gemischt. Wir assen also eine gebratene Henne, die wir von gestern Abend aufbewahrt und mitgenommen hatten und tranken dazu warmes schmutziges Wasser. Zum Glücke hatte ich noch etwas Schnaps. Um 2 Uhr machten wir uns auf um den Berg zu erklettern, der südlich von der Hella gelegen ist, und da eine angesehene Zahl von Männern, wohl die ganze männliche Einwohnerschaft von El Serga, sich anschickte uns zu begleiten, so befahl ich meinen Ordonnanzen meine Revolver mit zu nehmen. Fast auf der halben Bergeshöhe (125′)

fand sich die sogenannte Antike. Es war eine senkrechte, flach konkave Felswand über einem Wasserbehälter von 6 Meter Länge, 1½ Meter Breite und 2 Meter Tiefe. Von Skulpturen und Inschriften auch bei der sorgsamsten Untersuchung keine Spur. Alles Material zum Abklatschen der Alterthümer war also umsonst mitgeschleppt. Der Herr Léjean hatte uns im glühenden Monat September nach Dar-Fur in den April geschickt, und ich gestehe, die Lektion verdient zu haben. Ich wusste, dass meist die französischen Reiseberichte den Schlachtenberichten der Franzosen ähneln, die noch von ihrer Gloire faseln, wenn sie die schmählichsten Hiebe geerndtet haben. Wer ferner an Alterthümer glaubt, wo weder Pharaonen, noch Römer, noch Griechen jemals waren, der ist ebenso thöricht als der, der sie von und unter dieser noch längst nicht entviehten Population sucht. Mich hatte noch dazu die eitele Idee verleitet, dennoch vielleicht ein ganz nagelneues historisches Faktum längst vergangener und vergessener Perioden aufzufinden. Statt dessen fand ich eine Cordia und eine Grevea, die mir beide neu zu sein schienen. Der Gebel Serga ist 280′ hoch. Einige Revolverschüsse gaben ein wundervolles Echo. Wir kehrten zur Hella zurück und verliessen El-Serga um 3 Uhr 20 Minuten, nachdem wir uns noch an dem warmen Trinkwasser erfrischt hatten. Am glanzvollsten kehrte von dieser Exkursion Ali Effendi zurück. Seine Ausbeute war ein feister Hammel und 4 Hühner zu unserer Abreise, die ich auf Sonntag früh festgesetzt hatte, denn den folgenden Tag nahmen die Konservirungen der Pflanzen, Sämereien und Hölzer, die Flickerei eines zerbrochenen Thermometers und das Journal zum grössten Theil in Anspruch. Ungeachtet der Gurken und sauren Milch fand ich Helmi besser und so stand meiner Abreise nichts im Wege. Slatin mag Recht haben, so ein Araber ist garnicht umzubringen. Kaum hörte Helmi, ich sei von El-Serga zurück, so schickte er seinen Soldaten mit dem Ersuchen um etliche Pfeifen Korani. Ich schickte ihm Simsim und liess ihm sagen, dieser Taback von Dar-Fur sei dasselbe wie Korani, schmecke nur ganz anders. Ali hatte den Ruhetag zu benutzen, um genügende Provision zur Rückreise zu besorgen, mindestens noch 2 Hammel und getrocknete Apree — mein letztes Stückchen Brod war hin. Auch kein Körnchen Salz war da. Man glaubt nicht, wie Hammelfleisch, Hühner und Mehlbrei tagelang ohne Salz genossen, auch den Hungrigsten anekeln. Ich war auf dem Punkte nur dann zu essen, wenn der lebhafteste Hunger mich dazu antrieb. — So brach ich also den 26. September um 6 Uhr 20 Minuten von Barkin auf. Hier schliesse ich die specielle Erzählung ab, denn unsere Reise war zur Fulah von El-Greud, zum Gebel Smin bis Chusus dieselbe; nur hatten die wenigen Tage ausgereicht, die Fulahs vertrocknen zu lassen, die uns noch auf der Hinreise mit ihrem frischen Wasser erquickt hatten. Nur der Chor und die Fulah im Wadi Ombatta tauil hatten noch ein wenig Wasser. Bis hierher hatte ich meine geographischen Messungen durch die der Rückreise kontrollirt nun wollte ich eine triftigere Kontrolle haben. Vor mir dehnte sich das Grenzgebirge Sungur aus. Der Gebirgssattel, welchen wir vor 8 Tagen (20. Sept.) vom Regen durchnässt überstiegen hatten, lag nun zu unserer Rechten im Osten. Vor uns im Norden war ein anderer grösserer Pass neben dem Gebel Emm. Wenn ich nun in dieser Richtung das Gebirge durchschnitt und mich dann ONO hielt, so musste ich unbedingt oberhalb des Wadi haschaba auf den Ort Baccalaï treffen. Dies führte ich aus und obwohl wir uns im Gebirge verirrt hatten und ich im Wadi Getta eine Nacht ohne Zelte und Betten, auf einer blossen Strohmatte zubringen musste, so hatte ich doch die Freude, den 24. September in gerader Linie der Richtung 80° auf den Gebel Baccalaï zuzureiten und ihn um 3 Uhr 45 Minuten zu erreichen. Ich bezog dieselbe Rekuba, in der ich vor 12 Tagen gewohnt, und dieselben Leute, die damals scheu vor uns geflohen waren, empfingen uns jetzt mit Freude und Herzlichkeit wie alte Freunde und brachten uns aus freien Stücken Milch und Eier. Die Erquickung war nöthig, denn unser heutiges Mittagessen war gar schlecht gewesen. Unter zwei alten Akazien hatte ich gegen Mittag angehalten um die verheissene Sonnenfinsterniss zu beobachten. Man machte Feuer. Selbst unser Apree war zu Ende und nur etliche steinharte Brocken waren noch im Sacke. Diese leerten wir in den Kochtopf aus, gossen Wasser darauf und liessen es auf dem Feuer quellen, weichen und kochen. Darauf gossen wir von dem siedenden Wasser etwas in eine leere Butterflasche, spülten sie aus und gossen das als Brühe über unser fades, salzloses Gericht. Mein Trost war noch eine letzte Büchse mit Sardinen. Wir machten sie auf, — Fische und Oel waren verdorben. Wir schleuderten Alles in einen Busch, assen den geschmacklosen Brei und als besondere Labung trank ich zu meiner Pfeife Simsim eine Tasse Kaffe, während unsere Kameltreiber abseits mit ungemeinem Appetite den stinkenden Inhalt der Blechbüchse ausleckten. — Doppelt köstlich mundeten uns nun hier in Baccalaï die gebratenen Hühner, die gute Milch und die frischen Eier, die man uns mit so freundlichen Gesichtern brachte. Helmi beging grobe Subordinationsvergehen und erhielt einen derben Verweis. Um sich zu entschuldigen warf er sich in den Sand, weinte und wollte Slatin die Hand küssen, damit der für ihn bitten solle. — Den 30. September um 2 Uhr war ich wieder in Kaga (Omrahali). Mein Kamel war mit mir zwei Mal in's Knie gesunken und zeigte auffallende Unlust zum Gehen. Dasselbe war fast mit allen unseren Thieren der Fall. Die Thiere bedurften offenbar der Ruhe und guten Fütterung. Die unausgesetzten starken Märsche hatten sie ermattet. Allein hier sah es mit der nöthigen guten Fütterung trostlos aus. Hier hatte es die ganze Zeit während unserer Abwesenheit und selbst lange vorher nicht geregnet. Die Frucht der Felder war vor der Reife verdorrt. Der Schech und der Mahmur waren die Einzigen in Omrahali, die noch etwas zu essen hatten. Das Trinkwasser musste man von Bir-el-Sodari hertragen lassen. Welche Kräftigung konnte ich da für meine Kamele erwarten. Selbst mein hier zurückgelassenes Reitpferd sah elend aus. Abu Haschisch glich einem schwindsüchtigen Dorfschulmeister. Beim Absteigen von meinem Kamele begrüssten mich die Honoratioren des Ortes, und der Mahmur übergab mir die Briefe, die inzwischen für mich eingegangen waren. Auch Abd Erabu drängte sich herzu und küsste mit unverkennbarer Freude meine Hand. Unter den Papieren war zunächst endlich ein Brief von Frau und Kind aus Cairo, und als Beilagen ein Brief von meinem Freunde Kaiser und ein Schreiben von Herrn Noël. Eine grosse Last wurde mir vom Herzen genommen. Zu Hause war Alles gesund und wohlbehalten. Auch Signor Panjopolo hatte geschrieben. Prouth sandte mir den gewünschten Proviant. Sein Brief aber enthielt viel Betrübendes über den Gesundheitszustand in der Expedition. Er und Colston baten mich dringend zurückzukehren, auch ein grosser Theil der Bewohner El-Obeid's wünschten meine Anwesenheit daselbst. Weber und Thomas waren leidend, Gustel, der selbst geschrieben, war gesund und wäre gern bei mir. Gott weiss, wie gerne ich den braven jungen Mann bei mir behalten hätte, wie er mir überall fehlte. »Beschleunigen Sie, lieber Doktor, so schloss Prouth's Brief, Ihre Märsche, auch der Oberst ersucht Sie darum und eilen Sie zu ihren wahren Freunden.« — Mein vorgestecktes Reiseziel war lange noch nicht erreicht. Ich wollte noch nach Barrah, nach Kursi, Teiara, von hier an den mysteriösen Birket Rahat, von da zum Gebel-el-Ain, in's gefürchtete Gebirge Kordofan und dann entweder über Abu Eruk oder Melbes nach Obeid. Allein meine Kamele waren der Art, dass ich die Reise nicht mehr damit machen konnte. Ich wollte hierüber, ehe ich eine Entschliessung fasste, die Ansicht und den Rath sachverständiger Männer hören und liess daher den Mahmur und den Schech rufen, wie auch den Schech meiner Kameltreiber, Achmet. Der Mahmur beglückwünschte mich noch ein Mal, dass ich die mühsame und gefahrvolle Reise glücklich beendet. Warum gefahrvoll? fragte ich. Weil dort im Gebirge von Dar-Fur viele wilde Thiere und viel Raubgesindel ist! Ich dachte an die Worte des Schechs von der Mehatta Sungur und verzog den Mund zum Lachen. Die Meinung der Leute bezüglich der

Kamele fiel dahin aus, dass die Thiere ungemein strapaziert seien. In der Zeit des Charifs (Regenzeit) sind die Kamele ohnehin nicht zur Arbeit zu gebrauchen und man lässt sie am liebsten im Gebirge weiden. Meine Thiere bedurften unbedingt 2—3 Tage völliger Ruhe und guten Futters; zu einer grösseren Reise waren sie entschieden zu schwach. Ich musste also nach El-Obeid zurück und den noch übrigen Theil meiner Reise auf eine zweite Expedition mit neuen Kamelen verschieben. Und, fragte ich, wenn ich zwei Tage ruhig hier bleibe, giebt es hier Futter und Wasser genug für die Kamele? — Der Mahmur versprach Wasser zu besorgen und auch eine hinreichende Menge der unreifen verdorrten Duchnkolben schneiden zu lassen und versicherte die Kamele würden dann zur Reise nach El-Obeid ganz gut sein. — Der gesandte Proviant bestand aus Salz, Brod, Pickles, Reis, Licht, Seife, Thee, Kaffe, Zucker und einem Kistchen malteser Cigarren; auch hatte Gustel eine Flasche Schnaps für mich beigepackt. Mein Erstes war, eine Cigarre zu rauchen und mir eine Tasse Kaffe mit Milch machen zu lassen. Wie köstlich mir hier die so verachtete malteser Cigarre schmeckte, kann nur der ermessen, der tagelang Simsim geraucht hat. Um die Fortsetzung meiner Reise nach Barrah war's mir sehr leid. Wie gerne hätte ich den freundlichen Ort nochmals besucht, wie gerne den biederen Mustapha Aga dort wieder gesehen. Ich hatte also zwei Tage Zeit meine Sammlungen zur Zurückreise zu ordnen und mich ersatzmässig zu pflegen, was beides ich auch ehrlich that. Der Mahmur, der in der neuen Proviantsendung Essig sah, erbat etwas davon. Ich gab ihm was ich entbehren konnte und lehrte ihn dann aus verdorbener Merissa Essig zu machen. Auch lehrte ich ihn kleine Käse zu bereiten. Er und der Schech versuchten es, mich noch einen Tag länger dort zurück zu halten, da ich aber merkte, man habe in andere Dörfer um Hühner für mich geschickt und einsah, es falle den Leuten schwer, mir und meiner Eskorte das Nöthige zu geben, so hielt mich nichts mehr ab, den 3. Oktober früh um 7 Uhr 10 Minuten von Omrahali, oder wie man es auch nennt Kaga nuba aufzubrechen. Katul und Kaga wird nämlich grössten Theils von Auswanderern aus dem Gebel Nuba bewohnt. Gegen Norden wohnen die Kababisch-Beduinen. Der Mahmur begleitete uns noch eine Strecke zu Pferde, allein da ich nach Prouth's Wunsch meine Märsche forciren und rasch vorwärts musste, so verabschiedete ich mich bald von ihm, gab meinem Pferde einen Hieb und ritt schnell voraus. Um mein Kamel zu schonen hatte ich das Pferd bestiegen; das Kamel trug nur die Machlufa und den kleinen Surur. In nicht ganz 2 Stunden waren wir am Bir Sodari, wo ich unter dem schon bekannten blühenden Harrasibaum frühstückte, während die Soldaten Kamele, Pferd und Esel tränkten und die Zinkbarile füllten. Um

10 Uhr war das gethan. Ich liess aufsitzen und weiterreiten. Allgemeine Richtung 100—120° dem Gebirge Katul zu. Ich ritt ohne aufzuhalten bis 3 Uhr 10 Minuten. Die ganze Gegend war dürr und von der Sonne verbrannt, die hohen, dichten Wüstengräser strohgelb. Nach einiger Zeit lud uns eine schöne schattige Baumgruppe zu kurzer Ruhe ein. Ich liess Kaffe kochen. Hussan, der dieses Geschäft hatte, machte unvorsichtiger Weise sein Feuer in dem hohen Grase an. Das Feuer griff mit riesiger Geschwindigkeit um sich, und zwang uns eiligst fortzureiten. Wir hielten nicht früher wieder an, als bis wir um 6 Uhr 15 Minuten den malerisch auf einer Hochebene im Gebirge Katul gelegenen Ort Abu Tabber erreicht hatten. Unser Gepäck war weit zurückgeblieben und ich fürchtete, dass man nicht überall unsere Spur erkannt habe. Um 8½ Uhr hörte ich in der Ebene einen Schuss. Ich liess diesen sogleich drei Mal erwiedern und um 9 Uhr war die Karavane da. Ali Effendi meldete mir, ein Kamel sei unterwegs liegen geblieben (Achmet hatte zum Beweise dem Thiere den Schwanz und ein Ohr abgeschnitten), und ein zweites liege hier und werde nicht mehr aufstehen. Teufel, wenn das so fortgeht, bin ich bald fertig, rief ich! Mit den forcirten Märschen war es also nichts. Als ich um 10 Uhr von der Hochebene nach SW blickte, sah ich noch unser mächtiges Kaffefeuer. Es war als ob in der Ferne eine Stadt brenne. Am folgenden Tage wurden 2 neue Kamele requirirt. Ich sprang alsdann in den Sattel und ritt fort. Gegen 12 Uhr durchzogen wir den Halbkreis des Gebirges Katul und ich sah im NO die Berge von Megenas. Um 1 Uhr war ich in Gombara (Petermann's Katul). So wie mein Pferd entsattelt war, warf es sich nieder. Ich liess es in den Schatten führen und begehrte Wasser. Da war aber guter Rath theuer; erst nach einer Stunde hatte man in dem grossen Orte eine Kürbisschale voll zusammengebracht. Ich liess dem Schech sagen, er müsse sofort für die Thiere Wasser schaffen. Da die Fulahs rings umher ausgetrocknet waren, schickte man 2 Kamele fort in's Gebirge, die gegen 5 Uhr mit Wasser zurückkamen. Mit der Fütterung sah es natürlich nicht viel besser aus. Alle Thiere waren marode und doch konnte ich keinen Ruhetag gewähren. Den 5. Oktober ritt ich von Gombara um 7 Uhr fort und bei 33,2° Réaumur Hitze bis El-Haschéib, wo ich um 4 Uhr ankam. Hier wollte Slatin, der meinen Abu Haschisch ritt, nicht warten bis der Führer die Seriba (Dornenumzäunung) geöffnet hatte. Er forcirte das Langohr zum glanzvollen Sprunge über die nicht eben hohe Hecke; der Gürtel sprang und Sattel und Reiter flogen in die harten Dornenbüsche, die zur Abwehr wilder Thiere angelegt sind. Den 6. kam ich, und wiederum ohne Verlust, von Abu Haschéib über Dehesch und

Schaloha, wo uns ein Brunnen mit Wasser versah, nach El-Mörch. Das grosse, ausgedehnte Dorf hatte nur ein einziges Angareb für mich. Alle anderen hatte vor Kurzem ein Zug Baschibussuks ausgeführt. Den 7. ritten wir über Srega nach El-Gréo. So wenig diese Märsche strapaziren konnten, so war dennoch heute wieder ein Kamel gefallen und ich pries mein Geschick, meine grössere Reise mit diesen Thieren nicht weiter verfolgt zu haben. Den 8. war ich Mittags in El-Hagi-el-Enn am Gebirge und um 1 Uhr 30 Minuten in der Stadt Hemaui. Hier brachte man mir ein Ohr und den Schwanz meines Kameles. Surur hockte bei meinem Ordonnanzsoldaten hinten auf. Den 9. passirte ich den Wadi zwischen Gebel Abu Snun und Gebel Taloschi*) hindurch und hielt mein letztes Nachtlager im Dorfe El-Niele. Den 10. war ich um 11½ Uhr in Obeid, wo mich Colston und Prouth mit den herzlichsten Küssen und Umarmungen empfingen......

Mit Zittern und Zagen folgte ich am andern Tage der Aufforderung Prouth's, meine geographischen Bestimmungen auszuziehen und ihm mitzutheilen. Ich bin nicht Ingenieur, es war meine erste Arbeit der Art und ich fürchtete mich schauerlich zu blamiren. Am folgenden Abend war der Telegrapheningenieur Giegler bei uns zum Nachtessen, und dann spielten wir Whist. Plötzlich sprang Prouth auf und ging mit den Worten weg: Ich habe etwas vergessen. Dann kam er mit einer grossen Rolle Papier wieder, breitete sie auf den Tisch aus und sagte, ich muss Ihnen, meine Herrn doch zeigen, was der Doktor gemacht hat, und da er dabei lachte, überlief mich's heiss und kalt. Er fuhr fort: »Hier ist die Karte nach seinen Messungen gezeichnet. Ich war selbst in Kaga und Katul und gestehe, dass seine Arbeit das Exakteste ist, was wir bisher haben. Die Arbeiten unserer Officiere des Generalstabes, unserer Effendis stehen dagegen himmelweit zurück.« — Man beschämte mich über alle Maassen. — Meine Sammlungen an Pflanzen, Sämereien und Hölzern sind so mannigfaltig, dass ich deren Ordnung kaum bewältigen kann, wie wohl ich oft bis zwei Uhr des Nachts dabei bin.

Nach 14 Tagen war hier Alles wohl auf und ich wollte eine Expedition in's Gebirge Kordofan zum Gebel-el-Ain bis an den Birket Rahat machen. Mann von Bronze, sagte Colston, haben Sie denn niemals Ruhe? Ermüden Sie nie? Proviant, Eskorte wurden ausgesucht, Kamele bestellt und den 28. September um drei Uhr Nachmittags trat ich als kommandirender Chef, diese zweite allerdings kürzere, allein weit gefahrvollere Expedition

*) Marno's Karte nennt den Berg »Toloschah«. Hier sei bemerkt, dass wir es für zweckmässig befunden haben die Pfund'sche Schreibweise der Ortsnamen zum grössten Theile beizubehalten. L. F.

an. Am Rahat und im Gebirge Ain und Deir hausen die Baggaras, ein bisher ungezähmter, wilder, tückischer Negerstamm, der fast lediglich Sklavenhandel und Raub treibt. Allein erschrecken Sie nicht, mein Herr Konsul. Auch dieses noch erzählen, hiesse Ihre Geduld in jeder Form missbrauchen. Genug, ich kam den 10. November wieder ganzbeinig und ohne Verlust an Menschen und Thieren nach El-Obeid und bereite mich nun vor, den Obersten Colston nach Chartum zu begleiten. In Cairo hat Colston mir versprochen, Sie aufzusuchen um Ihnen seine Hochachtung zu bezeugen. Er wird Ihnen selbst Alles erzählen.

Dass General Stone es übel vermerkt, dass ich ohne Vermittelung des Ministeriums mir Instrumente bestellt, hat uns alle Drei in den besten Humor von der Welt versetzt. Sollte ich etwa auch um Erlaubniss fragen, wenn ich mir ein Paar Pantoffeln kaufte, oder wenn ich der Hitze wegen auf meiner Reise von Kaga nuba bis Surug hin und zurück keine Pantalons anhatte, sondern die ganze Reise in hohen Reitstiefeln, Unterhosen und in Hemdsärmeln machte! — Unsere sauberen Instrumente belehrten uns, dass wir von Wadi Halfa aus bis Dongola ordi und Debbe fast unausgesetzt bergabwärts gingen, und unbedingt hätten wir das tollste Zeug notirt, wenn uns nicht stets der kontrollirende Nil zur Seite gewesen wäre. Freilich bemerkt schon Herodot, Aegypten sei das Land der Sonderbarkeiten, es sei hier alles anders, als anderwärts, allein so weit geht's doch wohl nicht, dass der Nil von Debbe bis Wadi Halfa bergan läuft.

Den Umstand, dass das Gouvernement meiner Frau bis zum 21. September noch keinen Gehalt ausgezahlt, obgleich mir doch auf Ehrenwort zugesichert worden war, dass meine Frau regelmässig bezahlt werden solle und ich ohne Sorge und Bedenken sein könne, wird mein Oberst in Cairo in die Hand nehmen.

Es war mein Plan, wenn ich den Obersten nach Chartum gebracht, von da aus meine dritte grosse Expedition dem linken Nilufer entlang, so weit Kordofan reicht, zu dirigiren und von dort aus meine Richtung direkt auf den Gebel Nuba zu nehmen, der so gefahrvoll und deshalb noch so gar unbekannt ist; allein eine neuere Depesche des Ministeriums befiehlt uns, die Forschungen hier aufzugeben und nach Dar-Fur zu gehen. Wir haben hier Manches gethan, doch natürlich ist es wieder nichts Ganzes, nichts Vollständiges. Das ist mir sehr unangenehm. Komme ich von Chartum zurück, so muss ich also so viel als möglich direkt nach El-Obeid. Erringe ich irgend noch Zeit, so lasse ich den Gebel Nuba nicht aus. Die Baggaras kenne ich schon vom Rahat her; das Wort Gefahr schreckt mich nicht ab, es reizt mich an, es zuckt mir elektrisch durch den Leib. Eine Reise ohne Gefahren giebt es in der Welt nicht und gäbe es eine solche, so gliche sie gewiss einer alten Nachtmütze.

Mit den freundlichsten Grüssen von Oberst Colston und Major Prouth an Sie, verbinde ich die allerherzlichsten Grüsse an Sie, und empfehle mich und ganz besonders meine verlassene Familie Ihrer freundlichen Obhut und Ihrem Schutze.

El-Obeid 20. November. Heute stellte uns das Gouvernement 40 Kamele zur Verfügung, und so ist es wahrscheinlich, dass wir Dienstag, 23. November nach Chartum abgehen.

El-Obeid 14. November 1875.

Meine liebe Ida! Mit meinen Briefen und Mittheilungen bin ich recht in Unordnung gerathen. Das macht die wahrhaft furchtbare Menge von Beschäftigungen, die auf mir lastet. Mein letzter Brief vom 25. Oktober zeigte dir an, dass ich eine der gefahrvollsten Expeditionen anzutreten im Begriffe stand, und in der That ritt ich den 28. an der Spitze meiner Mannschaft durch das verrufene Gebirge Kordofan über Gebel Aïn bis Birket Rahat und Gebel Deir. Heute melde ich Dir, dass ich diese Expedition glücklich beendet und sehr froh bin, diese Gegenden gesehen und untersucht zu haben. Ueber die erste grosse Expedition, die ich als kommandirender Chef nach Kaga und Dar-Fur führte, habe ich Dir schon den Anfang, ich glaube, bis zur Erkrankung Gustels in Omlubie, erzählt, heute erhältst Du die Fortsetzung davon. Ueber die zweite Reise werde ich Dir Mittheilungen machen, sobald ich Zeit dazu finde. Seit dem 6. November bin ich in El-Obeid und bereite mich zur Abreise nach Chartum vor, wohin ich unsern Obersten begleiten werde. Von da aus wollte ich noch eine grosse Reise durch den Süden Kordofans unternehmen; allein wir haben den Auftrag erhalten, dieses Land zu verlassen und nach Dar-Fur aufzubrechen. Ich muss also von Chartum direkt hierher zurück, um bereit zu sein, wenn der Kommandant Prouth mit der ganzen Expedition nach Dar-Fur aufbricht. Zur Reise nach Chartum hin und zurück, werde ich wohl an 6 Wochen gebrauchen, denn mit dem gelähmten Obersten reist es sich nicht gar schnell. Wir gehen von hier über Barrah nach Turr-el-hadra am weissen Nil; das wird wohl 15—16 Tage dauern. In Turr-el-hadra erwartet uns ein Dampfschiff, um uns und alles Gepäck in 30 Stunden nach Chartum zu bringen. Die Kamele gehen leer am Ufer des Nil's entlang und kommen also 5—6 Tage später als wir in Chartum an. Hat sich der Oberst ausgeruht, so geht er mit seiner Eskorte von 8 Soldaten und einem Lieutenant per Dahabîye nach Berber, und von Berber durch die Wüste nach Suakin am Rothen Meere. Dann mit einem Dampfschiff nach Suez und mit der Eisenbahn nach Cairo. Ich denke, im Januar wirst Du den Obersten sehen. Im März wird Dich auch der Bischof von Chartum besuchen, der seit 4 Monaten hier ist. Er will nach Europa und 8 Tage in Cairo bleiben. Er ist ein vortrefflicher Mann und wir sind täglich in El-Obeid beisammen. In Chartum werde ich auch den Herrn Gessi treffen, den Schwager Purkarts. Nach der Abreise des Obersten, sobald meine Kamele ausgeruht haben, geht der Zug unter meinem Kommando zurück nach El-Obeid, um dann die Reise nach Dar-Fur anzutreten. Das ist Alles, was ich bisher weiss und berechnen kann. . . . .

Von unserer Expedition sind in dieser Zeit drei Mann gestorben (2 am Fieber, 1 an Dysenterie). Ich hatte bisher stets das Glück, von den Expeditionen, die ich kommandirte, die mir anvertrauten Menschen gesund und wohlbehalten wieder heim zu bringen. Nur meine erste Ordonnanz, Abdul Hamid bekam im Gebirge Schittingul einen Messerstich, doch war er unbedeutend und bald geheilt. Wie Du lesen wirst, hatte ich auch mit Lieutenant Helmi meine Noth. Er war unterwegs so krank, dass ich zweifelte ihn zurück bringen zu können.

El-Obeid, 15. November 1875.

Herrn Kaiser, Cairo.

Wie Herr Travers mir schreibt, hat General Stone im Moniteur bereits publizirt, dass ich als kommandirender Chef eine grössere Expedition in den Nordwesten Kordofans bis Darfur dirigire. Von dieser Expedition, die 63 Tage dauerte, theilte ich schon den Anfang mit, die Fortsetzung folgt anbei. Meine zweite Expedition ging durch das berüchtigte Gebirge von Kordofan zum Gebel-el-Ain bis zum Birket Rahat. Hier hausen die Baggaras, ein verwegenes, tückisches und räuberisches Volk, welches noch kein Gouverneur zähmte. Am Rahat und im Gebirge Takali schwärmten sie oft genug, auf ihren Ochsen trabend, um mich herum; allein meine Soldaten und Mustapha Aga mit seinen Baschibussuks liessen mich nicht aus den Augen und meine Revolver am Sattel hielten sie in Respekt. All' dieses Volk, ebenso wie die Dar-Furer, sehen mit Entsetzen eine Waffe, die sechs Mal schiesst. Als ich den 6. November nach El-Obeid zurückkam, empfingen mich Colston und Prouth mit auffallender Freude und ich erfuhr, dass Marno ihnen um mich schauerliche Angst gemacht hatte und zwar derart, dass wenn ich an dem Tage nicht gekommen, Prouth mit 50 Mann ausgeritten wäre, um mich zu suchen. Ich kannte die Gefahr ganz gut und hatte mich mit Besonnenheit und Ruhe so gut dagegen geschützt, wie ein vernünftiger Mann es irgend thun kann. Auf das Strengste hatte ich meinen Soldaten verboten, mit den Leuten anzubinden, irgend etwas mit Roheit zu fordern oder gewaltsam zu nehmen. Dagegen musste jeder sein Gewehr frei und geladen am Sattel hängen haben, und jeden Augenblick schussfertig sein. Ebenso steckten meine Revolver in den offenen Taschen. Niemand gab indessen Anlass von unseren Waffen Gebrauch zu machen, und so kamen wir zu aller Welt Erstaunen unangefochten durch.

Am Brunnen von Rahat sah ich eine Art Feldbau. Die Erde war geebnet und in Beete eingetheilt. Taback, Zwiebeln und Rettige waren am Rande, Duchn in der Mitte angebaut. Etwa vierzehn dieser kupferfarbigen Baggaras standen neben ihren Ochsen, jeder zwei bis drei Lanzen in der Hand. Einer derselben war beim Brunnen beschäftigt. Ich befahl meinen Leuten zurück zu bleiben, doch gut zu beobachten, was geschähe. Den kleineren Revolver in der Tasche ging ich geraden Weges zum Brunnen hin. Mustapha Aga war mir auf halbem Wege gefolgt. Ich wandte mich an den Mann und sagte, nachdem ich gegrüsst: Ich bin durstig, sei so gut und gieb mir etwas Wasser. Er sah mich etwas zweifelhaft an, zog dann schnell Wasser aus dem Brunnen und wollte mir es reichen, besann sich aber und sagte: Willst Du nicht lieber frische Milch trinken? — Willst Du sie mir geben? fragte ich. — Er ging fort und brachte mir frischgemolkene Kuhmilch. Ich trank; er ging wieder und brachte mir junge Zwiebeln und weisse Rettige, die er zuvor in Wasser gewaschen. Ich bot ihm etwas Geld an. — Dein Geld kann ich nicht brauchen, sagte er, willst Du mir etwas geben, so gieb mir Schiesspulver. — Das habe ich nicht, erwiderte ich, Du siehst, ich habe keine Waffen. — Aber, meinte er, Du bist ein grosser Herr, alle die Soldaten müssen Dir gehorchen, und wenn Du befiehlst, so müssen die mir etwas geben. — Du irrst, entgegnete ich, die haben alle kein Pulver, die haben fertige Patronen, die zu Deinem Gewehr nicht passen. Um ihn zufrieden zu stellen und zugleich einzuschüchtern, liess ich den Korporal mit seinem geladenen Remington kommen und ihm das Gewehr zeigen, während ich mich entfernte und in den Sattel schwang. Diese einfache Scene charakterisirt die Baggaras. Sie sind so furchtbar nicht, wie man sagt; nur mit dem Kurbatsch in der Hand darf man nichts von ihnen fordern und das ist das gewöhnliche System der Baschibussuks und der arabischen Soldaten. Auch die europäischen Afrikareisenden, deren es nicht eben wenige giebt, und die, ähnlich den Baschibussuks, das Land abfechten, auch die würden hier schlechten Markt machen und ihr Fell zur Schlachtbank tragen. Ich will hier keinen nennen und bezeichnen, doch wenn man sieht, wie die Herren hier reisen und hausen, erst die natürliche Gastfreundschaft der Leute ausbeuten, ihnen dann Hühner und Hammel abfangen und sie aus ihren Hütten hinausschaffen lassen, um auf ihren Angarebs zu ruhen, ihnen Stücke ihres ärmlichen

Hausgeräthes ausführen und sie dann schliesslich noch mit Kurbatschhieben traktiren, so möchte man sich den Schwarzen gegenüber schämen, auch ein Europäer zu sein. Dies, mein lieber Freund, hat mich schon mehrmals empört und ist um keinen Buchstaben zu hart geurtheilt. Das arme Volk ist ohnehin barbarisch gebrandschatzt und giebt dennoch gern und bereitwillig. Ich halte deshalb unter meinen Leuten die allerstrengste Zucht. Ein Soldat, der etwas drohend begehrt oder gewaltsam requirirt, dem wird der vierfache Werth dessen von seinem Solde abgezogen; ich zahle es den Leuten derweilen und ausserdem lasse ich ihm noch in meiner Gegenwart drei Dutzend Hiebe auf blossem Rücken aufzählen. Das habe ich zwei Mal exekutiren lassen und nun geht Alles in schönster Ordnung. Und bei dem Allem gehen die Kerle für mich durch's Feuer.

Ich hatte mir vorgenommen, noch den Gebel Nuba zu bereisen, der ebenfalls von Baggaras bewohnt wird; allein es war keine Zeit mehr. In einigen Tagen reise ich mit Colston nach Chartum ab, und kehre ich von dort zurück, so haben wir Order, das Land zu verlassen und nach Dar-Fur zu gehen. Sollten bis dahin die 400 nöthigen Kamele nicht herbeigeschafft sein, so giebt mir das vielleicht noch eine Gelegenheit und Zeit, den Gebel Nuba, wo in der That Niemand bisher war und von dem dennoch alle Reisenden so viel Mirakulöses fabeln, zu besuchen. Der wilde abyssinische Weinstock wuchert dort, das ist wahr, allein da faselt Einer von einer Ringelschlange von 30 Fuss Länge, die Ochsen erwürge, ein Anderer von einem Chinabaume mit Rinde wie die Birke, die sich wie Papierfetzen ablöse, ein Dritter von Früchten, die ohne Pflanze aus der Erde hervorwachsen, ein Vierter von einem Berge, auf dem menschengrosse Affen wohnen u. s. f.; allein Niemand hat es gewagt, den Baggaras dort zu nahe zu kommen, ausser einigen Priestern, die achtzehn Monate dort wohnten und von all' dem Unsinn nichts wissen, die mich aber versichern, die Umgegend von Nuba sei der Mühe werth zu untersuchen, sie sei die vegetationsreichste und üppigste des ganzen Sudans. Auch Löwen, Panther, die sie Tiger nennen, Giraffen und Antilopen seien in Menge dort . . . . . .

Barrah, 28. November 1875.

Liebe gute Ida! Deinen lieben Brief vom 10. Oktober erhielt ich den 25. November. Wir glaubten den 23. El-Obeid verlassen zu können um nach Chartum zu gehen, allein die vielen Zurüstungen verspäteten unsere Abreise bis zum 25. November. Schon früh um 8 Uhr kam der Gouverneur mit seinen Officieren, uns zu begleiten, und gleich darauf der Bischof mit seinen höchsten Geistlichen, um Adieu zu sagen. Auf dem

Hofe versammelten sich alle europäischen Kaufleute mit ihren Pferden, um uns eine Stunde weit zu begleiten. Um 9½ Uhr führte man den Obersten in seinen Wagen. Wir bestiegen unsere Kamele und ritten fort. Am Hause stand dasjenige Militär aufmarschiert, welches mit Prouth in El-Obeid zurückblieb. Von da ab hatte der Gouverneur seine Truppen bis über den Gouvernementsplatz und bis zur Stadt hinaus in zwei langen Reihen aufgestellt, durch welche wir hindurch reiten mussten. Unsere Artillerie nahm mit 9 Kanonenschüssen vom Obersten Abschied, der Gouverneur mit 15. Unter unausgesetztem Trommeln, Trompetengeschmetter und Kanonendonner verliessen wir die Stadt, Prouth ritt auf der einen Seite, ich auf der andern Seite des Wagens. Der Zug war sehr lang. Vorauf der Sangar mit 200 Baschibussuks zu Pferde, dann der Gouverneur mit seinen Officieren, dann des Obersten Wagen und wir, hinter uns die Kaufleute aus El-Obeid, dann unsere Ordonnanzsoldaten und unsere Eskorte und Gepäck. Der Oberst hatte für sich seinen Thomas, Koch und Jungen, den Lieutenant Amer Ruschti und 8 Soldaten, die ihn sämmtlich nach Cairo begleiten sollten. Meine Eskorte, die mit mir nach El-Obeid zurückkehrt, besteht aus Weber und Gustel, meinen 2 Ordonnanzen: Abdul Hamid und Said, einem Bolukbascha mit 6 Baschibussuks zu Pferde und dem Lieutenant Ali Effendi, der schon mit mir in Dar-Fur war. Wir haben im Ganzen 60 Kamele. Mein Surur trappelt zu Esel mit. Eine Stunde von El-Obeid wurde Halt gemacht. Der Gouverneur sagte uns Lebewohl und kehrte mit seinen Officieren, Baschibussuks und den Kaufleuten nach El-Obeid zurück. Wir setzten unsern Weg fort. Um 1 Uhr hielten wir bei einer Fulah (grosse Regenpfütze wie ein Teich) am Gebel Kurbag an und liessen unser Lager aufschlagen. Bis hierher hatte Kommandant Prouth ein Mittagessen vorausgeschickt, welches auf einem Feldtische im Freien, im Schatten eines mächtigen Brodfruchtbaumes aufgestellt war. Wir drei setzten uns zu Tische, assen und tranken auf glückliche Reise und frohes Wiedersehen. Ein Kaufmann hatte uns 6 Flaschen Libanonwein geschickt. Nach dem Essen waren wir recht ermüdet. Jeder von uns Dreien schob sein Angareb in den Schatten eines Baumes und wir schliefen ein. Mich weckte ein herzlicher Händedruck. Kommandant Prouth stand da und sagte: Es ist 3 Uhr und Zeit, dass ich zur Stadt zurückreite. Lieber Pfund, vergessen Sie nicht, dass ich ganz allein hier zurückbleibe und vor langer Weile sterbe. Ich bitte Sie, kommen Sie so bald als möglich zu mir zurück. Ich versprach, von Chartum abzureisen, so bald es der Oberst verlassen haben würde. — Er schüttelte mir die Hand, umarmte und küsste mich und jagte im Galopp nach El-Obeid zurück. Gestützt auf seine zwei Ordonnanzen, wollte der Oberst eine Promenade versuchen. Ich begleitete ihn und

Thomas und Gustel folgten mit Ali Effendi. Wir machten wirklich einen Gang um die ganze Fulah herum, wo eben unsere Kamele, Pferde und mein Abu Haschisch getränkt wurden. Ich schoss hier eine Wildente, Ali zwei Schnepfen, und so kehrten wir mit der Aussicht auf ein gutes Nachtessen in unsere Zelte zurück. Um 9½ Uhr Abends kam ein Kurir aus El-Obeid. Die Post war angekommen und Prouth schickte uns Briefe nach. So erhielt ich hier im Lager an Gebel Kurbag die lieben Briefe von Dir, Kaiser und Karl, die ich im Bette las. Zum Antworten aber war hier keine Zeit. Den andern Morgen ritten wir um 7¼ Uhr aus und erreichten erst Abends 5¼ Uhr die Brunnen von Omsut, wo ich Halt machte. Der Oberst kam erst eine halbe Stunde nach mir an und war sehr erschöpft. Er hatte die zweite Hälfte des langen Weges im Tachterwan (Tragbahre zwischen zwei Kamelen) gemacht. Der Esel hatte den kleinen Wagen nicht mehr durch den tiefen Sand ziehen können und Abends war der starke Esel todt. Mein Abu Haschisch, der nur meinen Surur getragen, machte auch ein verdächtiges Gesicht. Ich liess ihn zum Brunnen führen und mit den Kamelen tränken. Er kam ganz wohlgemuth zurück und sang aus Dankbarkeit mir die ganze Nacht etwas vor, der Art, dass ich, so ermüdet ich auch war, die Nacht hindurch nicht schlafen konnte. Den 27. ritten wir von Omsut nach Barrah, wo wir gegen 1 Uhr eintrafen. Der Sangar, der alte Mustapha Aga, der uns vor 6 Monaten so köstlich bewirthet hatte, kam uns mit 200 Baschibussuks mit ihren Handtrommeln eine Stunde weit entgegen. Der alte Mann hatte eine kindische Freude, als er den Obersten und mich wiedersah. Mit grossem Pompe führte er uns in sein Haus, wo ein prachtvolles Essen auf uns wartete. Wir blieben einen Tag hier und hier schrieb ich diese Zeilen. . . . . .

2. Dezember. Om Simim.

Den 29. November um 8½ Uhr verliessen wir Barrah, eskortirt von 200 Baschibussuks. Wir ritten über Kursi bis Om-el-gibbe (Vergl. Petermann's Karte von Inner-Afrika, Bl. 6) 11½ Meilen und hielten dann an, um dort zu bleiben. Der Schech hatte nur eine grosse Rekuba. Der Oberst liess nicht nach, ich musste dort mit ihm wohnen. Den 30. machten wir einen Ritt von 13 Meilen bis Feragab, wo wir in Zelten kampiren mussten. Den 1. Dezember brachen wir um 8 Uhr auf. Um 10 Uhr passirten wir das Dorf Om Sursur. Der rothe Sand deutete auf Eisen hin, und wirklich fand ich etwa 200 Schritt seitwärts vom Dorfe eine weite Fläche von Ochersand mit Brauneisenstein und etwas regulinischem Eisen. Die Einwohner verarbeiten es, so gut sie es verstehen, zu Messern und Lanzenspitzen, doch ist es natürlich unrein und brüchig. Um

1 Uhr erreichten wir die 27 Meter tiefen Brunnen vom Om Simim. Das Wasser war 22° R., aber rein; eine halbe Stunde später waren wir im Dorfe Om Simim. Den 2. Dezember, da sich der Oberst angegriffen fühlte, wurde hier ein Rasttag gehalten. Auch gaben wir dadurch dem Provikar, der den Montag nach unserer Abreise El-Obeid verlassen wollte, Zeit uns einzuholen. Während dessen zeichnete der Oberst, ich machte einen Ausflug, behandelte unsere Kranken und schrieb diese Zeilen. . . . . .

Den 10. Dezember. An Bord des Dampfers Tofikie auf dem weissen Nil. Mehrere Tage sind vergangen; ich konnte nicht zum Schreiben kommen; unser Leben war zu bewegt. Wir verliessen Om Simim den 3. Dezember früh 7 Uhr 45 Minuten und bestrebten uns selbigen Tages die Brunnen von Elloan (El-Uan) zu erreichen. Wir kamen dort 1 ¼ Uhr Nachmittags an und schlugen in der Nähe der 42 Meter tiefen Brunnen unser Lager auf. Die Umgegend ist öde und der Ort ärmlich. Abends in der Dämmerung überraschte uns die Ankunft des Provikars, dessen Gefolge aus 10 bis 12 Individuen, der Frau Oberin, Pater Joseph, den Dienern Giacomo und Augusto, zwei Negerknaben und den nöthigen Kameltreibern bestand. Monsignore und Pater Joseph stiegen bei uns ab, die Uebrigen ritten in's Dorf. Der Oberst und ich, wir unterhielten uns lange mit den Ersteren, doch nahmen sie unsere Einladung zum Essen nicht an. Dagegen wurde abgemacht, dass wir folgenden Tages alle zusammen zu Mittag speisen wollten.

4. Dezember. In aller Frühe wurden mir drei Soldaten und zwei Kameltreiber krank gemeldet. Die Soldaten hatten das Fieber, waren aber im Stande mit abzureiten. Die Kameltreiber hatten Blattern und ich liess sie von der Expedition entfernen und in Elloan zurückbleiben. Auch Pater Joseph hatte gefiebert und die Frau Oberin klagte über Nervenschmerzen, bestieg aber dennoch rüstig ihr Kamel. Wir hatten für heute nur die Strecke von 12 Meilen bis Abu Schok (Abu Schogah) vor uns. Um 7 Uhr 50 Minuten ritten wir aus, der Oberst im Tachterwan, die Geistlichen in Civilkleidern. Pater Joseph, wiewohl vom Fieber angegriffen, ist ein vortrefflicher Reiter; der Provikar ist sehr beleibt, er sitzt schwerfällig auf, trabte aber doch rüstig und schwatzend an meiner Seite mit fort. Madame la Supérieure, schwarz und in einen grossen weissen Schleier gehüllt, folgte in kleinem Trabe nach und neben ihr hielten sich drei Affen ängstlich an den Stricken ihres Lastkameles fest. Noch vor Mittag waren wir in Abu Schok und da hier in der Nähe kein Dorf war (sonderbar genug, dass in Kordofan die Niederlassungen der Menschen so weit als irgend möglich von den Brunnen entfernt liegen), so bot ich bereitwillig den drei Geistlichen mein grosses Zelt an.

Den 5. Dezember ritten wir sechs Stunden und hielten in der Mitte einer trostlosen Wüste unser Lager. Den 6. kamen wir gegen Mittag zu den Brunnen von Anebak (Aid-el-ibekh). Von etwa 30 Brunnen zu 13 Meter Tiefe haben nur sieben Wasser und dieses schmeckt salzig. Wieder neue Blatternkranke unter den Kameltreibern, so dass von 25 die wir mit hatten, nur noch 12 blieben. Den 7. Dezember ritten wir von Anebak bis Gebel Helbah, wo 11 Brunnen von 11—13 Meter Tiefe gutes frisches Trinkwasser boten. Dieses sind die letzten Brunnen an der Strasse zum Nil und wir hatten noch 18 Stunden Kamelritt bis dahin. Es wurden also alle Wasserbehälter gefüllt und unter Aufsicht gestellt. Meine Instrumente, die Brunnen, alles zeigte uns an, dass der Boden sich abflache. Die Luft wehte uns frisch und anmuthig von Osten her entgegen. Das ist Nilluft, sagte ich! Ja, antwortete Colston, mit sichtlicher Freude, es kommt mir oft vor als könnte ich den Nil riechen! Wir thaten also unser Möglichstes recht bald dahin zu kommen. Wir hatten seit dem 20. April nichts mehr gesehen als dürre Wüste und jeden Trunk guten Wassers entbehrt, und mit Entsetzen dachten wir noch an die Tage in Omlubie zurück. Wer das nicht erlebte, weiss garnicht, welch' eine Wohlthat ein reines frisches Wasser ist.

Der Tachterwan, so bequem er auch ist, geht allzu langsam. Wir nahmen den Wagen, oder richtiger den zweiräderigen Karren wieder her, spannten einen starken Esel vor und vor dem Esel noch ein Kamel. Das Ding sah etwas originell aus, allein es ging ganz vortrefflich, bequem, schnell und nicht so halsbrecherisch, als der von zwei Kamelen getragene Tachterwan. Den 8. ritten wir mit Tagesanbruch von Helbah aus bis 2½ Uhr und machten 21 Meilen. Den 9. waren noch alle Sterne am Himmel als man unsere Zelte schon abbrach, und um 6 Uhr 20 Minnten fand uns die aufgehende Sonne schon fast eine Stunde zu Kamel und warf lange Schlagschatten hinter uns her. Um 7 Uhr passirten wir Abu Gerad ohne Aufenthalt, und um 9 Uhr 20 Minuten legte ich dem Dorfe Turr-el-Hadra gegenüber mein Kamel nieder um zu frühstücken. Wir lagerten im Schatten eines Baumes und ich reichte Colston eine kleine Flasche mit Cognac und Wasser. Das ist unser letztes Frühstück in der Wüste, Herr Oberst, sagte ich. Er trank. Dass ich den Nil noch einmal wiedersehe, ist Ihr Werk, antwortete er und schüttelte kräftig meine Hand. Wir hatten kaum unser Frühstück beendet, so kletterte er in seinen Wagen und ich bestieg mein Kamel. Ein kräftiger Peitschenhieb brachte meinem Thier meine Ungeduld bei. Es flog mit mir im gestrecktem Trabe davon; Ali Effendi, Abdul Hamid, Gustel und Surur folgten mir fast eben so rasch; allein nach einer Stunde hastigen Rittes musste ich es aufgeben, so rasch zu reiten. Die dornigen Akazien wurden dichter, und der Weg schlängelte sich im weiten Bogen zwischen ihnen hindurch. Um 12 Uhr blitzte mir durch's Gebüsch eine Wasserfläche entgegen; — noch wenige Minuten und ich hielt am Nil. — Wir sassen ab, ich ging zum Ufer. Die leichten Wellen spiegelten im Sonnenscheine, wie Millionen goldene Sterne; die Ufer, die Inseln, alles prangte mit schönen grünen und blühenden Bäumen. Am andern Ufer wiegten sich auf blauer Fluth Hunderte der schöngefiederten Nilgänse und nicht weit davon waren hochbeinige Reiher und zierliche Schnepfen. Aus allen Bäumen tönte das süsse Locken bunter Singvögel hervor. Nach 8 bis 9 Monaten des Wüstenlebens, in welchem man sich glücklich schätzt, eine Regenpfütze zu sehen, ist der Anblick dieses Flusses hinreissend schön. Rasch, in krausen Wellen, floss das Wasser nach Norden, nach Chartum, Berber, Dongola, Wadi Halfa, Cairo. Fahrt wohl, ihr Wellen, dachte ich, grüsst Frau und Kind. Neben einer schönen Insel in der Mitte des Stromes lag das Dampfschiff, welches bestimmt war, uns aufzunehmen. Thomas bereitete unter einer Baumgruppe das Mittagessen und wir, der Provikar, Pater Joseph und selbst die empfindsame Oberin, waren sehr vergnügt. Den Wein rührte Niemand an; wir waren glücklich, Nilwasser zu haben. Um 1 Uhr begann die Arbeit des Einschiffens unseres Gepäckes. Alle Last- und Reit-Kamele wurden verabschiedet. Nur die 2 Kamele, die des Obersten Tachterwan trugen, sollten mit dem Esel des Thomas und mit meinem Abu Haschisch zu Land nach Chartum. Der Oberst schickte 2 Soldaten mit, ich den Bolukbascha, die 4 Baschibussuks, Ali Effendi und meinen Said. Abdul Hamid und Surur behielt ich bei mir. Surur, als er den grossen Fluss sah, der hier viel breiter ist als bei Cairo, und das Dampfschiff, riss Augen und Mund gewaltig auf und fragte, ob das Haus mit uns nach Chartum laufen werde? — Um 4 Uhr war die Einschiffung beendet, wir fuhren an Bord; allein kaum waren wir in der Mitte des mächtigen Flusses, als unser Boot ein Leck bekam und das Wasser mächtig hineinsprudelte. Zum Glücke war eine Schaluppe mit den Zelten in unserer Nähe. Wir kletterten schnell hinüber und gelangten glücklich an Bord. — Den 10. Dezember 6 Uhr früh fuhr der Dampfer ab. Den 11. um 11 Uhr früh waren wir in Chartum. Wir blieben am Bord und empfingen die Visiten des Gouverneurs, der Konsuln und Kaufleute. Nachmittags fuhren wir auf den Kirchhof und sahen die Gräber mehrerer Officiere und das des armen Orlovski. Dann fuhren wir in den Klostergarten, wo ein Luftballon uns zu Ehren aufsteigen sollte. Die Inschriften waren Evviva Pio nono, evviva il provicaro, evviva Garibaldi, evviva Bismarck. Das Ding verunglückte, der Luftballon verbrannte.

Nun muss ich schliessen, die Post geht ab. Soeben kommt noch die

Order aus Cairo an, dass ich den Obersten begleiten soll so lange ich es für nöthig erachte. Daraufhin, und da Colston es selbst dringend wünscht, habe ich mich entschlossen den Obersten bis nach Berber zu begleiten.

21. Dezember 1875 an Bord, Abends, in der Nähe von Meröe.

Meine liebe Ida; mein Freund Kaiser! Meine letzten Zeilen aus Chartum werden bereits in Euren Händen sein. Der Tag nach Absendung derselben war ein Sonntag. Früh ging ich mit dem Obersten in die Messe, dann zeigte uns der Provikar das kostbare Missionsgebäude. Abends war beim österreichischen Konsul Hansal Thee und musikalische Abendunterhaltung uns zu Ehren. Wir gingen um 10½ Uhr an Bord. Tags darauf gab uns Herr Rosset als preussischer Konsul ein wahrhaft fürstliches Diner. Alles bewegte sich im höchsten Anstande und wir waren sehr vergnügt. Die Unterhaltung, wiewohl gemischt, war lebhaft, ungezwungen und heiter. Wir hatten seit dem Diner beim General Maclalan auf der Dahabîye oberhalb Assuan nicht mehr einen so herrlichen Abend erlebt. Den andern Tag rüsteten wir uns zur Abreise. Die Einkäufe, die ich zu besorgen hatte, übergab ich Herrn Rosset; auch lagern bei ihm bis zu meiner Rückkehr alle meine Sachen. Beim Schneider liess ich mir Kleider zur Reise nach Dar-Fur anmessen, dann ging ich in's Gouvernement, um auszumachen, dass bei meiner Rückkehr die verlangten Medikamente, meine Kamele und Proviant bereit sei. Von da ging ich zu Marno und übernahm die gekauften Instrumente, dann in die Mission, wo man mir zu den Instrumenten ein Kistchen machte, und endlich an Bord.

Mittwoch den 15. früh empfingen wir viele Abschiedsbesuche; erst um 3¼ Uhr fuhren wir von Chartum ab, und 45 Minuten später mündeten wir aus dem blauen Flusse in den grossen Nil ein. Ich habe nur Gustel und Surur mit mir. Um 6 Uhr machte das Schiff Halt. Wir hatten in der Zeit wenigstens an hundert Krokodile gesehen. Auf zwei hatte der Oberst geschossen. Den 16. um 5½ Uhr ging's weiter. Um 8 Uhr verengte sich der Fluss und brauste in rasender Eile durch ein 1½ Stunden langes und kaum 200 Meter breites Felsenthal. Die Berge erhoben sich zu beiden Seiten aus dem Wasser, steil bis zu einer Höhe von 4—500 Fuss. Die Felsen waren wild zerklüftet und mächtige Gruppen sechskantiger Basaltsäulen, wie ich sie nie gesehen, bestätigten den vulkanischen Charakter des Gebirges. Nach einer Stunde änderte sich der Gebirgscharakter in Granit und Trapp um, die Gebirgsformen wurden sanfter und verflachten sich zu beiden Seiten. Das Thal erweiterte sich, der Nil bekam wieder seine majestätische Breite, doch ehe die Ufer wieder grün und blühend wurden, hatten wir noch eine Stromschnelle zu passiren. Um

12 Uhr sass ich eben mit dem Obersten zu Tische, als ein heftiger Stoss uns überraschte, der mich fast von meinem Stuhle hinabgeworfen hätte und den Obersten ganz mit Wein und Wasser beschüttete. Diable, rief der Oberst erstaunt, was macht der Kerl? — Wir sitzen auf einer Sandbank, sagte ich, warf die Serviette hin und ging hinaus. Richtig! Mit voller Kraft war der Dampfer auf eine Sandbank gerannt. Hätte der arabische Kapitain nur gleich drei bis vier Radschläge rückwärts machen lassen, so wären wir wieder flott geworden; allein er liess vorwärts arbeiten, arbeitete sich immer tiefer und fester in den Sand hinein und es dauerte kaum eine halbe Stunde, so sassen wir völlig fest und die Maschine wirkte nicht mehr. Unsere Soldaten fuhren mit dem Bote an's Land, um aus den Ortschaften Leute zu requiriren. Es war 4 Uhr als sie endlich mit achtzehn Mann zurückkamen, und es wurde Mitternacht, ehe es gelang, den Dampfer zurück in's tiefe Wasser zu bringen. Ein Glück, dass es keinem Krokodile beikam, sich bei dieser Gelegenheit von all' den im Wasser umherarbeitenden Leuten ein Frühstück zu holen. Am andern Morgen fünf Uhr dampften wir weiter. Um 4 Uhr 30 Minuten legten wir unter Bagerauir an, um im Gebirge die Steinbrüche zu untersuchen und Pflanzen einzusammeln, und noch in der Dämmerung fuhren wir 1½ Stunden weiter. Den 18. Dezember ging's früh 5 Uhr fort. Um 11 Uhr passirten wir Damer und eine Stunde später waren wir an der Ausmündung des Atbara, der aus Abyssinien herabströmt. Es war 4 Uhr 30 Minuten, als wir endlich in Mecheref (i. e. Berber) anlegten. Sogleich kam der Gouverneur an Bord und begrüsste uns und meldete, dass alles Verlangte für den Obersten bereit sei. Dieser aber, da es für heute zu spät war, blieb an Bord und schiffte sich erst den 19. Dezember aus, um ein Zimmer im Gouvernementsgebäude zu beziehen. Ich besah die Stadt, den Bazar, die Mission, wo mich der Vikar Stanislaus zur Tafel einlud. Abends Diner beim Gouverneur. Den 21. Morgens wollte ich zurückfahren. Ich gab Order, um 4 Uhr Nachts den Dampfer zu heizen. Die Stunde der Trennung war da. Colston, wie ich, wir hatten keine Worte. Eine herzliche Umarmung, ein Strom von Thränen in beider Augen, und wie ein Trunkener schwankte ich an Bord. Etwas später schickte mir Colston noch eine Kiste Cognac und 12 Büchsen mit Konserven. Schon bei Tage hatte er mich gefragt, ob er irgend etwas besitze, was mir angenehm oder nützlich sein könne. Pater Stanislaus schickte mir 4 Flaschen Santorino an Bord, und Herr Anton Werdiki, bei dem ich Geschäfte hatte, eine Sambil voll köstlicher Citronen.

Den 21. fuhren wir noch vor 6 Uhr von Berber ab. Meine Suite war um einen Mann vermehrt und ich hatte in Berber einen mir sehr nöthigen Koch angenommen. — Um 11 Uhr hatten wir die Atbaramündung wieder, und um 12 Uhr 15 Minuten liess ich in Damer anlegen, um 4 Centner Salz zu kaufen, welches dort als Efflorescenz gewonnen wird. Dann fuhren wir bis 6 Uhr 45 Minuten Abends und übernachteten bei Goos-el-Alliab. Als wir den 22. Dezember früh um 6 Uhr weiter fuhren, sagte ich: Gustel, legen Sie ein gutes Frühstück mit Schnaps in eine Sambil, wir machen heute eine Pyramidenpartie. Ungläubig lächelte er, da er aber hörte, dass ich dem Kapitain befahl bei Bagerauir im Gebiete Schendi anzulegen, so packte er nach Herzenslust ein. Um 11 Uhr lag der Dampfer an der bestimmten Stelle still. Ich nahm ein kleines Frühstück ein und um 12 Uhr 15 Minuten traten wir den Marsch an. Mit mir waren Gustel mit der Doppelflinte, der neue Koch, Surur, der den Proviant schleppte, der Kapitän und 4 Schiffsleute. Der Weg ging östlich durch herrliche Durra- und Baumwollenfelder hindurch, deren üppiger Wuchs uns völlig beschattete. Nach 20 Minuten des Weges kamen wir an das Dorf Bagerauir, welches freundlich in Gebüschen liegt und von Nilziegeln erbaut ist. Um so mehr fiel mir, kaum 200 Schritt hinter dem Dorfe, eine Strecke auf, die ganz mit Resten gebrannter Backsteine aus alter Zeit bedeckt war und förmliche Hügel zeigte. Nach eingedrückten Merkmalen suchte ich vergebens. Nun ging's durch eine dürre Wüste. Schlechte Esel mit noch schlechteren Sätteln, die der Kapitän aus dem Dorfe zusammengetrieben, wies ich zurück, wiewohl der Marsch durch die sandige steinige Wüste nicht eben erfreulich war. Wir gingen in südsüdöstlicher Richtung dem Gebirge zu und bald tauchte im Amphitheater des Gebirgszuges vor uns ein breiter, flacher, schwarzer Hügel auf mit einer Anzahl Pyramiden, denjenigen von Meroë. Ich erreichte sie um 1 Uhr 30 Minuten und ging ohne auszuruhen an die Arbeit. Ich nahm die Höhe des Hügels über dem Nil, die Richtung und Grundfläche aller 19 Pyramiden, den Steigungswinkel und Höhe, ihre Lage zum Plane und endlich den Umfang des Pyramidenfeldes. Dann ass ich etwas und trank Kaffe. Es liess mir aber keine Ruhe; ich hatte noch die Vorbauten zu untersuchen und Inschriften zu kopiren. Endlich um 4 Uhr 30 Minuten war alles gethan und ich sprang vergnügt den Hügel hinab. Eine hübsche Ansicht, ein Plan des Pyramidenfeldes nebst Karte des Gebirgszuges, und eine ganz interessante Beschreibung werden die Resultate der heutigen Arbeit sein. Um 5 Uhr 45 Minuten dampften wir noch weiter und hielten nach einer guten Stunde Fahrt zum Uebernachten an. Es war am Dorfe Magauir. Den 23., da Holz einzunehmen war, fuhren wir erst um 9 Uhr 20 Minuten ab; ich ordnete meine gestrigen Notizen und rechnete. Um 12 Uhr hielten wir bei der Stadt Schendi. Der Kapitän wollte hier einen Hammel kaufen und ging in die Stadt.

Ich hatte mir in Berber vom Gouverneur einen Hammel, 6 Hühner und 50 Eier geben lassen, ich bedurfte also nichts, ging aber doch um die Stadt und den Bazar zu besehen. Hauptartikel ist Baumwolle. Um 2 Uhr fuhren wir eiligst weiter um die versäumte Zeit wieder einzuholen und Abends 6½ Uhr hielten wir unweit von Goos-el-Elem an. Um 8 Uhr überraschte uns die Ankunft einer Dahabîye und gleich darauf der Besuch des Provikars und Paters Joseph. Ich liess sofort Thee machen und wir schwatzten vergnügt bis 10½ Uhr, dann nahm der Provikar mit herzlichen Küssen von mir Abschied. Er denkt Colston in Berber einzuholen und mit ihm nach Cairo zu reisen. Den 24. fuhren wir den ganzen Tag fort. Nur einmal bei Wadi Hessuna liess ich eine halbe Stunde halten um am blüthenreichen Ufer Pflanzen zu sammeln. Abends passirten wir noch den Engpass von Agaba mit den herrlichen Basalten und machten dann Halt. Gustel und ich, wir hielten unsern Weihnachtsabend ab, so gut es gehen wollte. Wir hatten Suppe, gebratene Hühner, Thunfisch in Oel, Bratfisch kalt und einen Hummersalat. Nach dem Kaffe tranken wir einen Punsch auf das Wohlergehen Ida's, der Kinder und Gustel's Mutter und Geschwister. Um 11 Uhr ging's zu Bette. Den 25., am ersten Weihnachtstage, dampften wir schon um 5 Uhr 20 Minuten weiter, kamen aber erst Abends 5 Uhr in Chartum an. Herr Giegler und Konsul Hansal empfingen mich, gleich darauf kam Konsul Rosset mit Herrn Slatin, Klein und mehrere andere Herren. Giegler führte mich in sein Haus wo er ein gutes Nachtessen bereit hielt, auch hatte er später zum Punsch alle die genannten Herren eingeladen. Tagsdarauf machte ich die nöthigen Requisitionen beim Gouverneur und da der Prior, Pater Pasquale, mich (vermuthlich auf Anordnung des Provikars) einlud in der Mission im Salon des Provikars zu wohnen, so bin ich jetzt wie ein kleiner Fürst installirt. Den 28. meldete mir der Gouverneur, meine Kamele seien bereit. So werde ich denn Montag den 3. Januar 1876 von hier abreisen.

El-Obeid, 24. Januar 1876.

Meine liebe Ida und mein Freund Kaiser! Mit Gottes Hülfe bin ich gestern, den 23. Januar, um 2 Uhr Mittags von Chartum aus hier wieder angelangt. Mein Freund Prouth, der 2 Tage vor mir hier eintraf, erdrückte mich fast in seiner Umarmung und übergab mir die inzwischen eingegangenen Briefe.

Mein letztes Schreiben aus Chartum theilt meine Reise bis zu meiner Rückkehr von Berber mit. In Chartum hatte ich viel Unangenehmes, wiewohl alle Deutschen förmlich wetteiferten mir zuvorkommend und gefällig zu sein. Mit dem Vertreter des Gouverneurs gerieth ich wegen der nöthigen Kamele zur Rückreise nach El-Obeid und wegen der Provision in Streit. Ich dankte Gott, als ich den 4. Januar 1876 nach Om-Derman überschiffen konnte. Die wenigen Tage in Chartum hatten genügt, mir viele ergebene Freunde zu machen; als ich abreiste begleiteten mich viele an Bord. Es war 5 Uhr Nachmittags als wir von Chartum abfuhren. In Om-Derman, am linken Nilufer, erwarteten mich Ali Effendi und mein Bolukbascha mit den Soldaten der Eskorte. Mit mir waren Gustel, Surur, mein Koch, mein Ordonnanzsoldat Abdul Hamid und Pater Pasquale von der Mission. Der Wind war stark und entgegen, so dass es unmöglich war, aus dem blauen Flusse auszulaufen. Wir mussten Halt machen und über Nacht liegen bleiben. Mit Tages-Anbruch gelang es uns in den Nil einzubiegen und Om-Derman zu erreichen. Es überraschte mich nicht wenig, den Konsul Hansal hier zu finden, der, um mich noch ein Mal zu sehen, an einer anderen Stelle über den Fluss gekommen war. Es wurde jedoch 4 Uhr Nachmittags ehe die Kamele beladen waren. Währenddessen verzehrten wir in meinem Zelte noch einige gute gebratene und gekochte Fische, dann besuchte ich die Kalkbrüche von Om-Derman und bestieg um 4 Uhr 10 Minuten mein Kamel. Alles setzte sich in Bewegung. Die Reise ging den Nil entlang aufwärts. Zu einer genaueren Beschreibung fehlt mir heute die Zeit. Den 11. Januar kam ich nach Turr-el-Hadra. Hier hielt ich einen Rasttag, um die Kamele ruhen zu lassen und um mich noch einmal an dem Fluss recht satt zu sehen und satt zu trinken. Den 13. Januar nahm ich vom Nil Abschied und ritt südwestwärts auf El-Obeid zu. Ich sah alle Plätze wieder, die ich mit meinem lieben Obersten passirt hatte und mir wurde oft das Herz schwer. Der wird bald bei den Meinigen sein, und ich armer alter Mann muss wieder vorwärts in die wilde heisse Welt mit ihren schwarzen Menschen hinein! — Den 14. Januar hatten wir am Gebel Helbah eine Attacke auf Räuber, welche mehr lächerlich als gefährlich war. Ich liess auf die Kerle Feuer geben und sie verschwanden in wenigen Minuten. Den 17. Januar bei Abu Schok starb ein Kamel und mein Abu Haschisch wurde krank. Es wurden 2 Kamele vom Schech requirirt und es ging weiter. Den 20. Januar waren wir in Kursi, wo ich zwei herrliche Hunde erhielt und den 23. Januar war ich in El-Obeid. Hier habe ich nun ungeheuer zu thun, denn in 14 Tagen brechen wir Alle nach Dar-Fur auf. Es ist Zeit abzubrechen. Der Kurir geht ab. Tausend Grüsse......

El-Obeid, 30. Januar 1876.

Meine liebe Ida! In vollster Vorbereitung zum Aufbruche habe ich kaum Zeit mich darüber zu beschweren, dass ich bereits seit 2 Monaten keinen Federstrich von Deiner lieben Hand sah. In etwa 10—14 Tagen verlassen wir El-Obeid, denn unsere 480 Kamele sind bereit. Ich fühle eine sonderbare Furcht, wenn ich an diese Reise denke, ich weiss selbst nicht warum. Vielleicht ist es die wasserlose Strasse, die mich martert; doch ist es ja dieselbe Strasse, die ich schon einmal bereiste über Abu Snun, Megenas, Katul, Kaga bis Dar-Fur. Freilich waren wir damals wenig Leute und brauchten wenig Trinkwasser. Nun, Gott helfe, wie er es bisher gethan. Er erhalte uns für einander und gönne uns ein frohes Wiedersehen auf Erden; denn mit dem Wiedersehen da droben sieht es doch für einen Naturforscher etwas bedenklich aus! Sei herzlich gegrüsst!

P. S. Vermuthlich gehen wir in 3 Kolonnen getheilt nach Dar-Fur, um den Wassermangel erträglicher zu machen. Die erste Kolonne führt der Adjutant-Major, die zweite ich und die dritte der Kommandant selbst.

El-Obeid, 9. Eebruar 1876.

Meine liebe Ida! Noch immer keinen Brief. Morgen geht der Adjutant und unsere ganze Artillerie mit einem Theile der Infanterie nach Dar-Fur voraus. In etwa 8 Tagen werde ich zum Aufbruche bereit sein; jedenfalls bin ich schon in Dar-Fur wenn Du diese Zeilen empfängst. Das lange Ausbleiben von Briefen macht mir grosse Sorge; oft erwache ich Nachts und kann vor Beklemmung nicht mehr einschlafen. Dann wälze ich mich auf dem Angareb herum bis die Reveille geblasen wird und bald nachher der Tag durch die Fensteröffnungen scheint.

Soeben (d. 11.) erhalten wir Nachricht, dass der Officier, den wir mit 8 Mann nach Chartum schickten um die Provision abzuholen, in der Nähe von Elloan Nachts im Schlafe von Räubern überfallen und beraubt worden ist. Verwundet ist Niemand; doch haben die Räuber einen Kameltreiber, welcher Lärm machte, erschossen.

El-Obeid, 28. Februar 1876.

Meine liebe Ida! Endlich nach 3 vollen Monaten ein Blättchen von Deiner Hand! 17 Nächte hatte ich nicht mehr geschlafen!

Wir sind in voller Zurüstung zur Abreise, die in 7 bis 8 Tagen erfolgen kann.

Dein und Gevatter August's Briefe sind vom 4. und 5. Januar datirt und hatten den Poststempel des 20. Januars. Wenn die Briefe 16 Tage in Cairo liegen bleiben, ehe sie zur Post getragen werden, so ist es begreiflich, dass sie 6 bis 7 Wochen brauchen um hierher zu kommen. Ich erhielt sie den 25. Februar Abends.

Sei guten Muthes und halte Dich und die Kinder wohl und heiter! Wenn Gott will, sehen wir uns einst wieder!

Ich weiss nicht, welcher Widerwille mich ergriffen hat nach Dar-Fur zu gehen. Das erste Mal ging ich mit Sehnsucht und Freude dahin; — jetzt, wenn ich an Dar-Fur denke, befällt mich ein dummes Gefühl, als stände mir dort Gott weiss was bevor.

Prouth sorgt wie ein inniger Freund für mich. Ich habe jetzt Kamel, Esel und ein schönes starkes Pferd, und um mich daran zu gewöhnen, reite ich oft aus.

Hier im Süden fängt es an bedenklich auszusehen. Ueberall Aufstände und Raubanfälle. Die Sache scheint ernsten Charakter anzunehmen. In Faschoda*) wehren sich die Eingeborenen mit entschiedenem Glücke und Vortheil. Die Strasse von hier nach Chartum und nach Gebel Nuba ist zur Zeit ganz unsicher und wir finden es für nöthig, wenn wir nur 1 Stunde weit uns entfernen, die Revolver an den Sattel zu hängen.

Für heute genug. Die Post geht ab. Herzliche Grüsse!

Donnerstag, 22. März, im Lager bei El-Schak.

Liebe Ida. Wie Du siehst, haben wir El-Obeid verlassen.

Den 18. gaben Prouth und ich dem Gouverneur, dem Polizeipräfekten, den ersten Officieren und Kaufleuten ein grosses Diner.

Den andern Morgen um 8 Uhr kam der Gouverneur mit seinen Officieren um uns zu begleiten; auch alle Kaufleute fanden sich ein und sogar der Prior der Mission zu Pferde. Mein Basili, wiewohl neu, machte sich nicht ungeschickt. Zwei Kameltreiber erhielten meine beiden prachtvollen Hunde an der Schnur und der Korporal meines Zuges den Auftrag, ihnen von Zeit zu Zeit Wasser geben zu lassen. Surur hatte mein Kamel und meine Wassergirbe. Um 9 Uhr zeigten die Trompeten an, alles sei fertig zum Aufbruche. Wir gingen auf den Platz hinaus. Unsere zwei Sais führten Prouth's und mein Pferd vor; ich nahm den Zügel in die Hand, die Trompeten bliesen und die Fahne des Generalstabes flatterte lustig im Winde. Wir ritten fort. Die erste Stunde verging rasch. Jeder hatte uns noch etwas Schmeichelhaftes zu sagen, jeder betheuerte uns noch seine Freundschaft. In der That hat man uns gern gehabt und wir liessen wirkliche Freunde zurück. Nach einer guten Wegstunde stieg der Gouverneur vom Pferde um Abschied zu nehmen. Wir alle sassen ab. Prouth und ich wir wurden der Art abgeküsst, dass wir wie polirt geglänzt haben mögen, ja der Prior und der Chef der Polizei hatten sogar Thränen in den Augen. Mir ertheilte der Prior seinen Segen. Alle kehrten nach El-Obeid zurück, nur meine Freunde Christopher und

---

*) Faschoda, Militairstation am weissen Nil, im Gebiete der Schilluks.

Endriko ritten noch eine Stunde weit mit uns; dann kehrten auch sie um, und wir ritten in raschem Trabe unserer langen Karavane vorbei, die in 4 Abtheilungen ganz stattlich und ordentlich daher zog. Um 11¼ Uhr erreichten wir ein Dörfchen Helal-el-Obeid. Hier sassen wir ab um unsere Karavane zu erwarten. Wir hatten in einer schattigen, doch niedrigen Rekuba eine Art Pfannekuchen von Duchn mit Zucker, auch Datteln und etwas saure Milch. Die Karavane kam, und mit lautem Geheule sprangen meine Hunde an uns heran, so dass sie Prouth und mich bald umgeworfen hätten. Wir gaben den Hunden und Affen etwas Wasser zu trinken und sassen wieder auf. Wir ritten bis gegen 1¾ Uhr und liessen dann dicht bei dem Dorfe Omdekeka unser Lager aufschlagen. Beim Aufruf fehlte ein Kameltreiber mit seinem Kamele, welches 3 Centner Reis trug. Am Morgen des 22. März fehlten uns 7 Kameltreiber und 14 Kamele, die während der Nacht entlaufen waren. Es musste also ein Kurir nach El-Obeid zurück, des Reises und der fehlenden Kamele wegen; auch hatten wir bemerkt, dass alle unsere Stricke alt und morsch waren und in Folge dessen die Kisten in den Sand fielen. Dem Gouverneur wurde also bedeutet, uns den aufzusuchenden Reis, die fehlenden 14 Kamele, 200 Kamelstricke und etwa für uns eingelaufene Briefe nach Megenas zu schicken. Wir ritten den 22. von früh 7 Uhr bis 1 Uhr 15 Minuten und hatten unser Lager bei N'scha. Es war sehr heiss, unsere Affen kamen halb todt an und hatten alle Sprünge vergessen, meine armen Hunde hinkten mit allen 4 Füssen; sie waren vom glühenden Sande, von Dornen und Askaniten zerschunden. Wasser tranken sie mit Gier, fressen mochten sie nicht. Den 23., heute, da ich diesen Brief anfing, ritten wir von 6¼ bis 12¾ Uhr. Meine armen Hunde können nicht mehr fort, ihre Füsse sind total wund. Ausserdem hat sich noch ein Kamel mit 4 Centner weissen Bohnen verloren. Es sind 10 Mann ausgeschickt, es zu suchen.

Freitag, den 24. März. Das Kamel ist noch nicht gefunden, wir müssen heute hier rasten und es suchen lassen. Ich benutze die Zeit um weiter zu schreiben und meinen armen Hunden eine Kiste zu bauen. Mein Basili scheint nicht übel, nur noch in Allem fremd. Mein Affe, der jede Nacht in einem meiner Zeltpantoffeln schläft, war heute früh verschwunden. Ich suchte überall und liess ihn suchen, aber vergebens. Als man Kaffe brachte hörte ich ihn dicht hinter mir pfeifen. Ich sah mich um; da sass er in meinem grossen Reitstiefel, schaute oben hinaus und streckte die Hand nach einem Stück Zucker aus. Vermuthlich war ihm die Nacht zu frisch gewesen und er hatte sich in den Reitstiefel verkrochen, wo er sich so komisch ausnahm, dass ich Prouth bitten liess, einen Augenblick zu mir zu kommen und wir Beide herzlich lachten.

Meine Hundehütte ist fertig aber schwach und für die zwei grossen Hunde gar klein. — Ich weiss nicht, was seit einigen Tagen mit mir ist. Ich fühle mich nicht krank und doch sehr unbehaglich, sehr hinfällig und unmuthig und namentlich schwach im Kopfe. Gestern Abend nach dem Essen wurde ich ohnmächtig. Ist es das Alter? Ist es eine herannahende Krankheit? Ich bin nicht mehr derselbe. Prouth sagte mir ebenfalls: »Ich glaube, lieber Pfund, Sie leiden. Ich beobachte Sie seit einigen Tagen. Sie sind nicht wie Sie waren, nicht mehr halb so heiter, all' Ihre guten Einfälle sind weg.«

Sonnabend, den 25. März. In der Nacht, gegen Morgen, kam ein Kurir aus El-Obeid uns nach und brachte die aus Cairo eingegangenen Briefe, die verlangten Stricke und die Nachricht, dass sich das Kamel mit dem Reis gefunden habe und morgen in Megenas mit noch anderen 14 Kamelen zu uns stossen werde. Für mich war kein Brief da. Wir ritten somit um 6¾ Uhr von El-Schak weg. Der Baum Mörgh (Cynanchum pyrotechnicum), der den zweiten bis dritten Tag enorm häufig war, schien abzunehmen; dagegen nahm Uschar (Asclepias procera) auffallend zu. Um den langweiligen Weg möglichst abzukürzen, ritten wir im Trabe so hastig fort, dass wir um 12¼ Uhr schon zwei Stunden früher als die Karavanenzüge in Megenas waren. Wir warteten in der Rekuba des Schechs, der uns mit Zuckerwasser und Kaffe bewirthete. Als Frühstück hatten wir von gestern noch etwas kalten Hammelbraten, den wir unter einem Heglik*) verzehrten. Bei unserem Eintritt in die Ebene von Megenas sahen wir in weiter Ferne noch Hunderte von Menschen mit den Heerden um die Brunnen herum beschäftigt, welche alle, als sie uns gewahrten, in stürmischer Hast davonliefen und ihr Vieh wegtrieben. »Armes Volk,« sagte Prouth, »wie es sich fürchtet.« »Natürliche Folge des Raubsystemes,« sagte ich; »der Soldat des Sudan, der Baschibussuk lässt dem Volke keine Henne, keinen Hammel, kein Korn Duchn übrig.« — Gegen 5 Uhr trat Prouth in mein Zelt. »Doktor,« sagte er, »was machen wir, wir haben hier nicht Wasser genug für uns und für die Thiere.« — »In 75 Brunnen nicht genug,« rief ich ganz erstaunt, »wovon wenigstens 60 Wasser haben?« — So viel ich mich dessen von meiner ersten Reise erinnerte, hatten nur 15 kein Wasser und etwa 10 salziges Wasser, was den Thieren aber nicht schadet! — Ganz recht, sagte Prouth, aber als man uns kommen sah, haben die Menschen die Brunnen mit dornigen Heglikästen vollgeworfen, damit wir ihnen ihr Wasser nicht wegtrinken können. Sie haben ohnehin weniger als in anderen Jahren. — Ich musste über den Einfall lachen und sagte: Das kann man den Leuten

*) Heglik oder Hegelig, Balanites aegyptiaca.

eigentlich gar nicht verdenken. Ihr Bischen Wasser ist ihr ganzes Leben. — Aber wir wollen doch auch trinken, meinte Prouth? — Und besonders unsere Kamele, bemerkte ich, wiewohl sie erst gestern in El-Schak getrunken haben; denn sie bekommen vor Bir Sodari kein Wasser wieder und das sind von hier noch drei Tage-Märsche, und mit dem Rasttage morgen also vier Tage; und das geht nicht an. Nein, lassen wir den Schech rufen und zur Strafe für ihre Missgunst, sollen die Leute, welche die Heglikzweige in die Brunnen geworfen haben, sie auch wieder heraus-holen, damit unsere Kameltreiber und Soldaten Wasser schöpfen können; die Brunnen sind ohnehin nicht sehr tief, zwischen 12—14 Meter; unsere Leute können das nicht thun. Dabei blieb es.

Sonntag den 26. März. Rasttag in Megenas um den Reis und die 14 Kamele zu erwarten. Um 7½ Uhr machte ich mit meinem Basili einen Ausflug in's Gebirge von Megenas, um zu sehen wie er sich beim Pflanzen-sammeln anlasse und um ihm zu zeigen wie man die Pflanzen konservirt. Es versteht sich von selbst, dass man einem solchen Menschen Interesse für die Sache einzuflössen verstehen muss. Als wir um 10½ Uhr beim Frühstück sassen, kamen unsere Kamele und der Reis an. Gern hätte ich heut meinen zweiten Soldaten, Abu Seit, zum Waschweibe gemacht, um meine stark verschwitzte Wäsche waschen zu lassen; allein es fehlte uns zu sehr an Wasser. Ein Glück für mich, dass ich in El-Schak oder besser Abu egaif, Abends ein Bad genommen und mich tüchtig abgeseift hatte. — Es ist heute unerträglich heiss, selbst der Nordwind gewährt keine Kühlung und haucht glühend durch mein Zelt. Surur leidet an Kopf-schmerz und liegt auf einer Strohmatte, neben ihm meine beiden armen halbtodten Hunde, nur der Affe pfeift und tanzt und ist wohl auf. Abdul Hamid ist mit all' meinen Kamelen, mit Pferd und Esel zum Brunnen, um sie zu tränken und um meine Zinkbarile und Lederschläuche mit Wasser anzufüllen. Ich möchte gern ein Stündchen schlafen, aber meine Matratze und Kopfkissen glühen, wie ein Backofen, — und doch hat mein Réaumur-Thermometer nur 30°. (Voriges Jahr im Wadi Massuhl hatten wir 36°.) — Um zwei Uhr brachten unsere Kamele genügend Wasser. Abdul Hamid musste also sogleich an's Waschen und um 4½ Uhr war schon alle Wäsche getrocknet, gebügelt und zum Einpacken bereit. — Soeben um 5 Uhr erhalten fünf Soldaten jeder drei Dutzend Kurbatschhiebe, weil sie bei den Brunnen Frauenzimmer verfolgt und sich dann mit den Beduinen gerauft haben. . . . . .

Montag den 27. März ritten wir um 6½ Uhr von Megenas fort, Anfangs im Schritte, weil wir wie gewöhnlich die Nachzügler der Karavane in Zug bringen mussten. Als wir dann voraustraben wollten, merkte ich, dass mein Pferd hinkte. Die Besichtigung des Fusses ergab sofort, dass mein schwarzer Sais, um es sich zu erleichtern und dem Pferde das Ausreissen unmöglich zu machen, das arme Thier bei dem Fusse angebunden hatte. Ich gab also das Pferd meinem Surur, der sich drollig genug darauf ausnahm und bestieg für heute mein Kamel; allein es ging nicht eben sehr schnell, denn auch unsere Reitkamele sind diesmal herzlich schlecht. Es ist das eben kein Wunder, denn wir befinden uns an der Grenze, wo die guten Kamele aufhören. Dennoch waren wir gar bald zu weit voraus geeilt. Um acht Uhr zehn Minuten nahmen wir im Schatten eines grossen alten Seyal etwas Erfrischung zu uns und erwarteten die Spitze der Karavane. Wir ritten die Strasse gen Tinneh weiter. Gegen Mittag trafen wir unsere Wasserkamele an, die wir aus Vorsicht von Megenas zum Bir Schabuha nach Trinkwasser geschickt hatten. Der Officier, der den Zug führte, beschwerte sich, er habe auch dort Schwierigkeiten gefunden, auch dort sei ein Theil der Brunnen mit Dornen angefüllt gewesen. Wir trabten lustig voran und gewannen somit Zeit, von 12¾—1½ Uhr im Schatten eines mächtigen Hegliks (Balanites aegyptiaca) zu frühstücken und zum Kaffe gemächlich unser Pfeifchen zu rauchen. Unsere Frühstücke sind immer ganz gleich. Wir haben stets eine Henne, ranzige schwarze Oliven, steinharten salzigen Käse, warmes meist schmutziges Wasser mit etwas Schnaps (durch das Taschentuch getrunken) und zum Schlusse etwas schwarzen Kaffe. Glücklich auf solchen Reisen ist derjenige, der das noch hat; an Abwechselung denkt hier Niemand. Unsere armen Last- und Reitthiere sind noch weit ärger daran; die haben nichts, als das sonnenverbrannte dürre Stroh magerer Wüstengräser. Mein Pferd, in El-Obeid fett und rund wie ein Schneckchen, lässt schon Rippen und Hüften sehen und mein schwarzer Abu Haschisch, der sieht genau aus, wie ein mecklenburgischer Kandidat der Theologie. Am besten befinden sich bei der Kost meine Hunde, Nimrod und Elma, denn so lange wir noch Hühner und ab und zu einen Hammel haben, giebt es für sie auch noch Knochen, und Brod haben wir in Fülle. Um 2 Uhr 20 Minuten erreichten wir die kärglichen Brunnen von Tinneh und liessen unmittelbar daneben das Lager aufschlagen. Von heute an ist die Lagerordnung eine andere und zwar der vielen Hyänen und Räuber wegen. Bisher war das Hauptquartier stets isolirt. Unsere Zelte, vor denen die Fahne placirt ward und die Zelte unserer Diener standen allein, und abgesondert von ihnen in zwei langen Reihen die Zelte der Officiere und Soldaten. Jeder hatte sein Gepäck neben seinem Zelte. Die Pferde und Esel waren bei den Soldaten; die Kamele und Kameltreiber lagerten abgesondert und wurden früh 4½ Uhr durch die Trompeten herbei gerufen. Von nun an aber formiren alle Zelte einen weiten Kreis; in demselben lagern die Thiere mit allem Gepäck und mit den Kameltreibern; aussen wechseln acht Mann die Wachen ab und haben alle fünf Minuten zu rufen. — Kaum hatte ich es mir in meinem Zelte bequem gemacht, Augen und Kopf gewaschen und meine Beobachtungen notirt, als ich den Sais, meinen Korporal Metualli und zwei Soldaten rufen und dem Sais des hinkenden Pferdes wegen, vor meinem Zelte drei Dutzend der elegantesten Kurbatschhiebe verabfolgen liess. Für unsere Soldaten ist es ein wahrer hautgoût, wenn sie einen Eingeborenen dreschen können. Mit der zugemessenen Zahl ist es nie genug; jeder giebt dem Geschlagenen noch einen Bachschîsch auf eigene Rechnung und man muss mehrere Male bess rufen, ehe sie aufhören. — Nachdem dieses geschehen, besichtigte ich die Bäume der Umgebung. Es waren Akazien, Harras und Seyal, ferner Tundub (Sodada), Goden (Grevea), Kittir (Bauhinia) und der ewige Mörgh (Cynanchum). Als ich heim kam, liess Prouth mich zu sich bitten. Es hatte sich ein Führer erboten, uns für den geringen Lohn von zwei Theresienthalern einen viel kürzeren Weg direkt zum Bir Agagi zu führen, bei dem Gebel Guerdi vorüber, einen Weg, gerade zu gen Westen. Ein solcher war unbedingt vorzuziehen, denn der Weg über Gombara, Omrahali und Baccalaï ist äusserst langwierig und führt vier Tage lang durch gleich armselige Steppen. Die neu proponirte Strasse war um nichts reizender, aber um zwei Tage kürzer. Für zwei Tage hatten wir Wasservorrath zur Genüge, die zwei gewonnenen Tage konnten nöthigen Fall's unseren nicht gar lebensthätigen Kamelen als Rasttage zu Gute kommen. Wir beschlossen den Weg zu machen, hauptsächlich weil er sich noch auf keiner Karte verzeichnet fand und doch auf der Strasse nach Dar-Fur einen mächtigen Winkel abschnitt.

Dienstag, den 28. März. Jeden Morgen habe ich doch meine liebe Noth mit den 2 Hunden. Wiewohl noch beide wunde Füsse haben, wollen sie doch nicht in ihren grossen und bequemen Kasten hinein. Sobald sie in aller Frühe die Reveille blasen hören, schleichen sie davon und verstecken sich, so dass man sie lange suchen muss. Heute hatte sich Elma in's Closet verkrochen, wo man sie nach langem vergeblichen Suchen fand, als die Soldaten es umwarfen. Wären die Hunde nicht so hübsch, ich jagte sie zum Teufel. Elma brachte ich vom weissen Nil mit und Nimrod, ein ächter Gazellenfänger, ist aus Kursi; beide sind Windhunde und gehören der Rasse an, welche im Grabe des Ptahhote in Sakkara abgebildet ist, wiewohl sie in Aegypten nie vorkommt. Um 6 Uhr 10 Minuten verliessen wir die Brunnen von Tinneh in der Richtung WNW, 305°, ein ziemlich dichtes niedriges Wäldchen durchreitend, welches meist aus den schon gestern notirten Bäumen bestand. Nach etwa einer Stunde kamen wir auf eine freie Ebene hinaus, wo nur noch

Mörgh seine grünen, blattlosen, ruthenförmigen Aeste von dem eisenschüssig rothen Wüstensand abzeichnet. Um 8½ Uhr hatten wir links den Gebel Hashas*). Nachts entwickelte sich die ganze südliche Kette und Hügelgruppe des mir so gut bekannten Gebirges von Katul; meist Porphyr und Trappformation. Nach 9 Uhr erreichten wir das bei meinem ersten Besuche so freundliche Baraeïs und staunten, kein bekanntes freundliches Gesicht zu sehen; alle Togguls, alle Rekuben waren leer. Der Ort ist nur in der Regenzeit bewohnbar. Da baut man etwas Bamiyen, Simsim und Duchn, und sowie das eingeerndtet ist, nöthigt der gänzliche Wassermangel die Leute sich zu entfernen und Orte aufzusuchen, wo etwas Wasser ist. Ebenso ist's mit Schittingul, welches rechts von uns im Gebirge blieb und wo ich damals mit Prouth und Marno zusammentraf und meines neugeborenen Knaben erste Gesundheit trank. Ein so menschenleeres gänzlich verlassenes Dorf macht einen gar garstigen Eindruck, wenn man es noch vor so kurzer Zeit frisch und in froher Lebensfülle sah. Hier in Baraeïs fand ich den seltenen Sammach in schönster Blüthe, auch Schechet und Simbil; diese drei hübschen Bäume stechen gegen ihre verbrannte, und öde Umgebung merkwürdig ab. Ich sammelte von allen; — schien es doch, als wolle mir das Dörfchen, was mich ehedem so freundlich ansprach, selbst in seinem trübseligsten Zustande wenigstens noch ein freundliches Andenken darbieten. Genau dieselbe Richtung beibehaltend, ritten wir bis gegen 11 Uhr durch gleich öde Steppen fort. Dann lagerten wir in dem etwas dürftigen Schatten eines Heglik, um unser uniformes Frühstück, so gut es ging, durch lebhafte Unterhaltung zu würzen. Es war 12 Uhr, als uns die Karavane einholte und wir weiterritten, bis wir um 3 Uhr 10 Minuten auf einer wüsten baumlosen Ebene, nur bedeckt mit dürrem Stroh eines hohen Wüstengrases (Mahareb) unser Lager aufschlagen liessen. Den ganzen Tag hatte sich unsere Richtung nicht um 5° geändert und wir hatten 26 Meilen gemacht. Sehr langsam kam uns der Zug der Karavane nach. 3 Kamele waren todt, 14 marode. Ungeachtet, dass unser Wasservorrath nicht eben mehr sehr gross war, liessen wir doch zugleich mit den Pferden und Eseln wenigstens die Reitkamele tränken.

Mittwoch, den 29. März. Den Dummen überfällt das Glück im Schlafe, dachte ich und packte meine beiden pfiffigen Hunde noch vor der Reveille und noch ganz verschlafen in ihren Kasten, ohne dass sie begriffen, wie ihnen geschah. Unter den 14 maroden Kamelen war eins, welches nicht mehr aufzustehen vermochte. Es wurde also die Erlaubniss ertheilt, es zu schlachten, und Kameltreiber wie Soldaten erfreuten

---

*) Gebel Om Hass-Hass auf Marno's Karte.

sich der Leber und einiger Stücke guten Fleisches. Um 6 Uhr 20 Minuten hatte die Karavane den Lagerplatz verlassen; wir ritten fort. Gegen 9 Uhr erreichten wir, stets fast dieselbe Richtung festhaltend, die südlichsten Partien des Gebirges von Kaga nuba, welches ich vor etlichen Monaten von Bir Sodari aus in ganz anderer Richtung durchkreuzt hatte. Kurz vor 10 Uhr führte uns der Weg über einen Hochpass zwischen mächtigen Bergen hindurch. Auf der Höhe des Passes, im Dorfe Asra el-Chel hielten wir etwas an um zu trinken und die Karavane nahen zu lassen. Der Gebel Baccalaï lag etwas rechts vor uns. Ich freute mich den alten bekannten Berg wieder zu sehen, der angenehme Erinnerungen in mir weckte. Er selbst glich noch immer einem alten, eingedrückten Filzhute. Bei der Fortsetzung unserer Route blieb er weit rechts von uns liegen. Eine Stunde später, um 11 Uhr, hatten wir einen zweiten Hochpass zu ersteigen. Hier auf weitem, etwas geneigten und völlig wüsten Plateau, stiessen wir auf das grosse Dorf Asra-el-Bagger, so nach den umgebenden Bergen benannt. Wir kauften hier einen Hammel; Trinkwasser war rar. Die Leute müssen es meilenweit vom Bir Agagi holen. Es war fast 12 Uhr als wir Angesichts des Gebel Gurdi langsam in den unebenen und sterilen Wadi des eben genannten Brunnens von Agagi hinabritten. Es war ein furchtbar heisser Tag. Der kühlende Nordostwind hatte uns verlassen, ein glühender Südost hauchte uns unangenehm an. Es war fast 1 Uhr, als wir im Schatten eines grossen Megabaumes anhielten um den Führer zu erwarten, der mit der Karavane nachfolgte. Die Ebene von Agagi war jetzt öde und kahl, nur hie und da ein Mörgh, häufiger der feindliche Kittir oder ein Goden, alles nackt und blattlos; ich erkannte die sonnenversengte Steppe kaum wieder; — wie freundlich hatte sie mich zur Zeit der Regen angesprochen, als ich unfern der Brunnen, im Schatten blühender Kittirgesträuche mit meinem schwarzen Ali Effendi und mit Herrn Slatin mein Frühstück eingenommen, während meine Soldaten Wasser schöpften und die Schläuche füllten. Endlich kam der Führer. Sein Kamel war gefallen und konnte nicht mehr mit. Aehnliches war mehreren Thieren geschehen. Eine ziemliche Anzahl unserer Soldaten keuchte zu Fuss durch den glühendheissen Sand und schleppten ihr mattes Kamel, das sie nicht mehr tragen konnte, am Zügel nach sich, weil sie es doch nicht ganz einbüssen mochten und es bis zu den Brunnen zu bringen hofften. Wir hatten die Karavanen-Strasse beibehalten und ritten weiter, den Gebel Gurdi rechts lassend, in gerader Richtung auf die Brunnen zu. Die Strasse ist breit, deutlich sichtbar und nicht leicht zu verfehlen; sie muss also von Karavanen, die gen Dar-Fur ziehen, sowie von Heerden in der Zeit der Dürre häufig betreten werden, und es ist auffallend, dass sich diese so gerade Strasse bisher auf keiner Karte verzeichnet findet. Zur Regenzeit wählt natürlich Alles den kürzesten, geraden Weg über Abu Harrasi, die heutige Poststrasse; doch ist Ismael Pascha Willens, letztere für die Zukunft nicht über M'schanger, sondern von Fogeh direkt nach Argot gehen zu lassen. Um 2 Uhr 20 Minuten erreichten wir endlich den weiten nackten Plan von weisslichem Sande, auf welchem, umhegt von wenigen niedrigen und verdorrten Akazienbüschen die Brunnen von Agagi sich befinden. Umsonst sahen wir uns nach allen Seiten nach einem schattigen Plätzchen um, wir waren genöthigt, auf der kahlen Ebene, die grell die Strahlen der Sonne reflektirte, und im glühendheissen Sande unser Quartier zu wählen. Kaum standen die Zelte, so wurde zum Tränken der Thiere geblasen. Bei diesem Geschäfte fiel ein Kamel in einen der Brunnen; man brachte es zwar mit Stricken wieder lebend heraus, allein wiewohl der Schacht nur 10 Meter Tiefe hatte, so war das arme Vieh doch in einem Zustande, dass sofort Erlaubniss ertheilt wurde, es zu schlachten. Das war den Leuten ein wahres Freudenfest. Zwei Kamele an einem Tage, so wohl war es ihnen noch nie ergangen. Abends erglänzte das Lager von zahllosen Wacht- und Kochfeuern. Wir hatten indessen einen Effendi mit 2 Soldaten und 2 Baschibussuks nach Baccalaï und Asra-el-Bagger abgefertigt, um Duchn für die Thiere, und für uns Hühner, Hammel oder womöglich einen Ochsen zu kaufen. Abends beim Rapport fehlte die grosse Zahl von 28 Kamelen, die theils todt, theils ermattet am Wege liegen geblieben waren, weil sie das Wasser nicht mehr erreichen konnten. Es ist hier wohl der Ort auf jenen Unsinn hinzuweisen, welchen unsere Jugend aus so vielen Naturgeschichtswerken lernt, dass nämlich das Kamel in der Wüste 14 Tage, ja 3 Wochen leben und Lasten tragen kann, ohne Wasser zu trinken. Es giebt sogar Autoren, welche die Freiheit der Lüge bis zur Münchhausen'schen Potenz treiben und behaupten, das Kamel habe nach Ablauf dieser Zeit in seinem Magensacke noch frischen, trinkbaren Wasservorrath, den Reisende bei grosser Noth durch Schlachten eines Kamels auszunutzen pflegen. Diese blödsinnigen Ausgeburten des verdorbenen Magens kommen von einem Stubengelehrten, der nie ein Kamel, nie eine Wüste sah. Das kräftigste Kamel arbeitet den fünften Tag ohne Wasser schon sehr schwer und ist in Gefahr zu fallen. Man thut gut, sich der Art einzurichten, dass man stets den 3--4--5 Tag Wasser hat. Hier in Dar-Fur, bemerkt mir Purdy-Bey, sei es nicht rathsam über 3 Tage hinaus zu gehen. Und nach mehrtägiger Frist soll frisches trinkbares Wasser im Magen eines lebenden und verdauenden Thieres sein!!! Ich wäre dem sehr dankbar, der mir das Mirakel eines solchen chemischen Processes erklären könnte. Ach, könnte ich doch solchen

Ofenhocker auf ein muthiges Kamel setzen und ihn so etliche Stunden in der Gluth der Wüste herumhetzen, damit er doch einmal Gott und seine Wahrheiten erkennen lerne! -- Bei Untersuchung der Brunnen ergab sich, dass sie gar wenig Wasservorrath hatten. Ich trug also darauf an, Schildwachen an die Brunnen zu stellen und bis zu unserer Abreise alles Wasserschöpfen und Tränken der Heerden zu hindern. Es war das nun allerdings eine sehr harte tyrannische Maassregel, allein die Pflicht der Selbsterhaltung, die Verantwortlichkeit für so vieler Menschen Leben und für so viele Thiere diktirte sie.

Donnerstag, den 30. März. Rasttag am Bir Agagi. Ich hatte mit meinen Observationen, mit meinen täglichen Notizen und noch mit einem Theile meines Körpers voll auf zu thun, der eben nicht in ein officielles Journal gehört. Ich legte die Pflanzen von Megenas und Baraeïs um, ordnete die Apothekerkiste, welche argen Schaden gelitten hatte und erledigte allerlei kleine nothwendige Dinge. Um 1 Uhr wurde der Wind so heftig, dass er unsere Zelte arg schüttelte und dichte Mehlstaubwolken um uns her verbreitete; es war immerhin eine Abkühlung. Gegen 5 Uhr kamen unsere Abgeordneten von Baccalaï und Asra-el-Bagger zurück. Sie brachten nichts als etwa 8 Okka Duchn und 4 Hühner. Nun, wo nichts ist, da ist schwer suchen. Dennoch kam eine Frau und klagte, ein Baschibussuk hätte ihr bei'm Durchstöbern ihrer Wohnung ein Stück Leinwand gestohlen. Der Baschibussuk musste die Leinwand sogleich zurückgeben und erhielt 3 Dutzend Hiebe. Hühner und Duchn wurden bezahlt. Die Leute gingen sehr vergnügt weg; allein diese ewigen Räubereien sind es auch, die die Leute von den Brunnen und Heerstrassen entfernt, die sie nöthigen, in den unwirthsamsten Bergen zu hausen und jede Tageslast und alle Beschwerden des Lebens doppelt zu empfinden. Abends 8 Uhr Breitenbestimmung. Nachts kamen Leute aus Baccalaï mit ihren Heerden zum Brunnen und schossen auf unsere Wachen; allein die Soldaten verjagten sie.

Freitag, den 31. März. Zweiter Rasttag am Bir Agagi zur Tränkung unserer Thiere und Anfüllung unserer Wasserbehälter. Ich schrieb fleissig um mein etwas zurückgebliebenes Journal zu ergänzen. Vor mir auf dem Tische standen Ida's und Karl's Bilder. Prouth neckte mich damit. Immerhin sind die zwei Bilder meine Führer, meine Amuletten; sie halten mich über Wasser und ich glaube, ich könnte recht unglücklich sein, hätte ich sie nicht stets in meinem Taschenbuche. Beim Schreiben habe ich sie vor mir auf dem Tische, wo sie stets an eine Flasche Eau de Cologne lehnen. Nach 12 Uhr Berathung wegen des nächsten und besten Weges nach Fogeh in Dar-Fur. Man traf alle nöthigen Vorkehrungen zu dem langen Wüstenmarsch. Um 2 Uhr passirten wir in der Richtung von Fogeh nach Baccalaï viele Dar-Fur-Soldaten mit Sklaven. Wir erfuhren, es sei ein Vortrab des Hokumdar Ismael Pascha, der sich auf der Reise von El-Fascher nach El-Obeid befinde; ein wesentlicher Verlust für uns, dass wir den Mann nicht mehr in Fascher finden sollten. Die Karavane lagerte nicht weit von uns und nach einer Stunde kam der sie befehligende Kapitän uns zu begrüssen. Die Sache erwies sich nun in sofern als unrichtig, als dieser Officier einen Trupp Kriegsgefangener nach El-Obeid transportirte; wir erfuhren auch, dass Ismael Pascha in der That diese Reise angetreten habe; in M'schanger habe er den Mudir abgesetzt und werde dort wohl noch 3 Tage verweilen. Wir mussten ihn also unterwegs treffen.

Sonnabend, den 1. April. April! O, du erzdummer Monat, der du so viele Menschen zu Narren machst und keinen Narren vernünftig! Vor einem Jahre im Wadi Mhelck warst du gerade so nüchtern und unangenehm, wie nun hier an den Grenzgebirgen Dar-Furs. Ich aber habe eben kein Recht mit dir zu zürnen, denn du hast mir meine brave Frau zur Welt befördert und ihr nicht deinen unzuverlässigen Stempel aufgedrückt! Ich sollte eigentlich auf Ida's Wohl trinken — an ihrem Geburtstage! Wohlsein trinken? womit? mit Wasser? Kommen neugierige Nilreisende nach Kairo, so spendet der Vicekönig mit verschwenderischer Grossmuth, was sich nur ersinnen lässt; seine arbeitenden Expeditionen aber lässt er darben. Namentlich ist bei militärischen Expeditionen die Misère zu Hause und man hat oft nichts, als das Bewusstsein des Gethanen. Magere Kost! Wie oft kam ich ermattet und durchglüht von einer mühevollen Exkursion oder Bergmessung zurück, und hatte zur Erquickung nichts, als ein Stück hartes Soldatenbrod in Wasser zu tunken. Ja, es kam schon vor, dass ich mir selbst das erst von meinem Ordonnanzsoldaten erbitten musste! — Liebe Ida, ich habe nichts zu trinken, nimm mit den Gedanken fürlieb! — Erst um 7 Uhr stiegen wir zu Pferde und ritten in der Richtung WSW fort. Für unsere Lastkamele war der Tag schlecht, und ich erwartete von vielem Unheil zu hören, denn der Weg ging unausgesetzt bergauf und bergab. Um 8½ Uhr lag rechts vor uns der Gebel Abu Fas. Bis gegen Mittag erfrischte uns ein angenehmer Wind, dann aber wurde es heiss und erstickend lästig. Der blaue Himmel, der bis 11 Uhr nur einzelne Schäfchen zeigte, bedeckte sich nach und nach mit Haufen- und mit Schichtwolken. Hier in demselben Wadi hatte ich schon eine Pelzwäsche erlebt; allein heute waren es keine wasserträchtigen Wolken. Um 11½ Uhr nahmen wir im dünnen Schatten eines entlaubten Baumes unser Frühstück; die Sonne prickelte noch ganz anständig. Prouth war bei den schönen alten Bäumen vorbei geritten, um auf einer Anhöhe frühstückend die anrückende Karavane übersehen zu können und so 2 Vögel mit einem Wurfe zu treffen. Allein auf der Anhöhe war kein Grashalm, viel weniger ein Baum zu sehen und wir mussten weiter traben. Schatten und Ueberblick war verfehlt und unser Frühstücksplätzchen ausgesucht elend. Um ein Uhr ritten und durchschnitten wir in derselben Richtung die südlichen Ausläufer des Grenzgebirges Sungur. Während dieses Rittes waren wir ungeachtet des Windes und des bedeckten Himmels einer Bruthitze von + 35° Réaumur ausgesetzt. Professor Schweiss hatte mir bereits den ganzen Anzug durchnässt. Um 3 Uhr 20 Minuten hielten wir östlich vom Gebel Schecheniffe an. Man richtete die Zelte auf; die letzten unserer Karavane langten erst um fünf Uhr an. Trotz der zwei Rasttage und guten Tränkung der Kamele in Agagi, waren doch die Klagen über schlechte und marode Lastthiere fast allgemein. — Es war fast Abend, als ich noch einen Ausflug zu dem wunderlich gestalteten Felsblock hin machte. Es ist ein von seiner Basis kaum 90′ hoher, aber hoch gelegener Berg, aus romantisch aufgeschichteten Granitblöcken. Oestlich von ihm zieht sich ein breiter Chor (Rinngraben) von NW. nach SO. hin, der noch jetzt, so schien es mir in der vorgerückten Dämmerung, etwas Wasser hatte. Höchst erstaunt ging ich näher, um mich davon zu überzeugen, da die Sache bei dieser geognostischen Basis von Wichtigkeit war; allein dort angelangt, erkannte ich meinen Irrthum. Ich fand eine Menge zerstreuter Asche auf schwarzer Brandstätte. Gewiss hatte hier eine grosse Karavane gelagert und ihr Essen gekocht. Es war bereits der Tisch gedeckt, als ich in mein Zelt trat. Prouth kam und wir nahmen wie gewöhnlich unser Appetitschnäpschen. Mir war sonderbar schwer zu Muthe. » Unsere erste Nacht in Dar-Fur, sagte ich und nahm das Glas; hier sind wir, gebe Gott, dass wir auch ganzbeinig wieder hinaus kommen!« Wir tranken. — Doktor, bemerkte Prouth, was haben Sie gegen Dar-Fur? — Ich? nicht das Geringste! Allein es ist sonderbar, das erste Mal zog ich so leicht und fröhlich daher, wie ein Vogel über's Gebirge, jetzt — der Teufel mag wissen, was es ist, — wenn ich an Dar-Fur denke, fällt es mir schwer wie eine böse Ahnung auf's Herz. Ich kann mir davon keine Rechenschaft geben. — Der Bericht des Kapitäns war heute trostlos, sechs Kamele todt, 20 fast total marode. Das konnte so nicht mehr fortgehen; die Zahl der brauchbaren Lastthiere wurde täglich um ein Bedeutendes geringer. Natürlich nahm für die übrigbleibenden in eben demselben Grade ihre zu tragenden Lasten zu. Ausserdem waren fast alle unsere Soldaten schon zu Fusse und litten ungemein durch die langen ermattenden Märsche bei der tropischen Hitze. Wir beschlossen also die Maxime der Kaufleute zu probiren, das heisst, täglich zwei Märsche zu machen, die grosse Hitze zu meiden und dafür die Nacht zu Hülfe zu nehmen. Wir hatten bis Mitternacht hellen Mondschein, so liess sich der Versuch wagen. —

Sonntag, den 2. April früh um 6 Uhr 20 Minuten brachen wir von hier auf und kamen in der Richtung WSW. an den Schecheniffefelsen vorüber. Ungeachtet meines Irrthums von gestern Abend kam mir doch wieder der Gedanke, dass das Graben nach Wasser in diesem muldenförmigen Chor am Fusse eines Granitgebirges ganz und gar keine schlechte Idee sei. Auch an der Westseite des Felsens sahen wir eine ähnliche Vertiefung. Um 8 Uhr 30 Minuten hatten wir links den Gebel Geele und vor uns in der Ferne und etwas rechts den Gebel Kenissa. Der Name fiel mir auf. Er bedeutet garstige alte Frau, und unser Führer wusste nur, dass man sich im Volke eine Sage über den Berg erzähle. Ich werde der Sage weiter nachspüren. Um 11 Uhr machten wir unter einigen Bäumen Halt. Zum Frühstücke hatten wir nichts als den steinharten Käse und mumiesirte geräucherte Heringe, die bewussten Oliven, Brod, Wasser, Kaffe. Prouth liess sein Zelt aufstellen. Ich bin von dem vielen Zeltaufschlagen kein grosser Freund. Ich liess mein Angareb in den Schatten eines mächtigen Hegliks tragen, kampirte dort angenehm und luftig und freute mich meiner Affen und meiner schönen Hunde, bis ich einschlummerte; allein um auszuruhen war es selbst hier zu heiss. Um 3 Uhr wurde geblasen die Kamele herbei zu treiben und zu beladen. Das geschah, während wir in Prouth's Zelt unser Mittagessen (Preservefleisch und Reis) einnahmen. Um 4 Uhr 30 Minuten hatte sich Alles zum Aufbruche fertig gemeldet. Achmet Effendi erhielt den Auftrag, mit zwei Baschibussuks und acht Soldaten eine Arrièregarde zu formiren, hinter der Karavane her zu reiten und es uns melden zu lassen, wenn sich irgendwo Unfälle ereigneten oder Kamele nicht mehr weiter könnten. So setzte sich denn heute zum zweiten Male der Zug in Bewegung, und auf den herrlichen Mondschein rechnend, waren wir entschlossen, so weit zu reiten als nur irgend möglich. Richtung WSW. Gegen 5 Uhr hatten wir links den Gebel Atul und etwas später sahen wir den Gebel Dregea. Dann rechts den Gebel Schecheb. Nach einer halben Stunde war zu unserer Linken der Gebel Gedd-ab, rechts der Gebel Om-gussa. Als wenig Minuten nach 6 Uhr die Sonne unterging, verschwand sie hinter dem Gebel Kenissa, der nun fast in gerader Richtung vor uns lag und den wir im Verfolg unseres Weges zur Rechten liessen. Das ganze bisher durchrittene Gebiet war eine niedere, ziemlich dichte Waldung. Kittir, Haschab, Seyal, Goden, Schechet, Sarka und von 5 Uhr an ziemlich häufig Baobab bildeten das Gebüsch. Letzterer erscheint hier nie in der Riesengrösse, wie wir ihn in Kordofan stets sahen. Die Sonne war kaum verschwunden, als der Mond schon unsern Schatten auf den meist harten und steinigen Boden zu zeichnen begann. Plötzlich hörte ich dicht in meiner Nähe bellen und Elma sprang vergnügt zur Seite des Pferdes hin. Sie hatte offenbar Mittel gefunden aus ihrem Kasten vom Kamele herab zu entspringen, und wir hatten alle Ursache die Intelligenz oder, wenn man will, den Instinkt des Hundes zu bewundern. Der Abend war reizend. Weithin schallte der eintönige Gesang der Kameltreiber hinter uns, und hie und da entflog schrillend ein Vogel dem Gebüsche, den unsere Annäherung aufschreckte. Um 9 Uhr 10 Minuten lagen die Hügel und Kuppen des Gebel Kenissa hinter uns und 10 Minuten später kam uns ein Soldat vom Nachtrabe nach mit der Meldung, der Effendi lasse uns wissen, die letzten Kamele seien zu weit zurück und könnten nicht mehr weiter vorwärts. Wir vollendeten somit nur noch unsern Weg zur Erreichung eines erhöht gelegenen freien Plateaus, welches nicht mehr ferne war und machten hier kurz vor 10 Uhr Halt. Elma sprang bellend zu mir empor, ich liess ihr etwas Wasser geben; auch nahm ich mir vor, da in dieser Gegend kein stechender Askanit war, den Hund morgen probeweise frei mit mir laufen zu lassen. Die Zelte wurden errichtet, da hörten wir Abdul Hamid in heftigem Wortwechsel mit dem Officier, der das Trinkwasser beaufsichtigte. Mein Soldat brauchte gar ungebührliche Ausdrücke. Prouth, in der Nähe, hörte das, rief ihn und verbot ihm das lose Maul und gebot ihm zu gehen und zu schweigen. Da aber mein Abdul Hamid durchaus nicht Herr seines Maulwerks werden konnte, so musste er zu Boden und ein herbeigerufener Korporal gab ihm ein Dutzend Kurbatschstreiche. Mir that das in der Seele weh, allein was konnte ich thun, es war Subordinationsvergehen. Nach erhaltener Strafe explicirte Prouth ihm, dass er die Hiebe erhalten habe, weil er gegen den erhaltenen Befehl sein Maul nicht gehalten habe. Wir gingen nun in Prouth's Zelt, tranken einen Schluck Cognac und wünschten uns gegenseitig eine gute Nacht. Zehn Stunden im Sattel und etwa 33 Meilen Weges, machen Ross und Reiter müde. Als ich in mein Zelt trat stand Abdul Hamid fast leblos, die Augen zu Boden gerichtet, wie ein begossener Pudel da. Es war ersichtlich, dass er nicht wie die anderen Araber, die Prügel wie ein Pudel abschütteln konnte, und der altmomumentale hieroglyphische Satz, dass der Stock vom Himmel kommt, schien nicht viel Geltung bei ihm zu finden. Er that mir leid. Ich tröstete ihn und befahl ihm darauf mein Bett zu machen und den Revolver zu recht zu legen. — Der Rest der Karavane kam erst um zwei Uhr nach Mitternacht an. So ängstlich ich auch, meiner Kurzsichtigkeit wegen, den nächtlichen Ritt begonnen hatte, so angenehm fand ich ihn. Das Mondlicht liess mich die Strasse deutlich genug erkennen, man litt nicht von der Hitze, wenig vom Durst, und die feierliche Stille der Nacht hatte etwas Erhebendes, etwas wunderbar Ergreifendes. Mich ergriff sie auch sehr wunderbar, denn weil doch nichts ohne kleine Nebenunfälle abgehen kann, blieb ich nämlich in einem Dornbusch hängen, dessen dünne Zweige ich nicht gesehen hatte und die mir den Rockärmel und Koiffüre zerrissen; das ist mir aber auch schon bei hellem Sonnenschein passirt.

Montag, den 3. April. Ich hatte köstlich geschlafen. Der Zustand unserer Kamele war nicht so schlecht als ich befürchtet hatte. Wir durften hoffen, die Wasser von Fogeh etwa um Mittag zu erreichen. Beim Aufladen befahl ich Abdul Hamid nur meinen Nimrod einzusperren; Elma wollte ich bei mir behalten. Als wir aber um 6 Uhr 20 Minuten zum Abreiten fertig waren, fehlte Elma. Sie hatte sich, ihrer lieben Gewohnheit nach, wieder versteckt und dieses Mal so gut, dass Niemand sie finden konnte. Gewiss schlief sie irgendwo in bester Ruhe. Mein Sais und Basili glaubten aber bemerkt zu haben, dass sie mit Abdul Hamid, mit meinem Korporale Mitualli und den Lastkamelen gelaufen sei. Armes Vieh, dachte ich indem ich mich in den Sattel schwang, hast du dich hier versteckt, so bereiten deine Pfiffe dir einen grausamen Tod; in diesem Atmur, in dieser gänzlich wasserlosen schrecklichen Steppe ist der entsetzliche Tod des Verschmachtens dir gewiss; doch dachte ich weiter, hat ihr guter Instinkt sie gestern Abend so gut zu mir geleitet, so wird er ihr vielleicht auch heute den rechten Weg zeigen. Wir ritten dem ganzen Zug vorbei. Elma war nicht zu sehen und wen wir auch fragten, keiner wusste von ihr. — Der Zug ging recht langsam; die Kamele waren sehr ermattet, wiewohl die Last auf 10 freigewordene Wasserkamele mit vertheilt war. Prouth bat mich an der Spitze der Karavane fortzureiten, damit kein Aufenthalt entstehe, während er die ganze Karavane durchzumustern und mir dann nachzukommen beabsichtigte. Nüchtern, nur etwas schwarzen Kaffe im Magen war ich ausgeritten und hatte wie gewöhnlich versäumt etwas Brod zu mir zu stecken. Hunger und Hitze machten mich doch nach einigen Stunden so matt, dass ich mich kaum im Sattel halten konnte. Um zehn Uhr lagen die Berge von Fogeh deutlich vor uns. Kurz vor 12 Uhr holte Prouth mich erst im Galopp ein. Er hatte sich im Dickicht des Gebüsches verirrt und vollständig unsere Spur verloren. Nach 1 ½ stündigem angstvollen Jagen, stets nach dem Kompassstriche, hatte ihn dann der Anblick der Berge von Fogeh wieder zu uns geleitet. Eine Viertel Stunde später hielten wir in der flachen weiten Vertiefung an, die die Wasser von Fogeh birgt, und welche in der Regenzeit ein fast unübersehbares Wasserbassin bildet. Etwa 2000 Schritte von uns gegen S. sahen wir einige Zelte und wir erfuhren, dort sei das Lager des Hokumdar*) Ismael Pascha, weiterhin das seiner Eskorte, (vier Bataillon Sudansoldaten und 80 Baschibussuks.) Wir frühstückten. Als ich Nimrod und meinen Affen trinken liess, fiel es mir schwer auf die Seele dass meine freundliche Elma nicht mehr mittrinken konnte. Armes Thier, hätte ich dich an den Ufern deines weissen Nils gelassen! Musstest du mir bis hieher folgen, um in Dar-Fur so grausam umzukommen! Ich beschloss, am folgenden Morgen früh einen Boten nach ihr auszusenden. — Um 3 Uhr schickte ich durch Basili meine Karte und meine Grüsse hinüber in's Lager des Hokumdar an den Leibarzt Doktor Dimitri Georgi-Bey. Kaum eine halbe Stunde später trat er in mein Zelt. Er brachte uns die Einladung des Paschas ungesäumt und ungenirt zu ihm zu kommen. Ungesäumt — warum nicht? allein ungenirt? Der erste Besuch? Und so wie wir vom Pferde gestiegen? Das ging nun doch wohl nicht an. Wir liessen eilig die Koffer öffnen und kleideten uns um, während die Pferde gesattelt wurden und Doktor Georgi in seines Landsmannes Basilis Zelt, seine Stimme mächtig ertönen liess. Etwa 50 Schritte vor dem Zelte seiner Excellenz stiegen wir ab. Ismael Pascha, der vor seinem Zelte sass, erhob sich sogleich und kam uns entgegen. Der Mann rechtfertigt seinen Ruf seltener Liebenswürdigkeit auf's Vollkommenste. In seiner Reisehofhaltung höchst einfach, ist seine Unterhaltung ungemein interessant, natürlich und ungezwungen, und dabei ist jede seiner Bemerkungen gediegen und bestimmt, sein Witz gutmüthig, launig und treffend, sein Benehmen voll Feinheit und Takt. Um 6 Uhr kehrten wir in unser Lager zurück und lasen nach dem Essen den so ruhmredigen als leeren Bericht des Colonel Long über seine Reise am oberen Nil und den Lake Victoria, welchen der Pascha uns mitgegeben hatte. —

Dienstag, den 4. April. Ich hatte ganz vortrefflich geschlafen; schon bei Sonnenaufgang hatte ich einen Kameltreiber zu Kamel nach Elma zurückgeschickt und ihm zwei Thaler versprochen, wenn er den Hund bringe. Es war sieben Uhr, ich war noch nicht einmal ganz angekleidet, als schon Ismael Pascha kam, um unseren Besuch zu erwidern. Eben vorher hatte er uns zwei köstliche Hammel geschickt. Er blieb gegen zwei Stunden bei uns und die Unterhaltung war angenehm und geistvoll. Bald nachher kamen aus dem Dorfe 14—16 Dar-Fur-Mädchen, um zu singen und zu tanzen; allein unser Frühstück war bereitet, und erst nach demselben sahen wir beim Kaffe der eigenthümlichen Fantasia zu. Sie ähnelte im Allgemeinen sehr der Scene, die ich vor 6 Monaten des Nachts beim Mondschein in El-Greud gesehen, allein ihr fehlte all' das Romantische jener Nacht und sie verlor vor-

*) Hokumdar = Oberbefehlshaber.

züglich dadurch an Reiz, dass alle Gesichter schrecklich hässlich waren, und nur ein einziges Mädchen an Körperbau wohlgeformt und in ihren Bewegungen etwas graziös erschien. Nachmittags blieb ich in meinem Zelte und schrieb, bis mich um 5 Uhr ein plötzlicher Lärm und Auflauf im Lager überraschte. Sämmtliche Kameltreiber hatten sich mit den Kamelen auf und davon gemacht und zogen eiligst ostwärts den Bergen zu. Im Umsehen war Prouth zu Pferde und jagte im gestrecktesten Galopp wie ein Rasender ihnen nach; hinter ihm her sprengten Halil Effendi und unsere Baschibussuks, die gespannten Revolver in der Hand. So schnell als möglich rückten die Soldaten zu Fusse nach. Ich trank hastig meine Tasse Thee aus und eilte ins Lager des Hokumdar um Sr. Excellenz den Vorfall mitzutheilen. Teufel! rief er, in den Bergen und in dem dichten Gebüsche — wer weiss, was da geschehen kann! Er gab den nahestehenden Officieren einige Befehle, diese eilten fort. »Ich muss dem Prouth etwas Kavallerie nachschicken, seine Soldaten kommen mir zu langsam nach« — und schon sprengte ein Trupp Baschibussuks in derselben Richtung davon. Das wird genügen, meinte Ismael Pascha, und bot mir eine Cigarrette an. Wir rauchten, wir tranken den unvermeidlichen Kaffe, wir plauderten; allein ich war doch nicht so recht ruhig und eben so wenig war es der Pascha selbst; er nahm alle Augenblicke sein Fernglas zur Hand und sah nach den Bergen hinüber. — Unbegreiflich, sagte er, hat man denn die schwarzen Hunde ohne Wachen gelassen? — Keineswegs, entgegnete ich, es war ein Korporal mit sechs Mann zu ihrer Bewachung da; allein da man sie auf den Koran hatte schwören lassen, so dachte wohl Niemand an dergleichen. — Ah, da reitet Prouth zurück, sagte der Pascha befriedigt und legte das Fernglas weg. Mein lieber Doktor, fuhr er fort, diesen Leuten ist nie zu trauen. Diese Beduinen, namentlich vom Stamme der Hammer, wissen nichts von Treue und Glauben oder Eid, nur die Furcht und die eiserne Gewalt kann sie im Zaume halten, sie sind wie die Baggaras. Ich werde letzterem Völkchen von El-Obeid aus auch einen Besuch machen und zwar mit einer kleinen Eskorte von 5—6000 Mann. Ich werde sie zahm machen. Doch — was ich gestern schon fragen wollte: Haben Sie Siber Pascha nicht in El-Obeid gesehen? — O ja, Excellenz, er war in El-Obeid schwer krank. Ich behandelte ihn und habe ihn in fast drei Wochen wenigstens reisefähig wieder hergestellt. — Ich ging da es dämmerte in unser Lager zurück. Prouth war in voller Beschäftigung, die Flucht der Kameltreiber zu untersuchen. Die Ausreisser hatten Zeit und Ort gar vortrefflich gewählt. Gegen Abend im Gebirge und im Dickicht von Dorngebüschen, wo sie alle Schleichwege genau kannten, konnte den gewandten Beduinen, die fast so schnell laufen wie ein Pferd, nicht leicht Jemand beikommen. So waren denn bei Weitem nicht alle Kameltreiber eingebracht. Die Untersuchung ergab, dass der Korporal mit seinen Wachen getäuscht worden war. Diese Leute waren also nicht wohl strafbar; denn für seine Dummheit kann Niemand. Nur einige Schildwachen, welche ausserhalb der Futterlinie gestanden, verdienten Strafe. Sie hatten die Treiber mit ihren Thieren ausserhalb dieser Linie gesehen, was sie nicht zu dulden hatten; sie hatten sie sogar auf den Kamelen davon reiten sehen und nicht angehalten, obgleich ihre Order lautete in solchem Falle auf sie zu schiessen. Der Soldat Said kam und brachte einen Treiber und zwei Kamele zurück. Auf die Frage, was er ausserhalb des Lagers zu thun habe und warum er eidbrüchig davon gelaufen, antwortete der Treiber: Er sei nicht davon gelaufen, er habe nur nach Hause gehen wollen, aber der Prophet sei ihm heute dazu nicht behülflich gewesen, und damit setzte er sich recht bequem in den Sand nieder. Hund! rief der Kapitain, der dicht dabei stand, willst du aufstehen! — und dabei zog er ihm mit der Nilpeitsche eins über den nackten schwarzen Rücken. Der Kerl stand so gleichgültig auf, als ob ihn der Hieb gar nicht angehe und als ob sein Nachbar geschlagen worden sei. Bindet ihn, sagte Prouth und zu den Anderen mit ihm! — Im Umsehen lag der Kerl zu Boden, die Soldaten banden ihm Hände und Füsse und schleiften ihn zu den übrigen eingebrachten Beduinen. — Kapitain, sagte Prouth, der Posten bei den Gefangenen hat das Gewehr scharf zu laden; bei der ersten Regung die einer macht, als Versuch zur Flucht, die Kugel vor den Kopf! Die Wachen haben wie immer die Remingtons zu laden; zwei und zwei Baschibussuks sollen unausgesetzt um das Lager herumpatrouilliren; in einer Stunde erwarte ich ihren Tagesrapport! — Damit stand er auf, nahm meinen Arm und ging mit mir in mein Zelt zu essen. Man brachte uns gerade Kaffe und Pfeifen, als der Kapitain seinen Bericht abstattete. 20 Kameltreiber und 23 Kamele fehlten uns; 30 hatten wir unterwegs als todt oder verlaufen eingebüsst, das machte ein Defizit von 53 Kamelen. Das war zu viel, damit konnten wir unmöglich unsere Reise fortsetzen. — Zum Hokumdar zu gehen, war es zu spät, wir machten daher des lieblichen Abends wegen eine Promenade zu den sogenannten Brunnen.

Mittwoch, den 5. April. Die Tageshitze ist all zu glühend, darum machte ich in aller Frühe eine Exkursion zu den Wassertümpeln; auch muss ich gestehen, ich geizte mit der Gelegenheit Ismael Pascha zu sehen, da der Mann persönlich zu angenehm ist, um eine Unterhaltung mit ihm auf's Spiel zu setzen. Ich fand einige interessante Wasserpflanzen, eine Chara, eine Marsilea etc. Ich kam ziemlich beladen in mein Zelt zurück. Gegen 8 Uhr besuchte ich den Hokumdar. Als Sr. Excellenz all' unsere Erlebnisse von gestern erfuhr, wünschte er die eingebrachten Kameltreiber zu sehen und gab dem anwesenden Mudir von M'schanger Befehl, uns so schnell als irgend möglich die 53 fehlenden Lastthiere zur Fortsetzung unserer Reise herbei zu schaffen. Die pflichtbrüchigen Kameltreiber wurden gebunden und von Baschibussuks umstellt vorgeführt. Der Pascha musterte sie eine Weile, dann begann er: Seid ihr in El-Obeid gemiethet und bezahlt um die Expedition bis Fascher zu bringen? — Ja! — Habt ihr Euer Geld richtig erhalten? — Ja! — Habt ihr auf den Koran geschworen nicht davon zu laufen? — Ja! — Hattet ihr euch, wie eure Schuldigkeit war, für die Reise mit Wasser und Duchn versehen? — Ja, aber wir hatten nicht genug! — Haben darauf diese Herren täglich Brod und Wasser zum Trinken geben lassen? — Ja! — Seid ihr unterwegs von den Soldaten geschlagen oder schlecht behandelt? sagt die Wahrheit! — Sie nannten uns Hunde! — Das war Unrecht, sagte der Pascha, denn wenn ich einem Hunde tagelang zu essen und zu trinken gebe, so läuft er mir nicht mehr davon. Ihr habt das Brod gegessen und Wasser getrunken, das man euch geben liess und lieft dennoch davon, so seid ihr undankbarer und schlechter als die Hunde! Ihr habt ausserdem den Eid gebrochen, den ihr auf den Koran geschworen! Ihr habt ausserdem das Gouvernement betrügen wollen, welches euch für diese Reise voraus bezahlt hat! Warum seid ihr gestern davon gelaufen? Wir haben das nicht bedacht, sagte ein dicker untersetzter Kerl; wir sind wie die Gazellen, wir sahen die Andern laufen und liefen auch! Gut, bemerkte der Pascha, sein Cigarettchen wechselnd und uns ebenfalls Cigaretten hinreichend, ihr seid meineidige Verbrecher; euch lasse ich hängen! Er winkte seinen Baschibussuks. Diese brachten Stricke und man legte jedem der Kerle eine Schlinge um den Hals; dann führte man jeden unter einen der nahen Bäume. Teufel, dachte ich, das wird ernst; allein der Pascha hat nicht ganz unrecht; er kennt sein Völkchen und Exempel der Art dürften wirksam sein. Bemerkenswerth ist es, dass keiner der Kerle bei Verkündung des Todesurtheils die geringste Gemüthsveränderung verrieth, dass keiner um Verzeihung oder Gnade bat, dass jeder den ganzen Vorgang mit einer so gleichmüthigen Ergebung hinnahm, als gehe es ihn gar nichts an, als sei von ihm gar nicht die Rede. Unter ihren Bäumen verrichteten sie still ihre Gebete, kein Klageton wurde hörbar, dann kehrten sie das Gesicht nach Osten und erwarteten die Exekution. Jetzt aber legten Prouth, ich und selbst Dr. Georgi ein gutes Wort für die armen Schächer ein. Es wäre doch schade, bemerkte ich, um die feisten Gazellen neuester Konstruktion! Der Pascha lachte: Nun, so lassen Sie die Kerle in ihr Lager zurückführen! Sonderbar verklärte sich das Gesicht der Leute, sie küssten uns die Hände, drückten ihre Stirn darauf und schwuren mit dem Bimbaschi zu gehen bis an's Ende der Welt. — Wir erhoben uns, um uns zu entfernen. Ismael lud uns für heute zur Tafel ein. Aber meine Herren, fügte er mit seiner liebenswürdigen Freimüthigkeit hinzu, wünschen Sie bei Tische Ihrer Gewohnheit nach etwas zu trinken, so muss ich Sie bitten, das mitzubringen, denn ich besitze hier nichts als Wasser. Gabel und Messer besitze ich auch nicht. Wer also nicht auf türkische Manier essen mag, der versehe sich mit den nöthigen Instrumenten. Wir kehrten in unser Lager zurück. Die Baschibussuks hatten indessen alle Ochsen zusammengetrieben, die man zum Tränken gebracht hatte. Gutwillig verkaufen wollten die Besitzer nicht, und da wir essen mussten, so blieb nichts übrig, als das System der force majeure. Alle Eigenthümer hockten im Sande herum. Prouth suchte 2 gute Schlachtopfer aus, zahlte für jedes 5 Marienthaler, einen hier sehr anständigen Preis, und die ganze zwei- und vierbeinige Bande zog ab. Beide Ochsen band man an starke Bäume an, um sie nach Sonnenuntergang zu schlachten; allein der eine, ein schöner, stattlicher Buckelochse, benahm sich sehr ungebührlich. Er wandte sich angriffsweise bald hier, bald dort hin und verrieth endlich gar die allerfeindseligsten Absichten auf unsern hochbestürzten Kapitän der Infanterie. »Göthe's Wahlverwandtschaft!« rief ich Prouth laut lachend zu. »Das Vieh hat einen göttlichen Instinkt und wittert in den rothen Hosen einen verwandten Stier! Warum ziehen ihn von allen rothen Hosen gerade diese am Meisten an?« — »Aber mit all' seinem göttlichen Instinkt«, meinte Prouth, »kann er denn doch viel Unheil anrichten. Es ist besser, wir kommen dem zuvor. Schiesst ihn todt!« Zwei tüchtige Remingtonkaliber wurden gegen ihn abgefeuert, eins in die Brust, das andere gegen den Kopf. Der Ochse stand baumstill auf seinen etwas gespreizten Beinen, von Zeit zu Zeit nahm man ein Zittern wahr. Nach etwa 6 Minuten knickten die Hinterbeine ein, das schöne, starke Thier fiel seitwärts zu Boden — und im Hurrah Soldaten und Baschibussuks darüber her. — Es war ein unangenehm heisser Tag, um 1 Uhr hatten wir im Schatten 33,4° R. (42° Cels. oder 109° Fahr.); dabei war der Wind OSO und fast glühend. Um 5 Uhr hatte ich eben meinen Thee getrunken, als Prouth mich abholte, um in's Lager des Hokumdar hinüber zu reiten und dort zu speisen. Wir nahmen zwei Flaschen Cognac, Gläser, Löffel und Messer und Gabeln mit. Die Tafel, zwei gleich hohe Kisten zwischen 3 Angarebs, war für unsere Verhältnisse reich mit köstlich zubereiteten Speisen besetzt. Als der zuvorkommendste aufmerksamste Wirth, riss uns der Pascha mit höchsteigener Pfote die geschmackvollsten Stücke vom gebratenen Hammel herunter, und — was uns eben nicht all' zu appetitlich vorkam — seine zwei Lieblinge, die er Cocots getauft hatte, zwei gestreifte Viverren,*) liefen traulich über den

*) Zibetkatzen.

Tisch, hockten auf unser Brod nieder, rissen uns die eroberten Bissen aus den Fingern und frassen mit uns aus einer Schüssel. Am ganzen Triklinium war die Unterhaltung ungezwungen und heiter, und es wurde auf den folgenden Tag ein Spazierritt an die Nordseite des Gebirges verabredet, um dort die Reste einer alten Mauer zu besichtigen, welche als merkwürdige Antike galt. Der Pascha wollte uns um 7—7½ Uhr aus unserem Lager abholen. Auch der Mudir von M'schanger, der mit bei Tische war, wurde dazu eingeladen. Ali-Bey war mir und ich ihm noch aus Saïd Pascha's Zeiten von Alexandrien her bekannt. Es war 10 Uhr, als wir in unser Lager zurückritten.

Donnerstag, den 6. April. Heute erwachte ich auf sonderbare Art. In meinem Zelte balgten sich zwei Affen herum und erhoben ein merkwürdiges Freudengeschrei. Prouth hatte seinen Affen, dessen er überdrüssig geworden war, zu mir geschickt. Beide setzten ihr pas de deux fort, bis ich mich gewaschen und angekleidet hatte. Schlag 7 Uhr waren wir bereit und unsere Pferde gesattelt. Unsere Ordonnanzen erwarteten uns. Gleich darauf flogen auf ihren Pferden der Hokumdar, Dr. Georgi und der Mudir von M'schanger, gefolgt von einer Suite von Baschibussuks zu uns herüber. Wir nahmen erst den unvermeidlichen, dann als Steigbügeltrunk einen Duodezcognac und ritten fort. Ismael bethätigte auch heute sein angenehmes Wesen. Ich musste ihm zur Seite reiten, und mitten in der blühendsten Unterhaltung gab er sorgsam Acht, dass ich die Dornen des dichten Gebüsches vermied. Vor uns producirten unausgesetzt die Baschibussuks ihre wilden Reiterkünste und warfen ihre Lanzen nach einander. — Nördlich vom Gebel Fogeh öffnet sich ein langes, von Bergkuppen eingeschlossenes Thal. Hier fanden sich die Trümmer einer langen, roh aus dem Gestein des Gebirges aufgeschichteten Mauer, die sich in weitem Bogen vom Fusse des Berges ausgehend hin erstreckte, aber nie hoch gewesen sein kann, und einer von Steinen aufgeführten Art Seriba glich. Nach Aussage des Schechs der Hammer war hier einst eine bedeutende Niederlassung dieses Stammes gewesen, welche man auf diese Weise gegen Raub und wilde Thiere eingefriedigt und befestigt hatte. Im Schatten eines Baumes wurde einige Minuten Halt gemacht, um eine Erfrischung zu nehmen und ein Cigarrettchen zu rauchen. Dann ritten wir zurück. Auf diesem Rückritte wurde Alles so heiter, so ausgelassen lustig, dass selbst der dicke Pascha mit seinen Baschibussuks und Effendis im Galopp herumjagte und Lanzen warf. Dabei kam den Leuten ein armer Wüstenhase in den Weg und wurde gehetzt. Als wir uns den Lagern näherten, fand Ismael Pascha es durchaus nicht in der Ordnung, ihn allein zu lassen; wir mussten mit ihm frühstücken. Um 11 Uhr waren wir wieder in unserem Lager. Ich hatte mit Pflanzen, Beobachtungen und Schreibereien viel zu thun. Nachmittags 4 Uhr war der Aufbruch der Eskorte des Paschas. Eine mächtige endlose Karavane von Soldaten, Sklaven und Gepäck zog bei unserem Lager vorüber. Um 5 Uhr hatten wir den Besuch des Dr. Georgi und des Mudir von M'schanger. Wir hatten heute grosses Waschfest gehabt und Basili brachte mir gegen Abend die fertige Wäsche in mein Zelt, so weiss und hübsch, wie ich sie seit meiner Abreise aus Cairo nie gesehen hatte.

Freitag, den 7. April. Ich hatte Pflanzen umzulegen und zu ordnen und machte dann eine Exkursion. Prouth war während dessen wegen der nöthigen Kamele und Leute zum Pascha geritten. Als ich zurück kam, frühstückte ich in meinem Zelte, liess während dessen satteln und ritt dann auch hinüber. Der Pascha machte mir freundliche Vorwürfe, nicht früher mit Prouth zum Essen gekommen zu sein. Er war gesonnen folgenden Tages Nachmittags Fogeh zu verlassen und versprach den heutigen letzten Abend bei uns zuzubringen. Nach einer Stunde der allerheitersten Unterhaltung ritten wir in unser Lager zurück und ich bereitete aus Cognac, Muskatnuss, Zucker und Wasser eine Bowle für den heutigen Abend. Dann unternahm ich eine zweite Exkursion in anderer Richtung. Um 5 Uhr kam der Pascha mit seinem Doktor. Bei Thee und Cigarren verflog die Zeit. Es ward Abend. Dar Pascha hatte sein Nachtessen daher bringen lassen, wir thaten das unsrige dazu und eine ansehnliche Tafel war fertig. Nach Ismael's Wunsch liessen wir unter einem grossen Heglikbaume vor meinem Zelte decken. Mein Tisch und 3 Angarebs formten das Triklinium. Der Abend war wundervoll. Die Luft völlig ruhig. Wir konnten die Laternen entbehren. Auf dem Tische brannten ruhig meine 2 Lichter. Wir assen und tranken und waren herzensfroh. Der Pascha entwarf den Plan, dass, wenn er im Süden Kordofan's die Baggaras bekriege, er Prouth und mich vom Vicekönige begehren wolle. Plötzlich flüchteten sich von der Seite des Wassers her 3 Kühe mit 2 Kälbern in's Lager und bis zu uns hin. Wir sahen sie im Lichte des Mondes von einer grossen Hyäne verfolgt. Das kühne Raubthier hatte den Flüchtigen bis zu dem nächsten Baume, kaum hundert Schritte von uns, nachgesetzt und hielt dort beobachtend an. Dr. Georgi wollte die Gelegenheit nicht fahren lassen, sich als guten Schützen zu zeigen; allein ein Schuss im Mondlicht ist etwas unsicher, er ging fehl. (Leider haben wir seit Colston's Abwesenheit keinen rechten Jäger bei der Expedition.) — Die Hyäne bezeigte aber keine Lust, einen zweiten Schuss abzuwarten; sie wandte sich und lief den Gebirgen zu. Den Rest des Abends verbrachten wir bei der Bowle. Der kalte Punsch schmeckte so gut, dass Glas um Glas verschwand, und unsere Terrine bald so ausgetrocknet war, wie gegenwärtig eine Regenpfütze oder Fulah. Um 10 Uhr verliessen uns unsere Gäste, nachdem für den folgenden Tag Alles verabredet war, denn wir wollten Ismael eine Strecke weit begleiten. Nach Mitternacht erhob sich ein Sturm aus NO, der die ganze Nacht hindurch so heftig tobte, dass Abdul Hamid zwei Mal mein Zelt fixiren musste. Die ganze Nacht erhielt der Wind mich auf den Beinen oder doch meistens munter und zerbrach mir noch mein letztes Reisethermometer.

Sonnabend, den 8. April. Der Wind aus Nordost dauerte wenig gemässigt fort und erfüllte den ganzen Dunstkreis mit Staub. Gegen N. von unserem Lager aus will Ismael Pascha die Mudirie von M'schanger hinverlegen, weil das Wasser von M'schanger sehr schlecht und ungesund ist. Später wird dann auch die Poststrasse hier hindurch und über Argot nach Fascher geführt. Die sogenannten Brunnen von Fogeh aber sind nichts als eine Anzahl grösserer oder geringerer Vertiefungen, in denen das Wasser das ganze Jahr hindurch bleibt, ein Beweis, dass die solide Granitunterlage des Bodens hier nicht gar tief unter der Oberfläche liegt. Wie schon bemerkt, ist das ganze Thal ein flach konkaves Becken und zur Zeit des Regens derart angefüllt, dass es einem weiten Landsee gleicht. Während unseres Hierseins, und in Folge des wasserarmen Jahres waren mehrere dieser Gruben fast gänzlich ausgetrocknet, und das theils noch morastige, theils in Schollen zerrissene Bett bedeckte sich mit Eclipta, Marsilea, Scirpus u. dgl. Ismael Pascha ist der Meinung, es seien hier unterirdische Quellen, denn man stosse überall in der geringen Tiefe von wenigen Schuhen auf eine Fülle von Wasser; allein die geognostischen Verhältnisse sind hier die nämlichen wie in Kordofan. Alles Wasser ist atmosphärisches Wasser, Regenwasser, und hier wird es deshalb lange an der Oberfläche und stets in geringer Tiefe unter derselben erhalten, weil die nahe und solide Granitunterlage dem Wasser keinen weiteren Abzug in eine bedeutendere Tiefe gestattet. Werfe ich indessen einen prüfenden Blick auf die Vegetations-Verhältnisse des ganzen Beckens, die meinen Augen zur Zeit fast nichts als sonnenverbranntes dürres Heu zeigten und kaum eine Spur vegetabilischen Lebens dokumentirten, so komme ich in Versuchung, die Anwesenheit des Wassers selbst in der geringen Tiefe von wenigen Schuhen zu bezweifeln. In M'schanger allerdings sind die Brunnen 40 Meter tief, das Wasser aber ist schlecht und somit die ganze Umgebung ungesund. — Um 9½ Uhr schickte Ismael Pascha seinen Adjutanten und liess uns bitten, noch einmal mit ihm zu frühstücken. Noch ein Mal der unvergleichlich delikate Hammelbraten und die süssen Mehlspeisen! Der Pascha nahm uns Beiden das Versprechen ab, ihm zu schreiben, eine Freundlichkeit, die ich aber nur als das annahm, was sie auch wohl war, nämlich eine politische Höflichkeitsform.

Wir kehrten um 12 Uhr in unser Lager zurück und ich — der unruhigen Nacht wegen etwas ermüdet — versuchte ein Schläfchen zu machen; allein ungeachtet des Windes, war es im Zelte doch zu heiss zur gemächlichen Ruhe. Um 4 Uhr brach man drüben die Zelte ab. Der Pascha kam mit Dr. Georgi und seinen Officieren zu uns. Wir hatten Thee mit Cognac, Bisquits und eingelegte Datteln, das war unser ganzer Abschiedsschmaus. Um 5 Uhr stieg der Hokumdar zu Kamel. Unsere Infanterie war in Parade aufgestellt, unsere Trompeter bliesen aus Leibeskräften. Wir begleiteten den Pascha eine Stunde weit; am Fusse der Berge nahm er von uns den herzlichsten Abschied und wünschte mir eine frohe und glückliche Heimkehr zu Frau und Kind. Wir ritten etwas einsilbig in unser Lager zurück, so lieb war in den wenigen Tagen uns der Mann geworden. Unsere Abendunterhaltung war stockender, zerrissener denn je. Beim Schlafengehen erheiterte mich mein Affe, der sich sehr ernst und angelegentlich damit beschäftigte, mir die Hosen auszuziehen, sonst Surur's Geschäft. Letzterer lag jammernd auf seiner Matte und war schon seit 3 Tagen schwer krank.

Sonntag, den 9. April. Heute hatte ich fast den ganzen Tag über mit meinen Pflanzen zu thun, und besonders die trockenen auszuscheiden und mit Zetteln zu versehen. Der Nordostwind, der die Nacht über ziemlich ruhig gewesen, erhob sich um 8 Uhr mit solcher Heftigkeit, dass ich mein Zelt mit neuen Pflöcken versehen lassen musste. Nachmittags 4 Uhr Besuch des Mudirs Ali-Bey, des Schechs und des alten Sangars. Unsere 53 requirirten Kamele und 12 Kameltreiber kamen an. Es wurde somit beschlossen, folgenden Tages alle unsere Kamele gut füttern und tränken zu lassen, alle Zinkbarile und Girben mit dem hiesigen, guten Trinkwasser anzufüllen und Alles zur Abreise für übermorgen früh vorzubereiten. Prouth schickte von hier aus einen Boten mit einem Schreiben nach Fascher voraus an Oberstlieutenant Mason, um ihn von unserer Ankunft zu unterrichten, denn nach des Paschas Meinung sollte Purdy-Bey nicht dort anwesend sein. Inzwischen hatte sich der Wind gelegt, er war kaum fühlbar und ich genoss in stiller und recht wehmüthiger Erinnerung an mein freundliches bescheidenes Heim, an Frau und Kind, vor meiner Zeltthür sitzend, den wundervollsten Abend. Warum aber macht der Abend mit seiner tiefen Ruhe stets auf mich so tiefen Eindruck? Tiefe Ruhe? — Ja, wenn im Lager keine Araber wären. Diese Rasse kennt keine Ruhe! Was zerbricht man sich den Schädel, ein perpetuum mobile zu erdenken? Ein Arabermaul, das ist in ewiger Bewegung!

Sonnabend, den 10. April. Der NO-Wind hatte von Mitternacht an wieder toll gewirthschaftet und mich fast um allen Schlaf gebracht. Ich liess Alles säubern und einpacken. Abdul Hamid hatte mir hier täglich etwas

Milch gebracht; allein ich bemerkte, dass sie mir den Kaffe und Thee verderbe. Ich versuchte sie allein zu trinken, sie hatte einen üblen Geruch und einen bitterlichen und salzigen Geschmack. Ich gab sie zurück. Die Hammer [1]), welche hier den Stamm der Asaker (asker) bilden, geben (vermuthlich um das gar zu schnelle Sauerwerden der Milch in den Kürbisschalen zu hindern) Kuhurin hinein oder waschen wenigstens das Geschirr damit aus, ehe sie hineinmelken. Auf gleiche Weise, d. h. mit Urin, bereiten sie ebenso wie die Bischarinbeduinen, oder wie am obern weissen Nil die Dinka- und Schillukstämme, ihre Butter, weil ihnen das Salz mangelt. Selbstverständlich hat solche Butter einen üblen Geruch und Geschmack und, in Folge der Hitze stets in flüssigem Zustande, verdirbt sie leicht völlig. Schon ein Becher dieser Milch verursachte mir vor etlichen Wochen Unbehagen und Abführen. Der Mangel des Salzes ist für das nördliche und westliche Kordofan eben so schlimm als der Mangel des Wassers und fast schlimmer. Ebenso im Dar-Fur. Im September des vorigen Jahres hatte ich dies in Kaga und auf meiner Expedition in's Gebirge Surug uud Serga schmerzlich empfunden. Der Salzmangel ist es ohne Zweifel, der in diesen Ländern so oft die kolossalsten Rinderseuchen verursacht, und der im socialen Leben so ungemein viel Unsauberkeiten veranlasst. Merkwürdig genug, dass ich gerade hier drei Fälle von Skorbut zu behandeln hatte und sehr leicht heilte. — Gegen Sonnenuntergang war Alles gethan und ich, meine Leute und mein Gepäck wieder reisefertig. Der Abend war ganz wundervoll und hatte wieder auf mich die alte Wirkung. Er wiegte mich so in Empfindungen und Phantasien ein, dass ich das arabische Geschnatter und Gewieher nicht hörte. Man gewöhnt sich schliesslich an Alles; höre ich doch bisweilen die Reveille kaum. — In Erinnerung unseres nächtlichen Rittes am Abend des 2. Aprils, notirte ich in mein Journal nachstehende Zeilen:

Der nächtliche Ritt durch den Atmur[2]), den 2. April 1876.

Siehe, der glänzende Mond giesst freundlich über die Steppen
   Durch fast entlaubtes Gesträuch zitternd sein silbernes Licht.
Dieses verzeichnet uns grell, doch weniger öd' als die Sonne,
   Uns're Umgebung; denn es hebt den armseligen Ton
Welchen der strahlende Tag der traurigen Steppe verleihet;
   Schwarz auf grauweissem Grund wirft es die Zeichnung uns hin.
Rings um uns her und zerstreut entspriesset dem kiesigen Boden
   Dunkles Gebüsch, das rings starret mit silbernem Dorn[3]),

---

[1]) Nachtigal schreibt »Hamr«.

[2]) Der Name für eine wasserlose Steppe, deren Vegetation nur in der Regenzeit grünt.

[3]) Mehrere Akazienarten.

Wechselnd mit and'rem Gesträuch, das hakig die Stacheln gekrümmet [1]),
Mehr noch den Reisenden schreckt, Antlitz und Kleid ihm zerreisst.
Aber die düsteren Schatten verhüllen der Bäume Gestaltung,
Leicht sie verschmelzend in Eins, beidenseits unseres Weg's.
Aus dem Gebüsche erhebt sich vereinzelt — die riesigen Aeste
Weit ausbreitend — ein Baum [2]), herrschend als Steppenkoloss,
Ueber das and're Gewächs. Sein Dach überschattet zu Zeiten,
Ziert ihn sein saftgrünes Laub, Strecken in denen gar oft
Kaufmannszüge mit Mann und Lastthier geniessen der Wohlthat
Kühlenden Schattens, in Ruh' mittäglich lagernd. Der Stamm,
Formloser Klotz, meist gehöhlt vom schwarzen Volke des Atmur
Birgt und verwahrt für die Zeit dürrer versengender Gluth
Grosse Mengen von Wasser zur Labung des durstenden Wand'rers,
Der mit dem hohen Kamel kaum noch die Stätte erreicht,
Eh' es im endlosen Marsch und glühender Sonne verschmachtet;
Ist gleich das Wasser halb faul — ist es doch immer ein Trunk!

Hinter dem Riesen, der jetzt nur kahle Aeste dahinstreckt
Ueber das nied're Gestrüpp, schwebet im Mondlicht — umhüllt
Weithin vom Staube der Wüste, mehr noch errathbar, als sichtbar, —
Welliges Hügelgebirg', unfern zerfliessend in Dunst.
Hebt sich dein Auge empor und über den dornigen Kranz der
Nächtlichen Steppe hinweg, grüsst dich bekannt und vertraut
Tiefblau der Himmel mit all' den flimmernden goldenen Nägeln,
Lichthellem reinen Azur, welchen der Vollmond durchströmt,
Welcher die Kuppel formt des hohen und himmlischen Domes
Und welchen hier oder dort flockige Schäfchen durchziehn.
Drüben im Mittag erglänzt, den Horizont kaum überragend,
Herrlich das südliche Kreuz — auf dem Altar der Natur —,
Zwei der olympischen Götter [3]) brilliren bei'm Kommen und Gehen,
Ministrirend den Mond, welcher die Andacht beherrscht. —

Dies — das Theater, — und nun ein schwaches Gebilde der Scene,
Die keine Sprache beschreibt, die man erleben muss.
Rein, gleich dem Aether der Höhe, fächelt ein kühlendes Lüftchen
Dir die bräunliche Wang, längst von der Sonne verbrannt,
Schmeichelt vertraut und tändelnd, wie du bei deiner Geliebten,
Um die erhabene Stirn, Nacken und Hals und die Brust.
Und die Brust hat nicht Raum, du wünschest dir zehnfach die Lungen,
Nur um zu athmen recht viel dieser erquickenden Luft.
Lautlose Stille beherrscht die Steppe bis hin zu den Bergen.
Hier, wo am Tage in Trift Tedal und Ariel [4]) zieht,
Hier, wo die Perlhenne lockt, der Wüstenhase herumschweift,
Wo die Gazelle behend' wendet den flüchtigen Fuss,

---

[1]) Kittir (Bauhinia) und Nabak (Frucht des Sidr-Baumes, Zizyphus Spina Christi).
[2]) Der Baobab, Adansonia. Der Stamm kann gegen 3000 Kub.-Fuss Wasser enthalten.
[3]) Venus und Jupiter.
[4]) Tedal oder Tetal, eine Antilope; Ariel, eine Gazellenart.

Und wo in jedem Gebüsch die Turteltaube des Sudans
  Freundlich ertönen lässt zärtlichen Wechselgesang, —
Hier — hier wohnet die Ruhe — die tiefe Stille des Friedhofs,
  Ueber dem wasserlos dürr', — fast schon erstorb'nen Gefild.
Wahrlich, und wäre nicht hier und drüben mit schrillendem Schreien
  Plötzlich ein Vogel entfloh'n, den uns're Nähe geschreckt,
Schwören hätte ich mögen, die göttlichen (i. e. biblischen) Tage der Schöpfung
  Hätten in diesem Gebiet' noch ihre Zahl nicht erreicht.

Doch — was dröhnt vom Gebirg' — wie ferner Donner verhallend —
  Ist es der mächtige Leu, der seine Stimme erhebt?
Was schleicht dort so gespenstisch umher im Schatten der Bäume?
  's ist die Hyän', die des Nachts, wiehernd die Beute sich sucht.
Doch, wie ein Bläschen zerplatzt, sind diese Gebilde verschwunden;
  Wortlos ritten wir selbst neben einander dahin.
Was uns umgab war still; es regte kein Zweiglein die Blätter,
  Nicht den Schritt des Kamels, — Pferde hörte man kaum.
Vor uns im Vollmond' schwankt, wie ein Nebelbild auf dem Kamele
  Gaukelnd der Führer dahin, der mit Genauigkeit weiss,
Wo seit Jahrhunderten schon die Kamele die Strasse getreten;
  Denn wo sein Urahn hofirt, — da hofirt harmlos auch er.
Ja, die Stille der Nacht war um uns so feierlich ruhig,
  Dass sie im mächtigen Zug' jeglichen Reiter beherrscht'.
Nur zwei Effendis vom Stamm' der ewig geschwätz'gen Araber
  Plauderten leise für sich, dass kaum der Nächste sie hört,
Und sie plauderten nicht — O Wunder der nächtlichen Wüste! —
  Etwa von Zwiebeln und Geld, — nein, nur von Geld und von Ehr'.
Mir zur Seite der Freund; er dachte, — der Himmel mag's wissen
  Ob sein Gedanke um uns, ob in Amerika schweift,
Wo die Geliebte sein harrt, — mit treuer, mit bangender Sehnsucht.
  Ob er vielleicht einem Stern' heimlich ein Grüsschen vertraut
(Wie ich's so häufig gethan, wenn Nachts in mein Zelt ich zurück kam:
  »Freundlicher, nordischer Stern, grüss' mir die Meinen daheim«)?
Was er dachte und fühlte, — die Götter mögen's errathen —!
  Sinnend ritt er dahin; doch plötzlich pfiff er das Liedchen
      Der Wald ist unser Nachtquartier,
      Der Mond ist uns're Sonne.

Weither vom Ende des Zug's nun erscholl durch die nächtliche Stille
  Der monotone Gesang, dess' sich der Führer erfreut,
Und dazwischen hindurch das ebenso tongleiche Rufen:
  »Hah!« womit er gewohnt, stetig zu treiben sein Vieh,
Welches die schwankende Last mit trägen, gemessenen Schritten
  Duldsam erschleppt und den Kopf gleichgültig-blöde bald rechts,
Bald zur Linken hinwendet, gedankenlos folgend dem Thiere,
  Welches vorangeht; — genau, wie er dem Urahnen folgt! —
Und gefällt es dem Leitvieh, zu naschen ein sprossendes Triebchen
  Eines grünenden Baumes, halten die Folgenden an,
Drängen trotz Lasten und Koffer nnd Kisten sich mächtig zusammen,
  Um hier im Marsche geschwind irgend ein Maulvoll zu fah'n.

Nun aber sage mir doch — nach all' diesen stolpernden Verslein,
Die wie die Stepp monoton, die wie's Kamel fast so blöd',
Was ist der kurze Sinn der langen, gedrechselten Rede,
Was für des Lesens Bemüh'n ist mein erworbener Lohn?
Nun, so höre mir zu, ich will dir die Wahrheit bekennen —
(Nur dass kein Geistlicher horcht, sonst komm' ich noch in's Geschrei):
»Dass mir der nächtliche Ritt gar mächtig die Seele erfrischte,
»Wie er den Körper bewahrt gegen die Sonn' und Durst, —
»Dass mich der Himmel der Nacht mehr als je 'ne Kirche erbaute,
»Und dass die stumme Natur mehr sprach, als Predigt und Buch.
»Ja, wer den Zuruf versteht der ewig freundlichen Sterne,
»Der, der die Sprache versteht unserer Mutter Natur,
»O der steht überall und immer, wo er auch stehe,
»Vor seinem Gotte und auch in des Allmächtigen Haus«,
»Der ist Eins mit sich selbst und somit Eins mit dem Schöpfer, —
»Nur eine Heerd' und ein Hirt, — wären Alle ihm gleich. —
»Doch, wer die Sprache nicht kennt und nicht zu erkennen versuchte,
»Dem sind die Sterne selbst blind, dem die Natur sogar stumm,
»Der erfuhr nichts von dem Schöpfer und ewigen Schöpfungsgesetzen
»Der bleibe gläubig daheim, — heim, bei der Krippe — im Stall'! —

Sonderbar! Ich ärgere mich über diese Verse und habe sie doch aus meinem Journale noch abgeschrieben. Ich hätte sie eigentlich nie da hinein schreiben sollen. Ich weiss überhaupt nicht recht, durch welchen courant d'air seit einigen Tagen meine poetische Ader geöffnet worden ist. Ist das am Ende die Folge eines Mondstiches aus jener Nacht auf meinen gegen den Sonnenstich unempfindlichen Schädel?. Mein Tagebuch hat leider mehr dergleichen rhythmische Auslassungen in verschiedener Form. Aber so ist einmal der Mensch! Jeder vernarrt sich in sein Produkt, jeder nimmt seine Kinder gern für die Schönsten und Besten und schriebe ihnen gern mit leserlicher Hand auf die Stirne »pius Aeneas fecit«, und merkwürdig genug, fast stets bildet man sich auf die misslungenen Produkte noch am Meisten ein. Hier hat ein Mensch ein halbes Dutzend kräftiger, schöner Kinder, ganz geschaffen ihm billig Ehre und Freude zu machen; aber nein, da hinkt hinterher ein bleicher, hektischer, doppeltgliederiger und wasserköpfiger Krüppel und der — gerade der ist ihm an's Herz gewachsen. Ich glaube, ich hätte hier im Lande Fur meine Tinte und das Papier auch wohl zu etwas Besserem verwenden können, als zu schlechten epischen Distichen. Allein ausser meinem poetischen Rapps, den der Franzose »le timbre fêlé« nennt, und um dessen Willen ich gebührend um Vergebung bitte, habe ich hier in Fogeh noch eine Zeichnung zu machen versucht und mich zu dergleichen Aufnahmen vorbereitet.

Heute wurde fleissig gepackt und Alles zum Aufbruch für morgen früh in Bereitschaft gehalten, trotzdem mindestens noch 4 Kameltreiber fehlten und 6 Kamele als krank und zu schwach zurückgesendet worden waren. Der Mudir erwartete aber mit Bestimmtheit die Ankunft eines neuen Kameltransportes noch in dieser Nacht und so stand unserer Abreise nichts entgegen. Der Wind tobte mit ausnahmsweiser Heftigkeit, der Himmel war dicht umzogen und es war so finster, dass man weder Weg noch Steg zu sehen vermochte. Wir liessen unsere Zelte feststellen und begaben uns zur Ruhe.

Dienstag, den 11. April. Während der Nacht waren noch fünf Kameltreiber entwichen; die verschlafenen Schildwachen wurden dafür bestraft. Bald nachher kam der Mudir Ali Scherif Effendi und mit ihm der Schech und der alte Sangar; allein mit dem Herbeischaffen der fehlenden Leute, mit dem Auswechseln schlechter Lastthiere gegen bessere, — denn auch ich erhielt von Ali Effendi zur Reise ein vortreffliches Reitkamel, — wurde es immerhin 9 Uhr, ehe wir uns in Marsch setzen konnten. Um 10 Uhr holten wir einen Theil meiner Karavane ein. Eins der neuen Kamele war wild geworden und hatte seine Ladung abgeworfen. Die Apothekerkiste war auf dem harten steinigen Boden zerschellt, Aeskulaps kostbare Schätze lagen herum, zerbrochene Flaschen und Vasen dabei. Die Soldaten und Kameltreiber packten Alles bunt durch einander zusammen, denn ich konnte mich hier in greller Sonne nicht damit befassen. Man band die Kiste mit Stricken wieder zusammen, belud das störrige Vieh auf's Neue und übergab es einem Treiber zum Führen. Unsere Richtung fortsetzend, war der Weg stark mit Gebüsch besetzt, welches zum Theil sehr hinderlich wurde. Grevea, Kittir, Sodada und ziemlich häufig Baobabs von verschiedener Grösse und sehr ungleichem Alter. Gehöhlte Stämme sahen wir nicht, diese finden sich hie und da an der kürzeren alten Poststrasse über Abu Harrasi. Nach der Angabe Ismael Paschas giebt es Stämme, die in ihren Höhlungen für 7—800 Mann mit ihren Thieren, oder etwa für 2—3000 Menschen Trinkwasser enthalten. Anfangs kam uns das ein wenig unglaublich vor, allein wenn man rechnet, dass ein gewöhnlicher Stamm von 18—19 Fuss Durchmesser, also beiläufig von 18—19 Meter Umfang (in Kordofan mass ich deren bis zu 22½ Meter), eine Höhlung von 16 Fuss Durchmesser enthalten kann, und hierzu nur eine Höhe von 15 Fuss nimmt, so ergiebt sich ein Hohlcylinder von 3000 Kubikfuss, dessen Wassermenge hinreicht, um eine noch viel grössere Anzahl von Menschen ein Mal zu tränken, oder kleinere Karavanen oft mit Wasser zu versehen. Nach Aussage mehrerer Reisenden ist dieses Hommerwasser frisch und gut; was man mir einmal als solches zu kosten gab, hatte einen vegetabilisch faulen Geschmack. Allein über den Geschmack ist nicht zu streiten, namentlich nicht wenn Hunger oder gar Durst im Spiel sind. Unter solchen

Umständen habe ich schon Wasser getrunken und es sogar recht trinkbar und gut gefunden, was ich unter normalen Verhältnissen kaum zum Händewaschen benutzt haben würde. Noth lehrt beten! Ich kenne einen gelehrten Reisenden, welcher sagt, er habe unter ähnlichen Bedingungen Ameisen gegessen und wohlschmeckend gefunden. Nun ja; Johannes ass in der Wüste Heuschrecken, und in der Noth soll der Teufel sogar die Fliegen deliciös finden. — Um 1 Uhr 30 Minuten wurde unfern vom Gebel Serga im Gebirge Surug halt gemacht und Lager aufgeschlagen. Vor Dunkelwerden botanisirte ich die Gegend, die ich vor mehreren Monaten schon einmal besucht hatte, ungeachtet ihres sonnenverbrannten Teints neuerdings durch, fand aber eben nichts als sonnenverbranntes Heu. —

Mittwoch, den 12. April. Um fortan die grosse Hitze zu vermeiden und um die Märsche für Menschen und Thiere erträglicher zu machen, wurde um 4 Uhr Reveille geblasen und schon um 5½ Uhr bewegte sich der ganze Zug vorwärts. Unsere Richtung von hier aus war WSW. Der Gebel Serga blieb zu unserer Linken und ebenso später der Gebel Taringa, und zur Rechten der Gebel Angadeta (?) Wir ritten in gerader Richtung auf den Gebel Mekan zu, den wir auch um (?) Uhr erreichten. Während einer Rast von 45 Minuten sammelte ich Gesteinsproben. Um 11 Uhr 30 Minuten passirten wir den Bir-el-Armel, welcher in guten Jahren stets genügend Wasser bewahrt, jetzt aber, nach so armseliger Regenzeit wie im vorigen Jahre, völlig ausgetrocknet war. Nur einige genügsame Vögel belebten die Umgegend des öden Brunnens, dessen freie Fläche in weitem Kreise überall mit reichem und oft dichtem Gebüsch umgeben ist. Bei unserer Annäherung floh ein Schwarm kleiner, grüner und kurzschwänziger Papageien den niederen Waldgesträuchen zu. Um 12 Uhr 20 Minuten hielten wir auf einer ziemlich freien Stelle an, um unsere Zelte aufstellen zu lassen. Am Wege hierher hatten wir viel Tundub mit reifen rothen Früchten gesehen. Das Gebüsch um uns her war meist Farha, in ansehnlichen Bäumen, Seyal, Harras etc. Heute haben wir aller Wahrscheinlichkeit nach das Unglück gehabt, einen der besten Leute von der Infanterie zu verlieren. Derselbe hat sich etwa um 8 Uhr früh von der Karavane entfernt, um zu dem Lager von El-Serga zurückzureiten, wo er seiner Angabe nach etwas vergessen, und ist nicht wieder eingetroffen. Man muss annehmen, dass er, indem er die Karavane verliess, vielleicht um einen eingebildeten Richtweg einzuschlagen, sogleich die Richtung verloren und sich in dem meilenweiten niederen, zum Theile dichten Waldgebüsch verirrt hat Es sind sofort zwei Baschibussuks mit dem Führer und einem Soldaten zurückbeordert, um den Armen aufzusuchen, und es ist ihnen der Befehl ertheilt, stets in Zwischenräumen von einer Viertel Stunde Signalschüsse zu geben. Zur Stunde, 9 Uhr Abends, sind die Ausgesandten noch nicht zurück und unsere Besorgniss steigt. Um uns auf andere Gedanken zu bringen, erzählte ich Prouth von meiner von 4—5 Uhr unternommenen, total erfolglosen Exkursion; dann las ich ihm meine poetischen Versuche vor, und endlich rieth ich ihm, auf dem nahen Berge als Feuersignal alles dürre Gebüsch und Gras anzünden zu lassen. Prouth schickte sogleich drei Mann ab, um das Feuer auf dem Berge anzuzünden und gab Befehl es noch bis eine Stunde nach Mitternacht zu unterhalten. Der Tod des Verschmachtens in diesen endlosen, grässlichen Steppen muss der entsetzlichste sein, den es geben kann. Armer Schelm! wenn es dir nur nicht wie meiner treuen Elma ergeht! Wären hier Wasserbrunnen in der Nähe, oder wäre unser Vorrath genügend, so könnten wir einen Tag hier bleiben und grössere Abtheilungen nach mehreren Richtungen aussenden; allein unser Wasservorrath reicht kaum noch bis Morgen Mittag hin, und bis Karnak haben wir nach den vagen Angaben unserer Führer wohl an 8—10 Stunden zu reiten, vielleicht gar noch mehr. Es ist nämlich ganz unmöglich aus der Ausdrucks- und Erklärungsweise dieser Leute klug zu werden, selbst wenn sie die Wahrheit sagen, was ihnen enorm schwer fällt. So unbegreiflich sicher sie stets ihre Richtungen zu finden wissen, so total geht ihnen jedes räumliche Maass einer Entfernung, und noch ungleich mehr jegliches Zeitmaass ab. Von einer Stunde haben sie nicht die leiseste Ahnung. Grössere Strecken bestimmt man nach Tagen und Kamelmärschen der Lastthiere, und hier hat man wenigstens einen Anhaltspunkt und Mittel seine Reise einzurichten; allein fragt man, wie weit ist die heutige Strecke, so erhält man meist zur Antwort: Brichst du auf wenn die Sonne kommt, so kannst du, wenn die Sonne dort steht, und dabei deutet man die Stelle mit der Hand an, in x sein. Es bedarf nicht geringer Praxis um sich da hinein zu finden, und unzählige Male sieht man sich getäuscht. Die Vorstellungskraft dieses Volkes, ja selbst der geübtesten Führer, scheint für zeitliche und räumliche Begriffe ganz unzugänglich zu sein. Glaubt man z. B. einen halben Tagesmarsch gemacht zu haben und fragt den Führer, ob hier die Mitte oder die Hälfte des heutigen Rittes ist, so erhält man sicher eine nichtssagende oder unrichtige Antwort. Selbst wenn der Führer auf diese Frage schnell und sicher sagt: Ja, hier ist der halbe Weg! so wird man finden entweder, dass man bereits zwei Drittheile desselben zurückgelegt, oder dass man sie gar noch zurückzulegen hat, selbst wenn der Führer wie es oft geschieht, einen Berg oder einen auffallenden Baum anzeigt, der genau die Hälfte des Weges bezeichnen soll. Ich glaube kaum, dass bei diesen Lügen böse Absichten vorhanden sind; es scheint vielmehr eine völlig unüberlegte, althergebrachte Gewohnheit zu sein, oder oft auch der Wunsch, dem Fragenden eine gefällige Antwort zu geben. Nicht selten aber wird diese Antwort durch Nebeninteressen motivirt. Fragt man z. B. um genügend Wasser einzunehmen nach den vorkommenden Distanzen, so wird der Führer stets finden, dass sie sehr lang sind; denn sind grosse Wasservorräthe mit, so kann sich auch für ihn der Glücksfall ereignen, dass man ihm zu trinken gestattet, — während sonst Führer und Kameltreiber für Nahrung und Trank selbst zu sorgen haben. Letzteres thun sie indess nie, sondern überlassen ihren Magen und sich selbst sorglos dem guten Geschicke. Eines Tages, es war zwischen Takari und Duemma etwa um 9 Uhr, fragte ich meinen Führer, ob der Weg heute noch lang, ob unser heutiges Ziel noch fern sei. Er konnte mir den Wunsch ansehen früh kampiren zu wollen und entgegnete gar freundlich, es sei nicht weit, es sei ganz nahe und zeigte mit der Hand hin. Ich trabte wohlgemuth eine gute Stunde rasch fort, stets in der Erwartung, den ganz nahen Ort bald sehen zu müssen. Da ich aber noch immer keine Spitzen gastlicher Togguls sah, so hielt ich an und fragte, wo denn nun der Ort sei. Er wies mit der Hand nach ein Paar Bäumen am fernsten Horizonte und sagte, dort, hinter den Bäumen. Ich gab meinem Dromedar die Peitsche, wir trabten um so eifriger dem heute wirklich ersehnten Ziele zu. Baumgruppe nach Baumgruppe schwand hinter uns, ein Hügel tauchte vor uns auf, allein ich strengte meine Augen vergebens an, ein Dorf zu entdecken, und schon war eine zweite Stunde tüchtigen Trabens zurückgelegt. Zum Teufel, rief ich ärgerlich, wo ist endlich das Dorf? — Da, hinter dem Berge. — Ich fragte mit drohender Stimme, liegt das Dorf wirklich hinter dem Berge? und machte dabei einige Kapellmeisterbewegungen mit der Nilpeitsche. — Ja, da hinter den Bergen, sagte der Führer. — Die Höhe des bezeichneten Hügels war in einer halben Stunde erreicht. Es eröffnete sich uns von hier eine Aussicht in eine weit ausgedehnte Ebene voll Waldgebüsch, aber kein Dorf. Uns gegenüber am Ende des muldenförmigen Thals entschleierte sich eine andere Hügelreihe, über welche hinweg noch eine dritte emporragte, das war Alles. Wir ritten fort. Um 3 Uhr endlich kam ich in dem Orte an, den wir schon um 10 Uhr erreicht haben sollten. — Um 9 Uhr 45 Minuten kamen die ausgeschickten Leute zurück; sie hatten den fehlenden Soldaten nirgends gefunden. Fast eine Stunde nachher — Prouth war in seinem Zelte, und auch ich bereitete mich zum zu Bette gehen vor, — hörte man im Lager einen nicht gar fernen Gewehrschuss, und zwar in der Richtung des Weges, den wir gekommen waren; daselbst lagerten und weideten auch unsere Kamele mit ihren Treibern und Wachen. Ich hörte ein wirres, wildes Geschrei und die Stimme Mahir Effendi's, welcher einem Wachtposten zurief: Feuer! gebt Feuer! und fast in demselben Augenblick 7—8 Gewehrschüsse. Teufel! sollten wir von Räubern beschlichen und angegriffen worden sein, dachte ich! Dann hörte ich wie Hassan Effendi den Trompetern zu blasen befahl, und bei Gott die Kerle trompeteten, als wollten sie ein ganzes Heer von Todten auf die Beine bringen. Ich fuhr auf, sprang zum Bette hin, ergriff meinen Revolver und ging damit zum Zelte hinaus. Auf dem Berge brannte ein mächtiges Feuer und verbreitete die röthliche Helle weithin durch die Luft. Auch am Lager entlang flammten lustige Wachtfeuer. Das Lager war hell, und lange schwarze Schatten der Bäume und Zelte zitterten darin. Da trat auch Prouth aus seinem Zelte. Halloh, Doktor, wohin wollen Sie? Fallen Sie mir nicht über die Zeltstricke, und damit nahm er meinen Arm. Was giebt's? fragte ich; sind die Kamelposten angefallen? — Anfangs glaubte ich es auch, sagte Prouth, aber es ist nichts. Wir sollen das Vergnügen eines Kampfes nicht erleben, wie mir es scheint; schicken Sie ihren Revolver nur zurück. Man hat in der Richtung von Gebel Mekan her einen Schuss gehört und glaubt, es sei ein Signal des verlorenen Soldaten. Daher der ganze tolle Lärm. Sie wissen, das Volk übertreibt alles. — Da könnte man aber doch zur besseren Richtung seines Weges draussen vor dem Lager noch ein grosses Feuer anmachen lassen, bemerkte ich. — Sie haben recht, sagte Prouth, das kann nicht schaden. — Ich gab meinen Revolver an Abdul Hamid, der mir bei solchen Gelegenheiten wie mein Schatten folgt, und befahl ihm in jener Richtung ein Feuer anzuzünden. Wir selbst gingen langsam derselben Richtung zu. Nach einer Weile flammte im Nordost ein loderndes Feuer auf. — Plagt denn den Abdul Hamid der helle Teufel, rief ich; von dorther kommt ja der Wind; der Kerl steckt ja das ganze Lager in Brand! — Wir schickten sofort Leute ab, das Feuer zu löschen. Richtig hatte meine Ordonnanz im grossen Amtseifer und im Dunkel der Nacht die Richtung verfehlt und dort das hohe Wüstengras und dürres Gesträuch angezündet, ohne die Gefahr des Lagers zu begreifen. Endlich kam wirklich der Verirrte an. Er hatte glücklicher Weise unfern Serga einen Hirten gefunden und diesen gezwungen, ihn zu führen. Alle Soldaten sammelten und drängten sich um ihn herum, man umarmte und küsste ihn nach arabischer Weise. Prouth und ich, froh dass es so abgelaufen war, wir kehrten in's Lager und in unsere Zelte zurück. Es wurde Befehl gegeben, alle Feuer auszulöschen und den Posten vom Berge mittelst Signals zurück zu rufen. Wir gingen zu Bette, doch konnte ich lange noch nicht einschlafen. Ein solches Tagesereigniss war ein gefundenes Fressen für alle arabischen Mäuler, die noch lange bis nach Mitternacht in der lebhaftesten Bewegung blieben. —

Donnerstag, den 13. April. Schon um 3 Uhr liess Prouth Reveille blasen. Der Vollmond gab uns helles Licht, der frühe Ritt in der Morgenfrische konnte uns viel Tageslast und Hitze ersparen. Wir verliessen den Lagerplatz um 5 Uhr 30 Minuten. Unsere Richtung war WSW — W 10° S. Gegen 5½ Uhr erblasste der Mond und 12 Minuten vor 6 Uhr ging uns im Rücken die Sonne auf und warf gestreckte lange Schatten vor uns her. Der schöne Morgen, die reine frische Luft machte uns heiter und so aufgeräumt, dass Prouth und ich einen Wettritt zu Pferde anstellten, unverabredet der ganzen Länge der Karavane nach, bis zu ihrer Spitze. Unsere bei den Zügen vertheilten Soldaten wunderten sich sehr, und man vernahm manch' erstauntes Dedeh! Bei diesem Ritte machte ich selbstverständlich das allerglänzendste Fiasko, das ein zweibeiniger Mensch nur irgend machen kann; auch war es ursprünglich garnicht einmal unsere Absicht gewesen, hier auf furianischem Steppengrunde ein Wettrennen zu veranstalten. Prouth war im Galopp davon gesprengt, und mein schwarzer Pegasus hatte es für Pflicht und Schuldigkeit gehalten, dasselbe Manöver auszuführen und fuhr, keinem Zügel mehr gehorchend, wie der leibhaftige Satan davon. Wie hätte mir auch ein solcher Wettritt beifallen können. Prouth ist, wie man sagt, auf dem Pferde gross geworden; er war im amerikanischen Kriege berittener Officier und ist Reiter in vorzüglichster Form, während ich zu Pferde die Rolle eines Hampelmann's spiele. Im Uebrigen läuft Prouth's Dongolaer einen ungleich leichteren und schnelleren Galopp, als mein Rappe, der ein etwas schwerfälliges, aber ganz vortreffliches Pferd für lange anstrengende Reisen ist. Gegen 9 Uhr frühstückten wir im Schatten eines Hommer (Adansonia). Er hatte kein Laub, doch sein Stamm warf Schatten genug für unsern grossen Frühstücksteppich. Unser Frühstück hatte aber einen anderen Charakter bekommen. Im ganzen Gebiete Fogeh waren keine Hühner mehr aufzutreiben gewesen. Unser Proviantmeister demonstrirte uns, dass das erst die rechten Atmurs seien, wo es keine Hühner mehr gäbe; wir hatten — in unserer Einfalt stets nur die völlig wasserlosen Steppen dafür genommen. Nun, Wasser hatten wir noch zur Genüge in unseren Gazellengirben, genug sogar, um uns noch vor und nach dem Essen die Hände waschen zu können; allein unser Inbiss wurde immer frugaler, immer atmurischer. Brod in Wasser aufgeweicht, unsere schwarzen ranzigen Oliven, der granitharte salzige Käse, das war Alles, was auf unserem »Tischlein decke dich« sichtbar wurde. Allerdings besassen wir noch andere kostbare Siebensachen, womit das Gouvernement uns largement ausgerüstet hatte; so z. B. waren im Magazine noch etliche Blechbüchsen voll geräucherter Heringe — von mindestens pharaonischem Alter. Schwarz und hart, wie ein Stück einer Mumie, zerbröckelten sie in unseren Fingern und ihr widerlicher Geschmack erregte stundenlang den brennendsten Durst. — Man brachte Kaffe. Die Karavane war noch nicht zu sehen, — wir hatten also Zeit, hier im kühlen Schatten in Ruhe noch unser Pfeifchen zu rauchen. Es war 10 Uhr als die Karavane ankam. Wir liessen den ganzen Zug an uns vorüber passiren und sahen mit Vergnügen, dass heute Alles in bester Ordnung dahin marschirte und sicher ohne wesentlichen Unfall im Lager anlangen werde. Nachdem auch Achmet Effendi salutirend seine Arrièregarde an uns vorbeigeführt hatte, sagte Prouth: Ist's Ihnen recht, so nehmen wir unsere Kamele! — Ganz recht, antwortete ich und proponirte einen zweiten Kurs zur Verdauung unseres lukullischen Frühstücks. — Prouth war zur Revanche bereit. — Unsere Sais führten die Dromedare vor, wir liessen die Machlufas fest anschnallen und befahlen den Sais, mit den Pferden zu folgen. Prouth liess alare blasen, die ganze Suite des Stabes, die Effendis, Trompeter, Fähndrich, Ordonnanzen und Diener sassen auf und erhielten den bestimmten Auftrag, uns langsam zu folgen. Prouth fragte, ob ich fertig sei? — Ich sass bereits im Sattel, liess mein Dromedar aufstehen, mein Pfeifchen in die Tasche gleiten und antwortete mit »Ja«. — Also wer zuerst den Führer an der Spitze der Karavane erreicht? — Es gilt, rief Prouth, vorwärts! — Wir ritten im Schritte weg. Nach 10 Schritten hatte sich jeder überzeugt, dass die Machlufa gerade und fest aufgeschnallt sei und jeder gab dem Thiere die Peitsche. Es ging in gestrecktem Trabe fort. Die Karavane, welche wir Anfangs nicht mehr sahen, war bald wieder sichtbar. Allerdings hatte die Suite den Auftrag uns langsamer zu folgen; allein das Kamel ist ein sonderbar nachahmendes Thier. Geht das vordere seinen gemessenen Schritt, so ist es nicht leicht, eins der folgenden in Trab zu bringen, trabt aber das vordere davon, so rennen alle nach. — Als die Kamele der Suite uns zwei so hastig davon reiten sahen, war an gar kein Halten mehr zu denken, und der ganze Tross rasselte und klapperte hinter uns her. So hatten denn Officiere und Soldaten heute zum zweiten Male die Freude, uns mit hochfliegender Fahne vorbeirasen zu sehen. Ich wetzte meine Scharte von früh mit Anstand aus und kam an 3 Minuten früher zur Seite des Führers an. Auf langweiligen Strecken, wie hier in diesem monotonen Atmur, wo sich dem Beobachter gar nichts von einigem Interesse bietet, ist es noch das Vernünftigste derlei Unsinn zu treiben. Man hat eine vortreffliche Körperbewegung, leidet weniger von der Hitze, kürzt den endlosen Weg auffallend ab, entgeht der Langweile und bleibt so bei gutem Humor, nur darf die vortreffliche Körperbewegung nicht in Halsbrechen ausarten. Gegen 12 Uhr nahm uns ein Hain auf, an dessen Eingang ein Kapparideenstrauch in schönster Blüthe stand.

Der immer grüne Mega, Heglik, und Tundub mit seinen schönen rothen Früchten, gaben der Gegend ein hübsch frisches Ansehen. Weiterhin, etwas rechts, sahen wir einen Hain von mehr denn hundert Baobabs in allen Formen und Grössen. Es bestätigt sich hier meine schon in Kordofan gefasste Ansicht, dass dieser Hommer, dessen Vorkommen ich anfangs geographisch genau bestimmte, in Kordofan nicht heimisch — denn man sieht dort nur kolossale alte und meist schon verstorbene Stämme, nie jungen Nachwuchs, — sondern daselbst vor mehreren Jahrhunderten eingeführt und des Wassers wegen kultivirt worden ist. Nach und nach mag durch die Ausgrabung vieler Brunnen diese Kultur unnütz geworden sein. Der Baum hat eine westlichere Heimath (Senegal). Nach Kordofan mag er direkt durch Furianer, oder durch den in beiden Ländern verzweigten Stamm der Hammerbeduinen gekommen sein. Ganz anders verhält sich das Vorkommen dieses Baumes in Dar-Fur. Die alten riesigen Stämme von 20—21 Meter Umfang, wie sie fast nur in Kordofan sich vorfinden, sind hier minder häufig, hier sieht man Stämme und Bäume des verschiedensten Alters, der Baum findet sich in den wildesten und ödesten Gegenden zerstreut, und heute sahen wir, wie bemerkt, sogar einen Bestand, dem schwerlich eines Menschen Hand zu Hülfe kam, und der sich meiner Ansicht nach hier auf ungleich heimischerem Boden befindet. Mindestens ist nicht wohl anzunehmen, dass durch Verschleppung desselben seitens Mekkapilger aus dem fernsten Westen, solche Bestände von hunderten von Stämmen erzielt werden konnten, denn deren Strasse führte schwerlich durch die aller unwirthbarsten Steppen. Desgleichen muss ich unbedingt der Angabe Delile's (Expéd. de Napol.) widersprechen, der zu Folge der Heglik, (Balanites aegyptiaca) aus Arabien stamme und nach Westen verpflanzt sei. Der Heglik ist unbedingt beiden Ländern ursprünglich eigen und ist in beiden der vorherrschende Baum; auf den unwegsamsten, kaum zu erklimmenden Gebirgen, sprosst er lustig zwischen Felsblöcken und aus Rissen hervor. Die beiden Asclepiadeen Mörgh (Cynanchum pyrotechnicum) und Uschar (Asclepias procera), hatte ich seit Tinneh vermisst. Dass der letztere in Kordofan im Gebiete von Safie, sowie bei den Brunnen von Agagi am Gebel Gurdi, und in Dar-Fur in der Umgebung des wasserreichen Fogeh gänzlich fehlt, spricht eben nicht sehr für die Meinung eines meiner gelehrten Bekannten, dass der Uschar die Nähe des Wassers anzeige. Prouth ist der Ansicht, dass der Uschar ehemalige Kolonisirungen und längst ausgestorbene Kulturen andeute. Bei den sogenannten Antiken des Gebel Bagger und zwischen Abu Abanus und Melbes in Kordofan, sah ich die für solche Ueberbleibsel ehemaliger Ansiedelung und Kultur ungleich sprechendere Dumpalme und den Ricinustrauch, — leider keinen Uschar. Allein exempla sunt odiosa. Verfolgen wir die Sache gelegentlich weiter. Da ich einmal in's Salbadern über Pflanzen hineingekommen bin, so mag hier gleich noch folgende Notiz Raum finden. Ueber den Baum Mega, den Einige auch Méka nennen, hat sich im Volke nachstehende Sage erhalten. Zur Zeit des grossen Propheten war ein Araber Namens Arak, ein junger edler Mann, mit der bekannten schönen Tochter des Propheten, der wunderschönen Fatme verehelicht; der junge Mann liebte seine Gattin mit der ganzen Gluth jener verheerenden Leidenschaft, wie sie nur den südlichen Naturen eigen ist. Im Egoismus dieser mächtigen Leidenschaft verbarg Arak die wunderschöne Fatme allen Augen der Welt, Niemand durfte ihr nahen, Niemand sie sehen; Arak hätte mit seinem eigenen Schatten an der Wand eifern mögen. Die schöne Fatme aber hatte den Gebrauch, wie alle Frauen ihrer Zeit und Umgegend, mit einem Zweiglein jenes Baumes, den wir Mega nennen, ihre weissen Perlzähne zu säubern, und ihn des nicht unangenehmen Geruches und Geschmackes wegen, zwischen den schwellenden Lippen zu halten und daran zu kauen. Als der eifersüchtige Gatte das sah, verfasste er ein vorwurfsvolles Gedicht an die Zweiglein des Megabaumes, die es gewagt hatten in den Mund seiner schönen Fatme einzudringen. Glücklicher Arak! Glückliche Zeit, in der noch so etwas zur Eifersucht anregen konnte! Das Gedicht des jungen Arak hat, so wie man es mir mittheilte, Anakreontischen Zuschnitt. Hier ist es, so gut ich es wieder zu geben im Stande bin:

Grünender, glücklicher Strauch,
Dess' zarte, balsamische Zweige
Fatme nach Mädchengebrauch, —
Dass ich's als Wahrheit bezeuge, —
Senkt in den himmlischen Mund.
Glückliches Bäumchen, o sage:
Kanntest du nicht meinen Bund
Mit meiner Fatme? — Ich frage:
Fürchtest du nicht meinen Zorn?
Fatme ist mein, mir gegeben,
Jeglicher Schönheit Born,
Ist mein Himmel im Leben!
Und du fürchtest dich nicht
Dass ich im Eifer dich tödte?
Wärst du ein And'rer und nicht
Du, — sei gewiss, dass ich's thäte; —
Weil in dem himmlischen Mund
Du dich befand'st ohn' zu beben
Vor Arak's Zorne, — ach und
Selbst für das eigene Leben.

Der Gebel Karnak lag vor uns und musste bald erreicht sein. Als wir in die Ebene dieses Namens hinabritten, trafen wir wieder auf Uschargebüsch. Um 2 Uhr machten wir auf einer Wüstenfläche zwischen dem Brunnen und dem Dorfe Karnak Halt. Wir hatten Mühe Plätze für die Zelte zu finden. Die allgemeine Landplage Kordofans, die Askaniten mit ihren peinigenden Dornen, schien hier wie bei Megenas in schrecklicher Form vorzuherrschen. Die Ebene dieses armseligen Dorfes bildet eine sehr flache Vertiefung und zeigt weit und breit umher nur wahren Wüstengrund fast ohne alle Vegetation, dessen Sand an einigen Stellen eisenschüssig roth ist. Hier war offenbar unseres Bleibens nicht; denn unsere Thiere fanden hier nicht einmal mehr dürres Stroh zum Futter. Es ist selbstverständlich, dass mir kein Gedanke an Pflanzensammeln in den Sinn kam. Der einzige Brunnen hat eine Mündung, welche in's Geviert 1 Meter 80 Centimeter misst, und eine Tiefe von 72 Meter. Was den Brunnen auszeichnet, ist der Umstand, dass er in einer Tiefe von 10 Metern ein mächtiges Lager von Sandsteinkonglomeraten durchsetzt. Oberhalb desselben ist der Schacht mit Baumstämmen ausgebaut. Der Brunnen ist jedenfalls sehr alt. Keiner der hier hausenden Leute, die aus dem Westen stammen und schwarz sind, weiss von seiner Entstehung zu erzählen. Es ist somit unabweislich wahr, dass schon diese alten Wilden, die den Brunnenschacht ausgruben, eine dunkele, vielleicht ihnen selbst unbewusste Idee von der Theorie der hiesigen geognostischen Verhältnisse hatten; denn als sie bei ihren Nachgrabungen in der Tiefe von 12 Metern auf das Sandsteinlager stiessen, begriffen sie, dass das Wasser hier hindurchsickere und verfolgten es instinktmässig und natürlich mit vervielfachter Anstrengung weiter, bis sie endlich in der genannten Tiefe auf ein Gestein trafen, welches dem flüssigen Elemente keinen Durchgang mehr gestattete und welches durch seine Dichtigkeit und Härte ohnehin jedes Weiterarbeiten unmöglich machte. Der Brunnen hat stets eine Fülle reinen, frischen Wassers. Ich fand beim Schöpfen eine Temperatur von + 12° Reaumur.

Freitag, den 14. April. Da man unsern heutigen Marsch von hier bis zu den Brunnen des Gebel-el-Hella*) nur zu fünf Stunden veranschlagt hatte, so ritten wir erst um 6 Uhr 35 Minuten von diesem ganz unhistorischen Karnak weg, diesem wirklich trostlosen Wüstendorfe. In unserer Richtung nach WSW nahm die Gegend bald wieder ihren alten Steppencharakter an, und unseren Weg beengte nicht selten das feindseligste Dorngebüsch. Allein die Berge boten neues Interesse dar. Hier war nichts mehr zu finden von Granit, Porphyr, Trapp, Quarz und

---

*) Nachtigal schreibt: Gebel-el-Hille (Petermann's Mittheilungen 1875, Taf. 15).

Feldspath; der Sandstein trat an die Erdoberfläche hervor und formirte seine baumlosen, vielgestaltigen Hügel. Alter feinkörniger Sandstein in horizontalen weissen und rothgrauen Ablagerungen, bildete wechselnd abgestumpfte und konische Hügelgruppen und ahmte häufig Pyramidenformen nach. Es war 9 Uhr als zu unserer Linken in der Ferne das Gebirge von M'schanger sichtbar wurde. Ich zeigte meinem Surur die heimischen Berge, doch zeigte er keine Lust dahin zu kommen. Die beiden Asclepiadeen Mörgh und Uschar waren wieder verschwunden. Etwa eine halbe Stunde nachher liessen wir rechts das Dorf Hella Kurgul, und nicht weit von hier, hatten wir hart am Wege zu unserer Rechten einen 100 Fuss hohen, fast konischen Hügel von grauen Sandsteinblöcken geschichtet, dessen Spitze uns förmliche Ruinen mit Fenstern, gothischen Bögen, Pfeilern und Architraven darbot, ein unbedingt tausend Mal interessanteres und sehenswertheres Monument der Natur, als der 35' hohe vereinzelte Granitblock »Abu Rhodfa« (20 Meilen östlich von Berber an der Strasse nach Suakin), den auf der Welt nichts weiter merkwürdig macht, als seine von Zeit, Wind und Wasser verschmälerte Basis und seine birnenförmige Gestaltung, eine Formation, welche man bei Kassala ungleich ausgeprägter und grösser sieht. Kurze Zeit nachher hatten wir zu unserer Linken den zweigehörnten Berg Gebel-ab-grenad mit der kleinen gleichnamigen Niederlassung, und um 10½ Uhr hielten wir bei dem Brunnen Bir Buta, wo viel Hornvieh getränkt wurde und Männer und Frauen beschäftigt waren Wasser zu schöpfen. Die Ebene ist mit Uschar reichlich bewachsen, und wir sahen diesen Baum heute unablässig bis zum Gebel-el-Hella hin. Der Brunnen hat bei 41½ Meter Tiefe ein laues, molkiges Wasser von 20° Réaumur mit etwas Magnesiageschmack. Die Mündung des Schachtes hat 2 Meter 50 Ctm. in's Geviert, und es zeichnet den Brunnen aus, dass dieser Schacht wie mit einem Mauerwerke von rohen Steinen ausgelegt ist. Unfern dieses Brunnens ahmt ein flaches Gebirge von grauem Sandstein mit weisser horizontaler Schichtung die Gestalt eines aegyptischen Tempels mit Pylonen nach. Wegen Mangel an Fleisch und weil die Eingebornen durchaus nichts verkaufen wollten (denn man glaubt an keine andere Zahlung, als an die vermittelst der Kurbatsche, wie es Sitte der Sudansoldaten und Baschibussuks ist), liess Prouth 5 Hammel abfangen und den Leuten sagen, sie möchten nach Gebel Hella in's Lager kommen, um ihr Geld zu holen. — Als wir von hier fortritten, jagten die jungen Effendis eine Zeit lang zum Scherze einige gerupfte Strausse, welche sehr drollig aussahen. Etwa 45 Minuten später hielten wir bei den Brunnen am Gebel-el-Hella an, um unser Lager, während wir auf einem Angareb frühstückten, aufstellen zu lassen. Heute wurde fürstlich getafelt; wir hatten zu Dritt eine gebratene Henne. Der Schech von Karnak hatte uns nämlich für ½ Theresienthaler 4 Hühner angeschafft, von denen diejenige, welche heute auf unserem Frühstücksteppich prangte, offenbar in's Reich der alten Jungfern gehörte; sie war zähe wie Kamaschenleder. — Auch die Eigenthümer der entführten Hammel stellten sich ein. In weiter Ferne von uns erwarteten sie knieend den Bescheid. Für zwei Hammel erhielten sie ihre Zahlung, die anderen 3 gab man ihnen zurück, da es elende, magere Bestien waren. Ob aber dessen ungeachtet die Leute ganzbeinig und unberaubt ihr Heim erreichten, wage ich nicht zu entscheiden, denn die Baschibussuks sind furchtbare Wegelagerer, und bei einer so grossen Menschenmenge ist es unmöglich, sie stets im Auge zu haben. Ich weiss nur, dass, als ich gegen Abend von einem Ausfluge in's Gebirge heimkehrte, sie abseits vom Lager bei einem grossen Feuer einen Hammel brieten, den sie an einen langen Stock, der als Bratenwender diente, gebunden hatten, und dass sie ihr Opfer fleissig mit urinduftender Butter bestrichen. Mein Weg führte mich auch durch das Lager der Kameltreiber. Auch hier wurde bei lustigen Feuern fleissig gekocht. Neugierig von der Nahrung dieser Leute etwas zu sehen, näherte ich mich der einen Kochstelle; allein es kam mir aus dem grossen Topfe ein so mörderischer Gestank entgegen, als werde dort ein alter Abort mit all' seinen Herrlichkeiten gekocht. Ich gab alle Wissbegier auf und machte mich so eilig als möglich davon, um in's Bereich frischer Luft zu gelangen. Später erfuhr ich, man habe den Kameltreibern die Eingeweide der zwei geschlachteten Hammel geschenkt, das heisst Magen und Gedärme, und diese hätten sie, so wie die seligen Hammel sie besessen, in den Topf gethan, etwas Salz, spanischen Pfeffer, Wasser und Butter dazu gegeben, und daraus ihren saftreichen, kräftigen Festfrass gekocht. Man ist der Ansicht, der Hammel geniesse nichts Unreines, sei auch an und für sich kein unreines Thier, folglich könne auch nichts Unreines in ihm sein. — Der Gebel-el-Hella ist ein grosser, hoher, ziemlich stumpfer Hügel, auf dessem westlichen Abhange der grösste Theil des Dorfes ruht. Die Bewohner gehören zum Stamme der Berti (eingewanderte Kordofanesen); sie treiben Viehzucht und Duchnkultur, auch sah ich Spuren von Baumwollenbau. In der Ebene nach Osten befinden sich die zwei Brunnen, welche eine Totaltiefe von 72½ Meter haben und in wasserreichen Jahren gegen 5 Meter Wasser enthalten. Dieses ist röthlich trübe, hat einen schlechten Geschmack und zur Zeit eine Temperatur von + 24° Réaumur. Die Mündung der Schachte hat 1 Meter 30—50 Ctm. in's Geviert und die Schachte selbst sind mit Baumstämmen abgespreitzt. Im Osten, etwa in 3 Kilometer Entfernung, zieht sich eine lange Gebirgskette von Sandsteinfelsen von NW gegen SO hin, und die meinem Zelte gerade gegenüber liegenden Formationen erinnerten mich so lebhaft an die Gruppe kleiner Pyramiden von Meroë, dass ich sie von meiner Zeltthür aus zu zeichnen versuchte. Sie bestehen aus rothen und weisslichen horizontal gelagerten Sandsteinschichten. Uschar vorherrschend, so weit das Auge sieht, dazwischen Farha, Heglik, Nabak und Seyal.

Sonnabend, den 15. April. Rasttag. Ich schrieb, zeichnete, sah die gesammelten Pflanzen durch und machte gegen Abend einen Ritt zu den Bergen, um Gesteinsproben zu sammeln. Ich fand auch richtig nichts Anderes. Abdul Hamid hatte mir inzwischen an die Stelle meines zerbrochenen Angarebs, ein neues herbei geschafft. Vor meinem Zelte sitzend und nachdenkend, fiel es mir mit einer Art bangem Entsetzen auf, dass gestern Charfreitag gewesen, dass morgen der erste Ostersonntag sei. -- Die grössten, schönsten Festtage der Christen in Europa. — Was thun? Wir konnten zur Ehre des Auferstandenen nichts anderes essen und trinken, als was wir eben hatten; statt des zarten Osterlammes einen zähen Wüstenhammel, statt des Weines trübes, übelschmeckendes Regenwasser. Nun, was thut's. Christus war so gross, so einzig, dass meine Verehrung ihn um keines Nachtlichts Helle herrlicher macht, — vielweniger mein Essen. Was gäbe ich darum hätte ich nur sein Vater unser gemacht! Dergleichen schrieb vor ihm kein Homer, nach ihm kein Shakespeare, so drang Keiner in's Volk. O Du grosser Rabbi von Nazareth, Du warst stets ebenso fern von allem gelehrten Ballast der Theologie, als unsere ganze Geistlichkeit ferne bleibt von deiner einfachen aber wahrhaft göttlichen Lehre; auch trägst Du nicht die Schuld an der gotteslästernden Gottesverehrung, womit all' Deine angeblichen Diener Dich herauszuputzen vermeinen!

Sonntag, den 16. April. Wir verliessen Bir-el-Hella um 6½ Uhr und ritten in der Richtung SW in etwa 2 Kilometer Entfernung von der Sandsteinhügelkette hin durch eine Steppe, welche fast Wüstencharakter annahm. Gegen 8 Uhr hatten wir zur Rechten im Gebirge die Hella Kokob und weiter im Gebirge mehrere Niederlassungen, von Nubanern aus Kordofan angelegt und bewohnt. Auch zur Linken unseres Weges wurden in ziemlicher Ferne zerstreute Toggulsgruppen sichtbar, die ähnliche Niederlassungen der Gallaïn, der Gauáma, der Beteria und Benifadel, welche hier gemischt hausen, bildeten. Alle diese Leute sind ursprünglich Kordofanesen, welche von der unbeschreiblichsten Noth getrieben ihr Heimwesen im Stiche liessen und vor der Steuerpflicht sich hierher flüchteten. Bedenkt man, dass, — einzelne wasserreiche Orte, wie Kagmar, Barrah, Melbes und wenige andere ausgenommen, — der Boden Kordofan's die Zahl seiner Bewohner nicht nährt, dass oft wenige Wochen nach der Regenzeit schon ein grosser Theil der Bewohner für sich nichts mehr zu essen hat, viel weniger noch für sein Vieh, dass er die Sämchen von Kurreb (Dactyloctenium aegyptiacum), Grassamen, sammelt und zu Mehl zerstampft, um seinen Hunger zu stillen, dass er somit geradezu genöthigt ist, dem eigenen Vieh das Futter wegzufressen, bedenkt man, dass diese elenden Menschen noch der widerrechtlichsten Habgier, der tyrannischsten Raubsucht der Beamten, Soldaten, Baschibussuks und Reisenden ausgesetzt sind, so ist es wohl nicht eben sehr zu verwundern, wenn sie sich zu Raubzügen vereinigen und vor den die Kontribution eintreibenden Soldaten die Flucht ergreifen. Schlechter finden sie es nirgends. Jedes Duchnfeld liefert ihnen, den Heimathlosen, Baumaterial zu einem neuen Toggul; Akazien oder Nabak geben ihnen Aeste für eine Seriba, und ihr neues Hauswesen ist fertig. Diesem Umstande dankt der nördliche Theil Dar-Fur's, namentlich der gebirgige, seine Einwohner aus dem kordofanesischen Gebiete von Katul, Kaga nuba, etc. Gegenwärtig allerdings sieht man hier fast überall verlassene Toggulhaufen, Spuren von Duchn und Baumwollenkultur, weil eine wesentliche Anzahl dieser Ansiedler ihre Niederlassungen wieder verliessen. Als die Eroberung Dar-Fur's durch aegyptische Truppen begann, liess der Sultan des Landes, Hussain, in allen Theilen des Gebietes Truppen zusammentreiben. Die Bewohner des Nordens hatten aber weder Lust noch Interesse daran, sich für den Landesherrn herumzuschlagen und abschlachten zu lassen; sie flohen, leben, wie ein grosser Theil der Einwohner des ehemaligen Fascher, noch heute in Gebirgen versteckt und liessen ihre Togguls und Felder zurück. — Im ganzen nördlichen und nordöstlichen Dar-Fur besteht die Kultur lediglich in Duchn, etwas Baumwolle, Simsim, Kürbissen, Basteken und hie und da etwas Durra und Zwiebeln. Ziemlich ausgedehnte Felder sah ich östlich von Gebel Hella. Hier, fast in der Mitte unsers Weges, fand sich in wüster, sandiger Ebene, gemischt mit Uschar auch Mörgh wieder, viel Farha, Kursan, Seyal, etc. — Gegen 11 1/2 Uhr brach das Sandsteingebirge mehr nach W. ab. Zu beiden Seiten zogen sich flache Hügelketten in weitem Bogen hin und umschlossen die fast unabsehbare Wüstenebene der Hella und des Bir-el-Brusch. Wir hielten bei den Brunnen um Mittag an und liessen nicht weit davon unsere Zelte aufstellen. Der Schech des Dorfes brachte Prouth einen jungen Geparden zum Geschenk, den die Eingeborenen Nimmer nennen. Eine Exkursion lieferte mir eine Baumart mit Blüthen und Holzproben. Es sind hier Brunnen von 28 Meter Tiefe, die Mündungen von 1 Meter 30 Ctm. in's Geviert haben, und deren Schachte unterhalb der Mündung mit dichten Lagen von Baumstämmen verkleidet sind. Das Wasser, ebenfalls röthlich und trübe, hat eine Temperatur von + 22,6° Réaumur. — Ich fühlte mich heute durchaus nicht wohl und ging früh schlafen, weil wir verabredet hatten sehr früh aufzubrechen; allein ich hatte eine sehr schlechte Nacht. Kaum im Bette, befiel meinen ganzen Körper ein so entsetzlich brennendes Jucken, dass ich die ganze Nacht hindurch mich kratzen musste. Mehrere Male stand ich auf, machte Licht, wusch meinen Körper und legte mich wieder, in der Hoffnung endlich einschlafen zu können. Alles umsonst. Kaum war ich im Bette, so hob das brennende Jucken von Neuem an; als ob ich mit Brennnesseln gepeitscht sei, so bedeckten meinen Körper kleine, rothe Pusteln. Ich kratzte mich an vielen Stellen blutig. Endlich schien es sich zu bessern, ich war eben in der Verfassung einzuschlafen, da — es war 10 Minuten vor 3 Uhr — wurde Reveille geblasen, und sofort hörte man von allen Seiten das Antreiben der Kamele. Ich war todt müde und wünschte unseren Trompetern alle 7000 Teufel in ihre Rachen hinein.

Montag, den 17. April. Um 20 Minuten vor 5 Uhr ritten wir der vor uns abgezogenen Karavane nach. Mond und Sterne leuchteten noch hell durch die laue Nacht und aus Nordost her wehte ein frischer Morgenwind herüber. Die Sonne ging 11 Minuten vor 6 Uhr auf. Wir kamen in der Morgenfrische ziemlich rasch vorwärts und der Ritt war angenehm und nicht ermüdend. Bald mussten wir anhalten um unsere Karavane und den Führer zu erwarten. Das uns begleitende flache Hügelgebirge nennt man im Allgemeinen nach den dortigen Bewohnern, Kaga. Hier sammelte ich eine blühende Akazie, die der Aradani von El-Obeid und Melbes ungemein ähnelt. Während Prouth und ich von 9 Uhr bis 9 Uhr 45 Minuten unser Frühstück nahmen, zog der grösste Theil der Karavane an uns vorüber. Um 10 Uhr 20 Minuten passirten wir einen Engpass zwischen zwei Sandsteinbergen hindurch, der den Namen Om Sereba führt. Zu unserer Linken flachte sich das Gebirge auffallend schnell ab. Zu unserer Rechten zog es sich weit hin, fast der ganzen Länge unseres Weges nach und trat erst zurück und verflachte sich erst, als wir etwas nach 11 Uhr in den Wadi hinabritten, in dessen Mitte uns ein zweites Monument der Natur aus Sandstein überraschte. Am Eingange des Wadi schienen 3 hinter einander abgrenzende Berge von Sandstein eine Art Fortifikation zu formiren. Davor erhob sich einer jener flach abgestumpften Berge, welche dieser Formation so eigen sind und so häufig vorkommen, und fast in der Mitte des Wadi, auf freier Sandfläche sahen wir den wunderlich gestalteten isolirten, an 50′ hohen Block, der in seiner Form an die Pyramide von Sakkara erinnert, emporragen. Zwischen dem Brunnen El-Kedada und dem entlegenen gleichnamigen Dorfe wurde für heute unser Lager errichtet. Gegen Abend besuchte ich mit Prouth den Brunnen. Der Schacht ist rund und mit Steinen ausgebaut. Die Mündung hat 4 Meter Durchmesser, der Schacht hat eine Tiefe von 35 Meter bis zum Wasser. Dieses ist klar, rein von Geschmack und hat eine Temperatur von + 22° Réaumur.

Dienstag, den 18. April. Um mir eine möglichst ruhige Nacht zu verschaffen, hatte ich mir durch meine Soldaten und Abdul Hamid des Abends Wasser bringen lassen und nahm, nachdem Prouth mich verlassen hatte, vor dem Schlafengehen noch ein Bad. Mein kleiner Affe, der an der Zeltstange angebunden war, unterhielt mich dabei lebhaft. Er schien sich meines Bades ganz gewaltig zu freuen. Unaufhörlich sprang er mit allen 4 Füssen zugleich in die Höhe und hüpfte und tanzte so ausgelassen umher, dass er plötzlich und unter lautem Jubelgeschrei mitten in das grosse flache Badebecken hineinflog. Es entsetzte ihn auf's Aeusserste, sich plötzlich im Wasser zu befinden. Mit erzdummem Gesichte sah er umher, kletterte eilfertigst auf den Rand des Geschirres hinauf und blieb auf demselben hocken; dort leckte er sich ab, streifte mit den Händen das Wasser aus Bart und Augen und klagte mir seinen Unfall mit kindischer Stimme. Mir that das Bad jedenfalls besser, als ihm. Ich schlief bald nachher ein und schlief, — wenn auch nicht eben gut, — doch bedeutend besser als in der verwichenen Nacht. Um 3 Uhr Reveille. Um 4 Uhr 30 Minuten ritten wir fort. Die Morgenluft war so frisch, dass ich sie in allem Ernste kalt fand, ich knöpfte den Rock zu, krämpte den Kragen in die Höhe und band mein Taschentuch um den Hals. Die Strecke war reines Steppenland, dürr und spärlich mit Bäumen besetzt. Mörgh fehlte fast, Tundub gänzlich, dagegen sammelte ich Reste eines entblätterten Baumes mit Früchten an der Spitze, ähnlich dem Heglik. Man nannte den Baum Hometh, auch Hemeth. Ein völlig dürres Blatt, welches noch an einem Zweige haftete, liess mich gefiederte Blätter sehen mit verkehrt eiförmigen Blättchen. Ich war frisch und munter ausgeritten; allein einige Stunden im Sattel, der Sonnenbrand, die öde, langweilige Gegend verursachten mir eine so starke Ermüdung und Schläfrigkeit, dass ich in der That einschlummerte und plötzlich davon erwachte, dass der Zügel meiner Hand entfallen war. Schon um 6 Uhr 20 Minuten früh hatten wir zur Rechten eine lange Hügelreihe von interessanten Sandsteinformationen passirt und etwas später den Gebel Dirrah, den ich zu Pferde skizzirte, um das Bild später auszuführen. Der ganze Gebirgszug führt den Namen Gebel Surug. Er formirt eine Menge konischer Hügel und umzieht in einem Bogen eine weite Ebene, auf welcher sich einige zur Zeit wasserlose Brunnen finden. Auch einige fruchtlos gegrabene Brunnenschachte von unerheblicher Tiefe sieht man zum Theile wieder mit Flugsand angefüllt. Zur Linken blieb uns der Gebel Obbe*). Es war 7 Uhr 35 Minuten,

*) Nachtigal schreibt »Oba«, Sultan Teima (1821) »Aoba«.

als wir den Gebel Fadan erreichten. — Von hier an hob sich das Land merklich, und um 8 Uhr 45 Minuten überstiegen wir, natürlich zu Kamel, nach einander drei der gefahrvollsten Gebirgspassagen von schwarzen, meist metamorphosirten Sandsteinschichten in Geschieben und Gerölle. Es ist dieses das Gebirge Hagala, welches auf Purdy-Bey's Karte den Namen des Gebel Hegina führt. Um 11 Uhr 30 Minuten hielten wir bei den Brunnen von El-Abiad an, um Lager aufschlagen zu lassen. Wir hatten heute unsere 20 Meilen ohne merkliche oder sonderliche Beschwerden zurückgelegt. Auch unsere Karavane kam bald und ungeachtet der Gebirgspassage wohlerhalten und ohne sonderlichen Unfall an. Die 50 Brunnen von El-Abiad enthalten viel Wasser das ganze Jahr hindurch. Das Wasser selbst ist molkig, hat den Geschmack von kohlensaurer Magnesia und eine Temperatur von + 23° Réaumur. Die Schachte von 16 Meter 60 Ctm. bis 17 Meter Tiefe sind enge, und die Mündungen haben 2 Fuss in's Geviert.

Mittwoch, den 19. April. Reveille noch vor 3 Uhr. Um 4 Uhr 20 Minuten verliessen wir El-Abiad. Die Kamele waren gestern alle reichlich getränkt, die Wasserbehälter alle gefüllt, denn wir hatten nun einen Atmur von 40 bis 42 Meilen vor uns. Der mehr östliche Wind liess die Morgenluft minder empfindlich kalt erscheinen als gestern. Die Sonne ging (wir zogen WSW) uns fast im Rücken auf (5 Uhr 50 Minuten). Unsere Karavane schritt in langer Reihe von fast 2 Meilen bedächtig vorwärts. Wir eilten ihr vorüber um in die Nähe des Führers zu kommen. Die Gegend war entsetzlich öde. Was noch an Gesträuchen sichtbar war, streckte kahle, völlig entlaubte Aeste in die Luft hinaus. Prouth, der am frühen Morgen gewöhnlich gar gut aufgelegt ist, ritt auf seinem Braunen, kurze Liedchen oder Bruchstückchen aus Opern vor sich hinpfeifend, neben mir in kurzem Trabe. Die erste Hälfte unseres Weges bis zum Frühstücke machten wir meist zu Pferde, die zweite zu Dromedar. Mit einem Male hörte ich, dass Prouth das alte deutsche Lied pfiff: »O Tannenbaum, o Tannenbaum, — Wie grün sind deine Blätter!« Mir fiel es nicht bei, dass möglicher Weise dieses Lied in England oder in Amerika einen ganz anderen untergeschobenen Text haben könne, und sah ich mich höchst erstaunt nach grünen Blättern um. Entblätterte Akazien, an deren Zweigen gelbe dürre Schoten klapperten, verdorrte, staubgraue Hegliks, die nackte Samur-Akazie mit grauen, eben sich entwickelnden Blüthenkügelchen, dunkel grüngraues, von verhungernden Insekten zernagtes Kursangebüsch, dazwischen die hohen Büschel sonnenverbrannten gelben Wüstenstrohes, Maharab, und hie und da der schimmelfarbige Uschar, dessen Blumen hier mehr violette Färbung annahmen als gewöhnlich sonst, — vielleicht noch am Boden ein nothdürftig vegetirendes Kormuttgesträuch mit krüppeligem Knieholze, — das war Alles, was mein forschendes Auge zu erspähen vermochte. Sogar der Mörgh, der in Ermangelung allen Laubes wenigstens seine saftgrünen, langen, ruthenförmigen Zweige den ermüdeten Augen der Reisenden in den meisten Wüstenpartien als angenehmen Ruhepunkt darbietet, sogar dieser genügsame Bewohner der dürren Wüste verschmähte es, sich in diesem traurigen, langweiligen Atmur anzusiedeln. So ritten wir denn auch bis gegen 9 Uhr 45 Minuten fort, ohne das geringste Notirenswerthe zu sehen. Wir frühstückten bis 10 Uhr 30 Minuten und liessen währenddessen die Karavane an uns vorbeidefiliren. Viele der Lastthiere schienen sehr hinfällig und angegriffen zu sein. Es war jedenfalls sehr weise gewesen, die Hälfte der Expedition mit dem Adjutanten einen Monat früher voraus zu senden. Mit unseren 200 Kamelen hatten wir schon Noth und Plage in vollem Maasse; wie wäre es uns erst ergangen mit der ganzen Expedition, mit beinahe 500 Kamelen! — Um 1 Uhr erreichten wir den Wadi Abu Noar, eine zur Zeit völlig ausgetrocknete Fulah; sein Bett mit in Schollen zerrissenem Grunde und herrlichen Heglikgruppen blieb uns zur Rechten, und von hier an wurde die Gegend vegetationsreicher und gewann an Interesse. Gazellen flohen häufig bei unserer Annäherung davon, hie und da auch eine Hubara (Trappe). Es erklärt sich der Wechsel ziemlich leicht. Die vor uns liegende Strecke bildete eine lange Mulde, in welcher sich in den Monaten des Regens viel Wasser sammeln muss, und dieses wird des felsigen Bodens wegen, der nicht gar stark mit Sand überdeckt ist, wohl nur langsam verdunsten können. Ich fand unterwegs einige Stämme einer Feigenart mit bereits verdorrten Früchten und grossen, ovalen, lederigen Blättern. Um 11 Uhr machten wir auf einer Ebene Halt, die mit Bäumen spärlich besetzt war, und liessen daselbst unser Lager aufstellen. Nachmittags Exkursion. An kleineren Pflanzen war Alles verdorrt und schwer erkennbar; doch fand ich einige Gesträuche in Blüthe und mit Früchten, und unsere Holzsammlung gewann 3 Nummern. Wir hatten heute 21 Meilen zurückgelegt; der Marsch kostete uns 8 Kamele, die unterwegs gefallen und gestorben waren. Ausser diesen fehlten noch 2 Kamele, die sich vermuthlich fressend im Gebüsche verlaufen hatten. Der Kapitän und 2 Korporale des Zuges bekamen dafür Arrest, und es wurden Leute ausgeschickt, die 2 verlaufenen Kamele zu suchen. Eins derselben war mit den Kisten voll fertiger Remington-Patronen, das andere mit 6 Reservezelten beladen. — Der Arrest unterwegs besteht darin, dass die Leute im Lager ihr Zelt nicht verlassen dürfen und während des Marsches die freundliche Zerstreuung haben, zu Fusse hinter der Karavane hertraben zu müssen. — Eben als wir zu Bette gehen wollten, entstand im Lager ein toller Lärm und das Geschrei! »Assad! Assad! edrop!« Alles lief zu den Waffen, und wir hörten in der That in nicht zu weiter Ferne das Gebrülle — eines unserer verlaufenen Kamele, aber nicht das eines Löwen. So bethört übergrosse Angst die Furchtsamen.

Donnerstag, den 20. April. Im guten Vertrauen auf die Angaben unseres Führers, die Brunnen von Argot*) oder Ergot seien von hier fünf Kamelstunden entfernt, lies Prouth erst um 6 Uhr 20 Minuten zum Aufbruche blasen. Ich war voll banger Erwartung; denn nach all' meinen Erfahrungen glaube ich einem Führer nicht mehr und freue mich eines kurzen Marsches erst dann, wenn ich mein Dromedar niederlegen darf. Kurz vor unserem Aufbruche hatte man auch das zweite der gestern verlaufenen Kamele wieder eingebracht; allein in der Frühe bei'm Herantreiben aller Kamele hatten sich 4 andere verlaufen. Zwei Schildwachen und unsere zwei Sais hatten das gesehen und die Thiere ruhig laufen lassen. Zur wohlverdienten Züchtigung dafür, mussten sie die verlaufenen Thiere aufsuchen und selbst den heutigen Weg zu Fuss machen. Zu beiden Seiten unseres Weges zogen sich heute lange, flache Hügelreihen hin. In diesen Bergen hausen grösstentheils die Bertis, welche man auch in Gemeinschaft mit anderen aus dem Osten hier kolonisirenden Stämmen, z. B. den Gimmas u. dgl., die Sidan nennt, ein Wort, welches wohl mit Sudanesen gleichbedeutend sein dürfte. Um 8 Uhr 30 Minuten hatten wir zur Rechten das Gebirge Sulgup und 15 Minuten später links den flachen Gebel Derrah, mit Bäumen und Gesträuchen bewachsen, ohne alle Lagerungsspuren, aus petrificirtem Quarze. Die Sandsteinformation an der Oberfläche hatte aufgehört. Stücke dieses Quarzes an der Basis dieses Berges sowohl, wie am Wege, waren dem umgebenden röthlichen Boden gemäss noch von röthlichen Sandsteinkonglomeraten inkrustirt. Nicht weit von hier fand ich einen Strauch mit lederartigen grossen Blättern und vierflügeligen Früchten, eine Art Schechet; doch hatte das Volk für diesen Strauch keinen Trivialnamen. Ein Führer gab mir den Namen Habie, ob mit Recht, ob als eigene Erfindung, das mag der Himmel wissen. Im Verfolgen der Richtung SW kamen wir zu den Brunnen von ? , rechts, hart am Wege, die ich leider nicht untersuchen konnte, weil Niemand da war, der uns hätte Wasser schöpfen können; nur eine alte Ziege mit zwei Jungen suchten an laublosen Bäumen ihr kärgliches Futter, sonst war in der ganzen Gegend nichts Lebendes sichtbar. So ritten wir denn weiter. Zu unserer Rechten sahen wir in der Ferne den Gebel-el-Fascher, den Gebel Gedid und den Gebel

*) Nachtigal schreibt »Orgod«, Escayrac de Lauture (1855) »Argut«.

Sagenat*), alle ihrer Gestaltung und dem Ansehen nach von gleicher Gebirgsart (Granit), und etwas später sahen wir rechts die ansehnliche Hella Abu Gerad und links den Gebel Abu Simmer, Es war längst ein Marsch von 5 Wegstunden hinter uns, doch noch war kein Argot sichtbar, wiewohl wir nicht angehalten, sondern rüstig unsern Weg verfolgt hatten. Das alte Spiel mit dem Führer begann auf's Neue. Auf unsere Frage, wie weit haben wir noch bis Argot? zeigte er mit der Hand und sagte, die Anhöhe mit den Bäumen müssen wir erreichen, dahinter liegt Argot. Das kann etwa noch eine gute Stunde sein, sagte Prouth. Wir ritten tapfer fort, erreichten die Bäume, die Anhöhe; vor uns dehnte sich eine ungeheuer weite Ebene aus, die in bedeutender Entfernung ein nicht ganz unbedeutender Wald abgrenzte; allein in der Ebene entdeckte kein Auge einen Brunnen. Unser Führer bemerkte lakonisch: Nun, hinter den Bäumen ist das Wasser von Argot. Es war heute ausnahmsweise heiss und keine Windbewegung machte die Gluth der Sonne erträglich. Mir fiel der harmlose Strabo ein, welcher erzählt, weit hinter Aethiopien seien Leute so gottvergessen, dass sie sogar der Sonne fluchen. Der gute Geograph wusste noch nichts von Gegenden, welche kein Wasser haben, und konnte sich auch noch keinen Begriff davon machen, dass unter derartigen Bedingungen die Sonne das Feindseligste ist, was dem Menschen entgegensteht, ein wahrer Typhon, der ihm das Wasser austrocknet oder verdirbt, seine Saaten verdorrt, sein Vieh verschmachten lässt, den Sand unter seinen Füssen zur Gluthhitze steigert, kurz, ihm jede Lebensannehmlichkeit nimmt. — Es ist begreiflich, dass bei Tage Alles in den finsteren, dumpfigen Togguls lebenssatt und müde umherlagert. Während der Nacht, der milden, freundlichen Nacht, sammelt sich Alt und Jung um die Brunnen herum. Da wird das Vieh getränkt, Essen gekocht, zur 5saitigen Laute Gesang und Tanz getrieben, und wenn der Osten die Annäherung des allgemeinen Feindes ankündigt, zieht Alles in kleinen Gruppen, sammt Vieh und den gefüllten Wassergirben, hierhin oder dorthin heimwärts. — Es war fast 1 Uhr Nachmittags, als wir am andern Ende der Ebene waren und einen waldähnlichen Park von blühenden Akazien, Nabaks, Farhas in schönen Stämmen, Uschar und dergleichen durchritten. Wir mussten einen bedeutenden Vorsprung haben, und es schien rathsam, die Spitze der Karavane zu erwarten. Schatten allerdings war da, allein in der Hoffnung Argot in 5 Stunden zu erreichen, hatte Prouth auch nicht einmal ein Frühstück mitnehmen lassen. Der Fähndrich hatte in seinem Taschentuche etwas zerbröckeltes Soldatenbrod mit Salz und spanischem Pfeffer und bot uns davon an. Wir tunkten es in das

*) Nachtigal schreibt »Serdzanat«, Petermann (Mittheilungen 1878, Taf. 3 u. Stieler's Hand-Atlas No. 70) »Sendschanat«.

laue Wasser unserer Girbe; es schmeckte barbarisch, allein es war etwas gegen unseren nach 7 stündigem Ritte tyrannisch gewordenen Hunger. Früh hatten wir nichts als unsern schwarzen Kaffe und 2 Wasserbisquits gehabt. Prouth verzog beim Frühstück aus des Fähnrichs Taschentuch gewaltig das Gesicht und sagte: »Doktor, das ist ein Höllenfrass!« — »Geschieht Ihnen ganz recht«, erwiderte ich, »Hundert Mal von diesen schwarzen Hunden angelogen, können Sie noch immer deren Angaben Vertrauen schenken!« — Nach etwa 15 Minuten Rast kam ein Soldat und meldete, die Karavane sei nicht gar weit und folge in der besten Ordnung. Wir ritten weiter. Gar weit konnten die Brunnen von Argot unmöglich mehr sein. Zu den 21 Meilen von gestern, hatten wir heute ganz ohne alle Berechnung wenigstens 20 Meilen gemacht, und 40 Meilen betrug nach unseren Karten die ungefähre Entfernung. Aber auch andere Zeichen bestätigten die Nähe der Brunnen. Das Gebüsch wimmelte von geschwätzigen und singenden Vögeln, und uns begegnete eine kleine Heerde stattlicher Ochsen, die ohne alle menschliche Begleitung heimzog und offenbar vom Brunnen kam; später wurden uns zwei mit Wasserschläuchen beladene Esel vorbeigetrieben und endlich begegneten wir zwei Mädchen mit Wasserkrügen auf den Köpfen. Allein alles Das sagt nicht eben viel, denn in Kordofan und Darfur schleppt man oft das Wasser 20—23 Stunden weit; ich legte mehr Gewicht auf die lustig herumhüpfenden kleinen Vögel in den Zweigen. Es war bereits 2 Uhr 20 Minuten, als wir endlich aus dem Dickicht des Gebüsches hinauskamen und die Brunnen und Tränkplätze von Argot oder Ergot vor uns sahen. Um einen guten Lagerplatz zu gewinnen, mussten wir uns etwa noch 1500 Schritte weit von den Brunnen entfernen, denn in der Nähe der Brunnen ist des unsäglichen Schmutzes wegen kein Niederlassen möglich. Noch ehe unsere Karavane den Lagerplatz erreichte, kam eine Frau, die sich beklagte, Soldaten und Kameltreiber hätten ihr am Brunnen mehrere Hammel gestohlen. So wie die Karavane ankam, wurde Kamel um Kamel besichtigt und untersucht. Es fanden sich richtig 5 geraubte Hammel, 2 getödtet, 3 lebend vor. Die letzteren 3 wurden der Frau zurückgegeben, die zwei todten mussten die Soldaten sofort von ihrer Löhnung bezahlen; dann wurden die 5 Soldaten abgestraft. — Die ganze Gegend ist sehr baumreich, hat herrliche Stämme von Farha und Harrasi (Acacia albida), von Nabak, Schechet, Gerf-el-dud und Baobabs oder Hommer. Eine grosse Menge wundervoller kleiner Vögel belebte die Vegetation, einer davon mit goldgrün glänzendem Gefieder; eine grosse Menge Turteltauben, 2—3 Arten, und eine Art grosser Rebhühner mit kräftigen Sporen an den Füssen, die man Frankline nennt. Um 4 Uhr trat Prouth in mein Zelt; »Doktor«, sagte er, »da ist ein Schreiben vom Oberstlieutenant Mason-Bey. Er ist mit Dr. Low im Lager des englischen Eisenbahn-Ingenieurs Backwell, der mit seiner Expedition die Eisenbahn hier in Dar-Fur ausmisst. Mason ist uns so weit entgegengereist. Das Lager ist keine Stunde weit von hier. Reiten wir hinüber?« — Statt einer Antwort rief ich zum Zelte hinaus: »Achmet, der Sais, soll mein Pferd satteln!« Wir machten uns fertig und ich zündete eben noch im Zelte meine Cigarre an, als der Hufschlag einiger Pferde hörbar wurde. Wir gingen hinaus, da sprangen Mason und Low schon von ihren Pferden und eilten auf uns zu. Die Begrüssung war die herzlichste. »Doktor,« rief Mason, und schloss mich in die Arme, »was sehen Sie prächtig aus und der herrliche Bart!« Dr. Low schüttelte mir die Hand. »Ach, Doktor Low,« sagte ich, »wer von uns hätte sich es träumen lassen, als ich in Cairo von Ihnen Abschied nahm, dass wir hier in Dar-Fur uns wiedersehen würden?« — »Nicht wahr?« sagte er, »das ist uns beiden eine angenehme Ueberraschung.« — Ich fragte viel nach Frau und Kind aber er wusste mir nichts zu sagen, als dass ich neuerdings Vater eines Knaben geworden sei, was mir nun eben nichts Neues mehr war. Beide waren hieher gekommen, um uns Backwell's Einladung zu bringen und uns zum Nachtessen abzuholen. Es war bereits dunkel, als wir vier von unseren Ordonnanzsoldaten gefolgt, hinüberritten. Dem heissen Tage war ein schwüler Abend gefolgt. Unterwegs hatten wir die seltene, prachtvolle Erscheinung eines feurigen Meteores in SW., welches in der Grösse und im Lichte einer Leuchtkugel sieben Sekunden hindurch brillirte und sich dann zur Erde senkte. Herr Backwell empfing uns mit altenglischer Hospitalität und stellte uns die Mitglieder seiner Expedition, zwei englische und einen schweizer Ingenieur, vor. Auf dem Tische standen ganze Batterien von Gin, Old Tom, Cognac, Rum, Whisky, Sodalimonade etc. Die Unterhaltung war sehr lebhaft und wir wurden ungemein heiter. Um 8 Uhr ging's in's Tafelzelt. Die Tafel war reich und ausgewählt besetzt; man bot uns vorzügliche Suppe mit Sago, ausgezeichnete Weine, Gazellenwildpret, Spargel u. dgl. Dr. Low, ein vortrefflicher Schütze, versorgt täglich die Tafel mit Wild und Geflügel. Nach unserem Misere lebten wir hier schwelgend wieder auf. Um 11 Uhr ritten Prouth und ich in unser Lager zurück.

Freitag, den 21. April. Früh um 8 Uhr waren Mason und Dr. Low schon bei uns. Backwell siedelte mit seinem Lager hierher über bis ganz in unsere Nähe. Ich hatte kaum Zeit die bisher gesammelten Pflanzen durchzusehen und zu ordnen. Nach dem Frühstücke, so gut als wir armen Schächer ein Frühstück hier zusammenstoppeln konnten, gingen wir mit unseren Freunden hinüber in's Backwell'sche Lager. Hier wurde beschlossen morgen noch pro bono publico einen Rasttag zu halten, und ich verabredete mit Low eine Exkursion, er zum Jagen, ich zum Pflanzen sammeln. Abends nach dem Essen kehrten wir in unser Lager zurück.

Sonnabend, den 22. April. Die Brunnen von Argot etwa (?) an der Zahl finden sich in drei grossen Gruppen bei einander. Ihre Tiefe beträgt (?) Meter. Die Schachte sind eng, das Wasser reichlich, rein und frisch, die Temperatur + 18° Réaumur. Der Tag versprach sehr heiss zu werden. Um 7½ Uhr trank ich noch mit Dr. Low ein Glas Schweizer-Milch und dann gingen wir fort. Exkursion bis 11 Uhr; dann gingen wir in unser Lager zurück. Mason war bei uns und theilte unser einfaches Frühstück. Dann hatte ich zu schreiben und alles zum Aufbruche für den folgenden Morgen vorzubereiten. Backwell liess uns noch zu einem fröhlichen Abschiedsdiner einladen, wobei es zwanglos und heiter zuging, doch zogen wir uns früh in unsere Zelte zurück.

Sonntag, den 23. April. Nachdem 14 Minuten vor 6 Uhr die Karavane sich in Marsch gesetzt hatte, ritten Prouth und ich in's Backwell'sche Lager hinüber, um Mason abzuholen und um unseren Freunden Adieu zu sagen. Der Abschied war kurz und herzlich. Es war eben 20 Minuten nach 6 Uhr, als unsere drei Pferde sich in Trab setzten, gefolgt von unserer alltäglichen Suite. Unsere Karavane hatten wir nach dem Verlaufe einer Stunde schon überholt. Die Gegend wurde gar bald, so wie wir uns von den Brunnen mehr und mehr entfernten, immer öder und steriler und nahm gar bald wieder den Charakter des traurigsten und wüsten Atmurs an. Mörgh, den wir lange nicht gesehen hatten, fing wieder an mit seinem Verwandten dem Uschar gemeinschaftlich aufzutreten. Ich sah nach und nach mehrere Bäume, deren Gestaltungen mir fremd vorkamen und die ich nirgends hinzubringen wusste, da sie mir nichts als ihren Stamm und ihre kahlen Aeste und Zweige darboten. Nur einige Akazien fingen an ihre Laubmassen zu entfalten und der Sarch oder Sarka trug sein dunkeles Grün und bildete in dieser Gegend so grosse schattenspendende Bäume, dass wir unter einem derselben lagernd, gemüthlich unsern Kaffe trinken und die Karavane erwarten konnten. Gegen 9 Uhr sahen wir in der Ferne zu unserer Linken einen Hügel, den man uns als den Gebel Schauer bezeichnete; doch erachte ich diese Benennung für unrichtig, da wir den Gebel Schauer bald als ansehnlichen Gebirgszug stundenlang zu unserer Rechten sahen. Um 12 Uhr durchzogen wir den Wadi Balach und liessen zu unserer Linken das weite Becken einer bedeutenden und ausgetrockneten Fulah, reich mit Heglik umkränzt. Hier war für eine Weile die Vegetation in ihren dürren Resten wieder etwas reichhaltiger und schien für die Regenzeit eine nicht unbedeutende Ausbeute zu versprechen. Beständig in gleicher Richtung und merklich bergauf reitend, näherten wir uns dem Gebirge Sagenat, einem mächtigen, pittoresken Gebirgszuge von Granit, Quarz und Glimmer, welcher allein uns noch von dem Ziele unserer Reise, der Hauptstadt Dar-Fur's trennte. Hier, in Mitte dieser Berge, auf einer sanft abschüssigen Hochebene, ganz von grotesken Felskuppen umschlossen, schlugen wir gegen 4 Uhr nach einem 10stündigen Ritte unser Lager auf. Wir hatten gegen 26 Meilen gemacht; unsere Lastkamele folgten uns sehr langsam nach, die letzten kamen erst nach Mitternacht an. Acht Kamele waren gefallen und todt. — Zu unserer Rechten zogen sich die dunklen Gebirgsmassen des Gebel Koronda hin, daran reihte sich der wunderlich gestaltete Gebel Kulgi mit der kleinen, aber romantisch gelegenen gleichnamigen Hella, und hinter diesem der Gebel Benat. Den Kreis schloss zu unserer Rechten der Zug des Gebel Genni. Ermüdet zogen wir uns früh in unsere Zelte zurück, nachdem wir uns beim Essen durch eine Flasche Bordeaux, die Mason mitführte, und dann durch eine Bowle kalten Punsch, die ich veranstaltete, etwas restaurirt und somit unsere heute tüchtig durch einander geschüttelten Glieder zur gemächlichsten Ruhe vorbereitet hatten. Mason zog es vor de coucher à la belle étoile; auch ich liebe das, allein hier sah es mir denn doch ganz darnach aus, als ob unter irgend einem Baume ich mich auf den Besuch irgend eines ungebetenen Gastes etwa eines Skorpiones oder einer Schlange, hätte gefasst machen können. Und so war es auch. Am andern Morgen bemerkte Mason: »Ich möchte doch wissen, welche Menagerie heute Nacht Reitschule auf meinem Körper gehalten hat; alle Augenblicke fühlte ich dergleichen!« Ich war froh in meinem Zelte ruhig ausgeschlafen zu haben.

Montag, den 24. April. Heute ritten wir genau mit Sonnenaufgang aus und eilten der Karavane so sehr voran, dass wir schon um 8 Uhr 10 Minuten Halt machen mussten, um sie wenigstens im Auge zu behalten. Wir hatten Zeit genug Kaffe machen zu lassen, und als wir ihn zu uns genommen, sahen wir auch schon unsere Lastzüge. Da es uns gewaltig trieb El-Fascher schnell zu erreichen, so schwang ich mich alsbald wieder auf mein Kamel. Wir trabten fort. Es währte nicht lange, so hatten wir vor uns ein Défilé von Bergen, welches sich bald darauf öffnete. Die Berge traten mit ihren Kuppen weit aus einander. Wir ritten stark bergab in eine Ebene hinein, welche uns eine rein sterile Wüste zeigte. Hier angelangt, war nur noch ein grosser flacher Sandhügel von gleicher Sterilität zu übersteigen, und in weiter gelber Sandebene lag El-Fascher, die Haupt- und Residenzstadt Dar-Fur's vor uns. Wir ritten sehr rasch und mein Kamel, welches Anfangs hinter den zwei Pferden zurückgeblieben, flog jetzt allen voran und holte so kräftig aus, dass mir zuweilen die Stösse im Gehirne reflektirten. Es war noch nicht 11 Uhr als wir die ersten Mauern erreichten. Bevor man noch die eigentliche Stadt, oder vielmehr das, was man Stadt nennt, sieht, zieht sich zur Rechten eine lange, roh aus unbehauenen Steinen aufgeschichtete Mauer hin. Ich hielt es für eine Art Schutzmauer aus der Zeit des Krieges, allein Mason belehrte mich, dass es der Palast der Sultane von Dar-Fur sei, wo Ismael Pascha residirt und wo wir auch wohnen sollten. Ich konnte mich an diesem Palast gar nicht satt sehen; doch bald wurde meine Aufmerksamkeit nach links hingeleitet. Hier sah man in einiger Entfernung nichts als Trümmer und Mauerreste zerstörter Togguls und weithin über den Ruinen hinweg einen grossen Haufen Togguls. — Das ist El-Fascher? Nun, bei Gott, diese Haupt- und Residenzstadt, die sich da auf nackter Wüstenfläche entfaltet, sieht einem verödeten Schindanger doch so ähnlich wie ein Ei dem Anderen. — Ach El-Obeid! seufzte ich, — die schönen Tage von Aranjuez sind nun vorüber! Hier ist das Schlachtfeld Siber-Paschas und seiner Basinger.

Hier breche ich ab. Mein letzter Brief enthält das Folgende. Nachdem ich drei Tage in einem Toggul gerastet, wies mir Purdy ein Zimmer an auf seinem Hofe und dicht neben seinem Zimmer. In dem seinigen hatten die Sultane gewohnt. Das Meinige war die Behausung der ersten Favoritin. Alle Deckbalken waren mit farbiger Wolle und Seide umwickelt, und alles war so tapeziert gewesen; allein die Basinger, die ärger als wilde Thiere gehaust haben mögen, zerstörten Alles. Als Zeugen früherer Pracht hängt noch hier und da von den Balken ein gelbes, grünes oder rothes Fetzchen herab, und an der Stelle, wo einst die schönste öl- und schweissduftigste aller schwarzen Schönheiten mit ihrem Sultane geschlafen, schnarche ich nun äusserst prosaisch auf meinem Feldbette. Route von El-Obeid bis El-Fascher: 408 englische Meilen. El-Obeid: 13° 10′ N. B. El-Fascher: 13° 36′ N. B.

El-Fascher, 11. Mai 1876.

Sehr geehrter lieber Herr Konsul Travers! Nachdem ich Sie in meinem letzten Schreiben mit der Erzählung unserer Reiseerlebnisse hin und her gelangweilt habe, müssen Sie heute mit dem Fragmentchen eines Briefes fürlieb nehmen, dem ich 4—5 Skizzen beifüge. Es sind Schmieralien, die errathen lassen, dass ich vor vielen Jahren etwas zeichnen konnte. Der Ernst des Lebens liess mich mein Zeichnentalent vernachlässigen und leider muss ich jetzt alles, was ich noch kann und was ich einst konnte, aus allen Winkeln hervorsuchen und ausbeuten so gut es geht. Die angeschlossenen Skizzen sollen nur dazu dienen, mir das Bild als Vorlegeblatt zu fixiren, damit ich sie später, falls mir Gott das Leben lässt, mit Musse ausführen kann.

In Ihrem letzten werthen Schreiben beehren Sie mich mit so vielen schmeichelhaften Lobeserhebungen, dass ich ganz beschämt bin; ich fühle deutlich, dass ich sie in diesem Maasse nicht verdient habe. Namentlich bin ich es keineswegs allein, der bei diesen Expeditionen wissenschaftlich thätig ist. Sie dürfen, verehrtester Herr Konsul, unsere Arbeiten nicht nach dem faden Gewäsch meiner itinerären Erzählungen beurtheilen, denn diesen geht alle Wissenschaftlichkeit ab und sie sind nur für mich und meine Freunde bestimmt; wissenschaftlich wird anders gearbeitet und zwar nicht nur von mir, sondern in demselben Maasse von Prouth und Mason. Prouth's Karte von Kordofan *) lässt an Genauigkeit nichts zu wünschen übrig, und ich bezweifele sehr, dass irgend ein Afrika-Reisender je etwas gearbeitet hat, das man Prouth's Karte zur Seite stellen könnte; denn jeder Punkt ist durch Kompass und Sextant vorgezeichnet und durch eine Anzahl astronomischer Beobachtungen fixirt. Ganz dasselbe gilt von Mason's Arbeiten in Dar-Fur. Und dabei sind diese Herren so einfach und bescheiden, dass man sie lieb gewinnen muss.

Doch genug für heute. Ich wage es die Meinigen nochmals Ihrer freundlichen Obhut zu empfehlen. Geistige Ruhe und Ruhe des Herzens fördern jede Arbeit des Kopfes. Ich bitte Sie, besuchen Sie die Meinigen von Zeit zu Zeit; es wird eine Wohlthat sein für Ihren ergebensten Freund. . . . .

El-Fascher, 30. Mai 1876.

Geehrtester Herr Konsul Travers! Sie werden in meinem letzten Briefe ein kleines meteorologisches Täfelchen vermisst haben, welches Ihnen zeigen sollte, in welcher Form und wie wir arbeiten: ich behielt es zurück, weil ich mir sagte, dass das einzelne isolirte Täfelchen, aus seinem Zusammenhange gerissen, so viel als nichts bedeute, ja fast einer Spielerei ähnele. Hier ist Alles im Zusammenhange.**) Interessirt es Sie, so sehen Sie es durch und händigen es dann meiner Frau ein zum Aufbewahren. Eine Kopie geht unter gleichem Datum an's Ministerium.

---

*) Siehe Marno: Reise in der aegyptischen Aequatorial-Provinz und in Kordofan in den Jahren 1874—76, woselbst eine Karte von Kordofan nach den Aufnahmen Prouth's publicirt ist. Diese sowie Petermann und Hassenstein's zehnblättrige Karte von Inner-Afrika werden beim Verfolg der Pfund'schen Reisen die besten Dienste leisten.

**) Pfund's meteorologische Beobachtungen in Kordofan und Dar-Fur sind mittlerweile unter dem Titel »Essai météorologique (Publication de l'État-Major Général Égyptien 1877)« in Cairo publicirt worden.

Dieses sind die Originalarbeiten, die ich als mein Eigenthum reservire, um Alles was wissenswerth und interessant ist, für mein Reisewerk zu sammeln. Es bleibt nichts davon in meiner Hand; ich muss für spätere Arbeiten der Art mich auf mein gutes Gedächtniss verlassen, denn ich kann doch unmöglich den ganzen Wust noch einmal abschreiben. Meine Augen leiden ohnehin sehr, und leider haben und hatten wir bei der ganzen Expedition unter 6 Lieutenants vom Generalstabe keinen Menschen, der von ähnlichen Sachen eine Kopie machen könnte. Zugleich sehen Sie, wie wir Alle beflissen sind, alle erdenkliche Delikatesse gegen fremde Fehler zu beobachten und fremdes Verdienst gebührend zu ehren. Ich rüge und erläutere die nachlässige Art einiger Untersucher, keine Silbe aber nennt den Fehlenden. Wer sich getroffen fühlt, mag sich in aller Stille bei der Nase zupfen und seine Irrthümer korrigiren.

Heute früh erhielt ich vom Gouvernement die Anzeige, dass meine verlangten Kamele, Führer urd Treiber bereit seien. Ich gab daraufhin sogleich Befehl, meine Eskorte bereit zu halten, Provision einzupacken und die Zelte nachzusehen (denn es ist Regenzeit), und werde demnach wohl 1—2 Tage nach Abgang dieses Briefes Fascher verlassen. Prouth wird in etwa 14 Tagen aufbrechen. Er geht nach Westen, ich nach Norden gen Melitt*) und durch das Gebirge Tagabo, wo der Stamm der Berti hauset.

In den letzten Tagen habe ich ungemein viel gearbeitet. Auch mein Plan der 19 Pyramiden von Meroë ist fast fertig und die Ansicht davon begonnen. Wären nur meine Augen nicht um Vieles älter, als ich.

Hat Colston Ihnen meine Grüsse gebracht? Auch Oberstlieutenant Mason wird bald nach Empfang dieses Schreibens bei Ihnen sein. Das sind für uns zwei ganz herbe Verlüste. Prouth ist nun noch der Einzige, der Viel und Tüchtiges leistet, und ich? Lieber Gott, ich habe leider nur 2 Hände und der Tag hat nur 24 armselige Stunden. Oft arbeite ich bis 2, auch 3 Uhr in der Nacht, bis es mir vor den Augen schwimmt und ich meinen Federstrich nicht mehr erkennen kann. Nun, in 2—3 Tagen ändert sich das. Ich muss wieder hinaus in's Freie und eilen fortzukommen; denn meine Kamele sind da, ich habe für sie quittirt und die armen Beester haben hier nichts zu fressen. Um Fascher herum ist Alles kahle nackte Wüste, und ein Ardeb**) Duchn kostet heute 28 Marienthaler. Die Theurung ist hier ganz enorm. Ein Packet Lichter (in Kairo 9 Piaster) kostet hier 4½ Francs und ich brauche für mich allein 2 Lichter jeden Abend, i. e. 12 Packete im Monat.

---

*) Siehe Petermann & Hassenstein, Karte von Inner-Afrika, kl. 4.

**) 1 Ardeb = 180 Liter.

Wir erwarten in Kurzem die Ankunft des Major Lawson, welcher an Mason's Stelle tritt und uns von Cairo aus neue Provision mitbringt. Weder Purdy noch Prouth kennen ihn; er muss also sehr jung sein.

El-Fascher, den 30. Mai 1876.

Meine liebe Ida! Deine und Karl's lieben Zeilen vom 9. April erhielt ich den 24. Mai Abends. Der Brief war 45 Tage unterwegs. Vier Tage vorher hatte uns Oberstlieutenant Mason verlassen, um nach Cairo zurück zu kehren. Mir kommt es hier in Dar-Fur minder gefährlich vor, als in Kordofan. In den Gebirgen von Katul, am Rahat, bei den Baggaras, da war's gefahrvoll, da habe ich selbst nie anders als mit dem Revolver in der Hand geschlafen, hier aber sah und hörte ich bisher noch nichts von Gefahr. Zwar gehe ich später in's Gebirge, wohin noch kein Europäer kam, allein ich gehe stets sehr vorsichtig zu Werke, ich setze mein Leben nie nutzlos oder unsinnig auf's Spiel; aber ich schrecke auch vor keiner Gefahr zurück, wenn die Pflicht oder ein wissenschaftliches Interesse mich ruft.

Wie Du aus meinem Briefe an Herrn Konsul Travers ersiehst, reise ich schon wieder fort. Meine Kamele sind bereit und den 2. Juni früh 6 Uhr führe ich meine Expedition gen Norden. Habe keine Angst, bisher war Gott mit mir und meine Gesundheit ist gut. Ueberfälle sind hier schwerlich zu fürchten, denn Ismael Pascha hat das Volk zu mächtig niedergeschlagen. Prouth behauptet, mit 5 Soldaten sicher durch's ganze Land gehen zu können. Das glaube ich nun eben nicht, denn in den Gebirgen, wohin mein Beruf mich vorzüglich führt, ist es nirgends sicher. Wie schon bemerkt, lasse ich übermorgen früh zum Aufbruch blasen, dann mag mein schwarzes Pferd mich weiter tragen. Unterwegs, wenn ich Rasttage halte (in Melitt bleibe ich 2—3 Tage), schreibe ich Dir, wie stets auf Reisen. Grüsse Alles was sich meiner erinnert.

Dar-Fur. Hella Tager, den 12. Juni 1876.

Meine Ida! Dass ich den 2. d. M. El-Fascher verliess, ist Dir bereits bekannt. Zwölf Tage bin ich bereits auf Reisen und heute erst komme ich dazu, mich längere Zeit mit Dir zu unterhalten. Ich kann freilich nicht beurtheilen, ob meine langen Reiseberichte Dich erfreuen oder langweilen; allein ich denke, wenn ich Dir genau meine Erlebnisse mittheile und Bilder hinzufüge, so muss Dir's fast sein, als machtest Du die Reise mit mir, und dabei hast Du noch den Vortheil, nichts von Beschwerden, Gefahren, Entbehrungen, Hitze, Gestank und Durst zu leiden.

Wie geht es meinem braven Colston? denkt er meiner so fleissig, wie ich an ihn denke? Seitdem er nicht mehr die Expedition belebt, bin ich nicht halb mehr das, was ich früher war. Ich arbeite, ja, ich arbeite sogar viel und ich kann wohl sagen, mehr als alle anderen zusammen; aber ich arbeite nur, weil ich von Natur aus einmal nicht eine Stunde unthätig sein kann. Mein Enthusiasmus für die Sache selbst ist weg, und wäre es nicht nothwendig für die Meinigen, mein Joch so lange als irgend möglich zu tragen, ich würde meine Entlassung begehren und heimkommen. Jetzt ist auch noch Mason weg! — Prouth ist ein edler Charakter, ein guter Geograph und Astronom, allein er ist gar jung und in Entschlüssen und Handlungen oft schwankend. Prouth ist mein Freund, allein ein grosser Unterschied der Jahre ist in der Freundschaft hinderlich. — Ich bin ganz prächtig ausgerüstet und habe noch ausserdem 60 Tob mit. Ein Tob ist ein ganzes Stück Baumwollenstoff. Das ist hier das Geld; denn auf dem Markte und in den Dorfschaften ist Geld völlig unbekannt und Niemand nimmt es. Ein Tob hat den Werth eines halben Theresienthalers. Reisst man ein solches Stück Stoff in der Mitte durch, so ist es ein halber Tob oder ein Farentie = ¼ Thaler. Von diesen hat man weisse und blaue Stücke desselben Werthes. Die blaue Farentie kann man in fünf Stücke zerreissen, um kleines Geld zu machen. ⅕ Farentie heisst eine Terga. Ein Tob hat also 10 Terga. Rechnen wir den Thaler zu 20 Piaster Tarif, so hat ein Tob 10 Piaster, eine Farentie 5 Piaster, ein Terga 1 Piaster Tarif Werth. Letztere ist hier die kleinste Münze. Dieses Fetzengeld habe ich mit, um Fleisch, Butter etc. zu kaufen.

Freitag, den 2. Juni. An einem Freitag abreisen? — Das wollte meinen Leuten durchaus nicht in den Kopf, das bringt Unglück. Um 6 Uhr brüllten die Kamele im Vorhofe und meine Eskorte marschirte zur Musterung vor meiner Thür auf. Ich kontrollirte ihre Remingtons, ihre Patronen, ihre Fouragesäcke und liess sie abtreten und an die Arbeit gehen. Soldaten und Kameltreiber trugen nun meine Kisten, Pressen, Papierballen und all' mein Gepäck in den Vorhof, holten aus dem Magazine die Zelte, Pflöcke, Stricke und 10 Zinkbarile, die mit Trinkwasser angefüllt wurden. Alles das beaufsichtige ich stets selbst. Basili hatte ich früh auf den Markt geschickt, um für die ersten zwei Tage Hühner, Butter und Zwieback zu kaufen. Währenddessen wurde alles Gepäck mit Stricken versehen. Der Bolukbascha, mein Requisitionsofficier, brachte mir vom Mudir ein Schreiben an den Schech von Melitt und stellte sich zu meinen Befehlen. Prouth und Purdy meinten, ich solle doch um 12 Uhr noch mit ihnen frühstücken und abreiten, wenn die grösste Hitze vorüber. Ich stimmte ein und Purdy konnte nicht genug auf eine glückliche Reise, auf glücklichen Erfolg und auf frohes Wiedersehen trinken. Als Prouth mich einen Augenblick allein erhaschte, nahm er meine Hand und sagte: »Pfund, arbeiten Sie nicht zu viel, namentlich nicht so viel bei Nacht. Reiten und arbeiten Sie nicht während der grossen Hitze, schonen Sie sich, oder besser, machen Sie eine Erholungsreise. Sie haben gewiss genug gethan; arbeiten Sie einmal garnicht.« — O mein bester Prouth, erwiderte ich, Sie wissen selbst zu gut, dass ich das nicht fertig bringe; Unthätigkeit macht mich krank. — Purdy hatte mir eine Karte geschickt, die er nach Mason's Notizen entworfen hatte. Sie umfasste genau das ganze Gebiet, welches ich mir zu bereisen vorgesteckt hatte. Nach dem Frühstücke führte der Sais Pferde und Esel vor. Ich liess alle Leute zusammentreten und sagte: »Soldaten, wir sind nicht mehr in Kordofan; wir sind in einem Lande, welches den Augenblick noch im Kriegszustande ist. Die Eingeborenen hassen uns. Wir müssen Alles thun, um mit ihnen in Frieden auszukommen, nichts thun, was ihren Hass erregen könnte. Der Bolukbascha, Achmet Effendi, ist mein Requisitionsofficier. Er ganz allein hat das Recht und das Amt, von den Behörden zu requiriren, was wir brauchen. Höre ich eine Klage, dass einer von euch etwas genommen oder gewaltsam und ohne Zahlung ausgeführt, so zahle ich den Gegenstand doppelt, das Geld aber wird dem Thäter von seiner Löhnung abgezogen und er empfängt ausserdem noch zwei Dutzend Hiebe.« — Pah! rief Purdy in bester Abschiedslaune dazwischen, fünfzig wenigstens. Um zwei Dutzend lasse ich gar nicht anfangen! — Wir lachten und ich fuhr fort: »Der Korporal und die Eskorte reiten stets mit der Karavane. Von den zwei Führern geht einer mit mir, der andere mit der Karavane. Der Korporal hat die Aufsicht über das Trinkwasser und muss darauf achten, dass die Barile stets gefüllt sind. Jeder bekommt täglich 3 Liter Wasser. Führer und Kameltreiber bekommen nichts; sie haben für sich selbst zu sorgen. Ist im Lager Alles geordnet, sind die Zelte gestellt, das Gepäck untergebracht, so hat ein Soldat, den der Korporal bezeichnet, die Kameltreiber zu bewachen und Acht zu geben, dass die Kamele auf gute Futterplätze getrieben werden, ein zweiter lässt Stroh für mein Pferd und für den Esel herbeischaffen und tränkt beide Thiere; ein dritter besorgt dürres Holz an den Küchenplatz und hilft mit kochen; und ein vierter schichtet alle Wasserbarile vor meinem Zelte auf. Ist das alles in Ordnung, so habe ich keinen Grund zur Unzufriedenheit, und ihr keine Strafe zu erwarten. Vor Allem nehmt nichts. Ihr seid Soldaten des Vicekönigs und sollt anständig sein. Ihr werdet mehr haben, als ihr begehren könnt. Ich will nicht der Führer einer Diebshorde sein. Mit mir reiten der Bolukbascha, meine Maraslafs, Basili und Surur. Salutirt euren Officieren. Sitzt auf!« — Wir sahen dem Zuge zu wie er abritt. Dann musste ich noch einmal mit in's Speisezimmer, um auf frohes Wiedersehen zu trinken. Purdy und Prouth umarmten und küssten mich, — Prouth mit sichtlicher Rührung. Ich schwang mich auf's Pferd und ritt hastig mit meinem kleinen Gefolge der Karavane nach. Es war gerade 2 Uhr 40 Minuten als ich bei unserm äussersten Posten vorüber ritt. Der Kerl präsentirte sein Gewehr so ungeschickt, dass ich lachen musste. Man sah es ihm an, er hätte mir gerne die Hand geküsst, musste aber präsentiren. Ich warf ihm eine Cigarre zu und trabte weiter. Die Karavane hatte ich schnell überholt. Fascher zieht sich nach Norden hin weit hinaus, doch hat Alles ein trauriges Aussehen. Mächtige Sandflächen, vereinzelte Heglikgebüsche. Die Gegend ist wüste und leer und hat nicht einmal Wasser, worauf der Geist Gottes hätte schwimmen können. Halb dürre Pflanzungen von Kürbissen und Wassermelonen zwischen zerstreuten Togguls und Resten zerstörter Mauern. Ueberhaupt bildet Fascher kein zusammenhängendes Ganze; es sind vereinzelte Gruppen von Togguls, die in ihren Dornumzäunungen (Seriben) kleinen Dorfschaften oder Meiereien ähneln. — Um 4 Uhr 30 Minuten lag links die Hella Ischerafa, ein kleines unansehnliches Dorf, und unmittelbar darauf erhob sich der Gebel Uanaï. Um die grosse Hella Omrahaïk heute noch zu erreichen, waren wir zu spät ausgeritten. Ich liess also um 5 Uhr in einer grossen, freundlichen Ebene Halt machen und mein Zelt unter einem grossen Seyalbaume aufstellen. Seyal, Laot und Tundub bestreuten das Thal, und grosse Mengen von Tomam und Mahareb boten mir reichliches Futter für die Reit- und Lastthiere. Ich ging um die Anordnungen meines Korporals zu beobachten und zu sehen, ob er meine Befehle richtig verstanden habe. Es ging alles ganz in der Ordnung. Dann liess ich den Soldaten vier Zinkbarile mit Wasser geben, zwei in die Küche tragen und vier zu meinem Zelte. Ich packte meine Instrumente aus, um zu beobachten. Abends hatte ich vortreffliche Hühnersuppe, ein Brathähnchen und Esau's Leibgericht. Es war mir gar nicht recht, so ganz allein zu essen; doch war ich herzlich froh aus Fascher zu sein. Ich kann einmal nicht mehr stille sitzen. Wer den unendlichen Reiz wissenschaftlicher Forschungsreisen einmal kennt, der ist zum Zimmerhocken verdorben. Wir hatten heute 2 Stunden 20 Minuten, also sieben Meilen gemacht. In SSO unseres Lagerplatzes, etwa in 3 Kilometer Entfernung, lagen der Gebel Gurgur und der konische Gebel Chaluf. Ich machte Situationsnotizen zum Entwurf meiner Karte; denn die ich mitbekommen hatte, sah mir etwas verdächtig aus. Nachdem dieses beendet, setzte ich mich mit meinem Schibuk und Kaffe vor die Zeltthür, um in sinniger Erinnerung an Frau und Kinder den wundervollen Abend im hellsten Mondschein zu geniessen. Hinterwärts, vor Basilis Zelte hockten um ihn herum die Soldaten und Baschibussuks und plauderten und sangen. Surur kauerte nicht weit von mir und gab Acht, dass meine Pfeife brannte. Mein Nimrod lag hingestreckt zu meinen Füssen, die lange Schnauze auf den Vorderfüssen ruhend. Plötzlich ward hinter mir Alles mäuschenstill, und ich hörte die Leute nur noch von Zeit zu Zeit leise flüstern. Nach einer Weile stellte sich meine ganze kleine Eskorte, das Gewehr im Arme, in Reih und Glied neben der Zeltthür auf. Chabareh? frug ich. Mein Ombaschi salutirte und fragte, ob ich nichts höre? Es kämen aus dem Gebirge Leute zu Pferde, vermuthlich Räuber. Ich horchte auf und hörte nun wirklich ein fernes Getrappel aus den südlichen Bergen. Abdul Hamid brachte mir meinen Revolver und stellte sich mit seinem Gewehr zu mir hin. Wiewohl ich noch nicht wusste, was es eigentlich geben werde, musste ich doch lachen. Meine kleine Eskorte, schlachtfertig in Front und das vielleicht gegen eine weit überlegene Anzahl von Räubern, kam mir sehr komisch vor, und erinnerte mich an Sansquartier in Angeli's sieben Mädchen in Uniform, der mit zwei Mann seine Festung gegen eine Menge Korsaren vertheidigen will. Auch Surur kam mit einem unbändigen Knittel und stellte sich zu Abdul Hamid. Am Lächerlichsten war mein Basili. Dieser lange Landsmann des grossen Leonidas dachte in seiner Bestürzung gar nicht daran, dass ich auch ihm hatte Revolver und Doppelbüchse geben lassen und verkroch sich in sein Zelt. Das Getrappel kam unverkennbar näher. Ich trank meinen Kaffe aus. Da brachte mir der Sais mein gesatteltes Pferd. Was soll das? fuhr ich in die Höhe, bist du verrückt, Kerl? — Ich soll ausreissen? — Abgesattelt, und Pferd und Esel hier vor meinen Augen angebunden! — Ich wollte mir Basili's Revolver holen lassen, denn zwölf Kugeln sind besser als sechs; allein dazu war noch immer Zeit und ich musste meinen Leuten auch die Ruhe zeigen, die ich wirklich besass. — Ich blieb also ruhig auf meinem Stuhl sitzen und rauchte meinen Schibuk weiter, horchte aber gut auf und sah nach der verdächtigen Gegend hin. Das Getrappel wurde deutlicher und ich unterschied nun mit Sicherheit, dass es Eselgetrappel war, welches bei der Stille der Nacht auf dem harten steinigen Boden und wohl auch durch das Echo im Gebirge verstärkt wurde. Plötzlich sagte Abdul Hamid: Hahm! und nahm sein Gewehr auf. Man sah deutlich schwarze und weisse Punkte sich aus dem Gebüsche herausbewegen und hörte rechts und links das Knacken der Gewehrschlösser. Dass sich Keiner untersteht zu schiessen, wenn ich's nicht befehle! rief ich. Ihr habt nichts anzugreifen! Greift man uns an, so werde ich sehen, was zu thun ist. — Bald erkannte man sieben Reiter zu Esel in ihren weissen Umhüllungen. Ich sah mich nach meinem Revolver um und stand auf. Im hellen Lichte des Mondes konnte man alles erkennen. Die Leute kamen näher und ritten freundlich grüssend dicht vor meinem Zelte vorüber. Es waren Furianer Landleute, vermuthlich aus Omrahaïk, die heimritten. — Geht schlafen Leute, sagte ich, es wird spät und morgen früh um 5 Uhr fangt an die Kamele zu beladen, damit ich um 6 Uhr fortreiten kann. Der Korporal wollte eine Schildwache ausstellen. Geht Alle schlafen, sagte ich, damit ihr morgen früh frisch seid, ich brauche hier keine Wache. Ruht aus! Morgen machen wir wenigstens acht Stunden! Damit ging ich in mein Zelt. — Mein Aneroïdbarometer sagte mir, dass ich seit Fascher um circa 224 Fuss gestiegen war. — Ich rückte meinen Stuhl mit Licht, Zündhölzern und Revolver zum Bette, nahm die Iphigenia des Euripides, um mich in den Schlaf zu lesen und legte mich nieder. Als ich um Mitternacht aus dem Zelte hinaus wollte, stolperte ich und wäre bald der Länge nach hingefallen. Abdul Hamid lag, sein Gewehr im Arme, quer vor meiner Zeltthür und hatte für seine treue Anhänglichkeit einen derben Fusstritt in die Rippen erhalten.

Sonnabend, den 3. Juni. Wiewohl um 5 Uhr Alles in thätigster Bewegung war, und sogar mein griechischer Held schon herumbramarbasirte, und die Kamele schon herbeigetrieben waren, so wurde es doch 6 Uhr 45 Minuten, ehe ich zu Pferde steigen konnte. Eins der Kamele war all zu muthig im Galopp davon gerannt, hatte Sattel und Ladung abgeschleudert und das Weite gesucht. Unter den abgeworfenen Kisten war meines Nimrods Hundehaus. Der Hund, erschrocken vom Falle, hatte sich befreit und lief in gerechtem Entsetzen davon. Kamel und Hund wieder einzubringen, des letzteren Haus zu repariren, das erstere frisch zu beladen, alles das verzögerte den Abritt um ³/₄ Stunden. Endlich kam Achmet Effendi, legte die Hand an den Tarbusch und meldete: Kullu challas. Es war noch nicht 8 Uhr, so hatten wir zur Linken den Gebel Hegegi mit seinen drei spitzkonischen Vorbergen. Kurz vor dem Dorfe Omrahaïk (8 Uhr 40 Minuten) fand ich im Sande ein dürres Pflänzchen, welches die Eingeborenen Rigel-el-Kelb nennen, und geröstet zu Umschlägen auf Fusswunden oder Geschwüren und als Infusion gegen Magenübel gebrauchen. Um 9 Uhr hielt ich in der Hella Magdub-aden an, um zu frühstücken und meine Karavane zu erwarten. Ich legte mich mit meinem Schibuk auf's Angareb und gebot Abdul Hamid und Surur, mir zu melden, wenn man sie kommen sehe. In dem luftigen, kühlen Schatten einer Rekuba schlief ich leider ein. Nach langer Zeit erst weckte mich mein Ordonnanzsoldat mit den Worten: Die Hamlah sind vorbei. Ich sprang hastig auf: Schon vorbei? — O, schon längst, sagte

Abdul Hamid, aber Du schliefst so schön, dass ich Dich nicht wecken konnte. — Ich sah nach der Uhr, — Herr Gott! es war 11 Uhr. Schnell wusch ich mir Hände und Gesicht, zündete eine Cigarre an, musterte meine Taschen und liess aufsitzen. Um 11½ Uhr hatten wir im raschen Trabe rechts den nach Osten verlaufenden Gebel Gedid und die Hella Arschufa erreicht. Bald nachher sahen wir den Gebel Suwelina. Um 12 Uhr hiess mich der Durst in der Hella-el-Goos etwas anhalten und trinken. Achmet Effendi stöberte im Dorfe nach Milch umher und brachte mir eine grosse Kürbisschale voll der unvergleichlichsten Sahne. Es ist auffallend, wie köstlich in diesem Lande die Milch ist. Was würde man gerne in Cairo für eine solche Menge (gut drei Okka*) einer Milch zahlen, wie ich sie in Europa selbst im Gebirge nicht sah! Sie war so fett und dick, dass sie kaum zu trinken war. Mein Surur, dem ich den Rest gab, setzte sich damit gemächlich auf den Erdboden und löffelte sie mit seinen Händen aus. Eine halbe Stunde später hatten wir links am Wege das Dörfchen Gérra. Hier sah ich Kühe und Ziegen weiden, d. h. ausgedörrtes, sonnenverbranntes Gasch**) abnagen. Wenn man bedenkt, dass diese Thiere Jahr aus, Jahr ein, kein anderes, besseres Futter erhalten, so ist die Produktion einer solchen Milch doch völlig unbegreiflich. Die Eingeborenen können für sich selbst nicht hinlänglich Getreide bauen und sind oft genug, wie im nordwestlichen Kordofan, genöthigt ihre Zuflucht zum Kurreb (Dactyloctenium) oder gar zum Askanit zu nehmen. — Was man in Aegypten oder in Europa einen fetten guten Hammel nennt, das sucht man hier vergebens. Keine Spur von Fett umhüllt das Muskelfleisch; selbst an den Nieren findet man nichts. Das Fleisch ist etwas zähe und geschmacklos. — Wir ritten scharf und doch war noch keine Karavane zu sehen. Die Gegend wurde baumreicher. Seyal, Arat und Laot (drei Akazienarten) Tundub (Sodada), Heglik (Balanites), Uschar (Asclepias), nur kein Mörgh (Cynanchum) war zu sehen, und einzelne Samur- (Akazie) sträucher formirten ihre kleinen, noch weisslich grauen Blüthenknäule. Sonst blühte hier noch nichts, und es fiel mir auf, dass uns während des ganzen Rittes noch kein Homran oder Baobab zu Gesichte gekommen war. Um 1 Uhr hatten wir links die wunderlich gestalteten Berge und Felsmassen des Gebel Meram und gleich darauf zur selben Seite die Hella Auék. Um 1½ Uhr sahen wir uns bei der Hella Seraua nach der Karavane um, doch immer noch vergebens. Um so hastiger trabte ich weiter. Um 2 Uhr hatte ich zur Linken das Gebirge Wurma und ein kleines Dorf des gleichen

*) 1 Okka = 1,237 Kilogramm.

**) ? chass = Lattig?

Namens. Bis hierher hatten wir unausgesetzt und ohne die geringste Abweichung die Richtung NNO — das heisst N 20—30° O gehalten. Jetzt wandten wir uns mehr nach links, die Richtung wurde für 20 Minuten N 5° O dann wieder 10° O. Hier holte ich endlich meine Karavane ein. Sie war ohne Unfall ruhig ihres Weges gezogen. Vom Gebel Meram aus zog sich eine Kette imposanter Hügel rechts hinüber: der Reihe nach zunächst der Gebel Kodil, dann der Gebel Dorr, der mächtige Gebel Barbareh und zuletzt Gebel Darsa. Nach kurzer Zeit passirten wir ein verlassenes, wenigstens jetzt gänzlich menschenleeres Dorf und kamen gegen 3 Uhr zur Hella Fasi, auf einer sanft abschüssigen Hochebene im Winkel dreier Berge gelegen, welche ebenfalls den Namen der Gebel Fasi führen. (Granit, Quarz, Glimmer). Rekubas gab es hier nicht, und da ich in einem Toggul nicht hausen mag, so liess ich einen Hof reinigen und dort mein Zelt aufstellen. Der Schech, auf dessen Hof ich residirte, schickte mir, eh' ich noch daran gedacht hatte etwas zu begehren, Buttermilch, süsse Milch und einen kolossalen Hammel. Abdul Hamid, wirklich mein Fac totum, schlachtete ihn sogleich, und ich liess ³/₄ davon an meine Eskorte vertheilen. Zahlung wurde vom Schech verweigert. Ich musterte nun meine Pflanzenmappe. Sie enthielt nichts als einige Blattzweige eines Baumes, den man Kabil nannte und der mir, ohne Blüthen oder Früchte zur Zeit noch unbestimmbar ist. Ich fand ihn zwischen dem verödeten Dorfe und Fasi. Als meine meteorologischen Notizen gemacht waren, nahm ich die Situation der Berge auf. Dem Ansehen aus der Ferne nach zu urtheilen, sind alle heute notirten Berge derselben geognostischen Formation. Wundervoller Sonnenuntergang und ein prachtvolles Echo im Gebirge. Ungeachtet des reinen Himmels und des schönsten Abends, hätte mein Basili bald noch ein zweites Donnerwetter erlebt. Ich hatte ihm befohlen, mir nach der Suppe den Hammelskopf wohlbereitet aufzutragen. Als ich den Kopf betrachtete, wurde mir fast übel. Der Hammelsschädel, den hie und da zerkochtes Fleisch und Hautfetzen bedeckten, glotzte mich mit trüben Fischaugen an. Ich drehte ihn um, um die Zunge zu suchen: — sie war weder abgehäutet noch entschleimt; ich wollte wenigstens das Gehirn haben, — der Kopf war nicht einmal geöffnet. Geh, Surur, sagte ich, gieb das an Basili, dergleichen esse ich nicht, das mag er selbst essen. Rippenstücke, nach arabischer Manier über dem Feuer gebraten, waren gut. Seneka's Köche, die machen konnten, dass man Fische für Hühnerfleisch ass, existiren nicht mehr; — zumal hier nicht in Dar-Fur. — Ich nahm eine Cigarre, und begab mich zu Bette, in der Absicht, früh abreiten zu lassen um vor Einbruch der grossen Tageshitze Melitt noch zu erreichen. Nach den Aussagen der Leute war es noch ein Weg von vier Kamelstunden; nach Purdy's Karte noch sieben. So hohe Achtung ich vor Masons Arbeiten sonst habe, so fing ich doch sehr bald an grosses Mistrauen in die mir mitgegebene Karte zu setzen. Die Direktion war bisher richtig, die Winkel der Berge keineswegs; dazu fand ich keine einzige Hella verzeichnet. Wer weiss, was der Zeichner aus Mason's Notizen gemacht hat. —

Sonntag, den 9. Juni. Um 6 Uhr 40 Minuten ritt ich mit der Karavane aus und gleich darauf erhoben sich zu unserer Rechten die Hügel des Greud M'schani. Um 7 Uhr 10 Minuten nahmen wir bei dem Schech in seiner Hella Achmet Fellati einen Imbiss von Kissera, grüner Sauce, die sich aber nicht in Fäden zog, und Kaffe zu uns. Um 8 Uhr 10 Minuten verliessen wir dieses Dorf. Unsere Karavane hatte wieder einen mächtigen Vorsprung gewonnen. Vor uns, etwas links lag der Gebel Uama. Wir kamen zur Hella Arid. Hier lag vor uns der Gebel Uadkani, rechts der Gebel Kalu, links der wunderlich geformte Gebel Kulliar mit dem langen Gebel Maktul und in der Ferne ein Gebirge, welches man als Gebel Asrak bezeichnete. Da der zuletzt genannte Name aber so gar häufig vorkommt, so mag ich ihn nicht verbürgen, und glaube vielmehr, dass dieser hier eine Art Generaleselsbrücke für alle Namen ist, welche die Eingeborenen nicht wissen, ungefähr wie im Deutschen das Wort »Dings da«. — Um 9 Uhr 30 Minuten passirten wir ein Défilé zwischen zwei interessanten Granitformationen. Zur Rechten war der Gebel Uadkani, links der schon aus der Ferne auffallende Kulliar oder Kollat, der Schlussfelsen der Hügelkette des Gebel Maktub. Seine Gestalt ähnelt einer mächtigen, gen Himmel gestreckten Schweineschnauze. Beide Berge erheben sich etwa anderthalb hundert Fuss hoch über dem Wüstengrund und sind wild zerklüftet. Dem Pferde die Zügel lassend und in ruhigem Schritte, versuchte ich den Anblick zu skizziren. Jenseits des Défilé überholten wir die Karavane. Die ganze Gegend ist sowohl in mineralogischer, als auch in botanischer Hinsicht schauerlich monoton. Wohin man auch sieht, überall ähnlich geformte Granitkuppeln, überall dasselbe blattlose, langweilige Gesträuch, überall dasselbe sonnenverbrannte Wüstengras Mahareb. — Um 10 Uhr machten sich rechts die zwei kleinen Hügel Greo bemerkbar, und es ging jetzt stark bergan. Um 10 Uhr 30 Minuten hatte ich die Höhe dieses Plateau's erreicht, welches gegen Nordost rasch abfällt und einem mächtigen Chor den Lauf von Westen nach Osten gewährt. Ein unerwarteter Anblick überraschte und fesselte mich auf dieser Anhöhe! Zu meinen Füssen zog sich in mässiger Breite eine Pflanzung von einigen hundert Dattelpalmen hin, jenseits umschrieben von dem im Sonnenlichte hie und da wasserblitzenden Chor. Die lebhaft grüne Oase in der weisslichgelben Wüstenumgebung entzückte mich der Art, dass ich den etwas steilen Abhang nicht schnell genug hinunter kommen konnte und mich ärgerte, im Zickzack hinabtrappeln zu müssen. Unter Palmen war ich lange nicht gewandelt! Ich konnte mich an dem lange entbehrten Anblick nicht satt sehen. Wer hätte dergleichen in Dar-Fur gesucht? Und die Pflanzung war nicht neu; die Stämme hatten mindestens das Dritttheil eines Jahrhunderts überlebt. Auch ein fast ebenso alter Citronenbaum, einzelne Granatsträucher und eine Anzahl Stachelfeigen waren da. Der ganze Hain wimmelte und schwirrte von einer Million kleiner, niedlicher Vögel, und eine Anzahl grosser schwarzer Raben schnarrte auf den Dattelzweigen. Der Aufseher des Parks brachte einen Krug frischen Trinkwassers und breitete einen Datteltеppich im tiefsten Schatten aus. Abdul Hamid legte mein Hammelfèll darüber und mein Monoklinium war fertig. Man servirte mein Frühstück und ein Körbchen rother Datteln. Ich ass — ich weiss nicht wie. Ich fühlte ein ganz unendliches Wohlbehagen und sah in die grüne Kuppel leicht bewegter Palmenblätter hinauf. Diese Luft, diese Frische erinnerte wenig an den 15 Grad n. Br. Hier, in dieser kleinen Anlage, war ich nicht mehr in Dar-Fur, — ich war in den Dattelbosketts von Ramleh bei Alexandrien oder unfern Cairo, und mir war, als dürfe ich nur aufspringen und hineilen um Frau und Kinder an das so lange verwaiste Herz zu drücken. — Das war Dar-Fur nicht; — wie könnte Einem in Dar-Fur so wohl sein? — Ich begriff den Augenblick meines Hierseins nicht. Ich — Doktor Pfund — hier in Dar-Fur — und zum vierten Male verantwortlicher kommandirender Chef einer Expedition! Da herum liegen Soldaten, Baschibussuks, Officiere, die von meinem Winke abhängen! — Wie ist das möglich? — Ich? — ich, Pfund, aus der Derb-el-barabra — ich habe Soldaten mit zwei bis drei Dutzend Hieben abstrafen lassen, und doch präsentiren sie das Gewehr, wenn ich — Abah! das ist ein Traum! Hastig griff ich an meine Nase. Sie schmerzte noch von dem Stosse des schwarzen Ziegenbocks. — Ich war wirklich in Dar-Fur. Gelassen biss ich auf meinen zähen Hammelbraten von Fasi los und erfreute mich eines frischen Trunkes. Wahrlich, wahrlich, ich sage Dir, Hippokrates war kein Esel; Gold ist edel, doch Wasser ist viel — o viel edler. Noch einmal verlor ich mich in die lieben Träumereien; ich rauchte zum Kaffe meine Pfeife mit einer stillen Wonne, als hätte ich Kordofan und Dar-Fur nie gesehen, als wären Duchn, Schoks und Askaniten in dieser besten Welt noch gar nicht erschaffen. Ein grosser Rabe schwatzte mir unendlich viel vor, wovon ich nichts verstand. Er sass keck auf einem Dattelast und machte mir seine Männchen vor. Warte Bursche, dein Gekrächze hat mich schon längst verdrossen; es stimmt wenig zum fröhlichen Gesange der anderen Vögel und weniger noch zu den Harmonien in meinem Inneren; vielleicht geben mir deine Flügel Federkiele für meine Pfeife! Ich konnte meine Doppelflinte erreichen, ohne meine Position wesentlich zu ändern. Ich legte an. Der Rabe hüpfte herum, sass dann still und sah mich neugierig an. Ich schickte dem geschwätzigen Gesellen meinen krachenden Morgengruss zu. Ohne den mächtigen schwarzen Schnabel auch nur ein Mal noch zu öffnen, lag er da zu meinen Füssen, ganz das Bild des verstummten Polonius, nachdem ihn Hamlet hinter der Tapete wie einen Käfer gespiesst hatte. Allein, heiliger Gott, welch' ein Aufruhr, welch' ein Tumult, welch' ein Geschwirre unter all den Vögeln des Haines, die der gewiss höchst ungewohnte, mörderische Knall entsetzte und aus ihrer wahrhaft paradiesischen Ruhe aufscheuchte! — Ich rupfte meinem Raben einige grosse Federn aus, denn zum Ausstopfen war er zu zerschossen, und gestattete dann meinem Bolukbascha, den grossen Vogel für sich braten zu dürfen. Gleich bei unserer Ankunft hier hatten wir einen schwarzen Sklaven des Parkaufsehers mit dem Auftrage an's Ende der Anlage geschickt, sogleich zu melden, wenn unsere Karavane ankomme. Es war Mittag vorüber. Die Karavane konnte unmöglich noch weit zurück sein. Ich sass auf. Wir ritten in's Freie hinaus. Da glühte mir wie ein Backofen wieder Dar-Fur entgegen, und im heissen Sande hockte der schwarze Sklave und glotzte uns mit grossen dummen Augen neugierig an. Ist denn die Karavane noch nicht angekommen? fragte ich. — Ha! Kirk! rief der Schwarze, die ist längst in Melitt! — Achmet Effendi, der ihm zunächst ritt, schwang die Nilpeitsche um seinen kaffebraunen Rücken mit den Worten: O du Sohn eines Hundes, warum hat man dich denn daher gesetzt? — Wir durchritten den jetzt stellenweise ausgetrockneten Chor und hielten jenseits desselben bei den Wassertümpeln an, welche man die Brunnen von Melitt nennt, um Pferde und Kamele meiner Begleiter trinken zu lassen. Eine Frau, die Wasser in einen Topf schöpfte, sah mich verwundert und freundlich an und zeigte grinsend die schönsten Zähne die man sehen konnte; — wohl das einzige Schöne, was sie zu zeigen hatte. Du alter weisser Herr, sagte sie, Du hast gewiss in einem schöneren Lande viele Frauen und Sklavinnen und Kinder, was suchst Du hier in dem elenden Lande Fur mit seinen armen, schwarzen Menschen? Jà, vorher, ehe noch der Türke kam, da waren wir glücklich, da hatten wir viel Duchn und Elma (el-moie, Wasser); aber wie der Türke kam, kam auch vom Himmel kein Regen mehr. (Das letzte Jahr war für Kordofan und Dar-Fur auffallend trocken.) Sie stand auf und brachte mir eine Kürbisschale mit frischer Kamelmilch. Du bist gewiss kein Türke, da, nimm und trink. Die Milch war wirklich deliciös. Ich trank davon 3 meiner Becher voll und wollte den Rest zurückgeben. Trink immer. rief sie, trink doch alles aus; ich habe noch 3 Milchkamele. 10 Minuten später war ich in Melitt und stieg im weitläuftigen Gehöfte des Grossschechs ab. Achmet Effendi, mein Bolukbascha fehlte. Abdul Hamid vertraute mir an, er sei umgekehrt, um die Frau am Brunnen zu schlagen, weil sie schlecht von den Türken gesprochen habe. Sitz auf! rief ich, und auf der Stelle soll er daher kommen! — Man wies mir einen luftigen Toggul an. Diesen überliess ich Basili, Surur und Abdul Hamid, und befahl dicht dabei mein Zelt im Schatten eines Hegliks aufzustellen. Da kam meine Ordonnanz mit Achmet Effendi an. Dieser fragte ganz keck, was ich befehle? Warum bist Du zurückgeblieben, fragte ich? Ich hatte etwas zu thun, antwortete er. — Ich sah Abdul Hamid an, und erfuhr, dass er der armen Frau Rücken und Arme ganz blutig geschlagen habe. — 24 Stunden Arrest bei Wasser und Brod im Toggul! rief ich, äusserst aufgebracht, und liess den Herrn Effendi durch Abdul Hamid abführen. Wäre der Mensch nicht Officier gewesen, ich hätte ihn ebenso schlagen lassen, wie er die arme Frau geschlagen hatte. Meine Kisten standen im Hof. Die Kamele waren zur Fütterung geführt, mein Pferd und Abu Haschisch frassen schon lustig darauf los. Der eigentliche Grossschech, Abdul Majid, war abwesend. Man hatte im Gebirge Medob einen Baschibussuk ermordet, und die Behörden der Umgegend waren mit dem Mudir von Fascher zur Untersuchung und Züchtigung dahin, und hatten den Major Chamis Effendi mit einem Kommando von 200 Mann mit sich. Des Schechs Bruder, ein langer, freundlicher Berberiner machte indessen die Honneurs. — Die Eingeborenen sind braun und gehören dem Stamme der Berti an, gemengt mit Arab Seadia. — Während man noch im Hofe das Servicezelt für die Officiere aufstellte, brachte der Schech 2 Hammel, wovon ich sogleich einen den Officieren und Soldaten liess. Auch etwas Butter, frische Milch und Duchn für meinen Rappen und Abu Haschisch, wurde herbei geschafft. Vom Schreiben des Mudirs nahm der Mann indessen blutwenig Notiz; ungelesen wanderte es in seine Tasche. Ich begann meine Notizen zu machen und die zu Pferde entworfene Skizze auszuführen. Abends um 10 Uhr erhob sich ein heftiger Südwind mit Wetterleuchten im Osten und Süden, und um 11 Uhr trat Regen und Gewitter ein. Die Nacht war indessen ruhig, so ruhig, dass die Hunde mir den grössten Theil meines Hammelfleisches stahlen, welches der weise Basili ihnen völlig maulgerecht hingehängt hatte. —

Montag, d. 5. Juni. Nachdem ich mich gewaschen und gesäubert hatte, sah ich mich in Melitt ein wenig um. Das ärmliche Dorf liegt etwas abseits. Der Himmel war rein und heiter, der Wind Südost. Für einen halben Tob kaufte ich mir ein Marafil, eine Hyaena striata, um die

Natur des Thieres ein wenig zu studiren. Die Kultur von Melitt. am Chor entlang betrieben, hat ausser den schon genannten Datteln, Stachelfeigen, Granaten und Citronen, — Duchn, zum Theile mit Durra gemischt, Zwiebel, Bamiyen, Sesam, Rettiche, Kürbisse, Wassermelonen, die aegyptische Gurke, Fagus und namentlich Taback. Es muss auffallen, dass in einem Lande, welches man für so in sich und ängstlich nach aussen abgeschlossen hielt, und welches eben erst zugänglich geworden, man so viele fremde, eingeführte Kulturpflanzen antrifft. Ich fasse alles hieher gehörige später in eine Notiz zusammen. Um 10 Uhr und Nachmittags um 4 Uhr, besuchte ich den gerade statthabenden Wochenmarkt. Ich war erstaunt, hier einen so geregelten Wochenmarkt zu finden und ich gestehe, dass mir dies eine gute Meinung von Abdul Majid einflösste. Vom allgemeinen Markte abgesondert sind: Der Viehmarkt mit Ochsen, Eseln, Hammeln, Schafen, Ziegen, Kamelen; der Fleischmarkt, wo auf sauberen Matten Rind- und Hammelfleisch feilgeboten wird, ferner ein Markt für Merissa und andere gegorene bierartige Getränke, die man aber hier bei Weitem nicht mit der Sorgfalt und so gut bereitet, wie in Kordofan; und endlich ein Markt für Stroh in Bündeln, und für Brennholz. Auf dem allgemeinen Markte sah ich an thierischen Stoffen: Ochsenhäute, Straussfedern geringerer Qualität, Butter, Milch, und Scharmut, das ist ein Streifen (Fetzen) geschnittenes und an der Sonne schwarz gedörrtes Rindfleisch, dessen man sich auf Reisen und zu Karavanenzügen bedient. Dasselbe bereitet man zu gleichem Zwecke im ganzen Sudan. Am auffallendsten war mir ein Artikel, den man Dam nannte, eine schwarze, widerlich aussehende Masse mit gar übelem Geruche, aus zu körniger Konsistenz geröstetem Ochsenblut, eine beliebte Delikatesse für die Furianer. Als Kunstprodukte (?) gehörten hieher: Wasserschläuche (Girben) und grössere Brodschläuche (Jurabs). An vegetabilischen Stoffen waren da: Früchte (Stachelfeigen, unreife, abgerissene oder abgefallene Datteln, Kürbisse, Fagus, getrocknete Bamiyen an der Schnur), Sämereien, Beeren etc.: Heglik, wird gegessen und als Waschseife benutzt; Sont, eine Akazienschote, doch nicht die rosenkranzähnliche, gegliederte Schote der Acacia vera, wie man denn hier mehrfach gewisse Namen auf verschiedene, zum Theil entfernt ähnliche Gegenstände übertrug. So fand ich einen enthülsten Samen, den man als Mochet feilbot und der auch in der ganzen Gegend so genannt wird. Mochet aber ist Cordia Myxa und Cordia crenata, und die Gattung hat Beeren mit glutinösem Safte, woraus man ehedem Vogelleim bereitete. Was man in Dar-Fur Mochet nennt, ist Kursan. Ferner fand ich hier: Lubiyen; Kerkadeh, giebt gepulvert einen Zusatz zu einer Hautsalbe; Sigeth, zum

Naschen; Nabak und ein gestampfter Teig aus demselben, den man Nabak Dar-Fur heisst: Duchn, zum Theil mit Durra gemischt, Hauptmaterial zur Bereitung des Brodes (Kissera) und der verschiedenen Biersorten (Merissa, Azalia, etc.); Haudal, woraus eine Art Theer gebrannt wird, um räudige Kamele damit zu bestreichen, (man bereitet diesen Theer auch aus den Samen der Wassermelone); — Raschada, ein kleiner Same, den man als Kataplasmen auf Geschwulsten anwendet; — Dajok, eine getrocknete Beere, die zerstampft als Aroma zu Hautsalben hinzugesetzt wird. An Hölzern enthielt der Markt: Leban, wird gepulvert und liefert einen stärkenden, aromatischen Zusatz zu den gebräuchlichen Hautsalben; Sandal und Asfur, das Erstere ein indischer, seit Jahren eingeführter Artikel, das Letztere ein einheimisches Produkt. An Wurzeln, Knollen, Blättern und anderen Pflanzentheilen sah ich: Zwiebeln, in ziemlicher Menge; Daraba, frisch und getrocknet, zur Bereitung einer Sauce, die man zu Duchnspeisen geniesst und die man Melach nennt; Taback, wie bemerkt, die gewöhnliche Nicotiana rustica, gut und lichtbraun getrocknet, doch von ganz ungewöhnlicher Stärke, (ein Cigarrettchen machte mich stundenlang unwohl); Palmenblätter von Datteln, zerschlitzt und schwarz oder rothbraun gefärbt, zu Flechtwerken; und Baumwolle in sehr geringer Menge. Als Exsudat fand ich eine geringe Qualität Gummi eines Baumes, den man eben so wie das Produkt Gefal oder Kafal benennt. Ich zweifle nicht, dass auch von anderen Bäumen (Seyal) dasselbe gewonnen wird. Man bedient sich dessen, wie in Aegypten zu den Pharaonenzeiten, als Leim und fügt damit sogar Sättel zusammen, welche allerdings dann noch durch schmale Lederriemen oder gedrehte Schnüre zusammengehalten werden. An Kunstprodukten aus dem Pflanzenreiche waren vorhanden: Ungefärbte oder farbige Matten aus Dattelblättern, Flechtwerke aus einfarbigem oder buntgefärbten Baste von Haschaba in Becher- oder Vasenform (Omras) oder in Form eines breiten Kruges (Karia); aus Holz (meist Harasi und Haschab) geschnitzte Mörser, aller rohester Form u. dgl. m. Aus dem Mineralreiche waren hier im Handel: Salz, Natron und rothe Kreide. Letztere, Magar genannt, wird aus dem Gebirge Tagabo gebracht, angeblich vom Gebel Berti. Ich kann hier nicht umhin, auf einen gar alten Handelsschwindel zurück zu kommen, auf dem lange Zeit hindurch wissenschaftliche Falsa basirten. Wir lesen nämlich im Herodot und Strabo, dass hinter Aegypten Aethiopien liegt, hinter diesem das Zimmetland und das Ende der Welt. Den Zimmethandel vermittelten zu jener Zeit lediglich die Araber, und um ihr Monopol festzuhalten, verheimlichten sie ihre Bezugsquellen und fabelten nach Afrika ein Zimmetland hinein, wo freilich die Konkurrenz lange nach dem Artikel suchen konnte, da ausser Laurus nobilis L. kein Verwandter jenes gesuchten Zimmetbaumes dort vorkommt. Genug, man suchte im Süden das herrliche Land, wo Zimmet, Myrrhe, Weihrauch und alle köstlichen Spezereien vorgefunden werden sollten, und der Schwindel hatte wenigstens das Gute, dass man gegen Süden vordrang, um jene Schätze zu finden. Spätere Forschungsreisen haben nun das Vaterland jener gesuchten Gewürze weit ausserhalb Afrika festgestellt, während die Forscher hier (mit Ausnahme Abyssiniens) sterile Steppenländer fanden, ohne Salz und Wasser, die der Mühe des Aufsuchens kaum lohnten. Ein gleiches Streben, ein ähnlicher Schwindel fiel mir auf allen Märkten hiesiger Länder auf. Dinge, welche die nahe Umgebung liefert, will man weit her bezogen haben, und erhöht so in schwindelhafter Weise den Werth des Gegenstandes. Ich erwähnte vorhin des hier so genannten Mochet (Kursan); da diese Frucht enthülset und im Zustande des Keimens mir für den ersten Augenblick ein fremdartiges Aussehen bot, fragte ich, woher man sie erhalte, und, wie verabredet, hatten alle Verkäufer dieselbe Antwort, nämlich, die Frucht komme 3 Tage weit her vom Gebel x. Als ich später die Umgegend Melitts botanisirend durchstreifte, fand ich eine Menge Kursangebüsch, und als ich zufällig eine der Früchte durchbiss, fand ich darin den Mochet vom Gebel x. Ganz dasselbe Erlebniss wiederholte sich in Tagger auf dem Wochenmarkte. Ich will somit bis auf Weiteres das Vorkommen der rothen Kreide am Gebel Berti keines Weges verbürgen, zudem andere den Gebel Taga angaben. Eine Furianerin, welche recht schön sein will, streicht sich mit dieser rothen Kreide die steifaufgerollten Locken brandroth an, was bei der dunkelbraunen oder schwarzen Hautfarbe grell absticht; — trägt sie überdies noch einen Silber- oder auch nur Eisenring in dem rechten Nasenflügel und in den Ohrläppchen, und hat sie einige weisse Schneckenköpfe in den Haaren und um den Hals, so ist sie nach dortigen Begriffen unwiderstehlich schön. Ausserdem färben einige Mädchen ihre Nägel und Handflächen mit dieser Kreide roth, ein Gebrauch, der wohl ebenfalls aus Aegypten eingeführt ist, woselbst die Frauen dies durch Henna (Lawsonia inermis) erzielen. Wilkenson möchte aus dieser die Eos rhododactylos des Hesiod und Homer ableiten; mir aber bewiesen Mumienreste aus den ältesten Pharaonenzeiten mit rothgefärbten Fuss und Fingernägeln, dass dieser Gebrauch älter ist, als 1000 Jahre vor unserer Zeitrechnung, und dass auch die Henna ein arabischer Handelsartikel für Alt-Aegypten war; denn die Kultur der Lawsonia in Aegypten wurde erst unter den Ptolemäern eingeführt. Hieraus erklärt es sich auch, dass sich weder der geschätzte Baum noch seine Blüthentraube voll arabischen Wohlgeruches, auf den Monumenten der Alten vorfinden.

Natron und Salz, im Naturzustande, wie sie der Markt bietet, bringt man von zwei Hügeln des Gebel Sacchauï,*) unfern des Bir-el-Melch an der derb arbaïn der alten Handelsstrasse von Siut. Dieses Salz (wie alle in diesen Ländern vorkommenden Salze zum grössten Theil aus Magnesia sulphurica bestehend), ist graulich weiss von Farbe, schmeckt bitter, und wirkt leicht abführend. Der stete Gebrauch stumpft letztere Wirkung jedoch ab. Seit undenklichen Zeiten bildet es hier im Lande, ebenso wie das Natron, einen Haupttausch-Artikel.

Abends wehte uns der wechselnde Ost- und Nordwind wieder ein Donnerwetter zusammen. Ein rasender Orkan tobte von 2 Seiten, Hagelschlag und Regenguss hielten gegen 40 Minuten an, so dass die Zelte keinen Schutz mehr gewährten. Intervalle zwischen Donner und Blitz 3 bis 5 Pulsschläge. An Gebrauch von Instrumenten war nicht zu denken. In dem Zeitraume einer Stunde war das Celsiusthermometer um 13° gefallen.

Dienstag, den 6. Juni. Während man mein Zelt lüftete und es, wie mein Bett, meine Teppiche und Kleider, an der Sonne trocknete, machte ich von 9 bis 11½ Uhr einen Rekognoscirungritt an den Chor. Ich ritt, begleitet von dem Hakimchot, dem Bruder des Nasir, von Achmet und zwei Soldaten, von Melitt westwärts. Nach kaum 15 Minuten stiessen wir auf einen zur Zeit ausgetrockneten Rinngraben oder Chor, der sich im Westen, oberhalb unserer Richtungslinie, vom grossen Chor von Melitt abzweigt und wie dieser von Westen nach Osten verläuft. Es ist selbstverständlich, dass dieser Arm nur dann Wasser führt, wenn der grosse Chor zur Zeit der Regengüsse im Herbst sich der Art anfüllt, dass sein Wasser hieher abfliessen kann. Jenseits dieses Armes findet sich eine kleine, doch sichtlich ältere Anpflanzung von Datteln. Sowie man sich von hier aus dem grossen Chor, der nun überall passirbar ist, nähert, entwickelt sich die Kultur des Ortes, Duchn, Durra (diese in ganz geringer Menge), Taback, Kürbis, Fagus, Zwiebel und etwas Baumwolle in der gedrungenen und kleinblätterigen Form. An wildwachsenden Pflanzen fand sich der Rigel-el-gamle, der hier Rapa oder Raba heisst, Momordica Balsamina, Gier und eine Art Indigofera, Sigeth oder Singeth, (deren Samen ich auf dem Wochenmarkte gesehen hatte). Auf den Feldern stand eine ganz dürre Pflanze mit Schoten (Crucifere), die man Schanafit nannte und deren man sich als Gewürz beim Fleischbraten bedient. Auch von Fenchel fand ich dürre Stengel. An der linken Seite des Chor entlang findet man eine Menge der schon erwähnten weiten Gruben von 2 bis 4 Fuss Tiefe, welche alle mehr oder minder das ganze Jahr

*) Sagaui, Zagaui, Zaghawa oder Bir-el-Malha der Petermann'schen Karten.

hindurch Wasser bewahren, ein Beweis, dass in so geringer Tiefe die Granitunterlage das Wasser aufhält, und dass die das flache Thal fast umringenden Felshügel dem Wadi Melitt eine flache Mulde als Basis gewähren. Ich verfolgte diesen Chor fast eine Stunde weit aufwärts. Er behält beinahe stets die gleiche Richtung bis zum Gebel Bungo, fünf Stunden westlich, wo er seinen Ursprung nimmt. Bei der Abzweigung des kleinen Chor zur Linken, kehrte ich um und ritt nun an der rechten Seite wieder abwärts bis zu dem grossen Dattelhaine, der mich vorgestern so überrascht und erfreut hatte, um noch einmal dort zu ruhen und Kaffe zu trinken. Während Abdul Hamid diesen bereitete, streifte ich im Haine umher und bemerkte einen Baum, den man hier Gimbil nennt und den ich mir vorbehielt morgen auf meiner botanischen Exkursion zu beobachten und zu sammeln. Von hier kehrte ich nach Melitt zurück, wo mein Frühstück mich erwartete. Nach dem Essen hatte ich zu zeichnen und zu schreiben. In der Dämmerung beklagte sich der Korporal über einen Soldaten, der ihn mit Schimpfreden insultirt habe. Ich liess diesem sogleich und noch vor dem Essen zwei Dutzend Hiebe aufzählen und ging dann zu Tische. Der Abend war regenfrei und heiter, der Wind frisch und angenehm. Ich nahm vor dem Schlafengehen im geschlossenen Zelte noch ein laues Bad, wozu Abdul Hamid das Wasser den Tag über in Zinkbarilen im Strahle der Sonne gewärmt hatte.

Mittwoch, den 7. Juni. Meine botanische Exkursion begann mit einer geographischen Arbeit. Von einer mässigen Anhöhe aus nahm ich mit dem prismatischen Kompasse alle Berge auf, die rings den Wadi Melitt umgaben. Dann ritt ich hinüber in meinen lieben Dattelhain, um von dort aus die Umgegend zu durchsuchen. Die Nähe des Wassers liess wenigstens auf etwas Vegetation schliessen, denn sonst entdeckte man rings umher nur dürres Heu und Gras. Nach meiner Ankunft in dem Hain liess ich zunächst zwei grosse Töpfe, die ich zu diesem Zwecke mitgenommen, mit grossen rothen Datteln zum Einsieden anfüllen. Der schöne Baum Gimbil bot mir nichts als Holz und Blätter, welche ich jedoch mitnahm. Im Haine war wenig Vegetation; ein Achyranthes, ein Syngenesist aus der Gruppe der Crepisarten, eine Physalis, Indigofera war Alles. Am Ende der Anlage erweiterte sich der Chor zu einer Art Bassin oder Fulah. Hier blühte ein Cyperus, Eclipta, Solanum, Heliotropium, Cotula, Momordica etc. Ich kehrte zurück und skizzirte die Dattelgruppe, in welcher ich geruht und geträumt hatte. Auf dem Heimwege fand ich noch eine blühende Ipomoea. Nach dem Essen zeichnete ich, schrieb und machte meteorologische Beobachtungen. Dann trug ich die aufgenommenen

Berge in meine Karte ein. Abends 7 Uhr wieder Gewitter mit Hagel und Regen. Im Lager ist das etwas höchst Unangenehmes. Unsere Zelte, nun seit 18 Monaten auf Reisen, fast täglich auf und abgeschlagen und zu Kamel transportirt, haben ganz bedeutend gelitten und geben gegen starke Regengüsse wenig Schutz mehr. Auch die Stricke sind mürbe geworden und setzen der Gewalt der Stürme keinen Widerstand entgegen. Sowie uns Regen und Sturm bedrohen, werden auf's Schleunigste all' meine Habseligkeiten zusammengepackt und so gut als möglich gegen Nässe sowie gegen den Umsturz des Zeltes in Sicherheit gebracht. Dann rolle ich mein Bett zusammen, breite einen Teppich darüber aus und bedecke den wieder mit meinem grossen Hammelfelle. Darauf packe ich alle Instrumente in die Koffer, sammt Schreibzeug, Papieren, Zeichnungen, Landkarten etc. und decke auch über diese Strohmatten und Hammelfelle. Sind so alle Siebensachen in Sicherheit, ziehe ich mich an, stecke Uhr und Cigarren zu mir und erwarte was kommen wird, oder stelle mich an die Zeltstange, um den Einsturz des Zeltes so lange als möglich zu hindern. Dieses Mal war das Unwetter so toll, dass in 10 Minuten das Zelt durch und durch nass war und mehrere Stunden hindurch tropfte. Erst gegen Mitternacht konnte ich daran denken, mein Bett wieder abzurollen, allein die Luft im geschlossenen Zelte war so feucht und dumpf, dass mir das Athmen erschwert wurde, und ich durchaus nicht einschlafen konnte. Auch das Rauchen wollte nicht gehen, weil die Brust beengt war. Ich stand wieder auf und ging hinaus. Draussen war nun die wundervollste Nacht von der Welt, die Luft lau und frisch und Jupiter und Sirius flimmerten wie Brillanten, als ob gar nichts geschehen sei. Ihr habt gut flimmern, dachte ich, ihr seid weit vom Schusse, und machte beide Zeltvorhänge weit auf, um dem inneren Zeltraume frische, athembare Luft zu geben. Da doch an Schlaf für den Augenblick nicht zu denken war, griff ich in meine Bücherkiste und erwischte zufällig Schiller's prosaische Schriften und Briefe, den einzigen Band der Schillerschen Werke, den ich mit habe. Ebenso zufällig fielen mir beim Aufschlagen seine Briefe über Don Carlos in's Auge. . . . . .

El-Fascher, 22. Juli 1876.

Meine geliebte Ida! Nach einer Abwesenheit von 6 Wochen kehrte ich den 16. Juli 3 Uhr Nachmittags nach El-Fascher zurück. Ich habe in dieser Zeit an 380 Meilen im nördlichen Theile des Landes durchgearbeitet und manches Interessante gesehen. Eine der nächsten Posten bringt Dir die genaue Beschreibung und wieder einige Bilder und Skizzen von der Reise. Während der 6 Wochen schickte ich 2 Kurire nach

El-Fascher zurück, um zu erfragen, ob keine Briefe für mich da seien; sie kamen beide leer zurück. Bei meiner Rückkehr nach El-Fascher hoffte ich wenigstens ein Schreiben von Dir zu finden; aber auch das nicht. Der Tag nach meiner Ankunft war Posttag. Der Diener der Kanzelei brachte 21 Packete, keins war für mich. Es sind nun also wieder volle 7 Wochen, dass ich keinen Federstrich von Hause habe. Von Colston war ein Schreiben an Prouth dabei. Er bemerkt darin, dass meine Familie gesund und wohlauf sei; allein der Brief ist aus Heluan datirt und volle vier Monate alt. Von dem Allen ist also kein Wort mehr wahr. Das beunruhigt mich sehr. Zudem quälen mich seit langer Zeit wunderliche Träume. Wohl hundert Mal habe ich die marternde Sorge um die Meinigen als grundlos und lächerlich verjagt, sie kehrt aber immer wieder zurück und nimmt mir jeden frohen Muth, — namentlich jetzt, da mir seit fast 2 Monaten alle Nachrichten fehlen. Auch sonst war meine Reise dieses Mal nicht eben so angenehm und glücklich, wie meine früheren Expeditionen in Kordofan. Mein Korporal wurde unterwegs krank und starb. Ausserdem habe ich Niemand mehr um mich, mit dem ich ein Wort reden kann. Gustel fehlt mir in dieser Hinsicht sehr; denn ich konnte doch ab und zu mit ihm ein Wort Deutsch schwatzen. Jetzt habe ich Niemand. Basili ist als Diener nicht eben schlecht, allein er ist Grieche und ich halte ihn sehr strenge in seiner Abhängigkeit als Diener, auch kann ich natürlich nie zu ihm das Vertrauen haben, was ich zu Gustel hatte.

Als ich wieder in El-Fascher ankam, war auch Prouth 3 Tage vor mir von seiner Reise heimgekehrt. Purdy und Prouth erdrückten mich fast in ihren Umarmungen und konnten nicht genug Wesens machen von meinem guten Aussehen. Nun ja, der gute Gott hat mich bisher sehr gesund und frisch erhalten, auch belebt mich die ungeheure Thätigkeit unterwegs und die frische Luft; allein seitdem Colston weg ist, bin ich doch nicht mehr, was ich war. Ich weiss nicht, sind es meine 63 Jahre, die ich fühle, oder ist es der Mangel mancher Dinge, der mich verdriesst ....

In Kobbe (Kobe) ist Mohammed Habir Bey, ein für Dar-Fur interessanter Mann. Ich zeichnete sein Haus, dann sein Porträt, und er gewann mich so lieb, dass er mich in seinen innersten Harem führte und es mir gestattete, seine Frau zu zeichnen. Sie ist die Schwester des in der Schlacht gefallenen Sultans Ibraïm, die Tochter des Sultans Hussain, etwa 30 Jahr alt und wiewohl dunkel rothbraun, doch sehr hübsch. Der Bey hatte über das Bild eine so unmässige Freude, dass er mir für meine Frau eine prachtvolle Omra schenkte, wie nur Fürsten sie haben. Es ist ein unvergleichlich schönes Flechtwerk und voll Geschmack. Man begreift nicht, wie Frauen von Dar-Fur das arbeiten konnten, noch weniger, wie sie zu dem Geschmacke, zu den Figuren, zu der glücklichen Auswahl von

Farben kamen. Der Boden des Korbes ist weiss, aus Blättern der Dumpalme geflochten; der 2 Spannen hohe Rand aus farbigem Weizenstroh und etwas Bast einer Akazie mit Leinwandfäden (Zwirn) und Perlen. Das Schönste ist der Deckel. Ich lasse hier eine gute Kiste dazu machen, was äusserst schwer ist, da es keine Bretter giebt, und werde mit erster Gelegenheit Dir das schöne Geschenk zuschicken. Ich habe Mohammed-Bey versprochen, es Dich wissen zu lassen, dass die Omra von ihm sei. Ich bewohnte das schönste Zimmer seines Hauses. 12 Tage hindurch hat er mich mit Allem, was ein so reicher Mann nur Gutes aufzutreiben wusste, verschwenderisch bewirthet, und mit sichtlicher Betrübniss entliess er mich, als meine Arbeiten dort beendet waren und ich Kobbe verliess. . . . . .

Die nächste Post bringt Dir die Beschreibung meiner jüngsten Reise mit 12 Bildern. Heute noch requirire ich neue Kamele, um in's Gebirge Marra aufzubrechen.

Gott erhalte Dich und die Kinder für Euren alten treuen

Handel im Sudan.

Von

G. Nachtigal.

Wenn ich einige bescheidene Daten, welche mir über den Handel in einem Theile Inner-Afrika's zu Gebote stehen, in summarischer Weise vorgelegt haben werde, so dürften Manche über die relative Grossartigkeit seiner Entwickelung erstaunt sein in Ländern, welche sie bisher als ganz barbarisch zu betrachten gewohnt waren. Handel und Verkehr erstrecken sich dort nicht allein von denselben Ausgangspunkten über ungeheure Ländergebiete, sondern ihre Organe, die Kaufleute, müssen die Bedürfnisse so zahlreicher, unter sich verschiedenartiger Stämme und Länder kennen und befriedigen, müssen so viele politische und andere internationale Verhältnisse der afrikanischen Welt mit in Betracht ziehen, müssen bei ihren Unternehmungen so zahlreiche Schwierigkeiten besiegen und Gefahren bestehen, dass die ganze Bewegung bei genauer Betrachtung einen viel grossartigeren Charakter gewinnt, als man ursprünglich voraussetzt.

Der Forschungs- und Entdeckungs-Reisende lernt die ganze Wichtigkeit des Handels für ihn selbst und seine Ziele und die riesige Ausdehnung desselben würdigen. Er wandelt nur auf den Wegen, welche jener für ihn gebahnt hat, und ist noch weit entfernt, seinen Spuren überall hin folgen zu können. Scheint doch selbst derjenige Theil des aequatorialen Afrika, der für uns bis zu dem glänzenden Zuge Henry Stanley's ein unaufgeschlossenes Räthsel bildete — etwa vom 10.° nördl. B. bis ebenso weit südlich vom Aequator — schon lange von den Produkten der Kulturländer durchzogen zu werden, oder ist wenigstens selbst in seinem weiteren Innern von denselben nicht unberührt geblieben.

Der Handel stellt ohne Zweifel das beste, verständigste Mittel dar, den Hauptwiderstand, den die Verhältnisse dem Forschungs-Reisenden entgegen stellen, und der im innerafrikanischen Menschen wurzelt, zu brechen und Eingang in die am wenigsten von der Aussenwelt berührten Gegenden zu gewinnen.. Den topographischen Schwierigkeiten wird in unserem Jahrhundert mit Hülfsquellen aller Art siegreich begegnet werden können; dem hier und da mörderischen Klima, den Entbehrungen und Anstrengungen hat man mit vollem Bewusstsein, mit freudiger Opferwilligkeit oft genug die Stirn geboten, und wird auch in Zukunft nicht vor ihnen zurückschrecken, doch das feindselige Misstrauen der Eingeborenen bleibt oft unbesiegbar oder erfordert doch Mittel zu seiner Bekämpfung, wie uns die grossartige Unternehmung des ebengenannten Amerikaners beweisst, welche theils den meisten Forschern nicht zu Gebote stehen, theils mit ihren humanitären Endzwecken wenig im Einklange stehen.

Wenn es schon natürlich ist, dass die Eingeborenen vor der fremdartigen, nie gesehenen Erscheinung eines Kulturmenschen, der auf den ersten Blick äusserlich und innerlich so verschieden von ihnen selbst zu sein scheint, unwillkürlich zurückschrecken, so steigert sich dies Gefühl zu Misstrauen und Feindseligkeit durch das Unverständliche seiner Motive und Zwecke. Ich selbst habe dadurch einst fast das Leben eingebüsst. Das Raisonnement der Leute war ein einfaches, ihnen gegenüber unwiderlegliches, das Land in welchem ich mich befand, das unfruchtbarste, unwirthlichste von der Welt, eine kahle, öde Felsenlandschaft der Wüste. »Da es bekannt ist,« sagte man mir etwa, »dass Ihr Weissen die klügsten, reichsten und mächtigsten Leute der Welt seid, und sich Niemand Gefahren und Anstrengungen aussetzt, ohne Aussicht auf ansehnlichen Gewinn, so muss es eine Unwahrheit sein, wenn Du behauptest, in unser Land gekommen zu sein, nur, um unsere kahlen Felsen und armen Thäler zu sehen. Obgleich wir zu unwissend sind, um die Schätze zu kennen, die unser Land etwa birgt, so beweisst Deine Anwesenheit, dass dieselben vorhanden sein müssen, und es erscheint uns gerathen, Dich zu vernichten, um Dich zu verhindern, dieselben Deinen Landsleuten zu verrathen, diese herbeizuführen und uns unserer Heimath zu berauben.« So folgern sie in dem natürlichen Egoismus ihres primitiven Civilisationszustandes, ihrer Unkenntniss der Welt und der Kärglichkeit ihres Landes, um eine Erklärung für das Beginnen des Fremdlings zu finden.

Der Handel erklärt Alles in der einfachsten Weise und sein Zweck des Erwerbes ist Allen verständlich; denn selbst die rohsten Völker tauschen ihre Produkte mit einander aus und streben nach vortheilhafter Verwerthung derselben. In seiner innerafrikanischen Gestalt nimmt zwar der Handel die Thätigkeit eines Menschen so ausschliesslich in Anspruch und ist so zeitraubend, dass der vorwärts strebende Entdeckungsreisende ihn zunächst noch nicht in gewinnbringender Weise benutzen kann. Doch ganz verzichten sollte er deswegen nicht auf ihn, und Niemand kümmert sich darum, ob der Fremdling mit Vortheil oder mit Schaden verkauft, Niemand denkt darüber nach oder kann es beurtheilen; es genügt, dass er verständlich handelt, wie die Menschen, unter denen er lebt. Er benutze den Handel als Mittel zum Eindringen; die Zeit für die wirklichen Kaufleute, wie sie jetzt nur auf den Küsten angesiedelt sind, wird erst kommen, wenn dauernde Beziehungen angeknüpft und eine verhältnissmässige Regelmässigkeit und Sicherheit des Verkehrs entwickelt sein werden.

Die Handelsbeziehungen der Aussenwelt mit Afrika werden durch die topographischen Schwierigkeiten, welche dieser Kontinent dem Eindringen entgegenstellt, besonders erschwert. Kein Weltheil zeichnet sich so sehr durch kompakte Gestalt, geringe Gliederung und bescheidene Küstenentwickelung aus, als der afrikanische. Wenn daraus einerseits ein empfindlicher Mangel an Buchten und natürlichen Häfen entsteht, so lassen ihn andererseits auch die in anderen Erdtheilen so günstigen Wasserstrassen als Verkehrswege im Stiche.

Afrika hat herrliche, mächtige Ströme: den Nil, der nach den Entdeckungen Stanley's von seinem Range, als »Vater der Flüsse« herabsteigen muss, auf der Nordküste; den Niger mit dem Binuë, den Ogowe, den Congo oder Lualaba auf der Westküste, den Zambesi im Osten, ohne die unbedeuteren erwähnen zu wollen. Doch alle haben als Wasserstrassen wenig geleistet. Der Nil allein hatte frühzeitig als solche eine gewisse Bedeutung erlangt, und diese endigte schon bei den ersten Katarakten von Syene, dem heutigen Assuan, etwa 120 Meilen von der Mündung. Welche Mühe und Kosten hat es nicht später gemacht, in einzelnen Fällen die Felsen seines mittleren Laufes zu besiegen, um die Fahrbarkeit der oberen Strecke zu benutzen? Der Niger wird nach schweren Opfern auf eine Strecke von einigen 70 Meilen periodisch befahren und einmal gelang es, seinen grossen östlichen Nebenfluss, den Binuë, ebenso weit zu rekognosciren. Als man hinter dem vielarmigen, sumpfigen Delta des Ogowe einen ansehnlichen Strom entdeckt hatte, wurde er ein häufiges Ziel für Entdeckungs-Reisende; doch Deutsche, Franzosen und Engländer wissen von den Felsen seines Bettes und denen seiner Nebenflüsse zu erzählen. Auch der riesige Congo, auf den augenblicklich die Augen der ganzen gebildeten Welt gerichtet sind, wird durch seine Stromschnellen und Katarakte noch schwere Opfer erfordern, bevor die ungeheure Ausdehnung seiner freien Wasserwege dem Verkehr dienen werden, und der Cuanza vermag nur auf eine kurze Strecke von etwa 30 Meilen seine kleinen Dampfer zu tragen. Ebenso bricht sich der mächtige Zambesi von den majestätischen Victoria-Fällen sein Bett durch die Felsen zur Ostküste, und die dort mündenden, unbedeutenderen Flüsse sind nur auf geringe Entfernungen von der Küste schiffbar.

Dazu kommt, dass der massigste Theil des Kontinents, die Nordhälfte, in einer Breite von 15 Breitegraden und einer Länge von nahezu 50 Längengraden von der Sahara oder grossen Wüste eingenommen ist. Wer diese mit ihren Schrecken und Gefahren, ihren Mühen und Entbehrungen durchreist hat, weiss die ganze Grösse des Hindernisses, welches sie dem Verkehr entgegenstellt, zu würdigen. Von Oase zu Oase, über die unabsehbaren, nackten, steinigen Ebenen, über die unsäglich ermüdenden Dünenregionen strebt der Reisende, oft mit Einsetzung seiner ganzen Kraft, mit der ernsten, fast finsteren Entschlossenheit, welche das Bild der Umgebung widerspiegelt und so charakteristisch ist für die Tuârek und Tubu, die ächtesten der Wüstensöhne. Zwar ist die Wüste von zahllosen Wegen nach allen Richtungen durchkreuzt, aber die Pfade sind meist unsichtbar, Wenige kennen sie, Hunger und Durst drohen auf ihnen, und auf den Rastplätzen und Wasserstationen liegt der erbarmungslose Wüstenräuber im Hinterhalte. Die seit Jahrhunderten bereisten Karavanenstrassen, welche die Nordküste mit den mohamedanischen Negerstaaten des sogenannten Sudan verbinden, sind zwar in ihrem Verlaufe hinlänglich bekannt und Hunger und Durst wird nur bei einem Zusammentreffen aussergewöhnlicher Umstände zu fürchten sein, doch auch auf ihnen bleibt die Wüstenwelt ein Schauplatz der Rechtlosigkeit, der Vergewaltigung, des Raubes und Mordes. Die Kärglichkeit der Wüstenproduktion, die Dünnheit der Bevölkerung, die riesigen Entfernungen, die kümmerlichen staatlichen Einrichtungen, der harte, gestählte, egoistische, gesetzlose und gewaltthätige Charakter der Bewohner machen, dass Gewaltthätigkeit dort die Regel und nicht die Ausnahme ist, und dass auch die sichersten Karavanenstrassen nur in zahlreicher und bewaffneter Gesellschaft bereist werden können, und diese Gelegenheiten bieten sich naturgemäss nur selten.

Trotzdem stehen die südlich von der grossen Wüste gelegenen Negerländer, welche durch ihre höhere Entwickelung politischen und socialen Lebens eine gewisse Sicherheit des Verkehrs bieten, mit den Küstenländern des Mittel- und Rothen Meeres in regelmässiger Verbindung.

Wenn die alten Aegypter trotz der hohen Entwickelung ihrer Kultur und politischen Macht, keine ausgedehnten Handelsbeziehungen mit dem fernen Innern unterhalten zu haben scheinen, und wenn wahrscheinlich die Römer, als sie sich in der Wüste selbst etablirt und Fezzân zur römischen Provinz gemacht hatten, nicht bis in die Sudanländer vordrangen, so belebte sich die Wüste in ganz anderer Weise, als die Araber nach der Stiftung des Islam in ihrem überwältigenden Drange die Nordküste Afrika's überflutheten. Wie das Meer sie nicht nach Norden aufzuhalten vermochte, so setzte auch die grosse Wüste ihrem Expansionsdrange nach Süden hin kein Ziel; bald drängten sie selbst den Bewohnern der Nordküste in die Oasen nach, und wenige Jahrhunderte nach dem Beginne der islamitischen Zeitrechnung sehen wir mohamedanische Einwanderer am Niger und am Tsadsee Staatenbildungen vermitteln, welche die natürlichen Endziele nordischer Handelsreisender bildeten.

Je mehr im Sudan die Entwickelung des Islam und seiner Staaten fortschritt, desto regelmässiger und häufiger wurden die dorthin führenden Strassen bereist. Seit vielen Jahrhunderten durchziehen unternehmende Araber und Berber die Sahara nach Süden und sind allerdings in eminenter Weise geeignet, diesen Verkehr zu unterhalten. Ihre Leidenschaft für Reisen und Abenteuer, ihre Neigung zu kaufmännischen Spekulationen, ihre Leichtigkeit sich von der Familie zu trennen und eine neue zu begründen, ihre fatalistische Ergebung in Alles, was über sie verhängt wird, ihre mässigen Ansprüche an das gewöhnliche Leben, so Vieles in Sitte und Gewohnheit, was sie ihren schwarzen Glaubensgenossen nähert: Alles erleichtert ihnen diese Aufgabe.

Wo sich der Islam mit seinen billigen Rechtssatzungen und seiner höheren Gesittung festsetzte, zog sich natürlich der Verkehr zuerst hin. Timbuktu wurde ein grosser Stapelplatz für die Sonrhai- und Fellata-Staaten am Niger, und Bornu mit seiner leicht bereisbaren, wasser- und oasenreichen Strasse vou Tripolis über Fezzân und Kauar ein häufiges Reiseziel der Kaufleute der Nordküste. Noch bis weit in unser Jahrhundert hinein bereisten alljährlich grosse Karavanen, welche oft Tausende von Köpfen stark waren, die letztere Strasse und Murzuq, die Hauptstadt von Fezzân, war bis zu der Zeit ein Hauptstapelplatz für den Handel der Nordküste mit dem Innern, auf dem der Goldstaub der Aschantiländer so im Ueberfluss vorhanden war, dass er die einheitliche Münze darstellte. Von dort wurden Verbindungen unterhalten, nicht nur mit Bornu, sondern auch durch die Tuâreklânder einerseits mit den Haussastaaten und mit Timbuktu, durch die Tubuländer andererseits mit Wadaï.

Die Häfen des Rothen Meeres, Suakin und Massawa traten in Verbindung mit Chartum und Sennaar, das nördliche Aegypten hatte eine Wüstenstrasse nach Dar-Fur, und zuletzt wurde Benghasi auf der Nordküste der Ausgangspunkt eines direkten Weges von Wadaï und vermittelte den Handel dieses Laudes sowohl mit Cairo als mit Tripolis.

Alle diese Strassen werden noch heute bereist, wenn sie auch in Bezug auf ihre Wichtigkeit und Frequenz mannichfache Veränderungen und Verschiebungen erfahren haben. Timbuktu hat an Macht und Bedeutung verloren; Bornu ist im Handel zurückgegangen; doch die industriellen Haussastaaten locken die fremden Kaufleute noch immer an und der Handel der Küstenländer mit Wadaï hat sich in erfreulicher Weise entwickelt. Die Bewohner von Ghadames, unternehmende Berber, haben die Araber aus dem westlichen Sudan verdrängt und ziehen alljährlich durch die Länder der Tuârek, denen sie stammverwandt sind, nach den Handelsmittelpunkten der Haussastaaten, Kano, Sokoto und bis nach Timbuktu, wo sie überall ihre Comptoirs haben. Zur rückgängigen Handelsbewegung in Bornu hat die Abschwächung des Sklavenhandels auf der Nordküste, der auf der brunnen- und oasenreichen Strasse von Tripolis nach dem Tsadsee so leicht betrieben werden konnte, nicht unerheblich beigetragen. Dazu, wie gesagt, trat das Nachbarland Wadaï, dessen rohe Bewohner früher kaum einen spärlichen Verkehr mit den nächsten Nachbaren unterhielten, zuletzt mit in die Arena und bot den Fremden seine aufgespeicherten Schätze von Straussenfedern und Elfenbein.

Die kürzesten Wege, welche von der Nordküste in die Sudanstaaten führen, sind diejenigen, welche von Siut in Oberaegypten in 40 Tagereisen nach Dar-Fur und von Benghasi auf der Nordküste in 50 Marschtagen nach Wadaï führen. Jene wird seit Jahrhunderten von Karavanen frequentirt, diese wurde zum ersten Male im Anfange dieses Jahrhunderts bereist; doch beide erschweren den Verkehr durch wasserlose Strecken, welche bis zu 10 Tagereisen umfassen. Die Strasse von Marokko nach Timbutku verhält sich in dieser Beziehung nicht viel günstiger. Auf den Strassen von Tripolis über Fezzân nach Bornu und von Ghadames über die Tuârekstadt Ghat nach den Haussastaaten findet man grössere Leichtigkeit, doch umfassen sie wohl 70 Tagemärsche.

Immer bleiben diese Reisen ernste Unternehmungen, welche eine nicht gewöhnliche Zähigkeit des Reisenden und die Einsetzung aller seiner Kräfte erfordern, und werden auch von denjenigen so betrachtet, welche ihr ganzes Leben in ihnen zubringen. Auf ihnen überwacht der Reisende mit ängstlicher Sorge die Wasserschläuche und ihren Inhalt und pflegt fast mit Zärtlichkeit das diese Reisen allein ermöglichende Kamel. Jene kommen in unvergleichlicher Stärke und Gerbung aus den Haussastaaten, von wo sie über ganz Nordafrika exportirt werden; diese, bewunderungswerthe Thiere, bleiben, trotz ihrer unübertroffenen Fähigkeit, lange ohne Futter und Wasser zu bleiben, trotz ihrer Leistungsfähigkeit in Märschen und Lasten, doch beständige Angstgeschöpfe. An ein bestimmtes Klima und beständiges Futter gebunden, vertragen sie einen Wechsel der gewohnten Lebensbedingungen schwer. Auch die Vorstellungen von iher Mässigkeit sind bei uns gewöhnlich übertrieben. Eine wasserlose Woche bei der Arbeit im Sommer und in der Wüste, sind auch für ein Kamel eine grosse Leistung, und bei Nahrungsmangel auf dem Marsche sieht man Fett und Fleisch mit beunruhigender Schnelligkeit schwinden und den vor Kurzem noch so üppigen Fetthöcker bald einer scharfen, gebogenen Knochenleiste Platz machen. Sobald die ersten Spuren ernstlicher Ermattung oder zur Krankheit auftreten, ist das Thier schon als verloren zu betrachten. Immerhin ist das Kamel das einzige Mittel, welches den Menschen befähigt, die Verbindung mit dem Innern Afrika's aufrecht zu erhalten, und neben seiner Mässigkeit kommt hier vorzüglich seine Tragkraft in Betracht. Es giebt im Nilthale Kamele, welche man bis zu 10 Centnern für ansehnliche Strecken belastet; doch darf man im Allgemeinen für monatelange Wüstenreisen die Belastung des Thieres auf nicht mehr als 4 Centner berechnen.

Direkt finden wir den Handel der Kulturländer mit Nordafrika nur auf der oben erwähnten befahrbaren, kurzen Strecke des Niger über die Küstenländer hinaus in's Innere dringen, wobei ich natürlich nur von demjenigen Theile spreche, der mir aus Anschauung oder unmittelbarer Erkundigung bekannt wurde, und absehe von Aegypten, wo der Nil und ein geordnetes Staatsleben günstigere Bedingungen erzeugten. Auf allen anderen Punkten endigt er auf der Küste, wo eingeborene Stämme und Völker seine Produkte in Empfang nehmen und ihre Uebertragung in das fernere Innere vermitteln; denn abgesehen von den Mühseligkeiten und Gefahren der Wüstenreisen, steht für die Europäer der Zeitaufwand, den dieselben erfordern, in keinem Verhältnisse zum endlichen Gewinne. Monate vergehen, bevor eine Karavane zu Stande kommt, Monate bis dieselbe ihr Ziel erreicht, Jahre bis Waaren oder Geld in Export-Waaren umgesetzt sind und wieder Monate bis der Reisende Heimath und Weib und Kind wiedererblickt.

Die Waaren, welche auf dem Rücken des geduldigen »Schiffes der

Wüste« auf den angegebenen Wegen nach dem Sudan, dem »Lande der Schwarzen« geführt werden, sind Stücke gewöhnlichen Baumwollengewebes, österreichische Maria-Theresia-Thaler, Schmuckgegenstände, Luxustoffe, Papier, Essenzen und Eisen- und Stahlwaaren.

Der vom Niger bis zum Nil gebräuchliche, gewöhnliche Baumwollenstoff, bekannt unter dem Namen Americani, Cham oder (Makta) Tromba, besteht in Stücken schlechten ungebleichten Gewebes, welche zum grösseren Theile aus England, zum kleineren aus Amerika kommen. Die breitesten, längsten und solidesten von etwa 0,6 Meter Breite und einigen 20 Meter Länge sind im westlichsten Sudan im Gebrauche und heissen Americani; die mittleren, etwas weniger breit und bis zu 25 Meter lang, heissen Cham und gehen von Tripolis nach Bornu und in die Haussastaaten; die schmälsten, kürzesten und schlechtesten werden unter dem Namen Tromba von Cairo in die östlichen Sudanstaaten, Dar-Fur und Wadaï geführt. Man kauft sie, etwa 40 Centimeter breit und 16 Meter lang, in Cairo für ½ Maria-Theresia-Thaler, d. h. etwa 2 Mark, während sie in den genannten Ländern den Werth des vollen Thalers, also 4 Mark übersteigen. Sie bilden für die östlichen Sudanstaaten den gangbarsten Marktwerth, die allgemein übliche Münze, wie sie in den westlichen Ländern durch den Maria-Theresia-Thaler dargestellt wird. Dieser wird noch jetzt mit der Jahreszahl 1780 und dem Brustbilde der Maria Theresia für den Export nach Afrika geprägt und heisst von dem Doppeladler auf seiner einen Bildfläche in der arabischen Sprache »Abu têr«, d. h. Vater des Vogels. Ausser ihm kann von geprägten Münzen noch der alte spanische Kolonnaten-Thaler verwerthet werden, der von den Säulen des Herkules auf ihm, welche von den Arabern für Kanonen genommen werden, »Abu Medfa«, d. h. Vater der Kanone heisst. Nach diesen Baumwollenstoffen und geprägten Münzen, welche nicht gut von einander getrennt werden können wegen der beständigen Wechselbeziehung, in der sie zu einander stehen, müssen in zweiter Linie, was Import und Verwerthbarkeit anbetrifft, Schmuckgegenstände genannt werden. Dieselben bestehen in Glas-, Thon- und Porzellan-Perlen, in Korallen, Bernstein, Achat und dergleichen. Die ersteren kommen zur Verwendung vorzüglich bei den uncivilisirteren Negerfrauen, während Bernsteinperlen verschiedenster Grösse (von der Grösse einer Nuss bis zu der eines Hühnereis) einen beliebten Schmuck der im Sudan geborenen Araberinnen, darstellen und der Achat hauptsächlich von den Fellatafrauen geliebt wird. Kleine Cylinder der Edelkoralle als Zierrath im rechten Nasenflügel sind für die Frauen zahlreicher Stämme der Wüste und des Sudan geradezu unentbehrlich. Mit diesen Erfordernissen der Frauentoilette müssen erwähnt werden die massenhaft eingeführten

Rosenkränze aus Sandelholz, Olivenholz, Korallen, Elfenbein, Knochen, Porzellanperlen etc., welche, ursprünglich ein Werkzeug des mohamedanischen Ritus, dort mit der Zeit ein Schmuckgegenstand der Männer geworden sind. Dahin gehören auch die vielen Essenzen, die allerdings selten wirkliches Rosen- oder Jasminöl, sondern geringeren Werthes sind, Riechhölzer, Ambra, Benzoë, Kampher und dergleichen, welche einen nicht unerheblichen Theil der importirten Waaren ausmachen, denn Männer und Frauen machen mit gleicher Vorliebe von ihnen Gebrauch.

Von Stoffen zu Luxuskleidern kommen aus Europa bessere Baumwollenstoffe, meist ungefärbt und ungemustert, die zur Kleidung der wohlhabenderen Klassen benutzt werden; Tuch, das in besserer Qualität entweder schon verarbeitet als fertiger Burnus, Kaftan oder weites Beinkleid ankommt oder in geringer Güte in Stücken, wie es denn zur Verfertigung von gesteppten Wattenpanzern für Reiter und Pferde benutzt wird. Auch Seide und Sammet zu Luxusgewändern, Pferdeschmuck und Sattelüberzügen, Teppiche aus Tripolitanien und Konstantinopel, Wollendecken aus Tunesien, Shawls, von den gewöhnlichen Wollenshawls des Volkes bis zu den feinen Kaschmirs der Könige, kann man zur Noth auf den Hauptmarktplätzen der Sudanländer finden. Tunesische rothe Mützen, die allerdings nur selten ihren Ursprung in Tunis selbst haben, und Mousselinstoffe zu Turbanen gehen alljährlich in beträchtlicher Menge durch die grosse Wüste nach Süden.

In den mohamedanischen Landstrichen bildet sodann das Papier einen nicht unwesentlichen Handelsartikel. Es ist von grober, schlechter Qualität und scheint durch das Wasserzeichen dreier Halbmonde mit der Inschrift: »tre lune« italienische Herkunft anzudeuten. Es vertritt im Einzelverkauf auf den grossen Marktplätzen mancher Länder die fehlende Scheidemünze und gewinnt in einzelnen Gegenden, in denen versprengte Araberstämme sitzen, einen nicht unerheblichen Werth.

Von Eisen- und Stahlwaaren werden die gewöhnlichen landesüblichen Waffen stets von den Eingeborenen verfertigt. Fast überall findet sich Eisenerde und wenn ein Landstrich arm an ihr ist, so liefert die Nachbargegend das unentbehrliche Metall, und fast alle Stämme wissen es auszuschmelzen und mehr oder weniger gut zu verarbeiten. Von den Küstenländern aber oder aus den Kulturländern kommen arabische Steinschlossflinten und schlechte Perkussions-Gewehre, gerade Schwerter, welche meist aus Deutschland (und zwar Solingen) auf die Nordküste gelangen, seltener krumme Säbel, doch häufig maschige Panzerhemden, die meist aus dem südöstlichen Europa nach Afrika gelangen. Von anderen Stahlwaaren überfluthen miserable Näh- und Stopfnadeln, Scheeren u. s. w. aus Italien und Deutschland die grossen

Marktplätze des Sudan, während dieselben Gegenstände in geringer Menge, doch guter Qualität aus England eingeführt werden. Die Nürnberger Stopfnadeln, welche allerdings beim ersten Gebrauche unrettbar zerbrechen, kann man in den grösseren Bevölkerungs-Centren kaum noch verwerthen, dagegen sind kleine englische Nähnadeln, welche von ihrem runden Oehr, »Fischaugen« (Ain el-Haut) genannt, werden ausserordentlich geschätzt. Ein sehr beliebter Artikel bei geringster Güte aber auch billigstem Preise sind steiermärkische Rasirmesser mit den sonderbaren Firmen von »Vincenz Ofterberger, bürgerlicher Scheermesserschmidt zu Steyr schlägt das Zeichen W.« oder von »Leopold Werndt, bürgerlicher Scheermesserschmidt zu Steyr schlägt das Zeichen drei 3«, welche in Fezzân 15 Pfennige per Stück kosten und in Bornu kaum die doppelte Höhe dieses Preises erreichen.

Von den eingeführten Waaren geringeren Werthes wird ein Theil en gros an die Krämer und Hausirer verkauft, welche auf den Marktplätzen und in den Provinzen den Detailverkauf besorgen; ein anderer Theil, besonders der auf den grossen Marktplätzen gangbaren Gegenstände, bleibt in den Händen des fremden Kaufmanns zur Bestreitung seiner täglichen Lebensbedürfnisse. Stellen diese aber gewissermassen die Scheidemünze des Marktes dar, so tauscht sie der Kaufmann allmählich gegen diejenigen grösseren Marktwerthe um, welche ihm die auf die Küste zu exportirenden Waaren geben. So verkaufen sie kleine Packete Nadeln, einzelne Bogen Papier, Schnürchen, Glas- und Thonperlen, Stückchen Bernstein und Koralle, sei es gegen Muscheln, wie sie im Westen als Scheidemünze gebräuchlich sind, sei es gegen Baumwollenstreifen, wie sie in den östlichen Ländern vorwalten, und verwandeln diese dann wieder allmählich in Maria-Theresia-Thaler oder Stücke Baumwollenzeug, mittelst deren sie endlich Sklaven, Elfenbein und Straussenfedern kaufen. Die verschiedenen Stadien dieses Umtausches sind oft höchst mühsam und zeitraubend und besonders dadurch in den östlichen Sudanländern erschwert, dass keine, als Scheidemünze allgemein anerkannte kleineren Werthe vorhanden sind. Man muss oft zwei, drei und mehr verschiedene Stufen des Umtausches durchmachen, um zu der angestrebten Waare zu gelangen.

Bornu und die Haussastaaten machen in dieser Beziehung eine günstige Ausnahme. Als vor einigen 30 Jahren der Hâdsch Beschir, von dem uns Heinrich Barth in seinen Reiseerlebnissen erzählt, der Hauptrathgeber des Schêch Omar von Bornu war, lernte derselbe auf einer Pilgerfahrt nach Mekka die Bedeutung europäischen Handels und den Vortheil bestimmter, allgemein anerkannter Verkehrswerthe kennen. Er war es, der in Bornu den Maria-Theresia-Thaler als einheitliche

Münze einführte und die mannigfachen, willkürlichen kleineren Werthe durch die Kaurimuschel (Cypraea moneta) als officielle Scheidemünze ersetzte. Bis dahin waren dort, wie in den Nachbarländern Baumwollenstreifen von bestimmter Länge und Breite — in allen jenen Ländern wissen die Einwohner die Baumwolle nur in mehr oder weniger schmalen Streifen zu weben — die gangbarste, kleine Münze gewesen, und diese hatten ihrerseits die früher gebräuchlichen Pfunde Kupfer verdrängt. Von der letzteren Münzsorte her hat sich die Eintheilung des Thalers in Rottel (Pfunde) Kaurimuscheln erhalten. Ein Rottel umfasst 32 Muscheln, und der österreichische Thaler theilte sich, als ich in Bornu eintraf, in 120 Rottel, und als ich das Land verliess in 180 Rottel Kaurimuscheln. Wenn der Werth des Thalers allzusehr weicht, setzt die Regierung soweit es in ihrer Macht steht, einen Zwangskurs fest. Es ist zwar mühsam und zeitraubend genug, einen Thaler in etwa 5000 Muscheln umzusetzen und diese abzuzählen, doch hat man dafür den Vortheil, während man die Märkte der Nachbarländer mit Baumwollenstreifen, Glasperlen, Papier oder Riechhölzern beziehen muss, ohne sicher zu sein, ob und durch welche Uebergangsstufen man die angestrebten Waaren erzielen kann, dort Alles für den Thaler und seine Fraktionen einkaufen zu können und eine ausserordentlich kleine Scheidemünze zu haben. Die Baumwollenstreifen der verschiedenen Länder behalten immer noch einen Werth von etwa 20 Pfennigen und müssen, da sie nicht verkleinert werden können, im kleinsten Einzelhandel durch einzelne Bogen Papier, eine bestimmte Anzahl Perlen und dergleichen ersetzt werden. Die Eintheilung des Thalers in 4000 bis 5000 Muscheln, deren jede einzelne verwerthet werden kann, umgeht diese Schwierigkeit und macht es dem Armen möglich, die kleinste Quantität eines zertheilbaren Gegenstandes zu kaufen.

Wie die beschriebene Art des langsamen Umtausches den fremden Kaufmann nur allmählich sein Ziel erreichen lässt, so findet er auch einige der gesuchten Waaren, wie z. B. Straussenfedern, selten in grösserer Menge und sieht sich durch beide Gründe oft gezwungen, Jahre lang in innerafrikanischen Ländern zu verharren, um sein, wenn auch gewöhnlich sehr bescheidenes, Anlagekapital umzusetzen.

Die ausgeführten Waaren bestehen, wie erwähnt, in Sklaven, Straussenfedern und Elfenbein; alle anderen Landesprodukte verlohnen sich wegen der Schwierigkeiten des Transportes der Ausfuhr noch nicht, wo nicht etwa die Nähe der Küste oder Erleichterung des Verkehrs, wie auf dem Nil und dem Niger, Gummi, Arachis- und Palmöl, Tamarinden, Felle und dergleichen zur Geltung kommen lassen.

Von den Ausfuhrwaaren war bis vor Kurzem der vorwaltendste

Artikel der der Sklaven; und wenn auch die Ausfuhr derselben durch das Verbot ihres Verkaufes auf der Nordküste erheblich abgenommen hat, so bleiben sie noch für viele Länder die hauptsächlichste Exportwaare. Trotz des strengen Verbotes, welches in Tripolis z. B. auf dem Sklavenhandel lastet, sah ich nach meiner Ankunft in Bornu noch eine Karavane mit 1400 Sklaven nach Norden abgehen, und aus Wadaï werden trotz der Lebhaftigkeit des Handels mit Straussenfedern noch eine erstaunliche Anzahl nach Norden geschleppt.

Der Vice-König von Aegypten hat sich lange Zeit redliche Mühe gegeben, den Anforderungen europäischer Civilisation zu entsprechen und den Sklavenhandel auszurotten, aber die ungeheure Ausdehnung seines Gebietes, das eine Länge von etwa 400 deutschen Meilen bei unverhältnissmässig geringer Breitenentwickelung hat, sicherte seinen Anstrengungen bisher nur einen mässigen Erfolg. Europäische Verwaltungsbeamte im Innern und die Uebertragung der Polizeimacht auf dem Rothen Meere an die Engländer versprechen in neuster Zeit bessere Resultate.

Wie will der Generalgouverneur von Tripolitanien den Sklavenhandel in den einzelnen Oasen Fezzâns verhindern, wie der Chediwe ohne die letztgenannten Mittel in den fernen Provinzen seines grosen Reiches, so lange die Beamten als Mohammedaner von der Rechtmässigkeit derselben überzeugt sind und gleichzeitig ein materielles Interesse an seinem Gedeihen haben!? Der Chef der Lokalregierung in Fezzân empfängt an der Grenze seines Gebietes für jeden eingeführten Sklaven eine bestimmte Summe (2 Maria-Theresia-Thaler = 8 ℳ.), und in ähnlicher Weise wissen sich die Kaufleute mit den eingeborenen Provinzial-Chefs in Aegypten zu arrangiren. Ober-Aegypten, Nubien, Dongola, Berber, Chartum, Kordofan, Sennaar sind vorzugsweise von Kaufleuten bewohnt, welche, wenn sie von Dar-Fur und Wadaï kommen, ihr heimathliches Dorf zu erreichen wissen, ohne irgend einen Ort zu berühren, geschweige denn die Residenz des Mudir oder Regierungspräsidenten. Dort sind sie der Verschwiegenheit und Zustimmung ihrer Landsleute sicher, verbergen die Menschenwaare eine Zeitlang in ihren Häusern oder in denen ihrer Freunde und verkaufen sie einzeln, je nach den sich darbietenden Gelegenheiten. Der auf ihnen ruhende Nutzen ist bedeutend genug, um unternehmende Kaufleute selbst die Gefahr der Konfiskation nicht scheuen zu lassen.

Die beliebteste Altersklasse der Menschenwaare ist die der sogenannten Sedâsîa, d. h. der sechs Spannen hohen Sklaven, welche einem ungefähren Alter von 12—15 Jahren entsprechen und deren Preis den Stand der ganzen Waare kennzeichnet: »Was kostet der Sedâsi bei Euch?« Auch die Chomâsîa oder 5 Spannen hohen, welche einige Jahre jünger sind (10—13), sind noch gesucht genug. Hat man ein solches Individuum aus einem der Sudanländer für 15 bis 20 und einige Thaler gekauft, so erzielt man auf der Nordküste leicht den 3—4 fachen Preis. Dabei bedarf diese Waare keiner oder doch nur geringer Transportmittel, welche bei den Wüstenreisen nur allzusehr in Betracht kommen, sondern stellt selbst vielmehr solche für leichtere Gegenstände dar. Die für sie erforderlichen Mundvorräthe sind in den Sudanländern von so ausserordentlicher Billigkeit, dass sie gegen die Transportkosten gar nicht in Betracht kommen können. Am wenigsten geschätzt sind von den Sklaven die älteren Männer, vor denen die alten Frauen wenigstens den Vorzug haben, besser zu häuslichen Arbeiten verwendbar werden zu können. Am theuersten sind die jungen reifen Mädchen begreiflicherweise, doch haben sie einen hohen Ankaufspreis und repräsentiren keinen bestimmten Marktwerth, da sie nach dem verschiedenen Geschmack der Liebhaber taxirt werden und stellen also eine unsichere Waare dar. Einen exceptionellen Werth haben Eunuchen, welche man in verschiedenen Sudanländern in grausamster Weise fabrizirt, Taubstumme, welche als Harems-Diener und -Dienerinnen beliebt sind und Zwerge, welche den Grossen der mohamedanischen civilisirten Welt zum Spielzeug dienen. Besonders beliebt sind Sklaven und Sklavinnen aus den Haussaländern wegen ihrer Fügsamkeit, Arbeitsamkeit und Treue. Die aus Bornu stammenden Mädchen und Frauen sind vorzüglich als Konkubinen gesucht, obgleich sie sich nicht gerade durch Schönheit auszuzeichnen pflegen, wogegen die aus Dar-Fur als relativ civilisirte Haushälterinnen berühmt sind. Die meisten stammen aus den Heidenländern Bagirmi's und die rohesten kommen aus dem Süden Wadaï's, dessen Bewohner sie selbst nicht erheblich an Kultur übertreffen.

Durch Schwierigkeit des Transportes stehen die Elephantenzähne weit hinter den Sklaven zurück und werfen ausserdem nicht einmal einen ebenso hohen Nutzen ab. Auf den grossen Marktplätzen der Sudanstaaten kostet der Centner Elfenbein etwa 200 Mark, während er in Tripolis oder Cairo höchstens den dreifachen Werth erreicht. Drei oder vier Centner erfordern den Ankauf eines Kamels und bilden Gepäckstücke, welche das Thier ausserordentlich leicht schädigen. Der einzige Vorzug, welcher das Elfenbein vor den Straussfedern auszeichnet, ist ein geringeres Schwanken im Preise. Elfenbein wird von den Haussastaaten und Adamaua an den Niger gebracht, verhältnissmässig wenig von Bornu ausgeführt, gelangt aus den Heidenländern südlich von Dar-Fur an den weissen Nil und kommt augenblicklich in grösster Menge aus Wadaï, von wo es zum kleineren Theile nach Tripolis und Benghasi, zum grösseren über Dar-Fur nach Aegypten geht.

Die Straussenfedern bilden häufig einen sehr einträglichen Handelsartikel; doch schwanken ihre Preise in Cairo und Tripolis, den Hauptausfuhrplätzen Nordafrika's für diese Waare, ausserordentlich, und der Kaufmann läuft leicht Gefahr, dieselbe auf den Hauptmarktplätzen der Sudanstaaten zu theuer zu bezahlen. Sie haben den grossen Vortheil des geringen Gewichtes, denn ein einziges Kamel kann ein Vermögen in weissen Straussenfedern auf seinem Rücken tragen. Freilich, welch' ein ungeheurer Zeitraum ist erforderlich, eine solche Menge zu sammeln?! In Bornu pflegt man hauptsächlich ganze Straussenhäute zu verkaufen, welche durchschnittlich 3 Pfund schwarzer und 1 Pfund weisser Federn enthalten; in den östlichen Sudanländern werden sie stets nach dem Gewichte auf den Markt gebracht. Der Hauptnutzen ruht auf den schwarzen, welche einen unverhältnissmässig geringeren Werth haben, als die langen weissen Schwung- und Schwanzfedern, die ihres graziösen Schwankens wegen als »schwimmende« (Auama) im Handel bekannt sind. Diese kosten, wenn sie auserlesen sind, denn die fehlerfreien sind begreiflicherweise selten unter ihnen, auf den grossen innerafrikanischen Marktplätzen auch schon ungefähr 400 Mark per Pfund und in einem solchen sind etwa 100 Stück enthalten. Die gewöhlichen weissen Federn des Handels haben einen Werth von etwa 100 Mark per Pfund, doch dieses enthält dann nur einige wenige fehlerfreie Auama. Gewöhnliche schwarze kauft man für höchstens 15 Mark per Pfund, und für die anserlesenen derselben Farbe bezahlt man nie mehr als 30 oder 40 Mark. Da der grösste Nutzen auf den schwarzen ruht, so ist es in den Gegenden ihres Vorkommens Sitte, die weissen nur in Begleitung einer gewissen Menge schwarzer zu kaufen, wenn wenigstens der Preis der ersteren nicht erheblich gedrückt werden soll. Zur Zeit und an Orten, wo ich zu meiner Unterstützung diesen Handel trieb, erforderte ein Pfund weisser Federn die Begleitung von zehn Pfunden schwarzer. Ein Pfund der letzteren aber wurde gleich zwei Pfund grauer geschätzt und konnte durch diese in der Abrechnung ersetzt werden. Hat man Landeskenntniss genug, um in den Sudanländern die Straussenfedern fern von den grossen Marktplätzen, in den Gegenden ihres häufigen Vorkommens, für dort übliche Schmuckgegenstände im kleinsten Detail zu kaufen, so erzielt man sie oft für den zehnten Theil obiger Werthe. Der Nutzen, den sie dann, glücklich bis in die Küstengegenden gebracht, abwerfen, ist ein ungeheurer, freilich wächst das Opfer an Zeit in demselben Verhältniss und gestattet die geringe Sicherheit jener Gegenden nur solchen Personen dies Vorgehen, welche Land und Leute genau kennen.

Bei den angeführten Hauptexportwaaren kann man sich gewiss nicht wundern, dass der Kaufmann, welcher seine Waaren auf Kamelen, die einen Durchschnittspreis von 200 Mark im Norden haben und nach Vollendung der Reise als fast werthlos zu betrachten sind, durch die Wüste transportirt, sich den Anstrengungen und Gefahren derselben aussetzt, und im günstigen Falle Jahre geopfert hat, einen Nutzen von wenigstens 200 Procent beansprucht.

Doch der beschriebene Import und Export, also der direkte Handel zwischen der Küste und den Sudanländern, bedingt nicht den einzigen Handelsverkehr in diesen, sondern der Austausch ihrer gegenseitigen Produkte unterhält noch ausserdem eine lebhafte Bewegung.

Schon die Landschaften der grossen Wüste stehen durch ihren Reichthum an Salz in regster Verbindung mit den an diesem Gewürze so armen südlicheren Ländern. Die grossen Salzgruben von Bilma auf der Strasse von Tripolis nach Bornu versorgen nicht allein die Landschaften der Tuârek zum grossen Theile mit Salz, sondern die ganze volkreiche Gegend zwischen Tsadsee und Niger. Aus Bornu wird dieser Artikel nach Kanem und einem Theile Wadaï's exportirt, und das Salz aus den Landschaften der Bale oder Bideyat bildet eines der Hauptverkehrsmittel in Wadaï und Dar-Fur. Bei den Bideyat werden alle Verkehrsgegenstände auf ein bestimmtes Maass Salz reducirt, und wie hoch dieses in den Sudanländern geschätzt ist, beweist die Thatsache, dass in Wadaï ein Maass Salz durchschnittlich 30 Maass Getreide giebt, während ich an Ort und Stelle der Ausbeutung Klumpen von 3 bis 4 Pfund für eine schlechte Nürnberger Stopfnadel kaufte.

Die Sudanländer sodann tauschen die Produkte ihres Bodens und ihrer Industrie unter einander aus. Von den Bodenerzeugnissen kommen Baumwolle, Indigo, die Arachis, Sesam, die verschiedenen Getreidesorten nur für den Lokalverkehr in Betracht, denn sie werden fast überall kultivirt; doch der rothe Pfeffer, der Kimbapfeffer, hier und da Taback und vor Allem die Guronuss sind Gegenstände lebhaften Verkehrs.

Der Kimbapfeffer ist ein sehr beliebtes Gewürz und nur einzelnen Landschaften eigen. Der Taback wird zwar überall gebaut, sei es der virginische oder der Bauerntaback, doch in sehr verschiedener Güte und Menge und ist sehr vielen Stämmen fast unentbehrlich. Hier kaut man ihn, dort schnupft man, noch anderswo raucht man und in manchen Ländern floriren alle Gebrauchsarten. Dar-Fur und Bornu haben einen guten Ruf in seiner Kultur.

Die Guronuss, die Frucht einer Sterculia, welche in trockenem Zustande Kola genannt wird, kommt aus den Nigerländern und nimmt sowohl in den Haussastaaten als in Bornu einen grossen Theil des Marktverkehrs in Anspruch. Sie hat Grösse und Farbe der Rosskastanie, doch keine ablösbare Schale, ein rosenrothes, festes Innere, einen angenehmen bitterlichen Geschmack und ersetzt in sehr zweckmässiger und angenehmer Weise durch ein dem Koffeïn und Theïn nahestehendes anregendes Princip unsere Reizmittel, Kaffe und Thee. Ich selbst gewöhnte mich derartig an dieses Genussmittel, dass ich nur mit Widerstreben zum Kaffe zurückkehrte. In den Haussastaaten und Bornu sind die Leute so leidenschaftlich seinem Genusse ergeben, dass sie bei Seltenheit und hohen Preisen des Artikels, wie es bei gestörten Verkehrsverhältnissen vorkommen kann, sich von dem theuersten Besitze, z. B. einer Sklavin, einem Pferde, trennen, um seiner theilhaftig zu werden. Bornu liefert dagegen, besonders von den Ufern und Inseln des Tsadsees, nach Westen hin kohlensaures Natron, ein für Mensch und Thier gleich geschätztes Genussmittel, und exportirt es in die Haussaländer bis zum Niger und darüber hinaus bis Illori.

Alle jene Länder sind reich an Rindvieh, Schafen und Ziegen, also auch an Butter, Milch, Fellen, so dass dieselben nur für den Lokalverkehr in Betracht kommen. Doch ein lebhafter Export wird von Bornu aus mit Pferden getrieben, sowohl nach Westen, wenn auch weniger, in die Haussaländer, als besonders nach Bagirmi und Wadaï. In Bornu, wo das Pferd vor etwa 700 Jahren eingeführt worden zu sein scheint, hat sich eine hübsche Rasse herausgebildet, welche am meisten Aehnlichkeit mit derjenigen der Berberpferde haben dürfte. Dieselbe gedeiht so, dass in Bornu selbst ein Luxuspferd selten den Preis von 200 Mark übersteigt, während Thiere geringen Werthes, wie Packpferde, zu 20—40 Mark täglich auf den Markt kommen. — Wadaï dagegen excellirt in Kamelen, die von den zahlreichen Stämmen seiner Nordgrenzen gezüchtet werden und oft so billig sind, dass ein gutes Bornupferd wohl 10 bis 12 Kamele giebt. Das schöne, elegante, feurige Dongolapferd, welches früher einen kostbaren Ausfuhrartikel nach Dar-Fur darstellte, ist leider fast ausgestorben, doch finden die werthvollen Esel sämmtlicher Nilländer noch häufig ihren Weg in die östlich davon gelegenen Negerstaaten.

Noch bedeutender ist der Verkehr, welcher durch die Produkte der Industrie einzelner Sudanländer erzeugt wird. Hier steht der Westen oben an. Nigerländer und Haussastaaten zeichnen sich in Baumwollenmanufaktur, in Lederindustrie und in der Färbekunst aus. Bornu steht eine Stufe niedriger, es folgt Bagirmi, und Wadaï und Dar-Fur kommen in dieser Beziehung kaum in Betracht. Die schönen und soliden Gewänder, welche in Nife am Niger, in Kano und anderen Ortschaften der Haussastaaten verfertigt und gefärbt werden, gehen in grosser Menge einerseits in die Wüste, andererseits nach Bornu und Bagirmi. Wadaï participirt noch an ihnen in geringerem Grade, während Dar-Fur durch die Nähe der Nilländer schon länger an europäische Baumwollenstoffe gewöhnt ist. — Das vortrefflich gegerbte und roth oder gelb gefärbte Ziegenleder der Haussastaaten, wird fast ausschliesslich zu den in Bornu, Bagirmi und Wadaï getragenen Schuhen verwendet und bildet die Ueberzüge zu den einheimischen Pferdesätteln. — Die Wasserschläuche der Haussa sind sogar auf dem Markte von Tripolis gesucht.

Auch Bornu erzeugt noch eine grosse Menge von Baumwollengewändern, welche nach Osten gehen, steht aber in der Färbekunst und besonders in der Lederindustrie viel tiefer.

Aus den östlichen Sudanländern finden höchstens die prachtvollen Korbflechtereien Dar-Fur's ihren Weg auf die Märkte des Westens.

Zu diesem Tauschhandel zwischen den mohamedanischen Sudanländern, denen Religion und Verbindung mit der Mittelmeerküste höhere Civilisation und mehr Bedürfnisse geben, kommt der Verkehr zwischen den Hauptmarktplätzen derselben und den entlegeneren Provinzen und angrenzenden Heidenländern, und der eigentliche Lokalverkehr zur Beschaffung der gewöhnlichen Lebensbedürfnisse, welche beide besonders den europäischen Reisenden im allerhöchsten Grade interessiren.

Der Lokalverkehr ist in den Städten und dichter bevölkerten Distrikten oft ein sehr lebhafter, in Kuka z. B., der Hauptstadt von Bornu, wahrhaft staunenerregend. Kuka ist eine Stadt von etwa 60,000 Einwohnern und sein Montags-Markt das grossartigste und interessanteste Schauspiel, das in dieser Beziehung dem Reisenden geboten werden kann. Etwa 20,000 Menschen sind dort von Sonnenaufgang bis Sonnenuntergang beschäftigt, rastlos zu kaufen und verkaufen, und einen grossen Antheil an dieser Bewegung hat der Lokalverkehr. Straussenfedern und Elephantenzähne werden gewöhnlich durch Makler in den Häusern verkauft, wie auch der nordische Kaufherr mit seinen Waaren nur durch Unterhändler auf dem Wochenmarkte vertreten ist. Jeder Einwohner von Kuka und den nahegelegenen Dörfern kauft hier seinen Wochenvorrath an Getreide, Fleisch, Gemüse; Jeder, der eine Reise in Nachbarländer oder entfernte Provinzen zu machen gedenkt, rüstet sich hier mit Tauschartikeln aus.

Wenn es mir irgend möglich war, versäumte ich selten den Besuch dieses Wochenmarktes, im Vergleich mit dem derjenige der Stadt Tripolis z. B. nur einen höchst bescheidenen Eindruck macht. Jede Industrie, alle Produkte, haben auf der weiten Marktebene ausserhalb der Stadt einen bestimmten Platz. Hier stösst man zunächst der Stadt auf halbfreie Sklaven und andere arme Industrielle, welche, ohne Anlagekapital, in der Umgegend Brennholz und Gras für die Pferde sammeln, Stangen für die Umzäunungen und Schattendächer im Walde schneiden, die groben Strohflechtereien, welche die Zäune, Schattendächer und

Hüttenwandungen bilden, machen und feil bieten. Es folgen die Leute, welche die Baumblätter und das Grünzeug im Walde gesammelt haben, das zur Bereitung der Saucen dient, mit denen der überall verbreitete steife Mehlbrei genossen wird. Nach ihnen, die ebenfalls für ihren Handel kaum irgend ein Anlagekapital nöthig haben, kommen diejenigen, welche im kleinsten Einzelverkauf schlechte Datteln aus Kanem oder Kauar, Erdnüsse, einige Zwiebeln, Melonen und Wassermelonen und zuweilen einige Guronüsse feilbieten. Dort sind Trinkschalen aus Kürbis mit bunten und eigenthümlichen linearen Verzierungen, von der Grösse eines Löffels bis zu der ungeheurer Gefässe, deren Inhalt hinreicht, ein Pferd zu tränken; daneben halten sich Verfertiger und Verkäufer der aus hartem Holze geschnitzten und schwarz gebeizten Essschüsseln und die Frauen, welche die feineren Korbflechtereien in Gestalt von bunten Schüsseldeckeln, hier und da mit Perlen verziert, und von Untersatzkörbchen, in denen die halbkugeligen Schalen und Schüsseln ihren Halt finden, anfertigen. Dort sind Wasserkrüge aus Thon, Butter- und Honiggefässe aus frischer Kamel- oder Büffelhaut in langhalsiger Henkelform zusammengenäht und dann getrocknet in endloser Reihe aufgestellt, und weite Säcke aus Kamelleder, um die Lasten der Kamele und Stiere hineinzuthun, sind zu Hunderten zu haben.

Damit hat man in der Mittellinie das Centrum erreicht, das von den Industrie-Erzeugnissen höherer Ordnung eingenommen wird. Hier werden ebensowohl die Baumwollen-Fabrikate des Landes als der Haussaländer und Europa's feilgeboten, die gewöhnlichen europäischen Baumwollenwaaren, Musseline zu Turbanen, rothe Mützen aus Tunis, schlechtes rothes Tuch, seltener ein Stück Seide oder Sammet, gefärbte Ziegenfelle, Schuhe und Kissenüberzüge aus Kano, und dazwischen stehen Trödelbuden, in denen die verschiedensten Gegenstände aller christlichen und mohamedanischen Länder, die ihren Weg dahin fanden, aufgestapelt sind. Trinkgläser, Flaschen, Tassen, ein Porzellanteller, eine Theekanne, eine zerbrochene Uhr, ein Gürtel, ein kupferner Kessel, ein Kasten, ein Kaschmirshawl, eine Pistole, ein türkischer Säbel, ein persischer Teppich finden sich dort in bunter Mannichfaltigkeit neben den Hauptwaaren dieser Händler, dem Bernstein, der Koralle, den Thon- und Glas-Perlen. Makler, beladen mit Burnussen, fertigen Gewändern aus Westen und aus dem Lande selbst, durchstreifen diese Gegend, das Stück, an dem die Reihe ist, in der Hand haltend, und den letzgebotenen Preis laut ausrufend.

Nach Westen über den Mittelpunkt hinaus vordringend, stossen wir auf die zusammengehörigen Handwerke der Schreiner und Schmiede. Jene machen die Pferde-, Stier-, und Kamelsättel und verkaufen dazu Stricke aus Dumpalmengestrüpp, dem Aussenbaste der Dattelpalme, ans Bohnenstrohfasern und Uscharbast, und Zügel und Zäume aus Leder. Diese haben ihren kleinen Ambos neben dem primitiven Kohlenheerde aufgestellt, und Gehülfen bearbeiten mit den Händen die einfachen Blasebälge, während sie selbst Ackerbaugeräthschaften, Hacken und Beile, Nasenringe und Steigbügel, Lanzenspitzen und Messerklingen verfertigen.

Westlich von ihnen haben die Schlächter das Feld ihrer Thätigkeit gewählt. Kühe, Schafe und Ziegen, seltener Kamele werden an Ort und Stelle abgethan, und kleine Feuerheerde sind daneben improvisirt, um sofort für Nahrungsbedürftige das frische Fleisch zu rösten.

Hier schliessen die Verkaufsstellen für Kamele und Pferde den riesigen Marktplatz nach Westen hin ab, und alle Rassen und Länder von der Nordküste bis über Bornu nach Süden hinaus sind in ihnen vertreten.

Fast die ganze Nordseite des ausgedehnten Platzes ist von Kanembu eingenommen, welche die Ufer des Tsadsees und seines westlichen Nebenflusses bewohnen. In langer Linie stehen die dem Tsadebecken eigenthümlichen schönen sogenannten Kuri-Rinder mit den riesigen Hörnern in Leierform oder mächtigem Kreisbogen, welche trockene Fische vom Tsadsee, rohe Baumwolle, Indigo, saure Milch, frische und aufbewahrungsfähige Butter und buntgefärbte Streifen der Dumpalmenblätter zu den Korbflechtereien herbeigetragen haben. Mächtige ramsnasige, lang- und kurzhaarige Schafe von kolossaler Fettleibigkeit sind ebenfalls ein vorwaltendes Züchtigungsprodukt der Kanembu. Auf diese folgen ihre westlichen Nachbarn, die Kojam, welche auf schlechten landesgezüchteten Kamelen den Vorrath von Holzkohlen für Stadt und Umgegend zu Markte bringen, und die im Westen des Landes wohnenden Manga, welche Matten und das schlechtere, aus vegetabilischer Asche gelaugte Salz feilbieten.

Auf der Südseite endlich haben die Sklavenmakler eine lange Reihe von Buden errichtet, in denen Sklaven beiderlei Geschlechts, jeden Alters und Preises aus den verschiedensten innerafrikanischen Ländern zu haben sind. Westlich von ihnen schliessen eingeborene Araber den Markt ab, welche auf den ihnen eigenthümlichen, kurzhörnigen, starkhalsigen Stieren mit dem fleischigen Höcker zwischen den Schultern die Bedürfnisse der Hauptstadt an Getreide, Butter und Honig zu Markte gebracht haben; sie, die ursprünglichen Nomaden und Viehzüchter, sind hier, fern von der Heimath, auch zu Ackerbauern geworden.

Dazwischen wogen Herren, Diener und Sklaven in buntester Mannigfaltigkeit hin und her. Hier sind die räuberischen Bewohner der Tsade-Inseln, die Buduma, mit dem Natron ihrer Heimath und den Peitschen aus Hippopotamushaut zum Verkaufe; dort Musgofrauen mit dem Pfeifenstummel im Mundwinkel und den rüsselförmig vorgezerrten Lippen, welche fast thalergrosse Knochenplatten tragen und beim Sprechen klappernd aufeinander schlagen; da sind die Fali mit den spitzgefeilten Zähnen; die Fellata mit ihren semitischen Zügen; die wunderbarsten Tätowirungen, die künstlichsten Haartrachten, so dass der Fremdling erst sehr allmählich unter diesen zahllosen Repräsentanten einer so fremdartigen Welt sich zurechtzufinden vermag.

Die Landesprodukte erfreuen sich einer ausserordentlichen Billigkeit. Von den gewöhnlichen Getreidearten kostet eine Ochsenladung, welche meinen Hausstand, der aus fünf bis sechs Personen und zwei bis drei Pferden bestand, eine Woche hindurch ernährte, nie mehr als 4 Mark; Weizen und Reis waren um ein Drittheil theurer. Die Preise der Pferde habe ich bereits erwähnt; ein Lastthier erreichte selten einen Preis von 30 Mark, während eine Milchkuh den Preis von 10—15 Mark, eine gewöhnliche Schlachtkuh den von 8 Mark kaum überstieg. Die grössten, fettesten Schafe — und Bornu erzeugt deren von seltener Güte — waren um 4 Mark zu haben, Ziegen entsprechend billiger. Hühner und Tauben kaufte man für wenige Pfennige; 4 bis 5 Mark gaben 10 bis 20 Pfund Butter und fast ebenso viel Honig.

Das gewöhnliche weisse Baumwollengewand Bornu's kostete 3 bis 4 Mark, und die feinste Qualität kaum mehr als 15 Mark. Die dunkelindigogefärbte Haussatobe bezahlte man in bester Qualität mit etwa 15 Mark, während die kostbarsten Produkte der Art aus Nyfe, die mit einheimischer Seide durchschossenen Gewänder oder die gesprenkelten sogenannten Perlhuhntoben, allerdings 40 bis 60 Mark kosten konnten.

Die Getreide-, Butter-, Fleisch- und Honigpreise waren auch in den übrigen Sudanländern nahezu dieselben; doch Produkte der Industrie und der Züchtung vertheuern sich natürlich mit der Entfernung vom Orte ihrer Entstehung.

Im Ganzen sind die Preise fern von den Hauptmarktplätzen eher höher als niedriger, denn Konkurrenz und Absatz fehlen; die Gelegenheiten zum Verkauf sind seltener und sollen ausgenutzt werden. Dieser Handel fern von den Hauptstädten, in den Grenzprovinzen und ausserhalb derselben, der dem europäischen Reisenden so viel Zeit kostet und so viel Aerger bereitet, hat seine grossen Schwierigkeiten.

Es ist vollständig unzulänglich, sich in Europa mit Tauschartikeln für diejenigen Länder versehen zu wollen, welche jenseits der Endpunkte des von der Küste her betriebenen Handels liegen. Jedes Land, jeder Stamm, jeder Distrikt hat seine besonderen Bedürfnisse und Liebhabereien. Unbekannte oder ungewohnte Gegenstände werden von den weniger civilisirten Stämmen nicht acceptirt und würden selbst als Geschenke oft nicht verwerthet werden können. Glas- und Thonperlen z. B., welche man allerdings in Europa um den hundertsten Theil ihres innerafrikanischen Werthes einkaufen könnte, würden dem Reisenden oft als unnützer Ballast verbleiben, da besonders in diesen Schmuckgegenständen die Mode ausserordentlich verschieden und überall zwingend ist.

Nur an den Endpunkten des Handels von der Küste her kann man sichere Auskunft über die Bedürfnisse der entlegeneren Landstriche erhalten. Selbst schon innerhalb der Sudanstaaten, wo Religion und Sitte nivellirend eingewirkt haben, ändern sich fern von den Hauptmarktplätzen die Tauschartikel für die einzelnen Ortschaften erheblich. Hier verlangt man Baumwollenstreifen, dort Taback, Salz oder Pfeffer, dort Sandel- oder andere Riechhölzer, hier Zwiebeln, dort Papier. Hier sind Kaurimuscheln als Schmuckgegenstände erwünscht, aber wenn sie unter oder über einer bestimmten Grösse sind, oder wenn sie, wie die meisten der als Münze gebräuchlichen, durchbohrt sind, würde man keine handvoll Getreide für sie erhandeln können, während sie andernfalls den hundertfachen Werth jener erreichen. Dort sind Glas- und Thonperlen die gangbarsten Werthe, doch muss man genau Grösse, Zeichnung und Form kennen, widrigenfalls sie werthlos sind. Hier giebt jeder Bogen Papier ein Huhn, doch würde man dasselbe für keinen anderen Gegenstand kaufen können. In Dar-Fur konnte man bei meiner Durchreise Schafe nur für Bernsteinperlen kaufen, aber der Handel zerschlug sich, wenn dieselben durchsichtig, nicht milchig waren.

Getreide, Hühner und Grünzeug stellen fast überall Eigenthum der Frauen dar, in deren Verkauf sich der Mann nicht zu mischen hat. Dabei ist es von grosser Schwierigkeit, dass man von diesen listigen, zähen Verkäuferinnen gerade die für den Reisenden nöthigste Waare, das Getreide, nur im kleinsten Detailhandel erhalten kann. Um sich auf einige Tage für ½ Dutzend Leute und einige Pferde mit Getreide zu verproviantiren, muss man oft Ruhetage machen. Auf Schüsseldeckeln werden einige Hände voll feil geboten und stundenlanges Feilschen giebt vielleicht nur eine so geringe Menge, dass sie nicht einmal hinreicht, ein Pferd zu sättigen.

Für grössere Thiere, wie Ochsen, Schafe und dergleichen, die von den Männern verkauft werden, verlangt man, so weit der Islam reicht, meistens fremde oder einheimische Baumwollenfabrikate; doch wird die Sache verwickelter in den Heidenländern, wo die Kleidung aufhört, ein Bedürfniss zu sein. Dort treten bescheidenere Artikel an ihre Stelle, wie Salz, welches in den aequatorialen Ländern fast ganz fehlt, Taback, Schmucksachen der Frauen, und in vielen Landstrichen Metallwaaren, sei es Stangen bestimmter Länge Kupfer oder Zinn, die später zu Schmuckgegenständen verarbeitet werden, oder in eisenarmen Gegenden bereits verarbeitete Eisenwaaren, wie Hacken zum Ackerbau oder

Waffen. Im Süden von Bagirmi musste man stets einen Vorrath von mindestens einem Dutzend Wurfeisen bereit haben, um für seinen Haushalt sorgen zu können, und Form und Beschaffenheit erforderten kein kleines Studium.

Ich bin weit entfernt, diesen Gegenstand, mit dessen Hülfe die Erforschung des gänzlich unbekannten aequatorialen Afrika vollendet werden muss, selbst für die von mir besuchten Gegenden, auch nur annähernd erschöpft zu haben. Doch immerhin wird man hierdurch eine Ahnung von der Wichtigkeit des Handels in dieser Hinsicht empfangen haben und begreifen, dass die neuerdings durch die Initiative des Königs der Belgier gegründete internationale Association zur Erforschung und Erschliessung Inner-Afrika's als ein Mittel zur Erreichung ihrer Zwecke den Handel besonders betont hat. Wenn später allmählich freundschaftlichere Beziehungen zu den Eingeborenen, wie sie die internationale Association durch die Gründung von festen Stationen im Innern, gleichzeitig wissenschaftlichen Beobachtungsposten und Kultur- und Handels-Centren anstrebt, hergestellt, wenn zur Vermeidung der zeitraubenden, mühe- und gefahrvollen Wüste im nordaequatorialen Theile Ausfuhrwege nach der Ost- und Westküste geschaffen, und die durch Stanley, Cameron, Pogge eröffneten aequatorialen und südaequatorialen Gebiete mehr erschlossen sein werden: dann wird der Handel nicht mehr ein bescheidenes Mittel zur wissenschaftlichen Erforschung bleiben, sondern um seiner selbst willen betrieben werden, und Kultur und Wohlstand im Gefolge haben. Das jungfräuliche Inner-Afrika wird den Kulturländern dann seine Schätze zuführen und seine Bevölkerung aus ihrer 1000jährigen Abgeschlossenheit heraustreten. Zu den Luxusexportwaaren, Elfenbein und Straussenfedern, werden die nothwendigeren Bodenprodukte kommen, und Arachis-, Sesam- und Palmöl, die in ungeheurer Menge vorhanden sind, Gummi, Wachs und Thierhäute, Tamarinden, Guronüsse, Baumwolle und Kaffe werden die Kosten und Mühen der Ausfuhr lohnen und der übrigen Welt zu Gute kommen. Die mineralischen Bodenschätze an Kohle, Kupfer und Edelmetallen, welche nach Cameron und Stanley im aequatorialen Theile der Ausbeute harren, werden zu Tage gefördet werden und ihren Einflusss auf die wirthschaftlichen Verhältnisse der Kulturländer ausüben. Erst mit der Erschliessung dieser natürlichen Reichthümer wird Sklavenraub und Sklavenhandel spontan aufhören, der Kannibalismus verschwinden und Gesittung auch dort Wurzel fassen; und erst dann werden wir im Stande sein, einigermassen zu beurtheilen, in wie weit der Innerafrikaner einst im Stande sein wird sich die Schätze der Kultur anzueignen, und an dem Fortschitte der Menschheit zu betheiligen.

Die Diamantfelder Süd-Afrika's.

Von

E. Lippert.

(Vortrag, gehalten in der geographischen Gesellschaft zu Hamburg, am 1. November 1877.)

Hierzu die Tafeln 3, 4 und 5.

Um die Mitte des Jahres 1869 verbreitete sich in der Kap-Kolonie das Gerücht, dass i. J. 1867 den Diamanten ähnliche Steine unfern der Ufer des Oranje-Flusses bei dem 5—6000 Einwohner zählenden Orte Hopetown gefunden worden seien; gleichzeitig erzählte man sich, dass in Europa grosse Diamant-Diebstähle ausgeführt worden seien, die in Afrika realisirt werden sollten, und eine andere Version lautete, dass Landspekulanten aus schwindelhaften Motiven einzelne Diamanten ausgestreut hätten, wie das später wirklich in Californien geschehen ist. Als aber im August oder September 1869 der grosse als »Stern von Süd-Afrika« bekannte Diamant wirklich dort gefunden wurde, der beiläufig gesagt 83½ Karat wog und schöne weisse Farbe hatte, da verstummten diese Gerüchte und es musste als konstatirt angesehen werden (denn über derartige grosse Diamanten wird genau Buch geführt, und ein solcher konnte nicht entwendet oder zu obigem Schwindel benutzt worden sein), dass dieser aus südafrikanischem Boden stamme. In Folge dessen sandten alsbald alle bedeutenderen Juweliere Europa's ihre Vertreter gen Süd-Afrika und Dampfer nach Dampfer brachte Händler, Abenteurer und reiche sportwitternde Engländer in's Land. Den Nachrichten von erneuten Funden reihten sich die fabelhaftesten Gerüchte an; grosse Summen wollte man in wenigen Tagen verdient haben. Ein Diamant-Fieber ergriff in Folge dessen die ganze Kolonie, ein Jeder wollte sein Glück versuchen; Jung und Alt, Prinzipal und Kommis, Land- und Seesoldaten, Lords und Boers, Alles eilte von dem goldenen Regen einzuheimsen. Die Strassen, die bisher nur die schwerfälligen von 16 Ochsen gezogenen Lastwagen, die die Wolle oder Häute an die Hafenplätze bringen, kannten, belebten sich nun mit jeder Art Fuhrwerk, vom Transportwagen mit 16 bis 20 Mauleseln bespannt, bis zum Einspänner hinunter, und selbst zu Fuss wanderten Seeleute die ihren Schiffen, Soldaten die ihren Regimentern entlaufen waren, hinauf in das viel verheissende Terrain. Der Verkehr wurde so lebhaft, und die reisende Gesellschaft eine so wilde und übermüthige, dass die altbekannte Gastfreundschaft der Holländer ihr nicht Stand halten konnte. Letztere sahen sich gemüssigt ihre Häuser ebenso eifrig den Reisenden zu verschliessen, wie sie sie ihnen bisher geöffnet hatten, und es hat einige Jahre gedauert, bevor sie zu ihrer alten Sitte zurückgekehrt sind. Viele haben sich in jener Zeit mit Geschick oder vom Glück begünstigt Reichthümer erworben, viele aber haben diese auch ebenso schnell wieder verloren, und noch mehr sind im Glück oder Unglück verkommen. Zur Zeit ist dieses Fieber nicht mehr vorhanden und gehört schon eine hübsche Kapital-Anlage dazu, um Diamanten graben zu können, und wenn auch im Grossen und Ganzen diese Beschäftigung sehr lukrativ ist, so werden doch jetzt weder grosse Vermögen erworben noch verloren. Der ganze Betrieb ist nunmehr ein ruhiger und geschäftsmässiger.

Die ersten Kap-Diamanten sind aller Wahrscheinlichkeit nach im Bette des in den Oranjefluss mündenden Vaal gefunden worden. Dort entstanden auch zuerst die grösseren Diggings, und siedelten sich an 20,000 Menschen in kurzer Zeit an. Rasch wuchs hier die Stadt Klipdrift mit schönen steinernen Häusern, Läden und regem Leben aus der früheren Oede empor, während auch an anderen Punkten des Vaalflusses mehr oder minder ergiebige Fundorte in Angriff genommen wurden. Als aber am Ende 1870 etwa 30 Miles jenseits des Vaal, fern von jedem Flussbett auf der Ebene der Farm Dutoitspan, Diamanten auf der Erdoberfläche zu Tage traten, verliess man die als River-Diggings bezeichneten Plätze bei Klipdrift und eilte den viel reicheren Gruben in der Ebene zu, die im Gegensatz zu den River Diggings, — Dry Diggings bezeichnet wurden, und von denen der ganze Distrikt bald den Namen der Diamantfelder erhielt. Im Juli 1871 erfolgte dann die Entdeckung des reichhaltigsten Lagers, des sogenannten Colesberg Kopje oder New Rush, das sich auch als das bei Weitem ergiebigste bis heute bewährt hat, und neben welchem die Hauptstadt des ganzen Bezirkes »Kimberley«, das jetzt etwa 15,000 Einwohner zählt, schnell entstanden ist.

Kimberley war im Februar d. J. mein Reiseziel; ich durfte Afrika nicht verlassen, ohne dies Weltwunder gesehen zu haben.

Ein zweirädriger, stark gebauter, von 4 zwar kleinen und unansehnlichen, aber unermüdlichen und schnellen Pferden gezogener Karren, in welchem ausser mir nur noch Raum für den schwarzen Kutscher, für ein kleines Köfferchen und für eine eintägige Fourage war, diente mir als Fuhrwerk, nachdem ich die ersten 100 Miles von der Kapstadt per Eisenbahn zurückgelegt hatte. Mit ihm trat ich in Ceres, die in gerader Linie 600 engl. Meilen lange Fahrt nach Kimberley an. Der zweite Tag schon brachte mich über den Karooport-Pass in die Karoo, eine weite, öde, mit dem ihr eigenen, der Schafzucht sehr günstigen, niedrigen Karoobusch bewachsene Hochebene. Hier zeigte sich mir zuerst das überaus reiche Thierleben Süd-Afrika's und hier lernte ich zuerst den Berichten über Wildheerden Glauben schenken, deren Ende das Auge nicht abzusehen vermag. Hunderttausende zierlicher Springböcke — soweit der Blick reichte, nichts als fortwährende Bewegung der laufenden, springenden, hin- und herschiessenden Antilopen, — umgaben nach allen Richtungen hin den Wagen, sich jedoch in respektvoller Entfernung haltend, sobald ich einen Gewehrlauf blinken liess. In der Karoo ging es nun 2 Tage lang in schnurgrader Richtung durch eine monotone, menschenleere Gegend, der nur die schöne Färbung Reiz verleiht, welche die klare, durchsichtige Luft überall am Kap der Landschaft giebt. Am dritten Tage gelangte ich aus der Karoo über den Höhenzug der Roggeveld-Berge in's sogenannte Roggeveld, eine noch höher gelegene Ebene, welche eine der Terrassen bildet. in denen sich das Land von der See aus bis zum Oranje-Fluss aufbaut. Im Centrum dieser Ebene liegt der kleine Ort Sutherland, 4700' über dem Meere, wo im Sommer tropische Hitze, im Winter starker Frost herrscht, und wo bei eintretendem Thauwetter die Wege für die schweren Ochsenwagen unpassirbar und an den Bergen selbst gefährlich werden. Am 4. Tage gelangte ich nach Frazerburg, dem Hauptorte des Distriktes.

Eine solche Reise ist für Menschen und Thiere ermüdend. Man darf sich die Wege nicht als Kunststrassen oder gar als Chausséen denken, sondern als einfache, durch den regelmässigen Wagen- und Waarenverkehr entstandene, gelegentlich vom Distriktsvorstand an den gefährlichsten Stellen ausgebesserte Naturstrassen, die in geradester Linie die zu verbindenden Orte aufsuchen, einerlei, ob diese gerade Linie drei Mal die Krümmungen eines und desselben Flusses durchschneidet, oder ob sie zufällig gerade über den höchsten und steilsten Hügel einer langen Gebirgskette hinwegführt. Die stets monotone, anscheinend unfruchtbare, öde Gegend wirkt gleichfalls ermüdend; nirgends ist Wald, nirgends sind hohe Bäume, überall nur niedriger, grauer Busch, dessen oft handlange weisse Dornen das Vordringen abseits der Strasse unmöglich machen. Selbst das spärliche Gras sieht gelb und hart aus und nur die gänzlich vegetationsnackten, häufig mit ungeheuren Steintrümmern gekrönten Hügel, bilden einen phantastischen Abschluss, indem die mächtigen Wassergüsse in der kurzen Regenzeit die verwitternden Theile abwaschen und seltsame Formen erzielen. Nichtsdestoweniger ernährt dieser Distrikt eine grosse Anzahl von Schafen. — Zwei bis drei, selten fünf Stunden lässt der Reisende seine Pferde in stetem Trabe ohne Aufenthalt fortlaufen, dann trifft er meist ein Bauernhaus an, bei welchem sich Wasser für die Pferde findet. Vor einem solchen angelangt, bittet man den Besitzer — natürlich ein holländischer Schafzüchter — um die Erlaubniss, ausspannen zu dürfen. Wie heisst Ihr, wer seid Ihr, wo kommt Ihr her, wo geht Ihr hin, — alle diese Fragen müssen erst beantwortet werden, bevor ein Bescheid ertheilt wird. Ist dies geschehen, so wird die Erlaubniss zum Ausspannen gegeben und man wird in die Stube des Schafzüchters geführt. Hier reichen Einem die Frau und meistens eine kleine Heerde recht schmutziger Kinder die feuchten Hände und das Frage- und Antwortspiel wiederholt sich. Alsdann wird der stets von Morgens früh bis Abends spät heisse Trank, der angeblich aus Kaffe bereitet wird, servirt, und die ganze Familie setzt sich stumm um den Fremden herum. Nach Verlauf einer Stunde wird die Reise fortgesetzt. Ist es alsdann gerade Mittagszeit, so muss man, man mag wollen oder nicht, an ihrer Mahlzeit theilnehmen und abwechselnd mit den Kindern den Löffel oder die Gabel in die gemeinschaftliche Schüssel tunken. Bezahlen lässt sich der Bauer für Trank und Speise nicht, dagegen selbstverständlich für die gelieferte Fourage, bei der allerdings ein Preis in Anschlag gebracht wird, der Alles reichlich deckt. In letzter Zeit haben diese holländischen Bauern ihre alte Gastfreundlichkeit wieder aufgenommen, und wohin man auch immer am Ende einer Tagereise kommen mag, man kann mit Sicherheit darauf rechnen, ein Unterkommen zu finden, so gut wie man es zu bieten im Stande ist. — Die Fahrt von Frazerburg über die Hochebene bis zum Oranjefluss bietet gar keine Abwechselung. Je mehr man sich aber dem Oranjeflusse nähert, desto zahlreicher werden die verschiedenen Antilopengattungen und Vogelarten, und selbst kleine Heerden wilder Strausse sah ich die Ebene durchstreifen. Am 9ten Tage erreichte ich Hopetown und den Oranjefluss und überschritt diesen auf einer Fähre. Am 11ten Tage langte ich auf den Diamantfeldern an. Schon von Weitem sind diese an den hoch über der Ebene herausragenden grauen Erdmassen, dem aufgethürmten, durchsiebten, durchwaschenen, seiner Diamanten beraubten, den Gruben entnommenen Grund zu erkennen. Lange bevor man nur Spuren von Häusern oder menschlichem Treiben sieht, erblickt man diese Reste sechsjähriger Arbeit. An den zuerst entdeckten, aber weniger bedeutenden Gruben Bultfontein, Dutoitspan und Old de Beers vorüberfahrend, die in einer Entfernung von drei englischen Meilen die Hauptminen umgeben, gelangt man endlich nach Kimberley. Hier ist natürlich der erste Gang auf die in der Stadt selbst liegende grosse Diamantgrube, die meistens Kimberley Mine genannt wird. Man tritt aus der Hauptverkehrsstrasse direkt an den durch die rings aufgehöhten Erdtrümmer (debris) um etwa 20 Fuss erhöhten Minenrand. Der sich hier dem Fremden darbietende Anblick ist ein so seltsamer, dass ich ihn kaum zu beschreiben wage. Man denke sich inmitten der Stadt eine an ihren tiefsten Stellen 200 Fuss hinabgehende

Grube ovaler Form, 1020 Fuss lang und 600 Fuss breit, mit senkrechten, häufig sogar überhängenden Felswänden. Im Grunde dieses ungeheuren Loches, in das hinabzusehen den Fremden schwindelt, ist das nur denkbar regste Leben, welches kaum mit einem überfüllten Fabrikraum, wohl aber mit einem gestörten Ameisenhaufen verglichen werden kann. Hier in diesem Loche arbeiten von Sonnenaufgang bis Sonnenuntergang wohl an 6—7000 Neger und einige Hundert Weisse. Rundum den Rand der Mine herum stehen eine Menge von Aufwindeapparaten, von denen ein jeder 3 Drahtseile hinunter in die Grube sendet, an denen der Ledereimer oder die eiserne Tonne hinauf- und hinabgleitet, und auf welchem gefährlichen Wege auch wohl mal ein tollkühner Arbeiter den Weg in die Tiefe sucht. Eine unabsehbare, nie gezählte Menge von Drahtseilen ist in Bewegung, an welchen die Resultate jeder einzelnen Arbeitsstätte an's Tageslicht geführt werden, und welche die ganze Mine wie mit einem riesigen Spinnengewebe zu bedecken scheint. Der durch die Drahtseile veranlasste Lärm, das durch das laute Rufen, Singen und Schreien der Arbeiter verursachte Geschwirr, das Getöse fallender Massen, das Klappern der das Wasser aus der Mine entfernenden Saugpumpe, und der vielen in Bewegung befindlichen Dampfmaschinen, alles das auf einen verhältnissmässig kleinen Raum gedrängt, betäubt das Ohr des Fremden und trägt zu dem staunenden Gefühl bei, mit dem Jeder diesem Weltwunder gegenüber stehen muss *). Es dauert einige Minuten, bis man das Auge an die Entfernungen gewöhnt hat; dann fallen dem Beobachter besonders die überall schnurgeraden, meist quadratischen und wie mit einem Messer geschnittenen Vierecke auf, welche bei aller Unregelmässigkeit des Bodens, der an einzelnen Stellen 200 an anderen nur 100 oder 50′ tiefen Grube, ohne jegliches äussere Zeichen oder Einfriedigung, die Besitzthümer der verschiedenen Diamantgruben erkennen lässt. Die Einheit des Besitzes ist in allen diesen Gruben der 31 bei 31 engl. Fuss quadratische Claim (Anspruch). Die Kimberley-Mine enthält jetzt 410 solcher Claims **), die parallel neben einander liegen und deren Grenzlinien, ohne irgend welche äusseren Hülfsmittel auf das schärfste von den Diamantgräbern eingehalten werden. Häufig ragt ein Block, der weil unproduktiv oder aus anderen Gründen in der Bearbeitung zurückgeblieben ist, um 50 Fuss ganz scharfkantig wie ein Balken über seinem Nachbar empor und ist von diesem aus nur mit Leitern zu erreichen. Selten entstehen Grenzstreitigkeiten, trotz oftmals sehr verwickelter Verhältnisse, die durch das Umstürzen solcher hoher Blöcke auf Nachbar-

*) Siehe Tafel 4.

**) Siehe den Plan der Kimberley-Mine auf Tafel 3.

gebiet entstehen; stets wird alles durch die Besitzer selbst oder durch die Minenbehörde in Güte geschlichtet. — Steigt man in die Mine hinunter und zwar auf dem bequemsten, durch das Felsengeröll an der einzigen nicht senkrechten Seite gebildeten Wege, — dem gegenüber etwa die grosse Schurre im Harz eine Chaussée zu nennen sein würde, — so bemerkt man mit Staunen, dass diese ganze Mine ohne jeglichen bergmännischen Abbau, nur ein einfach gegrabenes grosses Loch ist, dessen steile Wände ohne jeglichen Schutz oder Stütze jederzeit die Arbeiter unter sich zu begraben drohen. Abstürze in geringerem Maasse kommen denn auch häufiger vor, doch geht kaum je ein Menschenleben dabei verloren, da im Gestein erscheinende Spalten rechtzeitig als Warnung dienen. Zu grösserem Schutz von Leben und Eigenthum, hat man neuerdings angefangen die Wände terrassenförmig abzubauen, doch ist dies eine langwierige und sehr kostspielige Arbeit.

Unten in der Mine arbeiten die Eingeborenen halb oder ganz nackt mit Schaufel und Hacke. Das Gestein oder vielmehr die verhärtete Erde wird zuerst in grossen Stücken losgeschlagen, dann in die bereitstehenden Eimer geschaufelt und oben durch Arbeiter, oder durch von Pferden oder Dampfmaschinen getriebene grosse Trommeln aufgewunden. Für den Europäer ist die Arbeit in dieser glühenden, gänzlich schattenlosen Grube unmöglich; er beschränkt sich darauf, den Aufseher zu spielen. In je einem claim arbeiten ca. 10 bis 20 Eingeborene, und zu je 10 Eingeborenen gehört ein weisser Aufseher, der die Zahl der beförderten Eimer notirt und dabei ein wachsames Auge auf die Füsse und Hände der Arbeiter hat. Der Verlust durch Diebstahl in diesen Gruben macht einen wesentlichen Procentsatz der Gewinnung aus. Beim Bearbeiten mit der Hacke bricht der Boden häufig dort auseinander, wo ein grösserer Diamant sitzt, und die diebischen Schwarzen sind äusserst geschickt, einen solchen schnell zwischen den Zehen, im Haar oder im Munde zu verbergen. ja selbst hinunterzuschlucken.

Selbstverständlich ist die Arbeit eine durchaus freiwillige. Unter den Arbeitern sieht man alle Nüancen der Hautfarbe vertreten, von der gelben eines schmächtigen Griqua bis zu der dunkel rothbraunen eines riesenstarken Fingo. Der Arbeitslohn beträgt 15 bis 25 shilling per Woche, und dazu wird ein kalter Maisbrei als Verköstigung geliefert. Die Erde, in der die Diamanten am häufigsten gefunden werden, hat in der jetzt erreichten Tiefe eine graublaue Farbe, während die ursprünglichen und höheren Schichten erst gelblich sandige, sodann röthlich thonartige Farbe hatten. In einer Tiefe von ungefähr 70 Fuss fing die jetzige blaue Schicht an.

»Nach den vor einigen Jahren von mir angestellten Forschungen, —

so schreibt Professor Dr. Emil Cohen in Heidelberg, — ist der diamantführende Boden Süd-Afrika's ein Produkt vulkanischer Thätigkeit, welches wahrscheinlich in Form einer durchwässerten Asche, vergleichbar mit den Auswurfsmassen der Schlammvulkane, zur Eruption gelangte und später durch die einsickernden atmosphärischen Niederschläge mannigfaltigen Veränderungen und Neubildungen unterworfen gewesen ist. Die trichterförmigen, isolirten Becken, in denen in Süd-Afrika allein die Diamanten gefunden werden, sind demgemäss wirkliche Krater, welche theils durch die Auswurfsmassen selbst angefüllt, theils durch Zurückschwemmung der über die Krater fortgeschleuderten Massen bedeckt wurden. In der Tiefe anstehende Granite und andere ältere krystallinische Felsarten lieferten das Material zur Tuffbildung, wovon noch Reste im Tuff gefunden werden. Bei der durch vulkanische Kräfte erzeugten Zerstäubung dieser krystallinischen Gesteine, blieben die Diamanten, die sich in ihnen gebildet hatten, theils vollkommen erhalten, theils wurden sie in Bruchstücke zersprengt. In beiden Formen wurden sie mit dem Tuff ausgeworfen. Aus der Tiefe, in welcher diese Diamanten gefunden werden, sowie aus den diesen Diamant-Minen eigenthümlichen Lagen, kann man mit Sicherheit schliessen, dass man hier die ursprüngliche Lagerungsart vor sich hat, während die in den River Diggings vorkommenden Diamanten wohl unzweifelhaft durch Wasser aus solchen Kratern ausgeschlemmt und an den vielen Krümmungen des Flusses im Geröll und Sand niedergesunken sind.

Ueber die Bildung des Diamanten selbst lässt sich mit annähernder Sicherheit bisher nichts sagen.«

Auch in der Form, Grösse und Farbe weichen die in Süd-Afrika gefundenen Diamanten wesentlich von denen anderer Fundorte ab. Was die Farbe anlangt, so kommen alle Schattirungen von dem schönsten Weiss, das dem des indischen Diamanten vollkommen gleichsteht (allerdings selten), bis zum tiefsten Buttergelb, auch bläuliche, braune und schwarze vor. — Während die brasilianischen Diamanten meist rundliche Form haben, bilden die Kap-Diamanten häufig die schönsten regelrechten, achtseitigen Krystalle und sind vor allen Dingen von weit bedeutenderer Grösse, als irgendwo sonst. Während vordem Diamanten von 4, 10, 20 Karat zu den grössten Seltenheiten gehörten, findet man diese am Kap häufig, ja Steine von 50—100 Karat, allerdings meist von sehr gelblicher Farbe, sind nicht gar selten, und die grössten dort gefundenen hatten selbst 233 und 288 Karat.

Der Werth der Förderung ist den bedeutenden Preisschwankungen des Marktes unterworfen. In den günstigen Jahren mag der Export etwa 1¾ Millionen, in den ungünstigen etwa 1¼ Millionen Pfund Sterling, also 25—35 Millionen Reichsmark betragen haben.

Das durchschnittliche Gewicht der Förderung in einem Jahre hat man durch die Post, welche eine Statistik darüber geführt, zu bestimmen gesucht. Fast alle Diamanten werden nämlich unter Werthangabe oder Versicherung durch die Post nach Europa befördert, und indem man das Gewicht der so gemachten Sendungen addirte und 20% für die Umhüllung abrechnete, kam man auf ein der Wahrheit sehr nahe liegendes Gewicht von 455 Pfund pro Jahr. Rechnet man nun durchschnittlich den Werth des Pfundes roher Diamanten von 2440 Karat zu 70,000 Mark, was für das Pfund Brillanten etwa 400,000 Mark geben würde, so erhält man eine so enorme Summe, dass man es begreiflich finden muss, wenn die Bewohner der Diamantfelder sich rühmen, dem Handel und Wandel der Kap-Kolonie einen ungeahnten Aufschwung gegeben zu haben.

Nachdem man den halsbrecherischen Weg in den Tiefen der Mine beendet, ohne in einen der vielen, mit einsickerndem Wasser angefüllten Claims gefallen zu sein, so kommt man über der Dampfpumpe, mit der ein Unternehmer für 12,000 £ pro Jahr die Mine trocken zu halten verpflichtet ist, auf einer sehr steilen Schienenbahn auf der andern Seite der Mine wieder oben an. Um den Rand der Mine stehen die Besitzer oder Oberaufseher und sehen die aufgewundenen Behälter in Karren entleeren, die nun den sogenannten Stuff auf die Sortirplätze führen. Hier bleibt die diamanthaltige Erde unter freiem Himmel den Witterungseinflüssen ausgesetzt und zerfällt, häufig angefeuchtet, nach 4—5 Wochen in Staub. Von den Sortirungsgründen wird dieser Staub dann in die vielfältigen Waschmaschinen befördert, in denen er in einfacheren oder komplicirteren Verfahren, die alle auf dem Schlemmen des Staubes durch Wasser, und auf der grossen spezifischen Schwere des Diamanten beruhen, gereinigt wird. Der Diamant bleibt unten im Apparat liegen, am Schluss der Tagesarbeit wird derselbe ausgeleert, auf ein Sortirbrett gestreut, und nun beginnt der aufregendste Moment, der sehr aufregenden Beschäftigung. Den ganzen Tag über ist so zu sagen im Dunkeln gearbeitet worden; noch weiss der Besitzer nicht, ob der Tag lohnend oder schlecht war, ob er die Kosten bezahlt gemacht, oder ob gar ein einziger grosser Fund die Kosten eines halben, ja ganzen Jahres gedeckt hat. Mit einem kleinen Blech sortirt der Eigenthümer so schnell, dass das Auge des Besuchers ihm garnicht folgen kann, die grossen Haufen schwärzlicher kleiner Steinchen, die ihm vorgeschüttet werden, und unfehlbar entdeckt er das kleinste Splitterchen eines wasserhell glänzenden Diamanten, ohne sich durch ähnliche Krystalle auch nur einen Augenblick täuschen zu lassen. — Die tägliche Durchschnittsausbeute eines guten Claim kann auf 7—8000 Mark angegeben werden.

Neben den eben erwähnten, etwas ausserhalb der Stadt belegenen Waschmaschinen steigen die riesigen Schutthaufen, die Reste des gewaschenen Stuff, deren ich Anfangs Erwähnung gethan habe, auf. Besteigt man einen solchen, so entfaltet sich ein Panorama, wie man es in Hinsicht seiner Eigenthümlichkeit wohl nirgends auf der Welt wieder finden dürfte. Da liegt vor Einem der dunkle Trichter, der noch bis hierher ein dumpfes Geräusch sendet, welches häufig unterbrochen wird durch das laut gellende warnende Geschrei der Arbeiter, wenn ein kleinerer oder grösserer Absturz erfolgt; rings um die Grube führt ein breiter Pfad, den stets eine wogende Menschen- und Karren-Menge erfüllt und der nach den verschiedenen Seiten der Stadt seine Abzweigungen sendet; um die Grube herum liegt die Stadt Kimberley*), in geringer Entfernung die oben genannten anderen Minen. Die ganze, mehr als 15,000 Einwohner zählende Stadt Kimberley ist einstöckig und ganz und gar von Eisenblech gebaut; Dächer, Aussenwände, Umzäunungen, alles gewelltes Eisenblech, unverziert, unbemalt und nur von den einfachsten Formen. Banken, Gerichtshäuser, die zahlreichen Schenken, Theater, Wohnhäuser und Geschäftslokalitäten, alle sind sich gleich und nur an Grösse von einander verschieden; es ist, als ob Kinder ein Blechspielzeug aufgestellt hätten; dazwischen auf recht breiten, aber schlechten Strassen ein lebhaftes Treiben, ein Reiten und Fahren, ein Drängen der Karren neben den langgespannten Ochsenwagen, welche Früchte vom Transvaal, Elfenbein von jenseits des Zambesi, Lebens- und Luxusartikel von der Küste bringen. Kein frisches Grün erblickt man, so weit das Auge reicht. Ich habe nur ein einziges zweistöckig gebautes Haus in Kimberley gesehen, aus einer Art Lehmziegeln aufgeführt.

Man sollte denken, dass Eisenblech in einem Klima, das im Sommer tropische Hitze, im Winter zuweilen sehr kalte Nächte hat, das allerungeeignetste Baumaterial sei und in der That hat es auch seine Nachtheile, indessen ist der Grund für die allgemeine Benutzung desselben einmal darin zu suchen, dass Stein und Holz erst von weit her gebracht werden müssen und also sehr theuer sein würden, sodann aber, dass man in Klipdrift seiner Zeit mit dauernden, kostspieligen Bauten sehr schlechte Erfahrungen gemacht hat. Nachdem nämlich die reicheren Diamant-Fundorte entdeckt waren, wanderte alles von Klipdrift weg und entwerthete so die theuren Steinhäuser völlig; da, wenn es auch nicht wahrscheinlich, so doch möglich war, dass man in Kimberley ähnliche Erfah-

---

*) Siehe Tafel 5.

rungen machen musste, so entschloss man sich zu leicht fortzunehmenden Blechbauten. Man sieht manches Mal ein Haus an einem Ort abbrechen und noch an demselben Tage an einem andern wieder aufstellen. Die geringeren Häuser haben innen nur die stützenden und tragenden Holzbalken, zwischen denen Leinwand ausgespannt ist; die Wände der besseren Wohnhäuser sind dagegen innen aus einer Art loser, ungebrannter Lehmziegeln aufgeführt, die dann in europäischer Weise mit Tapeten beklebt werden. Im Uebrigen herrscht jeder europäische Luxus der Lebensgewohnheiten; fast jedes Bedürfniss oder jeder Wunsch des Gaumens, jede extravagante Damenlaune ist hier zu befriedigen und Kimberley weist bedeutende Läger und weit verzweigte Handelsbeziehungen auf. Im geselligen Leben, das sich den englischen Formen anschliesst, herrscht ein angenehmer, freier kolonialer Ton und der Fremde wird mit grosser Gastfreundschaft aufgenommen. Kimberley hat seine 3 Banken, mehrere Zeitungen, seinen Produktenmarkt, natürlich verschiedene Kirchen, seine Gerichtsgebäude, sein Gefängniss und sein Theater. Auch ist es der Sitz der Regierung, die noch einstweilen von einem Administrator verwaltet wird.

Bis zur Stunde ist Griqualand West, der Distrikt in dem die Diamantfelder gelegen sind und dessen Hauptstadt eben Kimberley ist, noch englische Kronkolonie, doch hat das Annexionsdekret, welches es als eine Provinz der Kapkolonie einverleibt, schon die nöthige Bestätigung erhalten. Damit wird denn der ganze sehr kostspielige und fast ausschliesslich auf die Schultern der Diamantgräber fallende Regierungsapparat beseitigt und eine einfache Provinzialverwaltung eingesetzt. — Im Jahre 1871 kauften einige Spekulanten den Grund und Boden der jetzt diese Mine enthält, für 120,000 Mark; als im Jahre 1875 die Verhältnisse der Minen und die der Arbeiter zu gross und complicirt wurden, kaufte die Regierung ihnen diese Mine für zwei Millionen Mark ab und die Regierung ist heute der alleinige Besitzer der Mine, mit der sie ein ausgezeichnetes Geschäft gemacht hat. Die Gräber sind also eigentlich nicht die Besitzer des von ihnen bearbeiteten Claim, sondern sie haben nur von der Regierung ausgestellte Erlaubnissscheine auf den in den Regierungsbüchern unter gewissen Nummern eingetragenen Claims so lange zu graben, als sie die monatliche Abgabe von 10 shilling pro Claim oder Theil-claim zahlen. Jeder kann seinen Claim in so viele Theile theilen, als ihm beliebt, und die Eintragung dieser Theile auf seinen Namen verlangen. Solche Erlaubnissscheine werden mit hohen Summen hypothecirt und sind praktisch als Besitztitel anzusehen. Der Werth solcher Claims in der Kimberley-Mine schwankt je nach der Ergiebigkeit zwischen 20,000 und 140,000 Mark für die 960 □Fuss.

Im Uebrigen beschäftigt sich die Regierung mit der Verwaltung dieser Mine nicht, sondern hat diese einer aus den Grabenden zusammengesetzten Kommunalbehörde überlassen, die vorbehältlich des Bestätigungsrechts der Regierung alle eigenen Angelegenheiten ordnet, Steuern ausschreibt, ihre beaufsichtigenden Ingenieure hat und innerhalb des Minenareals unbeschränkt herrscht. Der praktische, an das Selbstregieren gewöhnte Sinn der Engländer hat demnach eine zwar recht formlose und weitläufige, aber durchaus allen eigenthümlichen Verhältnissen Rechnung tragende Verwaltung eingerichtet, der eine musterhafte, ruhige Ordnung und ein gesetzmässiger, friedlicher Verkehr unter Verhältnissen, die in andern Welttheilen zu den wildesten Ausschreitungen geführt haben, zu danken ist. Die eigenthümlichen Bedingungen, die eine so fluktuirende, so vielfach aus abenteuerlichen Elementen zusammengesetzte Bevölkerung herbeigeführt hat, an einem Ort, der noch vor 7 Jahren eine haus- und baumlose Wüste war, sowie die Schwierigkeiten, die der Handel mit mit einem so werthvollen und leicht von Hand zu Hand gehenden Artikel, wie der Diamant, darbietet, haben zu einer Reihe von Ausnahme-Gesetzen geführt.

Diamanten graben darf nur der mit einem Erlaubnissschein Versehene, der noch dazu 3 Bürgen stellen muss; mit Diamanten handeln darf ebenfalls nur der, der diese Bedingungen erfüllt und dazu jährlich eine Abgabe von 1000 Mark zahlt; es darf nur in den mit Erlaubnissscheinen versehenen Comptoiren ge- und verkauft werden, also nicht auf der Strasse, nicht in Wohnhäusern, Hôtels oder Schenken; es darf nur zwischen Sonnenaufgang und Sonnenuntergang und nie am Sonntage gehandelt werden und darf ein registrirter Käufer nur von einem andern registrirten Händler oder Gräber kaufen. Wer diesen Gesetzen zuwider handelt, wird ohne Gnade zu harter Zwangsarbeit und Gefängniss verurtheilt, und für diejenigen, die gestohlene Diamanten oder gar nur von nicht registrirten Leuten kaufen, ist ausnahmsweise und speciell die Prügelstrafe wieder eingeführt.

Trotz dieser strengen und streng gehandhabten Gesetze blüht der Diamantdiebstahl und der illegitime Handel, und auf manchen, der sich dort schnell Reichthümer erworben, weist man als Händler mit gestohlenen Diamanten. Auch die streng durchgeführte Verordnung, dass ein jeder die gekauften und verkauften Diamanten in Register mit dem Namen des Käufers oder Verkäufers und dem gezahlten Preise einzutragen und diese Bücher jederzeit auf Verlangen vorzuzeigen hat, kann das Unwesen, das hauptsächlich mit Hülfe der Eingeborenen betrieben wird, nicht beseitigen.

Während die Bearbeitung der Mine und das Waarengeschäft ha

sächlich in den Händen von Engländern ist, wird der Handel mit Diamanten fast ausschliesslich von Ausländern, und zwar meistens von Deutschen betrieben. Neben den Abgesandten grosser und weltbekannter Juwelenhändler findet sich dort eine grosse Anzahl von Spekulanten und Abenteurern zusammen, und selten habe ich an einem so kleinen Ort eine so grosse Anzahl von Galgengesichtern gesehen.

Die klimatischen und sanitairen Verhältnisse sind hier dem Europäer sehr günstig und man hat von Epidemien wenig gehört. Die Regenzeit ist nur kurz und dauert den Oktober und November über, manches Mal regnet es auch noch stark im Februar; die übrigen Monate sind durchaus trocken und in ihnen ist Wassermangel nicht ganz selten. Sehr störend sind die im Sommer häufigen Staubwirbelwinde, die den überall lose und hoch liegenden Staub, der aus der Grube stammt, zu hohen und dichten Wolken zusammen wirbeln, die alles durchdringen und fast völlige Finsterniss herbeiführen können.

Wie schon erwähnt hat die Entdeckung der Diamanten der Kap-Kolonie einen ungeahnten Aufschwung gegeben. Als ich vor 8 Jahren zum ersten Male vom Kap auf hier zurückkehrte, da sah es dort recht traurig aus und Schwarzseher behaupteten sogar die Kolonie läge in den letzten Zügen. Wie ganz anders heute! Ueberall ist reger Verkehr, überall pulsirendes Leben! Während damals nur eine Dampferlinie zwei Mal im Monat die Verbindung mit Europa herstellte, existiren jetzt zwei Linien die fünf Mal im Monat fahren; statt der damaligen 40 miles Eisenbahn, sind jetzt von 3 verschiedenen Küstenpunkten aus 300 miles im Betriebe und fernere 600 miles im Bau begriffen. An Wegen, Brücken und Gebirgspässen ist das Möglichste geschaffen und im Jahre 1876 konnte das Kapland bereits 2672 miles Draht-Verbindungen nachweisen.

Zur Illustration des grossartigen Umschwunges diene folgende Liste des Imports und Exports der Kolonie von 1868—1876:

	Import:	Export von und nach der Kap-Kolonie:
1868	£ 1.956.154	£ 2.215.881
1869	» 1.973.091	» 2.139.689
1870	» 2.352.043	» 2.453.768
1871	» 2.585.298	» 3.408.635
1872	» 4.388.728	» 4.666.071
1873	» 5.130.065	» 3.761.310
1874	» 5.558.215	» 4.138.838
1875	» 5.731.319	» 4.088.125
1876	» 5.556.077	» 3.399.745

Aus Vorstehendem ist ersichtlich, dass sich der Import in den Jahren 1869—73 mehr als verdoppelt, in den Jahren 1873—75 sich verdreifacht hat. Dass sich der Export seit 1869 nach obiger Liste nur um 50% vermehrt hat, findet seine Erklärung in dem Umstande, dass die Diamanten-Ausfuhr in den Exportziffern nicht einbegriffen ist.

Der belebende Einfluss der Diamantfelder auf die Handelsthätigkeit hat sich aber auch auf die dem Diamant-Territorium zunächst liegenden holländischen Freistaaten erstreckt, welche den ungeheuren Bedarf der eingeborenen Arbeiter an Mais und anderen Cerealien, an Brennholz für die Maschinen, an leichtem Bauholz, an Gemüsen, Fleisch und anderen Landesprodukten befriedigen müssen. Dies hat der trägen Bauernbevölkerung einen Anstoss gegeben, dessen segensreiche Wirkung die Staaten bald verspürt haben; so stieg z. B. das Papiergeld der Transvaal-Republik, das früher für 12 % des Nominalwerthes nur ungern in Zahlung genommen wurde, auf pari und baares Geld kam in's Land und in Kreise, die nie früher solches gesehen hatten und den Werth desselben überhaupt nicht kannten. Auch auf die Gesittung der fast gänzlich verbauerten und verwilderten Bevölkerung hat der rege Verkehr mit den Diamant-Feldern den wünschenswerthesten Einfluss geübt.

Eine noch grössere Wichtigkeit haben indess die Diamant-Territorien dadurch gewonnen, dass sie bis tief in's Innere von Afrika und zu weit entfernten Stämmen der Eingeborenen die ersten Anfänge der Civilisation getragen haben und durch die fortwährend fluktuirende Arbeiterbevölkerung diesen regen Verkehr mit den Eingeborenen unterhalten und ihre Beziehungen zu ihnen ausdehnen. Der Afrikaner arbeitet nicht gern mehr als nothwendig ist, um sich erst ein Gewehr, dann Rindvieh, mit diesem wieder eine Frau zu kaufen, die für ihn arbeitet. Selten wird ein Eingeborener, der nicht gerade lange an der Küste oder in den Städten gelebt hat, ein Jahr arbeiten, ohne mindestens drei Monate in seiner Heimath zugebracht zu haben; kann er es einrichten, so wird er sechs Monate arbeiten und sechs Monate in der Heimath faullenzen. Auf den Diamantfeldern wird nun die Arbeit gut bezahlt, er braucht also nicht lange zu arbeiten und so sieht man täglich grosse Scharen von Eingeborenen sie verlassen, andere ankommen. Diese meist roh, dumm, nur ihre eigene Sprache verstehend, und nur mit einer wollenen Decke bekleidet, jene stets mit einem Gewehr, häufig stutzerhaft gekleidet, manierlich, englische oder holländische Brocken auskramend und beladen mit seltenen Schätzen, die sie daheim vorzeigen wollen, je nach Geschmack ein rother Regenschirm, ein Paar hochschäftige Stiefel, ein Sattel, Flaschen etc. — Zu Hause angekommen, hat der Schwarze, der gutmüthig und geschwätzig ist, gern übertreibt und sich selbst gerne grosse Wichtigkeit beilegt, natürlich nichts weiter zu thun, als von dem Erlebten zu erzählen; wie dies wirkt, zeigt die Menge der immer von

Neuem aus ferneren Gegenden kommenden Eingeborenen. Mich hat der Unterschied zwischen den Abziehenden und Ankommenden sehr frappirt, und legt derselbe für die Wirkung europäischer Gesittung auf diese Schwarzen nur das günstigste Zeugniss ab.

Die eingeborenen Arbeiter sind einer strengen Kontrolle unterworfen; sie dürfen ohne Pass oder Arbeitskontrakt sich nicht länger als einen Tag in Kimberley aufhalten und müssen unbedingt die eingegangenen Arbeitsverpflichtungen erfüllen. Im Ganzen sind sie ein fröhliches und gelehriges Völkchen, das nur leider zu leicht mit den Tugenden auch die Kultur-Laster annimmt. Gegen Europäer sind sie stets höflich, rufen ihnen guten Morgen zu und rücken am Hut. Auf meinen vielen Reisen in einsamen Gegenden jenseits der Kolonie habe ich nie einer Waffe zu meinem Schutze bedurft.

Wenn ich nun hiermit von den Diamantfeldern Süd-Afrika's Abschied nehme, so darf ich nicht unerwähnt lassen, dass auch das Kapland wahrscheinlich in Bälde eine telegraphische Verbindung mit Europa erhalten wird. Die Kap - Regierung beschäftigt sich sehr lebhaft mit diesem Projekt und hat dem Parlament baldige Vorlagen versprochen; und zwar ist es nicht unwahrscheinlich, dass ein vor 2 Jahren als phantastisch belächeltes Projekt in ernsthafte Erwägung gezogen werden wird, ja, wie Einige meinen, die Wahrscheinlichkeit der Ausführung für sich hat, nämlich die Verbindung über Land von Chartum, bis wohin der Telegraph bereits geht, über den Tanganyika-See nach dem Njassa-See und von dort entweder nach der Westküste, Zanzibar und Natal, oder aber direkt nach den Diamantfeldern. Kommt dieses Projekt zur Ausführung, so ist damit der Afrika-Forschung der grösste Vorschub geleistet.

Bemerkungen zu der Karte der Duke-of-York Inselgruppe auf Tafel 6.

Von

L. Friederichsen.

Die Duke-of-York Inselgruppe, welche wir auf Tafel 6 zum ersten Male in ihren Details veröffentlichen, liegt im südlichen Grossen Ocean, mitten im St. George's Kanal, welcher die Inseln Neu-Britannien und Neu-Irland von einander trennt, ungefähr unter 4° 10′ S. Br. und

152° 25′ O. L. von Greenwich. Sie wurde im September 1767 von Kapitain Carteret, dem Kommandanten des »Swallow« entdeckt*) und Duke-of-York getauft. Carteret's Reisebeschreibung ist von einer Karte begleitet, auf der die Hauptinsel des fraglichen Archipels merkwürdiger Weise »Man« benannt wird, während in dem begleitenden Texte immer nur von »Duke-of-York« die Rede ist. Carteret fand die niedrige Insel dicht bewaldet und bewohnt und beschreibt den Anblick derselben als einen der schönsten und romantischsten, den man sich denken könne. Die geographische Lage der Hauptinsel, welche er auf seiner Karte bereits im Norden und Süden von je 3 kleineren Inseln umlagern lässt, bestimmte er zu 4° 9′ S. Br. und 151° 20′ O. L. von Greenwich. Die Breite des St. George's Kanal zwischen Duke-of-York und Neu-Irland wurde von ihm zu acht Seemeilen geschätzt.

Am 22. Mai 1791 ankerte die »Waaksamheyd«, von Kapitain John Hunter befehligt (eins derjenigen Schiffe, welche bestimmt waren die ersten Sträflinge nach Botany Bai und Norfolk Insel unter Gouverneur Arthur Phillip zu bringen), an der Südost- Südwest- und Nordseite von Duke-of-York. Hunter verdanken wir die ersten eingehenderen Nachrichten von da, die sich in dem von ihm 1793 in London herausgegebenen Reisewerke**) abgedruckt finden. Nach einem fünftägigen Aufenthalt in stetem Verkehr mit der Anfangs furchtsamen aber später zuthunlicheren Bevölkerung, verliess die »Waaksamheyd« den an der Nordseite belegenen grossen sicheren und 25 bis 50 Faden tiefen Hafen Hunter, dessen Lage zu 4° 7′ 30″ S. Br. und 152° 42′ O. L. von Greenwich bestimmt worden war. Am Bord der »Waaksamheyd« befand sich George Raper, von dem eine Ansicht des damaligen Hunter-Hafen's herrührt, die in der Februar-Sitzung 1877 der Londoner zoologischen Gesellschaft durch Mr. Osbert Salvin vorgelegt worden ist.

Im August 1823 kam die französische Korvette »La Coquille« unter Befehl des Kapitain L. J. Duperrey***) auf ihrer Weltumsegelung ebenfalls durch den St. George's Kanal. Die von Duperrey aufgenommene

---

*) Siehe »An Account of the Voyages undertaken by the Order of his Present Majesty for making Discoveries in the Southern Hemisphere, and successively performed by Commodore Byron, Captain Wallis, Captain Carteret and Capitain Cook, in the Dolphin, the Swallow and the Endeavour; drawn up from the Journals etc. — by John Hawkesworth, Vol. I p. 375. London 1773.

**) An historical Journal of the Transactions at Port Jackson and Norfolk Islands, with the Discoveries which have been made in New South Wales and in the Southern Ocean since the Publication of Phillip's Voyage, compiled from the Official Papers; including the Journals of Governor's Phillip and King, and of Lieut. Ball; and the Voyages from the first Sailing of the Sirius in 1787, to the Return of that Ship's Company to England in 1792. London 1793.

***) Siehe »Voyage autour du monde, exécuté par order du Roi sur la Corvette de Sa Majesté »La Coquille« pendant les années 1822—25 par M. L. Duperrey. Paris 1829.

Karte des Kanals giebt uns zuerst in grösserem Maassstabe ein Bild von der Gestalt der Insel Amacata — so nannten die Eingeborenen Duke-of-York —, das bis heute von allen Seekarten adoptirt worden ist. Nach Duperrey bildet aber Amacata nicht, wie bereits von dem Entdecker Carteret 1767 richtig bemerkt worden ist, verschiedene Inseln, sondern ein geschlossenes Ganze. Duperrey's Karte enthält auch einen Specialplan des Hunter-Hafens und der unmittelbar im Westen daran stossenden Waterhouse Bai, welche von dem Schiffslieutenant W. Bradley aufgenommen, noch heute von der englischen Admiralitätskarte des St. George's Kanal (No. 764) wiedergegeben wird. Die von der »Coquille« innerhalb des Bereiches unserer kleinen Karte veranlassten astronomischen Ortsbestimmungen sind:

		S. Br.	O. L. v. Gr.
1.	Vulkan »La Mère« (Neu Britannien)	4° 12′ 36″	152° 9′ 27″
2.	Point Lesson do.	4° 19′ 20″	152° 14′ 16″
3.	C. Stephens do.	4° 8′ 7″	152° 6′ 39″
4.	Port Hunter, nordöstl. Theil (Duke-of-York)	4° 7′ 25″	152° 24′ 9″
5.	Point Berard do.	4° 10′ 5″	152° 27′ 6″
6.	Point Jacquinot do.	4° 15′ 5″	152° 20′ 46″

Kapitain Sir Edward Belcher*) passirte an Bord des »Sulphur« im Juli 1840 im Osten von Duke-of-York, indessen ohne zu landen und ohne mit den Eingeborenen Verkehr anzuknüpfen.

Im Jahre 1872 besuchte H. M. S. »Blanche« unter Befehl des Kapitän C. H. Simpson den nordöstlichen Theil Neu-Britannien's und veranlasste die Vermessung der nach ihr benannten, auf unserer Karte ebenfalls zur Darstellung gebrachten Blanche Bai, aber anscheinend wiederum ohne Duke-of-York zu berücksichtigen.

Ungefähr in dieselbe Zeit fällt die erste Niederlassung des Hamburgischen Handelshauses J. C. Godeffroy und Sohn auf Neu-Britannien und damit unser specielles Interesse für jene Gegend. Den Agenten Godeffroy's glückte es daselbst nicht unangefochten dauernde Handelsbeziehungen mit den Eingeborenen zu unterhalten, und dies gab die Veranlassung, dass S. M. S. »Gazelle« unter Befehl des Freiherrn von Schleinitz auf ihrer Weltumsegelung 1874—76 zum Schutze der deutschen Ansiedelungen in der Blanche Bai vor Anker ging. Unter den vielseitigen und gediegenen wissenschaftlichen Arbeiten seitens des Officiercorps der Gazelle, sind an dieser Stelle die Vermessungen und Beobachtungen im St. George's Kanal hervorzuheben. Dieselben erstreckten sich unter Anderem auch auf eine sorgfältige Aufnahme und

*) Siehe »Narrative of a Voyage round the World performed in Her Majesty's Ship Sulphur 1836—40. London 1843.

Kartirung der Blanche Bai und der zwischen ihr und der Südküste der Duke-of-York Inselgruppe befindlichen Wasserstrasse. In dem vierten Jahrgange der Annalen der Hydrographie und maritimen Meteorologie, herausgegeben von der Kaiserlichen Admiralität in Berlin, sind diese Arbeiten publicirt worden. Auf ihnen basirt derjenige Theil unseres Kärtchens, welcher südlich und westlich an die Duke-of-York-Inseln grenzt. Nach ihnen gestaltet sich die Blanche Bai total anders, als wie wir sie auf der bereits erwähnten englischen Admiralitätskarte des St. George's Kanal zu sehen gewohnt waren, und ihnen zufolge wird die daselbst durch eine niedrige Inselkette versperrte Südost-Passage (zwischen Lesson Point und Duke-of-York) der Schifffahrt freigegeben. Die Messungen der Gazelle konstatirten ferner das Vorhandensein zweier kleiner Koralleninseln (Credner Inseln) unter ca. 4° 16′ S. Br. und 152° 21′ O. L. von Greenwich, welche das Fahrwasser südlich von Duke-of-York in zwei Strassen theilt. Neben diesen Entdeckungen ward von Herrn von Schleinitz die Breite der Wasserstrasse zwischen der Blanche-Halbinsel (Praed Point) und der Südwest-Spitze der Duke-of-York Gruppe zu ca. 11 anstatt zu 6¾ Seemeilen festgestellt.

Im Jahre 1875 traten auch die Duke-of-York-Inseln in die Reihe derjenigen Südsee-Inseln, welche von Hamburger Handelsschiffen besucht werden, und diesem Umstande haben wir die Details zu verdanken, welche uns die kartographische Darstellung jener Inselgruppe auf Tafel 6 ermöglichten. Letztere beruht auf zwei im Wesentlichen mit einander übereinstimmenden Originalkarten der Herren Kapitaine Hernsheim und Blohm. Diesen zufolge zerfällt die von der »Coquille« als ein Ganzes verzeichnete Insel Amacata in 12 Inseln, deren grösste Duke-of-York heisst.

Wie aus den angeführten Positionsbestimmungen der verschiedenen Forschungs-Expeditionen hervorgeht, ist die genaue geographische Lage Duke-of-Yorks noch zweifelhaft. Wir haben uns in Folge dessen an den derzeitigen Kommandanten S. M. S. »Gazelle« Freiherrn von Schleinitz gewandt und ihn um einen Meinungs-Austausch hinsichtlich dieser Frage gebeten. Herr v. Schleinitz war so gütig uns eingehend zu antworten auf Grund dessen wir die Westspitze der Breusing-Inseln (Kobokonolick) zu 152° 23′ 5″ O. L. von Greenwich angenommen haben und demgemäss die Details der uns übermittelten Hernsheim'schen und Blohm'schen Originalkarten auf unserer Karte eingezeichnet worden sind. Die sich darnach ergebende Differenz mit den Längenbestimmungen der »Coquille« dürfte seine Erklärung in der Thatsache finden, dass die Längenbestimmungen der älteren Seefahrer im Grossen Ocean, wo keine Gelegenheit zum Chronometervergleich, selten auf 10—20 Minuten genau waren.

Am 27. April 1875 sandte die Wesleyan Missionary Society *) die Brigg John Wesley unter Kapitain Mansell von Sydney ab, um diverse Missionsstationen auf den Südsee-Inseln zu besuchen und neue zu begründen. Nach Besuch von Viti und Samoa erreichte die Brigg am 15. August 1875 auch den Hunter-Hafen auf Duke-of-York. Mit Hülfe der Schiffsmannschaft wurden während des dreiwöchentlichen Aufenthalts daselbst Missionshäuser gebaut und Missionaire installirt. Nach Verlauf von 12 Monaten, während welcher unter Anderem die Nordküste Neu-Britannien's besucht worden war, kam das Missionsschiff zum zweiten Male nach dem Hunter-Hafen. — Unter denjenigen Missionairen, welche den Aufenthalt auf Duke-of-York auch in wissenschaftlicher Hinsicht ausgenutzt haben, ist besonders Herr George Brown zu nennen. Dieser kehrte im Oktober 1876 reich beladen mit naturwissenschaftlichen Sammlungen nach Sydney zurück, von wo aus die Sammlungen nach London an die Zoologische Gesellschaft übermittelt worden sind. Die Proceedings of the Scientific Meetings of the Zoological Society of London 1877 bringen in ihrem ersten Theil diverse ca. 50 Druckseiten umfassende Berichte über die Brown'schen naturwissenschaftlichen Sammlungen, die der vielen neuen Species halber ein weitgehendes Interesse gefunden haben.

Im Juli 1876 kam Kapitain Levinson mit der hamburgischen Bark »Etienne« nach Duke-of-York und ankerte in dem an der Südküste belegenen Wesley-Hafen, und im Januar 1877 nahm auch der seit Mitte 1875 in der Südsee weilende Reisende des Museum Godeffroy, Herr F. Hübner, seinen Aufenthalt daselbst.

Aus den verschiedenen vorerwähnten publicirten und bisher ungedruckt gebliebenen Nachrichten ergiebt sich für die Geographie im Grossen und Ganzen Folgendes:

Die Duke-of-York Inselgruppe besteht aus zwölf Inseln, deren grösste (ca. 1 deutsche geographische □Meile) den Namen Duke-of-York oder Amacata trägt. Ausser ihr führen folgende Inseln Namen: 1, Makada, 2, Bradley, (zwei Inseln, welche Brown im Sydney Herald unter Maiil-Inseln aufführt), 3, Mualin, 4, Meoko (Mioko nach Hübner), 5, Utuan, 6, Keravara, 7, Kobokonolick (letztere beiden identisch mit den Breusing-Inseln der v. Schleinitz'schen Karte), 8, Maukae-Ulu. — An guten, tiefen Häfen mit sicherem Ankergrunde, sind bisher drei bekannt, nämlich: 1, Hunter-Hafen an der Nordküste (in früheren Jahren nach Brown vielfach von Walfischfahrern besucht), mit der grössten Tiefe von 44 Metern; 2, Ferguson-Hafen, im Westen von Makada, im Osten

*) Siehe »The Sydney Morning Herald, October 12, 1876.«

von Duke-of-York und im Nordosten von den Bradley (Maiil) Inseln geschützt, mit 6½—17 Faden Wasser nach Brown, mit 7—16 Metern Tiefe nach Hernsheim; 3, Wesley-Hafen, zwischen den Inseln Meoko, Muarlin und Duke-of-York, mit zwei guten Eingängen im Osten und Südwesten und gegen alle Winde absolut geschützt. Ausser diesen dreien scheint nach der Hernsheim'schen Karte an der Westküste noch ein guter Ankerplatz bei 9 Meter Tiefe zu sein.

Duke-of-York ist ein verhältnissmässig niedriges Eiland und ganz von Vegetation bedeckt. Makada, nach v. Schleinitz ca. 100 Meter hoch, ist der höchste Theil der ganzen Inselgruppe.

Das Land producirt vornämlich Kokosnüsse, Taros, Yams, Bananen, Zuckerrohr, Mangos, Brodfrucht, Guaven und Betelnuss. Lebensmittel sind in Folge dessen reichlich vorhanden und auch billig zu kaufen. — Alle Berichte stimmen darin überein, dass die Inselgruppe bei schönem Wetter das schönste und romantischste Panorama bietet, welches man in der Südsee sehen kann.

An Hausthieren ist der Hund und das Schwein vorhanden. An den Ufern im Schatten der Kokospalme stehen zahlreiche Bambushütten, die auf das Vorhandensein einer verhältnissmässig zahlreichen Bevölkerung schliessen lassen. Die Eingeborenen sind Antropophagen; sie gehen vollkommen nackt und nur bei den Frauen ist ein Blätterschurz üblich *). Ihre Hautfarbe ist chokoladebraun; die Zähne sind vom Betelkauen schwarz. Alle Haare am Körper werden mit Kalkpulver gefärbt und erscheinen in Folge dessen roth. Der Bart wird als ein schmaler Streifen von einem Ohr um das Kinn herum bis zum andern Ohr getragen; dagegen fehlt der Schnurrbart. Das Haupthaar lässt man beliebig lang wachsen; es hängt zottig und verfilzt in das Gesicht hinein. — Die Tätowirung ist üblich, kommt aber nur vereinzelt und namentlich bei Frauen vor. Sie besteht gewöhnlich aus einem Längsstrich auf der Nase und zwei oder drei Halbringen auf jeder Backe (⋐|⋑). Alle sonstigen Verzierungen am Körper werden durch Einschnitte erzielt, jedoch ohne jegliche Regelmässigkeit und ohne Spur eines Usancemässigen. Von Gestalt sind die Insulaner durchschnittlich kräftig gebaut, doch bei Weitem nicht so schön als die Polynesier. Der Mangel an Waden fällt sehr auf. Männer und Frauen wohnen getrennt in 8—10 Fuss langen, mit Palmenblättern gedeckten Bambushütten, die nach Hübner ungleich mangelhafter als die polynesischen Hütten eingerichtet sind. Matten

*) Kapitain-Lieutenant Strauch an Bord S. M. S. »Gazelle«, bemerkt in der Zeitschrift für Ethnologie, Berlin 1877, dass in der Blanche-Bai auf Neu-Britannien bei den Frauen keine Bedeckung der Schaam beobachtet worden sei.

giebt es in den Hütten nicht. Reinlichkeit scheint keine grosse Rolle zu spielen, denn Hübner berichtet, dass sich Weiber und Kinder im Schmutze vor ihren Hütten herumgewälzt, kein Bedürfniss nach einer Waschung empfunden und sich beim Anblick eines Weissen sogleich in ihre mehr einem Schweinstalle ähnelnden Hütten geflüchtet hätten.

Fast jeder kleine Distrikt soll nach Brown seine eigene Sprache oder Dialekt haben, so dass mehrfach beobachtet werden konnte, dass Leute, welche nur wenige englische Meilen von einander wohnten, sich nicht durch ihre Sprache verständigen konnten (?).

Das Ansehen und die Macht der Häuptlinge ist nur schwach.

Ueber die gesundheitlichen Verhältnisse fehlen nähere Nachrichten, nur ist bekannt, dass die meisten der Missionaire am Fieber erkrankten, aber auch in allen Fällen durch angewandte Medikamente genasen.

Auch über das Klima auf Duke-of-York ist uns nichts bekannt geworden, doch glauben wir annehmen zu dürfen, dass dasselbe nicht wesentlich von dem der Blanche-Bai abweicht. Letzteres ist durch die Beobachtungen der »Gazelle« wenigstens für die Monate Juli und August als günstig bezeichnet worden. Herr v. Schleinitz fand die Temperatur in der Blanche-Bai zu jener Zeit zwischen 24,4° und 31,5° C. und in der Regel zwischen 25° und 29,5° C. Die Extreme des Barometerstandes waren 760,6 und 765,5 Millimeter. Auf Neu-Britannien herrschte während des Aufenthaltes der »Gazelle« fast ununterbrochen trockenes Wetter; aus der anscheinend üppigeren Vegetation Duke-of-Yorks, lässt sich auf einen grösseren Regenfall daselbst, als in der Blanche Bai, schliessen.

Ueber die jetzigen Verhältnisse im südlichen Galla-Lande und Wito.

Reisebericht von Dr. med. **G. A. Fischer.** *)

Seit der von der Decken'schen Expedition und der Reise Brenners im südlichen Galla-Lande haben sich die Verhältnisse in letzterem Gebiete gänzlich verändert. Den Grund dieser Umgestaltung haben wir in den Kämpfen der Galla und Somali zu suchen. Todfeinde von jeher, haben bekanntlich immerfort Kämpfe zwischen diesen beiden Volksstämmen stattgefunden, in denen die Galla meist im Nachtheile blieben; doch behaupteten sie ihre Stellung wenigstens noch einige Zeit nach der von der Decken'schen Expedition. Wenige Jahre nach dieser — eine genaue Jahreszahl können die Araber und Suaheli fast niemals angeben — fand der grösste Kampf, der Entscheidungskampf, zwischen jenen Volksstämmen statt, zu welchem die Somali die Veranlassung gaben. Der grösste Theil der Somali-Stämme vereinigte sich zu einem Einfalle in das Gebiet der Galla. Letztere, unfähig einem solchen Anpralle erfolgreichen Widerstand entgegenzusetzen, flohen in wilder Flucht nach Süden, von den Somali mit nicht geringerer Schnelligkeit verfolgt. In kurzer Zeit waren die Somali am Osi-Tana-Gebiete angelangt, ihre Feinde vor sich hertreibend, welche theils nach Süden, theils nach Westen und Nordwesten flohen. Die Kosikawa-Galla, welche bis dahin, nördlich von den Wapokomo und dem Osi wohnten, wurden zum grössten Theile aufgerieben, ein kleiner Theil entkam zu den Borani-Galla, westlich von Ganane. Aber selbst bis dorthin verfolgten die Somali in ihrem wilden Eifer die verhassten Feinde; hier jedoch wurde ihnen durch die Borani ein Ziel gesetzt, deren Macht sie nicht gewachsen waren. Selbst am Osi-Tana fand die Kriegswuth der Somali noch keine Grenzen, es währte nicht lange, so erschienen sie in Malindi, ja selbst bis zu den Wanika-Landen drangen sie vor. Welches Blutbad sie auf ihren Wegen anrichteten, kann man sich leicht denken. Die erwachsenen Galla — Männer sowohl wie Frauen — wurden niedergestossen. Grosse Züge

*) Dr. G. A. Fischer, seit Ende 1876 in Zanzibar, ist Mitglied der von Herrn Clemens Denhardt in Berlin geplanten und von der geographischen Gesellschaft in Hamburg unterstützten Expedition nach Nord-Ost-Afrika. Der vorstehende Reisebericht ist uns durch die Herren Hansing & Co. am 12. Februar 1878 zugestellt worden. Ein den Reisebericht begleitender aus Zanzibar vom 11. Januar 1878 datirter Brief Fischer's besagt, dass die zweite Hälfte des Berichts mit nächster Post nachfolgen werde. Ferner heisst es in demselben, dass sich die Reise an die Küste und nach Wito der höchst ungünstigen Witterung wegen länger als beabsichtigt, nämlich vom 6. Juni bis zum 27. Dezember 1877, ausgedehnt habe.

geknebelter Galla trieben sie vor sich her, die später alle niedergemacht wurden. In dieser Periode blühte begreiflicher Weise der Sklavenhandel in diesem Gebiete und für die Suaheli und Araber dieses Küstenstrichs waren goldene Zeiten. Die Kinder und Jünglinge der Galla wurden für 5 bis 10 Dollar verkauft; die Rinder der Galla, welche in enormer Anzahl den Somali zur Beute fielen, mit 2—5 Dollar; jetzt kostet ein Galla-Sklave 150 bis 200 Dollar, fette Ochsen oder gute Kühe 20 bis 30 Dollar. Die Galla-Mädchen wanderten natürlicher Weise in die Frauengemächer der Suaheli und Araber, doch wurden sie meist zu rechtmässigen Frauen erhoben. Mit der Suaheli-Bevölkerung blieben die Somali auf ihrem Raubzuge in gutem Einvernehmen, nur in der Gegend von Lamu fielen Reibereien vor. Die Suaheli sowohl als besonders die Araber sahen die Schwächung der Galla nicht ungern, ja es ist wahrscheinlich, dass erst nach vorheriger Zustimmung der Gouverneure die Somali ihren Kriegszug unternahmen. Aus doppeltem Grunde freute die Araber diese Demüthigung der Galla; einmal durften sie hoffen, jetzt gefügsamere Nachbarn zu erhalten und zweitens nahmen sie hiermit Rache an den Galla für die einem Rivalen des Sultan von Zanzibar — Sultan Simba von Wito — in den Kämpfen mit den Arabern geleistete Hülfe.

Die Folgen dieser totalen Niederlage der Galla machten sich nach verschiedenen Richtungen hin bemerkbar. Zunächst wagten die Galla nicht, in das früher von ihnen innegehabte Gebiet zurückzukehren. Die Grenzen der Galla-Bevölkerung wurden damit bedeutend nach Süden gerückt. Während zu Brenner's Zeiten noch der Juba im allgemeinen als Grenze von Somalen und Galla angesehen werden konnte, während er bei Tula und nordwestwärts bis in die Gegend von Bardera durch Galla-Gebiet gezogen, ist dieses Terrain jetzt gänzlich von letzteren verlassen. An dem Küstengebiete haben sich die Somali etwas nach Süden gezogen, jedoch nicht weit über Tula hinaus, wenigstens haben sie hier keine festen Wohnsitze mehr. Die Galla-Grenze wird jetzt durch den Osi und Tana gebildet, resp. die Wapokomo; nordwärts von letzteren und nordwärts vom Osi giebt es keine Galla mehr. Wito liegt daher nicht mehr im eigentlichen Galla-Lande, wenigstens wenn man unter letzterem ein Land versteht, in dem Galla wohnen. Wo die Galla-Grenze westlich und nordwestlich von den Wapokomo am Oberlaufe des Tana sich befindet und ob vielleicht noch eine Verbindung mit den Borani-Galla besteht, habe ich nicht mit Sicherheit in Erfahrung bringen können, doch komme ich weiter unten nochmals auf diese Frage zurück. Das grosse Gebiet, welches sich von Wito zu den Borani-Galla erstreckt, ist unbewohnt und in seiner ganzen Ausdehnung Wildniss.

Das Zurückweichen der früher von den Küstenbewohnern so gefürchteten Galla brachte es dann mit sich, dass sich nunmehr eine grosse Anzahl von Ortschaften auf der Strecke Osi-Lamu bildeten. So vor allem der Ort Kipini an der Osi-Mündung, der seit 6 Jahren besteht, während das arabische Fort schon vor 15 Jahren errichtet wurde. Unweit von Kipini, gleich nordwärts vom Ras Tschakka ist die Ortschaft Tschakka entstanden und so folgt eine ganze Kette von Niederlassungen — grösstentheils von Leuten aus Lamu — bis in die Höhe der Insel Patta. Ebenso sind nach der Schwächung der Galla vom Osi südlich Niederlassungen entstanden, doch hat dieser Küstenstrich Osi-Malindi noch einigermassen durch die Galla zu leiden. Ortschaften, in denen viele arabische Soldaten liegen, belästigen sie zwar nicht, von anderen jedoch verlangen sie einen Tribut für ungestörte Ueberlassung des Landstriches. Dies gilt hauptsächlich von dem Orte Marereni, der 4 Wegstunden nördlich vom Ras Gomäni liegt. Derselbe wird nur während 4 Monate — von Dezember bis März — bewohnt, und zwar ziehen die Araber und Suaheli mit ihren Sklaven zu dem Zwecke hin, um Orseille zu pflücken, nach welcher der Ort auch seinen Namen trägt. Bei dieser Beschäftigung entfernen sich die Leute oft nicht unwesentlich von der Küste nnd sind natürlich allenthalben zerstreut, so dass es feindlichen, auf der Lauer liegenden Galla ein Leichtes wäre, sie mit dem Speere niederzustossen. Um solche Reibereien zu vermeiden, zahlen die Araber jährlich einen nicht unwesentlichen Tribut an die Galla dieses Gebietes. Am Ras Gomäni ist ebenfalls wieder eine Niederlassung entstanden; bekanntlich wurde die frühere im Jahre 1867 durch die Galla zerstört, und eine Wegstunde südlich von Gomäni hat sich die Ortschaft Gongoni gebildet. Der Verkehr auf dem Wege Kipini-Malindi ist ein ungestörter und auch einzelne Personen können diese Strecke gefahrlos zurücklegen. Einem Europäer dagegen würde, wenn gerade Galla auf diesem Wege sich befänden, ohne Zweifel ein Tribut abgefordert werden. Das Verhältniss der Araber zu den Galla hat sich in gewissem Sinne gegen früher geradezu umgekehrt. Früher ihre ärgsten Feinde, können die Araber sich jetzt sogar ihre Beschützer nennen, in sofern als sie nicht dulden, dass die Somali nochmals einen Raubzug gegen die Galla unternehmen. Im Jahre 1876 verbreitete sich das übrigens falsche Gerücht, das auch nach Europa gelangte, die Somali ständen bei Kau mit den Galla im Kampfe. Dieses Gerücht beschränkt sich auf die Thatsache, dass damals 15 der angesehensten Somali-Häuptlinge beim Wali von Kau erschienen, um ihn um seine Zustimmung zu einer nochmaligen Bekriegung der Galla zu ersuchen. Der Gouverneur, die wahren Interessen der arabischen Herrschaft wohl erkennend, willigte nicht ein. Denn was könnten die Araber gewinnen durch eine noch grössere Schwächung und Verarmung der Galla-Bevölkerung? Sie gehorchen den Winken der Gouverneure von Kau und Takaungu, welche Orte den Handel mit den Galla, der in Elfenbein, Büffelhörnern, Straussenfedern und Häuten besteht, vermitteln: Die Galla in der Nähe des Tana und zwischen Tana und Osi, und ebenfalls die Wapokomo und Waboni, liefern nach Kau, die nach dem Sabaki zu wohnenden liefern nach Takaungu. Mit diesen Plätzen, besonders mit Takaungu, leben die Galla in bestem Einvernehmen, mit Malindi weniger, da die Bewohner dieser Stadt mehrmals mit den Galla gekämpft haben. Der geringe Viehbestand ferner, welcher im Verhältniss zu früher nach dem Einfalle der Somali geblieben, würde bei einem nochmaligen Kriege vollends vernichtet. Manche Galla-Distrikte sind jetzt noch von Vieh völlig entblösst, so dass die Bevölkerung in der grössten Armuth lebt; »maskini« nennen die Araber die Galla, d. h. Arme. Sie leisten ferner den Arabern in der Hinsicht einen Dienst, dass sie die lästigen Europäer, besonders Missionare, ferne halten, resp. solche Expeditionen, von denen sie Nachtheile für ihren Handel und ihre Macht befürchten. Während Brenner schreibt, dass die Galla den Europäer ungestört in ihrem Gebiete ziehen liessen, dürfte es jetzt einem Reisenden unmöglich sein, ohne Zustimmung der Gouverneure von Takaungu oder Kau in das Galla-Land einzudringen. Ist jenen das Unternehmen nicht genehm, so verlangen die Galla einen so enormen Eingangszoll, dass die meisten Reisenden wahrscheinlich nicht Willens solchen zu zahlen; sollte aber dennoch versucht werden, die Reise fortzusetzen, so würde Waffengewalt entgegen gesetzt werden. — Trotz der Verarmung des südlichen Galla-Volkes, kann sich dasselbe doch nicht bequemen Ackerbau zu treiben; sie leiden lieber Hunger, als dass sie eine Hand zur Arbeit rühren, die sie für freie Männer unwürdig halten, denn Nichtsthun und Freiheit sind bei ihnen Begriffe, die zusammenfallen. Von ihnen aber, die die Freiheit so sehr lieben, sollte man wenigstens erwarten, dass sie die Freiheit der anderen in ihrem Gebiete wohnenden Volksstämme respektirten, was jedoch wie wir später sehen werden nicht der Fall ist. Die in der Nähe von Malindi wohnenden Galla, deren Armuth sehr gross, treibt der Hunger indess dazu, sich durch Dienstleistungen bei der Bevölkerung Malindi's einige Peso zu erwerben, um ihren Hunger stillen zu können. So kann man denn in diesem Orte täglich viele freie Galla sehen, welche gleich Sklaven Holz tragen, Säcke schleppen u. s. w., Arbeiten, welche sie gewiss nur in der höchsten Noth zu verrichten sich entschliessen. Uebrigens verdient andererseits die Thatsache Erwähnung, dass in der Nähe von Takaungu 500 Galla ansässig geworden und von dem Ertrage ihres Ackers und dem Verkauf von Getreide leben.

Die Sympathie, welche die Berichte Krapf's und Brenner's für jenes freiheitsliebende Volk zu erwecken wussten, geht verloren, wenn man die jetzige Generation der Galla kennen lernt. Vor den Somali haben sie eine geradezu kindische Furcht und sie würden nicht kämpfen, sondern fliehen, wenn die Somali nochmals anrückten. Wie hätten die Somali es früher wagen können, ihre Rinder ungestört bis zum Osiflusse zu treiben, um sie den Suaheli zum Kaufe anzubieten, vielmehr trieben die Galla selbst ihre Heerden von 2—300 Stück Vieh zum Verkaufe an die Küste. Jetzt kann man täglich die Somali ihre Heerden am linken Osi-Ufer ungestört weiden und Abends auf den Weideplätzen ihre Gebete verrichten sehen, während wenige Stunden entfernt ein grosses Gallalager sich befindet.

Wenn wir nun einen Blick auf die verschiedenen Volksstämme werfen, welche das südliche Gallaland bewohnen, so ist es zunächst auffallend, hier Stämme zu finden, über welche nur die Wakefield-Young'sche Reise Aufschluss gegeben hat. Weder die von der Decken'schen noch besonders die Brenner'schen Reiseberichte erwähnen derselben. Andererseits finden sich von allen den Namen, mit denen die sog. Gallastämme belegt worden, jetzt keine Spur mehr. Die von Brenner angegebenen 12 südlichen Gallastämme existiren, ausser den Barrareta, nicht und nach den Nachfragen, die ich allenthalben gemacht, haben sie niemals existirt; auch Missionar Wakefield sagte mir, dass er niemals diese Namen gehört und sich vergebens bemüht habe, den Ursprung derselben zu ergründen. Namen wie Immomatta, Ramatta sind weder bei den Arabern und Suaheli noch bei den Galla selbst bekannt. Es scheint ausserdem nicht gerechtfertigt von verschiedenen Galla-Stämmen im südlichen Galla-Lande zu sprechen; vielmehr dürfte es mehr für sich haben, nur von einem Stamme, dem südlichen Galla-Stamme zu reden, dessen Land sich in eine grosse Anzahl von Distrikten theilt, nach welchen sich die einzelnen Galla benennen. Wie die Suaheli-Bevölkerung von Lamu, Malindi, Mombas, bei der Niemand von verschiedenen Stämmen sprechen wird, sich in ihren Sitten sowohl, als auch in ihrer Sprache unterscheidet, in derselben Weise ist es mit den Galla aus den verschiedenen Distrikten der Fall. Ein Hauptzweig des Galla-Stammes ist jedenfalls der der Barrareta-Galla, welche auf beiden Ufern des Sabaki wohnen. Die Galla selbst kennen übrigens die verschiedenen Distrikte nicht; die Galla von Kofira scheinen noch am meisten bekannt. In vielen Fällen erhält man auf Befragen nur den Namen Galla, ohne dass eine speziellere Bezeichnung angegeben werden kann.

Wir finden auf einem Gebiete, welches im Westen und Norden durch eine südlich von Ukambani ziemlich parallel der Küste zu den Wapokomo-Grenzen und von dort zu der Insel Siu gezogene Linie, im Süden durch das rechte Sabaki-Ufer und im Osten durch das Meer begrenzt wird, abgesehen von den Suaheli, fünf Volksstämme beisammen, die z. Th. unter sich sehr nahe verwandt sind. Es sind dies: die Galla, Wassánie, Waboni, Wátua und Wapokomo. Die Galla bilden den herrschenden Volksstamm und blicken stolz auf die anderen herab, dieselben mehr oder weniger wie ihre Sklaven ansehend. Die Waboni und Wátua sind, was ihre Lebensweise betrifft, die am tiefsten stehenden Stämme, wenn sie auch ihrer Abstammung nach höher stehen als das Negervolk der Wapokomo und den Galla nahe verwandt sind. Die Wassánie stehen, noch mehr vielleicht als Waboni und Wátua, sowohl was Lebensweise als Sprache betrifft, den Galla sehr nahe; sie zeigen nicht die furchtsame Unterwürfigkeit der Waboni und man trifft sie nicht selten in Gemeinschaft mit den Galla. Die Wapokomo endlich stehen isolirt da, sie sind ein Negervolk, tieferstehend als die Galla und ihre Verwandte, aber jenen bei weiten vorzuziehen; ihnen muss sich die Sympathie des Reisenden zuwenden, welche die Galla nicht mehr verdienen.

Was die Wohnsitze dieser verschiedenen Stämme betrifft, so haben wir die Grenzen der Galla schon angegeben. In dem Gebiete der Wassánie wohnen gleichzeitig auch Galla. Im Süden beginnt das Galla-Gebiet unweit Takaungu; der Maugea-Berg, der 1¼ Tagereisen nördlich von Takaungu unweit der Küste liegt, kann schon zu ihrem Gebiete gerechnet werden. Die Wassánie wohnen vorzugsweise auf dem linken Sabaki-Ufer und ziehen sich dann von dem Oberlaufe des Sabaki etwas südlich der Grenze von Ukambani nach dem Tana hin, an dem sie (zugleich mit Galla) noch eine Strecke aufwärts wohnen, nachdem das Gebiet der Wapokomo zu Ende. Bemerkenswerth ist, dass die hier in der Gegend des Tana ansässigen Wassánie Ackerbau treiben, während dies sonst ihre Gewohnheit keineswegs ist. Sie gliedern sich in die beiden Zweige der Berreïto und Llarussi; erstere wohnen am Oberlaufe des Sabaki und nach dem Tana hin, letztere in der Nähe von Malindi. Ihre Physiognomie, ihre Körpergestalt ist ganz die der Galla, von denen sie so schwer zu unterscheiden sind, dass selbst die Suaheli sich zuweilen irren. Ihre Hautfarbe ist meist ein tiefes Schwarz, doch findet sich auch die kaffebraune Färbung bei ihnen vor und Uebergänge zwischen ersterem und letzterer. Sie sind bei weitem zugänglicher als die Galla, welche sich meist kalt dem Fremden gegenüber verhalten und keinen Gruss für ihn haben. Nicht selten nennen sie sich den Fremden gegenüber Galla, gleichsam sich ihres Namens schämend; denn sie werden von den Galla theilweise wie Sklaven behandelt, so dass die Suaheli sie häufig geradezu die Sklaven der Galla nennen. Es ist ihnen nicht gestattet ein Galla-Mädchen zu heirathen, während sich die Galla erlauben ein schönes Mädchen der

Wassánie ohne Weiteres sich anzueigen. Ihr Haar tragen sie fast durchweg ziemlich kurz; als Bekleidung dient, wie bei den Galla, wenn die Mittel zur Anschaffung vorhanden, ein Stück Lemale (auf Siu und in Barawa verfertigtes Baumwollenzeug), um die Hüften und ein grösseres über die Schultern geschlagen; einem grossen Theile von ihnen, sowie den meisten Frauen, dienen jedoch noch Felle als Bekleidung. Wie die Galla tragen sie mit Vorliebe feinen spiralig gewundenen Messing- oder Kupferdraht in Form eines weiten Ringes um den Hals, an welchem man vorne zuweilen noch eine kleine Elfenbeinscheibe befestigt, als Zeichen, dass der Betreffende einen Elephanten getödtet; dicke Messingringe werden über den Handgelenken getragen; kleine Ohrringe sieht man ebenfalls häufig. Den Oberarm zieren Ringe aus Elfenbein, häufiger jedoch Ringe aus der Haut des Elephantenfusses und der Haut des Büffels. Jedes Mal wenn ein solches Thier erlegt, wird ein neuer Ring zugefügt. Sehr beliebt sind auch die von den Galla mit Vorliebe getragenen Fingerringe, welche sehr dick, an der einen Seite zwei etwas divergirende halbkreisförmige Scheiben tragen, aus Eisen oder Messing verfertigt werden und meist nur den kleinen Finger schmücken. Als Handwaffe dient eine Keule aus Holz von verschiedener Form; ausserdem tragen sie ein sehr spitz zulaufendes Messer mit Holzgriff und Lederscheide an der Hüfte, das sie bei den Galla kaufen; auch die Schmucksachen werden alle von den Galla fabrizirt. Sie schiessen mit Bogen und Pfeilen und wenden auch Pfeilgift an, das sie meist bei den Wanika eintauschen sollen. Der Gebrauch letzterer Waffe stellt sie den Waboni und Wátua zur Seite, während die Galla nur den Speer führen. Vieh besitzen sie nicht oder nur in sehr geringem Maasse. Sie leben von dem Ertrage der Jagd. Die in der Nähe von Malindi wohnenden Wassánie gehen häufig dorthin um zu betteln oder Dienste gegen Lohn zu verrichten. Sie treiben Handel in Elfenbein mit Takaungu, wo fast immer mehrere zum Besuche weilen. Ihre eigene Sprache sprechen sie seltener als die der Galla; sie ist der Galla-Sprache sehr verwandt, die Betonung ist dieselbe und viele Worte sind denen der Galla-Sprache ähnlich oder gleich.

Die beiden anderen den Wassánie nahestehenden Stämme, sowohl was Lebensweise und Sprache, als auch ihre untergeordnete Stellung anbetrifft, wohnen nördlich vom Osi: die Waboni und Wátua, welche unter sich wieder eine grössere Verwandtschaft zeigen, als sie und die Wassànie. Die Waboni sind der zahlreichere Stamm und sie erstrecken sich von dem Wapokomo-Lande — in welchem selbst viele Waboni wohnen — in östlicher und südöstlicher Richtung; den ersten Grad südlicher Breite überschreiten sie nicht. In der Nähe von Wito sind Waboni anzutreffen und zwei Tagereisen in nördlicher Richtung von dieser Stadt befindet sich ein Hauptsitz der Waboni nämlich Balawa. Von Wito aus hatte ich Gelegenheit, eine kleine Waboni-Niederlassung aufzusuchen. Die Leute, welche ausserordentlich ängstlich, mussten vorher von der Ankunft eines Weissen in Kenntniss gesetzt werden, damit sie bei dem plötzlichen Erscheinen eines solchen nicht davon liefen. Aermlichere Leute kann man sich kaum denken; in ihren Gesichtszügen und ihrer Haltung ist Unterwürfigkeit ausgeprägt. Uebrigens ist ein grosser Theil der Waboni durch das Zurückweichen der Galla der Unterdrückung durch jene entrückt, während die unter den Wapokomo Lebenden wohl noch zu leiden haben werden. Ihre Wohnungen bestanden aus nicht mannshohen backofenartig geformten Hütten, die aus zusammengebogenen, mit Gras belegten Stangen erbaut waren. Des vielen Regens wegen hatten sie sich ein etwas über dem Boden der Hütte erhabenes Holzgestell angefertigt, um Nachts einigermassen trocken zu liegen. Ihre Hausgeräthe bestanden aus einem kleinen Kochtopfe, der von den Wapokomo gekauft wird, ausserdem besass jede Familie eine Reisetasche und kleine Tabacksbeutel, beides aus Baumbast geflochten; hiermit schienen ihre Bedürfnisse befriedigt. Die Männer trugen ein Stück Americano um die Hüften, doch trugen sie im Allgemeinen Felle, wie auch die Frauen in dieser Niederlassung; bei letzteren bestehen dieselben aus einer von den Knieen bis zu den Schultern reichenden Schürze von Thierfellen verschiedener Art, die in zierlicher Weise zusammengenäht sind. Ihre Messer und ihren Schmuck kaufen auch sie von den Galla; die Männer tragen wie die Wassánie Armbänder und Ringe; die Weiber auch Perlen. Bogen, Pfeile und Pfeilgift bereiten sie sich selbst; bekanntlich ist die Jagd ihre einzige Beschäftigung; im Fallenstellen sind sie Meister und wenn die Araber oder Suaheli dieser Gegend ein Thier zu besitzen wünschen, so wenden sie sich an die Waboni. Die Nahrung besteht, ihrer Beschäftigung gemäss, nur aus Fleisch, ihre geringen Bedürfnisse tauschen sie gegen ihre Jagdbeute ein. Die Hautfarbe variirte von röthlich braun bis tief schwarz. Wie nach ihrer Lebensweise zu erwarten, sind die Waboni lange schlanke Gestalten, die den Wassánie-Typus tragen. Das Haar wird nach eines jeden Belieben getragen. Bei dem Einen sieht man das Haar in kleine zierliche Stränge geflochten, der Andere lässt es kraus wachsen, der Dritte hat auf einer Kopfseite krauses weit abstehendes Haar, auf der andern ist dasselbe fast gänzlich weggeschnitten oder in kleine Löckchen gedreht. Sie leben in Monogamie und besitzen kein Oberhaupt auch in den sogenannten Lagern nicht, wo sie sich in grösserer Anzahl beisammen finden; hier ist es der Aelteste, dessen Rath man im Allgemeinen folgt. Sie geben an, dass sie das jetzt innehabende Land von jeher bewohnt. Sie sprechen ihre eigene Sprache, deren Klang und Betonung sofort an die Galla-Sprache erinnert; letztere verstehen sie jedoch ebenfalls. Die Waboni selbst nennen sich Uéra, die Galla heissen bei ihnen Kajéuwa (Kijalla Kidjéuwa).

Mit den Wadahalo oder Wátua — letzteren Namen führen sie bei den Suaheli; singul. Mtua — bin ich während meines Aufenthaltes in jenem Gebiete nicht in Berührung gekommen, obwohl sie der Küste am nächsten wohnen. Nach den Erzählungen der Wasuaheli scheinen sie noch mehr ein Nomadenleben zu führen als die Waboni. Ihre Jagdbeute bieten sie in den Suaheli-Orten zum Kaufe an. Das Gebiet, welches sie bei ihren Jagdzügen durchstreifen, erstreckt sich vom Unterlaufe des Osi bis ungefähr nach Tula hin. Bogen und vergiftete Pfeile sind auch ihre Waffen. Im Uebrigen sollen ihre Sitten wie die der Waboni sein. Auch sie besitzen eine eigne Sprache.

Die Wapokomo als fünfter Volksstamm in unserem Gebiete, nehmen eine ganz gesonderte Stellung ein, sowohl was ihre Abstammung als auch ihre Lebensweise anbetrifft; in Bezug auf erstere stehen sie unter den Galla und den diesen verwandten Stämmen — sie sind ein Negervolk; in Bezug auf letztere sind sie ohne Zweifel über jene genannten Völker zu stellen. Sie sind das einzige emsige und wirklich arbeitsame Volk in diesem Länderstriche. Auf den ersten Blick erkennt man in ihnen den Arbeiter, den Ackerbauer; ihre Erscheinung hat, besonders den schlanken, geschmeidigen Galla gegenüber etwas bäurisch plumpes. Grosse, äusserst kräftige, etwas wohlbeleibte Gestalten, an denen jeder Muskel vorspringt, etwas schwerfällig in ihren Bewegungen, verrathen sie sogleich ihre Beschäftigung und ihre Nahrung. Ihre Gesichtszüge sind nicht unangenehm und zeugen von einer grossen Ruhe und enormen Gutmüthigkeit, die an Beschränktheit grenzt. Ihre Hautfarbe ist fast durchweg ein chokoladenbraun, mit einem Stich in's Kupferfarbene. Ihr Wohngebiet erstreckt sich wie bekannt, von Tschara wo der Tana-Osi-Kanal beginnt, am linken Tana - Ufer entlang bis nach Korkoro, der letzten Wapokomo - Stadt; diese erreicht man von Tschara aus in einer Mau (ausgehöhltem Baumstamme), die von zwei Wapokomo gerudert wird, am 10ten Tage. Von Tschara bis Korkoro reiht sich ein Wapokomo-Ort an den andern; ihr Land ist sehr stark bevölkert. Oberhalb Ngao, welcher Ort unweit von Tschara gelegen, ist nach übereinstimmenden Aussagen der Wapokomo noch kein Europäer gewesen. Das in ihrem Besitze befindliche Land ist sehr gut kultivirt; das Haupterzeugniss desselben ist Reis, der in der Umgebung des Tana ausgezeichnet gedeiht, und zwar kann derselbe nicht nur während der Regenzeit, sondern auch während der trockenen Jahreszeit gezogen werden. Es ist nämlich vielfach die Einrichtung getroffen, die Reisfelder auszugraben, so dass dieselben unter dem Niveau des Wasserstandes sich befinden und demnach durch Schleusen beliebig Wasser zugelassen werden kann. Ausser Reis wird bei ihnen kultivirt: Mtama, Mais, Bataten, Bananen, Maniok, Zuckerrohr. An Fleischnahrung ist Mangel; Vieh giebt es bei ihnen nicht, weder Rinder noch Schafe und Ziegen. Hühner sind dagegen sehr zahlreich vertreten. Für die Wapokomo selbst ist das Vieh kein Bedürfniss, da sie mit anderer Fleischkost fürlieb nehmen; das Fleisch des Hippopotamus, der Krokodile und Affen sind Leckerbissen für sie, während die Galla das Fleisch dieser Thiere nicht anrühren. Neben der friedlichen Beschäftigung des Ackerbaues, sind sie jedoch auch mit der Waffe und in der Erlegung grossen Wildes sehr geübt. Die Waffe besteht in einem Speere, dessen eiserne Spitze 32 Centimeter lang, und an der breitesten Stelle 9 Centimeter breit ist; der Schaft besitzt eine Länge von 280 Centimeter und besteht aus sehr leichtem Holze, so dass der Speer auf dem Wasser schwimmt. Mit dieser Waffe wird das Flusspferd und der Elephant erlegt. Ihre Schmucksachen kaufen sie ebenfalls bei den Galla; dicke Messingringe oberhalb des Handgelenks sieht man am häufigsten; am Oberarme wird zuweilen ein komplizirteres Armband getragen, welches aus einem eisernen Reifen besteht, der mit feinem Messingdraht umwickelt und an der Aussenseite zwei quer ansitzende Schenkel trägt. Die Fingerringe der Galla werden auch häufig bemerkt. Um die Hüfte tragen sie ein Stück Americano, das sie sich röthlich-braun färben, und welches durch eine dünne aus den Haaren des Giraffenschwanzes geflochtene und mit Metallstückchen gezierte Schnur festgehalten wird. Sie lieben es, ihr Haar, das meist ziemlich kurz getragen wird, mit den langen Hahnenfedern zu zieren, die sie mit 3—4 Peso das Stück bei den Suaheli bezahlen. Taback wird bei ihnen ebenfalls kultivirt, den sie kauen oder zu Schnupftaback verwenden; letzterer fehlt selten einem Wapokomo. Ihre Sprache hat die grösste Aehnlichkeit mit der der Suaheli, es ist dies von grossem Interesse und von Wichtigkeit für die Frage, mit welchen Volksstämmen sich die ersten arabischen Ansiedler an der Ostküste vermischt, und welchen die Suaheli-Sprache ihren Ursprung verdankt. Da unterliegt es denn keinem Zweifel, dass das Volk der Wapokomo, welches vielleicht früher bis an die Küste reichte, z. Th. den Suaheli's und ihrer Sprache den Ursprung gegeben; von den Wapokomo lernten sie dann auch die Produkte und die Bestellung des ihnen fremden Landes kennen. Der Ton liegt, im Gegensatz zu den Galla-Sprachen, auf der vorletzten Silbe, ebenso wie in der Suaheli-Sprache; eine grosse Anzahl von Worten ist beiden Sprachen gemeinsam und beide Völker lernen sehr rasch die Sprache des andern. Eine Eigenthümlichkeit der Wapokomosprache ist das häufige »tz« statt des einfachen »t«. So z. B. heisst der Tana-Fluss bei ihnen Tzana.

Die Erträgnisse ihres Landes, hauptsächlich Reis, Mtama, Mais, ferner Elfenbein und die Zähne des Hippopotamus, bringen sie ausschliesslich nach Kau zu Markte, da am Tana keine arabische Niederlassung besteht und der Weg Tschara-Kau für sie der bequemste ist. Die Wapokomo gelangen von Korkoro, ihrer letzten Stadt am Oberlaufe des Tana, in 8 Tagen nach Kau. Von ihnen ist auch der Tana-Osi-Kanal angelegt worden, zu dem Zwecke, ihre Produkte auf bequeme und schnelle Weise nach Kau befördern zu können. In Kau, das übrigens keineswegs ein Wapokomo-Ort und auch nie gewesen ist, wie ich später zeigen werde, trifft man immer zahlreiche Wapokomo, welche des Handels wegen dort weilen. Sie werden von den Arabern und Suahelis sehr übervortheilt und mehr wie Sklaven als Freie behandelt. Es ist selbstverständlich, dass die hungrigen Galla das Wapokomoland mit Vorliebe besuchen, das für sie jederzeit reichliche Beute an Nahrungsmitteln bereit hat.

Eines Volkes muss ich ferner noch erwähnen, das auf manchen Karten als im südlichen Galla-Lande wohnend angegeben ist, nämlich die Wadoë; ich habe diese im südlichen Galla-Lande nicht nachweisen können und erhielt allemal auf Befragen die Antwort, dass diese hier nicht vorhanden. Vielleicht dürfte es eine Verwechslung mit den Wátua sein.

Um schliesslich noch die Massai zu erwähnen, so sind sie immer nur vorübergehend in unserm Gebiete aufgetreten. Vorzüglich in sehr trocknen Jahren treiben sie ihre Heerden gegen Ende der heissen Jahreszeit, wenn bei ihnen keine hinreichende Nahrung für das Vieh mehr vorhanden, in die Flussniederungen, auf welchen Zügen sie auch den Sabaki besuchen. Zugleich werden dabei sehr weite und kühn ausgeführte Raubzüge unternommen, die sie sogar in einem Jahre bis unweit Malindi ausdehnten. Im vorigen Jahre erschienen sie in der Nähe der englischen Missionsstationen bei Mombasa und raubten daselbst das Vieh der Wanika. Sie ziehen sich jedoch immer bald wieder in ihre Gebiete zurück.

Bei meiner Reise, welche sich der ausserordentlich starken und lange anhaltenden Regenzeit halber über sieben Monate hin ausdehnte, war es einestheils meine Absicht, die Verhältnisse des Küstenstrichs Mombasa-Lamu gründlich kennen zu lernen, anderntheils die Orte und Wege zu erforschen, von denen aus und auf welchen man am besten in die noch unbekannten Theile des Ostens gelangen könnte. Besonders wollte ich mich ferner auch persönlich mit den Flussverhältnissen des Tana-Osi-Gebietes und der jetzigen Lage im südlichen Galla-Lande bekannt machen. Die Erkundigungen und Beobachtungen, welche ich über letzteres und seine Bevölkerung zu sammeln Gelegenheit hatte, habe ich im Obigen dargelegt. Als Reiseziel hatte ich mir Wito gesetzt, jenes Brenner'sche Wito, über das dieser Reisende so ausserordentlich Günstiges und für Europäer Einladendes berichtet hatte.

Durch die ganz abnormen Witterungsverhältnisse war ich gezwungen an manchen Orten länger als mir lieb zu verweilen. So hielt mich der Regen 1½ Monate in Kipini an der Osi-Mündung fest; während dieser Periode wurde die Zeit durch meine ärztliche Thätigkeit vollkommen ausgefüllt. Normaler Weise geht der Regen in der Formosa-Bai Mitte Oktober zu Ende; um diese Zeit bricht sich der Nordostwind Bahn. In diesem Jahre regnete es bis Mitte Dezember und zwar von Anfang Oktober an so heftig, dass die sogenannte kleine Regenzeit zur grossen wurde; die ältesten Leute wussten sich eines solchen Regenjahres nicht zu entsinnen. Die Mtama-, Mais- und Oelpflanzungen gingen zum Theil zu Grunde, das Vieh, welches keinen genügenden Schutz vor dem Regen und nur schlechtes und ungenügendes Futter fand, starb in grosser Anzahl. Von der enormen Wassermenge kann man sich einen Begriff machen, wenn man bedenkt, dass mehrere Wapokomo die von Engataua am oberen Tana ausgegangen, mit ihren Kähnen »über Land« in Wito eintrafen.

Einige leidliche Tage benutzte ich, um den Küstenstrich Osi-Lamu kennen zu lernen und eine Fahrt auf den Flüssen Osi und Tana zu machen. Zu letzterer nahm ich eine Mau mit zwei Wapokomo als Ruderer und fuhr in den nach dem Tana fliessenden Osi-Arm ein; die Ufer sind noch eine Strecke weit von Kau mit einem schmalen Saume von Urwald bedeckt, später reichen die Grasflächen bis an den Osi heran; von Zeit zu Zeit wurden Schambas sichtbar, auf denen hauptsächlich Reis gezogen wurde. Nach sechsstündiger Fahrt erreichten wir die Stelle, wo das Wasser des Tana durch den bekannten Kanal in den Osi sich ergiesst; das lehmfarbene Wasser des Tana verlor sich rasch in dem schwarzen des Osi. Der auf der rechten Seite des Osi mündende Kanal ist anfangs 4—5 Schritt breit, verschmälert sich jedoch bald auf 2—2½ Schritt, so dass sich zwei Wapokomo-Kähne eben an einander vorbei schieben können. Die Ufer sind ganz flach, von hohem Grase eingefasst. Das Land zwischen Osi und Tana bildet eine weite baumlose Grasfläche, zur Regenzeit Sumpf in seiner ganzen Ausdehnung. Nach 1½ stündiger Fahrt wurde der Tana erreicht. In einer starken Kurve des letzteren, gerade gegenüber dem Orte Tschara, welcher von dem Tana gleichsam eingeschlossen wird, nimmt der Kanal seinen Ursprung. Das Wasser des Tana strömt mit grosser Gewalt in den Kanal ein. Der Tana, in dieser Gegend nur 20—25 Schritt breit, war bis an den Uferrand mit lehmfarbigem Wasser gefüllt, das sehr wohlschmeckend war. Die

Strömung war eine sehr starke. Tschara, das von Suaheli-Sklaven und Wapokomo bewohnt wird, hat in seiner Umgebung viele reiche Schambas, auf denen auch die Kokosnussbäume sehr gut gedeihen. Die Mosquitos, welche mir an der Küste niemals lästig gefallen, waren hier wie in Kau in solcher Menge und der Schmerz ihrer Stiche so stark, dass selbst die Eingeborenen keinen Schlaf gewinnen konnten, wenn sie sich nicht, durch im Innern der Hütte angezündetes feuchtes Holz in dichten Rauch einhüllten. Die Stichstellen dieser Mosquitos gingen zum Theil in Eiterung über. Am andern Morgen ging die Fahrt von Tschara den Tana abwärts weiter.

Die Ufer des Flusses sind flach, von Hochgras eingefasst, zwischen welchem in grosser Menge Wasserpflanzen wucherten, die sich zuweilen in grossen Massen loslösten. Die Ufer sind sandig und unweit derselben ragten trotz des hohen Wasserstandes zuweilen einige Sandbänke aus dem Wasser empor. Halbwegs zwischen Tschara und der Mündung tritt Uferwald auf, auch berührt hier stellenweise ein Sandhügelzug den Fluss. Mit dem Uferwalde, der diese Strecke des Tana-Laufes zu einer sehr schönen macht, traten auch Hippopotamus in grosser Menge auf; bis kurz vor der Mündung zählte ich 14. Auch Krokodile beherbergt der Fluss, doch sollen sie in seinem Oberlaufe bedeutend zahlreicher sein. Gegen Mittag gelangten wir an eine kleine Schamba, die dem Gouverneur von Lamu gehört;sie liegt unweit der Mündung und besitzt ein gutes Haus, das gleichsam ein Wachthaus für den Tana darstellt, von welchem aus alles Ungewöhnliche gleich nach Kau oder Kipini gemeldet wird.

Den andern Morgen verliessen wir mit Sonnenaufgang diese Schamba um wo möglich noch Abends in Kau einzutreffen, da der Horizont sich wieder ringsum mit Regenwolken bedeckte. Die Wapokomo nahmen bei der Rückfahrt von einem Strauche den sie »mbaraka« nannten, einige Zweige mit in den Kahn als Besänftigungsmittel gegen bösartige Flusspferde; sollte ein solches versuchen den Kahn im Vorüberfahren anzugreifen, so würde ihm ein Zweig jenes Strauches vorgehalten, worauf das Thier in die sanftmüthigste und friedlichste Stimmung verfiele. Den Tana-Osi-Kanal durchfährt man vom Tana aus in einer kleinen Stunde. In der That gelangten wir noch vor Dunkelheit in Kau an. Die beiden Wapokomo hatten ohne Aufhören 12 Stunden hindurch und zwar zum grossen Theile stromauf bei starker Strömung gerudert und damit einen Weg — die Niederungen nicht eingerechnet — von 30 Seemeilen zurückgelegt. —

Es kann auch nicht geleugnet werden, dass die Tana in den Monaten Juni bis Ende September oder Mitte Oktober, für geeignete kleine Dampfer zu befahren ist; die Wassermenge ist dann vorhanden und die

Stromgeschwindigkeit ist nicht so gross, dass sie ein Hinderniss bildet; auch könnten besonders im Südwest-Monsun Segel gebraucht werden. Holz zur Feuerung aber ist nur auf einer kurzen Strecke von der Mündung vorhanden und in der trockenen Jahreszeit ist die Befahrung sehr zweifelhaft; die Eingeborenen sagen zwar, auch dann enthielte der Fluss noch viel Wasser, setzten aber hinzu auch sehr viele Sandbänke. Alle diese Ueberlegungen sind jedoch unnöthig; denn weshalb mit einem kostspieligen Dampfer eine unsichere Reise machen, wenn man auf die leichteste und bequemste Art von Kau aus mit den Wapokomo und ihren Baumstammkähnen den Strom hinauf fahren kann und jedenfalls hierbei weiter gelangt, als mit einem Dampfer möglich ist? Die grössten Kähne fassen 50—60 Trägerlasten und bedürfen nicht mehr wie 4 Ruderer. Von einem Handel aber mit den Eingeborenen im Innern kann für den Europäer gar keine Rede sein; Niemandem, der die heutigen Verhältnisse an der Suaheli-Küste persönlich kennen gelernt und mit nüchternen Augen betrachtet, wird so etwas in den Sinn kommen.

Eben nach Kipini zurückgekehrt, brach — am 15. Oktober — der heftigste Regen los, der Tag und Nacht ununterbrochen anhielt bis gegen Ende des Monats; dabei ging der Wind wieder nach Südwest, während in den Tagen vor dem 15. Oktober der Wind aus Südost geweht hatte. Es bestand ein langer heftiger Kampf zwischen der südwestlichen und nordöstlichen Luftströmung; die letztere war in den höheren Luftschichten eine nordöstliche, während immer wieder neue heftige Regen aus Süd und Südwest kamen. Erst am 12. Dezember ging der Wind Nachts definitiv nach Nordost um. —

Die Folgen dieses heftigen anhaltenden Regens waren in mehrfacher Beziehung sehr nachtheilige. Kipini glich einem Sumpfe, aus dem die Häuser wie Inseln hervorsahen. Der Osi schwoll in kurzer Zeit so an, dass er über seine Ufer trat, in Kau in die Häuser drang und auf den Schambas grosse Verwüstungen anrichtete. Antilopen trieben todt den Fluss hinunter und die Hippopotamus mussten den Strom verlassen, weil ihre Kräfte nicht ausreichten der Gewalt des Wassers zu widerstehen. Erst am 5. November erlaubte es die Strömung, in einer Mau aufwärts zu fahren. Der Wasserweg musste nämlich gewählt werden, um nach Wito zu gelangen, denn die Wege auf dem Lande standen alle unter Wasser, stellenweise so tief, dass die Träger mit ihren Lasten hätten schwimmen müssen.

Einige Zeit vor meinem Aufbruche nach Wito hatte ich durch einen mir befreundeten Anhänger des Sultan Simba einen Brief an jenen gelangen lassen mit der Anfrage, ob er meinen Besuch annehmen wolle Er antwortete bejahend, doch bat er, wenn mir irgend möglich, so lange zu warten bis der Ramadhau, jener Monat, in welchem die Menschen nach Art der Raubthiere am Tage schlafen und Nachts essen, zu Ende sei. Der Regen nöthigte mich noch länger zu warten.

Die Fahrt dén Osi aufwärts ging langsamer von Statten als ich gedacht; es wurde nicht in der Richtung nach Kau gefahren, sondern in ein kleines unweit der Osimündung sich ergiessendes Nebenflüsschen eingebogen, theils weil man glaubte, dass die Gewalt des Wassers hier weniger stark, theils weil man auf diese Weise den Weg abkürzen wollte. Die Strömung war jedoch eine so starke, dass der Kahn wiederholt mit fortgerissen wurde. In Folge dessen wurde Wito am ersten Tage nicht mehr erreicht, so dass wir auf einem Sumpfe übernachten mussten. Am folgenden Tage fuhren wir über ein Terrain, das in der heissen Jahreszeit vollkommen trocken und gelangten gegen Mittag in Wito an.

Bevor ich über die Zustände in Wito — Brenner schreibt unrichtig Witu — berichte, muss ich vorausschicken, dass mein Befund der dortigen Verhältnisse sich, ich kann fast sagen in allen Punkten, mit dem Brenner'schen in Widerspruch befindet; weder aus der inzwischen verflossenen Zeit von 10 Jahren, noch aus einer sehr optimistischen Auffassung seitens Brenners, sind diese Widersprüche genügend zu erklären. Brenner traf von Balawa kommend in Wito ein, verweilte drei Tage dort und begab sich sodann nach Lamu — so geben die Leute von Wito übereinstimmend an. Er schenkte dem Sultan einen Hinterlader und viele Patronen; ich fand ersteren noch vor; er trug eine unleserlich gewordene Firma, aber deutlich noch den Namen Hanover.

Noch zur Zeit als die Herrscher von Patta diese Insel inne hatten, setzten sie sich in richtiger Erkenntniss des für ihren Handel wichtigen Punktes an dem Osi fest und gründeten Kau. Als sodann später um das Jahr 1840, nach resultatlosen Kämpfen des Schech Mahammadi von Patta mit Seid Said von Zanzibar, sein wenig kriegerisch gesinnter Sohn — der jetzige Sultan Simba von Wito — freiwillig Patta verliess, setzte er sich nicht gleich in dem jetzigen Wito fest (so wird fälschlich in Büchern angegeben), sondern er siedelte mit seinen Anhängern nach Kau über, von den Galla, mit denen sie hier schon lange im Handelsverkehr gestanden, freundschaftlich aufgenommen. Hier lebte Simba mit seinen Anhängern und Sklaven ungestört 12 Jahre, bis um's Jahr 1860. Um diese Zeit versuchte Simba von Kau aus sich an der Mündung des Osi-Flusses, dem jetzigen Kipini, festzusetzen, was ihm jedoch nicht gelang, denn die Araber, welche einsahen, dass dies wichtige Gebiet für sie verloren sei, wenn Simba's Herrschaft weitere Stützpunkte hier gewänne, glaubten jetzt den Zeitpunkt für gekommen, den Nebenbuhler auch aus diesem Gebiete vertreiben zu müssen. Die Araber griffen daher unter Führung des jetzigen Gouverneurs von Kipini die Leute Sultan Simba's an der Osi-Mündung an und warfen sie nach Kau hin zurück. Jene versuchten sodann sich auf dem Wege Kipini-Kau noch einmal festzusetzen. Die Mangobäume ihrer sogleich angelegten Schambas sieht man noch heute auf dem Wege Kipini-Wito. Nachdem die Araber an der Osi-Mündung zunächst ein Fort errichtet und Verstärkung an sich gezogen, wurden die Leute Simba's auch aus jener Stellung vertrieben, so dass sie sich nach Kau zurückziehen mussten. Um letzteren Ort entspann sich dann im Jahre 1862 der heftigste Kampf, der mit der Räumung Kau's von Simba und seinen Anhängern endete. Die Galla betheiligten sich an dem Kampfe und leisteten Simba Beistand. Die Araber errichteten ein Fort in Kau, das sie nunmehr — gleich dem Flusse — Osi nannten, welcher Name jetzt der gebräuchlichere ist. Kau ist seiner Lage nach ein sehr gut situirter und für die Araber sehr wichtiger Platz. Selbst grössere Dhaus (Dhows) gelangen mit der Fluth bis Kau. Die Einfahrt in den Osi bietet wenig Schwierigkeiten; Lamu, wohin die Handelsprodukte gehen, liegt nahe; die verschiedenen Quellflüsse des Osi zugleich mit dem Arme, der die Verbindung mit dem Tana besitzt, fliessen hier zusammen, und der Werth der Produkte, die aus dem Galla- und Wapokomo-Lande dort zusammenfliessen, ist für Araber und Suaheli bedeutend.

Sitzungsberichte. *)

21. Sitzung. 1. April 1875.

Vorsitzender: Herr Bürgermeister Dr. Kirchenpauer.

Das Protokoll der vorigen Sitzung wird verlesen und genehmigt.

Der Vorsitzende zeigt an, dass der Vorstand für die mit dem 4. März beginnende Vereinsperiode die Aemter wie folgt vertheilt habe:

Vice-Präsident: Herr Schulrath L. Harms.
Erster Sekretair: » L. Friederichsen.
Zweiter » : » Direktor G. Rümker.
Kassirer . . . . . : » L. Lippert.

Zu Delegirten der Deutschen Afrikanischen Gesellschaft für 1875 werden die Herren L. Friederichsen und Direktor G. Rümker wieder gewählt.

Der Vorsitzende verliest ein Schreiben des Herrn Dr. F. Andreas, worin dieser der Gesellschaft offerirt, seine demnächst im Auftrage des Königl. Preuss. Kultusministeriums und der Berliner Akademie der Wissenschaften zu unternehmende Forschungsreise nach Persien zu einer eigenen im Auftrage der Hamburgischen Geogr. Gesellschaft auszuführenden Expedtion auszudehnen, falls die Gesellschaft ihm zu dem Zwecke, sei es aus eigenen, sei es aus anderen Mitteln, die Summe von 15000 ℳ. verschaffe. — Der Vorsitzende theilt mit, dass der Vorstand beschlossen habe, sich für diese Offerte zu interessiren und zwar auf Basis eines bereits durch verschiedene Mitglieder privatim zusammengebrachten und dem Vorstande für Dr. Andreas' Pläne zur Verfügung gestellten Kapitals von 6000 ℳ.

Herr Schulrath L. Harms hält den angekündigten Vortrag über Central-Asien.

Herr Dr. F. Wibel referirt über den Inhalt des 4. und 5. Jahresberichts der Münchener geogr. Gesellschaft.

Es werden zwei neue Mitglieder aufgenommen.

22. Sitzung. 13. Mai 1875.

Vorsitzender: Herr Bürgermeister Dr. Kirchenpauer.

Das Protokoll der vorigen Sitzung wird verlesen und genehmigt.

Vier neue Mitglieder werden aufgenommen.

Der Vorsitzende theilt mit, dass sämmtliche deutsche geographische Gesellschaften bei Sr. Majestät dem Kaiser um einen vorläufig auf 2 bis

*) Anschliessend an die im zweiten Jahresbericht 1874—75 gegebenen Berichte.

3 Jahre aus dem Dispositionsfonds Sr. Majestät zu bewilligenden Jahresgehalt für den aus Afrika zurückkehrenden Reisenden Dr. Nachtigal petitionirt hätten, und dass man im Falle der Gewährung des Gesuches, Dr. Nachtigal behufs Bearbeitung seiner reichen wissenschaftlichen Tagebücher auf einige Jahre an Deutschland zu fesseln hoffe.

Herr Friederichsen berichtet, dass dem Vorstande nunmehr von Seiten hiesiger Freunde der Erdkunde und Mitglieder der geographischen Gesellschaft die Summe von ℳ. 7800 zum Zwecke der Förderung der beabsichtigten Andreas'schen Expedition nach Süd-Persien zur Verfügung gestellt und demgemäss ein Reiseplan entworfen worden sei. Dr. Andreas werde sich demnächst via Southampton nach Bombay und von da über Bander Abbas nach Bushîre begeben. Das im Auftrage des Vorstandes für die Geographische Gesellschaft zu bereisende Gebiet sei im Norden von der Strasse Bushîre-Shirâz und Shirâz-Kirmân, im Osten von der Strasse Kirmân-Bander Abbas, im Süden und Westen vom Persischen Meerbusen begrenzt. Alle wissenschaftlichen Ergebnisse sowie archäologischen, ethnographischen etc. Funde fallen der geographischen Gesellschaft als Eigenthum zu. Da Dr. Andreas nach dem einstimmigen Urtheile der hervorragendsten Fachgelehrten (Mommsen, Olshausen, Kiepert etc.) eine seltene Kenntniss der persischen Alterthumskunde nach allen Richtungen hin besässe, und in Bezug auf Landeskunde und alte Geschichte Persien's so eingehende Studien gemacht habe, wie wohl kein zweiter Gelehrter auf der Welt, so dürfe man von seiner Forschungsreise die glänzendsten wissenschaftlichen Resultate und die interessantesten Aufschlüsse über das noch gänzlich unbekannte Süd-Persien erwarten.

Herr Professor Dr. Neumayer, Decernent für die Deutsche Seewarte in der Kaiserlichen Admiralität, hält den angekündigten Vortrag über die Ziele der Deutschen Seewarte. Herr Neumayer führt in der Einleitung zu seinem angekündigten Vortrage aus, wie sich das allgemeine Verständniss nautisch-wissenschaftlicher Fragen während der letzten 10 oder 15 Jahre gehoben habe und dass es in Folge davon auch kaum erforderlich sein würde, bei seinen Auseinandersetzungen auf die Erfolge einzugehen, welche die Navigation durch Wind- und Stromkarten erzielt habe. Das Verdienst für diese Erfolge gebühre den Instituten, welche wie die Seewarte in diesen und verwandten Gegenständen die Leitung übernommen haben. Nachdem er diesen Gedanken etwas weiter ausgeführt und hervorgehoben hat, wie die Errichtung maritim meteorologischer Centralstellen, da wo sie noch nicht existirten und die Interessen es erheischten, eine Nothwendigkeit geworden sei, legt der Vortragende in aller Kürze den Arbeitsplan dar, nach welchem verfahren werden müsse. Hierbei betont er ganz besonders, dass es im gegenwärtigen Stadium der wissenschaftlichen Erkenntniss auf diesem Gebiete vor Allem darauf ankomme, die Verarbeitung des Materials, welches in einer Centralstelle zusammengetragen werde, so zu organisiren, dass die schliessliche Verwerthung eine internationale werden könne, d. h., dass nicht etwa ein Institut seine Forschungen mit seinen eigenen Resultaten abschliesse; vielmehr müsse das Bestreben darauf gerichtet sein, den Anschluss der gewonnenen Resultate an jene anderen Centralstellen zu ermöglichen. Es sei bei diesen Arbeiten der Grundsatz der Theilung der Arbeit durchzuführen, wie dies denn auch die Beschlüsse der Leipziger Konferenz angebahnt und die Resolution des Wiener Meteorologen-Kongresses und der Londoner Konferenz (September 1874) gefordert hätten. Die Feststellung des Modus, wonach diese Fundamental-Bedingungen für weitere Erfolge der maritimen Meteorologie zum Nutzen der praktischen Navigation erfüllt werden müssten, sei eine der wesentlichsten Erfordernisse und würde das neu gegründete Institut sicherlich die Bahn des Fortschritts mit Rücksicht darauf betreten. Nachdem Herr Neumayer noch über die Nothwendigkeit gesprochen hat, allgemeine Segelanweisungen in deutscher Sprache zu veröffentlichen für die verschiedenen Meeresgebiete und darauf hingedeutet hat, wie die Deutsche Seewarte in der Befriedigung dieses Bedürfnisses eine ihrer vorzüglichsten Pflichten nach dieser Richtung erkenne, ging er auf einen anderen wichtigen Gegenstand über, den er, wie er sagte, mit besonderer Vorliebe behandele, weil dafür leider selbst in solchen Kreisen, bei welchen man dies nicht vermuthen solle, noch immer ein geringes Verständniss obwalte, und welcher deshalb bei uns in Deutschland noch sehr vernachlässigt sei. Es sei dies die Frage von der Hebung der Anfertigung nautischer Instrumente, von deren Prüfung und Adjustirung. Hierher gehörten nicht nur Sextanten, Chronometer, Barometer und Thermometer, sondern vor Allem auch die Schiffskompasse; der Grundsatz, dass sobald die Herstellung solcher wissenschaftlicher Apparate sich selbst überlassen sei, von einer Autorität darauf kein Einfluss geäussert werde, dieselbe in Verfall gerathe, oder aber unmöglich gehoben werden könne, finde auf diesen Fall eine ganz besondere Anwendung. Namentlich seien es die Kompasse, die in der Verfertigung und Behandlung so vielfache Schwierigkeiten böten, welche eine ganz besondere Beachtung von Seiten der Deutschen Seewarte verdienten, damit auf dem seit einigen Jahren mit Erfolg von dem hydrographischen Bureau angebahnten und betretenen Wege auch im Interesse der Handelsschifffahrt fortgeschritten werde, und wir uns vom Auslande immer unabhängiger in solchen Kardinalfragen, wie Beschaffung von Apparaten und Instrumenten, machen könnten. In den Einrichtungen der Seewarte würde Mechanikern Gelegenheit gegeben werden, die von ihnen gefertigten Kompasse auf ihre Fehler zu prüfen, durch Benutzung von anerkannt guten Modellen könnten sie ihre Arbeiten vervollkommnen, während Kapitänen und Solchen, welchen die Pflicht der Behandlung dieser Instrumente obläge, mit Rath und That dabei zur Hand gegangen werden solle. Eine ganz besondere Anwendung finde dies mit Beziehung auf die Frage der Deviation an Bord eiserner Schiffe. Die wissenschaftliche Bearbeitung dieser für die Sicherheit des Weltverkehrs so wichtigen Angelegenheit sei bis vor wenigen Jahren in Deutschland sehr weit zurück gewesen. Selbst die gewöhnlichen Hülfsmittel zur Bestimmung der Deviation, wie sie in Häfen anderer Staaten dem Seemanne geboten werden, fehlten den Handelshäfen der deutschen Küsten oder seien doch nicht in genügendem Maasse vertreten. Damit diesem Mangel abgeholfen werde, dazu müsse die Seewarte die Anregung und auch die Anleitung zur systematischen Beobachtung der Kompasse an Bord eiserner Schiffe geben. Wenn in irgend einem Zweige der Navigation Organisation der Beobachtungen, System Noth thue, so sei es mit Bezug auf die Behandlung der Deviationsfrage, die in Wahrheit eine Lebensfrage sei, und wenn irgend ein nautischen Interesen dienendes wissenschaftliches Institut die Pflicht habe, sich nun der Pflege derselben anzunehmen, so sei dies die Deutsche Seewarte. Der Vortragende führt nun aus, wie die stete Beobachtung des Kompasses eine Pflicht des Seemanns sei, die sich gewissermassen von selbst verstehe; dass aber überdies und im Zusammenhange damit noch gewisse Beobachtungsreihen ausgeführt werden müssten, die die Anhaltspunkte böten für Ermittelungen der Abweichungen des Kompasses, wenn Tage lang eine direkte Beobachtung wegen Nebel oder bedeckten Himmels unthunlich sei. Hier müsse und könne die Wissenschaft segensreich eingreifen und die Seewarte würde dies auch thun. Allein alle wissenschaftliche Behandlung der Kompasse werde bedingt durch eine korrekte Aufstellung derselben, wo diese fehle und vielleicht Eisenmassen in sinnloser, unberechenbar störender Weise angebracht, einen verderblichen Einfluss übten, da sei selbst durch die stete Beobachtung für die Sicherheit des Schiffes und für alle Fälle keine Garantie gegeben. Für eine richtige Aufstellung die Normen zu geben, Rath zu ertheilen in der Wahl des Kompassortes, stehe dem Schiffsbauer die Seewarte und ihre Zweigorgane zur Verfügung. Diese Zweigorgane würden in den grösseren Hafenplätzen mit besonderer Rücksicht auf diesen Zweig der Navigation entwickelt werden und sollten wohlgeschulte Kräfte denselben vorstehen. Würde die Deviationsfrage in dieser Weise betrachtet, so unterliege es keinem Zweifel, dass in wenigen Jahren auch diese Thätigkeit des neuen Institutes von Erfolg begleitet sein werde, wenn dieselbe namentlich auch auf Grundlage der Vorbildung geschehen könne, welche die Steuerleute in den Navigationsschulen empfangen hätten.

Der Küstenmeteorologie und dem Sturmwarnungswesen widmet Herr Neumayer zum Schlusse seines Vortrages noch eine kurze Besprechung, bemerkt jedoch, dass er diesen Zweig der Thätigkeit der Deutschen Seewarte zum Gegenstande eines weiteren Vortrages machen werde. Nur so viel wolle er heute sagen, dass das für unsere Küsten adoptirte System ein sehr vollständiges werden solle — und zwar sollten dabei die neuesten hierfür festgestellten Erfahrungen zur Anwendung kommen. Man sei mit der Einrichtung der Küsten-

Beobachtungsstationen mit selbstregistrirenden Instrumenten unter Aufsicht tüchtiger Beobachter beschäftigt, und da man von Seiten der Telegraphen-Behörden den Zwecken der Seewarte alle Unterstützung zu gewähren bestrebt sei, so liesse sich an einem erspriesslichen Wirken nach dieser Richtung hin nicht zweifeln.

Zum Schluss hebt der Vortragende hervor, dass er in den Darlegungen der Ziele der Seewarte besonders die praktische Richtung betont habe, und bemerkt dazu, dass nirgends grössere Vorsicht und Umsicht geboten sei in der Handhabung der Wissenschaft, als da, wo sie in's praktische Leben hinübergreife. Diese Ueberzeugung sei auch in den massgebenden Kreisen so fest gewurzelt, so tief sei das Gefühl, dass überall die theoretische Grundlage hierbei gewahrt werden müsse, dass in der Organisation aller Zweige der Thätigkeit des jungen Institutes darauf Rücksicht genommen werden müsse. Bei aller Berücksichtigung der praktischen Ziele der Seewarte, sei überall dafür Sorge getragen, dass die Forschung um der Forschung willen ihren wohlthätigen, vor Irrwegen beschützenden Einfluss zu äussern vermöge.

Herr H. Tetens berichtet darauf über eine 1874 unternommene Reise durch den Staat Magdalena in den Vereinigten Staaten von Columbia. Die Thatsache, dass von dem Norden des Staates Magdalena weder authenische Aufnahmen gemacht, noch brauchbare Karten vorhanden sind, lässt die aus eigener Anschauung gegebenen geographischen Notizen, wenn auch ohne jegliche Messinstrumente gewonnen, werthvoll erscheinen. Der Grund, weshalb gerade der fragliche Theil der Vereinigten Staaten Columbiens, obgleich einer der ältesten Theile der spanischen Kolonien und der Küste so nahe liegend, so wenig erforscht und kartographisch veranschaulicht ist, liegt einmal in der sehr schwer zugänglichen Beschaffenheit der Sierra de Santa Marta, zweitens in dem Umstande, dass sich der Handel in neuerer Zeit seit Errichtung der Dampfschifffahrt auf dem Rio Magdalena mehr nach Westen hingewandt hat, und drittens in der Thatsache, dass die von dem vorzüglichen und unermüdlichen Oberst Codazzi ausgeführten topographischen Aufnahmen im Norden Süd-Amerikas mit dem im Februar 1859 in Valle Dupar erfolgten Tode Codazzi's ihren Abschluss gefunden haben und nicht auf den Staat Magdalena ausgedehnt worden sind. In dem von Manuel Ponce de Leon herausgegebenen nach Codazzi's Aufnahmen bearbeiteten Atlas de los Estados Unidos de Columbia finden wir daher den Norden des Staates Magdalena nur stiefmütterlich behandelt und mit Ausnahme der Küstenflüsse und der Küstenpunkte kaum einen Ort angegeben. Werthvolle und von Tetens übereinstimmend gefundene Nachrichten bietet das 1778 in Madrid erschienene Werk: La Perla de la America, provincia de Santa Marta, reconocida, observada, y expuesta en discursos historicos por el Sacerdote Don Antonio Julian. — Als Beweis, wie wenig der Staat Magdalena gekannt und wie schwer zugänglich die Sierra ist, möge angeführt werden, dass die Regierung im verwichenen Jahre einen Preis von 1000 Pesos für Denjenigen ausgesetzt hatte, welcher die Sierra von Santa Rosa aus überschreiten und nach den Küsten gelangen werde.

Der Staat Magdalena, vordem zu der Republik Neu-Granada, jetzt zu den Vereinigten Staaten von Columbia gehörig, grenzt im Osten an Venezuela, im Westen an den Rio Magdalena, im Süden an den Staat Santander und im Norden an das Caraibische Meer. Der westliche, südliche und nordöstliche Theil des Staates ist eben, während sich im Norden die gänzlich von allen übrigen südamerikanischen Gebirgssystemen isolirte bis über die Grenze des ewigen Schnees, bis zu 16000 Fuss sich erhebende Sierra de Santa Marta befindet. Von der Sierra negra, dem nordöstlichen Ausläufer der weit niedrigeren Sierra Perija wird die Sierra de Santa Marta durch das Thal des mit einer Menge von kleinen Ortschaften belebten Rio de la Hacha getrennt. Gen Süden und Südosten verläuft die Sierra Nevada in das Valle Dupar mit dem Hauptort gleichen Namens.

Die Hauptstadt des Staates ist Santa Marta. Von hier aus begab sich Tetens in einem Küstenfahrzeuge nach Riohacha an der Mündung des Rio de la Hacha und von da zurück nach dem 12 Leguas westlicher belegenen Porta Dibull. 4 Leguas südlich vom Porta Dibull beginnen die ersten Berge, welche von nun an anf der verhältnissmässig kurzen Entfernung von 8 Leguas bis zu 16000 Fuss ansteigen und neben unbedeutenden Plateaus fortgesetzte Reihen der schroffsten Abhänge und Gebirgsknoten bilden, sodass ein Ueberblick über den Gebirgsbau von einem Kulminationspunkte aus, der gleich wieder beginnenden neuen Kette wegen, nicht zu erreichen ist. — Durch Savannen und niederen Wald gelangte Tetens nach dem Rancho »el Volador«, ca. 4 Leguas von Porta Dibull entfernt und 5—600 Fuss hoch. Hier beginnt der Hochwald, durch den sich zur Rechten des Weges der starke Rio St. Andreas, an seiner Mündurg ca. 3/4 Leguas von El Pantano »Rio de Cañas« genannt, schlängelt Von el Volador geht der Weg nur 1/2 Legua durch gebirgiges Terrain, wurde dann von einem von Osten kommenden Nebenfluss des Rio St. Andreas gekreuzt, um weiter auf einer 1 1/2 Leguas breiten, mit Hochwald besetzten Hochebene nach dem Rancho San Andreas und der dicht daneben liegenden, von einem Herrn Goguet gegründeten französischen Kolonie zu führen. Hier wendet sich der bisher von Südost nach Nordwest fliessende Rio San Andreas nach Norden; nur 1/4 Legua von San Andreas sind ca. 2000 Fuss hohe Berge, während der Weg weiter über ein ca. 1000 Fuss hohes und 2 1/2 Leguas breites Plateau nach Rancha la cuchilla und Rancha Santa Clara am starken Rio Santa Clara, Nebenfluss des Rio San Andreas, führt. Eine Legua weiter gen Süden liegt Rancho la cueva, am Fusse der nunmehr höher werdenden Berge, welche schon 1/2 Legua weiter beim Rancho Frisol, dem Anfang der Hochsavannen, 4—5000 Fuss hoch sind und hier eine Aussicht auf das Caraibische Meer gestatten. In südwestlicher Richtung 1/2 Leguas von Rancho Frisol, gelangte Tetens nach dem am rechten Ufer des

Rio San Antonio belegenen und 6000 Fuss hohen Indianerdorfe San Antonio, welches von relativ circa 2—3000 Fuss hohen Bergen eingeschlossen ist. Zehn Minuten weiter liegen 5 Häuser, welche Pueblo viejo genannt werden und an denen der nach Westen nach Santa Rosa (4 Leguas entfernt) führende Weg vorbeigeht. Der Rio Santa Rosa, ein starkes Berggewässer, das von San Miquel kommt, muss dicht vor Santa Rosa auf einer Brücke überschritten werden. Santa Rosa, ca. 6000 Fuss hoch, hat ca. 400 Einwohner und ist wohl das grösste Aruaco-Dorf. ½ Legua davon liegt Santa Cruz, eine aus ca. 12 Hütten bestehende Plantage der Indianer von San Miquel. San Miquel selbst, 3 Leguas südlicher gelegen, zählt ca. 2—300 Einwohner; es liegt am rechten Ufer eines Quellflusses des Rio de la Hacha und circa 7000 Fuss hoch. Der südlichste von Tetens erreichte Punkt ist die 3 Höfe bildende Indianer-Niederlassung Macotama, ca. 10000 Fuss hoch und unmittelbar an den Abhängen des 3 bis 4000 Fuss höheren, mit Schnee bedeckten Gebirgskammes belegen.

Nach Porta Dibull zurückgekehrt, ging Tetens die Küste entlang bis zur Mündung des Rio Tapia und zum Viehstall Baranco an der Laguna Grande, von da in südlicher Richtung 2 Leguas bis zum kleinen Dorf Perico und weiter durch mittelhohen Wald in südöstlicher Richtung nach Anaima (ca. 20 Häuser) am rechten Ufer des Tapia. Der Rio Tapia kommt von Süden aus der Sierra und hat im oberen Lauf klares Gebirgswasser; seine Ufer sind besetzt mit kleinen Gehöften; 10—11 Leguas südlich von Rio de la Hacha und ca. 5 Leguas südöstlich von Anaima, unmittelbar an der Haupt-Verkehrsstrasse, welche aus dem Valle Dupar auf kürzestem Wege über die hier nur 4000 Fuss hohe Sierra bei San Nicolaus vorbeiführt, liegt das 3—400 Einwohner zählende Dorf Treinta.

Im weiteren Verfolg seines Vortrages schildert Herr Tetens die von ihm berührten Indianerstämme des Staates Magdalena, die im Osten auf der Halbinsel Guajira wohnenden, wenn auch zu den Vereinigten Staaten von Columbia gehörigen, so doch unabhängig gebliebenen Guajiros und die im Westen in der Sierra wohnenden Aruacos. Beide Stämme unterhalten einen lebhaften Handelsverkehr mit den Küstenplätzen, erstere hauptsächlich mit Rio de la Hacha, letztere mit Porta Dibull Während erstere besonders Viehzucht treiben und schöne kleine Pferde in Rio de la Hacha zu Markt bringen, beschäftigen sich die Aruacos mehr mit Ackerbau und industriellen Erzeugnissen. Nach Tetens sind die Guajiros meist grosse, 6 Fuss hohe Leute mit kastanienbrauner Gesichtsfarbe und schwarzem schlichtem Haar. Sie stehen in dem Rufe ganz besonders alt zu werden. Während alle übrigen Küstenstämme jetzt die spanische Sprache adoptirt haben, so sind die Guajiros auch in dieser Hinsicht unabhängig geblieben und haben sich ihre Sprache konservirt. Die Aruacos sind klein von Figur, durchschnittlich 4½ Fuss hoch, von heller i. e. schmutziggelber Hautfarbe und kaum von Kreolen zu unterscheiden.

Der vorgerückten Zeit halber musste Herr Tetens seine in mannigfacher

Hinsicht interessanten Mittheilungen über Landesprodukte, Pflanzenwelt etc. auf das Wesentlichste beschränken.

23. Sitzung. 3. Juni 1875.

Vorsitzender: Herr Bürgermeister Dr. Kirchenpauer.

Das Protokoll der vorigen Sitzung wird verlesen und genehmigt.

Der Vorsitzende theilt mit, dass Herr Friederichsen auf Einladung der Geogr. Gesellschaft in Berlin, von Seiten des Vorstandes zu der heute daselbst stattfindenden feierlichen Begrüssung des aus Afrika zurückgekehrten Herrn Dr. G. Nachtigal deputirt worden sei.

Drei neue Mitglieder werden aufgenommen.

Auf Antrag des Vorstandes werden von der Versammlung zu Ehrenmitgliedern ernannt: die Herren Dr. G. Nachtigal und Dr. G. Neumayer in Berlin.

Der Vorsitzende referirt auf Grund eingegangener Sitzungberichte über die letzten Sitzungen der Kaiserl. Russischen Geogr. Gesellschaft in St. Petersburg.

Herr F. Nessmann referirt über den Inhalt der eingegangenen neuesten Publikationen des hamburgischen statistischen Bureaus, betitelt: Die Stadt Hamburg, die Vororte, Gemeinden, Ortschaften und selbständig benannten Gebietstheile des Hamburgischen Staates 1875. —

Herr Kapitain A. Schück hält den angekündigten Vortrag über die Monsune in den ostasiatischen Gewässern. Redner giebt zunächst eine Uebersicht, wie Monsune von den Meteorologen und Physikern erklärt werden. Auf die Vertheilung der Windrichtungen in den einzelnen Gegenden, Jahreszeiten und Monaten eingehend, führt er als benutzte Quellen die Arbeiten des meteorologischen Instituts zu Utrecht über Dampferwege zwischen der Sundastrasse und Aden und über die chinesische See nebst dem westl. Theil des Stillen Oceans an, ausserdem für die Gegenden von 0—10° S. 100—135° O. die Karten Maury's, vervollständigt durch Auszüge aus den Wetterbüchern der Deutschen Seewarte. Ueber die verschiedene Grösse der Gebiete, in welche die Beobachtungen geordnet sind sprechend, macht der Vortragende darauf aufmerksam, dass die Genauigkeit der Schlüsse aus den Angaben viel von dieser Grösse abhänge, glaubt aber, dass nur wenn man im Stande sei, dem Wege des Schiffes von 4 zu 4 Stunden zu folgen, und nicht mehr wie 2, höchstens 3 Tage zwischen den Bestimmungen des Schiffsortes durch astronomische Beobachtungen lägen, dieser innerhalb 10 Seemeilen genau angegeben werden könne. Nur in diesem Falle möchte er die Felder, in welche die Beobachtungen vereint würden, von 1 Grad Länge und 1 Grad Breite wählen, und 75°/o als wirklich in jedes gehörig betrachten; wenn aber aus den Journalen nur an jedem Mittage der Ort des Schiffes ersichtlich wäre, würden sie nicht kleiner als 2 Längen- und 2 Breitengrade, und da, wo oft 5, 6 und mehr Tage ohne astronomische Beobachtungen vergehen, von 5 Längen- und 5 Breiten-Graden zu wählen sein. Die geringe Anzahl der Beobachtungen und das Verlangen sie in möglichst übersichtlicher Form zu geben, hätten wohl das meteorologische Institut zu Utrecht veranlasst, sie in Felder von 10 Längen- und 5 Breitengrade zu ordnen.

Der Vortragende skizzirt sodann die Windrichtungen in der Bai von Bengalen, der China-, der Java-See und der nächsten Gegend südlich des ostindischen Archipels nebst westlichem Theil des Stillen Oceans nach Jahreszeiten und Monaten, wobei auch des Unterschiedes im Barometerstande gedacht wird, weist auf den Einfluss hin, den Sumatra, der ostindische Archipel und sämmtliche dortigen Binnenmeere nebst Umgebung, die theils nördlich, theils südlich der Linie liegen, noch neben der Ländermasse des asiatischen Kontinents ausüben. Im Gesammtüberblick scheint in der Bai von Bengalen der SW- (Sommer-) Monsun den NO- (Winter-) Monsun zu überwiegen, da ersterer 5—6, letzterer nur 4—5 Monate herrscht. Zwischen 0 und 10^0 S. ist in dem sich anschliessenden Theil des Indischen Oceans der NW- (Winter-) Monsun noch nicht so deutlich ausgesprochen, wie der NO nördlich der Linie, aber auch der SO- (Sommer-) Monsum erst südlich von 5^0 S. wo er 8—10 Monate vorwiegt. Das Uebergangsgebiet beginnt nördlich vom Aequator, dehnt sich aber bis weit südlich davon aus. Weder die östliche Hälfte noch die nördliche hat mit der westlichen, resp. südlichen gleiche Uebergangsmonate; es werden diese bestimmt durch den Einfluss, welchen der Stand der Sonne auf die verschiedene Begrenzung hat. Der grösste Procentsatz von stillen und umlaufenden Winden fällt zwischen 5^0 N. und 10^0 S. Br. In der China-See hingegen überwiegt der NO- (Winter-) den SW- (Sommer-) Monsun in hohem Grade; seine Dauer nimmt von 25^0 N. Br. bis zur Linie von 8 zu 4½ Monaten ab; der SW herrscht im südlichen Theil 5, im nördlichen nur 2½ Monate. Der Uebergang aus einem Monsun in den anderen wechselt ebenfalls mit der Breite, ist im Herbst viel rascher als im Frühjahr. Der grösste Procentsatz der stillen und laufenden Winde liegt zwischen 10^0 N. Br. und der Linie, wo im Juni bis 22% angegeben sind. Im westlichen Theil der Java-See, dem Eingange zur China-See, der Sunda-Strasse und vor dieser, überwiegt der SO-Monsun 6 Monate, der NW-Monsun ist nicht deutlich ausgesprochen; in ersteren Gegenden scheint der Wind mehr aus nördlichen, in letzteren mehr aus westlichen Gegenden zu wehen. Windstillen und umlaufende Winde werden bis 10^0 S. noch in hohem Procentsatz angetroffen. Die Inselgruppen beeinflussen durch die Erzeugung von Land- und Seebrise die allgemeine Richtung in hohem Grade. Südlich der Linie weht der NW- (Winter-) Monsun in der Java-See, den angrenzenden Binnenmeeren, Torresstrasse, bis über das Korallenmeer hinaus; es standen aber nicht so zahlreiche Beobachtungen zu Gebote, um das relative Auftreten verschiedener Windrichtungen besprechen zu können. — Im westlichen Stillen Ocean reicht zwischen der Linie und 25^0 N. der SW-Monsun nicht so weit nach Norden, als in der China-See, doch lässt der bedeutende Unterschied in dem Zustand des Theils der Atmosphäre über Japan nebst den westlich davon gelegenen Gegenden und dem über dem Stillen Ocean, auch dort südliche Winde vorwiegen. Aus den bisherigen Zusammenstellungen ergiebt sich noch nicht, wie weit im Stillen Ocean die Passate neutralisirt werden.

Ueber die Witterung in den Monsunen bemerkt der Vortragende, dass in allen diesen Meeren Stürme sich viel häufiger und anhaltender zeigen, als in anderen gleicher geographischer Breite. Die Bai von Bengalen sei in sofern bevorzugt, als in ihr der NO-Monsun selten Sturm werde, auch der SW-Monsun nicht so intensiv scheine, wie der NW-Monsun in der Java-See. In der China-See kämen in beiden Monsunen anhaltende Stürme vor, im NO noch mehr wie im SW. Redner erwähnt, dass der NO-Monsun besonders stark und regelmässig in einem Streifen wehe, der sich von der Mündung des Formosa- und Bashee-Kanals nach den Paracels erstrecke, dort parallel der Küste Cochinchina's (die er nicht berühre) nach Süden abbiege, und bis nahe zu den Inselgruppen des Südens reiche, aber auch die vor der Insel Palawan und NW-Küste Borneo's liegenden Riffe selten mit einschliesse. Der SW-Monsun wehe am regelmässigsten in einem Streifen von der Mündung des Golfs von Siam nach dem Nordende von Luzon zu, der bald mehr nach Norden, bald mehr nach Süden neige. Gewitter, Regen und Wasserhosen seien in den Uebergangsmonaten an den Uebergangsstellen am häufigsten. Höfe um die Sonne in der China-See und im NW-Monsun der Java-See nicht so selten. Die Taifune wurden als früher besprochen nicht näher berücksichtigt; doch legt der Vortragende eine Studie über dieselben vor, die er schon vor 2 Jahren aus Wetterbüchern der Deutschen Seewarte gearbeitet; es zeigen sich auch nach ihr die gradlinigen Bahnen in der China-See, wie auch das ungleiche Fallen des Barometerstandes. Der grösste ihm bis jetzt vorgekommene Fall betrage 1,5″ = 38 mm. Redner konstatirt schliesslich, dass in den mehr wie 20 ihm aus Journalen bekannten Fällen, in denen deutsche Schiffe in Cyclonen gewesen, nur 2 Schiffe Schaden erlitten hätten.

Herr Direktor Rümker fügt diesem Vortrage des Herrn Schück hinzu, dass die ersten genaueren Nachrichten über die Veränderlichkeit der Richtungen der Monsune, je nach den Gewässern, in welchen sie auftreten, und über die Monate, in welchen ihr Umschlag zu erwarten steht, dem bekannten Flibustier und späteren Entdeckungsreisenden William Dampier, zu Anfang des vorigen Jahrhunderts, zu verdanken seien, einem ebenso scharfsinnigen wie unermüdlichen Beobachter, von dem überhaupt die ersten eingehenderen und wissenschaftlichen Mittheilungen über die in den Tropen wehenden regelmässigen Winde und Angaben über die Vorboten der dort stattfindenden Orkane herrühren. Die Dampier'schen Beobachtungen, lange vergessen und unbeachtet geblieben, seien in neuerer Zeit durch die Arbeiten Maury's, Dove's, Horsburgh's etc.

aus ihrer Vergessenheit wieder hervorgesucht und zu Ehren gebracht worden.

Herr Schück bestätigt im Anschluss an die Bemerkungen des Herrn Rümker durch Beschreibung einer von ihm in den chinesischen Gewässern erlebten Cyclone, die Schärfe und Genauigkeit der Dampier'schen Angaben und Beobachtungen.

24. Sitzung. 9. September 1875.

Vorsitzender: Herr Bürgermeister Dr. Kirchenpauer.

Als auswärtige Gäste sind anwesend: die Herren Dr. G. Nachtigal und Dr. von Boguslawski aus Berlin.

Das Protokoll der vorigen Sitzung wird verlesen und genehmigt.

Der Vorsitzende theilt mit, dass die Herren Schulrath Harms und Friederichsen dem in den Tagen vom 1.—11. August in Paris stattgehabten internationalen geographischen Kongress als Delegirte der Hamburgischen Geographischen Gesellschaft beigewohnt hätten und in einer der nächsten Sitzungen darüber berichten würden.

Der Vorsitzende begrüsst Herrn Dr. Nachtigal mit folgenden Worten:

Hochgeehrte Herren!

Das Protokoll hat Ihnen die Namen der Männer in's Gedächtniss zurückgerufen, denen unsere Gesellschaft in ihrer letzten Sitzung ein Zeichen ihrer Verehrung und der Anerkennung ihrer Verdienste um die Wissenschaft darzubringen beschlossen hat. Unter ihnen steht Herr Dr. Gustav Nachtigal oben an. Der Gesellschaft ist es eine besondere Ehre und Sie werden mit mir die Freude darüber theilen, dass wir schon heute unser neues Ehrenmitglied persönlich in unserer Mitte sehen und herzlich willkommen heissen können.

Es wird in wenigen Tagen ein Jahr verflossen sein, seitdem wir in einer ähnlichen Festversammlung die Oesterreichisch-Ungarische Nordpol-Expedition auf ihrer Heimkehr begrüssten. Damals hatte die unerwartete Wiederkehr der lange verloren geglaubten in allen Ländern deutscher Zunge eine freudige Bewegung hervorgerufen, und Hamburg war der Ort, wo die Heimkehrenden zum ersten Mal wieder deutschen Boden betreten sollten. So waren zu ihrer Bewillkommnung von Nah und Fern ihre Freunde und die Freunde ihres Unternehmens hierher gekommen und unsere Versammlung zierte die Anwesenheit zahlreicher ausgezeichneter und berühmter Männer der Wissenschaft, nachdem am Abend vorher im Hafen die Landung der kühnen Seefahrer unsere seemännische Bevölkerung zu freudigem Enthusiasmus hingerissen hatte. Heute sind die Verhältnisse insofern anders, als unser verehrter Gast schon seit längerer Zeit den harrenden Freunden wieder gegeben ist; unsere Stadt ist nicht die erste deutsche auf seinem Wege, und der Schauplatz seiner Thaten ist nicht dasjenige Element, welches unsere Bevölkerung vorzugsweise das ihrige nennt.

Und doch sind der Bande so viele, welche uns ihm verbinden; doch sind der Interessen so viele, die wir mit ihm theilen, der Momente so viele, welche unsere Verehrung, ja unsere Bewunderung erwecken. Sie liegen für unsere Gesellschaft insbesondere in dem Streben der Wissenschaft, deren Förderung ihre Aufgabe ist; sie liegen ausserdem für unsere Stadt in dem Wesen des Handels, den zu pflegen ihr angeborener Beruf ist, und sie liegen in der — ich möchte sagen jedem Menschen angeborenen — Freude an der kühnen That.

Um mit dem letzterwähnten zu beginnen, so brauche ich — wenn ich noch wenige Augenblicke Ihre Geduld in Anspruch nehmen darf — kaum an die Gefahren zu erinnern, die den Reisenden zu umringen pflegen, sobald er die Grenzen der europäischen Kultur überschritten hat. Sie bekämpfen zu sollen reizt den thatkräftigen Mann, von ihrer Besiegung zu hören, hat für jeden einen eigenthümlichen Reiz. Die kühnen Abenteuer, welche in der Jugend mehr als alles Andere unsere Aufmerksamkeit an die Erzählung der Reisenden fesselten, sie werden immer auch in späterem Alter lebhafte Theilnahme selbst bei denjenigen finden, denen die Resultate der Forschung selbst ferner liegen; sie machen den gegen alle Gefahren muthig vordringenden Entdeckungsreisenden zu einem Lieblingshelden des Publikums. Fast mehr noch als das Ziel selbst interessiren die Wege, die man zurücklegen muss, um dasselbe zu erreichen. Petermann sagt irgendwo: »es ist ein Glück, dass der Nordpol noch nicht erreicht und dass die Quelle des Nils noch nicht entdeckt ist; wären sie gefunden, so würde das Interesse an diesen Forschungen längst erloschen sein.« — Ich weiss nicht, welches der beiden Ziele, die in diesem Citat angedeutet sind, schwerer zu erreichen ist. Die beiden in geheimnissvolles Dunkel gehüllten Regionen, welche seit Jahrzehnten so viele Entdeckungsreisende angelockt und in's Verderben geführt haben, die Pole der Erde und das centrale Afrika, sie scheinen sich zu überbieten in Schwierigkeiten, die sie dem wissbegierigen Wanderer entgegenstellen, an Strapazen, die sie zumuthen, an Gefahren mit denen sie ihn bedrohen. Die Wahl mag schwer sein zwischen Kälte des Nordpols und der Hitze des Aequators, zwischen den Eismassen des nordischen Meeres und den Sandwüsten des südlichen Kontinentes; Krankheit, Hunger, Entbehrungen aller Art drohen dort wie hier, aber eine grosse Plage scheint das Gebiet der Afrika-Reisenden gegen das menschenleere Franz Josephs Land voraus zu haben, denn — »es ist bewohnt von unseres Gleichen.« — Auch unser heutiger Ehrengast war lange den Blicken der sorglich harrenden Freunde entzogen, seine Spur verloren; von verschiedenen Seiten waren ihm von Europa aus Boten mit Hülfsmitteln und Geld entgegengeschickt; Monate, selbst Jahre lang war seine Spur verloren, sein Schicksal uns verhüllt — und was unter solchen Umständen mehr als alles Andere zu befürchten stand, war, dass er der Treulosigkeit und Tücke raubsüchtiger und fanatischer Eingeborener zum Opfer gefallen sein könnte. War er doch in dieselbe Gegend vorgedrungen, in der Vogel und dann den ihn suchenden Beurmann ihr Schicksal ereilt hatte, jener auf offenem Markt enthauptet, dieser von verrätherischen Arabern erdrosselt. Durch das Schicksal dieser Vorgänger nicht entmuthigt, drang er vor und ein günstiges Geschick wollte es, dass er in dem neuen König von Wadaï einen Beschützer fand, in dessen Hauptstadt er verweilen und sich humanistischen und civilisatorischen Bestrebungen hingeben, durch Ausübung seiner ärztlichen Kunst Freunde erwerben und die seltsamsten Vorurtheile die man gegen die Christen gehegt, zerstreuen konnte.

Hier drängt sich eine andere Betrachtung auf. Es tritt hier eine der vielen Betrachtungen hervor, welche die wissenschaftliche Forschung mit dem ihr scheinbar so fern stehenden Handel verbinden. Die mit Erfolg gekrönte Thätigkeit des Forschungsreisenden wird immer eine civilisatorische Wirkung haben. Der Handel nach unbekannten Ländern hat auch ohne es zu wollen stets dasselbe erreicht.. Die Geschichte des Handels ist die Geschichte der Verbindungen unter den Völkern. Nachdem er die Einen zunächst freilich nur mit den Erzeugnissen und Erfindungen des Andern, dann auch mit ihren Kenntnissen und ihren Vorzügen bekannt gemacht, schwinden die verderblichen Vorurtheile, mehren sich die Bedürfnisse, wächst die Macht der Gewohnheit, die Verbindung wird unentbehrlich und endlich, nach hundertfachem Wechsel von Glück und Unglück, von Sieg und Niederlage, von Gewinn und Verlust, hat der Handel seine weltgeschichtliche Aufgabe vollbracht: er hat die Keime der heimathlichen Kultur auf fremden Boden ausgestreut, wenn auch die späte Nachwelt erst die Saaten reifen sieht. Aber noch vor dem Kaufmann muss der Entdecker vordringen, wenn auch nicht um ihm das Feld zu bereiten, so doch um ihm die Wege zu weisen. Unsere Stadt, die seit Jahrhunderten ihren Ruhm darin sucht, ihren Handel über alle Theile der Erde auszubreiten, wird immer den Entdeckungsreisenden eine besondere Zuneigung zuwenden, und wie sie vor wenigen Monaten die Nordpolfahrer mit Jubelrufen begrüsste, wie sie vor Jahren ihren speciellen Landsmann Dr. Barth mit Enthusiasmus empfing, so heisst sie heute seinen hochverdienten Nachfolger mit herzlichem Freundesgruss willkommen.

Als wir im Jahre 1855 den aus Afrika heimkehrenden Dr. Barth — allein, denn seine beiden Reisegefährten waren ja leider Opfer ihres wissenschaftlichen Eifers geworden — in unserem Hafen einen festlichen Empfang bereiteten, bestand diese geographische Gesellschaft noch nicht. Heute kann ich im Namen derselben bei der Begrüssung unseres bewährten Gastes zu der allgemeinen Theilnahme an seinen Schicksalen, zu dem Dank der Handelsstadt für sein Wirken noch ein Drittes hinzufügen, die Anerkennung seiner Verdienste um die geographische Wissenschaft. Dies ist hier unseres Amtes und unsere Pflicht, in deren Erfüllung unser Verein, die jüngste unter den geographischen Gesellschaften, sich den älteren Schwestern freudig und mit vollem Herzen anschliesst. Allseitig ist es anerkannt, dass unser gefeiertes Mitglied auf seiner sechsjährigen Wanderung durch das Innere Afrika's, Kampf mit allen erdenkbaren Hindernissen und Schwierigkeiten, immer wieder neu auftauchenden Gefahren mit bewundernswerther Energie und Unverzagtheit entgegentretend, so grossartige Erfolge zu erreichen vermocht hat, wie sie in solchem Umfange wohl selten den ungünstigsten Verhältnissen abgetrotzt wurden. Wie 20 Jahre früher Richardson in Begleitung zweier Hamburger, Barth und Overweg, hatte er bekanntlich Sahara und Sudan zum Schauplatz seiner Thätigkeit gewählt. Jene wurde von Norden nach Süden, von Tripolis zum Tsad See durchwandert, Sudan von West nach Ost durchzogen, dort unter der Führung von Räuberhorden Landschaften (Tibesti) betreten, denen noch nie ein Europäer zu nahen gewagt hatte, hier das geheimnissvolle Wadaï durchforscht, aus welchem kein Europäer zurück gekehrt war, endlich Dar-Fur erreicht, das seitdem von den aegyptischen Truppen erobert ist. Diesen kriegerischen Verhältnissen zum Trotz wurde Geschichte und Geographie auch dieses Landes erforscht, und als dann endlich der Reisende in Aegypten anlangte, an diesen vorgeschobenen Posten europäischer Kultur von dem Khediwe mit Auszeichnung empfangen, war er es, der dem Eroberer selbst die genauesten Nachrichten über die neu eroberten Provinzen bringen konnte.

So war durch die hingebende Thätigkeit eines einzelnen muthigen Forschers wieder eine Reihe bis dahin unbekannter Länder und Völker der Wissenschaft erschlossen, die Geschichte der Entdeckungen um ein glänzendes Blatt bereichert, den Fortschritten der Civilisation ein neuer Weg gewiesen und in den Ruhmeskranz des deutschen Forschergeistes ein frischer Zweig geflochten. Dem deutschen Manne, der dies gethan, wird auch unsere Gesellschaft ihre innige Hochachtung bezeugen wollen. Die anwesenden Herren bitte ich, dies dadurch zu thun, dass Sie sich von ihren Sitzen erheben.

Die Versammelten erheben sich unter lauten Zeichen des Beifalls.

Herr Dr. Nachtigal dankt für die ihm gewordene Auszeichnung und hält darauf einen zweistündigen Vortrag über seine central-afrikanischen Reisen.

Neun neue Mitglieder werden aufgenommen.

Die Herren Prof. Dr. Emil Cohen in Heidelberg, Joh. Kubary aus Warschau, zur Zeit in der Südsee, und Léonce Richard in Bordeaux werden zu korrespondirenden Mitgliedern erwählt.

Der Vorsitzende zeigt sodann an, dass von Reichswegen eine Kommission ernannt worden sei, welche den Bremer Plan einer neuen deutschen Nordpol-Expedition aus Reichsmitteln prüfen solle. Diese Kommission werde behufs vorläufiger wissenschaftlicher Erörterung am 4. Oktober in Berlin zusammentreten und aus folgenden Herren bestehen: 1. Prof. Dr. Dove, 2. Dr. W. Siemens, 3. Prof. Freiherr v. Richthofen, Berlin, 4. Prof. Dr. Karsten, Kiel, 5. Prof. Dr. Grisebach, Göttingen, 6. Prof. Dr. Zittel, München, 7. Prof. Dr.

Bruhns, Leipzig, 8. Prof. Dr. von Quenstedt, Tübingen, 9. Prof. Dr. Karsten, Rostock, 10. Prof. Dr. Schimper, Strassburg, 11. Prof. Dr. Winnecke, Strassburg, 12. Prof. Dr. Neumayer, Berlin, 13. Direktor Rümker, Hamburg, 14. G. Mosle, Bremen.

25. Sitzung. 7. Oktober 1875.

Vorsitzender: Herr Schulrath Harms.

Das Protokoll der vorigen Sitzung wird verlesen und genehmigt.

Sechszehn neue Mitglieder werden aufgenommen.

Herr Prof. Dr. Burmeister in Buenos Ayres wird zum korrespondirenden Mitgliede erwählt.

Herr Kapitain Schück legt der Gesellschaft seine Arbeit über Orkane in chinesischen Gewässern im Manuskript vor.

Herr L. Friederichsen hält den angekündigten Vortrag über den im August in Paris stattgehabten internationalen geographischen Kongress, dem der Vorsitzende seine Erlebnisse und Betrachtungen anreiht.

Herr Friederichsen referirt sodann über die am 3. Oktober in Berlin stattgehabte Delegirten-Versammlung der Deutschen Afrikanischen Gesellschaft.

26. Sitzung. 4. November 1875.

Vorsitzender: Herr Schulrath Harms.

Das Protokoll der vorigen Sitzung wird verlesen und genehmigt.

Acht neue Mitglieder werden aufgenommen.

Die Herren C. Godeffroy jr. und L. Friederichsen werden seitens der Geographischen Gesellschaft in das Comité für die 49. Versammlung deutscher Naturforscher und Aerzte deputirt.

Herr Prof. A. Kiessling spricht über die Deviation des Kompasses auf eisernen Schiffen.

Der Vortragende zeigt zuerst an einer Reihe von Experimenten, welcher Einfluss durch eine Magnetnadel von unmagnetischem Eisen, von permanent magnetischem, und von inducirt magnetischem Eisen ausgeübt wird. Von unmagnetischem Eisen wird jeder Pol der Nadel in gleicher Weise durch Anziehung abgelenkt, während für magnetisches Eisen sich das Gesetz ergiebt, dass gleichnamige Pole abstossend, ungleichnamige anziehend auf einander wirken. An einer Reihe von Schiffsmodellen mit beweglicher Magnetnadel wird gezeigt, welche Ablenkung der Kompass für specielle Lagen der Eisentheile des Schiffes in jeder Kursrichtung erleidet. An Querschnittsmodellen wird nachgewiesen, welchen Einfluss die Stapellage eines Schiffes während des Baues auf den magnetischen Charakter desselben ausübt. Der Einfluss des sogenannten Baukurses wird für specielle Fälle eingehend erläutert und zugleich nachgewiesen, in wie weit sich derselbe auch bei schiefer Lage (Verkrengung) des Schiffes auf See bemerklich macht. Schliesslich wird mittelst eines Modelles die Einrichtung des von Herrn Direktor Paugger in Triest konstruirten Dromoskops erläutert, eine Art Rechenmaschine, an welcher mittelst dreier Zeiger, welche den astronomischen, magnetischen und Schiffskurs angeben, die Deviation für jeden Kurs abgelesen werden kann. Dieser Apparat macht also die Berechnung besonderer Deviationstabellen überflüssig und macht es möglich, jede Veränderung der Deviationskonstanten ohne Berechnung sofort in Anschlag zu bringen.

Der Vorsitzende zeigt an, dass sich in Hamburg im Anschluss an den deutsch-österreichischen Alpenklub ein Alpenklub gebildet habe, dem Herr Dr. med. Arning präsidire.

Herr Dr. A. Theobald berichtet über die Sitzungen der historisch-ethnographischen Sektion des internationalen geographischen Kongresses in Paris.

27. Sitzung. 6. Dezember 1875.

Vorsitzender: Herr Bürgermeister Dr. Kirchenpauer.

Das Protokoll der vorigen Sitzung wird verlesen und genehmigt.

Ein neues Mitglied wird aufgenommen.

Der Vorsitzende verliest ein Schreiben des Kaiserl. Deutschen Geschäftsträger und Generalkonsul Dr. J. Lührsen in Lima und legt zwei von demselben eingesandte Exemplare der Schrift: »La Colonia del Chanchamayo. Memoria pasada por el Ingeniero Italiano Señor F. Giordano al encargado de negocios del Reino de Italia Señor Don Hipólito Garrou etc., Lima 1875« vor.

Der Vorsitzende bringt ferner zur Anzeige, dass Herr Louis Lewinsohn aus Hamburg, zur Zeit in London ansässig, der Gesellschaft ein werthvolles Geschenk gemacht habe, bestehend aus den sämmtlichen Publikationen der Royal Geographical Society in London seit 1859.

Herr Carl Eggert, vordem viele Jahre in Peru ansässig, hält einen Vortrag über die Kolonie Chanchamayo auf Basis der oben citirten Schrift des Ingenieur Giordano. Zur Illustration des Vortrages hat Herr Friederichsen eine Wandkarte des betreffenden peruanischen Gebietes gezeichnet und ausgehängt.

Herr Direktor G. Rümker spricht über arktische Forschungen. Der vorgerückten Zeit halber wird der Schluss dieses Vortrages auf die Tagesordnung der nächsten Sitzung gesetzt.

28. Sitzung. 6. Januar 1876.

Vorsitzender: Herr Bürgermeister Dr. Kirchenpauer.

Das Protokoll der vorigen Sitzung wird verlesen und genehmigt.

Acht neue Mitglieder werden aufgenommen.

Herr Direktor Rümker spricht über arktische Forschungen (2. Theil).

Herr Direktor Dr. Classen berichtet über die Resultate der Ausgrabungen in Olympia.

29. Sitzung. 3. Februar 1876.

Vorsitzender: Herr Bürgermeister Dr. Kirchenpauer.

Als Gast ist anwesend Herr Dr. P. Güssfeldt aus Berlin.

Das Protokoll der vorigen Sitzung wird verlesen und genehmigt.

Drei neue Mitglieder werden aufgenommen.

Der Vorsitzende berichtet über die vom Bremer Verein für die deutsche Nordpolarfahrt geplante und im März d. J. zu veranstaltende Expedition der Herren Finsch, Brehm und Graf Waldburg-Zeil nach West-Sibirien.

Herr Friederichsen verliest ein an das Kgl. Preuss. Kultusministerium gerichtetes Telegramm des Herrn Dr. F. Andreas, welches ihm durch Güte des Herrn Geheimrath Dr. Göppert in Berlin mitgetheilt worden ist. Dasselbe lautet: »Bushîre, 25. Januar 1876. Ausgrabung bei Rischeehr mit glänzendem Erfolg begonnen; gegen 500 theils ganze Ziegel, theils grössere und kleinere Fragmente mit susischer Keilschrift gefunden; sende alles an Botschaft in London; übrige Resultate und Aussichten der Expedition bis auf Geldpunkt höchst günstig. Andreas.«

Herr Dr. P. Güssfeldt hält darauf einen Vortrag über seinen Aufenthalt an der Loango-Küste während der Jahre 1873—75.

Herr L. Lippert legt die Cassa-Bilanz ultimo 1875 vor.

Saldo von 1874		Cassa M. 310.35	
		Bank » 768.70	
			M. 1079.05
Einzahlungen:			
32 Beiträge für 1874		M. 384.—	
335 do. » 1875		» 4020.—	
für Dr. Andreas		» 7832.16	
» verkaufte Photographien		» 38.40	
» verkaufte Jahresberichte	M. 70.—		
von Dr. E. Cohen für Separatabdrücke seines Reiseberichts	» 142.15		
		» 212.15	
			» 12486.71
			M. 13565.76

Einzahlungen: M. 13565.76

Auszahlungen:

Febr. 6.	An die Afrikanische Gesellschaft, Berlin, Beiträge für 1874 von 300 Mitgliedern à M. 3.		M. 900.—	
Dez. 4.	Rimesse n. London gegen die von Dr. F. Andreas in Bombay aufgenommenen £ 380 à M. 20.35 . . . . M. 7733.—			
	Londoner Kommission u. Spesen » 88.50		» 7821.50	
	div. Zahlungen für Drucksachen, Lithographien, Karten, Inserate, Honorare an den Schreiber und Boten, Reisespesen, Porti und kleine Kosten		» 3818.51	
				» 12540.01
			Saldo...	M. 1025.75

NB. Von dem Saldo sind M. 10.66, welche zu Gunsten der Expedition des Dr. J. F. Andreas verbleiben, abzusetzen.

Herr Friederichsen berichtet über die von der Kaiserl. Russischen geogr. Gesellschaft eingesandten Nachrichten über die Resultate der Lopatine'schen Expedition im Stromgebiet des Tschoulim und Jenissei in Sibirien.

30. Sitzung. 2. März 1876.

Vorsitzender: Herr Bürgermeister Dr. Kirchenpauer.

Das Protokoll der vorigen Sitzung wird verlesen und genehmigt.

Fünf neue Mitglieder werden aufgenommen.

Der Vorsitzende erwähnt des heutigen Jahrestages der Gründung der Gesellschaft und giebt eine kurze Uebersicht über die Thätigkeit der Gesellschaft während des verflossenen Vereinsjahres. — Sodann beantragt der Vorsitzende Namens des Vorstandes für das Jahr 1876 nicht wieder der Deutschen Afrikanischen Gesellschaft beizutreten. Wird angenommen.

Der Vorsitzende beantragt ferner eine Glückwunsch-Adresse zu dem am 4. März stattfindenden 50jährigen Doktorjubiläum des Ehrenmitgliedes der Hamburgischen Geogr. Gesellschaft, des Herrn Geheimrath Prof. Dr. Dove in Berlin. Wird mit Beifall angenommen. Die Adresse lautet:

Hochwohlgeborener Herr Geheimer Regierungs-Rath!

Hochverehrter Herr!

Die Geographische Gesellschaft zu Hamburg fühlt sich gedrungen, dem weltberühmten Manne, den sie mit Stolz ihr Ehrenmitglied nennt, zu dem bevorstehenden festlichen Tage den Ausdruck ihrer innigsten Hochachtung darzubringen.

Wenn die Freunde und Vertreter der geographischen Wissenschaften das Jubelfest ihres Veteranen als einen Freudentag ehren, so geschieht es, weil dasselbe ihnen ein halbes Jahrhundert hervorragender geistiger Thätigkeit in's Gedächtniss ruft, deren nachhaltige Wirkungen, gleichmässig in die Förderung unserer Kenntniss des Erdballs und in die Angelegenheiten des bürgerlichen Lebens eingreifend, Ihnen, hochverehrter Geheimrath, die Anerkennung der Nachwelt sichern wird; diese für die Gegenwart auszusprechen sind vor allen die geographischen Gesellschaften berufen; der ältesten, deren Thätigkeit so lange Ihrer Leitung anvertraut war, schliesst die jüngere Schwester sich freudig an.

Das halbe Jahrhundert, auf welches wir zurückblicken, ist dasjenige, in welches die Erdkunde zur Wissenschaft erhoben wurde. Unter den Namen, deren Ruhm sich an diesen Fortschritt knüpft, wird auch der Name des Mannes glänzen, dessen Ausdauer und Scharfsinn es gelang, dem Studium der meteorologischen Erscheinungen neue Bahnen zu weisen, der Physik der Erde ein neues Gebiet zu eröffnen und den lange bezweifelten Nachweis zu bringen, dass auch die ungebändigte Gewalt der Winde jenen grossen Gesetzen unterworfen ist, deren Erforschung den Triumph des menschlichen Geistes bildet.

Grosse Fortschritte der Wissenschaft tragen früh oder spät auch ihre Früchte für das praktische Leben; die Erforschung der Luftströmungen musste zumeist der Schiffahrt zu Gute kommen, welche, dem beweglichen Element anvertraut, von den Launen des noch beweglicheren um so weniger beeinträchtigt werden wird, je mehr die Gesetzmässigkeit auch seiner Bewegungen ermittelt und erkannt wird. Unsere Gesellschaft besteht aus Bürgern einer Stadt, deren Schicksale mit denen der Seeschiffahrt auf das Engste verwebt sind; wer zur Förderung derselben beiträgt, verdient unseren besonderen Dank. Gestatten Sie uns, verehrter Herr, auch diesem den Ausdruck aufrichtiger Hochachtung und Verehrung beizufügen, in welcher wir verharren

Hochverehrter Herr Geheimer Regierungs-Rath

Hamburg, d. 2. März 1876. Ew. Hochwohlgeboren

ergebenste

die Geographische Gesellschaft zu Hamburg.

Herr F. Nessmann hält den angekündigten Vortrag über die hamburgische Bevölkerung.

Herr Dr. A. Classen referirt über die erste Nummer des Bulletin de la Société de Géographie Commerciale de Bordeaux und über diese neu gegründete Gesellschaft.

Herr Friederichsen spricht über die seit Anfang 1876 von der Deutschen Seewarte herausgegebenen Wetterberichte und Wetterkarten.

31. Sitzung. 6. April 1876.

Vorsitzender: Herr Bürgermeister Dr. Kirchenpauer.

Das Protokoll der vorigen Sitzung wird verlesen und genehmigt.

Der Vorsitzende theilt mit, dass die in der vorigen Sitzung beschlossene Glückwunsch-Adresse Herrn Geheimrath Dove in Berlin durch Herrn Direktor Rümker persönlich überbracht worden sei, und verliest ein Dankschreiben des Herrn Dove. Dasselbe lautet:

Zur Feier meines fünfzigjährigen Doktorjubiläums am 4. März d. J, hat auch die Geographische Gesellschaft zu Hamburg durch Glückwünsche, die mich ehren und erfreuen, gütig beigetragen. Möge mein herzlicher Dank für diesen freundlichen Antheil nachsichtige Aufnahme finden. Der Einzelne, der am Ende einer arbeitsamen Laufbahn die eigenen Kräfte mit Wehmuth schwinden sieht, fühlt sich getröstet und erhoben in dem Gedanken an das frische Fortleben der grossen wissenschaftlichen Anstalten, der gelehrten Körperschaften und Vereine, deren erfolgreiches Wirken nicht an die kurzen Fristen des individuellen Daseins gebunden, vielmehr durch den heilsamen Wechsel einander ablösender Geschlechter für eine ferne Zukunft glücklich verbürgt ist.

Mit verehrungsvollem Grusse dankbar ergeben

Berlin den 14. März 1876. H. W. Dove.

Professor an der Universität zu Berlin.

Der Vorsitzende verliest ein Schreiben des Vorstandes der Deutschen Afrikanischen Gesellschaft, in welchem dem Bedauern Ausdruck gegeben wird, dass die Hamburgische Geographische Gesellschaft den Austritt aus der Afrikanischen Gesellschaft für 1876 beschlossen habe, und in welchem unter Hinweis auf die statutenwidrige verspätete Abmeldung die Hoffnung auf eine Rücknahme des Beschlusses ausgesprochen wird. — In Folge dessen wird beschlossen, der Afrikanischen Gesellschaft auch für 1876 beizutreten und die Herren Friederichsen und Rümker in den Ausschuss zu deputiren.

Herr Friederichsen hält einen Vortrag über Aegypten und die neusten Entdeckungen im aequatorialen Afrika. Zur Illustration dient eine vom Redner im Auftrage des Khediwe für die Philadelphia-Ausstellung gezeichnete grosse Wandkarte von Aegypten im Maassstabe von 1 : 1.000.000.

Herr Dr. A. Classen berichtet über die von Herrn L. M. d'Albertis im Süden Neu-Guinea's 1875 ausgeführten Reisen und zwar auf Basis der im Sydney Morning Herald vom 21. Dezember 1875 publicirten Briefe d'Albertis an George Bennett.

Herr Friederichsen legt die soeben erschienene, vom englischen Alpenklub edirte Karte der Schweiz und Tirol vor.

32. Sitzung. 4. Mai 1876.

Vorsitzender: Herr Bürgermeister Dr. Kirchenpauer.

Das Protokoll der vorigen Sitzung wird verlesen und genehmigt.

Drei neue Mitglieder werden aufgenommen.

Der Vorsitzende macht Anzeige von der Bildung der geographischen Gesellschaften in Madrid und Lissabon.

Herr Friederichsen referirt über ein Schreiben der Commission commerciale de la Société de Géographie à Paris, worin die Bildung einer Sektion unter Vorsitz des Herrn von Lesseps angezeigt wird, welche sich eine systematische Erforschung Central-Amerika's und eine gründliche Erörterung der Möglichkeit eines interoceanischen Kanals zur Aufgabe gestellt hat. Gleichzeitig wird zur Bildung einer ähnlichen Sektion in Hamburg aufgefordert, und für Oktober 1876 ein internationaler Kongress in Paris behufs Erörterung der interoceanischen Kanalfrage in Aussicht genommen.

Herr C. Eggert glaubt die Rentabilität eines interoceanischen Kanals nunmehr, nachdem der Suez-Kanal eröffnet, nachdem die Eisenbahn quer durch den nordamerikanischen Kontinent vollendet und nachdem diverse Dampfschiffslinien durch die Magellan-Strasse errichtet worden seien, in Zweifel ziehen zu müssen, und führt die Panama-Bahn, deren Aktien Anfangs enorm hoch, jetzt aber sehr niedrig im Kurse stehen, als Beweis an.

Herr Schulrath Harms ist der Ansicht, dass ein interoceanischer Kanal dennoch nur eine Frage der Zeit sei und stellt eine Besprechung der verschiedenen Kanalprojekte für die nächste Sitzung in Aussicht.

Der Vorsitzende bringt zur Kenntniss, dass der Vorstand, erfreut über die glückliche und mit Erfolg gekrönte Heimkehr S. M. S. »Gazelle« von seiner Weltumsegelung, beschlossen habe, die Erfolge dieser ersten, recht eigentlich wissenschaftlichen Expedition der deutschen Kriegsmarine durch ein Diner am 11. Mai dieses Jahres im Hôtel de l'Europe zu feiern und den Kommandanten S. M. S. »Gazelle«, den Kapitain z. S. Freiherrn v. Schleinitz mit seinem Officiercorps, Aerzten und Gelehrten dazu einzuladen.

Herr Professor Dr. K. Wiebel hält darauf den angekündigten Vortrag über örtliche Seebeben.

Das Festmahl zu Ehren des Kommandanten und Officiercorps S. M. S. »Gazelle«. 11. Mai 1876.

Wie bereits mitgetheilt, hatte der Vorstand der Geographischen Gesellschaft, erfreut über die glückliche und mit Erfolg gekrönte Heimkehr S. M. S. »Gazelle« unter Kommando des Kapitäns z. S. Freiherrn von Schleinitz, an das Officiercorps und und die Gelehrten an Bord der »Gazelle« eine Einladung zu einem Festmahl ergehen lassen. Dasselbe fand am 11. Mai unter zahlreicher Betheiligung der Mitglieder der Geographischen Gesellschaft in den Sälen des Hôtel de l'Europe statt. Ausser dem aus 12 Personen bestehenden Officiercorps der «Gazelle» befanden sich unter den Gästen: der Königlich Preussische Gesandte von Wenzel, Herr Professor Dr. Neumayer, Hydrograph der Kaiserlichen Admiralität, Herr Oberst und Regiments-Commandeur von Boehn, Herr Oberst-Lieutenant und Bezirks-Commandeur von Restorff, Herr Dr. Börgen, Vorstand des Marine-observatoriums in Wilhelmshaven und Chef der wissenschaftlichen Expedition zur Beobachtung des Venusdurchganges auf der Kerguelen Insel, und Herr Dr. Wittstein, Mitglied der eben genannten Expedition. Die Generale von Treskow und von Flöckher, sowie der Chef des Generalstabes des 9. Armeecorps, Herr von Levinski, hatten wegen dienstlicher Abwesenheit von hier der Einladung nicht nachkommen können.

Von ihrem Commandeur, Freiherrn von Schleinitz, geführt, trat das Officiercorps um 6 Uhr in die festlich geschmückten Säle, wo Herr Bürgermeister Dr. Kirchenpauer, als Präsident der Geographischen Gesellschaft, die Gäste empfing. Nachdem die Vorstellung erfolgt, begann alsbald das Festmahl. Der Präsident führte Herrn von Schleinitz, Herr Bürgermeister Dr. Petersen den Kgl. Preussischen Gesandten Excellenz von Wenzel, Herr Schulrath Harms, als Vicepräsident der Geographischen Gesellschaft, den ersten Officier der »Gazelle«, Herrn Kapitain-Lieutenant Dietert, Herr Friederichsen, als erster Sekretair der Geographischen Gesellschaft, den Chef der Venus-Expedition Herrn Dr. Börgen.

Der bisher den Blicken verschlossen gewesene Speisesaal entfaltete sich im reichsten Flaggen- und Blumenschmuck. An den Wänden hie und da angebrachte Rettungsringe, quer über an der Decke gezogene Schiffstaue mit Signalflaggen etc. verriethen den zu Grund gelegten Gedanken der Dekoration eines festlich geschmückten Schiffssalons. Die in der That gelungene Ausschmückung des Saales, ein Verdienst des Bildhauers E. Peiffer, trug wesentlich dazu bei, dass sich die Unterhaltung der sichtlich überraschten Versammelten alsbald zu einer ausserordentlich lebhaften gestaltete. Die Reihe der Toaste eröffnete der Präsident Dr. Kirchenpauer mit folgenden Worten:

Wir haben uns auf Veranlassung der Geographischen Gesellschaft hier zusammengefunden, um den Herrn Führer und die übrigen Mitglieder der von ihrer Erdumsegelung heimkehrenden deutschen Expedition zu begrüssen, ihnen laut, ich möchte sagen, öffentlich über die wissenschaftlichen Erfolge ihrer Reise den Ausdruck unserer freudigen und dankenden Anerkennung darzubringen. Allerdings ist es nicht das erste Mal, dass wir deutsche Kriegsschiffe aus fernen Welttheilen heimkehren sehen; allerdings ist die Expedition, deren Vertreter wir heute unter uns zu sehen die Ehre haben, nur eine der vielen, welche Regierungen und Private, von dem unserer Zeit eigenthümlichen Forschungseifer beseelt, zur Untersuchung unbekannter Meere und Länder hinaussandten. Allein — und das möchte ich ganz besonders hervorheben — es ist die erste, recht eigentlich wissenschaftliche Expedition der deutschen Kriegsmarine, die erste wesentlich und vor Allem wissenschaftlichen Zwecken gewidmete Welt-reise, welche deutsche Officiere auf Schiffen Sr. Majestät des Deutschen Kaisers ausgeführt haben, und das ist es, was wir feiern. Und wenn die Geographische Gesellschaft, ihres Zweckes und ihrer Aufgabe eingedenk, die neue Förderung der geographischen Wissenschaften durch die Thätigkeit der Kaiserlichen Marine vor Allem zu ehren sich berufen fühlte, so kommt für die hamburgische Geographische Gesellschaft noch Eins hinzu. Es ist wiederum einer der stets sich wiederholenden Fälle, wo Wissenschaft und Handel Hand in Hand gehen, wo Beider dankende Anerkennung demselben Unternehmen gilt. Kolonien hat Deutschland nicht, aber unser Handel umklammert alle Theile der bewohnten Erde und unsere Mitbürger, unsere Mitglieder haben ihre Niederlassungen auch dort, wo sonst die europäische Kultur nicht hingelangt, an unerforschten Küsten und auf fernen Inseln des Meeres. Dort, von der Heimath fern und fern von der in Europa gebietenden Macht des deutschen Heeres, dort ist es, wo Schutz noththut und auch dort hat die «Gazelle» die Achtung gebietende Flagge des neuen Reiches entfaltet. Ihm aber, dem Stifter des neuen Reiches, der dem Heere, wie der Flotte gebietet, der jenes gekräftigt und diese gegründet hat, dem Kaiserlichen Schutzherrn selbst gebührt vor Allem unser ehrfurchtsvoller Dank. Die Grossthaten des Heeres, denen wir den Frieden des Welttheils verdanken, die Thatkraft der Flotte, welche den Welthandel schützt, und — was wir heute feiern — die Verwendung der Kriegsmarine im Dienste der Wissenschaft — es sind ebenso viele leuchtende Edelsteine in der Ruhmeskrone, mit welcher die Geschichte den Namen des Kaisers der Nachwelt überliefern wird. Wo aber in der Gegenwart Deutsche beim festlichen Mahle beisammen sind, gleichviel ob es gilt, den Ruhm der Schlachtfelder zu feiern, oder ob es sich darum handelt, einen neuen friedlichen Sieg auf dem Felde der Wissenschaft zu ehren, stets wird der erste Toast dem Kaiser gelten, in welchem wir das Symbol der Macht und der Grösse des Vaterlandes verehren. Indem ich Sie auffordere, sich von den Sitzen zu erheben, rufe ich: »Hoch lebe Sr. Majestät der Deutsche Kaiser und König von Preussen! Hoch! Hoch! Hoch!«

Der zweite officielle Toast wurde vom Vicepräsidenten Herrn Schulrath Harms wie folgt ausgebracht:

Hochgeehrte Herren!

Fast 2 Jahre sind jetzt verflossen, seitdem S. M. Schiff «Gazelle» in der Kieler Bucht die Anker lichtete, um im Dienst der Wissenschaft eine Weltfahrt anzutreten. Es wurde anfangs bis zur Kergueleninsel im Allgemeinen derselbe Kurs eingehalten, den James Cook im Beginn seiner zweiten grossen Entdeckungs-reise, der ersten bis dahin jemals in westöstlicher Richtung versuchten Erdum-segelung, genommen hatte. An die erste grosse Entdeckungsreise des unsterblichen britischen Seemanns werden wir dagegen erinnert hinsichtlich der Aufgabe, zu deren Förderung die deutsche Expedition zunächst behülflich sein sollte. Hatte es sich bei jener darum gehandelt, den am 3. Juni 1769 erfolgenden Vorübergang der Venus vor der Sonne auf Tahiti zu beobachten, so galt es bekanntermassen jetzt, dasselbe Phänomen am 9. Dezember 1874 von der Kergueleninsel aus mit allen Mitteln moderner Wissenschaft zu dauernder allgemein menschlichen Nutzniessung auszubeuten. Wir gedenken alle noch gern der freudigen Erregung, die uns im Februar 1875 die über Akyab eingelaufene telegraphische Mittheilung verursachte, dass die Bemühungen der deutschen Forscher damals vom Glück begünstigt und mit Erfolg gekrönt worden seien.

Dem Führer der «Gazelle», Herrn Kapitän z. S. von Schleinitz, sowie den ihm zur Seite stehenden Officieren und Gelehrten, die wir heute in unserer Mitte zu begrüssen die hohe Ehre haben, war aber ausserdem die selbstständige Lösung besonderer, vorzugsweise hydrographischer Probleme anvertraut worden. Hatte dieselbe bereits auf dem Wege nach der Kergueleninsel begonnen und hatte sodann der mehr als hunderttägige Aufenthalt bei letzterer vielfache Gelegenheit zu neuen Untersuchungen geboten, so konnte doch von dem wirklichen Beginn einer freien, unbehinderten Ausführung der im Interesse der Wissenschaft erhaltenen Aufträge erst die Rede sein, nachdem mit der Landung der deutschen Astronomen auf Mauritius die denselben zu gewährende Handreichung ihr Ende gefunden. Auch hierin zeigt sich eine gewisse Aehnlichkeit mit der ersten Cook'schen Reise. Daran war freilich von vorneherein nicht zu denken, dass wie einst durch Cook, nachdem für ihn die astronomischen Zwecke in den Hintergrund getreten, so auch neuerdings weite Kontinentalumrisse enthüllt und wichtige Inselgruppen hätten entdeckt und kartographisch bestimmt werden können; hat doch jener unvergleichlich thatenreiche Mann die Vertheilung von Land und Meer auf der südlichen Erdhälfte, mit Ausnahme eines Theiles der Polargegenden, ein für alle Mal deutlich vor Augen geführt! Thöricht wäre es aber, deshalb behaupten zu wollen, dass er und die grosse Schaar ihm nachfolgender nautischer Forscher nichts mehr zu thun übrig gelassen. Je rastloser die Menschheit vorwärts strebt, um so zahlreichere neue Probleme tauchen nach jeder gefundenen Lösung auf, und gestalten sich gar manche der erzielten modernen Errungenschaften auch nicht gerade besonders sinnenfällig und handgreiflich für die grosse Menge, wie vor Zeiten, so wird dadurch das Verdienst der glücklichen Urheber in seinem intensiven Werthe wahrlich nicht verringert.

Der Zahl Derer nun, welche in bedeutsamer Weise zu der Erweiterung und Vertiefung unseres Wissens beizutragen sich beflissen, haben sich unsere hochgeehrten Gäste in würdigster Weise angereiht. Auf ihrer weiten Fahrt durch die endlosen Wasserwüsten sind sie rastlos, nicht selten unter höchst erschwerenden Umständen, bemüht gewesen, Tieflothmessungen zu veranstalten, auf den Salzgehalt, das spezifische Gewicht, die Färbung und die grössere oder geringere Durchsichtigkeit des Meereswassers, die Temperaturen seiner verschiedenen Schichten und Strömungen zu achten, da, wo sich die Gelegenheit bot, auch wohl, wie bei der Congomündung, das Verhalten mächtiger Süsswassermassen zum Seewasser bei dem Zusammentreffen beider zu untersuchen. Dass die atmosphärischen Erscheinungen ferner einen bedeutsamen Gegenstand ihrer Beobachtung gebildet, versteht sich von selbst. Andererseits haben sie aber ebenso wenig verfehlt, das Thier- und Pflanzenleben im Meer und an den Küsten ihrer Aufmerksamkeit zu unterziehen. Zeitweilig sind auch ethnographische Studien in ihren Bereich gefallen, wobei sie freilich zweimal, auf Neuhannover und Neubritannien, die unliebsame, wenn auch nicht neue Erfahrung, machen mussten, dass mitunter schon das erste Zusammentreffen zwischen Kulturmenschen und Barbaren nicht gerade friedlich verläuft. Bei allen diesen unablässigen Bemühungen haben sie nie versäumt, bisher schon verzeichnete Ergebnisse Anderer zu vergleichen und entweder zu bestätigen oder zu berichtigen, letzteres z. B. in Bezug auf Tiefenbestimmungen, Riffandeutungen und Segelanweisungen. Was sie geleistet, wird dadurch noch erhöhte Bedeutung gewinnen, dass gleichzeitig von England aus der »Challenger« auf Kreuz- und Querzügen wesentliche Theile der drei für Schifffahrtszwecke vor Allem in Frage kommenden Oceane, und andererseits der nordamerikanische Dampfer »Tuscarora« die Nordhälfte des Grossen Oceans genauen Forschungen unterzogen haben. Wir dürfen der Ueberzeugung leben, dass aus diesem edlen Wettstreit dreier Nationen unsere deutsche auf das Rühmlichste hervorgehen wird. Die demnächst in Angriff zu nehmende wirthschaftliche Verwerthung der in der Form von Aufzeichnungen und Sammlungen heimgebrachten Schätze wird die hohen Verdienste unserer verehrten Gäste zu allseitigster und nachhaltigster Anerkennung bringen.

Jedes deutsche Kriegsschiff aber, welches den Ocean durchschwimmt, kommt ohne weiteres zugleich auch dem kosmopolitischen Verkehr des deutschen Kaufmannes zu Gute. Nicht nur prägt es den fremden Völkern immer neu die Lehre ein, dass die Zeit des nur fragmentarischen und daher fraglichen Vorhandenseins einer deutschen Nationalität jetzt vorüber ist und dass nunmehr die Macht eines grossen Reiches dem in der Fremde ungerechter Weise verletzten oder bedrohten deutschen Bürger schützend zur Seite steht, sondern vermöge der Bildung und Mannszucht, durch welche die Schiffsbesatzungen unserer Marine sich seit dem ersten Entstehen derselben ausgezeichnet, trägt auch sein Erscheinen überall dazu bei, die moralische Werthschätzung der Deutschen als solcher zu erhöhen. Dem zumal in Hamburg, der ersten deutschen Handelsstadt, regen Verständniss für die hohe Tragweite dieser Thatsache und dem daraus entspringenden lebendigen Dankgefühl entschiedenen Ausdruck zu verleihen, ist jedenfalls einer der Beweggründe für die der Mehrzahl nach aus kaufmännischen Mitgliedern bestehende geogr. Gesellschaft gewesen zur Veranstaltung des heutigen Festes. Vor allem jedoch musste sie, ihrem Charakter gemäss, das Bedürfniss empfinden, den Verdiensten, welche unsere nach sturm- und arbeitsvoller Fahrt soeben heimgekehrten Erdumsegler sich um physische Geographie und Nautik in so reichem Masse erworben haben, ihre Huldigung darzubringen. Indem ich Namens der Geogr. Gesellschaft unseren edlen Gästen den aufrichtigen Dank ausspreche für die Ehre, welche sie uns durch das Eingehen auf unsere Einladung haben widerfahren lassen, ersuche ich zugleich Sie, meine hochgeehrten Herren, seestädtisch kräftig mit mir einzustimmen in den Ruf: Herr Kapitain z. S. Freiherr von Schleinitz und die Mitglieder seines maritimen und wissenschaftlichen Stabes, sie leben hoch!

(In demselben Augenblick, wo das Hoch ertönte, wurde im Hintergrunde des Festsaales ein grosses von Herrn Franz Hünten zu dem Zwecke gemaltes Marinebild enthüllt, welches die »Gazelle« auf hoher See unter Segel darstellte. Das in seiner Wirkung vortreffliche Bild war von künstlichen Felspartien und lebenden tropischen Pflanzen umrahmt, so dass man einen vom Heck des als Schiffssalon gedachten Speisesaales aus gesehenen treuen Meeresanblick bekam.)

Herr Kapitain z. S. von Schleinitz antwortete darauf im Namen des Officiercorps der »Gazelle« dankend in dem Sinne, dass er sich glücklich schätze, neben der militärischen, auch eine wissenschaftliche Aufgabe gehabt zu haben und dass er wissenschaftliche Beobachtungen habe ausführen können. Der fortschrittliche Geist, der sich heut zu Tage in allen Zweigen des menschlichen Thuns zeige, trete vor Allem in Hamburg hervor; Hamburgs Handel sei überall in der Welt vertreten, überall begegne man dem Hamburger Unternehmungsgeiste. Wohin er auf seiner Reise um die Welt gekommen, selbst auf den unwirthsamsten und uncivilisirtesten Inseln, seien vor ihm schon Hamburger gewesen, und wenn daselbst Spuren von Civilisation vorhanden, habe man sie dem Einflusse Hamburger Handelshäuser zu danken. Da die Marine ihre Entstehung den Handelsbedürfnissen verdanke, so fühle er sich doppelt dankbar gegen Hamburg und die Hamburgische Geographische Gesellschaft, welche ihm und seinen Kameraden von der »Gazelle« dies ehrende Festmahl bereitet, und forderte die Officiere von der »Gazelle« auf mit ihm einzustimmen in ein Hoch auf Hamburg und seine Geographische Gesellschaft.

Herr Bürgermeister Dr. Petersen beantwortete den Toast auf Hamburg mit einem Hoch auf die Kaiserliche Marine und deren Chef, den Marineminister General von Stosch, indem er hervorhob, dass Handel und Schifffahrt zum Schutze einer mächtigen Hand bedürften. Die Zeiten, wo sich Hamburg diesen selbst verschafft, seien vorüber, die Machtverhältnisse hätten sich geändert, nicht einzelne Städte, sondern Nationen liessen ihre Wimpel auf See wehen, und wenn die Marine zur Zeit in friedlicher Arbeit auf hoher See sowohl wie daheim, sei es durch das Kaiserliche Hydrographische Amt, sei es durch die Deutsche Seewarte, geistig wirke, so dürften wir der festen Zuversicht leben, dass, wenn einst blutige Kämpfe nothwendig werden sollten, die deutsche

Marine die deutsche Flagge auch mannhaft über die deutschen Meere führen werde.

Herr Adolph Godeffroy führte die Gesellschaft darauf in einem Toaste auf das feste Land zurück und gedachte des Landheeres, als des älteren lorbeerbekränzten Bruders der gewappneten Macht.

Da die Gesellschaft vier Stunden bei Tafel sitzen blieb, so war eine natürliche Folge, dass sich an die vorstehenden officiellen Toaste noch eine ganze Zahl anderer anreihten. Bis zum Schluss herrschte die gehobenste Stimmung.

33. Sitzung. 7. September 1876.

Vorsitzender: Herr Bürgermeister Dr. Kirchenpauer.

Das Protokoll der vorigen Sitzung wird verlesen und genehmigt.

Dreizehn neue Mitglieder werden aufgenommen.

Der Vorsitzende macht Anzeige von der Bildung einer geographischen Gesellschaft in Bukurescht und von dem Austritt des Herrn C. Eggert aus dem Vorstande der Hamburgischen Geographischen Gesellschaft.

Herr Dr. Herm. Schrader hält einen Vortrag über Schliemann's trojanische Ausgrabungen (siehe Seite 71 dieser Mittheilungen).

Herr Schulrath Harms, anknüpfend an den in der 32. Sitzung zur Kenntniss gebrachten Plan der Commission commerciale de la Société de Géographie à Paris bezüglich einer systematischen Erforschung Central-Amerika's etc., beleuchtet die Tragweite des Projektes und bespricht die verschiedenen vorliegenden Projekte eines interoceanischen Kanals. In Anbetracht des internationalen Charakters des Pariser Planes, an dessen Spitze kein geringerer als Herr von Lesseps stände, bittet Redner, die Versammlung wolle ihn autorisiren, diese Frage Namens der Gesellschaft in der geographischen Sektion der demnächst hier zusammentretenden 49. Naturforscher-Versammlung anzuregen und die voraussichtlich zahlreich hier anwesenden Vertreter deutscher geographischer Gesellschaften um ihre Ansicht und Stellung zu dem Unternehmen zu befragen. Wird angenommen.

Sitzungen der Sektion für Geographie und Hydrographie der 49. Versammlung deutscher Naturforscher und Aerzte in Hamburg.

Eröffnungssitzung. 18. September 1876.

Herr Professor Dr. G. Neumayer eröffnet die Sitzung der Sektion im Auftrage des wissenschaftlichen Comités und wirft einen Rückblick auf die Thätigkeit der Section seit ihrem Bestehen. Am Schlusse seines Vortrages gedenkt Herr Neumayer in warmen Worten des jüngst verstorbenen Dr. Otto Ule in Halle.

2. Sitzung. 19. September.

Vorsitzender: Herr Dr. G. Nachtigal.

Herr Dr. Hartlaub berichtet im Auftrage des Bremer Vereins für Nordpolarfahrt über die bisherige Wirksamkeit des Vereins und insbesondere über die augenblicklich noch abwesende Expedition zur Erforschung des Obi-Gebietes unter der Führung des Dr. Finsch. Es wurde speciell hervorgehoben, dass der Verein für die Folge sich keineswegs an sein ursprüngliches Programm exclusiv polarer Forschung gebunden erachte, sowie, dass derselbe den lebhaften Wunsch hege, die Zahl seiner Mitglieder vermehrt zu sehen.

Herr Dr. Schreiber aus Chemnitz spricht über Höhenmessungen mittelst des Barometers und dessen Ersatzmittel.

Herr Professor Dr. Neumayer und Dr. Nachtigal bestätigen den Werth der Schreiber'schen Untersuchungen.

Herr Dr. Pechuel-Lösche aus Leipzig hält einen Vortrag über die Loango-Küste und das Innere von Afrika, unter Vorzeigung seiner Aquarelle.

3. Sitzung. 21. September.

Vorsitzender: Herr Schulrath L. Harms.

Herr L. Friederichsen verliest einen an ihn gerichteten, so eben eingetroffenen Brief des Dr. H. v. Barth aus St. Paul de Loanda.

Herr Dr. P. Güssfeldt aus Berlin hält einen Vortrag über seine jüngst ausgeführte Reise nach dem aegyptischen Kloster St. Paul in der arabischen Wüste.

Herr Dr. Andree spricht über die Anfänge der Kartographie.

Herr Professor v. Richthofen fügt Einiges über die chinesischen und japanischen Karten hinzu und erwähnt rühmend des japanischen Kartographen Kin-tsi-fe.

Herr Dr. Schunke aus Leipzig hält einen Vortrag über die geographische Verbreitung des Viehbestandes im deutschen Reiche.

Der Vortragende legt eine Anzahl seiner Viehkarten vor, erläutert dieselben und legt die Methode dar, nach welcher er seine Karten gefertigt hat, und verweist im Uebrigen auf die demnächstige Veröffentlichung seiner Arbeit.

4. Sitzung. 22. September.

Vorsitzender: Herr Professor F. v. Hochstetter.

Herr Dr. G. Nachtigal referirt über die jüngst in Brüssel auf Veranlassung Sr. Majestät des Königs der Belgier stattgehabte afrikanische Konferenz.

An der Diskussion betheiligen sich: v. Hochstetter, v. Richthofen, Bruhns, Classen, Friederichsen und Lippert. Es wird beschlossen:

1) Die Sektion für Geographie und Hydrographie beantragt: die dritte allgemeine Versammlung der 49. Versammlung deutscher Naturforscher und

Aerzte wolle ihren ehrerbietigen Beifall zu den Bestrebungen Sr. Majestät des Königs der Belgier hinsichtlich des angeregten internationalen Forschungsplanes für Inner-Afrika auf telegraphischem Wege zu erkennen geben.

2) Die Herren v. Hochstetter, v. Richthofen und Nachtigal als Theilnehmer der Brüsseler Konferenz und die Herren Kirchenpauer, Harms, Friederichsen, Neumayer, Lippert und Woermann als Mitglieder der hamburgischen geographischen Gesellschaft treten mit dem Rechte der Kooptation zu einer Konferenz zusammen, um darüber zu berathen, was vorläufig zu Gunsten der Beschlüsse der Brüsseler Konferenz zu geschehen habe. — Das Resultat der Konferenz soll den Mitgliedern der Sektion in der am 23. d. M. Nachmittags 2½ Uhr stattfindenden Sitzung mitgetheilt werden.

Herr Schulrath Harms spricht über die von einem Pariser Comité angeregten Pläne zur Herbeiführuug eines mittelamerikanischen interoceanischen Kanals. Redner bringt im Auftrage der hamburgischen geographischen Gesellschaft den von einem Pariser Comité unter Vorsitz des Herrn von Lesseps angeregten Plan zur Durchforschung des mittelamerikanischen Isthmus zur Sprache, beleuchtet die Entstehung und Tragweite desselben und ersucht darauf die anwesenden Vertreter der verschiedenen geographischen Gesellschaften, sich über die Art und Weise zu äussern, in welcher zu dem als international gedachten Unternehmen am besten Stellung genommen werden könne.

Aus längerer Diskussion, an welcher sich die Herren v. Richthofen, v. Hochstetter und Lewinsohn betheiligen, ergiebt sich, dass von Seiten der übrigen deutschen Gesellschaften bisher noch keine bestimmten Schritte gethan seien, und dass sich auch später schwer absehen lasse, wie man auf dem vorgeschlagenen Wege zu einem praktischen Ergebniss gelangen solle.

Herr Professor Dr. Neumayer giebt im Anschluss an die in der vorigen Sitzung vernommenen Unglücksfälle mit dem Quecksilber-Barometer auf Reisen einige Aufschlüsse und empfiehlt unter Hinweis auf seine vielfachen eigenen Erfahrungen und beispielsweise auch auf die des Herrn von Hochstetter mit Nachdruck die Benutzung des Quecksilber-Barometers auf Reisen und zwar nach Anleitung des von ihm 1875 in seiner »Anleitung zu wissenschaftlichen Beobachtungen auf Reisen« Gesagten.

5. Sitzung. 23. September 1876.

Vorsitzender: Herr Kapitain z. S. Freiherr von Schleinitz.

Herr L. Friederichsen berichtet über die Sitzung der zum Zwecke einer systematischen Erforschung Central-Afrikas gewählten Kommission.

Die in der Sektion in der Sitzung vom 22. September eingesetzte Kommission, beauftragt mit der Berathung der in Brüssel hinsichtlich der systematischen Erforschung Central Afrikas gefassten Beschlüsse, bestehend aus den Herren: Dr. G. Nachtigal, Professor v. Hochstetter, Professor v. Richthofen, Bürgermeister Dr. Kirchenpauer, Schulrath L. Harms, Professor Dr. Neumayer, Senator O'Swald, L. Lippert, L. Friederichsen, A. Woermann jr., C. Godeffroy jr., F. J. H. Hansing und J. Witt, beschliesst:

»Die in der Kommission anwesenden Hamburger geben ihre Bereitwilligkeit zu erkennen, für die in Brüssel beschlossene internationale Vereinigung zum Zwecke systematischer Erforschung Central-Afrikas und seiner Erschliessung für die Kultur nach Kräften einzutreten. Es empfiehlt sich, dass von Seiten des in Brüssel gebildeten Exekutiv-Ausschusses sämmtliche deutschen geographischen Gesellschaften aufgefordert werden, je gleich viele geeignete Männer zu bezeichen, aus deren Mitte das nationale Aktions-Comite zu bilden sein würde.«

Herr Professor Dr. Neumayer hält einen Vortrag über die Polarfrage.

Herr A. Schück spricht über eine Lücke in der Navigation und in den Bestimmungen der Unterströmungen des Meeres.

---

34. Sitzung. 12. Oktober 1876.

Vorsitzender: Herr Bürgermeister Dr. Kirchenpauer.

Das Protokoll der vorigen Sitzung wird verlesen und genehmigt.

Zwei neue Mitglieder werden aufgenommen.

An Stelle des wegen Verzugs von hier aus dem Vorstande ausgetretenen Herrn C. Eggert wird Herr Prof. Dr. G. Neumayer in den Vorstand gewählt.

Der Vorsitzende referirt über die eingegangenen Sitzungsprotokolle der im September in Brüssel unter Vorsitz Sr. Majestät des Königs der Belgier stattgehabten internationalen Konferenz.

Herr Direktor Rümker hält einen Vortrag über die kosmischen Anschauungen der Griechen. — Daran anknüpfend macht Herr Direktor Hoche eingehende Mittheilungen über die Zahlenlehre der Pythagoreer, sowie über die Schrift des griechischen Mathematikers Autolykos über die sich bewegende Sphäre.

Herr Schulrath Harms referirt über die in der geographischen Sektion der 49. Naturforscher Versammlung gehaltenen Vorträge.

Herr Dr. A. Theobald spricht den Wunsch aus, die Gesellschaft möge sich an den in letzterer Zeit gemachten Bestrebungen für die Reorganisation des hamburgischen akademischen Gymnasiums betheiligen.

35. Sitzung. 2. November 1876.

Vorsitzender: Herr Bürgermeister Dr. Kirchenpauer.

Das Protokoll der vorigen Sitzung wird verlesen und genehmigt.

Zwei neue Mitglieder werden aufgenommen.

Der Vorsitzende verliest ein Schreiben des Obmanns der Afrikanischen Gesellschaft, worin der Ausschuss zu einer Versammlung nach Berlin (4. Nov.) zusammen berufen wird. Auf Vorschlag des Vorsitzenden wird Herr Friederichsen beauftragt, dieser Delegirten-Sitzung beizuwohnen. Der Vorsitzende theilt ferner mit, dass der Vorstand in seiner Sitzung vom 20. Oktober dem Beschlusse der Gesellschaft gemäss nunmehr für 1877 den definitiven Austritt aus der Afrikanischen Gesellschaft angemeldet habe. In derselben Vorstandssitzung sei die Umgestaltung der bisherigen Jahresberichte in Jahrbücher respektive Mittheilungen der hamburgischen geographischen Gesellschaft beschlossen worden. Diese Mittheilungen sollten je nachdem genügendes Material vorliege in zwanglosen Bänden erscheinen, analog der Berliner Zeitschrift für Erdkunde als Organ der Gesellschaft betrachtet werden, und neben den Sitzungsberichten und werthvollen einschlägigen Originalarbeiten hamburgischer Gelehrter etc., auch Abhandlungen auswärtiger Reisender und Gelehrter umfassen. Da der letztere Punkt die Festsetzung eines Honorars involvire, so habe er Namens des Vorstandes die Genehmigung des Vorstandsbeschlusses zu beantragen.

Nach längerer Diskussion wird der Antrag des Vorsitzenden genehmigt und die Herausgabe von »Mittheilungen der Geographischen Gesellschaft in Hamburg 1876/77« versuchsweise beschlossen.

Herr Direktor Rümker hält darauf einen Vortrag über die geographische Kenntniss des Alterthums, als Fortsetzung des in der voraufgegangenen Sitzung gehaltenen Vortrages über die kosmische Anschauung der Griechen.

36. Sitzung. 7. Dezember 1876.

Vorsitzender: Herr Bürgermeister Dr. Kirchenpauer.

Das Protokoll der vorigen Sitzung wird verlesen und genehmigt.

Drei neue Mitglieder werden aufgenommen.

Der Vorsitzende gedenkt in warmen Worten des im November plötzlich verstorbenen berühmten Afrika-Reisenden Theodor v. Heuglin und erwähnt gleichzeitig der herben Verlüste, welche die Wissenschaft in jüngster Zeit durch den Tod des Akademiker von Baer und des Professor Sartorius von Waltershausen erlitten.

Herr Kapitain Koldewey giebt ein Resumé der Resultate der englischen Nordpol-Expedition unter Kapitain Nares. Redner definirt zunächst die Aufgabe der englischen Expedition, die er als rein wissenschaftliche bezeichnet. Es hätte sich um die Erforschung eines Theiles der unbekannten Gebiete um den Nordpol gehandelt mit der Absicht dabei in so hohe Breiten gegen den Pol vorzudringen, als es die Umstände gestatten würden. Ob der Pol als geographischer Punkt dabei erreicht würde, gelte in den Augen derer, welche die Expedition geplant hätten wenn nicht als nebensächlich, so doch als zurückstehend gegen die möglichst grösste Erweiterung unserer Kenntnisse der arktischen Gegenden sowohl in rein geographischer Beziehung, als auch in Bezug auf sämmtliche Naturwissenschaften. Zur richtigen Beurtheilung der Resultate der Expedition sei es nothwendig, diesen rein wissenschaftlichen

Standpunkt festzuhalten, da man sonst leicht verleitet werden könne die erreichte Polhöhe als Norm für die Erfolge der Expedition anzusehen. Die Gründe, warum der Weg durch den Smithsund zum weiteren Eindringen in die arktische Centralregion gewählt wurde, seien in dem Bericht des von der Royal geographical Society erwählten arktischen Comités niedergelegt. Redner giebt dann eine kurze Uebersicht über die Reise der beiden Schiffe »Alert« und »Discovery« durch den Smithsund, der Ueberwinterung und der verschiedenen von den Besatzungen der beiden Schiffe unternommenen Schlittenreisen, wobei derselbe besonders hervorhebt, dass seiner Ansicht nach nicht allein dem Sinne der Instruktion vollständig entsprochen und alles das ausgeführt worden sei, was unter den gegebenen Umständen und mit den vorhandenen Mitteln ausgeführt werden konnte, sondern dass auch die Argumente, welche für ein Vordringen durch den Smithsund sprachen, sich glänzend bewährt hätten. Diese Argumente waren: 1) die Sicherheit der Entdeckung und Erforschung eines vorher unbekannten Gebietes von beträchtlicher Ausdehnung; 2) die Aussicht auf die werthvollsten Entdeckungen in verschiedenen Zweigen der Wissenschaft; 3) die beste Garantie für eine sichere Rückkehr. Alle drei Punkte seien zur vollständigen Ausführung gebracht. Dass keine höhere Breite erreicht sei, läge eben darin, dass die eine Voraussetzung, nämlich die weitere Erstreckung der Küste des Grantlandes nach Norden, wie man dieselbe nach den Berichten der letzten amerikanischen Expedition vermuthen konnte, nicht zugetroffen sei. Wenn man die nach Westen erforschte Küstenlinie sich nach Norden gelegt denke, so würde die Expedition über den 86. Breitenparallel hinübergekommen sein. Auf die Resultate der Expedition eingehend, so hätte sich zunächst das alte Dogma arktischer Seefahrer wiederum bewahrheitet, dass nämlich arktische Entdeckungen nur auf Grund einer gegebenen Küste weiter zu fördern seien. Jeder Versuch über dem Packeise fern von der Küste vorzudringen, sei vergeblich, und ebensowenig könne man mit einem Schiff im arktischen Meere innerhalb der Packeisgrenzen ohne die Stütze der Küste weiter kommen. Sämmtliche arktische Reisen ohne irgend eine Ausnahme hätten dies bis jetzt gezeigt. Nach der Beschreibung sei das im Norden vom Robeson Channel gesehene Packeis ganz ähnlich wie das von Mac Clure westlich von Banksland gesehene. Dieses Decennien alte, mehr durch fortwährende, Jahre lang angehäufte Schneefälle, als durch Frost von unten und Zusammenschieben so mächtig gewordene Eis, könne sich nur in ausgedehnteren Meeren bilden. Auch an der Ostküste von Grönland, wo der einzige aber für die gänzliche Abführung des alten Eises unzureichende Ausfluss des arktischen Meerbeckens sei, fände sich dieses alte mächtige Eis, wenn auch auf den von der deutschen Expedition besuchten Breiten nicht mehr ganz von der furchtbaren Stärke, wie das von der englischen Expedition angetroffene, und zwar nach Norden zu an Mächtigkeit und Stärke anwachsend. Diese Wahrnehmungen über den Zustand dieser mächtigen ausgedehnten Eisfelder (Redner ist beispielsweise Feldern von 60 Seemeilen Länge und darüber begegnet), verbunden mit den Beobachtungen der von Norden kommenden Fluthwelle, der Verbreitung der Moschusochsen und anderer Thiere an der Ostküste von Grönland, dieselben, die auch von der englischen Expedition gefunden worden seien, schienen dafür zu sprechen, dass man im Norden vom Robeson Channel in der That an den Ufern desselben Polarbeckens stände, wie an der Ostküste von Grönland; mit anderen Worten, dass das Festland von Grönland sich nicht allzuweit mehr gegen den Pol erstrecken könne. Die weitere Erforschung der Nordküsten von Grönland auf Basis des Robeson Channels sowohl als auch von der Ostküste aus, scheine Redner daher von der allergrössesten Wichtigkeit zur weiteren Förderung unserer Kenntnisse der arktischen Regionen. Dies sei von ihm bereits in dem Schlussworte zum Werke über die zweite deutsche Nordpolexpedition (Band I., zweiter Theil, pag. 699) hervorgehoben. Redner bedauert, dass es die Umstände und theilweise wohl auch die Instruktion dem Kapitain Nares nicht gestattet hätten, noch einen Winter in jenen hohen Breiten am Ausgange des Robeson Chamels zu verweilen, um die Erforschung der Nordküsten Grönlands so weit als möglich zu vollenden. Im Uebrigen seien die Resultate in wissenschaftlicher Beziehung bedeutend und epochemachend zu nennen; in geographischer Beziehung sei eine weit ausgedehnte Küstenstrecke und zwar unter den erschwerendsten Umständen neu entdeckt und erforscht, man sei dem Pol näher gekommen als je vorher, und durch die Ueberwinterung an zwei verschiedenen Stellen auf so hoher Breite, nördlicher als irgend eine andere Ueberwinterung, seien werthvolle meteorologische, magnetische und naturhistorische Beobachtungen und Sammlungen in ausgedehntem Maasse heimgebracht, so dass es unbegreiflich wäre, wie die Expedition selbst in England in gewissen Kreisen als eine erfolglose beurtheilt werden könne, wenn man nicht den verkehrten und unwissenschaftlichen Standpunkt dieser Leute zugleich berücksichtige. Die Manie, den Pol zu erreichen und eine gewisse damit verknüpfte Eitelkeit, verdrängten aber alle übrigen Rücksichten. Redner weist schliesslich noch darauf hin, dass er schon vor 5 Jahren nach seiner Rückkehr von Ostgrönland gerathen habe (Hansa 1871, Nr. 10, Beilage), das blosse Jagen nach dem Nordpol aufzugeben, sich aber die gründliche methodische naturhistorische Erforschung der arktischen Gegenden auf Grund der gegebenen Küsten zur Aufgabe zu machen. Dazu biete kein Land grössere Aussichten auf Erfolge, als eben Grönland und habe deshalb Redner auch den Weg durch den Smithsund sowohl, als auch die Ostküste von Grönland als eine geeignete Basis hierzu empfohlen. Redner spricht die Hoffnung aus, dass sich auch die deutsche Flagge an diesen Bestrebungen, aber nicht an dem Jagen nach der Erreichung des Poles ferner betheiligen möge.

Anknüpfend an den Vortrag des Herrn Koldewey verliest Herr Friederichsen zwei an ihn gerichtete Briefe Dr. Petermann's, worin dieser seine Ansicht über die Resultate der Nares'schen Expedition ausspricht und einen Meinungsaustausch über eine von Neuem anzuregende Nordpol-Expedition aus Reichsmitteln erbittet. Ausserdem werden zwei noch unedirte, für das 12. Heft der Petermann'schen Mittheilungen 1876 bestimmte Abhandlungen Petermann's verlesen, welche Petermann's Standpunkt zu der Nordpolarfrage klarlegen.

Hieran reiht sich eine lebhafte Diskussion, in der vor Allem Herr Koldewey hervorhebt, dass Herr Petermann sich im Irrthum befände, wenn er glaube, dass die Engländer den Smith-Sund als Ausgangspunkt für ihr Vordringen gen Pol gewählt, weil sie dort ein offenes Meer zu finden gehofft hätten, dies sei keineswegs der Fall, sondern man sei auf diesem Wege vorgedrungen, weil man geglaubt, dass sich hier das Land am weitesten gen Norden erstrecke, auf dessen Basis die Erreichung einer solchen Breite allein möglich sei.

Im Uebrigen glaube Redner hervorheben zu sollen, dass wenn Herr Petermann jetzt für den Weg NW oder NO von Spitzbergen plaidire, er seine Ansicht gänzlich geändert habe, denn im 4. Heft des Jahrganges 1865 seiner Mittheilungen habe er das Meer westlich von Spitzbergen als eine Sackgasse bezeichnet. (Die bezügliche Stelle wird wörtlich verlesen.) In Bezug auf das, was Weyprecht über das Meer des ewigen Eises der Engländer sage, müsse er entgegnen, dass das Eis bei einer gewissen Dicke nicht mehr von unten, sondern nur von oben durch den atmosphärischen Niederschlag wachse, auch kein Aufschieben der Eisschollen das alte von den Engländern angetroffene Eis gebildet haben könne. Das alte von den Engländern angetroffene Packeis von so immenser Dicke, diene ihm als Beweis für die Existenz eines Meeres mit ausserordentlich wenig Abflüssen.

Herr Harms stimmt Herrn Koldewey bei und theilt die Ansicht des Herrn Dr. Neumayer hinsichtlich der nothwendigen gleichzeitigen Nord und Südpolar-Forschungen auf Basis zu errichtender Stationen, wenn sich auch nicht leugnen lasse, dass in der Erreichung des Poles selbst gerade für die Entdeckungsreisenden der Reiz liege.

Herr Dr. Neumayer konstatirt, dass die Anfang dieses Jahres in Berlin zusammengetretene Reichskommission zur Prüfung der Bremer Eingabe an den Bundesrath, eine deutsche Nordpolar-Expedition aus Reichsmitteln betreffend, nicht den Weyprecht'schen Plan der Beobachtungs-Stationen angenommen, sondern wesentlich verschieden davon als Basis für fernere Polar-Expeditionen die Errichtung von Stationen vorgeschlagen worden seien, von welchen aus man zu Schiff oder zu Schlitten in unbekannte Regionen vorzudringen habe.

Herr Friederichsen verliest sodann einen aus Cháhbágh bei Bushîre vom 20. Oktober d. J. datirten Brief des Herrn Dr. Andreas.

Herr Dr. Neumayer widmet darauf dem am 6. August d. J. in Halle verstorbenen Dr. Otto Ule warme Worte der Erinnerung und giebt Kenntniss von einem von Halle aus ergangenen Aufruf zur Errichtung einer Ule-Stiftung.

Herr Friederichsen berichtet über die von Herrn Ingenieur Clemens Denhardt aus Zeitz, z. Zeit in Berlin ansässig, geplante Expedition nach Nord-Ost-Afrika in die Somali- und Galla-Länder, welche bei einigen der mit Afrika in lebhafter Handelsbeziehung stehenden Hamburger Kaufleute Interesse und pekuniäre Unterstützung gefunden habe. Das Haus Hansing & Co. zumal, welches an der fraglichen Küste in Zanzibar, Barawa, Marka und Magadoxa Faktoreien besässe und schon früher Hern Dr. Hildebrandt wesentliche Dienste leisten konnte, auch weit in das unbekannte Central-Afrika hinein ausgedehnte Handelsverbindungen unterhalte, habe Herrn Denhardt weitgehende Hülfe zugesichert und werde die Expedition gratis auf seinen Schiffen nach Zanzibar und weiter befördern. Ein Mitglied der Expedition, Herr Dr. med. Fischer sei bereits im November per Segelschiff von hier abgegangen und Herr Denhardt beabsichtige im Februar 1877 ihm zu folgen. Durch einen längeren wiederholten Aufenthalt in Hamburg im Verkehr mit afrikanischen Kaufleuten seien Denhardt's Aufgaben und Ziele klar gestellt worden und bei einer jahrelangen Vorbereitung für seine Reise stände Erfolg für Wissenschaft und Handel zu erwarten. Seine Reiseberichte habe er der Hamburger Geogr. Gesellschaft, der er seit Kurzem als Mitglied angehöre, aus freien Stücken zugesichert. Im Hinblick hierauf empföhle es sich Herrn Denhardt auch von Seiten der Gesellschaft pekuniär zu unterstützen und habe Redner im Auftrage des Vorstandes zu beantragen, Herrn Denhardt für den Fall des Zustandekommens seiner Expedition aus der Gesellschaftskasse die einmalige Unterstützung von 500 ℳ. zu bewilligen.

Der Antrag wird angenommen.

37. Sitzung. 4. Januar 1877.

Vorsitzender: Herr Bürgermeister Dr. Kirchenpauer.

Das Protokoll der vorigen Sitzung wird verlesen und genehmigt.

Herr Dr. Max Buchner hält einen Vortrag über seine während der Monate Mai bis September 1876 ausgeführten Reisen auf Neu-Seeland, der Viti-Insel »Kandavu« und den Hawaii'schen Inseln. (Siehe Seite 95 dieser Mittheilungen.)

Herr J. Witt wird an Stelle des erkrankten Herrn F. Nessmann zum Revisor erwählt.

Herr Dr. Neumayer giebt eine historische Uebersicht über die Entdeckungsreisen in Australien während der letzten 16 Jahre.

Der Vorsitzende berichtet über ein auf Dr. F. Andreas und dessen Begleiter Dr. Stolze in Rawani unweit Cháhbágh bei Bushîre verübtes Attentat, wie solches in einem vom 4. November 1876 datirten Schreiben des Herrn Andreas geschildert wird.

38. Sitzung. 1. Februar 1877.

Vorsitzender: Herr Schulrath Harms.

Das Protokoll der vorigen Sitzung wird verlesen und genehmigt.

Vier neue Mitglieder werden aufgenommen.

Herr Friederichsen berichtet über die am 27. Januar erfolgte Rückkehr der beiden Afrika-Reisenden Dr. Lentz und Pogge und giebt einige vorläufige Nachrichten über Pogge's Besuch in Muati Yanwo's Residenz.

Herr L. Lippert legt die von den Revisoren geprüfte Cassa-Bilanz ultimo 1876 vor.

		Saldo von 1875:	*M.* 1025.75
Einzahlungen:			
8 Beiträge für 1875 à *M.* 12	*M.*	96.—	
330 » » 1876 » »	»	3960.—	
2 » » 1877 » »	»	24.—	
für verkaufte Jahresberichte	»	123.75	
» » Separatabdrücke des 2. Jahresberichtes	»	193.50	
L. Friederichsen freiwilliger Beitrag	»	60.—	
			» 4457.25
			M. 5483.—
Auszahlungen:			
März 16. An die Afrikanische Gesellschaft, Berlin, Beitrag für 1875 von 349 Mitgliedern à *M.* 3.	*M.*	1047.—	
Nov. 28. Einzahlung an die Sparkasse	»	200.—	
Div. Zahlungen für Drucksachen, Lithographien, Karten, Inserate, Honorare an die Schreiber, Boten, Reisespesen, Porti und kleine Kosten	»	2611.97	
			» 3858.97
		Saldo...	*M.* 1624.03

Die Gesellschaft zählte ultimo 1876: 18 Ehrenmitglieder, 4 korrespondirende und 373 ordentliche Mitglieder.

Herr Prof. Sadebeck spricht über den genetischen Zusammenhang der Vegetation der Polarländer mit der des Waldgebietes der nördlichen Hemisphaere. Der Vortragende deutet zunächst als Einleitung auf die allgemeinen Bedingungen hin, welche bei der Verbreitung der Pflanzen auf der Erde die massgebenden sind und fügt daran eine kurze Uebersicht der wichtigsten Pflanzenzonen- und Regionen. Daraus ergiebt sich, dass der Typus der Vegetation der Polarländer bei ungefähr 66° N. Br. beginnt und die arktische und Polarzone umfasst. Diese beiden Zonen entsprechen auch den beiden Regionen der Alpensträucher und der Alpenkräuter, unterscheiden sich jedoch von allen übrigen Zonen leicht dadurch, dass die Pflanzenformen es nicht mehr zur Baumentwickelung bringen. Das an die arktische Zone grenzende Waldgebiet reicht dagegen nach Süden hin bis etwa zum 45. N. Br. Auch dieses ist in zwei deutlich ausgeprägte Zonen zu trennen, nämlich die subarktische oder die Zone des praevalirenden Nadelholzwaldes und die kältere temperirte oder die Zone der Laubbäume.

Bei allen Fragen über die pflanzengeographische Verbreitung der Gewächse ist es von Wichtigkeit, sich über die Kernfrage der Entstehung der Arten wenigstens in soweit Klarheit zu verschaffen, ob es möglich ist, für eine und dieselbe Pflanze mehrere Schöpfungsheerde anzunehmen, welche sowohl der Zeit als dem Orte nach von einander getrennt sind. Der gegenwärtige Stand der Pflanzenphysiologie nöthigt aber zu einer bestimmten Negation dieser Frage, und wir sind daher zu dem Schlusse berechtigt, dass der Ursprung einer jeden Pflanzenspecies auf einen einzigen Entstehungsort zurückzuführen ist.

Bei der direkten Fragestellung nach dem genetischen Zusammenhange der beiden in Rede stehenden Vegetationstypen darf man jedoch naturgemäss nicht bei der Jetztzeit stehen bleiben, vielmehr muss man auch die Untersuchungen der früheren geologischen Epochen der arktischen Flora in Betracht ziehen. Hier ist es nun die Tertiärformation und ganz insbesondere das Vorkommen von Braunkohle auf der ganzen Linie von Nowaja-Semlja westwärts bis zur Behringstrasse, welche den sichern Nachweis liefern, dass in dieser Epoche die Wälder sich bis in diese Breiten erstreckt haben. Diese Thatsache wird noch bedeutungsvoller, wenn man erwägt, dass diese Wälder aus Baumformen bestanden haben, welche den gegenwärtigen Beständebildern des Laubholzwaldes der nördlichen Hemisphaere zum mindesten sehr nahe verwandt sind. Es sind dies nach Grisebach besonders: Erlen, Haselsträucher, Buchen, Eichen, Platanen und Pappeln; an der Kings-Bai in Spitzbergen wurden sogar die Ueberreste einer Lindenart gefunden. Andererseits jedoch ist es auch eine bekannte Thatsache, dass auf Island in dem sog. Surturbrande die ausserordentlich characteristischen Abdrücke des Tulpenbaumes vorkommen, welcher in der recenten Form als Lyriodendron tulipiferum durch den mittleren und nördlichen Theil der Vereinigten Staaten Nord-Amerika's vielfach verbreitet ist. Der mehrfach von Pataeontologen ausgesprochenen Ansicht jedoch, dass die recenten und fossilen Formen dieses Baumes specifisch verschieden seien, konnte der Vortragende nicht beistimmen. Derselbe hatte neuerdings Gelegenheit, diese Angaben eingehend zu prüfen und ist vielmehr zu der bestimmten Ansicht gelangt, dass die Identität der recenten und fossilen Formen eine vollkommene sei, ganz ebenso, wie es von Taxodium distichum und Sequoia sempervirens schon längst anerkannt wird. Betreffs der ebenfalls hierbei in Frage kommenden Thuja occidentalis sprach sich der Vortragende dahin aus, dass er auch hier die Identität der recenten und fossilen Formen für höchst wahrscheinlich halte, dass ihm jedoch der sichere Nachweis noch nicht gelungen sei.

In dem darauf Folgenden weist der Vortragende darauf hin, dass die Möglichkeit dieser Vegetations-Verhältnisse der Vorzeit in der gleichmässigeren Beschaffenheit der jetzt so verschiedenen Klimata auf der gesammten Erde zu suchen sei. Nach allen bisherigen Untersuchungen sei es ziemlich sicher, dass die wässerige Dunsthülle, welche nothwendig die Oberfläche der Erde früher umgeben habe, der direkten Einwirkung der Sonnenstrahlen hinderlich gewesen sei und somit auch der Ausbildung wesentlich verschiedener Klimata. In der nach der Tertiärzeit jedoch eingetretenen Eiszeit und dem damit verbundenen Kampf um's Dasein konnten natürlich nur verhältnissmässig wenige Arten sich lebend erhalten; aber auch diese wenigen Formen sind ausreichend, uns den vollgültigen Beweis zu liefern, dass zwischen der Vegetation der Polarländer und der des westlichen Kontinentes ein genetischer Zusammenhang besteht. Wenn man jedoch andererseits erwägt, dass ein solcher Zusammenhang mit der westlichen Hemisphaere nicht existirt, so kann man sich zu dem Schlusse berechtigt halten, dass die Vegetation des westlichen Kontinentes die ältere, die des östlichen Kontinentes die jüngere ist.

Diese Ansicht wird auch noch durch die Thatsache, welche bei der zwischen Europa und Nord-Amerika bestehenden gegenseitigen Pflanzenwanderung stattfinden, wesentlich unterstützt. Es sind etwa 6 Mal mehr Arten von Europa nach Amerika hinüber gewandert, als umgekehrt, und Engelmann nannte demnach Nord-Amerika den Garten für europäisches Unkraut. Es ist aber in der That beachtungswerth, wie üppig und kräftig alle europäischen Pflanzenformen in Nord-Amerika gedeihen. Auch Grisebach ist mit Bezug auf dieses der Ansicht, dass die Entstehung der amerikanischen Vegetation ihrer Masse nach auf eine ältere Zeit zurückzuführen ist und diese leicht von den jüngeren kräftigeren im Kampf um's Dasein verdrängt werden konnte. Der Vortragende fügte hier noch hinzu, dass gerade die zunächst stehenden verwandten Arten von den eingewanderten verdrängt werden und also in dem Kampfe um's Dasein unterliegen, während die entfernter stehenden Pflanzenformen einen solchen Kampf nicht zu bestehen haben und also ihre Existenz bewahren.

Bringt man diese Erscheinungen mit den obigen geologischen Thatsachen in Verbindung, so wird man in einem genetischen Zusammenhange der uralten amerikanischen Vegetation mit der der Polarländer kaum etwas Paradoxes mehr finden können. Im Gegentheil, man wird hier die Basis erblicken müssen, von welcher weitere wissenschaftliche Forschungen ausgehen müssen, um den noch lange nicht gänzlich gelüfteten Isisschleier völlig zu heben.

Herr G. Cramm zeigt zwei im Maassstabe von 1 : 50,000 von Herrn Obergeometer Stück in Hamburg ausgeführte Schichtenreliefs des St. Gotthard und Grindelwald vor, welche auf Basis der eidgenössischen Generalsstabskarten entstanden sind, und erklärt die Methode der Herstellung.

Herr E. H. Wichmann hat eine im Maassstabe 1 : 850,000 angefertigte Original-Wandkarte der Britischen Inseln ausgestellt und erläutert dieselbe.

39. Sitzung. 1. März 1877.

Vorsitzender: Herr L. Friederichsen.

Das Protokoll der vorigen Sitzung wird verlesen und genehmigt.

Drei neue Mitglieder werden aufgenommen.

Unter den eingegangenen Geschenken ist eine von dem hamburgischen Vermessungsbureau herausgegebene, von Herrn G. Cramm gezeichnete, in Kupfer gestochene und gedruckte Karte von Hamburg und Umgebung (1 : 50,000), besonders hervorzuheben.

Der Vorsitzende legt sodann die erste Hälfte des soeben erschienenen physikalisch-statistischen Atlas des Deutschen Reichs, herausgegeben von Richard Andree und Oskar Peschel, vor, und weist auf die Bedeutung dieses für Deutschland grundlegenden Kartenwerkes hin.

Der Vorsitzende widmet den jüngst verstorbenen Afrika-Reisenden Eduard Mohr und Dr. Hermann v. Barth Worte dankender Anerkennung und Erinnerung und glaubt anderweitigen Gerüchten gegenüber betonen zu sollen, dass Eduard Mohr den Folgen einer schon vor seiner Abreise von Europa bedenklich erschienenen Krankheit, nicht der Hand eines Frevlers erlegen sei.

Herr Professor Dr. K. Wiebel hält einen Vortrag über örtliche Seebeben und deren Ursachen.

Der Vorsitzende giebt sodann in Veranlassung der heutigen Jahresversammlung eine Uebersicht über die Thätigkeit der Gesellschaft während der letzten Vereinsperiöde und fordert im Anschluss daran zu der statutenmässig vorgeschriebenen Neuwahl eines Vorstandes für die nächsten beiden Jahre auf.

Im ersten Wahlgange wird Herr Bürgermeister Dr. G. Kirchenpauer zum Präsidenten wieder erwählt; im 2. Wahlgange werden in den Vorstand berufen die Herren L. Friederichsen, C. Godeffroy jr., Schulrath Harms, L. Lippert, Professor Dr. Neumayer und Direktor G. Rümker.

40. Sitzung. 5. April 1877.

Vorsitzender: Herr Bürgermeister Dr. Kirchenpauer.

Das Protokoll der vorigen Sitzung wird verlesen und genehmigt.

Ein neues Mitglied wird aufgenommen.

Der Vorsitzende zeigt an, dass der Vorstand für 1877—78 die Aemter unter sich wie folgt vertheilt habe:

Vicepräsident: Herr Professor Dr. Neumayer.
1. Sekretair: Herr L. Friederichsen.
2. Sekretair: Herr Direktor Rümker.
Kassirer: Herr L. Lippert.

Der Vorsitzende theilt ferner mit, dass der Bibliothek durch den Vorstand des hiesigen Hansischen Geschichts-Vereins das werthvolle Geschenk von 15 Jahrgängen der «Mittheilungen der k. k. geographischen Gesellschaft in Wien,» zugegangen sei.

Herr Dr. Neumayer legt die monatliche Uebersicht der Witterung pr. Januar 1877, herausgegeben von der Deutschen Seewarte, vor und referirt über den Inhalt dieser nunmehr in gewisser Regelmässigkeit erscheinenden monatlichen Wetterberichte, welche quasi eine Geschichte der Witterung innerhalb des betreffenden Zeitraums enthalten.

Derselbe hält sodann den angekündigten Vortrag über die neuesten Forschungen auf dem australischen Kontinent.

Herr Friederichsen referirt über die im Daily Telegraph vom 26. und 29. März abgedruckten Briefe Stanley's und dessen Reise an den Alexandra Nile und Lukuga River.

41. Sitzung. 3. Mai 1877.

Vorsitzender: Herr Bürgermeister Dr. Kirchenpauer.

Herr Dr. Pechuel-Lösche aus Leipzig ist als Gast anwesend und wird der Gesellschaft in ehrender Weise durch den Vorsitzenden vorgestellt.

Das Protokoll der vorigen Sitzung wird verlesen und genehmigt.

Herr Dr. Pechuel-Lösche hält einen Vortrag über Loango und die Loango-Küste. Eine Anzahl der vom Vortragenden an Ort und Stelle angefertigten Aquarelle und gesammelten ethnographischen Gegenstände sind ausgestellt.

Herr J. G. Repsold schildert seinen längeren Aufenthalt in den Mangues von Santos. (Siehe Seite 29 dieser Mittheilungen.)

42. Sitzung. 7. Juni 1877.

Vorsitzender: Herr Bürgermeister Dr. Kirchenpauer.

Das Protokoll der vorigen Sitzung wird verlesen und genehmigt.

Der Vorsitzende verliest eine Einladung zu der am 9. Juni in Segeberg stattfindenden Generalversammlung des naturwissenschaftlichen Vereins für Schleswig-Holstein und zum Besuche des seitens der Geographischen Gesellschaft in Bremen arrangirten Ausstellung der ethnographisch-wissenschaftlichen Sammlungen der Westsibirischen Forschungsreise unter Dr. Finsch 1876. Gleichzeitig wird mitgetheilt, dass der Vorstand der Bremer Geographischen Gesellschaft auch in anderen grösseren Städten Deutschlands diese sibirische Sammlung auszustellen beabsichtige, und dass es erwünscht erscheine, diesen Plan auch in Hamburg realisirt zu sehen, selbst wenn es auf Risiko der Geographischen Gesellschaft geschehen müsse. — Der Vorstand wird hierzu ermächtigt. —

Herr Friederichsen berichtet über den soeben erschienenen ersten Theil des v. Richthofen'schen Reisewerks über China und bezeichnet dasselbe als epochemachend in der deutschen Litteratur. — Derselbe berichtet ferner über den bisherigen Verlauf der Andreas'schen Expedition in Persien und zwar auf Basis der von Dr. F. Stolze (dem Begleiter des Dr. Andreas) in der Elberfelder Zeitung publicirten Reisebilder aus Persien.

Herr Direktor Friedländer hält darauf den angekündigten Vortrag über Russland's Verhältniss zum türkischen Reich in geschichtlicher und ethnographischer Beziehung. Der Vortragende giebt zuerst eine gedrängte Uebersicht über die Beziehungen Russlands zum byzantinischen und später zum türkischen Reiche, wobei er besonders die Absichten Peters des Grossen und Katharinas II. eingehender bespricht. Dann werden die Verhältnisse unter Alexander I. und Napoleon I., die Stellung Russlands zur griechischen Revolution, der Türkenkrieg von 1828 und der Friede von Adrianopel berührt. Von da an kompliciren sich die Verhältnisse. Mit jedem Türkenkriege verbindet sich auch ein Krieg auf asiatischem Schauplatze, denn Asien wird für Russland von Jahrzehnt zu Jahrzehnt wichtiger. Der Gewinn in Asien verspricht unermesslich zu werden, er unterstützt die Pläne gegen Konstantinopel und eröffnet die Perspektive auf eine kolossale Macht. Von diesem Gesichtspunkt aus geht der Vortragende auf die Erörterung der asiatischen Verhältnisse über. Der Besitz des Kaukasus wird als nothwendig zur Sicherung des russischen Landes und als Stützpunkt für das weitere Vordringen in Asien bezeichnet und darauf hingewiesen, wie am Euphrat das russische mit dem englischen Interesse zu Kollisionen Veranlassung gegeben hat. Daher wird der Kampf um Kars und Erzerum als hochwichtig bezeichnet.

Dann bespricht der Vortragende die Verhältnisse der russischen Macht in Centralasien. Er weist nach, wie schon ihr Handelsinteresse sie zwinge, eine beherrschende Stellung in jenen Gebieten zu erstreben und gedachte sowohl der militärischen und der offenen Gewaltmassregeln, wie des diplomatischen Ränkespiels, welches Russland in Centralasien zur Anwendung gebracht habe. So sei ein ununterbrochenes Vorschieben der russischen Grenze nach Süden und im Osten eingetreten und Russland habe die erheblichsten Handelsvortheile für seine Kaufleute erlangt.

Zum Schlusse werden die ethnographischen und die religiösen Verhältnisse im türkischen Reiche auseinandergesezt.

Herr Friederichsen macht Mittheilung über die ihm zugegangenen Nachrichten über das am 10. Mai stattgehabte Erdbeben von Iquique und die dadurch veranlasste Fluthwelle im Grossen Ocean.

43. Sitzung. 4. Oktober 1877.

Vorsitzender: Herr Bürgermeister Dr. Kirchenpauer.

Das Protokoll der vorigen Sitzung wird verlesen und genehmigt.

Der Vorsitzende zeigt an, dass die September-Sitzung wegen Abwesenheit der Mehrzahl der Vorstandsmitglieder hätte ausfallen müssen, und knüpft an die Thatsache, dass der Besuch der September-Sitzung stets ein spärlicher gewesen, den Antrag, die September-Sitzung in Zukunft ausfallen zu lassen.

Da dieser Antrag eine Statuten-Veränderung bedingt, so wird die Diskussion darüber auf die nächste Sitzung verschoben. —

Der Vorsitzende berichtet sodann über die in den Tagen vom 17. bis 23. September in München abgehaltene 50. Versammlung deutscher Naturforscher und Aerzte.

Herr Friederichsen hält den angekündigten Vortrag über den kartographischen Standpunkt Costa Rica's. (Siehe Seite 43 dieser Mittheilungen).

44. Sitzung. 1. November 1877.

Vorsitzender: Herr Bürgermeister Dr. Kirchenpauer.

Das Protokoll der vorigen Sitzung wird verlesen und genehmigt.

Drei neue Mitglieder werden aufgenommen.

Auf Antrag des Vorstandes wird beschlossen in Zukunft die September-Sitzung ausfallen zu lassen.

Der Vorsitzende stellt Namens des Vorstandes den Antrag auf Bildung eines »Beiraths«, welcher aus 10 Mitgliedern bestehen, von der Gesellschaft auf 2 Jahre gewählt, und dem Vorstande in wichtigen Fragen mit Rath zur Seite stehen soll. Die Diskussion und Abstimmung hierüber, so wie die Wahl des Beiraths wird auf die Dezember-Sitzung verschoben.

Herr Eduard Lippert hält darauf einen Vortrag über die Diamantfelder Süd-Afrika's (Siehe Seite 327 dieser Mittheilungen).

Herr Professor Dr. Eyssenhardt versucht die Resultate der neuesten Forschungen Gladstone's über Homer zu prüfen. Das Hauptresultat desselben ist »*Homeric Synchronism*« p. 200 ausgesprochen: »*The argument for such conjectures may be summed up thus. Contemporary Hellas was subject, after the manner of an eastern empire, to the Egyptian Sovereigns of the Eighteenth dynasty, and, titularly at least, perhaps also to those of the Nineteenth.*« Dieser Satz wird weiter erklärt und bestätigt p. 208: »*we find in these Poems a certain set of ruling or official families, all bearing the mark of foreign origin, all invested with the non-Hellenic title of ἄναξ ἀνδρῶν and mostly connected with the name of Aiolos and its transmarine associations.*« Der Vortragende leugnet, dass für diese Sätze ein Beweis erbracht sei, denn Homer's Kenntniss des hundertthorigen Thebens kann nicht die Unterjochung von Hellas unter Aegypten beweisen. Ebenso wenig ist ein Beweis darin zu finden, dass bald Priamos, bald Achilles von Gladstone als Bilder des Königs Rameses II. angesehen werden. Herr Gladstone sagt p. 199: »*Rameses was a portentous sensualist . . . he had 166 children . . .*« und darum ist sein Ebenbild zu finden »*in the ménage of Priam,*« da dieselbe »*in its Asiatic multiformity so strangely contrasted with the modesty of early Greek life.*« Hierin liegt aber ebenso wenig eine Beziehung auf Aegypten, wie Achilles seinerseits auch ein Bild des Rameses II. ist wegen seiner »*colossal dimensions both of sentiment and action*« (p. 201).

Ein zweiter Versuch Gladstone's Griechenlands Verbindung mit Aegypten nachzuweisen, gründet sich auf folgende Prämissen. Auf aegyptischen Denkmälern findet sich das Volk der Khita als im Jahre 1406 an einem Bündnisse gegen Aegypten theilnehmend. Ferner werden auf denselben Monumenten (p. 128) als Mitglieder dieses Bündnisses die Dardani genannt. Nimmt man diese als die angeblich vor den Trojanern in der Troas lebenden Dardaner an — immer vorausgesetzt, dass die Behauptungen in Betreff der aegyptischen Denkmäler richtig sind —, so wäre zwar eine Koalition gegen Aegypten nachgewiesen, aber noch immer nicht ein Krieg der Hellenen gegen Aegypten, da Dardaner wie Trojaner bei Homer in direktem Gegensatze zu den Hellenen stehen und als Barbaren anzusehen sind. Noch weniger kann die folgende Behauptung als irgend wie erwiesen betrachtet werden. Gladstone meint, die Khita oder (aegyptisch) Kheta seien identisch mit den *Κήτειοι*, welche unter Anführung des Eurypylos den Trojanern zu Hülfe gekommen waren, setzt diese also nach Syrien und will auf diese Weise die enge Verbindung der Khita mit Troja sowie den Grund nachweisen, weshalb Menelaos auf seiner Irrfahrt die syrische Küste vermied. Das letztere Argument würde einmal auch für alle andern von ihm nicht besuchten Länder gelten müssen, ferner aber wird er ja auch in der Sage — denn als Geschichte kann selbstverständlich weder dieser noch irgend ein anderer Theil der Homerischen Dichtung gelten — gegen seinen Willen nach Aegypten getrieben. Vor allen Dingen aber haben wir das griechische Wort für diese Khita, die hebraeischen Chittim, welches vom Singular Cheth gebildet ist und *Χετταῖοι* heisst. Endlich aber muss es als verfehlt bezeichnet werden, wenn dem Volke der *Κήτειοι* Memnon als König gegeben oder sonst mit ihm in Verbindung gesetzt wird (p. 170). Denn wenn Eurypylos für den schönsten Mann erklärt wird, den Odysseus nach dem göttlichen Memnon gesehen hat, so folgt daraus in keiner Weise, dass Memnon zu dem Volke des Eurypylos gehört hat, selbst wenn man zugeben will, dass »*when Homer compares men on this ground, it seems to be always within the limits of some race*« — denn daraus würde nur folgen, dass Memnon ein Barbar und kein Grieche war. Am wenigsten aber ist es möglich, folgenden Satz zuzugeben (p. 182): »*we find Homer, with respect to the Memnonian tradition, in contact and full consistency, upon a reasonable and probable interpretation of his text, with the facts of real history. Memnon, with whose personality we need not be greatly troubled, was for him the son of the bright East. Therefore he could not well be Egyptian: yet Egypt might afterwards claim him.*« Dies Letztere bezieht sich auf die sogenannte Memnonsstatue, welche, wie Gladstone selbst angiebt, vielmehr eine Statue des Königs Amenophis III. ist, und von den Griechen nur deswegen mit Memnon, dem Sohne der Morgenröthe, identifizirt wurde, weil sie bei Sonnenaufgang den bekannten Ton von sich gab.

45. Sitzung. 6. Dezember 1877.

Vorsitzender: Herr Professor Dr. Neumayer.

Herr Dr. M. Lindeman aus Bremen ist als Gast anwesend.

Das Protokoll der vorigen Sitzung wird verlesen und genehmigt.

Ein neues Mitglied wird aufgenommen.

Der Vorsitzende widmet dem auf afrikanischem Boden im Dienste der Wissenschaft verstorbenen Reisenden E. v. Bary ehrende Worte der Erinnerung.

Der Vorsitzende motivirt und stellt sodann den Antrag auf Bildung eines aus 10 Mitgliedern bestehenden Beiraths. Der Antrag wird genehmigt und folgende Herren in den Beirath gewählt: C. Koldewey, A. O'Swald, E. Güssefeld, C. Woermann sen., R. Sloman, Senator W. Nopitsch in Altona, F. J. Hansing, John Hertz, Dr. O. Matsen und G. T. Siemssen.

Herr Dr. M. Lindeman hält den angekündigten Vortrag über die Möglichkeit einer regelmässigen Handelsschifffahrt nach Sibirien.

Der Vortragende spricht zunächst Namens der Bremer geographischen Gesellschaft seine Freude darüber aus, dass der Vorstand der Hamburger Gesellschaft Gelegenheit geboten habe, die Sammlungen einer von Bremen, der Schwesterstadt, ausgesandten wissenschaftlichen Expedition hier in Hamburg auszustellen*). Er betont, indem er auf die Wichtigkeit der Aufschliessung ferner Länder hinweist, den Werth der Pflege und Förderung der Geographie gerade für die Hansestädte und giebt der Hoffnung auf ein grösseres Zusammenwirken beider Gesellschaften zu solchen Zwecken Ausdruck. Sich zu seinem Thema wendend, gedenkt er der Vorgeschichte des von Nordenskjöld gefundenen Seewegs durch das Karische Meer nach der Mündung des Jenissei. Er erinnert daran, wie auf Grund älterer Reiseberichte und besonders des russischen Akademikers von Baer jenes Meer und seine Zugänge von Westen her als durch Eis auch im Sommer verschlossen gegolten hätten, wogegen norwegische Fischerfahrten, welche seit dem Jahre 1869 in jener Richtung stattfanden, die Unhaltbarkeit der bisherigen Anschauung thatsächlich erwiesen hätten. Indem der Vortragende auf den Verlauf der Reisen der letzten 3 Jahre: des »Pröven« 1875, des Dampfers »Ymer« 1876 (unter Nordenskjöld), des Dampfers »Frazer« (Kapt. Dallmann), nach dem Jenissei, des russischen Segelschiffes »Morgenröthe« (Kapt. Schwanenberg) vom Jenissei nach Norwegen und endlich des Dampfers »Luise« (Kapt. Dahl), nach dem Ob — alle drei im Sommer ausgeführt — näher eingeht, zeigt er, dass während neun Sommern (seit 1869) das Karische Meer von Mitte August bis etwa Mitte September schiffbar ge-

*) Die sibirische Ausstellung hat während der Tage vom 25. November—29. Dezember in den früheren Räumen der Kommerzbibliothek in der Börse stattgefunden.

funden sei. Die kürzlich in St. Petersburg angekommene, von Michael Sidoroff ausgerüstete »Morgenröthe« hat zuerst sibirische Produkte (Häute, Metalle, Steinkohlen, Graphit, Hölzer etc.) auf dem neuen Seeweg nach Europa gebracht. Das Schiff wurde in Jenisseisk von einem dort ansässigen Helgoländer erbaut. Wenn nun auch an der Mündung des Jenissei, in Goltschika, ein Fahrwasser sei, das tief genug für die grössten Dampfer, welche dort sicher liegen können, so fehlen doch noch die nöthigen Lösch- und Ladevorrichtungen, auch müsste auf dem Jenissei Dampfschleppdienst für den Transport der Güter von und nach dem Seeschiff noch eingerichtet werden. Auf dem Ob sei dies Alles bereits geregelt, aber man wisse noch nicht, welchen Tiefgang der Obmeerbusen den Seeschiffen, welche ihn passiren wollen, gestattet. Dies führt den Redner zum zweiten Theil seines Vortrages, einer kurzen Darstellung der physikalischen, Produktions- und Verkehrsverhältnisse des Landes, wobei er auf die Bevölkerung, die Erzeugung von Getreide, welche einer bedeutenden Ausdehnung fähig, die Fischerei, die Viehzucht, Bergbau, die Verkehrsmittel zu Wasser und zu Lande etc. näher eingeht. Es ergiebt sich daraus, dass wenn die Mündung des Ob, bei Obdorsk, regelmässig im Sommer durch Frachtdampfer von Europa aus erreicht werden kann, unzweifelhaft ein bedeutendes Handelsgebiet der Seefahrt erschlossen werden wird. Dies zeigt der Redner näher, indem er auf Grund von ihm direkt gewordenen Berichten, die jetzt in Sibirien für den Flusstransport für Weizen, Roggen etc. gezahlten Preise angiebt, sowie diejenigen Waaren resp. Rohstoffe aufführt, welche sich vorzugsweise für die Einfuhr und Ausfuhr eignen. — Einige Karten, welche die Kurse der Fahrten durch das Karische Meer, die Flussverkehrswege und Strassen etc. Sibiriens veranschaulichen, dienen dem Vortrag zur Erläuterung.

Im Anschluss an den Vortrag des Herrn Lindeman bemerkt Herr Koldewey, dass sich die jetzigen Eisverhältnisse im Karischen Meere im Vergleich zu den älteren russischen Berichten gänzlich verändert hätten, und dass er an der Ostküste Grönlauds eine ähnliche Erfahrung mit den Scoresby'schen Berichten der dortigen Eisverhältnisse gemacht habe; nichtsdestoweniger warnt er vor der Annahme, dass das Karische Meer in jedem Jahre zu gewissen Zeit offen und für Segelschiffe zugänglich sei.

Herr Dr. Neumayer glaubt sodann nochmals rühmend auf die arktischen und antarktischen Fahrten des Bremer Kapitains Dallmann aufmerksam machen zu müssen und hervorheben zu sollen, dass für die Physik der Erde durch die jüngsten sibirischen Expeditionen werthvolles Material gewonnen sei.

Im weiterem Verlauf der Sitzung bespricht Herr Dr. Neumayer das Wilczek-Weyprecht'sche Programm der Arbeiten einer internationalen Polar-Expedition, welches dem im nächsten Jahre in Rom tagenden internationalen meteorologischen Kongress zur Diskussion unterbreitet werden solle. Der Schwerpunkt dieses Programms liege in den naturwissenschaftlichen Arbeiten der zu errichtenden, möglichst weit gen Norden vorgeschobenen Stationen, und der geographischen Forschung sei, wenn auch nicht so schroff wie vordem, in zweiter Linie gedacht. Unter Anerkennung der seitens Weyprecht's gegebenen gewichtigen Winke hinsichtlich der magnetischen Beobachtungen, hält Herr Neumayer es in Anbetracht des jetzigen zweifelhaften Stadiums der Wissenschaft des Erdmagnetismus für geboten, dass sich eine Kommission von kompetenten Fachleuten vorerst über die zu benutzenden Instrumente und über die Theorie der Beobachtungen klar zu werden habe und demgemäss das Weyprecht'sche Programm noch vielfachen Veränderungen unterliegen müsse.

Cassa-Bilanz ultimo 1877.

		Saldo von 1876:	ℳ. 1624.03
Einzahlungen:			
	36 Beiträge für 1876 à ℳ. 12	ℳ. 432.—	
	352 » » 1877 » »	» 4224.—	
	1 » » 1878 » »	» 12.—	
			» 4668.—
			ℳ. 6292.03
Auszahlungen:			
Febr. 6.	An die Afrikanische Gesellschaft in Berlin, Beitrag pro 1876 für 373 Mitglieder à ℳ. 3.	ℳ. 1119.—	
Mai 9.	An Herrn Cl. Denhardt für seine Expedition nach Nord-Ost-Afrika.................	» 500.—	
	An Ausgaben für Drucksachen..........	» 826.20	
	» Honorare an den Schreiber und Boten.	» 591.—	
	Reisespesen	» 53.20	
	Porti etc.	» 158.56	
			ℳ. 3247.96
		Saldo...	» 3044.07
			ℳ. 6292.03

Verzeichniss

der

vom 1. Juni 1875 bis ultimo Dezember 1877 geschenkt erhaltenen oder angekauften Bücher und Karten. *)

I. Bücher.

Album der deutschen Gesellschaft zur Erforschung Aequatorial-Afrikas. I. Landschaftlicher Theil; II. Antropologischer Theil. Berlin 1876. (Deutsche Afrikanische Gesellschaft.)

Banning, E., l'Afrique et la Conférence géographique de Bruxelles. Brüssel 1877.

Bas, F. de, de Rezidentie-Kaarten van Java en Madoera. Amsterdam 1876. (Geogr. Ges. Amsterdam.)

Baudet, Notice sur la part prise par Willem Jansz. Blaeu (1571—1638) dans la détermination des longitudes terrestres. (Lieut. v. Cornelissen.)

Borja Castro, Descripcão do Porto do Rio de Janeiro e das Obras da Doca d'Alfandega. Rio de Janeiro 1877. (J. G. Repsold.)

Brasilien, das Kaiserreich auf der Weltausstellung in Philadelphia 1876. (Baron v. Paraguassú.)

Burmeister, H., Dr., Physikalische Beschreibung der Argentinischen Republik. I. Buenos Ayres 1875. (Professor Dr. H. Burmeister, Buenos Ayres.)

Canal interocéanique sans écluses ni tunnels à travers le territoire du Darien entre les Golfes d'Uraba et de San Miguel. (General E. Türr, Paris.)

Congress, internationaler geographischer in Paris 1875. Wien 1875. (Geogr. Ges. Wien.)

— — La Suisse à l'Éxposition géographique de Paris 1875. (H. de Saussure.)

Deviations-Coefficienten der Schiffe S. M. Kriegs-Marine, berechnet aus den vom Jahre 1857—75 angestellten Beobachtungen. Pola 1875. (Hydrogr. Amt. Pola.)

Finsch, Otto, Dr., Eine Ferienreise unter Mitternachtsonne. Braunschweig 1876. (Dr. O. Finsch, Bremen.)

Friederichsen, L., Die britischen Besitzungen in Süd-Afrika. Hamburg 1877. (Verfasser.)

Garbich, N., Das mechanische Dromoskop. Triest 1875. (N. Garbich, Triest.)

Garrou, Hipolito, La Colonia del Chanchamayo. Lima 1875. (Ministerresident Dr. Lührsen, Lima.)

Giles, Ernest, Geographic Travels in Central-Australia 1872-74. Melbourne 1875. (Baron Ferd. v. Mueller, Melbourne.)

Glugnet, Léon, Géographie de la Soie. Lyon 1877. (Geogr. Ges. Lyon.)

Gordon-Stone, Publications of the Egyptian General Staff. I. Provinces of the Equator. 1874. Cairo 1877.

---

*) Die Namen der Schenker sind, soweit bekannt, in Klammer beigefügt.

Hamburg in naturhistorischer und medizinischer Beziehung. Hamburg 1876. (Comité der 49. Versammlung deutscher Naturforscher und Aerzte.)
Hamburg, Führer durch, und nächste Umgebung, v. L. Friederichsen. Hamburg 1876. (Comité der 49. Naturforscher-Versammlung.)
Hamburg's Handel. Herausgegeben auf Veranlassung der Handelskammer. Jahrgänge 1868—74. Hamburg.
Hamburg's Handelszustände 1867—72. Hamburg.
Hamburg, die Stadt, Vororte und Gemeinden. Hamburg 1874. (F. Nessmann.)
Hamburg, Statistik des Hamburgischen Staates, Hamburg 1875. (F. Nessmann.)
— — Heft VIII. 1. Abthlg. Hamburg 1876. (F. Nessmann.)
Jülfs & Balleer, die Seehäfen und Seehandelsplätze der Erde nach ihren hydrographischen, nautischen und kommerziellen Beziehungen. III. Europa 1. (Spanien, Portugal und Süd-Frankreich). Oldenburg 1878. (J. C. Jülfs, Elsfleth.)
Karsten, G., Tafeln zur Berechnung der Beobachtungen an den Küsten-Stationen und zur Verwandlung der angewendeten Maasse in metrisches Maass. Kiel 1874. (Verfasser.)
Keller-Leuzinger, Franz, Vom Amazonas und Madeira. Stuttgart 1874. (Verfasser.)
Kiepert, H., Lehrbuch der alten Geographie. 1. Hälfte. Berlin 1877. (Verfasser.)
Koolemans Beynen, De Reis der Pandora naar de Noordpoolgewesten, in den Zomer 1875. Amsterdam 1876. (Geogr. Ges. Amsterdam.)
Lentz, H., Reise auf dem Ogowe in West-Afrika. Bericht an den Vorstand der Afrik. Ges. in Berlin. 1875. (Afrik. Ges. Berlin.)
Leudesdorf, M., Nachrichten über die Gesundheitszustände in den verschiedenen Hafenplätzen. IX. X. XI. Hamburg. 1875, 76, 77. (Verfasser.)
Löckermann, H., Die Ringkugel. Hamburg 1875. (Verfasser.)
Mello, Homem de, Subsidios para a Organisação da Carta Physica do Brazil. Rio de Janeiro 1876. (Baron v. Paraguassú.)
Payer, Julius, Die österr.-ungarische Nordpol-Expedition 1872—74. Wien 1876. (Verfasser.)
Petermann, A., Geographie und Erforschung der Polar-Regionen. No. 123-125. 1877. (Verfasser.)
Petroff, Neuer russischer Dollmetscher für Deutsche. Odessa 1875.
Polaris-Expedition. Narrative of the North-Polar-Expedition U. S. Ship »Polaris«, Capt. Ch. Fr. Hall commanding. Washington 1876. (U. S. Naval Observatory. Washington.)
— — Scientific Results. Vol. I, by Dr. E. Bessels. Washington 1877. (Verfasser.)
Quesada, W. G., La Patagonia y las Tierras Australes del Continente Americano. Buenos Ayres 1875. (Verfasser.)
Questionnaire général de la Société de Géographie Commerciale de Bordeaux. Bordeaux 1875. (Geogr. Ges. Bordeaux.)
Raimondi, Antonie, El Peru, Tome I. Lima 1874. (Ministerresident Dr. Lührsen, Lima.)
Ravenstein, E. G., Birthplaces of the people and the Laws of Migration. London 1876. (Verfasser.)
Reitz, F. G., Fluthapparat System-Reitz. (Verfasser.)
Reuter, Emile, Projet de Création d'une Colonie agricole Belge dans l'Afrique Centrale ou Manuel du Colon Belge. Brüssel 1877.

Richard, Léonce, Cours théorique et pratique de la langue commerciale de l'Archipel d'Asie (dite Malaise). Bordeaux 1872. (Verfasser.)
— — Dictionnaire de la langue commerciale de l'Archipel d'Asie. Bordeaux 1873. (Verfasser.)
Rohlfs, Gerh., Die Bedeutung Tripolitanien's an sich und als Ausgangspunkt für Entdeckungs-Reisende. Weimar 1877. (Verfasser.)
Roudaire: Rapport sur la Mission des Chotts. Études relatives au projet de mer intérieure. Paris 1877. (Geogr. Ges. Paris.)
Schmidt, Neues russisch-deutsches und deutsch-russisches Taschenwörterbuch. Stuttgart 1874.
Schouw Santwoort, Plan van den onderzoekingstocht in Midden-Sumatra. Amsterdam 1876. (Geogr. Ges. Amsterdam.)
Schweinfurth, G., Discours prononcé au Caire à la Séance d'inauguration le 2 Juin 1875. Alexandrie 1875. (Verfasser.)
— — Artes Africanae. Leipzig 1875. (Verfasser.)
Sumatra-Expeditie. Berichten ontleend aan de Rapporten en Correspondentiën ingekomen van de Leden der Sumatra Expeditie. Bijblad 1—3. Utrecht 1877. (Geogr. Ges. Amsterdam.)
Tageblatt der 49. Versammlung deutscher Naturforscher und Aerzte. Hamburg 1876. (Comité der 49. Naturforscher-Versammlung.)
Transvaal. Correspondence repecting the War between the Transvaal Republic and Neighbouring Native Tribes and generally with reference to Native Affairs in South Africa. Parliament Paper. 1877.
Vissering, S., Handleiding tot het statistisch onderzoek. Utrecht 1875. (Geogr. Ges. Amsterdam.)
Watteville: Rapport sur le Service des Missions et Voyages scientifiques en 1876. Paris 1877. (Geogr. Ges. Paris.)
Weyprecht, C., Grundprinzipien der arktischen Forschung. Vortrag, gehalten vor der 48. Versammlung deutscher Naturforscher und Aerzte. Graz 1875. (Verfasser.)

2. Zeitschriften und periodisch erscheinende Berichte.

Annalen der Hydrographie und maritimen Meteorologie, herausgegeben von der Kaiserlichen Admiralität, Berlin 1876/77. (Hydrogr. Bureau. Berlin.)
Cosmos, communicazioni sui progressi più recenti e notevoli della geografia e delle scienze affini, di Guido Cora. 1876—77. (Verfasser.)
Ergebnisse der Beobachtungsstationen an den deutschen Küsten über die physikalischen Eigenschaften der Ostsee und Nordsee und die Fischerei. 1874 No. 8—12. 1875—77. Berlin. (Ministerial-Kommission. Kiel.)
— — Zusammenstellung der Beobachtungsresultate aus den Jahren 1873—74. Berlin 1875. (Ministerial-Kommission. Kiel.)
— — Jahresbericht der Kommission zur wissenschaftlichen Untersuchung der deutschen Meere in Kiel für 1872—73. 2. Abtheilung. Berlin 1875. (Ministerial-Kommission. Kiel.)
Jahrbuch des Ungarischen Karpathenvereins, II. III. IV. Kesmark 1875—77. (Karpathenverein.)
Karlsruhe, Verhandlungen des naturwissenschaftlichen Vereins daselbst, VII. 1876. (Naturw. Verein. Karlsruhe.)

Königsberg i. Pr. Schriften der physikalisch-ökonomischen Gesellschaft zu Königsberg. 1873—75. (Herausgeber.)

Leopoldina. Amtliches Organ der Kaiserl. Leopoldinisch-Carolinisch-Deutschen Akademie der Naturforscher. 1875 No. 9—12. 1876—77. Leopoldina. Dresden.)

Mittheilungen auf dem Gebiete des Seewesens, herausgegeben vom k. k. Hydrographischen Amt in Pola. 1875 No. 3—12. 1876—77. Pola. (Hydrographisches Amt. Pola.)

Schriften des Naturwissenschaftlichen Vereins für Schleswig-Holstein. Bd. I., Heft 3. Bd. II., Heft 1, 2. 1875—77. Kiel. (Naturw. Verein für Schleswig-Holstein.)

Sidney. Mines and Mineral Statistics 1875.
Mineral Map and Statistics.
Resources of New-South-Wales.
Transactions of the Philosophical Society of New-South-Wales. 1875.
Transactions and Proceedings of the Royal Society of New-South-Wales 1875.
(Royal Society of New-South-Wales in Sidney.)

Statistik, preussische; herausgegeben v. k. statistischen Bureau in Berlin. XXXIV. Monatliche Mittel des Jahres 1874 für Druck, Temperaturen, Feuchtigkeit und Niederschläge und fünftägige Wärmemittel, von H. W. Dove. Berlin 1875. (Kgl. statistisches Bureau. Berlin.)

Uebersicht, monatliche, der Witterung, herausgegeben von der Deutschen Seewarte. 1876 Heft 1—10. 1877 Heft 1—8. (Seewarte.)

Verhandlungen des Vereins für naturwissenschaftliche Unterhaltung in Hamburg. 1875. Hamburg 1875. (V. f. n. Unterhaltung.)

Washington. Annual Report of the Secretary of the Navy on the Operations of the Department for the year 1873. (John Hertz.)

— — Annual Report of the Board of Regents of the Smithonian Institution. 1875—76. (Smithonian Institute.)

Publikationen der geographischen Gesellschaften zu:

Amsterdam: Tijdschrift van het Aardrijkskundig Genootschap. 1876 No. 6—12. 1875—77. (Geogr. Ges. in Amsterdam.)

Antwerpen: Bulletin de la Société de Géographie d'Anvers. I. 1—3. Anvers 1877. (Geogr. Ges. Antwerpen.)

Berlin: Korrespondenzblatt der Afrikanischen Gesellschaft 1875—76. No. 12—20. (Afrik. Ges. Berlin.)

— — Zeitschrift der Gesellschaft für Erdkunde in Berlin und Verhandlungen d. G. f. E. 1875—77. Berlin. (Ges. f. Erdkunde. Berlin.)

Bordeaux: Bulletin de la Société de Géographie Commerciale de Bordeaux. No. 1. 1874—75. Bordeaux 1876. (Geogr. Ges. Bordeaux.)

Bremen: Deutsche geographische Blätter, herausgegeben von d. geogr. Ges. in Bremen. I. Bremen 1877. (Geogr. Ges. Bremen.)

Bremen: Forschungsreise nach West-Sibirien 1876. I—V. (Geogr. Ges. Bremen.)

Bucuresci (Bukarest): Buletinul Societatii Geografice Romane. I. 1—12. (1876—77.) (Geogr. Ges. Bukarest.)

Cairo: Statutes de la Société Khédiviale de Géographie. (Dr. Schweinfurth.) Geogr. Nachrichten No. 1. Cairo 1876. (Dr. G. Schweinfurth.)

Darmstadt: Notizblatt des Vereins für Erdkunde und verwandte Wissenschaften zu Darmstadt und des mittelrheinischen geologischen Vereins 1875—76. (Verein für Erdkunde. Darmstadt.)

Dresden: 12. 13. und 14. Jahresbericht des Vereins für Erdkunde. Wissenschaftlicher Theil. Dresden 1875—77. (V. f. Erdkunde. Dresden.) 11. und 12. Jahresbericht des V. f. E. Geschäftlicher Theil und Sitzungsberichte. Dresden 1875. (V. f. E. Dresden.)

Frankfurt a. M.: Jahresbericht des Frankfurter Vereins für Geographie und Statistik. 1872—74. (V. f. Geographie und Statistik. Frankfurt a. M.)

Halle a. S.: Mittheilungen des Vereins für Erdkunde zu Halle a. S. 1877. (V. f. E. Halle a. S.)

Leipzig: Mittheilungen des Vereins für Erdkunde in Leipzig. 1874—76. Leipzig. (V. f. E. Leipzig.)

Lissabon: Annaes da Comissão Central Permanente de Geographia. No. 1. 1876. Lisboa 1876. (Geogr. Ges. Lissabon.)

London: Journal of the Royal Geographical Society. Jahrgänge 1859—1875. London. (L. Lewinsohn. London.)

— — Journal of the Royal Geographical Society. Jahrgang 1876. London. (Geogr. Ges. London.)

— — Address to the R. G. Society delivered at the Anniversary Meeting on the 28. May 1877 by Sir Rutherford Alcock. (Geogr. Ges. London.)

— — R. G. S. African Exploration Fund. London 1877. (Geogr. Ges. London.)

— — Proceedings of the R. G. Society in London. 1860—76. (L. Lewinsohn. London.)

— — Proceedings of the R. G. Society in London. XXI. 1—6. (1877.) (Geogr. Ges. London.)

Lyon: Bulletin de la Société de Géographie de Lyon. 1876—77. Lyon. (Geogr. Ges. Lyon.)

— — Revue Lyonnaise de Géographie. Organe hebdomadaire des Sociétés géographiques départementales et des Clubs alpins sous la direction de M. A. du Mazet. (Geogr. Ges. Lyon.)

Madrid: Boletin de la Sociedad geografica de Madrid. 1877. No. 1—4. Madrid 1877. (Geogr. Ges. Madrid.)

Mexico: Boletin de la Sociedad de Geografia y Estadistica de la Republica Mexicana. I. No. 1—12. II. No. 1—7. (F. G. Müller-Beck.)

München: Vierter bis Siebenter Jahresbericht der Geogr. Gesellschaft in München. 1874—77. (Geogr. Ges. München.)

New-York: Journal of the American Geographical Society. 1870—77. (Geogr. Ges. New-York.)

Paris: Bulletin de la Société de Géographie 1877. (Paris.)

St. Petersburg: Publikationen der Russischen geogr. Gesellschaft. 1874—77. Zeitschrift, Arbeiten der ethnogr. statist. Expedition in West-Russland, der Sibirischen Expedition etc. (Geogr. Ges. St. Petersburg.)

Rom: Bolletino della Società Geografica Italiana. 1875—77. Roma. (Geogr. Ges. Rom.)

Wien: Mittheilungen der geogr. Gesellschaft in Wien. 1874—76. (Geogr. Ges. Wien.)

Wien: Mittheilungen der geogr. Gesellschaft in Wien. Jahrgänge 1857—68. 1870—72. (Verein für Hansische Geschichte. Hamburg.)

Yokohama: Mittheilungen der deutschen Gesellschaft für Natur- und Völkerkunde Ost-Asiens. 1875—76. Yokohama.
Beilage dazu: Das schöne Mädchen von Pao. Eine Erzählung aus der Geschichte China's im 8. Jahrhundert a. Chr. Heft 1—3. Yokohama. (Deutsche Ges. f. N. u. V. Ost-Asien's. Yokohama.)

---

3. Karten.

Plan of the Bar and Harbour at the Entrance of English River (E. Africa.) Admiralty Chart No. 646.

Friederichsen, L., Carta geografica de la República de Costa-Rica. 1 : 500.000. Hamburg 1876. (Verfasser.)

Cramm, G., Plan von Hamburg und Umgebung, herausgegeben vom hamb. Vermessungsbureau. 1 : 50.000. Mit Höhenkurven.
Derselbe ohne Höhenkurven. (G. Cramm.)

Jeppe, F., Map of the South African Republic (Transvaal) and the Surrounding Territories. 1 : 850.000. Pretoria 1876. (Verfasser.)

John, O. B. C. St., Persia, compiled principally from original authorities. 1 : 1.013.760. London.

Kiepert, H., Ethnogr. Uebersichtskarte des europäischen Orients. 1 : 3.000.000. Berlin 1876. (Verfasser.)

— — Karte des Sandjak Filibe. (Philippopolis in Bulgarien.) Berlin 1876. (Verfasser.)

— — Karte von Turan oder Turkestan. 1 : 5.000.000. (Verfasser.)

— — Specialkarte von Türkisch Armenien. 1 : 500.000. Berlin 1877. (Verfasser.)

Mello, Homem de, Carta physica do Brazil 1875. (Baron v. Paraguassú.)

Reyes, Raphael, Mappa das distancias em milhas geographicas dos pontos de escala dos paquetes a vapor nos rios Amazonas e Huallaga etc. (Baron v. Paraguassú.)

Wyse, Lucien N. B., Carte générale du Darien méridional. 1 : 250.000. Paris 1877. (Verfasser.)

Mitglieder-Verzeichniss Ende 1877.

Vorstand.

Präsident: Bürgermeister Dr. G **Kirchenpauer**.
Vice-Präsident: Wirklicher Admiralitätsrath und Direktor der Deutschen Seewarte Professor Dr. G. **Neumayer**.
1. Sekretair: **L. Friederichsen**.
2. Sekretair: Direktor der Sternwarte **G. Rümker**.
Kassirer: **L. Lippert**.
C. Godeffroy, jr.
Schulrath **L. Harms**.

Revisoren: **E. Güssefeld** und **J. Witt**.

Beirath.

E. Güssefeld.
F. J. Hansing.
John Hertz.
C. Koldewey, Abtheilungsvorstand in der Deutschen Seewarte.
C. Matsen, Dr., Bibliothekar der Kommerzbibliothek.
W. Nopitsch, Senator. Altona.
A. O'Swald.
G. T. Siemssen.
R. Sloman.
C. Woermann, sen.

I. Ehrenmitglieder.

1. **Bastian, A.**, Prof. Dr. Berlin .... Seit 7. Mai 1874.
2. **Becker, M. A.** Ritter von, Hofrath. Wien .... » 4. März 1875.
3. **Berghaus, Herm.** Dr., Gotha .... » 4. » 1875.
4. **Correnti, Cesare**, Präsident der Geogr. Gesellschaft in Rom » 4. » 1875.
5. **Dove, H. W.**, Prof. Dr., Kanzler d. Ordens pour le mérite. Berlin. » 4. » 1875.
6. **Hochstetter, Ferd. von**, Prof. Dr., Präsident der K. K. Geogr. Gesellschaft in Wien .... » 4. » 1875.
7. **Kiepert, Heinr.**, Prof. Dr., Berlin .... » 4. » 1875.
8. **Nachtigal, G.**, Dr., Berlin .... » 3 Juni 1875.
9. **Negri, Christoforo**, Prof. Dr., Ehrenpräsident der Italienischen Geogr. Gesellschaft. Turin .... » 7. Mai 1874.
10. **Neumayer, G.**, Prof. Dr., Direktor der Deutschen Seewarte. Hamburg .... » 3. Juni 1875.
11. **Payer, Julius**, Oberlieutenant a. D. Wien .... » 4. März 1875.
12. **Petermann, A.**, Prof. Dr. Gotha .... » 4. » 1875.
13. **Richthofen, Ferdinand** Freiherr von, Prof. Berlin .... » 7. Mai 1874.

14. **Rohlfs, G.**, Dr Hofrath. Weimar........................ Seit 4 März 1875.
15. **Schweinfurth, G.**, Dr. Cairo........................ » 4. » 1875.
16. **Weyprecht, Carl**, K. K. Linienschiffslieutenant in Triest.... » 4. » 1875.
17. **Wilczek, Hans**, Graf von. Excellenz. K. K. wirklicher Geheimrath. Wien........................ » 4. » 1875.

II. Korrespondirende Mitglieder.

1. **Cohen, Emil**, Prof. Dr. Heidelberg........................ Seit 9. Sept. 1875.
2. **Burmeister, H.**, Prof Dr. Buenos Ayres........................ » 7. Okt 1875.
3. **Kubary, Joh.**, aus Warschau........................ » 9 Sept. 1875.
4. **Richard, Léonce.** Bordeaux........................ » 9. » 1875.

III. Ordentliche Mitglieder.

1. Abegg, C. H.
2. Abendroth, E., Lootsen-Commandeur a. D.
3. Ahlers, Jakob.
4. Albers-Schönberg, A. H.
5. Albrecht, S., Dr., Präses des Handelsgerichts.
6. Amsinck, H.
7. Amsinck, J., Dr. med.
8. Amsinck, L. E.
9. Amsinck, M. G.
10. Amsinck, Wilh.
11. Anklamm, Alb.
12. Arning, J. F., Dr. med.
13. Barber, Alfred.
14. Bargen, Chr. van.
15. Bartning, O.
16. Bastian, A.
17. Beeck, Adelbert.
18. Behn, Aug.
19. Bergh, L. N. A. van den.
20. Bergner, Philipp.
21. Berkefeld, W.
22. Bieber, Franz Voguell.
23. Bieber, G. R.
24. Bippen, Arnold von.
25. Blume, H. J.
26. Böcker, G.
27. Böhl, Ludwig.
28. Boettcher, C., Direktor Dr.
29. Boettger, Ernst.
30. Bollmann, Caesar.
31. Bolten, Aug.
32. Booth, Arthur.
33. Booth, Stanley.
34. Borstelmann, J.
35. Brach, Rud.
36. Brass, W. G.
37. Brauer, Lorenz.
38. Brauss, Herm.
39. Brückmann, Alb.
40. Bubendey, Gerh., Dr.
41. Bülau, G., Dr. med.
42. Büsch, Oskar.
43. Büsing, Rudolph.
44. Buhrow. P. G.
45. Butz, Max.
46. Cammerer, Rud., Dr. med., Generalarzt. Altona.
47. Carstens, C. F.
48. Chaplin, E.
49. Christern, H.
50. Classen, Aug., Dr. med.
51. Classen, J., Direktor Dr.
52. Cohen, B., Dr.
53. Cramm, G.
54. Daus, Ed.
55. Dehn, Max, Dr. med.
56. Dellschaft, Herm.
57. Denhardt, Clemens, Ingenieur. Berlin.
58. Diechmann, J. A. C.
59. Dieckmann jr., H. W.
60. Diestel, G. L. F.
61. Dubbers, J. H.
62. Eckardt, Moritz.
63. Eyssenhardt, F. R., Prof. Dr.
64. Elkan, W., Konsul.
65. Embden, G. H., Dr.

66. Enet, G. R.
67. Engel, Felix, Ingenieur.
68. Erdmann, H., Dr.
69. Eylert, H.
70. Firgau, Victor.
71. Fischer, Fr. W. Herm.
72. Fixsen, Joh. Hnr.
73. Föhring, H., Dr.
74. Fölsch, Aug.
75. Förster, F.
76. Forst, W. H.
77. Freeden, W. von.
78. Freitas, A. de.
79. Freitas, C. de.
80. Friederichsen, L.
81. Friedländer, K., Direktor Dr.
82. Gaiser, G. L.
83. Gericke, G.
84. Gilbert, H., Dr.
85. Gildemeister, F.
86. Godeffroy, A.
87. Godeffroy jr., C.
88. Godeffroy sen., J. C.
89. Goldenberg jr., Wm.
90. Goldschmidt, Martin.
91. Goldschmidt, Paul L.
92. Gorrissen, G. C., Generalkonsul.
93. Gosewisch, G.
94. Gossler, H., Dr.
95. Gossler, John Berenberg.
96. Gossler, Oskar, Dr.
97. Gottsche, C. M., Dr. Altona.
98. Greibe, C.
99. Groenewold, E. B.
100. Gross, G., Dr.
101. Grote, Herm.
102. Gültzow, F.
103. Güssefeld, E.
104. Gütschow, Anton.
105. Halberstadt, J., Dr. med.
106. Hallier, J. G.
107. Hane, A.
108. Hane, Alfred von.
109. Hane, H. von.
110. Hansing, F. J. H.
111. Hargreaves, J. W. H.
112. Haring, G. H., Dr.
113. Harms, L., Schulrath.
114. Hartmeyer, E., Dr.
115. Haug, E., General. Itzehoe.
116. Hayn, M. Th., Senator.
117. Hayn, Ph., Dr.
118. Hegemann, F.
119. Heinichen, A., Dr.
120. Heise, Carl Georg.
121. Heitmann, Thomas.
122. Helms, Herm.
123. Herbst, L. F., Prof. Dr.
124. Herrmann, M. A., Konsul.
125. Hertz, A. F., Senator.
126. Hertz, G., Obergerichtsrath Dr.
127. Hertz, John.
128. Heyne, Ed.
129. Hinrichsen, M. W.
130. Hinsch, J. D.
131. Hirsch, C. H. A., Dr.
132. Hirsch, Ph., Dr.
133. Hirsche, K. G., Hauptpastor Dr.
134. Hirsekorn, C. Rud.
135. Hirsekorn, Ernst J., Dr.
136. Hoche, R., Direktor Dr.
137. Hoeltzke, C. von, Excellenz, wirkl. Staatsrath und K. Russischer Minister-resident.
138. Holtzapfel, Ed. Ernst.
139. Homann, D. A.
140. Hooge, Carl.
141. Hopff, Albert.
142. Horschitz, Sally.
143. Horwitz, M. S.
144. Hübbe, Hugo.
145. Imray, James. London.
146. Isler, M., Dr.
147. Israel, John, Dr.
148. Jencquel, G. A.
149. Joachim, C., Dr.
150. Jülfs, C. Elsfleth.
151. Karuht, Carl.
152. Kellinghusen, A. H., Dr.
153. Kellinghusen, H., Bürgermeister Dr.
154. Kirchenpauer, G., Bürgermeister Dr.
155. Kiessling, A., Prof.
156. Klauhold, A., Dr.
157. Kluge, E., Dr. Altona.
158. Knauer, G.
159. Knauer, W., Senator. Altona.
160. Koeppen, W., Dr.
161. Koldewey, C., Kapitain.

162. Krauss, C. Th., Medizinal-Inspektor Dr.
163. Krause, R., Dr. med.
164. Krieg, E., Dr. med.
165. Krogmann, F. G. A., Dr. med.
166. Krogmann, H.
167. Krogmann jr., J. F.
168. Krütli, G. R. A. F.
169. Küstermann, Franz.
170. Kunhardt, F., Senator Dr.
171. Laeisz, Carl.
172. Lantzius, Otto.
173. Lasker, Max.
174. Lavy jr., Chr.
175. Lazarus, J., Dr.
176. Leffmann, A. M.
177. Leithäuser, G., Dr.
178. Leo, Carl, Dr.
179. Levinsohn, Martin.
180. Limpricht, J.
181. Lion, Eugen.
182. Lippert, Ed.
183. Lippert, L.
184. Lippert, W. A.
185. Lipschütz, G.
186. Lipschütz, L.
187. Loesener, F.
188. Lommitz, F., Dr. med.
189. Lüders, H. A. J., Pastor.
190. Lund, J. G., Konsul.
191. Lyon, Alfred.
192. Marcus, Eduard.
193. Marquardt, L., Dr.
194. Matsen, O., Dr.
195. Matthiesen, F. E., Direktor.
196. Mauke, E., Dr. med.
197. Meinardus, Otto W.
198. Melchior, M.
199. Merck, C. H., Dr. Syndikus.
200. Meyer, Ferd.
201. Meyer, Gustav J.
202. Meyer, H. A., Dr.
203. Meyer, H. C.
204. Meyer, J. Arthur F.
205. Meyer, T. F. J.
206. Meyersberg, M.
207. Michaelsen, W.
208. Michow, H., Dr.
209. Micolci, A., Dr.
210. Mohrmann, J., Dr.
211. Moll, Ed. L.
212. Möller, A. E., Marine-Inspektor.
213. Mönckeberg, R., Dr.
214. Morath, Herm., Dr. med.
215. Möring, C. P. F., Senator.
216. Müller, Ernest, Bankdirektor.
217. Müller, F. Th., Dr. Senator.
218. Müller-Beeck, F. G.
219. Münchmeyer jr., A.
220. Münchmeyer, H., Konsul.
221. Mumssen, W. E., Prof. Dr.
222. Mutzenbecher, Joh., Baron von.
223. Nessmann, F., Direktor des statist. Bureaus.
224. Neumayer, G., Prof. Dr.
225. Niebour, Th., Direktor
226. Niebuhr jr., Ernst.
227. Niemeyer, E.
228. Nölting, Emile, Generalkonsul.
229. Noodt, V., Direktor Dr.
230. Nopitsch, W. H., Senator. Altona.
231. Nordheim, Louis.
232. Oehrens, W., Dr. med.
233. Ohlendorff, Albertus von.
234. Oppenheim, Alb.
235. Osenbrüg, A.
236. O'Swald, A. P.
237. O'Swald, Fritz.
238. O'Swald, Wm., Senator.
239. Otto, M., Dr.
240. Paraguassú, Baron von, Generalkonsul.
241. Paul, Johs.
242. Paulsen, Th.
243. Petersen, Carl, Dr. Bürgermeister.
244. Petersen, G., Dr.
245. Philip, Jakob.
246. Philipp, F., Dr. med.
247. Philippi, Herm., Architekt.
248. Pickenpack, Paul.
249. Pickenpack, Vincent.
250. Pieper, Oskar, Dr.
251. Plagemann, J. C.
252. Plath, Carl.
253. Poelchau, Herm., Dr.
254. Pontoppidan, E.
255. Pontoppidan, H., Generalkonsul.
256. Probst, W., Bankdirektor.
257. Pustau, W. von. Altona.
258. Rapp, Th.

259. Ratjen, E., Dr. med.
260. Raynal, A.
261. Rech, J.
262. Redlich, C., Schuldirektor.
263. Rée, Julius.
264. Rée, Ph.
265. Rée, Wilh.
266. Refardt, J. F. C.
267. Reichwagen, L.
268. Reincke, J., Dr. med., Physikus.
269. Rennebaum, A.
270. Repsold, G.
271. Repsold, J. A.
272. Richers, W.
273. Riedel, C. J.
274. Riensch. A.
275. Robertson, R. J.
276. Robertson, Wm.
277. Robinow, Carl.
278. Robinow, Herm.
279. Robinow, J. A.
280. Roeltgen, H. A.
281. Roosen, B. C., Pastor.
282. Rosen, Henry J.
283. Rosenfeld, Louis.
284. Rosenthal, F. W. A.
285. Ross, D.
286. Rümker, G., Direktor der Sternwarte.
287. Ruperti, J.
288. Ruscheweyh, Hugo.
289. Ruths, Valentin.
290. Sadebeck, R., Prof. Dr.
291. Salomon, M. G., Dr.
292. Samuel, S.
293. Schaernack, Edm., Oberstabsarzt, Dr.
294. Scharlach, J., Dr.
295. Schiller, Gustav.
296. Schlaeger, G.
297. Schlüter, David, Dr.
298. Schmeltz jr., J. D. E.
299. Schmid, Carl L.
300. Schmilinsky, J. F.
301. Schön, C. A. W., Generalkonsul.
302. Schrader, Joh. Hartwig.
303. Schramm, Adolph.
304. Schramm, Ernst.
305. Schück, A., Kapitain.
306. Schultz, Theod.
307. Seebohm, J., Dr.
308. Seifer, Th., Oberlehrer.
309. Seligmann, Emil.
310. Sellin, C. W.
311. Siemssen, G. T.
312. Sieveking, J. H., Dr.
313. Sieveking, W., Dr. med.
314. Sievers, G., Pastor. Catharinenhagen.
315. Sieverts, R. C.
316. Sloman, Rob. M.
317. Söhle, Martin, Dr.
318. Sohége, C. J., Dr. med.
319. Sonder, W., Dr.
320. Spengel, H. W., Dr. med.
321. Speyer, Justin.
322. Spihlmann, A.
323. Stahmer, J. F. T., Senator.
324. Stammann, Fr.
325. Steinert, D.
326. Steinhaus, C. F., Marine-Ingenieur.
327. Stuhlmann, C. A., Dr.
328. Sudeck, J. L.
329. Theobald, A., Dr.
330. Thormählen, J.
331. Tietgens, Gustav W.
332. Timm, A., Marine-Ingenieur.
333. Todtenhaupt, A. G.
334. Traun, C. J. F.
335. Traun, H., Dr.
336. Udewald, W.
337. Ulex, G. F.
338. Ulex, G. L., Dr.
339. Ullrich, W., Dr.
340. Versmann, E.
341. Versmann, J., Dr. Senator.
342. Vidal, Oskar.
343. Vogler, C. J. L.
344. Vorwerk, Ad.
345. Wagner, Abtheilungsvorstand der Deutschen Seewarte.
346. Wagner, Herm., Dr.
347. Wappäus, A. H.
348. Warburg, Ferd.
349. Warburg, Joh. R.
350. Warburg, Pius, Altona.
351. Warburg, S. R.
352. Weber, Th., Konsul, Apia.
353. Weickhmann, H., Kapitain z. S.
354. Wellig, Th., Dr.
355. Wendt, G., Dr.

356. Wesch, W., Oberstabsarzt Dr.
357. Westendarp, W.
358. Westphal, C. W. L.
359. Weyhe, Dr.
360. Wibel, F., Dr.
361. Wichmann, E. H.
362. Wichmann, N. D.
363. Wiebel, K., Prof. Dr.
364. Wille, Th.
365. Witt, J.
366. Woermann jr., Ad.
367. Woermann sen., C.
368. Wolf, R., Dr. med.
369. Wolff, Otto G.
370. Wolffson sen., J., Dr.
371. Zacharias, A. N.
372. Zeller, Francisco von, Generalkonsul.
373. Zimmermann, Th. G., Dr.

Innerhalb des Zeitraums von Ende März 1875 bis Ende Dezember 1877 sind gestorben:

1. Baumeister, H., Dr., Obergerichtspräsident.
2. Carl, R.
3. Dalmann J., Wasserbau-Direktor.
4. Duhst, J. H.
5. Hansen, Chr., Dr.
6. Hübener, H. A., Senator.
7. Jacobsen, Ferd.
8. Kayser, Robert.
9. Küchenmeister, C. J., Dr.
10. Schmidt-Hirschfelde, von, Major a. D.
11. Willinck, C. H.
12. Woldsen, Herm.
13. Zimmermann, K. G., Dr.

Druck von Ackermann & Wulff in Hamburg.

(Anhang zu den Mittheilungen der Geographischen Gesellschaft in Hamburg 1876—77).

Ueber die jetzigen Verhältnisse im südlichen Galla-Lande und Wito.

Reisebericht vom Dr. med. **G. A. Fischer.**

Zweite Hälfte.

Sultan Simba, der der Kämpfe nun müde, zog sich, um dem Streiten für immer ein Ende zu machen, jetzt in eine natürliche Festung zurück, die sicherer als Mauern und Forts, nämlich in den Urwald. Das Galla-Land nördlich vom Osi ist eine weite mit Hyphaena und verkrüppelten Mimosen bestandene Ebene, durch die sich mehr oder weniger starke Züge von prächtigem Urwalde hinziehen. In einem solchen ziemlich von West nach Ost ziehenden Walde schlug Simba sein Heim auf, und zwar an einer Stelle, wo ein sanft ansteigendes Terrain sich befindet, an dessen einer Seite, dort wo der Urwald aufhört, ein kleines nur zur Regenzeit Wasser führendes Flüsschen fliesst, das bei Kau in den Osi mündet; dasselbe begrenzt Kau von der Westseite, ist hier etwa 5 Meter breit und führt bei weitem nicht mehr die Wassermenge, wie weiter oberhalb, indem ein grosser Theil des Wassers über das Land hin abfliesst, so dass bei jenem Orte selbst die so wenig tief gehenden Maus nur bei der Fluthzeit einfahren können. Demnach kann man wohl nicht behaupten, dass Wito am Osi-Flusse gelegen sei, denn nur während vier Monate ist ein Wasserweg zwischen Wito-Kau vorhanden, während der übrigen acht Monate besteht keine Verbindung mit dem Osi. *)

Inmitten jenes Urwaldes nun liess Simba einen Platz ausroden, der zur Anlegung einer Stadt gross genug schien; die beiden Zugänge, welche zu derselben führen liegen so versteckt, dass sie für einen mit dem Terrain Unbekannten sehr schwer zu finden sind, und bestehen aus schmalen Gängen, deren einer im Norden, deren anderer im Süden der Stadt liegt; sie führen zu einem durch mächtige Pallisaden befestigten Eingang, der eben hin-

---

*) Auf der Brenner'schen Karte ist Wito ferner zu weit nördlich von Kau und zu weit entfernt von der Küste angegeben. Von Kau aus erreicht man in nördlicher Richtung nach 2 ½ Wegstunden Wito. Flintenschüsse in einem dieser Orte können im andern gehört werden. Von der Osi-Mündung (Kipini) gelangt man in 4 ½ Stunden nach Wito, so dass ein guter Fussgänger Abends am Ausgangspunkte wieder anlangen kann.

reicht ein Kind durchzulassen und der mit eintretender Dunkelheit geschlossen wird. Undurchdringliches dichtes Buschwerk und Dornen schliessen den Urwald nach aussen hin ab; ebensowenig ist es möglich, vom Innern der Stadt aus in denselben einzudringen. Das in Folge des vielen Regens äusserst üppig gediehene Strauchwerk und Schlinggewächs, daneben die kolossalen Adansonien und riesigen weissrindigen »msefu« genannten Bäume, aus denen die Kähne gehauen werden, machten einen schönen und grossartigen Eindruck.

In dieser Festung sitzt der Sultan mit seinen Anhängern jetzt sechszehn Jahre und in diesen sechszehn Jahren hat sich diese Schöpfung Simba's nicht weiter entwickelt. Von einem Reiche Wito zu reden ist durchaus unberechtigt; Wito ist nur eine Stadt mit ihren umliegenden Schambas, in der Simba mit seinen Anhängern ein ungestörtes Dasein geniesst. Die Schambas liegen zum grössten Theile ausserhalb des Urwaldes, im Norden und Süden desselben, doch finden sich auch kleinere in demselben, die ausserordentlich fruchtbar und meistens auch von freien Suaheli bewohnt werden, so dass dort kleinere Ortschaften von 20 bis 50 Häusern sich finden, in derselben Weise angelegt wie die Mutterstadt. Wie Brenner vor 10 Jahren berichten konnte, in Wito sei die Sklaverei aufgehoben, bleibt vollkommen räthselhaft. Es bestehen dort in dieser Beziehung dieselben Verhältnisse, wie an der Küste, ja es befinden sich in Wito verhältnissmässig mehr Sklaven als in den Küstenorten und die Einwohner haben besonders in den ersten Jahren ihres Urwaldlebens eine grosse Menge Sklaven durch Vermittelung der Suaheli an der Küste gekauft. Denn es war aus dem Grunde eine Nothwendigkeit für die Suaheli in Wito eine beträchtliche Anzahl von Sklaven zu besitzen, weil die einzelnen nicht zu sehr mit Arbeit belastet werden durften, wie dies oft in empörender Weise bei der Küstenbevölkerung geschieht; im andern Falle hätten die Sklaven vorgezogen in jene Ortschaften zu entfliehen, die sich aus entlaufenen Sklaven gebildet haben. Unter solchen Umständen haben die Sklaven von Wito ein bequemes Leben und viel Zeit entweder zum Nichtsthun oder für ihre Rechnung das Feld zu bestellen. Wir finden demnach in Wito an 6000 Sklaven; der Sultan selbst besitzt einige Hundert. Die freien Suaheli erreichen die Zahl 6000 nicht, gegenüber 13,000 zu Brenners Zeiten. Wollte der Sultan jenen Sklaven die Freiheit schenken, die wenigsten würden ihm dankbar dafür sein, vielmehr ihn bitten, in ihrem alten Verhältnisse bleiben zu dürfen. Der Grund liegt, wenn man den Charakter des Negers berücksichtigt, nicht fern: als Sklaven haben sie keine Nahrungssorgen und keine anstrengende Arbeit, als freie Neger müssen sie entweder mehr arbeiten oder mehr Hunger leiden. Während meines Aufenthaltes in

Wito wurden zwei Sklaven des Sultans mit Reisstampfen — zum Zwecke des Aushülsens — ihrer Ansicht nach zu sehr angestrengt; sie legten daher die schweren Stampfer nieder und entflohen, das heisst sie gingen zu einer Schamba spazieren, ruhten sich dort einen Tag aus und kehrten am dritten Tage wieder zu ihrem Herrn zurück. Wer nur einigermassen mit den Verhältnissen der Suaheli-Küste, mit den Anschauungen und Sitten der Suaheli und dem Charakter der Neger bekannt ist, kann unmöglich einem Suaheli-Herrscher zutrauen, die Sklaverei aufzuheben. In solchem Falle hätten die Unterthanen Simbas ihren geliebten Sultan allein im Urwalde zurückgelassen. Die von Brenner angegebene Zahl von 13,000 freien Suaheli in Wito scheint etwas hoch, wenn auch im Laufe der Jahre viele an die Küste gezogen sind — so auch im vorigen Jahre — da ihnen das Leben in jener Festung zu einsam und sie zu wenig Neuigkeiten dort hörten. Sie bleiben deshalb immer noch Anhänger des Sultans Simba, wie denn überhaupt die Suaheli dieses Küstenstriches mit ihm sympathisiren und von ihm als dem »Sultan der Suaheli« sprechen. Die Regierung Said Bargasch's ist sehr unbeliebt, weil sie den Engländern in Betreff der Sklaven so viele Konzessionen gemacht und weil sie durch hohe Zölle und Requirirung von Getreide die Bevölkerung sehr drückt. Dass von einer Aufhebung der Sklaverei gar keine Rede sein kann, geht ferner aus der Thatsache hervor, dass entlaufene Sklaven gegen ein Lösegeld an den Eigenthümer wieder zurückgegeben werden; durch diese Einrichtung hat Sultan Simba im Laufe der Jahre eine nicht unbedeutende Einnahme erzielt. Das Lösegeld ist zwar im Allgemeinen auf 5 Doll. festgesetzt, kommt aber in sehr vielen Fällen bedeutend höher zu stehen. Wenn der betreffende Besitzer des entlaufenen Sklaven in Wito um die Wiedereinfangung jenes ersucht, schickt Simba einige seiner sogenannten Soldaten aus, um ihn zu suchen; gelingt es, ihn in der Nähe und bald zu fassen, so wird kein hohes Lösegeld gefordert, nimmt das Aufsuchen jedoch längere Zeit in Anspruch, muss der Sklave weit hergeholt werden und sind vielleicht noch Unterhandlungen mit einer Sklavenortschaft nöthig, so beträgt das Lösegeld sogar die Hälfte des ursprünglichen Kaufpreises oder die Hälfte des augenblicklichen Werthes des Sklaven. Während meines Aufenthaltes in Wito wurde ein ergriffener Sklave für ein Lösegeld von 30 Doll. ausgeliefert. Natürlich gelingt es Simba in vielen Fällen nicht der Entflohenen habhaft zu werden; diese siedeln sich dann in einem der Sklavenorte an.

Was das Verhältniss der letzteren zu Wito betrifft, so stehen dieselben in gar keiner oder doch nur sehr lockerer Verbindung zu demselben; das Wort »Unterthanen« Simbas ist vollkommen unberechtigt. Sultan

Simba kümmert sich nicht um sie, er kann garnicht einmal wissen, wo manche Orte sich befinden; nur wenige Leute sind vorhanden, welchen die geheimen Wege bekannt sind, die zu den entfernter liegenden und sehr verborgenen Niederlassungen führen. Dieselben erstrecken sich bis nach Balawa hin, etwa 2—2½ Tagereisen in nördlicher Richtung von Wito und sind im Allgemeinen in derselben Weise angelegt wie letzteres. Nur insofern stehen Wito und jene Sklavenorte in gewisser Verbindung, dass sie »schauri moja« machen, wie der Suaheli sich ausdrückt, das soll hier so viel heissen, dass sie gemeinsame Berathung in äusseren Angelegenheiten halten; hier sind ihre Interessen enge verbunden. Bricht Krieg zwischen Wito und den Arabern aus, so werden alle Watoro — mit diesem Namen belegt der Suaheli die entlaufenen Sklaven — ersterem zu Hülfe eilen; denn ihre Existenz ist sehr gefährdet, wenn die Festung Wito gefallen, welche den Küstenbewohnern nicht gestattet, gegen die Watoro zu ziehen. Andererseits haben die letzteren ausser Wito keinen Ort, wo sie ihre Produkte absetzen und ihre Bedürfnisse einkaufen können. Wie sehr sie sich aber selbst in Wito noch unheimlich fühlen, geht aus dem Umstande genügend hervor, dass sie in der Nacht dorthin kommen, um ihr Getreide (Reis, Mtama, Mais) an die in Wito ansässigen Banianen zu verkaufen. In der ersten Zeit seines Aufenthaltes im Urwalde verlangte Simba übrigens einen jährlichen Tribut von den Watoro, indem er mit Recht sagte, dass er mit seinen Leuten ihnen eine sichere Existenz ermögliche; später liess er diesen Tribut wieder fallen.

Der Sultan, ein sehr kräftiger Mann von etwa 50 Jahren, ist von fast tiefschwarzer Hautfarbe; in seinen Adern fliesst viel Negerblut, doch ist seine Physiognomie nicht unangenehm, es drückt sich Gutmüthigkeit und Wohlwollen in derselben aus, aber auch ein ziemlicher Grad von geistiger Beschränktheit. Völkerbeglückende Absichten, wie sie ihm zugeschrieben worden, Befreiung der Sklaven oder irgend welche andere humane Bestrebungen und Reformen, sind ihm niemals in den Sinn gekommen. Ebensowenig wusste er von einem Vertrage, den er jenem vor 10 Jahren eingetroffenen Europäer mitgegeben haben sollte, um ihn der Regierung jenes zu unterbreiten. Auch schon damals waren die Leute von Wito so gut wie abgeschnitten von der Küste, denn die Araber sassen in Kau und Kipini und in der Gegend von Lamu bestanden mehrere unter der Herrschaft der Araber stehende Ortschaften.

Ein Hauptcharakterzug Simbas ist der unwiderstehliche Trieb, ein jedes Ding, das ihm gefällt, besitzen zu müssen; früher soll dieser Trieb noch stärker bei ihm ausgebildet gewesen sein. Sowohl der Handel in seinem kleinen Gebiete, als auch die eintreffenden Fremden haben darunter viel zu leiden. Bei meiner Ankunft wurde mir bedeutet: alles was des

Sultans ist, ist auch dein und alles was dein ist, gehört auch dem Sultan. Etwas zu kaufen war mir nicht gestattet, ebensowenig den Einwohnern mir etwas zu verkaufen; alle meine Bedürfnisse mussten dem Sultan angezeigt werden, der für die Befriedigung derselben Sorge trug. Dafür gestattete sich denn Simba täglich einen Wunsch auszusprechen, dieses oder jenes Ding aus Europa besitzen zu mögen. Mit einem guten Vorderlader, den ich ihm gleich Anfangs zum Geschenk machte, neben vielen kleineren Gegenständen, wie bunte Tuche, Glasknöpfe etc., war er noch nicht zufrieden, er wollte auch noch meinen Hinterlader besitzen, was ich ihm jedoch einfach abschlug. Später versuchte er mich dann zu einem Tausche mit seinem alten Hinterlader zu bewegen, worauf ich mich jedoch ebensowenig einlassen konnte, wie auf einen Tausch unserer Uhren, deren er eine wenig dauerhafte besass. Von den Banianen und Indiern, welche sich des Handels wegen bei ihm niederlassen wollen, verlangt er 2—300 Doll. für die Erlaubniss zur Errichtung einer duca (Laden, Bude); damit aber nicht zufrieden, eignet er sich nach Belieben von den Gegenständen an, welche jene Handelsleute einführen, so dass es diesen nicht möglich ist, einen Gewinn bei ihrem Geschäfte herauszuschlagen. Daher hatten sich bis vor Kurzem einige indische Händler zwischen Kau und Wito niedergelassen, welche den Tauschhandel mit den Leuten von Wito vermittelten. Seit einem Jahre hat sich ein Baniane in Wito selbst niedergelassen, welcher ausser Kleiderstoffen auch alle die übrigen kleineren Artikel führt, die aus Europa hierher gelangen; er kauft Reis, Mtama und Mais auf, um es nach Lamu zu Markte zu bringen und besorgt auch den nächtlichen Tauschhandel mit den Watoro.

Simba leidet an einer starken Elephantiasis scroti, die ihn jedoch am Gehen noch wenig hindert. Jagd ist seine Lieblingsbeschäftigung und fast allabendlich kann man ihn mit den Vornehmen durch seine Stadt gehen sehen, um einige Vögel von den hohen Bäumen, welche vereinzelt zwischen den Häusern stehen, herunterzuschiessen. Er besitzt nur eine Tochter, welche an seinen Thronfolger, den ältesten Sohn seines Bruders verheirathet ist. Sein Bruder sowohl wie mehr oder weniger dessen 3 Söhne sind von der gelbbraunen arabischen Hautfärbung. Die beiden jüngsten Wangu mku und »Fum Omari« stehen mit ihrem Oheim auf gespanntem Fusse und verkehren gar nicht mit ihm; nur der Thronfolger »Fum Bakari« macht täglich seine Aufwartung beim Sultan ebenso wie alle Vornehmen der Stadt. Die Neffen Simbas scheinen mehr Intelligenz und Unternehmungsgeist zu besitzen, als er selbst. Es wird behauptet, sie seien entschlossen nach dem Tode ihres Oheims nochmals einen Kampf mit den Arabern zu wagen, um sich nach der Küste hin Bahn zu brechen.

Die Lebensweise der Leute von Wito ist ganz dieselbe wie die der Suaheli an der Küste. Ihre Häuser, aus dem rothen Lehm ihres Landes erbaut — nur der Sultan besitzt ein grosses Steinhaus — sind ebenso schlecht wie die der Suaheli. Die Feuchtigkeit innerhalb der Stadt und sogar der Häuser war ganz enorm. Bis zum 6. Dezember regnete es täglich stark; die Häuser waren von grossen Sumpflachen umgeben; die mit Gras oder den Blättern von Hyphaena belegten Dächer liessen Regen durch, und der hohe Urwald hielt jeden Luftzug fern. Unter solchen Umständen war ein ungünstiger Gesundheitszustand unter der Bevölkerung zu erwarten. Eine grosse Anzahl Kranker, hauptsächlich mit Darmkatarrhen, rheumatischen Affektionen und Blasenkatarrhen, suchte täglich meine Hülfe nach. Gegen Ende meines Aufenthaltes traten dann viele Malaria-Fälle hinzu. Blasenkatarrhe, welche überhaupt sehr häufig an der Küste angetroffen werden, theils in Folge von Gonorrhoe, theils in Folge von Schlafen in feuchten Wohnungen, waren in Wito ausserordentlich häufig; allein 19 Kinder wurden mir gebracht, die alle schon längere Zeit an dem Uebel litten.

Das Hauptprodukt, welches Wito mit seinen Schambas, welche sich bis 3 Stunden von der Stadt ausdehnen, liefert, ist der Reis, der in ausgezeichneter Qualität dort gedeiht; ausser diesem kommen Mtama und Mais in Handel. Von Baumwolle, Kopal, Orseille und Gewürznelken ist keine Rede. Ebensowenig liefert Wito Elfenbein und Straussenfedern. Diese letzteren Artikel werden von den Waboni an die Wapokomo und Galla oder nach Kau verhandelt. Die noch nicht angeführten Produkte der Schambas, wie Bananen, Ananas, Bataten, Maniok und die noch sehr gut gedeihende Kokos-Nuss wird von den Einwohnern selbst verbraucht. Mango-Bäume sind ebenfalls angepflanzt, doch noch zu jung, um reichlichen Ertrag zu geben. Apfelsinen gedeihen nur schlecht und haben nicht entfernt die Güte der Zanzibar-Früchte. Vieh ist in sehr geringem Masse vorhanden; Rindvieh kann überhaupt nicht gehalten werden; es geht nach wenigen Tagen zu Grunde; als Ursache wurde mir von dem Einen das feuchte Klima, von dem Anderen Fliegen angegeben. Die Somali bringen von Zeit zu Zeit einige Rinder zum Verkauf, die gleich geschlachtet werden. Ziegen und Schafe gedeihen ganz gut, doch sind sie nur in geringer Anzahl vorhanden.

Die bewaffnete Macht des Sultan ist in sehr schlechtem Zustande. Sie besteht mit wenigen Ausnahmen aus weither entlaufenen Sklaven, die von ihren Herren nicht reklamirt worden und die zu faul sind, den Acker zu bestellen; sie treiben sich in Wito umher, erhalten keinen

Sold, sondern nur dürftigen Lebensunterhalt vom Sultan und nennen sich daher selbst »maskini« d. h. Arme. Gewehre und besonders Pulver ist reichlich vorhanden und wurde früher von den Franzosen auf Lamu geliefert. Die Sklaven (Watoro) besitzen nur wenig Gewehre und kämpfen mit dem Speere, dem Säbel und Pfeil und Bogen.

Aus dem Obengesagten geht wohl zur Genüge hervor, dass Wito sowohl für eine Ansiedelung von Europäern, als auch für den Ausgangs- oder Stützpunkt einer Expedition ein nichts weniger als geeigneter Ort ist. Die während der Regenzeit ausserordentlich feuchte Luft innerhalb der Stadt, das ausgedehnte sumpfige Terrain ausserhalb derselben kann nur von schädlicher Wirkung für die Gesundheit der Europäer sein; es kann ihm nicht einfallen wollen dort den Acker selbst zu bestellen. In der trocknen Zeit ist die Hitze sehr gross, und das Land ist so dürr, dass der Ackerbau dann gänzlich darniederliegt. Die Verkehrswege sind ausserdem sehr dürftig; abgesehen von dem nur während 4 Monate benutzbaren Wasserweg über Kau, besteht noch ein nach Kipini und nach Lamu hinführender Fusspfad. Dabei ist jedoch noch wohl zu bedenken, dass es den Arabern freisteht, jeden Augenblick die Verbindung mit der Küste abzuschneiden. Zum Stützpunkt einer wissenschaftlichen Expedition ist Wito aber schon aus dem Grunde allein zu verwerfen, weil von dort aus weder Karavanenstrassen ausgehen, noch überhaupt eine Erreichung der unbekannten östlichen Gebiete möglich ist. Das Wapokomo-Gebiet und den Oberlauf des Tana wird man auf dem viel billigeren und bequemeren Weg zu Wasser von Kau aus zu erreichen suchen; von den Borani-Galla wird Wito durch eine unbewohnte unwegsame Wildniss getrennt; die Waboni trifft man zahlreich bei den Wapokomo und um mit den Galla in Berührung zu kommen wird man gewiss nicht von Wito ausgehen, das ausserhalb des Galla-Landes liegt und keinen Verkehr mit jenen unterhält.

Nachdem ich einen Monat in Wito zugebracht, kehrte ich, den Rückweg über Kau nehmend, nach Kipini zurück. Ich erhielt so Gewissheit, dass der bei Kau mündende kleine Arm mit dem von Wito kommenden Flüsschen identisch ist. Ich kann nicht umhin hervorzuheben, dass die Araber mir in jeder Beziehung behülflich waren und einer Reise nach Wito nicht die geringsten Schwierigkeiten in den Weg zu legen suchten. Auch meine 4 Leute, Sklaven des Gouverneurs von Takaungu, kehrten von Wito mit mir zurück, obwohl es ihnen ein Leichtes gewesen, zu den entfernt liegenden Sklavenorten zu entfliehen, worauf der Hofmeister des Sultans, der sich wahrscheinlich schon auf das fette Lösegeld freute, das der Msungu (Europäer) für Wiederaufbringung der Entlaufenen zahlen würde, mich vorbereitet hatte.

An diese eigenen Beobachtungen gestatten Sie mir noch einige Daten anzuschliessen, die ich durch Erkundigungen bei mir zuverlässlich erscheinenden Leuten über noch nicht von Europäern besuchte Länder eruiren konnte. Die Suaheli der Formosa-Bai reisen zu Handelszwecken von Kipini oder Kau aus durch den Tana-Osi-Kanal in das obere Wapokomo-Gebiet. Dieselben sagen aus, dass bei der letzten Wapokomo-Stadt Korkoro, wohin man am elften Tage von Kau aus gelangt, noch keine Felsen im Strome vorhanden, dagegen die Gegend schon bergig werde; hier fände sich in der Nähe weisser Thon und Feuerstein. Der Fluss sei bei dieser Stadt noch 5—6 »Pima« (Armspangen) breit, weiter oberhalb kämen Felsen in demselben vor und hier träfe man auf Galla und Wassánie, jene Wassánie, welche hier, wie oben angeführt, ausnahmsweise Ackerbau treiben. Mit den Wakambo, die unmittelbar benachbart, leben die Galla häufig auf Kriegsfuss. Massai sind den Wakopomo noch niemals lästig geworden. Von Korkoro führt ein Weg über Kitui nach Kikuju, das man in 9 Tagereisen erreicht, und zwar gelangt man in 3 Tagen von Korkoro nach Kitui, in 6 von letzterem nach Kikuju. Zwei Aussagen der Galla will ich noch anführen, die jedoch sehr zweifelhaft sind; sie erzählten, dass von der Nordseite des Gebirges, von dem auch der Tana entspringe, ein Fluss ausgehe, welcher nach dem Juba zufliesse, und ferner, dass man von den Grenzen ihres Gebietes am oberen Tana in 4—5 Tagereisen zu den Borani-Galla gelange. Ist das letztere richtig, so würde das in der Landschaft Samburu ansässige Hirtenvolk, das viele Kamele und Pferde besitzt, nicht den Somali, sondern wahrscheinlich den Borani-Galla unterthänig sein. Bei einer Reise in's Wapokomo-Land wäre auf diese Route zu den Borani-Galla besondere Rücksicht zu nehmen. Ein anderer Weg zu den Borani, den, wie noch unbekannt sein dürfte, vor etwa 4 Jahren auf Veranlassung von Seid Bargasch eine arabische Karavane eingeschlagen, geht von Kismajo aus. Die Karavane bestand aus 70 Mann und unternahm die Reise zu dem Zwecke, mit den Borani, »welche viele Reichthümer besitzen sollen«, Handelsverbindungen anzuknüpfen. Sie wurde von einer Bedeckung Somali begleitet, die zugleich auch die Wegweiser waren. Nachdem sie am 15. Tage im Gebiete der Borani-Galla angelangt, fand sie den Sultan derselben inmitten eines grossen Hofstaates und von mehreren Tausend theils berittener Krieger umgeben. Der Sultan, so erzählten die Araber weiter, liess die Fremdlinge vor sich kommen, fragte nach ihrem Begehren und wünschte vor Allem die Bedeutung der Eisenrohre kennen zu lernen, welche die Araber auf den Schultern trugen. Als sodann einige Araber mit diesen Rohren unter heftigem Knall einige Vögel erlegten, soll der Sultan an Zauberei geglaubt und nach gepflogenem Rathe ihnen bedeutet haben, dass er mit solchen gefährlichen Männern keine Verbindung eingehen könne. Er entliess sie sodann, ohne ihnen ein Leid zuzufügen. — Wenn man diesen Weg wählen wollte, um die Borani-Galla zu erreichen, so wäre ein Zusammengehen mit arabischen Kaufleuten und Soldaten mit einem Begleitschreiben vom Gouverneur von Lamu unerlässlich; im andern Falle würden die Somali eine Expedition nicht gestatten. Dass die Borani-Galla, welche in der That werthvolle Handelsartikel, wie Elfenbein, Straussfedern, verschiedene Harze und Kaffe besitzen, bei ihrem alten langwierigen Karavanenwege verbleiben und nicht den kürzeren über Ganane vorziehen, liegt zum Theil in der Weigerung der Somali, die Borani-Karavanen passiren zu lassen.

Was Kikuju betrifft, so ist der Weg, den wir eben angegeben, den Tana aufwärts bis Korkoro, von dort über Kitui nach Kikuju wahrscheinlich der bequemste, aber nicht der empfehlenswertheste, weil er nicht die gewöhnliche Karavanenstrasse bildet. Takaungu dürfte der geeignetste Ort sein als Ausgangspunkt für eine Expedition nach Kikuju. Von dort aus gehen alljährlich Leute des Gouverneurs in jene Landschaft, um Elfenbein zu holen. Der Weg führt ebenfalls über Kitui, das am 15. Tage erreicht wird und von dort nach Kikuju hat man noch 8 Tagereisen zurückzulegen; den Schneeberg hat man dann übrigens noch nicht erreicht, auch dürfte es, wie die Verhältnisse jetzt liegen, wohl nicht möglich sein, dorthin zu gelangen, da dieses Gebiet jene berüchtigten nomadisirenden Massai (oder Wakuafi?) inne haben, deren Bekämpfung eine ganz enorme Anzahl wohl bewaffneter Leute erfordert und sehr grosse Kosten verursachen würde. In Kikuju sitzen zwar auch Massai, aber ein Ackerbau treibender Stamm derselben, der seiner Beschäftigung entsprechend friedlich gesinnt und mit seinen kriegerischen und räuberischen Brüdern in Feindschaft lebt. Auf dem Wege nach Kikuju haben die Leute von Takaungu niemals Kämpfe mit den nomadisirenden Massai zu bestehen gehabt.

Anders ist es mit der Reise nach dem Baringo-See und der Landschaft Samburu; auf dem Wege dorthin sind immer Angriffe der Massai zu erwarten, daher können nur grosse wohl bewaffnete Karavanen diesen Zug unternehmen. Es kommt alles darauf an, Leute zu erhalten, welche an die Kampfesweise der Massai gewöhnt und schon mehrfach Kämpfe mit denselben zu bestehen gehabt haben. Ausser von anderen Küstenplätzen gehen auch von Takaungu aus die Leute (zum Theil Sklaven) des Gouverneurs daselbst alljährlich nach Samburu, in einer Stärke von 100 bis 150 Mann handfester, zuverlässiger und erprobter Leute. Sie erreichen von Kikuju aus in 35 Tagen Samburu, so dass eine Reise dorthin von Takaunga aus 2 Monate in Anspruch nehmen würde. Die Dauer ihres

Aufenthalts in jenen Gebieten beträgt 4—6 Monate, andere Karavanen z. B. von Mombasa aus, bleiben 1—1 1/2 Jahre unterwegs. Die Gebiete des Baringo-Sees sind die fernsten Punkte, wohin Suaheli-Karavanen gelangen. Viele geographische Notizen über die Länder- und Gebirgsverhältnisse etc. dieser noch unbekannten Gebiete sind durch Krapf und später durch Missionar Wakefield zusammengestellt. Ich will mich daher auf einige Mittheilungen beschränken, welche mir noch weniger bekannt zu sein scheinen. Ob im Osten vom Baringo-See noch ein zweiter See liegt, ist sehr zweifelhaft, jedenfalls ist er bei weitem nicht so gross wie ersterer und wird sich mehr auf einen Sumpf reduziren, als ein See in unserem Sinne sein. In der Suaheli-Sprache hat man keine verschiedenen Worte für See und Sumpf, beides heisst »siuwa« und wenn die Leute von einem sehr grossen »siuwa« sprechen, so kann das eben so gut ein grosser Sumpf, wie ein See sein. Man muss, um sicher zu gehen, immer noch nach andern Eigenschaften solcher Gewässer fragen. Vom Baringo geben Alle einstimmig an, dass er »wie ein Meer sei,« doch heisses Wasser enthalte, dass man mehrere Tagereisen nöthig habe, um von einem Ende zum andern zu gelangen, dass man nicht von einem Ufer aus das gegenüber liegende erblicken könne und dass er bedeutend grösser sei, als der See Jipe am Kilimandjaro. Vom Baringo-See gelangt man in westlicher oder südwestlicher Richtung zu dem Volksstamme der Kavirondo, welche sich bis an den Ukerewe-See erstrecken, dessen östliches Ufer sie zu bewohnen scheinen. Die Kavirondo sind Ackerbauer und ziehen Mtama, verschiedene Erbsenarten, Bataten, Maniok und Bananen; sie besitzen einen grossen Viehreichthum: Rinder, Schafe, Ziegen, Hühner. Von dem »grossen Wasser« her (Ukerewe-See) bringen sie sehr grosse Fische zu Markte; jenen See sollen sie mit »Schombos« befahren. Neben ihrer friedlichen Beschäftigung sind sie auch sehr kriegstüchtig und ihren räuberischen Nachbarn, den Wakuafi überlegen. Sie sind mit langen Speeren, die eine kleine eiserne Spitze tragen und einem Schilde bewaffnet. Ihre Häuser sind Doppelhäuser, aus Holz und Lehm gebaut und mit Gras bedeckt; sie haben eine runde Form und sind sehr geräumig; in dem grösseren Umkreise werden die Rinder etc. untergebracht. Ihre Städte umgeben sie mit Pallisaden, innerhalb deren man bis zu 300 Häusern zusammenfindet. Sie gehen völlig unbekleidet und tragen langes Haar; die Vorderzähne im Unterkiefer werden ausgerissen. Rohes Fleisch und das noch warme Blut der geschlachteten Thiere ist ihre tägliche Speise; eine Brühe von Wasser, Mtamamehl und Urin ihrer Rinder ist ein Lieblingsgericht. Ueberhaupt spielt der Urin der Rinder in ihrem Haushalte eine grosse Rolle; mit Blättern gemischt dient er zu Einreibungen der Haut, und die Speisen werden häufig an Stelle des Salzes mit ihm gewürzt. Doch gewinnt man auch Salz aus gewissen Pflanzen. Den Mist der Rinder gebraucht man zum Brennen. Das von ihnen bewohnte Land ist sehr sumpfig und sehr kalt, so dass den Suaheli die Füsse aufspringen. Nördlich von den Kavirondo und unweit Samburu wohnt das Zwergvolk der Suku, welche, obwohl klein, doch Furcht und Schrecken verursachen und wegen ihrer Räubereien gefürchtet werden. Sie sind mit Speer und Schild bewaffnet und kommen nicht selten nach Samburu, um Vieh fortzunehmen. Zu den Kavirondo — so erzählten die im vorigen Jahre zurückgekehrten Leute — sei einige Male vom grossen Wasser her (Ukerewe) ein weisser Mann gekommen, um Vieh einzukaufen. (Stanley?)

Bevor ich meinen Bericht schliesse will ich noch einige kurze Notizen über die Fieberepidemie geben, welche an der ganzen Küste in diesem Jahre in sehr heftiger Weise auftrat. Zu der Zeit, wo der Regen am stärksten, waren die Fälle von Malaria sehr gering und im Ganzen wenig bösartig, dagegen traten sie gegen Ende der Regenzeit und nach Beendigung derselben in grosser Anzahl und Bösartigkeit auf. In Wito wurden die Fieber gegen Ende November sehr zahlreich, doch verliefen alle bis zu meiner Abreise ohne schlimme Folgen, auch ohne die geringste Behandlung. Dosen Chinin von 0,5 gr. genügten, um die Eingeborenen wiederherzustellen. Anders war es um diese Zeit und später in Kipini an der Osi-Mündung und auf Lamu; es starben, besonders auf letzterem eine grosse Anzahl von Leuten an Fieber und Dyssenterie. In Kipini, wo ich bei meiner Rückreise noch 9 Tage verweilen musste, kam täglich mindestens ein Todesfall an Fieber vor. Selbst stärkere Dosen Chinin waren von geringer Wirksamkeit, doch ist eine rationelle angemessene Behandlungsweise bei den Eingeborenen in ihren dumpfigen Wohnungen und bei ihrer Lebensweise nicht möglich. Von besonderem Interesse ist die Thatsache, dass besonders Frauen befallen wurden und starben, wenigstens war dies auf Lamu sehr auffällig. Wenn man nun bedenkt, dass die Frauen der Mohamedaner ihre Gemächer nie verlassen, und wenn man diese, ich möchte sagen Höhlen gesehen hat, in welchen bei den Suaheli die Frauen Jahr aus Jahr ein zubringen müssen, so liegt der Gedanke nahe, dass gerade in diesen Räumen der Infektionsstoff sich entwickelt. Das Frauengemach liegt im Innersten der elenden Hütte; ein Loch von der Grösse eines Kopfes befindet sich an einer Seite, um wenigstens einige wenige Lichtstrahlen einzulassen. Eine Lufterneuerung ist unter solchen Umständen und bei der fast konstanten Temperatur dieser Länder so gut wie unmöglich. Jahr aus Jahr ein stagnirt die Luft, die oft von vielen Personen benutzt wird, so dass dem Eintretenden ein eigenthümlicher moderiger Geruch entgegen kommt. Nun ist ferner, besonders bei dem Regen dieses Jahres, eine Durchfeuchtung der Lehmhäuser unvermeidlich und theilweise dringt das Wasser durch die wenig dichten Dächer und sogar mitunter zur Thüre hinein. Unter solchen Bedingungen scheinen sich in den Wohnungen bösartige Miasmen zu entwickeln. Die Leute auf den Schambas, die so zu sagen im Sumpfe lebten, hatten weniger zu leiden als die Stadtbewohner, die sich immer in ihren Häusern aufhielten, und die gute trockne Wohnungen besitzenden Leute blieben fast durchweg vom Fieber verschont; so habe ich nie einen Gouverneur angetroffen, der Fieber gehabt; diese bewohnen geräumige Steinhäuser und zwar die obere Etage. Obwohl ich in Kipini längere Zeit zugebracht, blieb ich doch von jedem Fieber verschont, obwohl ich täglich ausging, wenn es das Wetter erlaubte und die ganze Umgegend in einen Sumpf umgewandelt war. Meine Wohnung war nämlich, obwohl Lehmhaus, durchaus trocken; es war ein neues Haus mit weit vorspringendem Dache, das den Regen gänzlich fernhielt. Dabei waren die Räume im Innern nach oben hin noch nicht geschlossen, was von grosser Wichtigkeit, so dass ein steter Luftzug nach oben hin stattfand. Dagegen bekam ich in Wito gegen Ende meines Aufenthaltes Fieber; mein Haus, eines der besseren, war miserabel; es liess den Regen durch und keine Luft hinein und war nach oben hin vollkommen abgeschlossen. Die höchste Fiebertemperatur war 40,5. Nach 10tägigem Krankenlager konnte ich an meine Abreise denken.

Die Fieber trugen an der ganzen Küste, mit alleiniger Ausnahme von Takaungu, das zwischen Mombasa und Malindi in der Mitte liegt, den quotidianen Typus. Es ist dies eine merkwürdige Thatsache. In Takaungu fand ich ausschliesslich den quaternären Typus und, wie der Gouverneur dieses Ortes mir mittheilte, ist dies von jeher »desturi« (d. h. Sitte) für Takaungu gewesen. Takaungu, ein sonst sehr gesunder Ort, liegt auf einem etwas in's Meer vorspringenden Felsen und hat durchweg felsigen Untergrund, der von einem rothen Lehm bedeckt wird.

Am wenigsten wurden die Neger vom Fieber angegriffen, stärker schon die Suaheli und Araber; am meisten litten die Indier, die in grosser Anzahl befallen wurden und deren Fieber von Krämpfen, Delirien und heftigsten Milzschmerzen begleitet waren; bei ihnen blieb auch lange Zeit grosse Schwäche zurück, während die erstgenannten Völker nach überstandenem Fieber gleich ihre gewohnte Lebensweise wieder aufnahmen.

Ausführliches über die Krankheiten der Suaheli-Küste und deren Behandlung durch die Eingeborenen behalte ich mir für später nach reicheren Erfahrungen vor.

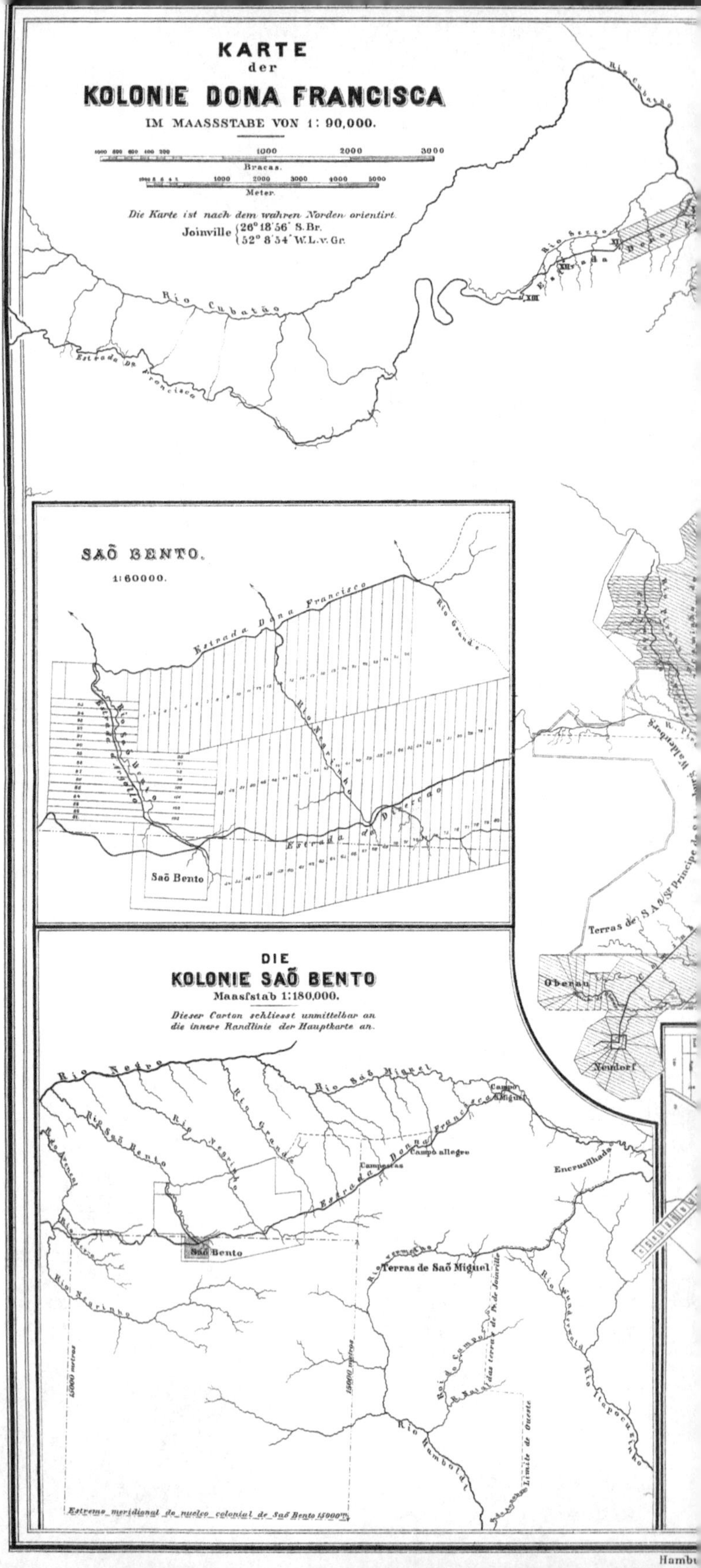
KARTE
der
KOLONIE DONA FRANCISCA
IM MAASSSTABE VON 1: 90,000.
Bracas.
Meter.
Die Karte ist nach dem wahren Norden orientirt.
Joinville 26° 18' 56" S. Br. 52° 8' 34" W. L. v. Gr.
Rio Cubatão
Estrada Da Francisca
Rio Secco
Estrada
SAÕ BENTO.
1:60000.
Estrada Dona Francisco
Rio Grande
Rio Negrinho
Estrada do Oeste
Saõ Bento
Terras de S.A.R. Sr. Principe de
Obenau
Neudorf
DIE
KOLONIE SAÕ BENTO
Maasfstab 1:180,000.
Dieser Carton schliesst unmittelbar an die innere Randlinie der Hauptkarte an.
Rio Negro
Rio Saõ Miguel
Rio Saõ Bento
Rio Negrinho
Rio Grande
Campo S. Miguel
Campo allegre
Campestas
Encrusilhada
Estrada Dona Francisca
Saõ Bento
Terras de Saõ Miguel
Rio Negrinho
Rio Humboldt
Rio Itapocusinho
15000 metros
Limite de Oueste
Estremo meridional do nucleo colonial de Saõ Bento 15000 m.

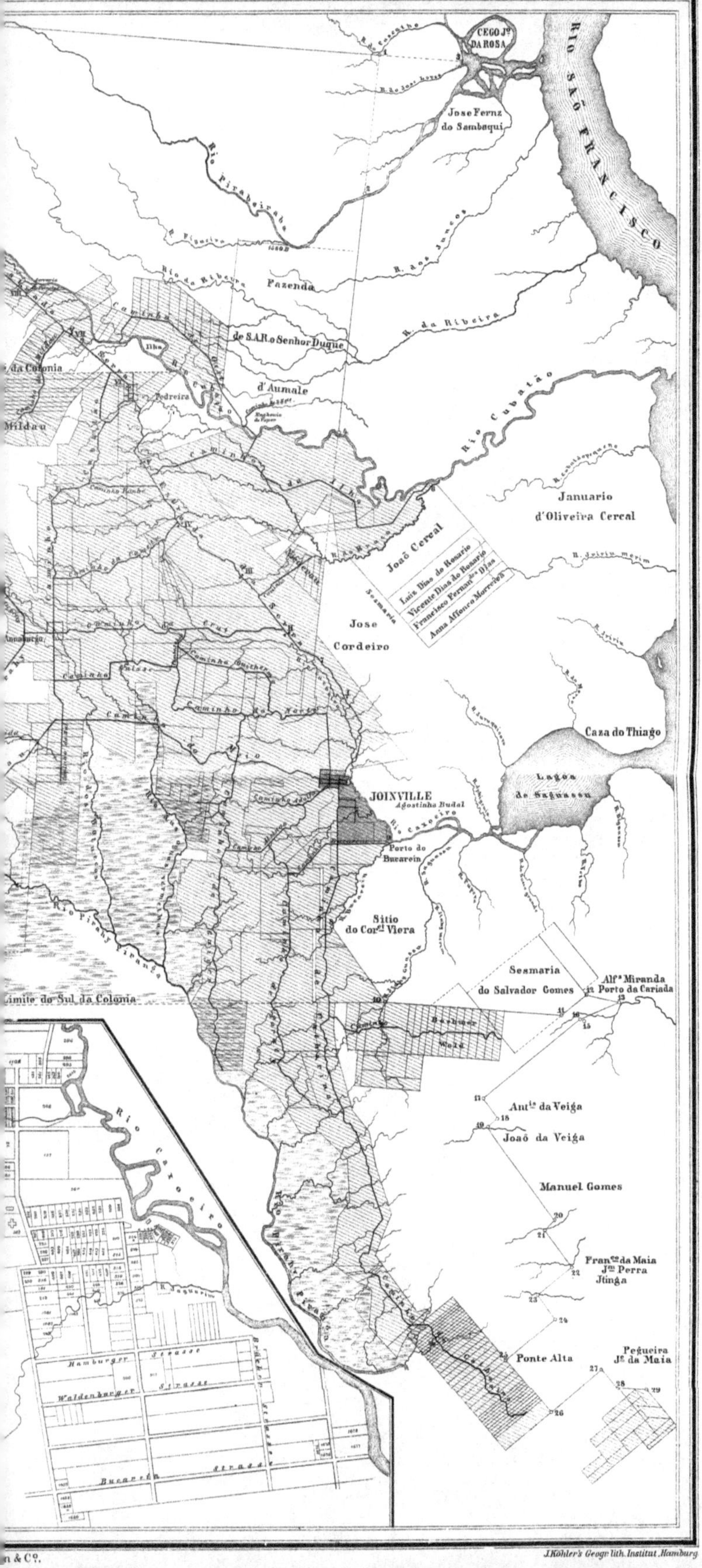

n & Co.

J. Köhler's Geogr. lith. Institut, Hamburg

MIX
Papier | Fördert
gute Waldnutzung
FSC® C083411

Kolibri 360 GmbH
Ferdinand-Jühlke-Straße 7
99095 Erfurt, Deutschland
produktsicherheit@kolibri360.de